Jorge Bernal

Introducción a las Estructuras

(nueva edición)

Jorge Bernal

Introducción a las Estructuras

Revisión y Corrección

Ing. Gustavo Balangero
Ing. María Cristina Meza

nobuko

BERNAL, Jorge Raúl

Introducción a las estructuras / Jorge Raúl Bernal. - 2a ed . - Ciudad Autónoma de Buenos Aires : Nobuko, 2017.
610 p. ; 29 × 21 cm.

ISBN 978-987-584-596-1

1. Ingeniería de Estructuras. 2. Cálculo Estructural. 3. Arquitectura.
I. Título.
CDD 690

Prólogo.

Este trabajo es una actualización del libro *"Introducción a las Estructuras"* editado hace más de veinte años. Fue un tiempo suficiente para un libro técnico.

En esas décadas se han modificado varios principios y teorias de las ciencias de la construcción, también las técnicas y las tecnologías utilizadas para la realización de las obras. Para completar este nuevo escenario han surgido nuevos materiales y otros mejoraron sus cualidades.

Por todo ello hemos realizado una revisión del libro original para adaptarlo al actual estado de las ciencias y tecnologías que componen la disciplina de la construcción de los edificios.

Jorge Bernal

Abril 2016

Bibliografía.

- Anton, T. & Marquet, J. (1984). *Historia de la construcción.* Editorial Montesinos.

- Davey, N. (1965). *Storia del materiale da costruzione.* Editore Il Saggiatori. Milano.

- Francis, A. J. (1984). *Introducción a las estructuras.* Editorial Limusa. México.

- Gordon, J. (1978). *Estructuras o por qué las cosas no se caen.* Celeste Ediciones. Madrid.

- Lin, T. & Stotesbury, S. (1991). *Conceptos y sistemas estructurales.* Editorial Limusa. México.

- Melli Piralla, R. (2002). *Diseño estructural.* Editorial Limusa. México.

- Méndez Chamorro, F. (1994). *Criterios de dimensionamiento estructural.* Editorial Trillas. México.

- Moisset de Espanés, D. (2003). *Intuición y razonamiento en el diseño estructural.* Editorial Escala.

- Nilson, A. (1999). *Diseño de estructuras de concreto.* McGraw-Hill Interamericana S.A. Bogotá.

- Oliver, P. (1978). *Cobijo y sociedad.* Editorial Blume. Madrid.

- Parker, H. (1989). *Diseño simplificado de armaduras de techos para arquitectos y constructores.* Editorial Limusa. México.

- Parker, H. (1997). *Diseño simplificado de estructuras de madera.* Editorial Limusa. México.

- Robles Fernández, F. & Echenique Manrique, R. (1986). *Estructuras de maderas.* Editorial Limusa. México.

- Rosentahl, W. (1971) *La estructura.* Editorial Blume. Barcelona.

- Rothamel, P. & Zamorano, E. (2006). *Maderas. Cálculo y dimensionado de estructuras portantes.* Librería de La Paz. Resistencia.

- Rudofsky, B. (1976). *Arquitectura sin arquitectos.* Editorial Universitaria de Buenos Aires. Buenos Aires.

- Salvadori, M. & Levy M. (1975). *Diseño estructural en arquitectura.* Editorial Compañía Editorial Continental S.A. México.

- Salvadori, M. & Heller, R. (1987). *Estructuras para arquitectos.* Editorial Técnica Cp67. Buenos Aires.

- Schreyer, H. Ramm, H. & Wagner, W. (1967). *Estática de las estructuras.* Editorial Blume. Madrid.

- Stafford Smith, B. & Coull, A. (1991). *Tall Building Structures.* John Wiley & Sons. Inc. United States of America.

- Timoshenko, S. (1964). *Resistencia de materiales.* Editorial Espasa-Calpe. Madrid.

- Torroja Miret, E. (1991). *Razón y ser de los tipos estructurales.* Consejo Superior de Investigaciones Científicas I.E.T.c.c. Madrid.

- White, R. Gergely, P. & Sexsmith, R. (1980). *Conceptos de análisis y diseños.* Editorial Limusa. México.

- Williams, C. (1981). *Los orígenes de la forma.* Editorial Gustavo Gili S. A. Barcelona.

- Bernal, Jorge. (1989). *Introducción a las Estructuras.* Editorial Nobuko. Buenos Aires.

- Bernal, Jorge. (1991). *Vigas de Hormigón Armado.* Editorial Nobuko. Buenos Aires.

- Bernal, Jorge. (1989). *Zapatas de Hormigón Armado.* Editorial Nobuko. Buenos Aires.

- Bernal, Jorge. (1992). *Losas de Hormigón Armado.* Editorial Nobuko. Buenos Aires.

- Bernal, Jorge. (1997). *Columnas de Hormigón Armado.* Editorial Nobuko. Buenos Aires.

- Bernal, Jorge. (1990). *Tablas de Hormigón Armado.* Editorial Nobuko. Buenos Aires.

- Bernal, Jorge. (2009). *Contra hipótesis.* Editorial Nobuko. Buenos Aires

En recuerdo a mis padres Elda y Amadeo

Índice

Primera Parte

Teoría

1

Introducción.

1. Concepto de las estructuras.

1.1. Las fuerzas, las formas y los materiales.

Todos los elementos que componen el universo poseen una cierta organización y orden en su materia que los hacen estables a diferentes esfuerzos, especialmente aquellos de origen gravitacional.

Sin excepción, desde una lejana estrella, hasta la partícula molecular más increíblemente pequeña disponen de una conformación interior que se denomina "estructura". Eso les permite soportar cargas de diferentes tipos sin quebrarse. La rama del árbol que sostiene los fuertes embates del viento o las fuerzas a distancia, en el regular movimientos de los planetas. Algunos conectados por la continuidad de la materia, otros por el misterioso equilibrio de la atracción de sus masas.

Los sistemas estructurales activos resultan más complejos y sutiles en la medida que sirvan de protección a otros sistemas pasivos. Las piezas, vigas, columnas y entrepisos que soportan un edificio son sistemas activos que permiten mantener en su interior a paredes de cerramientos, como también a los usuarios con sus muebles y artefactos.

Figura 1.1

El vuelo del ave es posible cuando se activan los huesos en compresión y los tendones en tracción es el mecanismo de una pieza en voladizo; las alas *(figura 1.1)*. Allí las cuplas internas resistentes como lo muestra el dibujo. Fugaces efectos de compresión y tracciones casi en paralelos; biela en los huesos y tensores en los músculos. Diseños de soporte de configuración geométrica precisa y material adecuado *(figura 1.2)*.

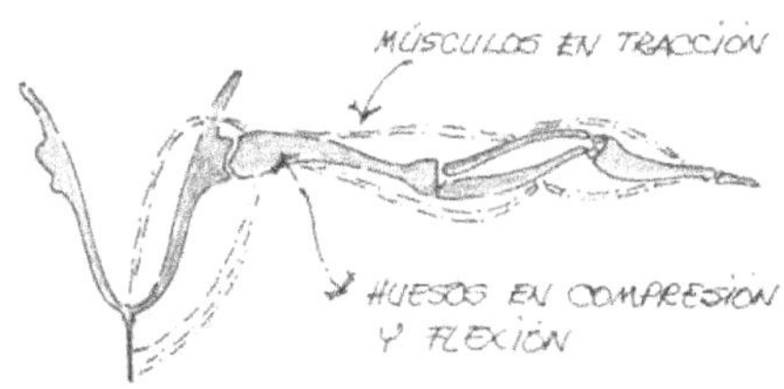

Figura 1.2

La Naturaleza nos muestra una asombrosa capacidad para el diseño eficiente de las estructuras. Nada sobra, nada falta.

Cuanto menor es el espacio que ocupa la estructura activa soporte, comparada con la interna pasiva o funcional, mayor es el grado de perfección del diseño estructural. La relación entre el peso que soporta, respecto del peso del sistema activo se denomina eficiencia. Por ejemplo la rama de un árbol puede soportar su propio peso además de las fuertes cargas de viento. En tiempos calmos el tronco y las ramas solo resisten las cargas gravitatorias, pero en su interior poseen resistencias nominales para la eventualidad de fuerzas mayores. También sucede con la red de hilos de una telaraña con todas sus cuerdas en tracción, en ese caso la eficiencia es mucho más elevada.

Estos hechos nos exigen reflexionar sobre los antecedentes que ya existían mucho antes de la llegada de arquitectos o ingenieros al mundo de la construcción. Antes, mucho antes, fue la Naturaleza que ha construido, tanto que el último en elaborar fue al hombre inteligente.

1.2. El diseño.

Hacemos una breve introducción para comprender las tareas que encierra el diseño estructural. El pensamiento de Félix Cardellach en su libro "Filosofía de las Estructuras", escrito en 1910. Hace más de100 años, se transcribe.

> *Reflexionemos, pues, sobre la naturaleza y función complejas de las formas resistentes de la construcción ... analicemos la evolución, influencias y relaciones de los diversos tipos estructurales históricos y modernos, y seguramente encontraremos, sedimentado en el fondo de todo este interesante análisis, un verdadero estrato sintético, un positivo origen de ventajas prácticas en que inspirar nuestro sentimiento ante el problema de la Construcción a que estamos constantemente hermanados.*

"Filosofía de las Estructuras" F. Cardellach. Barcelona 1010. Prefacio página 4. Editores técnicos asociados.

Cardellach recomienda además de observar las estructuras de la naturaleza, estudiar las realizadas por el hombre en su historia. Quienes diseñan y calculan tienen ante sí la responsabilidad de crear espacios cubiertos estables y seguros, donde la estructura soporte resulte armoniosa, liviana y económica con el fin último de proteger al usuario, sus bienes, sus animales, sus alimentos. Esta tarea fue posible realizarla porque antes, miles de años atrás hubieron profesionales de la construcción que siglo a siglo fueron resolviendo problemas y descubriendo los misterios de las estructuras.

Observar y reflexionar sobre los éxitos y fracasos del pasado es una investigación que aumenta el conocimiento. El hombre luego de la revolución agrícola miles de años atrás deja su nomadismo y se transforma en un organismo sedentario; inventa los pueblos, las ciudades. Para ello necesita ejercitar su razón, su inteligencia en la disposición de las piezas de madera primero, luego las del hierro combinadas que deberán permanecer estables en un sistema. Surge su interés por las fuerzas, las distancias y los materiales. Inventa, descubre lentamente la "Estática" y la "Resistencia de los Materiales", todo ajustado a una fina sensibilidad del equilibrio intuitivo.

El edificio, los puentes son la materialización de una idea, de un proyecto donde se conjugan una inmensa variedad de formas y de materiales para obtener el mayor espacio cubierto con el menor material. Es el desafío permanente.

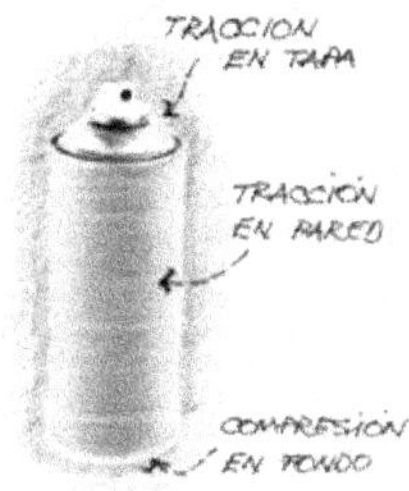

El diseño estructural no es solo territorio de los técnicos constructores. Por ejemplo, las latas de bebidas gaseosas o aerosoles deben soportar elevadas tensiones *(figura 1.3)*. Por su forma, las paredes cilíndricas y la parte superior convexa se encuentran en tracción, mientras que el fondo por su superficie cóncava, es la compresión que domina. En esa combinación todo participa; la forma, el material, el contenido. Elevada eficiencia; el gas que contiene es parte del sistema estructural. Solo después de abrirlas podremos deformarlas.

Figura 1.3

Es posible que este envase metálico supere al envase natural de la cáscara del huevo; su material es frágil y su forma inestable, porque fue diseñado para crecer dentro de fuerzas espaciales de los organismos internos de las aves.

2. El instinto y la razón.

2.1. General.

El avance en el diseño y cálculo de las estructuras fue posible gracias a varios acontecimientos que se dieron en el tiempo. Algunos en forma simultánea, otros separados. Desde las técnicas constructivas y los materiales hay dos tipos de avances que se produjeron en el hombre. El primero, el natural, el del instinto que tuvo un tiempo de millones de años, mientras el otro, desde el razonamiento, el de la inteligencia es nuevo, casi una novedad en la historia total.

2.2. El instinto.

El instinto es el biológico de la especie humana. Está en el arte de la arcilla con el espartillo para las paredes en el rancho de barro. También en horcón, cumbrera, tacuara y paja brava para el techo. Similar al de algunos animales que muestran notables habilidades en la artesanía de la arcilla, el tejido con las fibras, la fabricación de cera, los finos filamentos de seda. Reflejo de acción sin razón, milenario. Quedaron allí, en una parte del cerebro, sea pájaro, hormiga, hombre o abeja. Desde este análisis el hombre posee un código genético que lo guía hacia la construcción del rancho con los elementos naturales. El instinto responde a una decisión o una acción instantánea, con ausencia de la razón. Son caracteres hereditarios que la misma naturaleza implanta en el cerebro, en algún lugar del cuerpo, también en el corazón. Se mejorara de manera lenta en el transcurso de cientos de millones de años.

2.3. La razón.

Por otro lado, la razón aparece en la evolución del hombre cuando pasa del "habilis" al "erectus", de éste al "sapiens". En este último escalón comienza a desarrollar la inteligencia. Razona, piensa, reflexiona al avanzar. Imagina antes de construir. Usa las manos, inventa herramientas. Todo en una continuidad de descubrimientos desde unos diez mil años atrás hasta nuestros días. Todo es avance en el arte y en el ingenio constructivo.

Pero también pueden existir regresiones. Estamos en un período de la humanidad donde están cambiando algunas pequeñísimas fracciones de nuestra habilidad natural. Cada vez hay mayor cantidad de máquinas que facilitan día a día la labor de las manos, los brazos y el cuerpo. Ahora solo hay botones, cada vez más suaves, más sensibles, algunas como las teclas que apretamos al escribir. Otras máquinas ayudan, facilitan el razonamiento lógico matemático. Juntas, la informática y la tecnología mecánica, producen robots que ejecutan rutinas de trabajos perfectos. Creemos que el hombre con los siglos perderá parte de sus destrezas naturales y cada vez será mayor su dependencia con las máquinas.

3. Las revoluciones.

3.1. General.

Es costumbre hablar de dos revoluciones o alborotos en la historia de la humanidad; la científica y la industrial. Existen investigadores que establecen muchas más, algunas se corresponden con el pensamiento y otras con la forma de vida.

En una aproximación podríamos destacar como una de las primeras la revolución agrícola y junto a ella la del sedentarismo. Las tribus abandonan su característica nómada y se estacionan en un lugar donde aprenden a cultivar y domesticar algunos animales; es un cambio en la forma de vida.

Le sigue otra que responde al pensamiento; busca explicación del quieto universo que lo rodea y también a los dinámicas acciones de las lluvias, de los mares, de los vientos, para satisfacer esa angustia por lo desconocido crea mitos, fábulas y dioses. Tanto que cada fenómeno tiene su Dios en la cultura griega como en la romana.

De manera en extremo resumida haciendo saltos de siglos en el tiempo aparece otro cambio en el pensamiento; los mitos dan lugar a la razón. Cada uno de los dioses, de manera lenta y dolorosa es sustituido por explicaciones desde la razón; así comienzan las ciencias; cada una desplaza a un Dios, sea griego o romano. La geología desplaza a Gea y Tellus, la astronomía a Zeus y Júpiter, la filosofía a Atenea y Minerva, la economía a Hermes y Mercurio, la vitivinicultura a Dionisio y Baco.

La razón es el inicio y desarrollo del conocimiento con método. Lo inicia Aristóteles con la lógica y Arquímedes con la palanca; principio de toda estabilidad de una estructura ($\approx$300 a.C.). Leonardo da Vinci casi dos mil años después relata en imágenes el paso de la palanca a la viga, extraordinaria muestra de su genio en el Códice de Madrid.

Luego las matemáticas con su avance interpretan los fenómenos. Galileo en su libro "Discurso de dos nuevas ciencias" explica el funcionamiento del voladizo de madera (1.638 d.C.) y el inicio de la resistencia de los materiales. Al poco tiempo lo sigue Descartes con "Discurso al método". Observemos el título de estos grandes y revolucionarios libros, utilizan la palabra "discurso" o según la traducción "diálogos", por temor del castigo desde el dogma de la Iglesia. Sin embargo algunas décadas después el soberbio Newton utiliza "Principios matemáticos de la filosofía natural", un desafío para los ortodoxos.

Fueron cambios intensos en cortos tiempos desde la frase "yo me pregunto: ¿porqué?" y la desesperación por contestar. A los genios anteriores le siguen los descubridores de ciertas características físicas de diferentes materiales. Surge la Resistencia de los Materiales con Navier, Hooke, Euler (1.650 d.C.). El descubrimiento del cálculo infinitesimal por Newton y Leibnizt permite demostrar la relación de las elásticas de las vigas con las fuerzas (1.750 d.C.).

A fines del XVIII comienza la Revolución Industrial con dispositivos que generan energía a través del calor. Es la tecnología que avanza mejorando el confort humano de manera continua. Este fuerte cambio es la liberación del hombre en cuanto a la energía y la fuerza; logra su independencia de las fuerzas naturales: el viento, el agua, los animales y las del mismo hombre. Porque aparece una nueva energía que es la generada por el calor, agua y un dispositivo de hierro: la máquina de vapor.

Otro gran cambio tecnológico es producido por la simplificación y abaratamiento en la producción del hierro. Ese material que hasta mediados del XIX estaba solo disponible para herramientas, algunas máquinas y para las armas de la guerra, en pocas décadas pasa a ser utilizado por la industria de la construcción. Es la segunda era del hierro que provoca el avance de las grandes construcciones; edificios, puentes, barcos.

La disponibilidad de hierro a bajo costo llega hasta la academia con la creación de disciplinas como la ingeniería y la arquitectura y en ellas la enseñanza de la estática, de la resistencia de materiales, del cálculo y entonces es posible pronosticar, predecir, proyectar, la conducta futura de diseños estructurales.

3.2. Expansión del conocimiento.

La imprenta, los libros, generan la divulgación del conocimiento, transforman a la ciencia en pública, todos se adelantan a patentar sus ideas, las presentan en congresos, se publica en revistas especializadas. La ciencia teórica, celosamente guardada por unos pocos desaparece de manera lenta y surge la ciencia aplicada mezclada con la tecnología.

Los conocimientos anteriores comienzan a ser aplicados, previo ensayos, pruebas, errores y vuelta de nuevo a los ensayos. Así surgen los métodos de cálculo que configuran los inicios de una disciplina: la ingeniería estructural y el diseño. Junto con ese cambio la ingeniería militar se transforma en ingeniería civil.

Se logra conocer, predecir, con bastante aproximación matemática los sucesos dentro de las piezas en los reducidos tiempos que van de la acción a la reacción. Es la revolución científica de la teoría y luego la revolución industrial de los conocimientos aplicados.

Estos acontecimientos que culminan a fines del siglo pasado, creó en los constructores un desmedido entusiasmo. Pensaron haber llegado a que el tamaño se desprendía del diseño, que la teoría de las escalas de Galileo ingresaban en el terreno de los cuestionamientos. Así comenzaron a construir todo tipo de gigantescos aparatos. Grandes locomotoras, temerarios puente, impresionantes vigas y también inmensos barcos. El equívoco queda demostrado con solo recordar al Titanic, toda una superestructura flotante y también de numerosos puentes que cayeron antes de su terminación y otros a meses de su inauguración.

Fueron décadas de ensayos a escala real. El diseño estructural durante ese tiempo se ajusta a nuevas pautas; la realidad lo muestra con fallas de altísimos costos. Hasta nuestros días se producen ajustes en el aprovechamiento de los nuevos materiales y de la aplicación de las diferentes teorías de cálculo.

3.3. El hormigón armado.

Luego, a principios del XX aparece otro material, el hormigón armado que combina dos materiales muy diferentes entre sí: el hormigón y el hierro o acero. Al principio su uso fue más decorativo que estructural. En esos años se presenta uno de los problemas más singulares de la ingeniería; las ecuaciones, hipótesis y principios de materiales homogéneos como la madera y el hierro no son compatibles con el hormigón armado. Era necesario que la investigación desde la ciencia aporte nuevos conocimientos para lograr el cálculo predictivo del nuevo material. Pero la inercia al cambio de paradigmas en la ingeniería es lenta hasta el asombro. Tanto que aún hoy perduran algunos principios y maniobras matemáticas que no se corresponden con la realidad del hormigón armado.

A mediados del XX aparece otro nuevo material; el mismo hormigón armado pero con energía acumulada en su interior: el pretensado y pos tesado. Con ingeniosos dispositivos las barras de aceros especiales reciben energía luego del endurecimiento del hormigón. Que luego de ser liberadas transmiten un estado de compresión excéntrica controlada a toda la pieza; de esa manera aumentan de manera notable su resistencia, en especial en vigas a flexión.

4. El método; la mejor herramienta.

4.1. Introducción.

Del estudio de todas las etapas que ha debido atravesar la humanidad para lograr la ciencia actual y en especial la de la ingeniería estructural, el mayor triunfo fue una actitud cultural: el método. Desde el Renacimiento se lo comienza a utilizar en el análisis, en los estudios y la investigación de todas las ramas de la ciencia. Hay diversas formas y objetivos dentro del mismo método, en el caso de las ciencias de la construcción podemos citar algunos.

Existen tanto métodos como individuos interesados en investigar y objetos para el estudio. Leonardo da Vinci, Galileo lo hicieron a través de sus cuadernos, de sus apuntes y escritos, lo aplicaron para generar un orden en sus razonamientos. Descartes va más allá, desde la filosofía describe al método y los pasos que se deben realizar para la aproximación de la verdad.

4.2. Observación de los edificios existentes.

La realidad más cercana para los aprendices de la ingeniería son los edificios en procesos de construcción, en ellos es posible aplicar el método de observación porque las estructuras están identificadas durante la construcción. El esqueleto estructural se adelanta a los elementos de cierre, de servicios y de terminación. La estructura por un corto período permanece en espera a la llegada e instalación de los restantes rubros. Es allí, en ese plazo que observamos todos los elementos estructurales al desnudo.

La costumbre de observar estos soportes descarnados e imaginar la forma que actuarán, es una saludable gimnasia para alertar la mente a los fenómenos estructurales. No es fácil adquirir esa costumbre de examen. Para buenos resultados debe ir acompañada de un método, de una secuencia. En estos casos es útil imaginarse la "marcha" de las cargas y los esfuerzos que producen según el elemento. Suponer colores para cada esfuerzo; rojo para la compresión, amarillo para el corte, verde para la tracción. Pintar con un imaginario pincel los espacios que distinguimos en los cambios de esfuerzos internos. Esta acción no es mirar, es mucho más. Es indagar con la reflexión y orden cada una de las partes de la estructura del edificio.

4.3. Las partes.

Tanto en la edificatoria monumental, como las de viviendas y chozas simples, miles de años atrás, la estructura se confundía con los cerramientos. Las ruinas y algunas grandes obras que aún perduran, muestran la ausencia de una frontera entre estructura y cerramiento.

Los soportes eran murales; paredes gruesas, generosas en espesor que ejercían una doble función: estructural y de cerramiento. Arriba, para formar la cubierta se transformaban en arcos, bóvedas o dinteles. Durante siglos se construyó de esa manera; palacios, catedrales, panteones. Si continuamos avanzando la historia hacia el presente, cada siglo nos muestra de manera más evidente la separación de la estructura del resto de las partes.

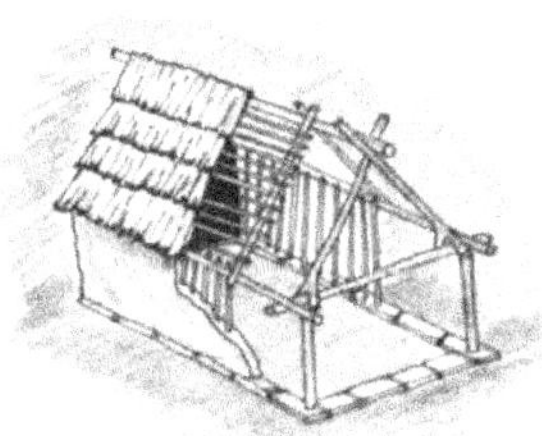

En las viviendas o ranchos rurales actuales de barro con espartillo, horcón y cumbrera encontramos la respuesta; el instinto *(figura 1.4)*. Esta virtud de todos los animales y en especial el hombre no cambia; sistema primitivo eficaz aunque efímero que en el tiempo se mantiene a través de la costumbre. En ellos también se distinguen las piezas de su estructura y las de cerramiento.

Figura 1.4

En la actualidad, en los edificios modernos, la separación es más evidente; en general y como resumen las partes de un edificio pueden ser:

- **Estructural**: todas las piezas en forma individual y conjunta soportan las cargas gravitatorias de su peso propio, de las sobrecargas de uso y las dinámicas posibles de viento y sismo.
- **Cierre**: paredes, carpinterías, tabiques. Externos o internos. Aíslan el edificio del exterior y generan las subdivisiones de usos internas.
- **Servicio**: electricidad, sanitarios, gas, ascensores y otras instalaciones que posibilitan que el edificio funcione para el confort del usuario.

Con los nuevos materiales y tecnología vemos que en algunos edificios la estructura soporte posee estética y sale afuera, a la vista. El centro cultural Pompidou en París es muestra de ello *(figura 1.5)*.

Figura 1.5

4.4. Acciones externas.

Una buena práctica es averiguar y resolver las acciones externas que actúan sobre una estructura y luego imaginar los esfuerzos que se producen en el interior de cada pieza. Como ejemplo mostramos el puente; en este caso el que une la provincia de Corrientes con la del Chaco. La primera imagen es la turística de paisaje. Es amplia general, abarca todo; el río, las orillas, los árboles, los pontones, el puente y los vehículos *(figura 1.6)*.

Figura 1.6

La imagen que sigue separa el paisaje y enfoca las piezas que sostienen al puente. Las columnas, los tensores y las placas de rodamiento vehicular. El objeto de la observación se ubica solo en un sector de la estructura *(figura 1.7)*.

Figura 1.7

Para el análisis es necesario categorizar las acciones, las fuerzas externas. Una la cotidiana y permanente; es la fuerza que genera la masa con la aceleración terrestre de la gravedad. De ella resultan el peso propio del puente y el peso de los vehículos que circulan.

La otras son inerciales; la fuerza del agua sobre los pilares, el viento y el sismo sobre toda la estructura, también las frenadas o aceleraciones de los vehículos. Por último las fuerzas generadas por acciones térmicas; la dilatación o contracción de las piezas con la variación de la temperatura. Una fuerza inercial de características accidentales es la probabilidad de impacto de barcazas o barcos contra los cabezales, pero esa fuerza es amortiguada o resistida por los pontones flotantes ubicados en los laterales de los cabezales.

Así clasificadas las acciones es posible imaginar que las columnas inclinadas actúan a compresión, los cables a tracción y los tableros vehiculares a flexión o flexo compresión. Todas en constante perturbación por la acción de las inerciales de viento, sismo, agua y temperatura. En la observación de una estructura, en este caso el puente, hemos aplicado el método; clasificamos y ordenamos el registro visual de manera secuencial con el objetivo de investigar solo una parte de todo el sistema estructural.

4.5. Los esfuerzos internos.

Lo anterior fue imaginar las fuerzas que actúan desde el exterior de la estructura, ahora debemos descubrir la manera que esas fuerzas externas se transforman en esfuerzos o tensiones que se ubican en el interior de la masa de la pieza, esto es más difícil. Para ello separamos un elemento estructural, en este caso, una viga de hormigón.

La tarea inicial es buscar las condiciones de borde de la viga; la forma que los apoyos intervienen en la viga. Es costumbre en la teoría de las ciencias de la estática, dibujar el esquema elemental mecánico para la representación de una viga como una línea que se une a los apoyos, es el gráfico superior del dibujo que sigue. Pero la realidad es otra, por ejemplo en el caso de hormigón armado, la viga se conecta de manera monolítica con la columna, entonces es necesario dibujarla en escala, con las columnas de soporte y la línea de la losa de entrepiso *(figura 1.8)*.

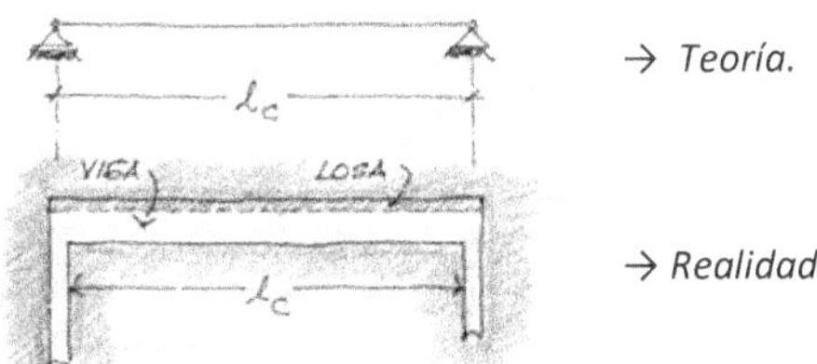

Figura 1.8

Cuanto más se acerca el esquema a la realidad mejor podremos interpretar la interacción entre la viga y los otros elementos que la rodean. Cuando actúan las cargas, dentro de la viga se forman de manera ordenada, vías, caminos de esfuerzos diferentes: (1) tracción, (2) compresión *(figura 1.9)*.

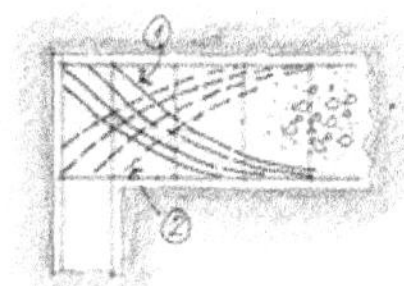

Figura 1.9

Pareciera que existe una "inteligencia" interior como los semáforos de una ciudad. La viga ordena la dirección y recorrido con líneas según las tensiones.

Los esfuerzos de tracción se marcan en línea llena, mientras que los de compresión con rayas. Estos esfuerzos de signos opuestos resisten flexión en la zona central y corte en las cercanías del apoyo.

Figura 1.10					Figura 1.11

Una manera de esquematizar a las líneas de esfuerzos es utilizar el concepto de "biela y tensor". Dibujamos las bielas como los cordones comprimidos (cordón superior y diagonales) de una cercha y los tensores (cordón inferior y montantes) como elementos traccionados *(figura 1.10)*.

Antes fueron cortes longitudinales, ahora hacemos un corte transversal para revelar solo las líneas de compresión, allí aparecen esas "bielas" comprimidas en vista transversal buscando puntos rígidos que en este caso es la unión de los estribos con las barras longitudinales *(figura 1.11)*.

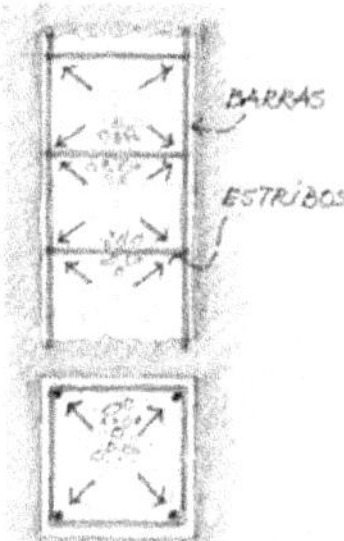

Esas líneas de compresión llegan a la columna. En toda su altura conviven de manera simultánea la acción y la reacción, todas las partículas son afectadas en efecto de aplastamiento. Pero además el hormigón se encuentra entre rejas; formadas por los estribos y las barras verticales. Hay un efecto de confinamiento y dentro de la masa otra vez las líneas buscan los lugares resistentes *(figura 1.12)*.

Figura 1.12

4.6. La naturaleza.

El paisaje diario es biótico. Son escenarios compuestos y combinados por la acción de los vegetales, los animales y el hombre. En cualquier lugar del planeta podemos encontrarlos. Al caminar por la vereda vemos el árbol y también los edificios, la ciudad. Ambos están relacionados íntimamente, ambos sufren iguales acciones: la fuerza de gravedad terrestre y otras de viento y sismo. La observación en la ida y vuelta hace posible estimular y afinar la cualidad del diseño estructural desde el método del análisis del entorno que nos rodea.

Nuestro trabajo es proyectar y ejecutar obras. Es una tarea que la realizamos junto a otros técnicos; formamos un equipo de trabajo para todas las fases de la obra. La Naturaleza construye desde millones de años atrás y los resultados de sus éxitos y fracasos quedan guardados en el chip de sus simientes. La Naturaleza no necesita de un equipo, ella posee la colosal y misteriosa memoria que guarda en sus semillas, en sus embriones. Construye minuto a minuto, detesta los espacios vacíos. Con las condiciones mínimas de supervivencia todos los rincones se cubren de vida animal o vegetal. El constructor y la naturaleza tienen algo en común; construir. El hombre lo hará ladrillo a ladrillo mientras que nuestra vecina lo hace molécula a molécula.

Muchas ciencias en los últimos años han detenido sus especulaciones abstractas para demorarse en observar los acontecimientos cotidianos que nos presenta la Naturaleza. Así surge en forma ordenada, aunque lenta, pero precisa una nueva ciencia que interesa a todas las otras: la Biónica. Palabra formada por Biología y Técnica, es un campo interdisciplinario de investigación que tiene por objeto verificar la posible aplicación de la técnica desarrollada por la Naturaleza en elementos para uso y control del hombre. Busca los conocimientos básicos de soluciones que la Naturaleza aplicó en forma ejemplar a sus propios problemas.

Nos resultará útil analizar sus fines y alimentarnos de su metodología para facilitar la comprensión de todos los fenómenos y leyes que rigen las cosas que construimos. Las formas, los materiales, las leyes que los controlan, las dimensiones, todo lo realizado por el hombre. Por audaz y avanzado en el diseño no dejan de encontrarse cercanas a lo ya realizado por la Naturaleza.

Esta tarea lleva a los técnicos a interesarse por la biología, a la vez que estimula a los biólogos a ocuparse de la técnica. Los responsable del diseño estructural, sean ingenieros o arquitectos, no pueden escapar al análisis profundo de modelos naturales.

Los diseños de la Naturaleza son más ecológicos y económicos en el uso de los materiales que aquellas realizadas por el hombre. Ecológicas porque no deterioran el medio ambiente y económicas porque siempre utilizan el mínimo material.

Existen innumerables analogías entre la naturaleza y las técnicas del hombre para construir cosas, pero muchas de ellas aún no pudieron ser aplicadas, a pesar del espectacular desarrollo de la tecnología en los últimos años. Resulta frecuente notar que luego de encontrar la solución a un problema técnico, la naturaleza ya lo tenía resuelto.

En el dibujo la rama izquierda del árbol, casi horizontal de un centenario algarrobo supera una longitud de ocho metros *(figura 1.13)*. Allí está quieta sin la acción del viento. Está en un equilibrio estable, pero en su interior guarda resistencias muy elevadas para sostener las probables fuerzas dinámicas de viento.

Figura 1.13

Esto muestra que la Naturaleza diseña con un coeficiente de seguridad más alto que el necesario de las fuerzas gravitatorias. Diseña para la eventualidad de grandes tormentas, aplica la compleja teoría probabilística de acciones a futuro. La rama posee forma circular, con una leve tendencia elíptica hacia el eje vertical; se lo exigen fuerzas gravitatorias. Para el diseño combinó innumerables variables. Solo citamos algunas generales.

- Crecimiento molecular: en voladizos, la rama en horizontal que sale del tronco y éste en vertical que sale de la tierra.

- El tronco: para las fuerzas caóticas del viento: forma circular aproximada, resiste en cualquier sentido, sección *"BB" (figura 1.14)*.

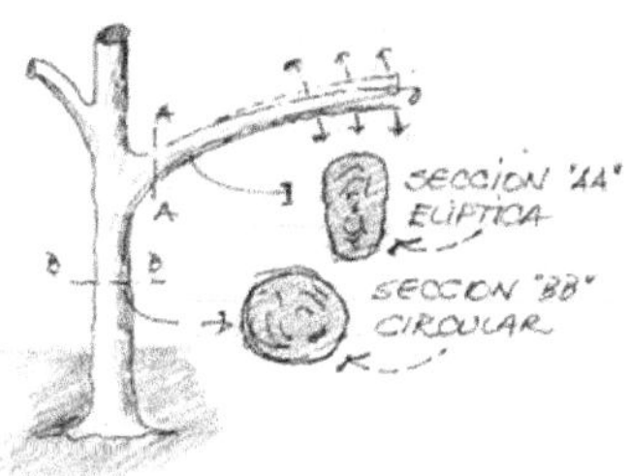

Figura 1.14

- Las ramas: para las fuerzas caóticas pero con predominio de la gravitatoria; forma elíptica, sección *"AA"*.

- Resistencia a la rotura: alcanza valores en el entorno de los 100 Mpa (1.000 daN/cm^2), tanto a la compresión como a la tracción.

- Material isótropo y uniforme: Isótropo porque resiste casi por igual la tracción o la compresión, uniforme porque su masa es constante en la sección transversal.

- Fuerzas imprevistas: las tiene en cuenta con elevado coeficiente de seguridad que está incorporado genéticamente en la semilla que origina al árbol. El árbol puede vivir por décadas sin sufrir ninguna tormenta, pero el coeficiente está codificado desde sus ancestros. No es una variable impuesta por el entorno individual de un solo ejemplar.

- Elasticidad: ningún árbol queda doblado luego de una tormenta. Por ello utiliza un material elástico, sin plasticidad. Retiradas las fuerzas, sus fibras vuelven a llevarlo a la posición original.

Es notable la manera que se han combinado variables como estética, forma, estática y resistencia del material. Repetimos; la observación desde el método científico es una herramienta para mejorar nuestra tarea de constructores o proyectistas.

2

Diseño

1. El proceso.

1.1. El diseño.

Decenios atrás, hablar de diseño estructural cabía únicamente para grandes obras, para construcciones de notable envergadura. El resto de la construcción simple y doméstica se manejaba sobre códigos dictados por el instinto y costumbre.

Ahora, para un mismo edificio o vivienda existen innumerable posibilidades estructurales porque disponemos mayor variedad de materiales y una amplia tecnología. El diseño es arte y el arte es elegir lo mejor de infinitas alternativas. Al diseño no lo resuelve una ecuación matemática. Se necesita la idea, luego el pensamiento junto a la reflexión. En esta última fase ingresan las alternativas del diseño estructural. Debemos decidir. Miles, creemos millones de combinaciones se pueden hacer combinando las formas y los materiales. Para resolver este problema disponemos del cerebro. Pensar.

En el proyecto y construcción de los edificios, el diseño posee diferentes partes o nichos donde se lo estudia de manera excluyente. Al principio está el diseño total del edificio, luego la elección o diseño de los materiales y sus combinaciones. Definidos los esquemas de la estructura de manera espacial se comienza con el diseño de las cargas, algunas son independientes de la voluntad del proyectista; las fuerzas de viento y sismo. Otras están en función del tipo de material y espesores de las partes que requieren y meticuloso estudio. Más adelante se definen los diseños de las piezas en planta (entrepisos y vigas) y las piezas en corte (columnas y pórticos).

Recién cuando se termina el proceso anterior, comienza el análisis de las piezas en forma individual; cada una debe cumplir con el requisito primario de la estabilidad:

Resistencia de Diseño $\geq$ Resistencia Requerida

- Resistencia de diseño: es la capacidad interna nominal de la pieza para resistir las solicitaciones externas.
- Resistencia requerida: Son las solicitaciones generadas por las fuerzas externas.

Dentro de estas tareas está el diseño interno de la pieza que en el caso del hormigón armado es la cantidad y posición de las barras de acero en vigas, columnas, losas y bases.

En algunos casos son necesarios diseños de piezas combinadas para resolver conflictos de espacios; es el caso de la utilización de tensores que sostienen el extremo de una viga, esto es frecuente en el diseño de los balcones o terrazas.

1.2. Elección de los materiales.

La elección del tipo de material a utilizar responde a dos parámetros principales; el tamaño del edificio y la región donde se lo construye. Respecto del tamaño podemos distinguir las viviendas de una a dos plantas. En estos casos el diseño del material no depende de cuestiones económicas o de mercado. El consumo del material en la estructura es reducido y se construyen viviendas donde se combinan todos los materiales. El hormigón para fundaciones y entrepiso, la madera para las escaleras y los perfiles de chapa doblada para la cubierta.

El problema se presenta en los grandes edificios donde la variable económica es quien define la elección del material. En algunos países el acero utilizado para las estructuras resulta de costo menor al del hormigón armado, en otras regiones sucede la inversa. Otra variable en la decisión entre acero u hormigón armado es el plazo de obra. Las piezas de acero pueden ser construidas en fábrica y luego trasportadas para su colocación en obra. En hormigón armado es imposible la prefabricación en edificios altos, y se deben realizar con los moldes o encofrados en obra.

En edificios comerciales grandes de una o dos plantas compite el acero con el hormigón pretensado que en ambos casos son prefabricados en fábrica.

1.3. El cálculo.

Terminadas las tareas de proyecto arquitectónico y del diseño estructural que lo acompañará, se pasa a la fase del cálculo estructural de cada una de las piezas individuales. Todo en armonía y concordancia de tal forma que el diseño general estructural y espacial se complemente y conforme con cada uno de los elementos que lo componen. Para recorrer ese camino se requiere de la ayuda de la Estática, de la Resistencia de Materiales, de las Formas estructurales, del Equilibrio. Es el cálculo.

Eduardo Torroja en el libro "Razón y ser de las estructuras" dice:

> *"Las teorías rara vez dan más que una comprobación de la bondad o del desacierto de las formas y proporciones que se imaginan para la obra. Estas han de surgir primero de un fondo intuitivo de los fenómenos, que ha quedado como un pozo íntimo de estudios y experiencias a lo largo de la vida profesional.*
>
> *El cálculo no es más que una herramienta para prever si las formas y dimensiones de una construcción, simplemente imaginada o ya realizada, son aptas para soportar las cargas a que ha de estar sometida. No es más que la técnica operatoria que permite el paso de unas concepciones abstracta de los fenómenos resistentes a los resultados numéricos y concretos de cada caso o grupo especial de ellos. Todo proyectista que descuide el conocimiento de sus principios, está expuesto a graves fracasos".*

No debemos confundir el diseño estructural con la tecnología. En el estudio desde el diseño se practica de manera constante la relación entre las fuerzas, los materiales, las formas y su resistencia. En tecnología, que es otra disciplina se analiza el origen de los materiales, los medios de unión y los procedimientos constructivos; máquinas, herramientas y equipos.

El cálculo puede transformarse en rutinario, puede incluso mecanizarse, también incorporarlo a una computadora. Se introducen los datos, la máquina los procesa y nos entrega los resultados. Así de simple. Todo lo contrario es el diseño; jamás es rutinario. Exige de reflexión y creatividad. Por sobre todas las cosas se necesita pensar. El caso es que en las tareas cotidianas del proyectista hay tanto por hacer que rara vez queda tiempo para meditar.

Conocidos los esfuerzos máximos que producen las cargas (acciones) y además elegido el material y la forma (diseño) se pasa al dimensionado. Es un procedimiento ordenado y prolijo de expresiones y fórmulas matemáticas que se utilizan para verificar y controlar cada una de las piezas del sistema. El cálculo no genera ni crea formas ni materiales, únicamente revisa y analiza su combinación para la estabilidad.

Las tareas de diseño y las del cálculo no son completas si no se acompañan de los detalles de cada pieza. La forma que se unen, la posición de las armaduras, el tipo de material. Estos detalles se dibujan en planos que juntos a escritos de especificaciones técnicas componen el capítulo final llamado "documento ejecutivo".

2. Diseños según tipos de edificios.

2.1. Entrada.

En estos numerales presentamos algunas, muy pocas, disposiciones de los elementos según el tipo y tamaño del edificio. Los distinguimos como bajos, medianos, altos y muy altos. Cada uno presenta exigencias de diseño diferentes a los restantes.

- Bajos: son los de una a tres o cuatro plantas. Tienen una altura promedio de 15 metros.
- Medianos: hasta diez o doce plantas con alturas de aproximadas de 35 metros.
- Altos: llegan hasta las cuarenta a cincuenta plantas con alturas cercanas a los cien metros.
- Muy altos: más de cincuenta plantas y alturas que superan los quinientos metros de altura.

En este estudio solo elegimos como variable principal la altura, hay otras muchas que pueden condicionar el diseño, por ejemplo el destino. Una construcción destinada a un complejo comercial de una o dos plantas exige una diseño diferente al de un estadio de tenis o básquet.

2.2. Edificios bajos.

Aquí ingresan los edificios de planta baja, en especial las viviendas de una o dos plantas. En la imagen una vivienda de dos niveles que posee una cubierta a dos aguas soportada por cabriadas de madera y un entrepiso liviano. Ambas estructuras apoyan sobre las paredes laterales *(figura 2.1)*.

Figura 2.1

El diseño de las cabriadas es de un reticulado simétrico con igual inclinación a los lados. Por su forma a cumple tres funciones de manera simultánea; soporta las cargas externas, genera un rápido drenaje de las aguas de lluvia y sostiene el cielorraso que genera una cámara de aire que mejora las condiciones térmicas.

Para el entrepiso elegimos uno liviano que se configura por vigas o tirantes que se apoyan en las paredes y tablas de piso con encastre (machimbre). En este caso la forma de las vigas es rectangular *(figura 2.2)*.

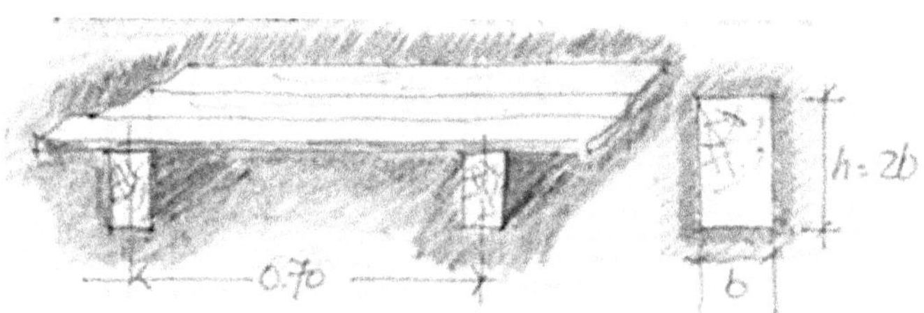

Figura 2.2

Todo lo anterior es diseño, cuando ingresemos en el cálculo estableceremos las solicitaciones y las secciones de las vigas y tablas para que cumplan con la resistencia requerida y con las deformaciones límites.

En zonas sísmicas las paredes deben quedar encerradas en marcos rígidos de hormigón armado, así forman diafragmas verticales de elevada rigidez para soportar las fuerzas inerciales. En regiones no sísmicas en general se construyen viviendas solo con vigas encadenados horizontales a nivel de fundación y en la parte superior de paredes.

Esta geometría de refuerzos desde hace unos años está cambiando, porque los suelos con alto contenido de arcillas son activos con las variaciones del contenido de humedad. Eso produce ascensos o descensos que fisuran las paredes, que solo pueden ser controlados agregando columnas que según la dirección de los movimiento puede actuar como puntales o tensores.

Los suelos con altos contenidos de arcillas activas producen fuerzas ascendentes elevadas que transforman a la vivienda como un objeto que "flota" sobre ese suelo. Si bien el progreso de las cargas es lento (los de viento y sismo son instantáneos) generan grietas en paredes, pisos y cañerías.

2.3. Edificios medianos.

La principal fuerza que actúa de manera permanente son las verticales gravitatorias de peso propio y sobrecarga. De manera eventual las horizontales de viento y sismo. El peso del edificio y su tamaño produce un momento estabilizante superior al generado por el viento. En el caso de sismos fuertes el problema son las elevadas fuerzas de corte en las plantas inferiores.

Para sostener las fuerzas horizontales se diseña el nudo o unión de columnas con vigas que distribuye los esfuerzos; son marcos de elevada rigidez *(figura 2.3)*.

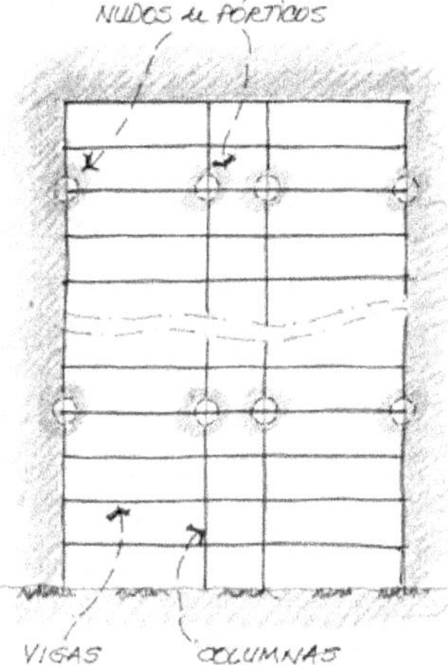

Figura 2.3

En muchos países y para edificios de alturas medianas las fuerzas horizontales y parte de las gravitatorias son tomadas por las paredes confinadas en marcos de vigas y columnas. Con esa disposición ante la acción de las fuerzas horizontales, en las paredes se forman diagonales que actúan como puntales formando una triangulación *(figura 2.4)*.

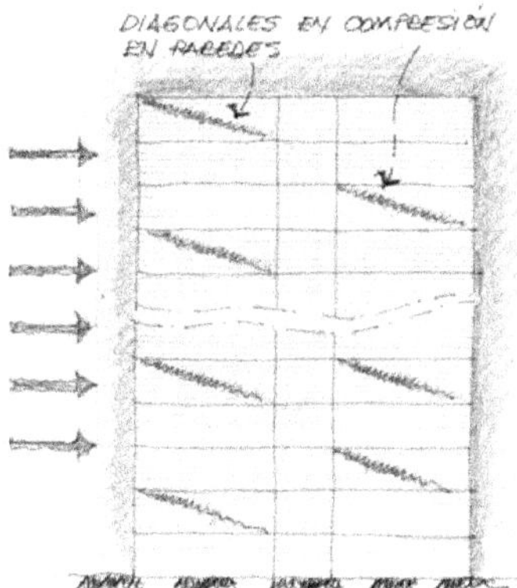

Figura 2.4

2.4. Edificios altos.

Para entender la resistencia del edificio en su totalidad ante las fuerzas horizontales de sismo y viento debemos imaginarlo como un voladizo vertical empotrado en el suelo. En las regiones donde no existen riesgos de elevadas fuerzas horizontales los edificios se pueden construir en forma de pórticos. Ellos responden de manera adecuada a las cargas gravitatorias que son las principales y de vientos con mediana intensidad.

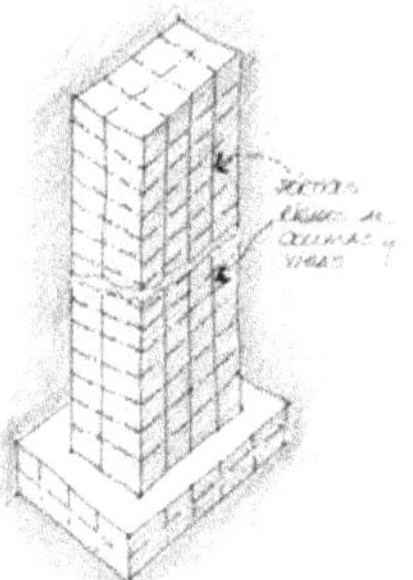

Figura 2.5

La imagen superior puede ser un resumen de las formas de los edificios altos en ciudades como Buenos Aires. Columnas verticales y vigas horizontales formando pórticos que en sus nudos resisten los posible desplazamientos horizontales. No se tiene en cuenta para resistencia los cerramientos externos o internos porque la modalidad actual es de fachadas vidriadas y las paredes internas de materiales no resistentes a esfuerzos estructurales. Estos edificios altos poseen plantas inferiores de mayor extensión que las superiores, para cumplir con las ordenanzas municipales y en especial para generar rigidez acorde con las fuerzas horizontales de corte en las plantas bajas *(figura 2.5)*.

2.5. Edificios muy altos.

En regiones sísmicas para los edificios muy altos son necesario planos verticales tanto en el exterior como en el interior, donde los módulos rectangulares son cruzados por grandes diagonales o riostras que le otorgan una elevada resistencia a las fuerzas inerciales horizontales.

En las dos imágenes que siguen mostramos el mismo edificio anterior pero con dos maneras de colocar las diagonales. En el primero las riostras tienen longitudes grandes, en general este tipo de edificio se realizan en hormigón armado y las paredes externas actúan como grandes vigas reticuladas *(figura 2.6)*.

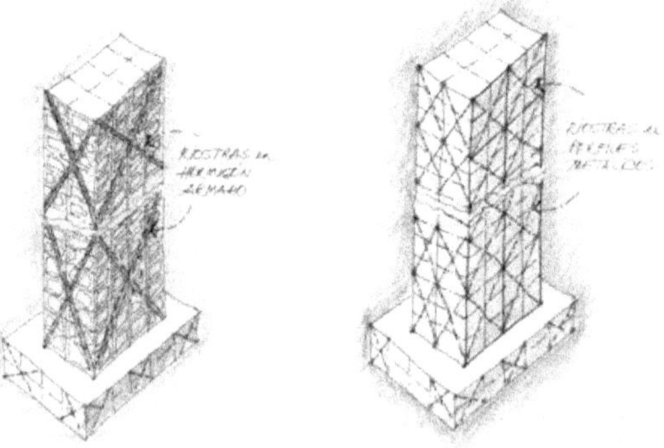

Figura 2.6   Figura 2.7

El mismo edificio pero construido con perfiles de acero. Las diagonales son más cortas, unen los nudos en alturas de dos a tres pisos. Según la dirección de movimiento sísmico y del viento esas piezas pueden actuar a tracción o compresión, en este caso se deben resolver los efectos posibles de pandeo de las riostras *(figura 2.7)*.

3. Plantas de estructuras.

3.1. Edificios para viviendas.

Estos edificios tienen módulos de espacios que se repiten en las diferentes plantas, esto hace posible la ubicación de columnas disimuladas en las paredes o esquinas, de esta manera las vigas y las losas poseen luces reducidas. En el esquema que sigue vemos un edificio donde el centro está ocupado por la rígida caja de escaleras y ascensores que sirven de apoyo de las vigas y el resto es sostenido por columnas *(figura 2.8)*.

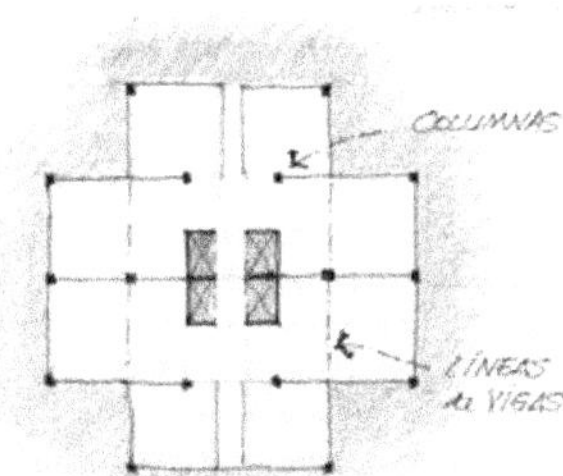

Figura 2.8

Estos tipos de edificios son más eficientes que los diseñados para oficinas porque las luces de cálculo de vigas y losas son reducidas.

3.2. Edificios para depósitos.

Por la elevadas cargas producidas por el acopio de mercaderías estos edificios que son de alturas medianas, las columnas deben ser ubicadas a distancias no superior a los seis o siete metros. En general las losas son calculadas del tipo bidireccional, con armaduras cruzadas *(figura 2.9)*.

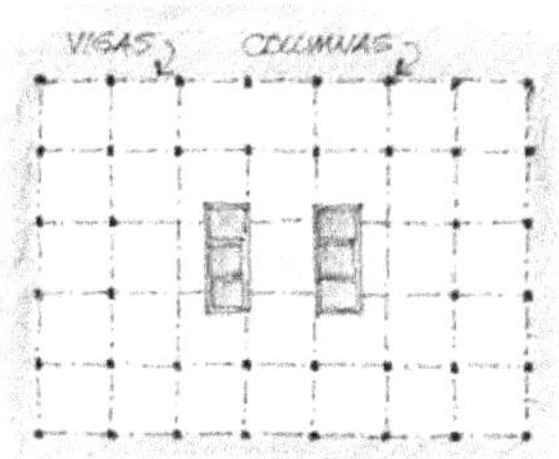

Figura 2.9

Las sobrecargas en mercaderías de un supermercado o depósito quintuplica las sobrecargas de viviendas. Además se deben considerar acciones dinámicas por la utilización de montacargas móviles que sobre ruedas macizas generan fuerzas dinámicas.

3.3. Edificios para oficinas.

A diferencia de los anteriores las plantas deben ser amplias, sin columnas ni divisorias que condicionen la posición de trabajo de los empleados. Las plantas libres cumplen con este requisito. Si bien las cargas son normales, tiene el inconveniente de distancias entre apoyos elevadas; para salvar este problema se diseñan losas del tipo casetonadas o nervuradas *(figura 2.10)*.

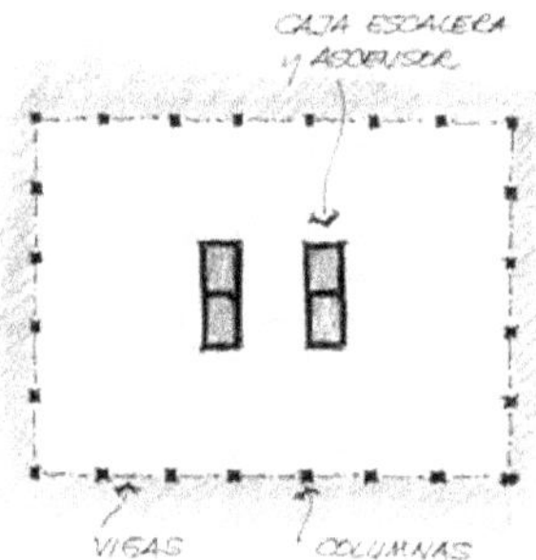

Figura 2.10

Hemos visto de manera resumida los diseños en función de los tipos de edificios. En los articulados que siguen estudiamos por separado cada uno de los elementos que participan en el sistema estructuras y que necesitan también de las tareas de diseño.

4. Cortes estructurales.

En algunos casos son necesarios planos verticales internos que son construidos de manera muy similar a los exteriores; con diagonales o riostras. Estas piezas quitan disponibilidad de circulación horizontal de los ocupantes, allí es la arquitectura funcional junto a la ingeniería estructural que deben diseñar estructuras verticales que interrumpan lo mínimo a la circulación.

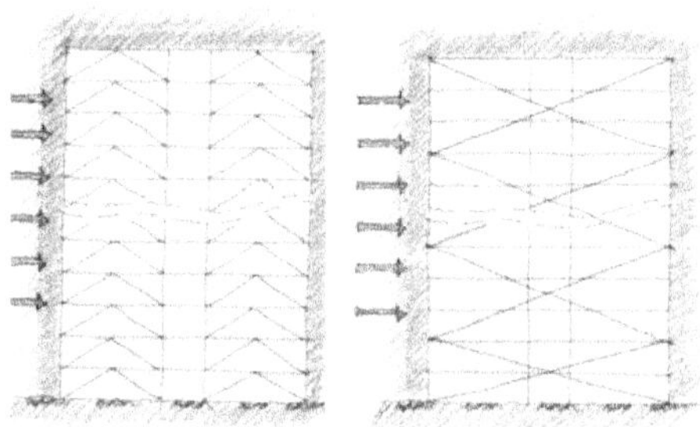

Figura 2.11   Figura 2.12

Otra combinación de riostras es por piso, en estos casos hay simetría en todas las plantas verticales dejando vanos sin diagonales para la circulación, en este caso es uno central *(figura 2.11)*. El otro esquema es de diagonales que cruzan varios pisos y reducen los inconvenientes de tránsito *(figura 2.12)*.

5. Elementos: Vigas.

5.1. Vigas de madera.

Las vigas que componen la estructura de un edificio se los puede clasificar en macizas, reticuladas y huecas. En cuanto a los materiales empleados se distinguen las simples, de un solo material y las combinadas donde se emplean más de un material.

En el interior de las vigas, los esfuerzos se ajustan a su sección transversal. Esta cuestión la estudiaremos en detalle en el Capítulo 14 y 15 de "Esfuerzos Internos". Ahora solo hacemos una reducida referencia para interpretar mejor la necesidad de conocer todas las posibilidades que nos entregan los materiales y sus formas.

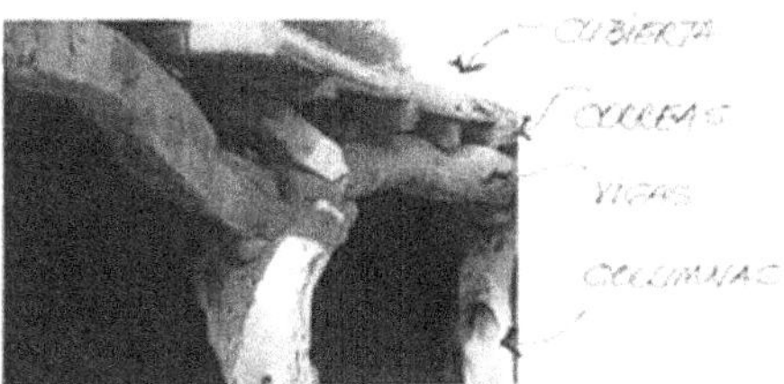

Figura 2.13

La viga maciza de madera es el primer elemento estructural surgido sobre la tierra hace millones de años atrás. La rama de un árbol es una viga maciza que trabaja como voladizo, soportando las cargas de su peso propio, del follaje, del viento y de la nieve. El hombre en sus comienzos la utilizó tal como la naturaleza se la brindaba, troncos de árboles, de sección irregular utilizados como vigas en las construcciones en zonas rurales alejadas *(figura 2.13)*.

Con la llegada de energía y herramientas los troncos pudieron ser labrados y conformados a secciones establecidas; surgen las vigas macizas de madera de sección cuadrada y rectangular. En general las de sección cuadrada son utilizadas para pequeñas luces, donde se clavan las chapas de las cubiertas livianas. Las de sección rectangular se utilizan para soportar mayores cargas y salvar mayores distancias entre apoyos, tales como los cabios o vigas primarias *(figura 2.14)*.

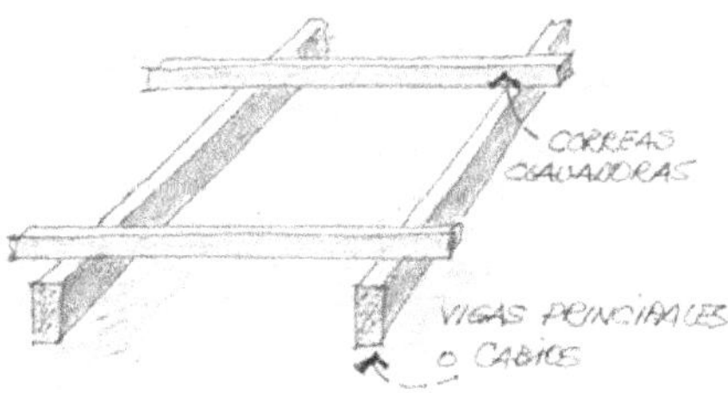

Figura 2.14

Con el desarrollo de tecnologías de fabricación y químicos de colado se logran fabricar piezas de madera maciza con la configuración necesaria surgida del diseño estructural. Se muestran distintas formas logradas con esta nueva tecnología *(figura 2.15)*.

Figura 2.15

Con las posibilidades que brindan los sistemas de unión en maderas, tanto metálicos (conectores, tornillos, clavos) como pegamentos químicos de alta resistencia, es posible construir vigas reticuladas de las formas variadas. Se muestran algunos tipos de vigas reticuladas y modelos de unión o nudos de ensamble *(figura 2.16)*.

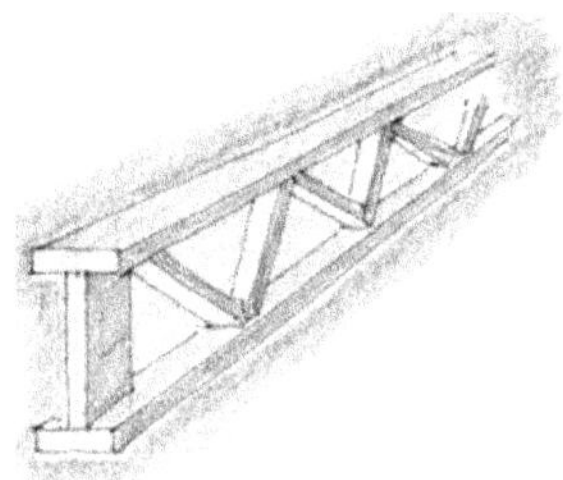

Figura 2.16

Para facilitar la construcción en el ensamble, las vigas se realizan con piezas rectas; cordón superior, cordón inferior, montantes y diagonales, pero en realidad los esfuerzos no se generan de esa manera tan rectilínea. Las máximas eficiencias se observan en soportes diseñados y construidos por la naturaleza. Uno de ellos, lo observamos en los nervios de las hojas, como en la configuración espacial de huesos de animales; el hueso metacarpiano del águila con diseño reticulado espacial *(figura 2.17)*.

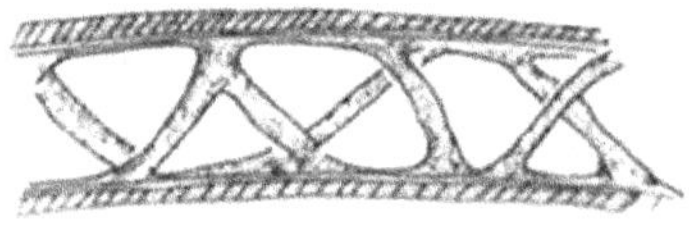

Figura 2.17

De todas las figuras de la geometría hechas con barras, el triángulo es la más efectiva ante la deformación. Una viga reticulada hecha solo de rectángulos no posee rigidez y se deformará en el instante de acción de las cargas. Esa misma viga si en uno o varios puntos colocamos una pieza que forme un triángulo, será suficiente para impedir la inestabilidad *(figura 2.18)*.

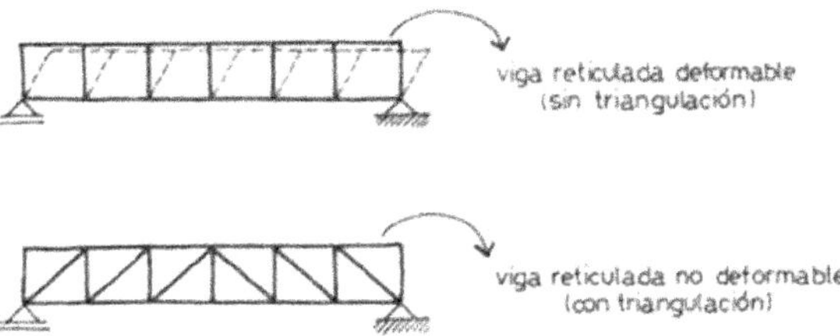

Figura 2.18

Para hacer efectiva la triangulación es necesario que las piezas se mantengan unidas. El punto de llegada de cada pieza se llama nudo y se diseñan según el tipo de material de la estructura, sea madera o hierro. La imagen que sigue una cabriada de madera con detalles de un nudo *(figura 2.19)*.

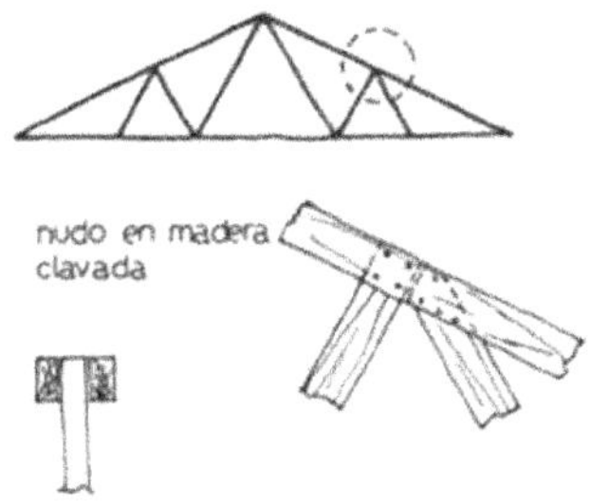

Figura 2.19

La combinación de la unidad "triángulo" en la configuración de las estructuras, hace posible una infinidad de formas y todas son utilizadas en función de las exigencias creadas por las cargas externas.

Efectuamos un ejemplo comparativo de la eficiencia de una viga maciza con una reticulada: La conducta de los esfuerzos internos de una viga maciza respecto de una reticulada lo hacemos como introducción anticipada a capítulos futuros (figura 2.20).

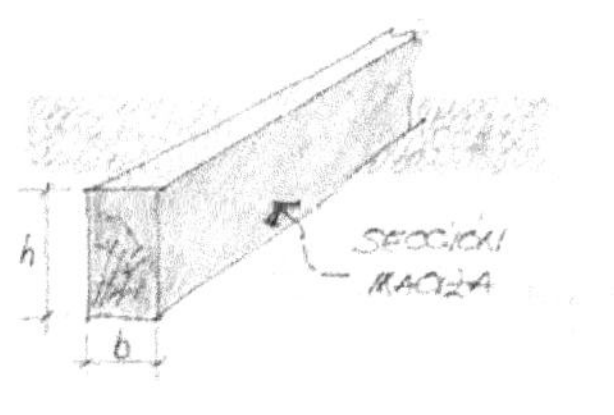

Figura 2.20

Este tirante si lo cortamos en longitudinal al medio, obtenemos dos nuevas piezas de mitad de la altura del original. Con la incorporación de montantes y diagonales logramos transformarlo en una viga reticulada que tendrá una resistencia muy superior a la maciza original *(figura 2.21)*.

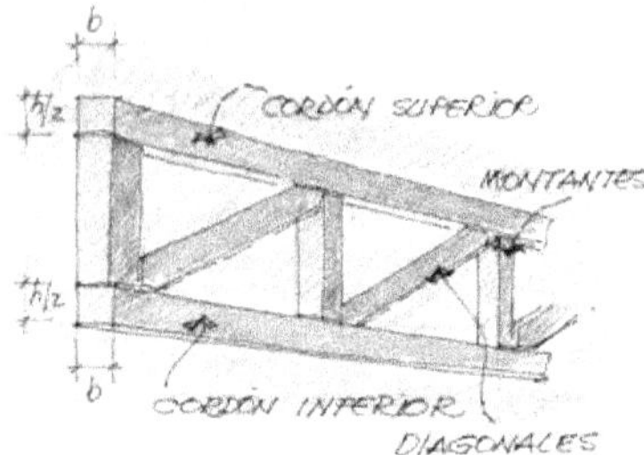

Figura 2.21

Hacemos un estudio de la resistencia de ambas vigas: la maciza y la reticulada. Supongamos una viga maciza con carga concentrada al medio. Las dimensiones:

Altura: $h = 0,15$ *metros (15 centímetros).*
Base: $b = 0,075$ *metros (7,5 centímetros.*
Longitud total entre apoyos: $l = 4,00$ *metros.*

En la parte media, debajo de la carga, en el interior de la viga se producen los máximos esfuerzos, que son de flexión. La carga obliga a la viga a doblarse y en su interior se forma una cupla resistente *(Cz = Tz)* que es el resultado de los volúmenes de tensiones de tracción y compresión *(figura 2.22)*.

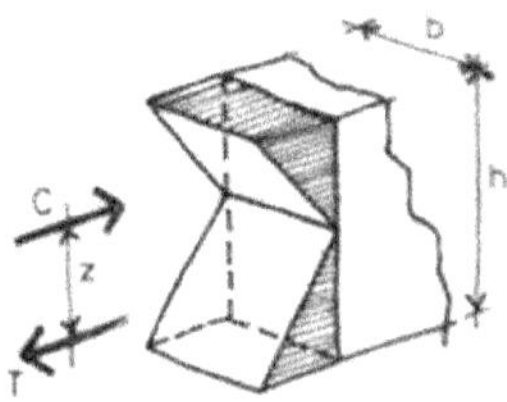

Figura 2.22

Si la viga maciza anterior la transformamos en una viga reticulada, modificamos el brazo de palanca interno *"z"*, según nuestras necesidades, de esa forma generamos una cupla muy superior a la original. El material que debemos aportar para fabricar esta viga serían los montantes, diagonales y elementos de unión. Por supuesto una mayor cantidad de horas de trabajo *(figura 2.23)*.

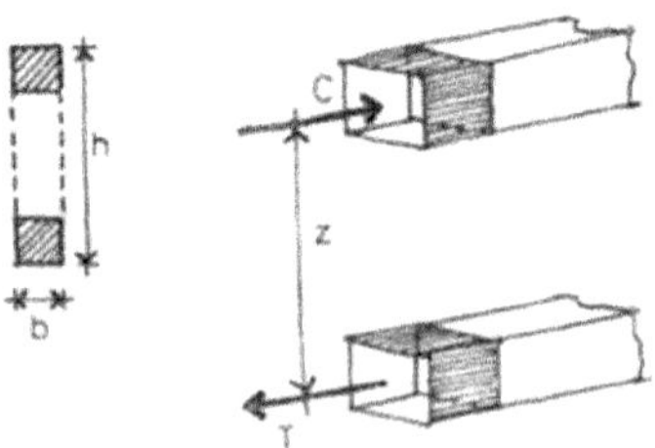

Figura 2.23

Estudiamos la capacidad de cargas de las tres vigas diferentes *(figura 2.24)*:

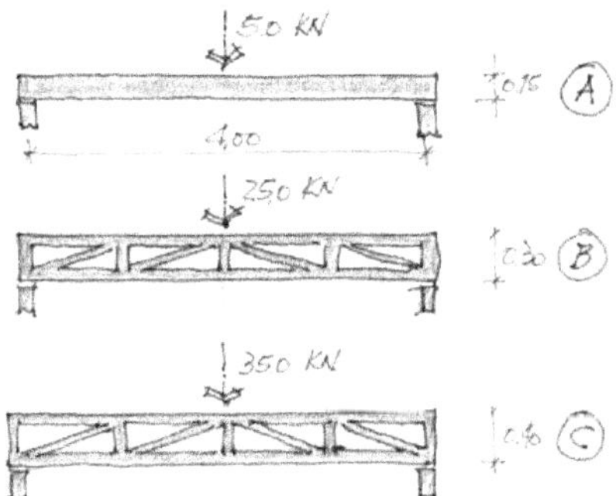

Figura 2.24

A): Viga maciza rectangular de altura 15 centímetros.
B): Viga reticulada de altura 30 centímetros.
C): Viga reticulada de altura 40 centímetros.

Las cuplas internas resistentes se configuran de diferentes formas *(figura 2.25)*:

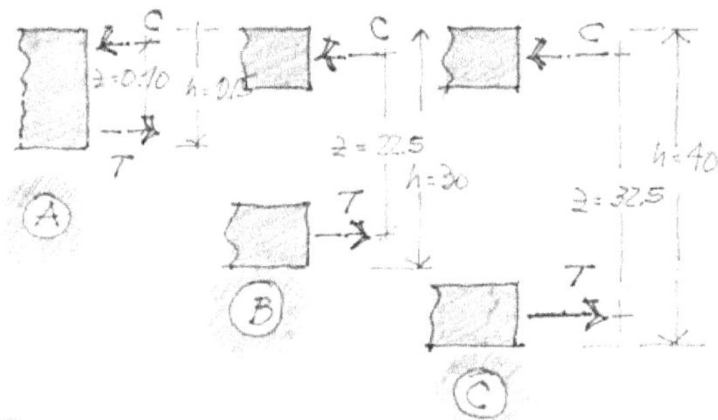

Figura 2.25

Las vigas estudiadas soportan de manera aproximada las siguientes cargas, así podemos comparar su eficiencia.

- Viga *(A)* maciza rectangular: *5,0 kN (500 daN)*.
- Viga *(B)* reticulada de altura total *0,30 metros: 25,0 kN (2500 daN)*, aumentamos en cinco veces la capacidad de carga.
- Viga *(C)* reticulada de altura total *0,40 metros: 35,0 kN (3500 daN)*, aumentamos en siete veces la capacidad de carga.

Si tomamos como unidad la resistencia de la viga *(A)*, las otras tienen una resistencia mayor de:

Viga (B): 5 veces mayor.
Viga (C): 7 veces mayor.

Hemos efectuado una práctica de diseño estructural; aumentamos la eficiencia de la pieza con cambios en su configuración. En las vigas reticuladas de cordones paralelos, la resistencia aumenta de manera aproximada en relación directa al alto.

5.2. Vigas de hierro.

A fines del siglo XIX cuando el acero reduce sus costos, comienza su utilización en elementos para la construcción y en pocos años más se normalizan universalmente las secciones transversales. En la mayoría de los casos las vigas metálicas poseen formas transversales donde la mayor masa o superficie del material se dispone en los extremos superior e inferior de manera tal de satisfacer la necesidad de la cupla interna.

En la imagen siguiente las secciones más comunes de perfiles normalizados y de chapas dobladas *(figura 2.26)*.

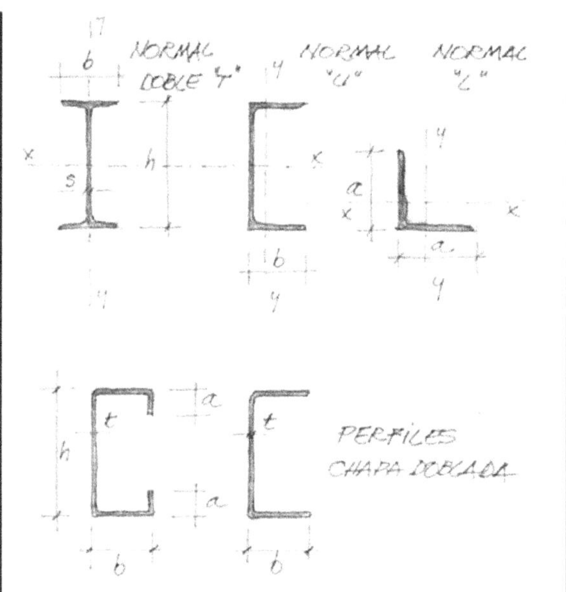

Figura 2.26

Con ellos de forma individual o compuesta se logran diseños para soportar todo tipo de acciones y solicitaciones. Una de las vigas más utilizadas universalmente, es la viga del tipo "Doble Te" indicada en la figura superior, es la más eficiente porque posee mayor parte de su masa alejada del eje baricéntrico.

También se incluyen dentro del grupo de vigas macizas aquellas obtenidos mediante el plegado de chapas delgadas de acero. De estos tipos de vigas las más utilizadas son las tipo *"C"*, para sostener las cargas de cubiertas de viviendas y otros edificios.

Se muestra un nudo de vigas metálicas reticuladas compuesta por combinaciones de perfiles normalizados *(figura 2.27)*. El nudo tiene cuatro piezas que llegan a él; columnas superior e inferior de perfiles macizos normalizados y vigas reticuladas, todas las piezas concurren al nudo de unión.

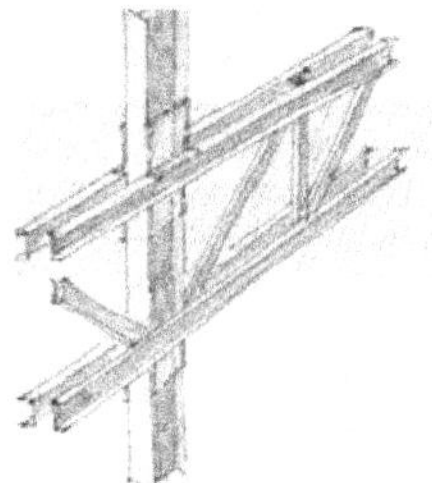

Figura 2.27

Las cerchas o cabriadas metálicas, en general son construidas con hierros ángulos y los nudos se arman mediante una chapa que une a las barras que llegan a él *(figura 2.28)*.

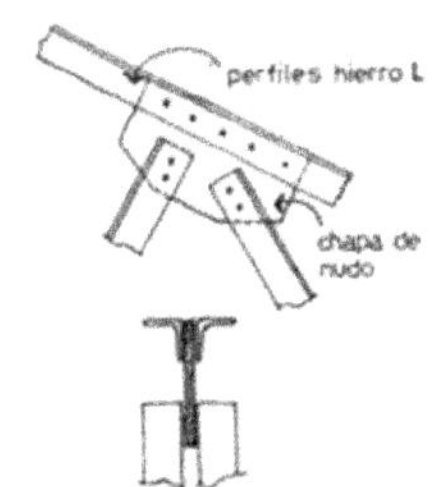

Figura 2.28

5.3. Vigas de hormigón.

Las vigas y también las losas son ejecutadas con una masa uniforme y continua; son monolíticas. En la figura el nudo o unión que ensambla la columna, la viga y la losa; todo en un mismo material continuo, pero en su interior se combinan las barras de acero con el hormigón *(figura 2.29)*.

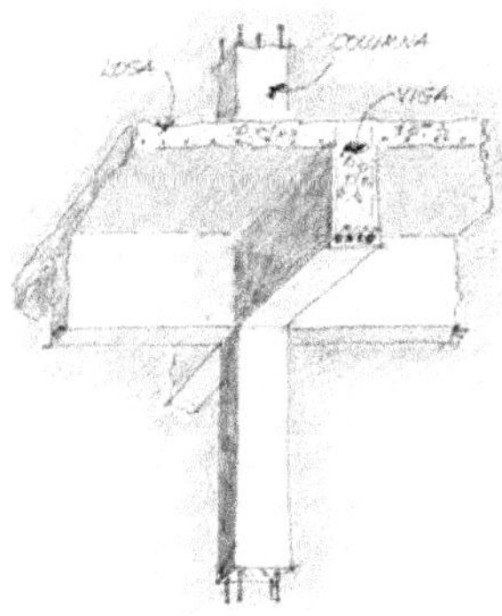

Figura 2.29

Las piezas de hormigón armado común, en la mayoría de los casos son rectangulares. Cuando la losa se hormigona de manera conjunta, esa viga actúa como una de tipo *"T"*. La diferencia en la forma no se encuentra solo en el aspecto exterior, también en su interior cambian las geometrías con las barras de acero. La viga en voladizo las barras se ubican arriba, en la región de tracción, mientras que en una viga de tramo simple, las barras estarán abajo *(figura 2.30)*.

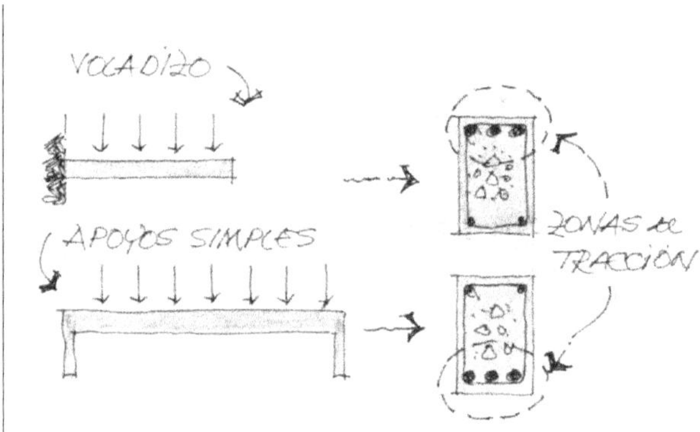

Figura 2.30

El hormigón cuando se lo prefabrica mediante pretensado las formas de las secciones transversales se ajustan al tipo y distribución de los esfuerzos internos cuando actúen las cargas. La sección transversal de una vigueta pretensada tiene la sección de hormigón y armaduras asimétricas, esto les permite resistir mejor las acciones externas. Poseen un ancho inferior de ≈ 8 a 10 cm y una altura de ≈ 11 a 12 cm. En la imagen se observan los cordones de alambres de acero de alta resistencia *(figura 2.31)*.

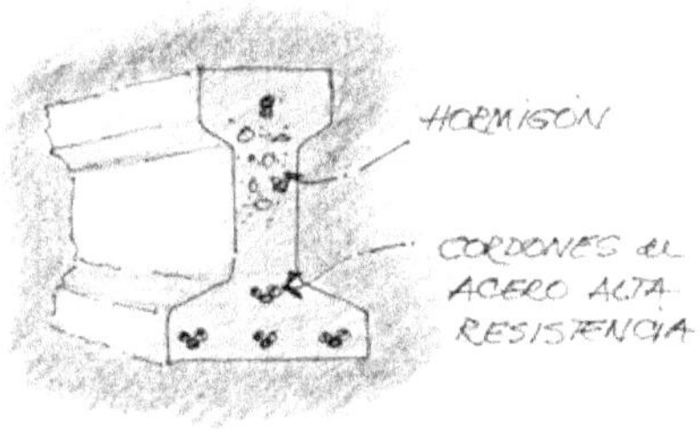

Figura 2.31

Estas piezas, además del hormigón y del acero tienen en su interior energía acumulada que aumenta su resistencia. Un ejemplo sencillo son las cajas de encomiendas; el hilo de atado en tracción que comprime a las paredes de cartón, esa combinación genera energía al sistema que le otorga mayor rigidez y resistencia.

Las piezas pretensadas en general se construyen en fábricas; columnas, vigas, tableros y hasta bases y luego son ensambladas en obra. La imagen destaca el apoyo de las vigas sobre las ménsulas de columnas *(figura 2.32)*.

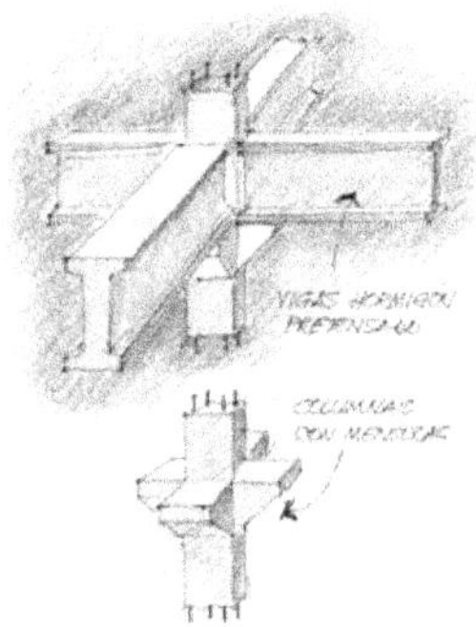

Figura 2.32

6. Columnas.

6.1. General.

Las columnas en los edificios tienen por finalidad soportar las cargas concentradas; es el pensamiento de Torroja que da un toque filosófico al escribir:

"Su misión es la síntesis de toda la finalidad constructiva: soportar. Palabra que, en nuestra lengua, tiene algo de conformidad y de humilde renuncia a vanos derechos que, cuando se acepta voluntariamente y en razón o ideal de servicio, alcanza los límites sublimes de las mejores virtudes. Soportar es, aquí, resistir; y, por eso, la columna es emblema de fortaleza."

Las columnas no están sometidas solo a compresión pura, siempre existirá una excentricidad de la carga concentrada o un momento transmitido por las piezas que soporta. En la figura anterior, las vigas apoyan sobre ménsulas voladizos que soportan reacciones desiguales, tanto por efecto de diferencias en las luces o en los cambios continuos de las sobrecargas.

6.2. Columnas de madera.

Pueden ser macizas, de una sola pieza, este tipo de columnas se utilizan en general cuando su esbeltez es baja. Las secciones de las columnas macizas son de formas diferentes, según la disponibilidad de la madera en el mercado, circulares, rectangulares o cuadradas.

En el caso columnas esbeltas con flexo comprensión o pandeo, se las construye compuestas. Las uniones se realizan con bulones y tuercas. De esta manera es posible separar las piezas en función de las exigencias de las fuerzas y momentos que actúan *(figura 2.33)*.

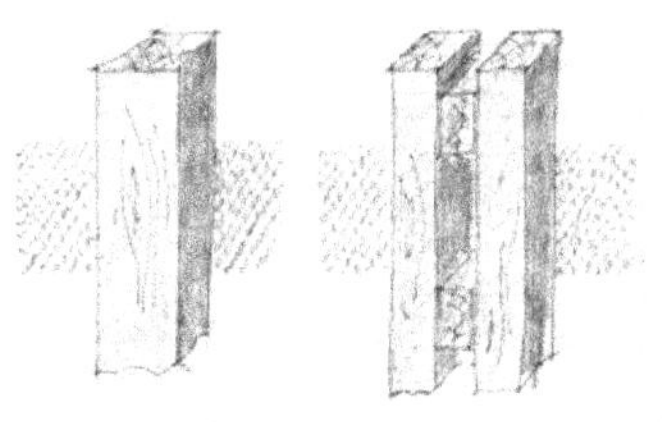

Figura 2.33

6.3. Columnas de hormigón armado.

Las columnas ejecutadas en hormigón armado son de una sola pieza, macizas. Se componen del hormigón y dos tipos de armaduras. Las barras longitudinales y los estribos. Ambas armaduras, las longitudinales y los estribos forman un "canasto" que mantiene confinado al hormigón *(figura 2.34)*.

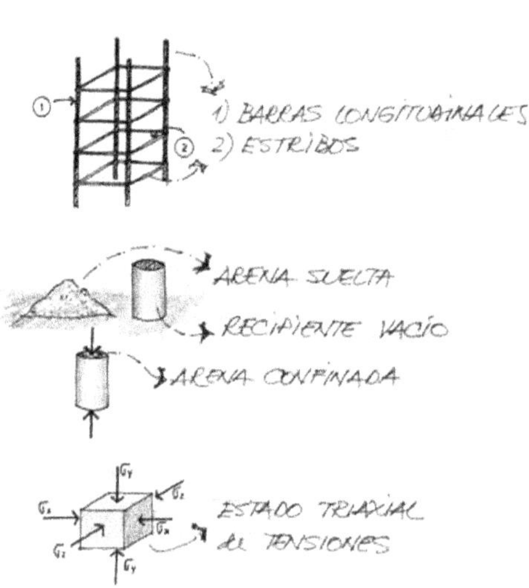

Figura 2.34

Hacemos un ejercicio de combinación de dos materiales que en forma separada no resisten esfuerzos de compresión, pero juntos alcanzan resistencias elevadas. Es el caso de la arena y un vaso de plástico fino. Ambos, por separado colapsan si actúan sobre ellos cargas de compresión. Por ejemplo si apoyamos el pie sobre la arena o sobre el delgado envase, antes de transmitir todo nuestro peso se aplastan o deforman. Ahora, si volcamos la arena dentro del recipiente, esta queda confinada y la columna "arena envase" pude resistir elevadas fuerzas de compresión.

Los hierros en las columnas de hormigón armado, especialmente los estribos actúan de una manera similar; mantienen al hormigón confinado y crean de esa manera en su interior tensiones triaxiales que se equilibran en las tres direcciones.

6.4. Columnas de hierro.

Las columnas macizas de acero se realizan con perfiles laminados; por la simetría de formas habitualmente se utilizan los denominados "doble te" (PNI). Estas columnas de una sola pieza se emplean cuando las cargas y las alturas son reducidas.

Pero cuando se presenta el fenómeno del pandeo o las cargas elevadas, es necesario emplear otros diseños de columnas, buscando de lograr mayores resistencias con menos material. En estos casos se combinan los perfiles separándolos mediante presillas soldadas o con bulones *(figura 2.35)*.

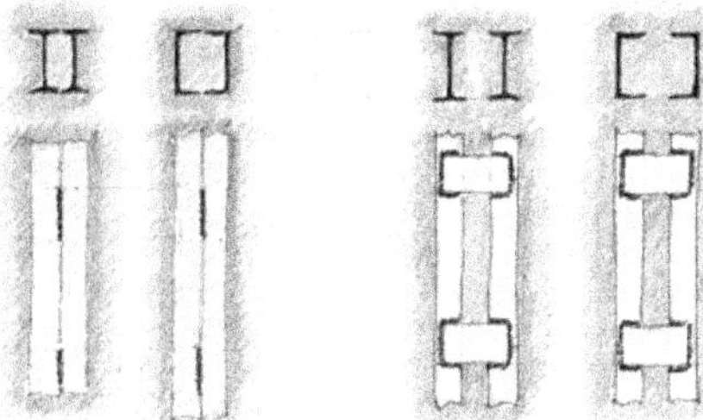

Figura 2.35

7. Nudos.

Tanto la palabra "nudo" como "apoyo" representan el mismo objeto; la unión de las piezas estructurales. La diferencia entre uno y otro es la manera de estudiarlos. Al nudo se lo analiza desde el aspecto constructivo, mientras que al apoyo desde las condiciones de borde y las solicitaciones.

Hay dos tipos de nudos en cuanto a la transmisión de los esfuerzos. Los nudos simples o discontinuos solo transmiten cargas gravitatorias, actúan como una articulación. Los otros nudos, los rígidos, además de las cargas verticales también transmiten momentos flectores.

7.1. Nudos en los sistemas discontinuos.

La viga que se denomina de "apoyos simples" posee en sus extremos nudos articulados. La milenaria cumbrera de tronco sobre horqueta es el mejor ejemplo *(figura 2.36)* . El tronco que es viga se deforma con la cargas pero no transmite flectores a la columna.

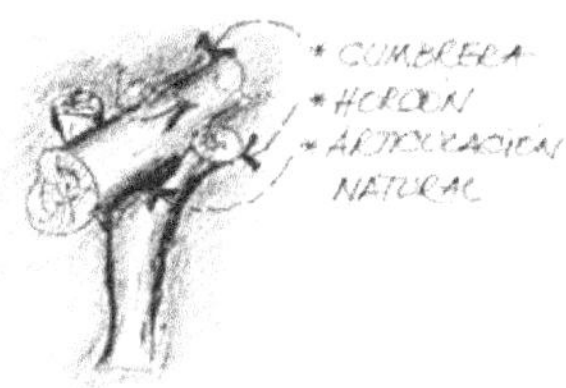

Figura 2.36

Lo mismo sucede con las vigas de madera o de hierro que apoyan sobre columnas o paredes *(figura 2.37)*.

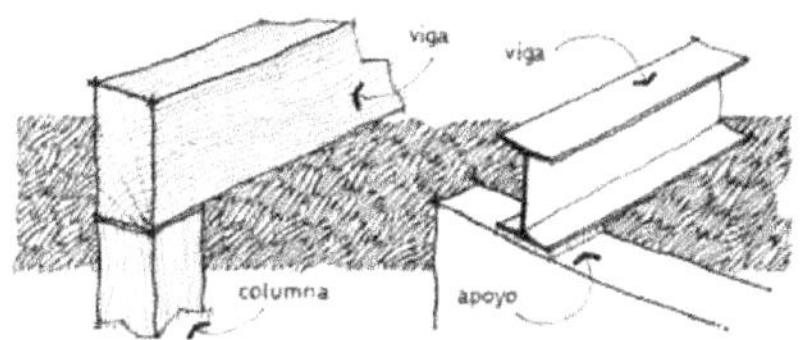

Figura 2.37

La viga de hormigón posee barras de acero continuas en la parte inferior pero discontinuas en la superior. Esto permite al hormigón crear articulaciones en los apoyos donde la viga gira sin resistencia, lo vemos en el apoyo central *(figura 2.38)*.

Figura 2.38

Los entrepisos de hormigón sobre pared, presentan dos situaciones. La imagen izquierda una losa de azotea que en su deformación gira sobre la pared, pero en el dibujo de la derecha existe otra pared arriba que genera una carga, aprieta a la losa y genera un empotramiento, en ese caso deja de ser un apoyo libre *(figura 2.39)*.

Figura 2.39

Otros tipos de nudos en madera son mostrados en los esquemas que siguen *(figura 2.40)*.

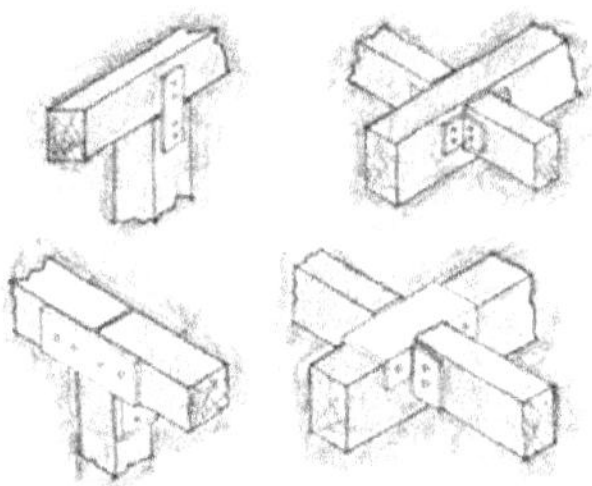

Figura 2.40

7.2. Nudos en los sistemas continuos.

En la actualidad para la construcción de estructuras de madera se disponen de dispositivos y herramientas que hacen posible generar cualquier tipo y forma. Distinguimos algunas de ellas:

- Colas o pegamentos especiales.
- Maderas de varias laminas con adhesivos de alta resistencia.
- Maderas encoladas en tacos.
- Conectores de clavos múltiples.
- Bulones auto perforantes.

La transferencia del efecto de flexión de la viga a la columna se realiza en los apoyos mediante una triangulación entre columna y viga *(figura 2.41)*.

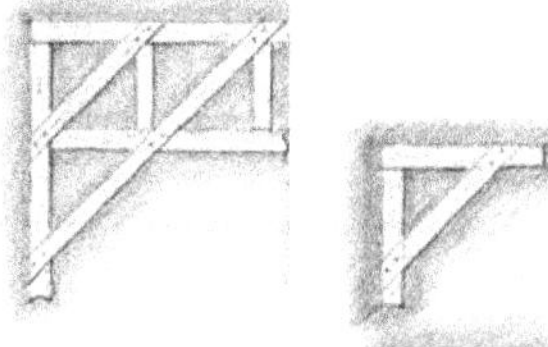

Figura 2.41

En los pórticos el diseño se complica cuando se deben dejar espacios para la colocación de la canaleta colectora de aguas de lluvia.

En los sistemas metálicos soportes de edificios, el hierro es uno de los materiales empleados desde los comienzos de la ingeniería en construcciones. Posee cualidades distintas a otros materiales que las enumeramos:

- Ductilidad: es posible conformarlo en frío o en caliente a las formas requeridas en el proyecto.
- Soldabilidad: las piezas se pueden unir mediante varios tipos de soldaduras.
- Resistencia: las tensiones de rotura son controladas en fábrica.

La imagen representa el croquis de una cabriada metálica, allí los nudos son las uniones de los montantes, las diagonales, cordón superior e inferior. Se los construye con una chapa donde se abulonan, remachan o sueldan cada una de las piezas *(figura 2.42)*.

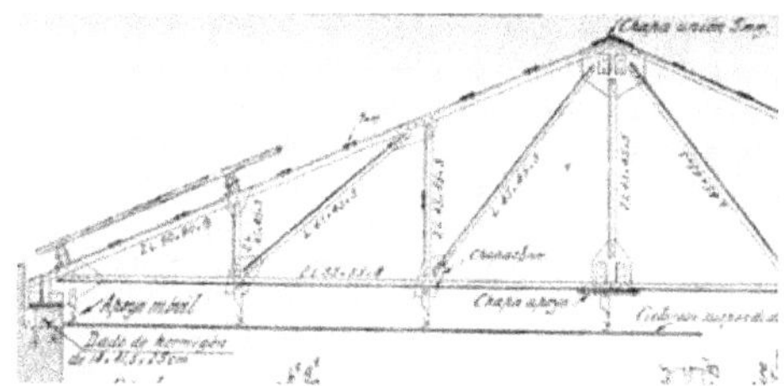

Figura 2.42

La figura del libro "Calculista de Estructuras" de Goldenhorn editado en el año 1975 (14° edición).

En los pórticos continuos la transferencia de los esfuerzos se realiza mediante una adecuada triangulación de las barras en el zona de apoyo. Con las nuevas tecnologías de corte y soldado es posible la construcción de pórticos con piezas macizas (alma llena) donde su forma y sección acompañan la intensidad de la solicitaciones *(figura 2.43)*.

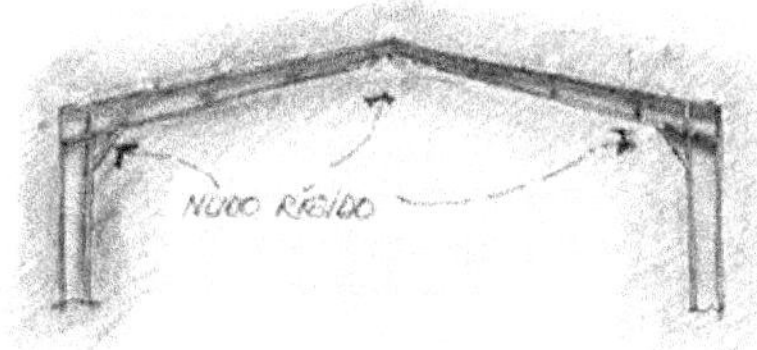

Figura 2.43

El dibujo de abajo es el nudo del pórtico anterior en detalle. Los refuerzos se han diseñado tanto para la transmisión de las cargas gravitatorias como de la transferencia de flectores entre una pieza y otra *(figura 2.44)*.

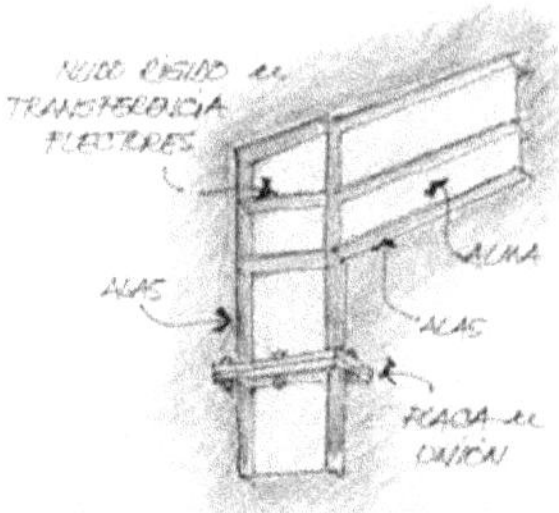

Figura 2.44

En párrafos anteriores hemos hecho referencias al nudo, a la unión de viga, columna y losa en las estructuras de hormigón armado. Según la posición y cantidad de las barras de acero, esos nudos pueden alcanzar elevadas rigideces. La imagen que sigue es una especie de radiografía; se observan las barras que se cruzan y superponen en la región del nudo *(figura 2.45)*.

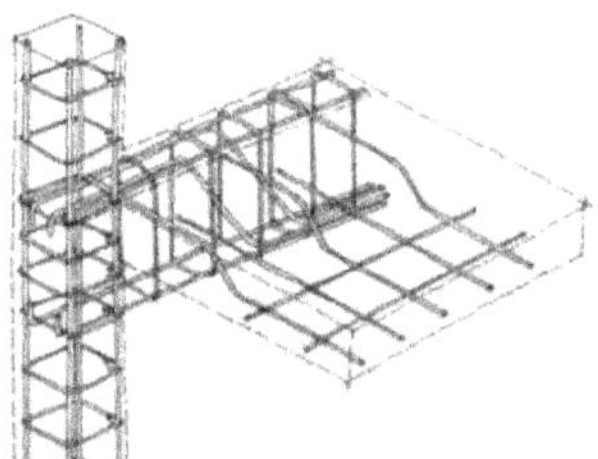

Figura 2.45

El mismo par de vigas mostradas en figuras anteriores, si damos continuidad a las barras en la parte superior, el nudo que antes era articulado, ahora se transforma en rígido y comparte los esfuerzos de las dos vigas adyacentes *(figura 2.46)*.

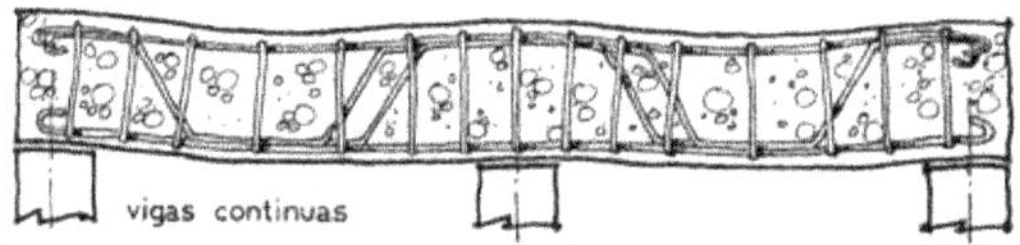

Figura 2.46

Veremos más adelante que las nuevas normativas internacionales sobre el hormigón armado indican la manera de considerar el valor de los empotramientos en los apoyos.

8. Entrepisos.

8.1. Entrepisos de madera.

Los antiguos entrepisos se ejecutaban en su totalidad con madera. Los tirantes sostenía las tablas del piso. Luego con el advenimiento de los perfiles normalizados de hierro, se construyeron de manera combinada, las vigas de hierro y el piso de tablas *(figura 2.47)*.

Figura 2.47

Con la notable tecnología del tratamiento químico y mecánico en las maderas, se logran placas y tirantes de elevada resistencia y homogeneidad. Las placas están formadas por varias láminas pegadas de diferentes espesores y poseen una elevada resistencia porque las fibras en cada lámina se cruzan en ángulos rectos *(figura 2.48)*.

Figura 2.48

8.2. Entrepisos metálicos.

Con buena eficiencia, desde la entrada al mercado de la construcción de las placas de madera indicadas en el articulado anterior, se diseñan entrepisos con vigas principales y secundarias de perfiles estandarizados de hierro y correas metálicas que separadas a unos $\approx 0,80$ metros sostienen a las placas *(figura 2.49)*.

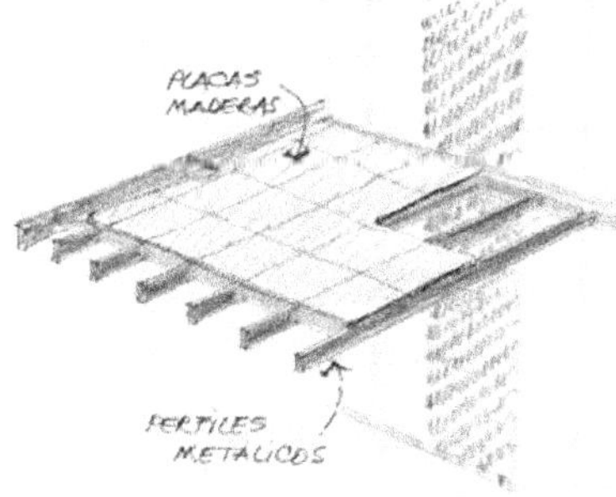

Figura 2.49

En algunas fábricas y talleres metalúrgicos, así como en la industria naval, se utilizan placas de hierro corrugado como elemento de piso.

8.3. Entrepisos de hormigón armado.

Configuración general.

Con el hormigón armado aparecen los denominados entrepisos pesados, en ellos se combina la resistencia a la compresión del hormigón con la de tracción de las barras de acero. Poseen diferentes diseños; losas macizas, alivianadas con bloques huecos, nervuradas y las más utilizadas en la actualidad son las de combinación de viguetas pretensadas prefabricadas con bloques y capa de compresión de hormigón. En el Capítulo 9 del Cirsoc "Requisitos de Resistencia y Comportamiento en Servicio" se muestran algunos esquemas.

Además de la resistencia, los entrepisos deben reunir condiciones relativas al confort; se exige planos horizontales y con deformación mínima ante las cargas de uso. El hombre puede trasladarse en autos, en ómnibus, en aviones, en barcos todos artefactos que están en movimiento. Pero no admite que se mueva el piso de su oficina o departamento de vivienda. Por ello los entrepisos son diseñados desde la resistencia y también desde la elástica o de la vibración, por ello las normativas indican las *"Alturas Mínimas"* tanto para vigas como losas.

Losas con armadura unidireccional: Poseen barras de única dirección y paralelas. Pueden ser de apoyos simples o continuas con flectores negativos en los apoyos. Son eficientes hasta luces de cuatro cinco metros. En la imagen las columnas que sostienen a las vigas y éstas a las losas *(figura 2.50)*.

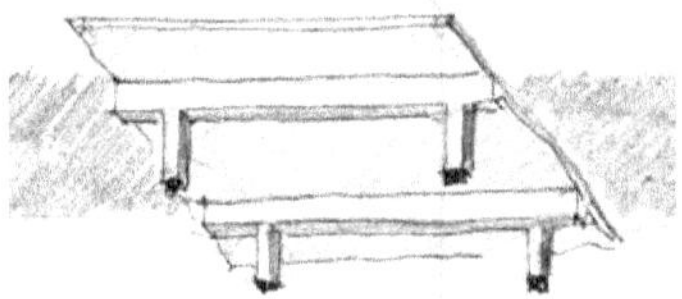

Figura 2.50

Losa en dos direcciones apoyadas sobre vigas perimetrales: Son las más utilizadas en la construcción de los edificios. Al igual que el sistema anterior, tienen la desventaja del espesor total; losa más viga que resta altura final al edificio. De sección maciza se pueden construir hasta luces de siete a ocho metros *(figura 2.51)*.

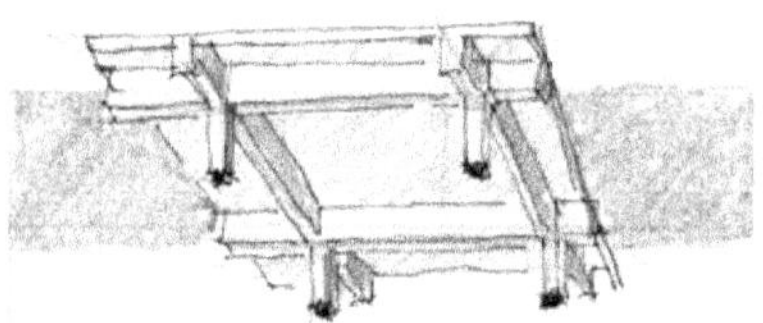

Figura 2.51

Losa placa: Son también llamados entrepisos sin vigas, son utilizadas en plantas de arquitectura donde es posible colocar columnas a distancias reducidas de unos cuatro metros o menos, que es el caso de los edificios de viviendas *(figura 2.52).*

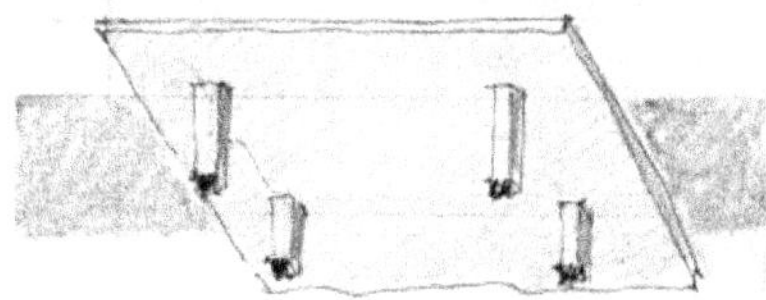

Figura 2.52

Losa plana: En estas también desaparecen las vigas pero se construyen capiteles soportes en extremos de columnas. No se utilizan en edificios de viviendas, en general estos entrepisos son diseñados para grandes depósitos o talleres (figura 2.53).

Figura 2.53

Losa nervurada en dos direcciones: Es una de los entrepisos que mayor eficiencia entrega en la relación de soporte de cargas y peso propio, pero tiene el inconveniente del elevado costo de mano de obra para su construcción. Son posibles construir entrepisos de más de quince metros de separación entre columnas, son habituales en los grandes salones o aeropuertos (figura 2.54).

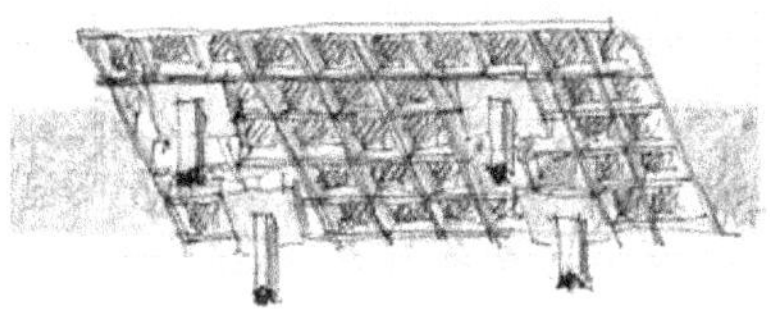

Figura 2.54

Configuración transversal.

Losa maciza: Toda la sección es maciza con las barras de hierros que se ubican en las zonas de tracción de los tramos o apoyos *(figura 2.55)*

Figura 2.55

1) Hormigón armado.
2) Armadura transversal de retracción.
3) Armadura principal de tracción.

Losa alivianada: Se utilizan ladrillos de grandes huecos de cerámico, de mortero comprimido o también bloques de poliéster expandido. Se los colocan en las regiones de tracción. Se dejan nervios donde se alojan las armaduras. El sistema tiene la ventaja de disminuir de manera notable el peso propio de la losa *(figura 2.56)*..

Figura 2.56

1) Hormigón armado.
2) Armadura principal de tracción en nervios.
3) Armadura de contracción o repartición.
4) Bloques livianos huecos.

Losa nervurada: Se las construyen para salvar grandes luces. Se ejecutan nervios con separaciones de unos 70 centímetros. Poseen una elevada resistencia a la flexión debido a la altura que se logra en los nervios. En general son utilizadas para edificios bajos, porque se pierde mucha elevación final en edificios altos. El conjunto de vigas de nervio y losa puede alcanzar a los 50 a 60 centímetros. Cuando los nervios se cruzan se las denomina losas casetonadas *(figura 2.57)*.

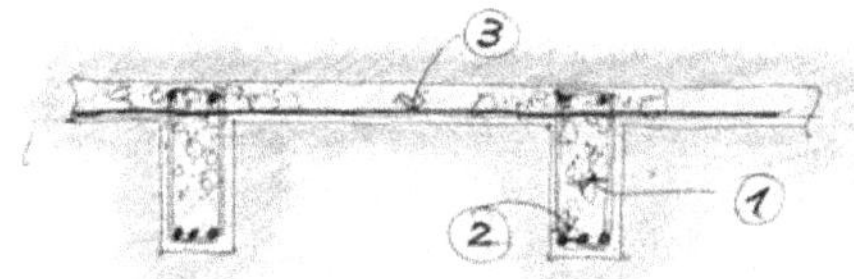

Figura 2.57

1) Hormigón armado.
2) Armadura de vigas de nervios.
3) Armadura principal de losa.

Losa de viguetas pretensadas: Para reducir cargas y evitar el uso de encofrados, cada día es mayor la utilización de viguetas pretensadas con bloques livianos que pueden ser de cerámicos, cemento comprimido o de poliéster expandido *(figura 2.58)*.

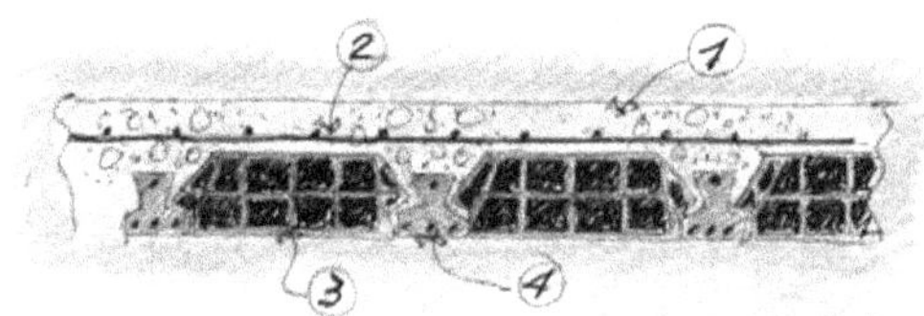

Figura 2.58

1) Hormigón armado.
2) Armadura transversal de retracción.
3) Bloques livianos huecos o bloques de poliéster expandido.
4) Viguetas prefabricadas pretensadas.

Losas prefabricadas pretensadas huecas: Son placas con anchos variables que son colocadas sobre apoyos de vigas o paredes. No necesitan capa de compresión, solo el mortero de enclave entre una placa y otra para la transferencia de las deformaciones *(figura 2.59)*.

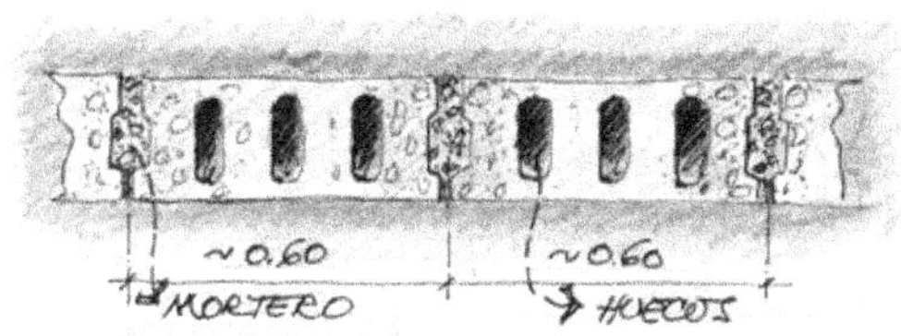

Figura 2.59

Entrepisos mixtos de perfiles metálicos y hormigón: las vigas son de perfiles macizos o reticulados metálicos que sostienen a las losas de hormigón. Pueden trabajar a la flexión de manera conjunta si se colocan pernos de resistencia a los esfuerzos tangenciales longitudinales. El sistema se transforma en una viga tipo placa con la parte inferior de acero y la superior, el ala, de hormigón *(figura 2.60)*.

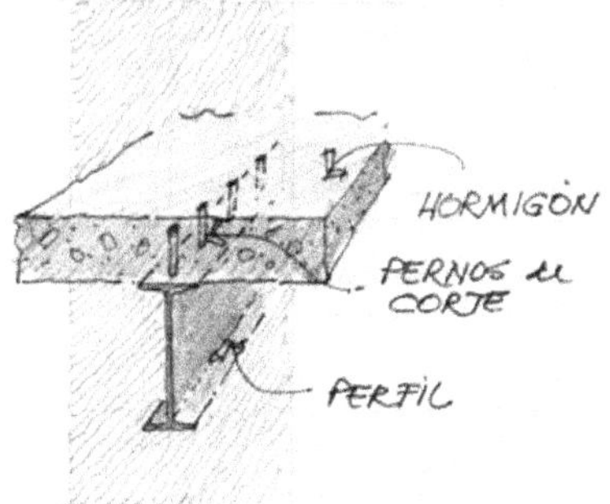

Figura 2.60

Entrepisos con encofrados metálicos activos: con la tecnología del acero fue posible construir chapas trapezoidales con rugosidad para una fuerte adherencia entre hormigón y acero; de esa manera se controlan las tensiones tangenciales longitudinales. La ventaja de este sistema es la doble utilidad de las chapas; actúan como armaduras a tracción de las losas y además sirven para encofrados en el proceso de hormigonado *(figura 2.61)*.

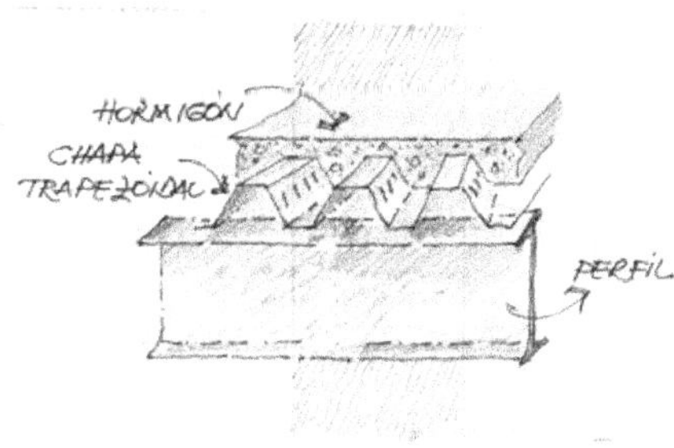

Figura 2.61

9. Cubiertas.

9.1. General.

Todas las obras de arquitectura funcional, sin excepción tienen por finalidad generar albergue o protección. Seguridad tanto a seres humanos como animales, también para la guarda de alimentos o materiales, para ellos siempre estará presente el techo o la cubierta y más abajo los entrepisos *(figura 2.62)*.

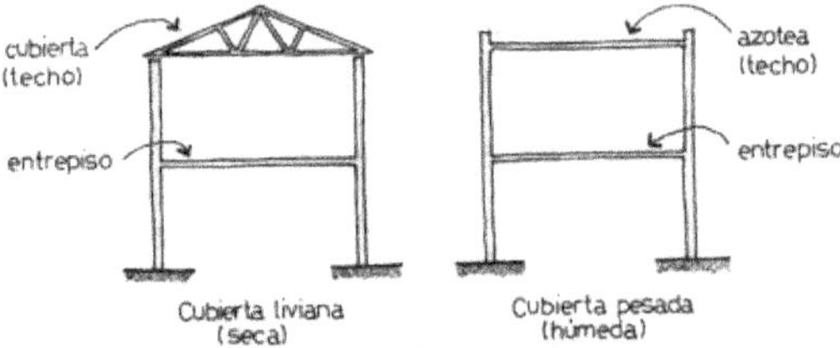

Figura 2.62

La figura muestra los dos tipos de cubiertas más usuales. La de techo inclinado liviano que se soporta por una estructura de madera o hierro, la otra una cubierta o terraza de losas de hormigón armado con tratamiento de aislación hidráulica y térmica. Esta última puede poseer doble función; por una lado la función de cubierta para proteger los ambientes inferiores y además terraza accesible para diferentes usos.

La cubierta de hormigón armado tiene un peso por metro cuadrado aproximado de cien veces al de la chapa liviana. El uso de cubiertas pesadas debe ser justificado técnica y funcionalmente en la fase de proyecto y diseño *(figura 2.63)*.

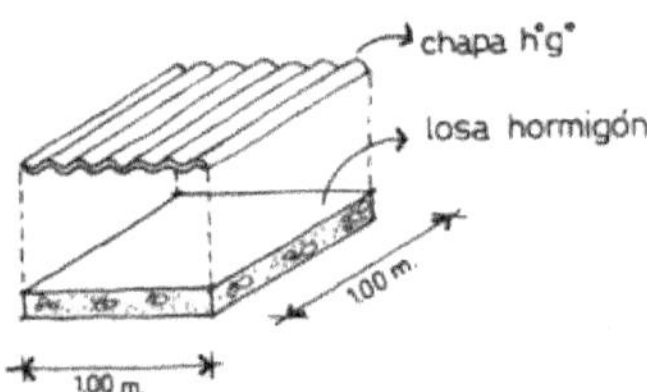

Figura 2.63

La chapa ondulada de hierro galvanizado pesa $\approx$ 0,050 kN/m^2, mientras que una losa de hormigón puede llegar a 5 kN/m^2, incluido el contrapiso de pendiente y la capa impermeable. Las cubiertas livianas y su estructura soporte se arman en obra y se componen de las partes que indica en el esquema *(figura 2.64)*.

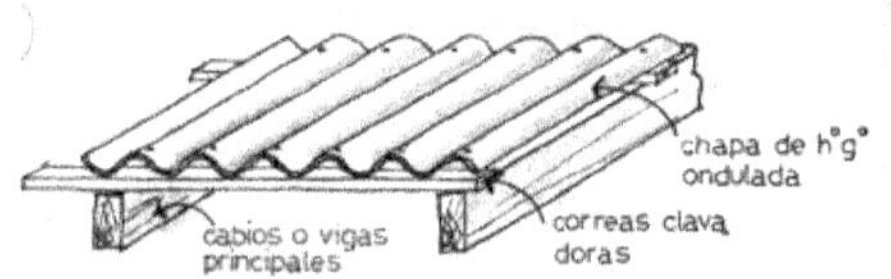

Figura 2.64

Las vigas principales son de madera maciza, reticuladas o también de perfilería metálica. Mostramos las cerchas o cabriadas simétricas a dos aguas más comunes *(figura 2.65)*.

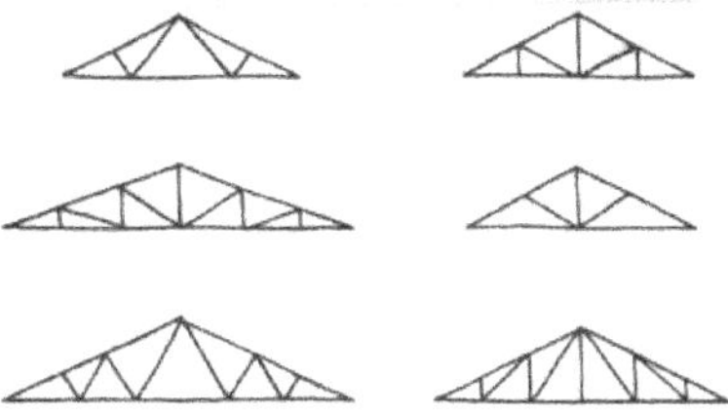

Figura 2.65

También pueden ser a un agua *(figura 2.66)*.

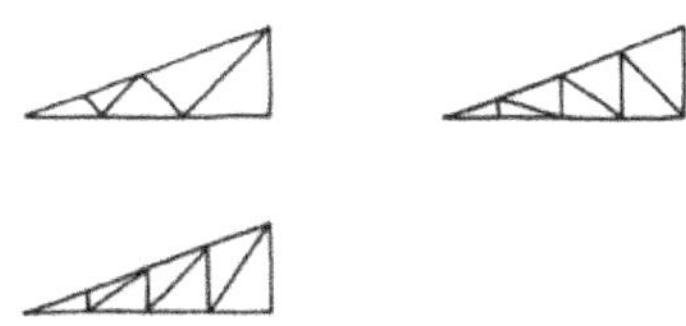

Figura 2.66

De cordones superior e inferior paralelos *(figura 2.67)*.

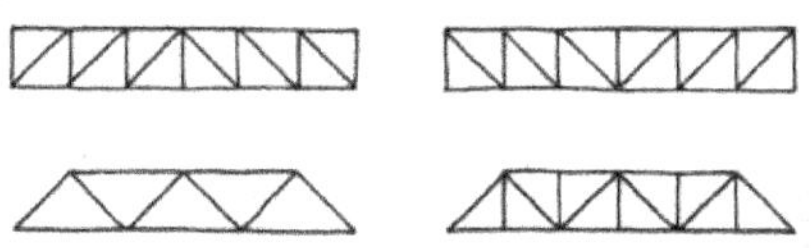

Figura 2.67

Vemos que todas resultan de la combinación de piezas rectas que forman triángulos; es la figura geométrica indeformable.

Las cubiertas de hormigón en ocasiones son denominadas "cubiertas pesadas" y los detalles los hemos visto en los articulados anteriores, tanto las construidas en obra como las prefabricadas .

9.2. Cubiertas colgadas:

Responden a un diseño muy similar al utilizado en los puentes atirantados. Se combinan tensores principales que sostienen a las columnas, tensores secundarios que sostienen la cubierta, las columnas y las vigas reticuladas que soportan la cubierta.

En estas cubiertas sucede algo interesante, el efecto de succión del viento es superior al del peso propio de cubierta y estructura. Para evitar la alzada de la cubierta con su estructura se acostumbra a colocar bloques de hormigón en los pasillos técnicos de iluminación y sonido. Es una manera de generar un estado de energía elástica previa para sostener las oscilaciones positivas y negativas del viento.

Corte de la construcción *(figura 2.68)*.

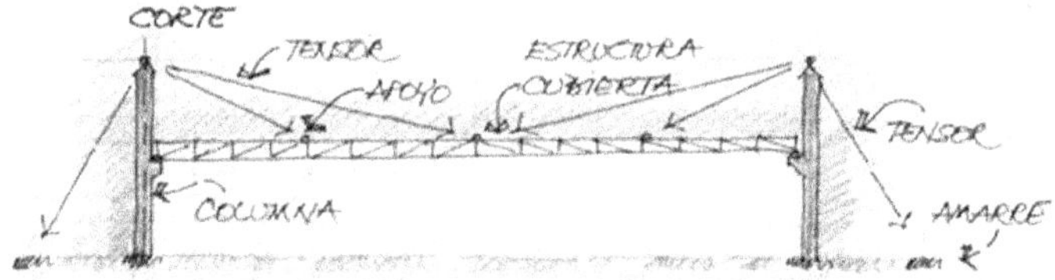

Figura 2.68

Vemos dos estructuras; la primaria son las columna y tensores externos, en ellas no existen solicitaciones de flexión, solo la combinación de esfuerzos puros de compresión y tracción, la estructura secundaria son las vigas reticuladas de cordones paralelos que sostienen el techo y otros elementos como pasillos técnicos y artefactos de iluminación y sonido, en ellas los esfuerzos son de flexo compresión.

Planta de la construcción *(figura 2.69)*.

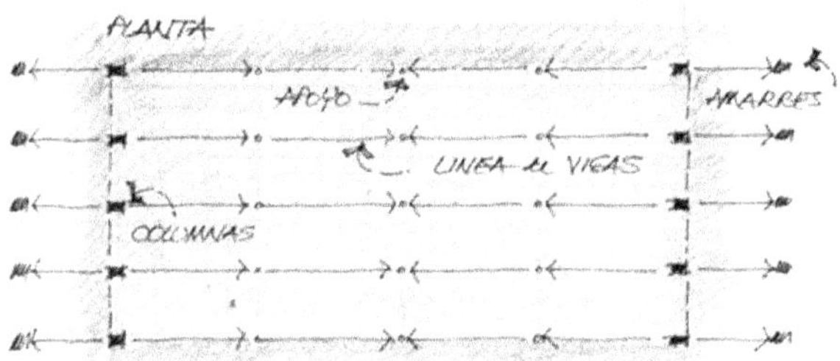

Figura 2.69

Los anclajes de los tensores se ubican alejados de las columnas y del espacio cubierto. La orientación de los esfuerzos se mantienen en la dirección horizontal de todo el sistema indicado en el esquema.

9.3. Cubiertas de superficies textiles tensadas:

Desde hace unas pocas décadas avanza un nuevo diseño de estructuras que ya se la bautiza con el nombre de "Arquitectura Textil".

Se componen de tres elementos: puntales a compresión afectados por la acción de los tensores de las telas a tracción. Es un sistema estructural donde la estabilidad se genera por la energía elástica que se le aplica durante el montaje. Corte de la cubierta tensada de textil *(figura 2.70)*.

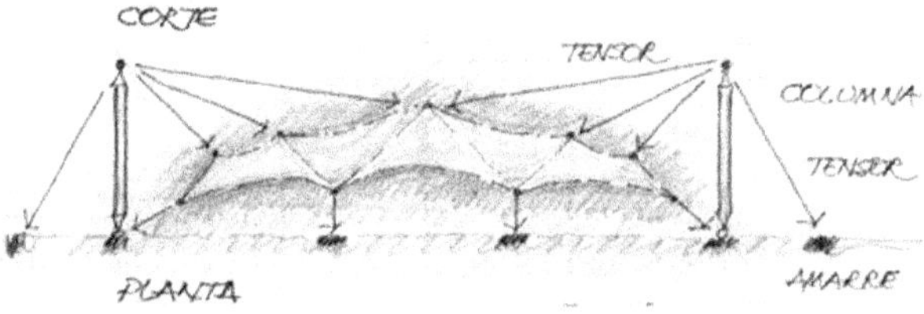

Figura 2.70

La estructura difiere de la anterior en la eliminación de solicitaciones de flexión; en todas las piezas del sistema actúan esfuerzos puros de compresión o tracción, también en la cubierta de textil tensada.

Planta de la cubierta tensada *(figura 2.71)*.

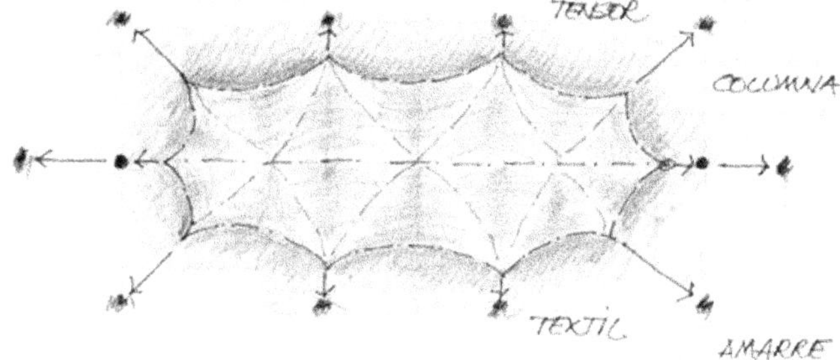

Figura 2.71

En la planta de este sistema observamos una desventaja; los amarres o anclajes de los tensores se ubican alejados en todo el perímetro de la cubierta. Para su construcción son necesarios terrenos más amplios que el caso anterior cubierta metálica colgada.

10. Aplicaciones.

10.1. General.

En el soporte de un edificio se distingue el diseño estructural general de las plantas y el diseño de cada una de las piezas que lo componen.

10.2. Diseño de las plantas.

En los ejemplos que siguen se exponen tres alternativas del diseño en la disposición de losas, vigas y columnas de una planta tipo.

La geometría arquitectónica de la planta tipo del edificio de departamentos para viviendas *(figura 2.72)* :

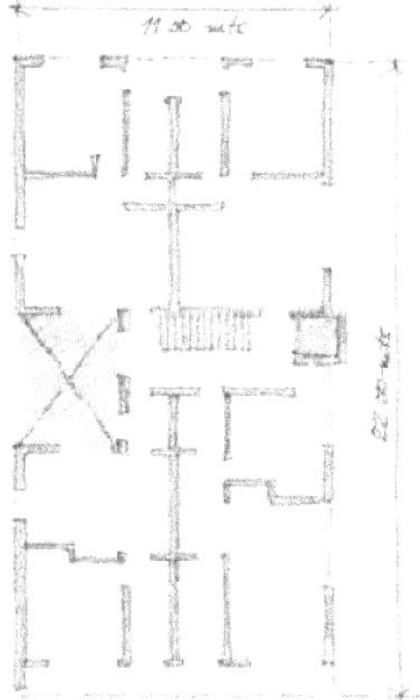

Figura 2.72

Alternativa 1.

La planta se apoya sobre 17 columnas y el núcleo de caja de ascensor *(figura 2.73)*. Las vigas se trazan en tres líneas principales longitudinales.

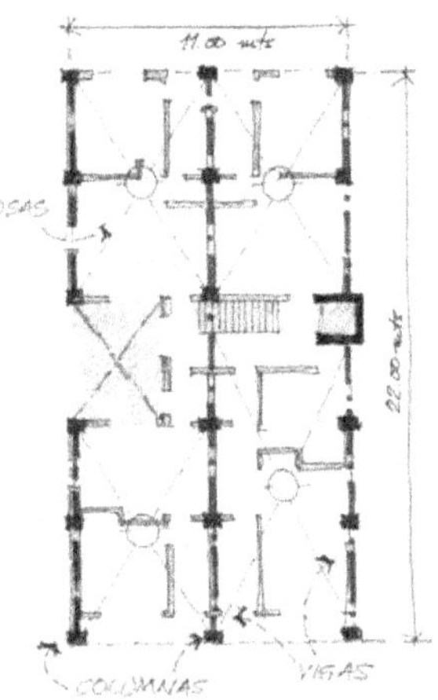

Figura 2.73

Las losas son diseñadas con el sistema alivianado de bloques de poliéster expandido y nervios unidireccionales.

Alternativa 2.

En este esquema las vigas se trazan en tres líneas principales transversales *(figura 2.74)*. La cantidad de columnas y tipo de losas es similar al anterior.

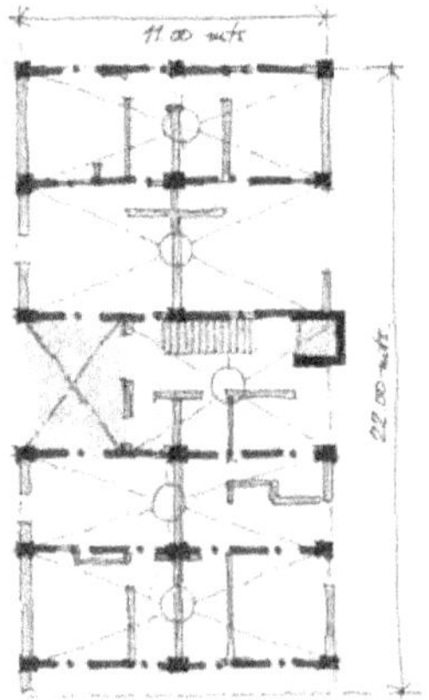

Figura 2.74

Alternativa 3.

La planta se apoya solo sobre 7 columnas y el núcleo de caja de ascensor. Las vigas son perimetrales *(figura 2.75)*. Las losas son diseñadas con el sistema alivianado de bloques de poliéster expandido y nervios cruzados. Esta solución elimina todas las columnas interiores, es un diseño que se adecua más para oficinas que para departamentos de viviendas.

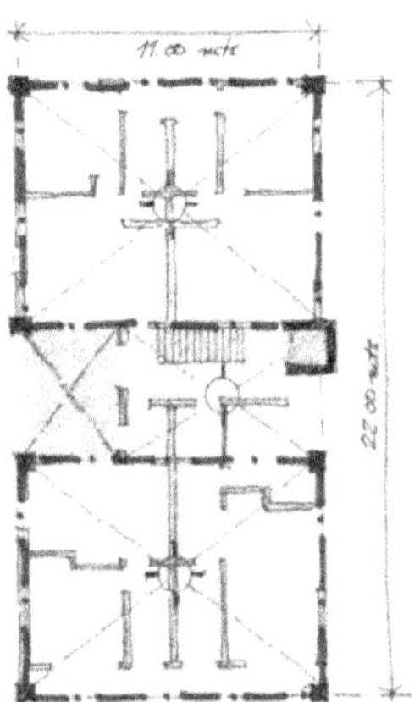

Figura 2.75

Otras alternativas.

Para un sector general de planta se muestran seis diferentes combinaciones de columnas, vigas y losas. Según la variable de diseño arquitectónico y el costo se elige la más adecuada *(figura 2.76)*.

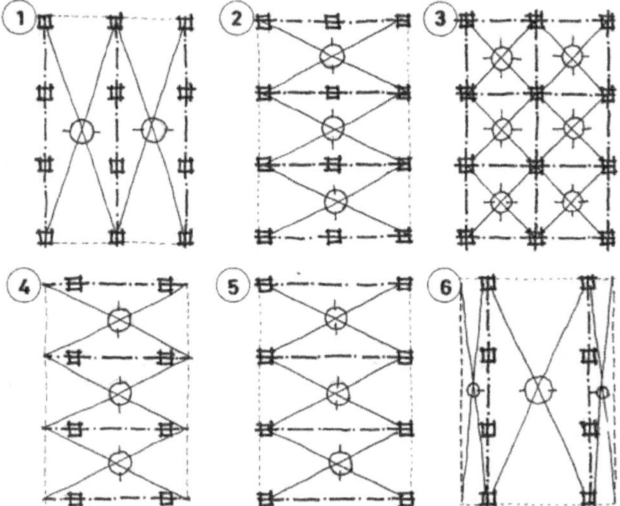

Figura 2.76

1) Tres líneas de vigas longitudinales con doce columnas. Las dos losas son simétricas e iguales.

2) Cuatro líneas de vigas transversales con doce columnas. Dos losas externas y una interna de igual longitud.

3) Siete líneas de vigas: tres longitudinales y cuatro transversales. Se mantiene la cantidad de columnas (doce). Las seis losas son del tipo cruzadas (armaduras en dos direcciones).

4) Cuatro líneas transversales de vigas con voladizos en los extremos. Las columnas se reduce a ocho. Las tres losas son similares al del caso (2).

5) Cuatro líneas de vigas transversales apoyadas en las ocho columnas extremas. Las losas similares al caso (2).

6) Dos líneas de vigas longitudinales sobre ocho columnas. La losa simétrica posee un tramo central y voladizos en los extremos.

Para un sector general de planta se muestran seis diferentes combinaciones de columnas, vigas y losas. Según la variable de diseño arquitectónico y el costo se elige la más adecuada.

Diseño según Cirsoc 201.

En el Capítulo 9 del Cirsoc 201 se indican algunos diseños de los tipos de losas para los entrepisos de los edificios en altura *(figura 2.77).*

Figura 9.5.3. Tipos de sistemas de losas en dos direcciones.

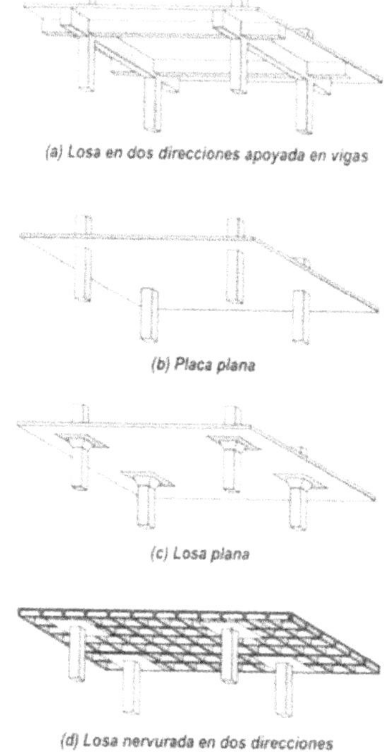

Figura 2.77

10.3. Diseño de las piezas.

Lo anterior son diseños de plantas. Ahora vemos diseño de las piezas en hormigón armado.

Losas.

En el punto anterior "8: Entrepisos" de este capítulo se indican varios tipos de diseños de losas que pueden ser utilizados.

Vigas.

En hormigón armado en general las vigas son de tipos placas, porque el sistema es monolítico. Las columnas, las vigas y las losas tienen continuidad con las barras de acero y con el hormigón *(figura 2.78).*

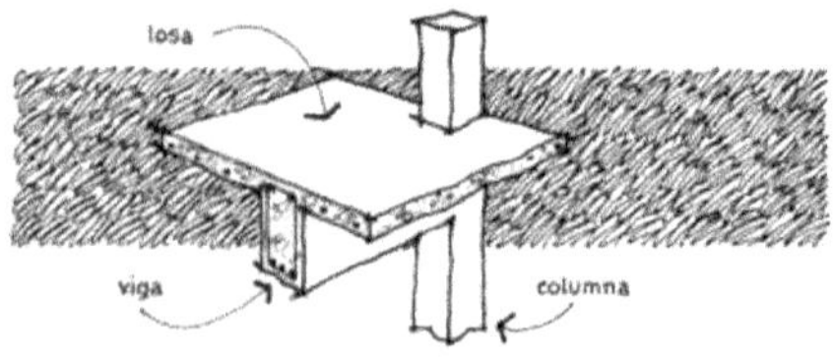

Figura 2.78

También requieren de diseño la cantidad y posición de las barras dentro del hormigón. En el esquema mostramos las barras longitudinales que componen la unión de viga con columna y los estribos. Según el tipo de viga si es continua (hiperestática) o discontinua (isostática) la configuración cambia *(figura 2.79)*.

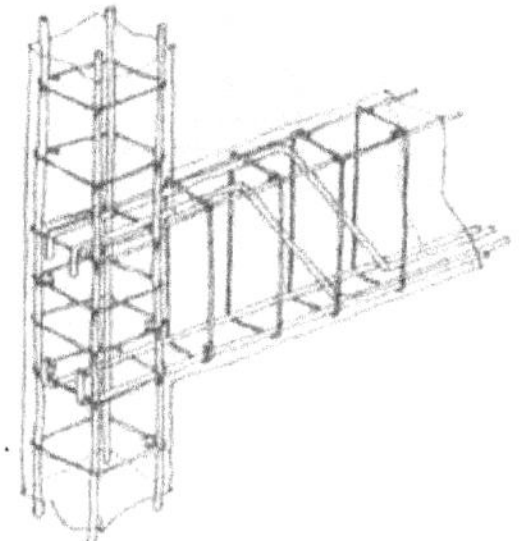

Figura 2.79

3
Hipótesis.

1. Introducción.

Estudiamos el significado y uso de las dos maniobras principales para el desarrollo y cálculo de las piezas estructurales de un edificio: las teorías y las hipótesis. En otras disciplinas y también en algunas ciencias el significado varía del utilizado en las ciencias de la construcción.

Las hipótesis son interpretaciones de fenómenos que no se ajustan del todo a la realidad. El caso más repetido es la condición de apoyo de una viga porque no existe un empotramiento total perfecto, tampoco una articulación total. Entre los extremos imaginarios e ideales de "empotramiento perfecto" y "articulación perfecta" están todas las posibilidades que nos brinda la realidad. El técnico proyectista debe imaginar el grado empotramiento que existirá a futuro en los extremos de la pieza. Para esto se necesita de la experiencia, de las anécdotas, de la opinión popular, de la sabiduría de los antiguos para elaborar una buena hipótesis. Una teoría es sostenida por toda la comunidad científica, mientras que una hipótesis es una conjetura solo elaborada por el solitario técnico que diseña y calcula la estructura.

La teoría es una maniobra matemática, es una herramienta que permite enlazar leyes, principios y procedimientos con las hipótesis que incorporamos en su desarrollo. La teoría que se utiliza en el diseño estructural ha sobrevivido a muchísimas pruebas, mientras que la solitaria hipótesis es una idea, un pensamiento del proyectista que aún debe ser comprobada en la realidad. La verdad del apoyo de la viga solo la podemos matematizar luego que la viga haya sido construida, cualquier acto anterior es solo una hipótesis.

2. Teoría.

2.1. Introducción.

El origen de la palabra "teoría" es griego y significa contemplar desde el pensamiento. La teoría surge desde las primeras especulaciones de los griegos sobre los sucesos en el universo; consideraban que suceden de una u otra manera porque existen leyes preestablecidas que la matemática o el razonamiento lógico los podría resolver.

La teoría es una herramienta para construir modelos científicos que interpreten una parte de la realidad, en nuestro caso la necesitamos para comprender la relación que existe entre la forma, el material y las fuerzas de una pieza estructural; sea viga, losa, columna o base. La teoría de la flexión que estudiaremos en próximos capítulos termina con una fórmula muy simple de tres términos que encierra las tres variables principales.

En nuestras ciencias es válida la "navaja de Ockham", este principio establece que un fenómeno que posee varias teorías para su explicación, se elige la más simple, además se demostró que en general las teorías más sencillas son las más probables y cercanas a la realidad; este principio, desde siglos es aplicado por nuestras ciencias.

Las teorías sobre un fenómeno, al igual que las ciencias están en permanente cambios. El paradigma que se utiliza en este momento, dentro de unos meses puede ser sustituido por otro, se dice que una teoría no es una llegada, es la posibilidad de una partida. El objetivo de la elaboración de una teoría es obtener datos predictivos, a futuro. En el caso del dimensionado de vigas, mediante las teorías existentes es posible desde el escritorio predecir, pronosticar la forma, tamaño, material y deformación de una viga que se construirá a futuro.

En las ciencias de la construcción las teorías están "probadas" por el uso durante décadas. En el caso del diseño estructural se inicia con hipótesis y teorías especulativas y se termina con la realidad del edificio.

Entre las partes principales de una teoría están las hipótesis. El acto de diseñar y calcular una viga es un acto de teoría científica porque el técnico, debe confeccionar y darle forma a un conjunto de hipótesis; ese acto de pensar en el objeto a diseñar o calcular es una parte de la manifestación científica. Cuando las hipótesis son equívocas los resultados de la teoría son falsos.

2.2. Confusión.

En muchos casos se confunde la palabra teoría con suposición o hipótesis. La teoría es un paradigma científico que explica fenómenos y puede realizar predicciones verificables. Para construir una teoría se necesitan de los datos que proporcionan las hipótesis. Podemos clasificar las teorías desde el tiempo del suceso. Teorías de sucesos acaecidos en el pasado; en el caso del colapso de una estructura, por ejemplo, un puente. Luego del suceso los técnicos efectúan distintas teorías que tratan de explicar la causa del suceso.

Las teorías a futuro son las utilizadas por la ingeniería estructural, desarrollos matemáticos con fórmula final que predicen, pronostican a futuro la conducta de una pieza, por ejemplo, una viga. En ambos casos son necesarios elaborar hipótesis que pueden ser reales o solo imaginarias.

3. Hipótesis.

3.1. Introducción.

Son supuestos o conjeturas que a partir de algunos datos se utilizan para iniciar una investigación o desarrollar una teoría. En las ciencias de la construcción, primero están las hipótesis y luego sobre ellas se construye la teoría. Lo vemos en el siguiente ejemplo donde participan las hipótesis con una teoría; la de la flexión en vigas.

3.2. Caso de la teoría de la flexión en vigas.

Para comprender la cantidad de hipótesis y supuestos nos adelantamos al escribir la siguiente fórmula de la flexión, que se desarrolla de manera completa desde la teoría en los Capítulo 14 y 15 "Esfuerzos Internos" *(figura 3.1)*:

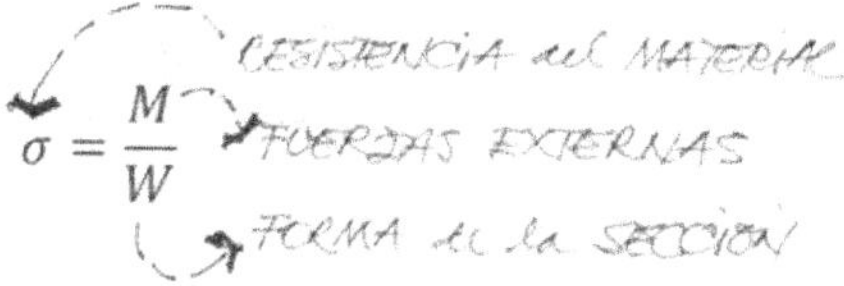

$$\sigma = \frac{M}{W}$$

Figura 3.1

Cumple con el precepto de la sencillez; tiene solo tres términos y en ellos están todas las variables internas y externas de la viga. Pero algunas de las hipótesis que contiene se apartan un poco de la realidad.

σ: (Resistencia) es la *"tensión admisible"* del material empleado. Es un valor aproximado que se ubica en una región del diagrama tenso deformación explicado en párrafos anteriores.

M: (Fuerzas externas) se denomina *"momento flector"* y representa la intensidad del efecto flexión que producen las cargas actuantes sobre la viga. Depende de la distancia entre apoyos, de las condiciones de borde en apoyos (empotrado total, parcial o libre), de la intensidad y forma de las cargas.

W: (Forma de la sección) es el *"módulo resistente"* una expresión matemática que nos entrega de manera numérica la forma de la sección transversal, en nuestra viga al ser rectangular el valor es *(figura 3.2)*:

$$W = \frac{bh^2}{6}$$

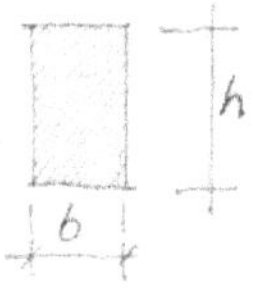

Figura 3.2

Esta expresión del módulo es la más próxima a la realidad, porque los valores de *"b"* y *"h"* se pueden medir de manera exacta, mientras que la tensión y el momento flector son aproximaciones teóricas.

Para la tarea del dimensionado, como dijimos antes, podemos diseñar una sección rectangular donde $h = 2b$, maniobrando con las expresiones anteriores obtenemos las dimensiones necesarias para la resistencia en flexión de la viga *(figura 3.3)*:

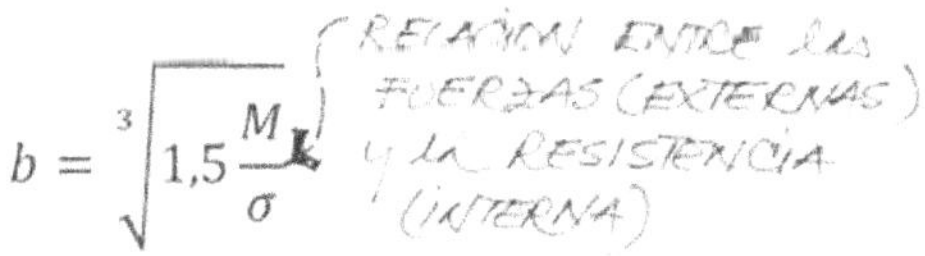

$$b = \sqrt[3]{1,5 \frac{M}{\sigma}}$$

Figura 3.3

Estamos frente a una contingencia bastante común de la teoría de la flexión: las hipótesis se ajustan más para satisfacer la teoría que la realidad. En párrafos que siguen las estudiaremos.

En el diseño estructural debemos asentarnos sobre la realidad y maniobrar las fórmulas de cálculo pensando en todo el proceso de las hipótesis empleadas. Reflexionar sobre la distancia entre ellas y la verdad de la estructura un edificio.

4. La realidad y las hipótesis.

4.1. Introducción.

Seguimos con las diferencias que existen entre la realidad y la teoría en las Ciencias de la Construcción. En los párrafos que siguen, analizamos el proyecto, el diseño, las hipótesis y las leyes que se utilizan para el diseño y cálculo de un entrepiso de madera de una vivienda común.

Para el estudio de las hipótesis las separamos en externas a la viga que son las del entorno. Las otras son las internas que son los supuestos de la masa del material. Es complejo y molesto leer listados; ahora es necesario hacerlo y reflexionar en el significado de cada hipótesis.

4.2. Hipótesis Externas:

Las del entorno de la pieza estructural:

- ✓ *Los apoyos.*
- ✓ *Luz de cálculo.*
- ✓ *Plano de aplicación de cargas.*
- ✓ *Cargas constantes en el tiempo.*
- ✓ *Cargas térmicas.*
- ✓ *Calidad invariable de los materiales.*
- ✓ *Condición de borde: apoyo puntual, sin restricción al giro.*
- ✓ *Geometría de sección constante.*
- ✓ *Cargas en planos baricéntricos.*
- ✓ *Cargas concentradas según vector.*
- ✓ *Luz de cálculo.*
- ✓ *Plano de aplicación de las cargas.*
- ✓ *Cargas uniformes repartidas.*

4.3. Hipótesis Internas:

Las de la masa material de la pieza estructural:

- ✓ *Material homogéneo.*
- ✓ *Tensión admisible.*
- ✓ *Material isótropo.*
- ✓ *Eje neutro.*
- ✓ *Material elástico.*
- ✓ *Secciones planas durante la deformación.*

5. Primera parte: Externas.

5.1. Hipótesis de los apoyos:

En el caso de vigas apoyadas en paredes, los extremos se introducen en las paredes. Las vigas quedan apretadas entre la mampostería de abajo y la de arriba, son apoyos con empotramientos o resistencia al giro. Sin embargo la teoría supone una viga de apoyos articulados, de giro libre *(figura 3.4)*.

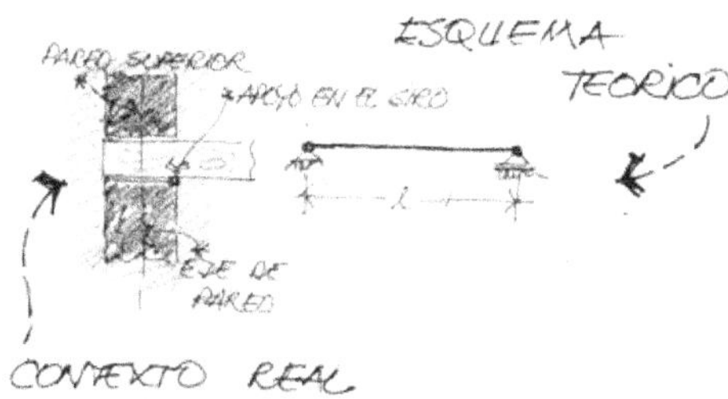

Figura 3.4

5.2. Luz de cálculo o distancia entre apoyos:

La luz de cálculo la teoría la concibe como la distancia que existe entre ejes de paredes de apoyo. Sin embargo la realidad nos muestra que la viga al deformarse con las cargas se apoya en el borde inferior interno de la pared, es decir que la distancia de flexión en la realidad es menor que en la teoría.

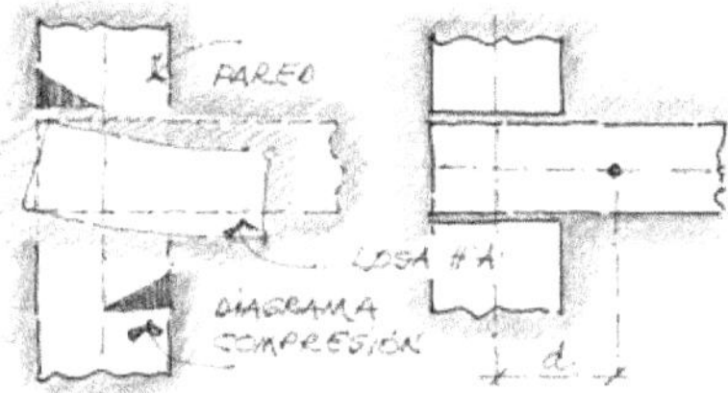

Figura 3.5

La viga o losa al deformarse genera diagramas triangulares de compresión en la pared que la aprieta. Eso es una cupla y genera un flector de empotramiento que desplaza la luz de cálculo en una distancia *"d" (figura 3.5)*.

La teoría supone de manera ideal, que la reacción de la columna coincide con la acción de la viga; eso solo es posible con apoyo articulado perfecto. Supone con una hipótesis que el eje de la acción es el mismo que el de la reacción *(figura 3.6)*.

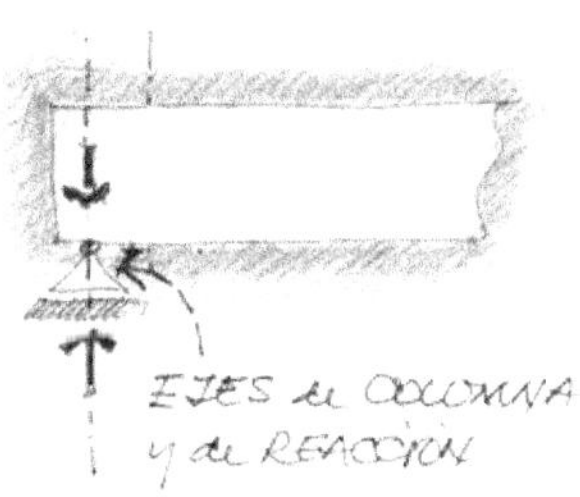

Figura 3.6

Sin embargo las líneas de flujo de las tensiones de tracción (hacia abajo) y las de tracción (hacia arriba) forman el principio de la analogía del reticulado y se desplazan los ejes *(figura 3.7)*.

Figura 3.7

En el esquema que sigue imaginamos una ménsula donde se cruzan las líneas de flujo, los ejes no de acción y reacción no coinciden; se desplazan hacia el interior de la viga y modifican la luz de cálculo *(figura 3.8)*.

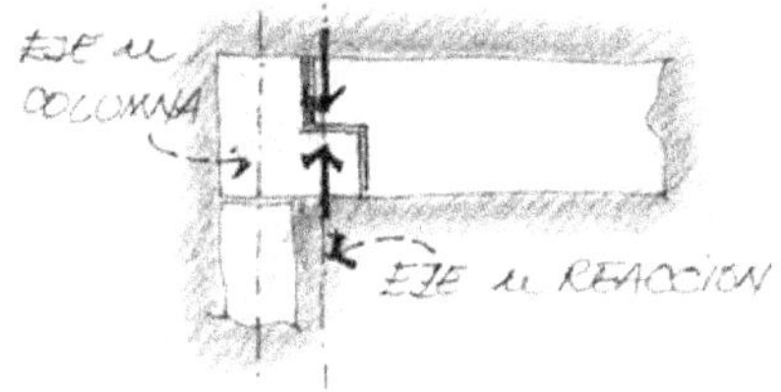

Figura 3.8

5.3. Plano de aplicación de las cargas:

La teoría supone que las cargas que actúan sobre la viga se encuentran en el plano vertical que pasa por el baricentro de la sección. Pero cuando actúan cargas diferentes en intensidad en los tramos del entrepiso, se produce un pequeño giro de la sección transversal de la viga *(figura 3.9)*. Entonces, la realidad nos muestra que los planos de flexión no son verticales; se inclinan según la posición de las cargas.

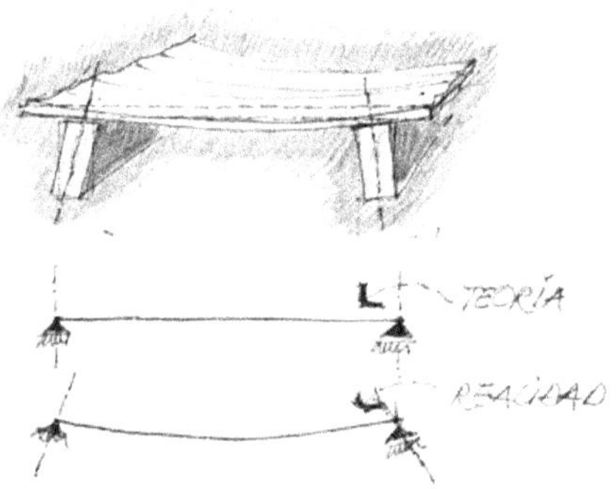

Figura 3.9

5.4. Hipótesis de las cargas y acciones:

Existen dos cargas; la de peso propio de la estructura, que se puede calcular con cierta precisión y la otra es la sobrecarga de uso, que es una carga variable en el tiempo y en espacio. Si estudiamos su variación durante un día, podemos decir que oscila según el grado de ocupación de la vivienda; desde vivienda sin ocupantes a vivienda con una reunión familiar de muchos invitados.

También varía en el espacio, no es una carga repartida de manera uniforme. Si la reunión se desarrolla en el comedor, allí habrá una sobrecarga muy superior a la de los dormitorios. De los estudios estadísticos ocupacionales de las viviendas las cargas de uso tienen un valor promedio de *0,55 kN/m²*. Sin embargo las normativas y reglamentos de construcción exigen que el entrepiso sea calculado con una sobrecarga viva de *2,0 kN/m²*, es decir un valor cuatro veces superior al real. En el capítulo de cargas estudiamos de manera extensa la realidad de las cargas y las hipótesis que se emplean para el cálculo.

5.5. Cargas constante con el tiempo.

Las cargas gravitatorias son verticales que pueden estar combinadas con cargas horizontales provocadas por el viento o la acción sísmica. En el caso de las verticales, el peso propio del edificio permanece inalterable durante el tiempo, pero varían las sobrecargas según el uso del edificio *(figura 3.10)*.

Figura 3.10

Las cargas horizontales en tiempos de calma y nula acción sísmica, son nulas. Pero cualquier alteración de una de ellas generan fuerzas por cambios de aceleración; en el caso del viento es la masa del aire que se desacelera al chocar con el edificio y en el caso del sismo es el cambio brusco del estado de reposo a una aceleración brusca del edificio provocada por el terreno *(figura 3.11)*.

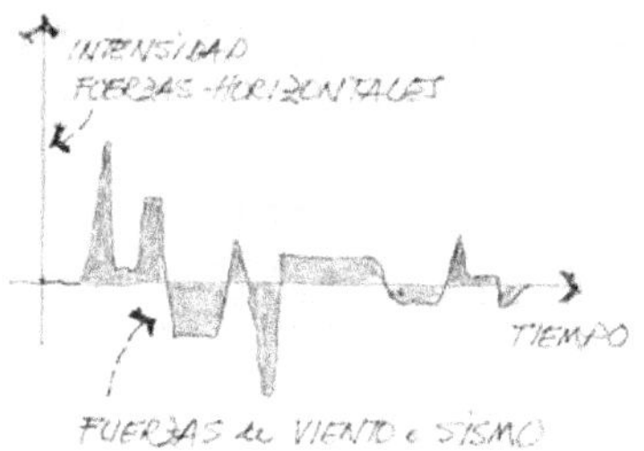

Figura 3.11

5.6. No se tiene en cuenta las térmicas.

Es evidencia que el clima somete a los edificios a diferentes temperaturas durante las estaciones del año. En muchas ciudades el salto térmico de verano a invierno puede llegar a los *50°C*. Además es ley que los materiales cambian su volumen con la temperatura. Estos dos parámetros son suficientes para asegurar que las piezas estructurales de los edificios sufren cambios en sus esfuerzos o tensiones internas. En el Capítulo 4 "Cargas" se muestra el efecto de las fuerzas térmicas cuando además de diferenciales térmicos existe confinamiento de la estructura.

5.7. Hipótesis de calidad inalterable:

En las tareas del cálculo aplicando las teorías de las Ciencias de la Construcción se considera a la materia (hierro, madera, hormigón) inalterables en el tiempo. Sin embargo la segunda ley de la termodinámica demuestra que ese estado de equilibrio no es tal.

Con la *"Flecha del Tiempo"* esos materiales se degradan y terminan transformándose. Por ejemplo el hierro sufre un proceso de corrosión que lo deteriora a un grado tal que lo hace desaparecer. Esa es la realidad. En los proyectos y diseños actuales la variable "durabilidad" está siendo considerada como una variable más en el proceso de cálculo estructural *(figura 3.12)*.

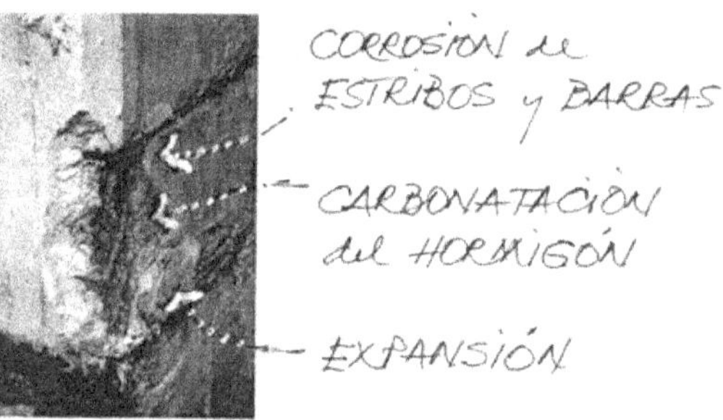

Figura 3.12

La imagen muestra el proceso de carbonatación del hormigón y la posterior corrosión de las barras de acero.

5.8. Geometría sección transversal: constante.

Se supone que las piezas son rectas (vigas y columnas) o planas horizontales (losas). Esto se cumple de manera parcial en la realidad. Las piezas en su construcción poseen imperfecciones que pueden afectar incluso su estabilidad, esta cuestión la estudia la Mecánica de Fracturas que investiga las micro irregularidades de los elementos estructurales. La columna anterior muestra una de las formas donde la geometría teórica no responde a la realidad *(figura 3.13)*.

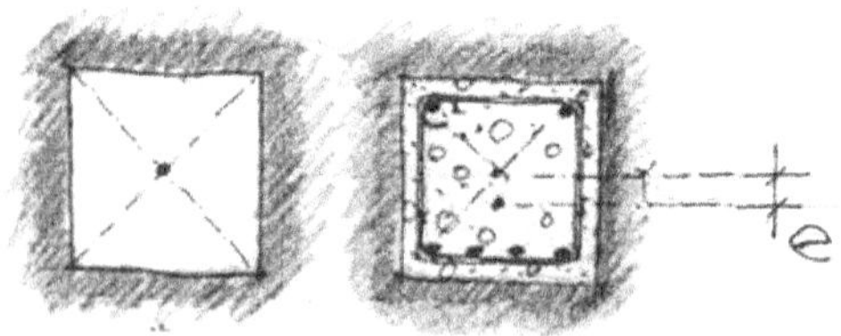

Figura 3.13

Arriba hay dos imágenes, la de izquierda una situación ideal teórica donde el eje de las cargas coincide con el baricentro de la sección, mientras que en el de la derecha, cualquier hueco o imperfección de la masa de hormigón provoca una excentricidad *"e"*, también lo puede provocar una desplazamiento de las barras de acero.

5.9. Formas y posición de las cargas.

Se supone que las cargas coinciden con un plano imaginario que pasa por su baricentro, situación que no se cumple en el caso de columnas perimetrales, donde las cargas de viga llegan de un solo lado.

Lo mismo sucede con las columnas, es difícil en obra hacer coincidir el eje de columna de abajo con la de arriba; se interpone la losa en la visual. La hipótesis de carga centrada en el baricentro de la sección no se cumple por la falta de coincidencia entre baricentro de columna y eje de cargas *(figura 3.14)*.

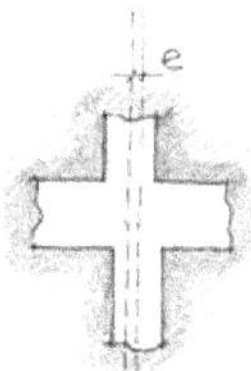

Figura 3.14

Por otro lado en los estudios teóricos de la estática y resistencia de materiales se supone a las cargas individuales como un vector; su extremo no posee superficie, es un punto infinitesimal. Es obvio que esto no se cumple con la realidad.

La teoría para su desarrollo utiliza de manera simplificada a las cargas uniforme lineales que apoyan sobre las vigas o las superficiales sobre losas. En la realidad del edificio las cargas no son uniformes desde la geometría y tampoco desde el tiempo. Pueden variar de intensidad en lugares diferentes y en tiempos distintos; en especial las verticales de sobrecargas y la horizontales de viento o sismo *(figura 3.15)*.

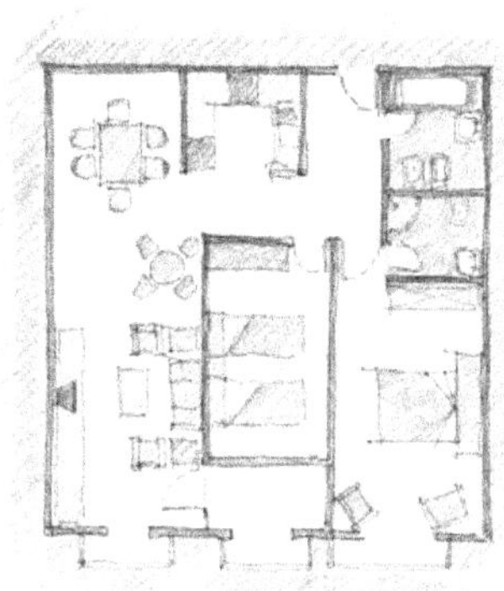

Figura 3.15

El esquema superior indica la distribución común de las paredes, los muebles, camas, sillones, artefactos, además de las personas que se desplazan, se separan o se reúnen. Cada cambio modifica la uniformidad de las cargas distribuidas. En el caso de la figura la situación de riesgo por aumento repentino de cargas se da en el hall de entrada o puerta principal; en caso de un incendio las personas se agolpan en ese lugar.

6. Segunda parte: Internas.

6.1. El material madera es homogéneo.

En las maderas es común encontrar las líneas curvas de las fibras, ellas muestran el camino que siguieron durante el crecimiento del árbol. En los lugares donde las ramas se empotran en el tronco se forma un "nudo" de mayor resistencia, que en general aparece de un color más oscuro que el resto de la madera. Entonces la realidad nos muestra que la madera no es homogénea, tampoco continua y menos uniforme. Sin embargo la teoría la considera como un material ideal perfecto *(figura 3.16)*.

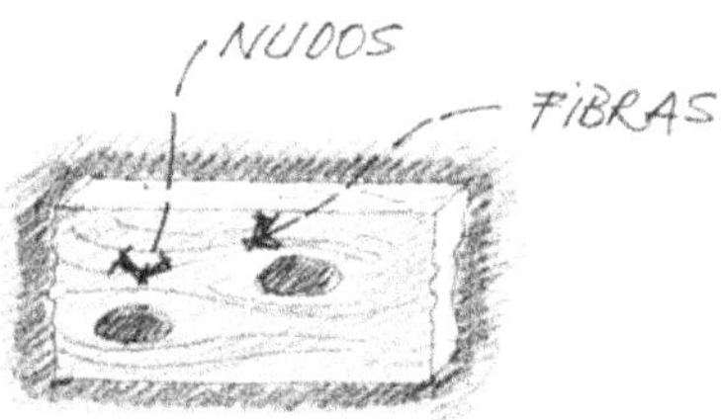

Figura 3.16

En la figura las manchas oscuras son los nudos, las fibras cambian de dirección ante la presencia de uno de ellos. También cambian todas las características mecánicas entre una región y otra.

6.2. Tensión admisible, tensión de rotura. Isotropía.

La tensión de rotura de las maderas se obtienen de numerosos ensayos de laboratorios y aplicando estadísticas se obtiene un valor de la tensión de rotura que corresponde al lote de maderas ensayadas. La tensión admisible se la obtiene de aplicar un coeficiente reductor a la tensión de rotura, eso depende de las características de la construcción y el grado de seguridad que se le desea otorgar *(figura 3.17)*.

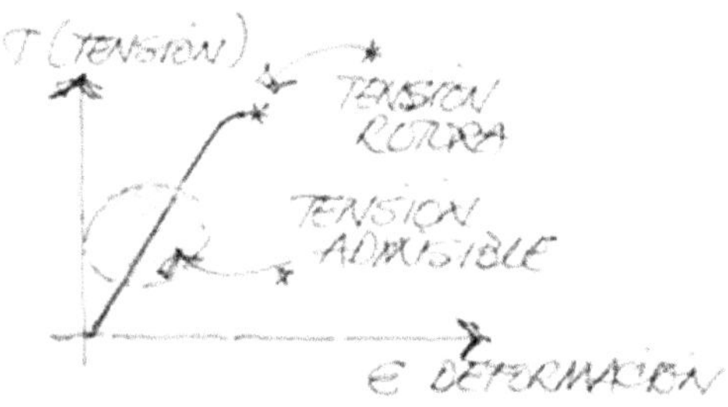

Figura 3.17

El gráfico representa un lote de maderas cuya tensión de rotura característica es ≈ 60 *MPa (600 daN/cm²)*, y no hay seguridad de los lotes futuros a emplear en la obra, en ese caso es común utilizar un coeficiente de seguridad de 4 (cuatro), entonces la tensión admisible a utilizar en el cálculo será de un valor aproximado a $\approx$ *15 MPa (150 daN/cm²)*.

Destacamos con esto que los valores de tensiones empleados en el cálculo de las estructuras son una aproximación que se puede ubicar en una región, no en un punto de la curva tenso deformación.

6.3. Material isótropo.

Por otro lado se emplea la hipótesis de isotropía en flexión; donde las tensiones de tracción son iguales a las de compresión, sin embargo con la cuestión de los nudos no se cumple la isotropía. El único material que podría acercarse a esta hipótesis es el hierro que resiste por igual la tracción y la compresión. La madera y el hormigón tienen resistencias distintas.

6.4. Eje neutro y baricéntrico:

Para facilitar las maniobras matemáticas, la teoría establece que el eje baricéntrico de la sección transversal de la viga es el mismo que el eje neutro de flexión (figura 3.18). La realidad es distinta, los ejes se separan, no coinciden cuando no hay uniformidad en la sección. Por ejemplo la presencia de un nudo en el interior de la madera, hace que se desplacen los ejes.

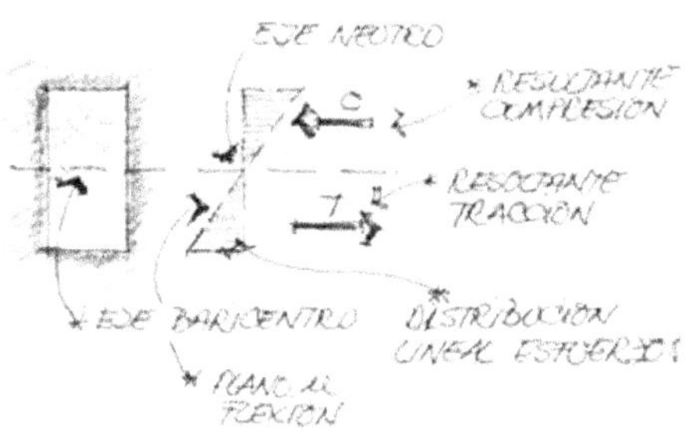

Figura 3.18

En la historia del cálculo estructural, uno de los enigmas más difíciles fue resolver la posición del eje neutro, demandó siglos. Porque las manifestaciones como el diagrama de tensiones, posición de eje neutro, la cupla interna, son todas ocultas, no es posible observarlas a visión directa. No así la elástica o deformada de la viga que incluso es posible medirla con mucha precisión según la intensidad de las cargas.

6.5. Material elástico. Ley de Hooke.

De principio a fin la teoría de flexión supone que el material se encuentra en estado elástico; una vez retirada la carga la viga recupera su configuración inicial, desaparece la elástica.

Cada material posee un grado de elasticidad que abarca un determinado período. La madera tiene el período más largo, el hierro común ingresa a fluencia (plasticidad) a los *240 MPa (2.400 daN/cm²)* y en el hormigón su período es muy corto.

6.6. Secciones planas durante la deformación.

Se acepta para el cálculo a la flexión que la sección transversal de la viga, durante el proceso de flexión se mantiene plana y recta. En ese caso el eje neutro baricéntrico separa la región de compresión (arriba) de la de tracción (abajo). Al igual que las consideraciones del punto anterior, esta situación no se presenta por igual en todos los materiales *(figura 3.19)*.

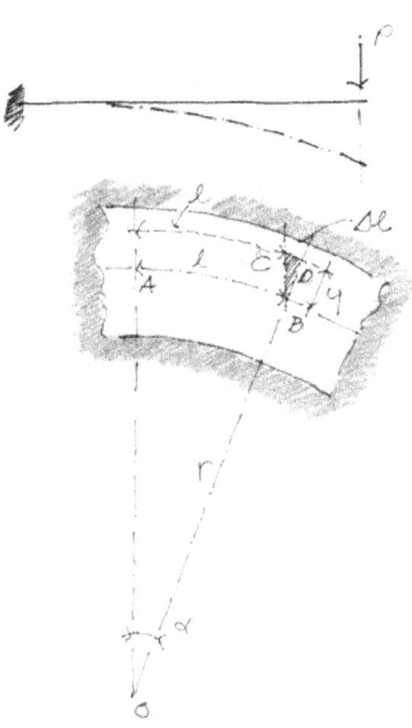

Ampliamos el concepto con el esquema; un voladizo con carga en el extremo y su elástica o deformada. En una sección de la viga los planos permanecen rectos y podemos extenderlos y encontrar el radio de giro *"r"* que luego nos servirá para el desarrollo de la teoría, cuando relacionemos el triángulo externo "AOB" con el interno "CBD".

Figura 3.19

7. Aplicaciones.

7.1. Hipótesis en las reacciones de vigas.

Las hipótesis más discutidas de la estática de las estructuras son las reacciones que generan los diferentes tipos de apoyos.

Un caso ideal y teórico que muy pocas veces se presenta en la realidad es el del apoyo articulado perfecto como el del esquema *(figura 3.20)*. Donde no existe ninguna resistencia al giro de la viga articulada en ambos extremos.

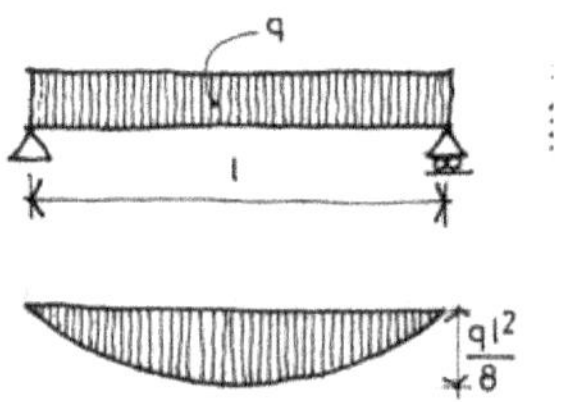

Figura 3.20

En el otro extremo de las hipótesis ideales se encuentra la viga con empotramiento perfecto *(figura 3.21)*. También es un caso raro porque siempre existirá una mínima deformación elástica del material que genera la rigidez del apoyo empotrado.

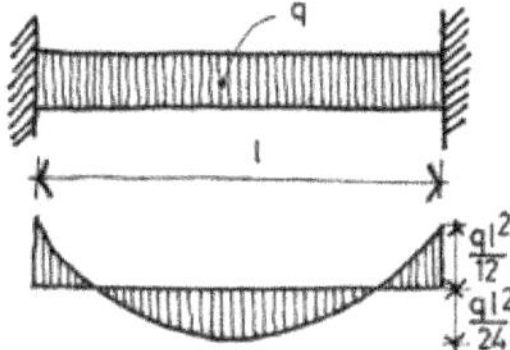

Figura 3.21

Un caso necesario de empotramiento es el que exige una viga en voladizo *(figura 3.22)*. En el dibujo se muestra la viga y en detalle el apoyo. La viga es de madera y se empotra en una pared de mampostería de ladrillos de espesor 0,30 metros. Buscamos establecer las fuerzas que genera el voladizo en el interior de la pared.

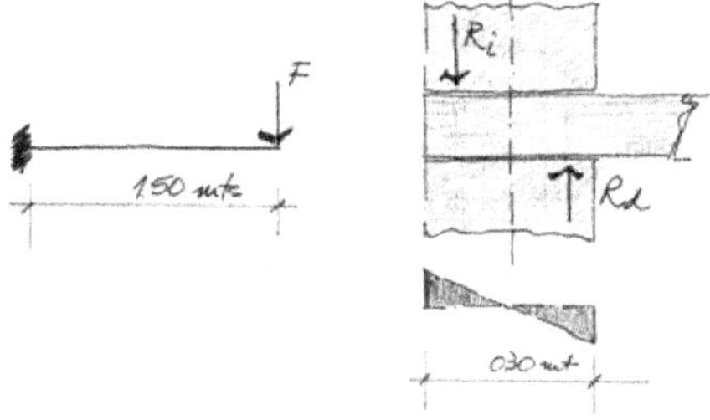

Figura 3.22

Luz de viga: *1,50* metros.
Carga en el extremo: *400* daN.
Momento flector máximo en apoyo:

$$M_{máx} = P \cdot l = 400 \,.1,5 = 600 \; daNm$$

Brazo de palanca de cupla: ≈ 20 cm.

Fuerzas de cupla:

$$R_i = R_d = \frac{600 \cdot 100}{20} = 3.000 \; daN$$

Estas reacciones de cupla se distribuyen de manera triangular. Todos los materiales se deforman al actuar las fuerzas. En nuestro caso la mampostería de ladrillos no escapa a ese principio y en su pequeña deformación permite que algo la viga gire en el extremo empotrado.

7.2 Hipótesis de la uniformidad de los materiales.

Entre las hipótesis de la teoría de la flexión existe la de "material uniforme", sin embargo muchas veces no se cumple. Por ejemplo, las vigas de madera pueden presentar irregularidades como la de nudos que se muestran *(figura 3.23)*.

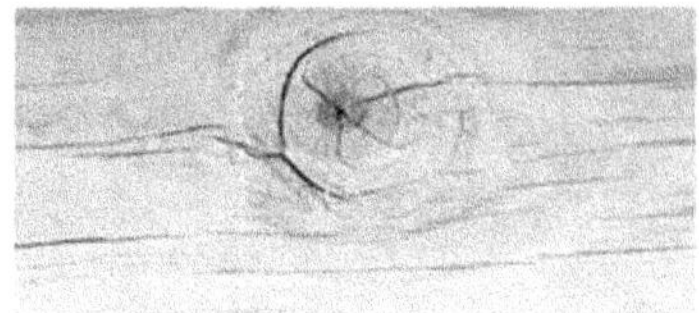

Figura 3.23

En estos casos cuando la flexión es positiva (elástica hacia abajo), el nudo debe ser colocado en la parte superior de la viga donde los esfuerzos son de compresión y el nudo queda apretado por dichos esfuerzos. Lo contrario sucede si es ubicado en la región de tracción. La posición del nudo según el signo del flector se indica *(figura 3.24)*.

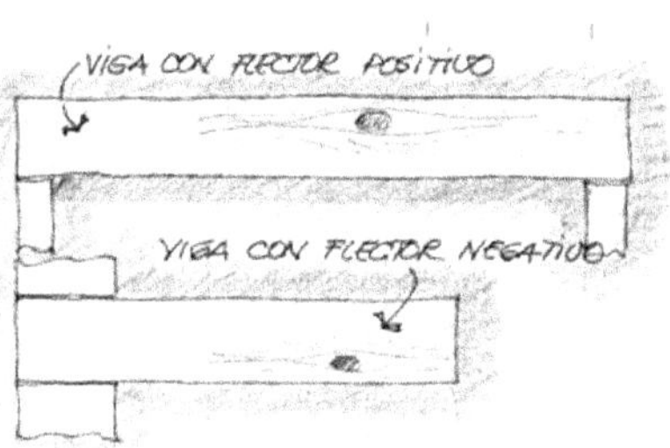

Figura 3.24

4

Cargas.

1. Concepto de las cargas.

1.1. General.

La concepción y desarrollo de un proyecto arquitectónico o de ingeniería, así fuere la más simple vivienda unifamiliar de una sola planta, o el esbelto puente carretero colgante, se deben realizar con el conocimiento y más aún, con la sensibilidad de los efectos que producirán las cargas y acciones durante su vida útil.

El equívoco en la valoración real de las fuerzas posee un alto costo que se ubica en los extremos: exceso o defecto de lo estimado. El exceso es lo más generalizado; se construyen obras con exagerados coeficientes de seguridad en las cargas y así surgen edificios pesados, desagradables y antieconómicos.

El equívoco en el defecto puede producir fisuras, grietas, deformaciones y también derrumbes. La carga real verdadera se ubica en una región entre las cargas reducidas equívocas y las cargas elevadas, también equívocas *(figura 4.1)*.

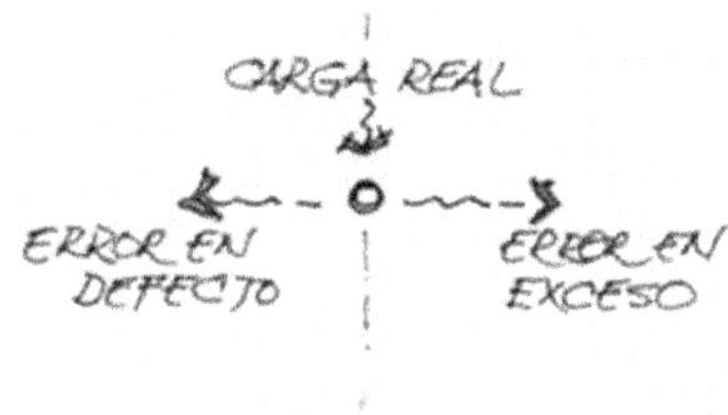

Figura 4.1

En cada zona, en cada lugar y para cada destino de las obras existe una amplia variedad de cargas que actúan sobre distintos puntos de la construcción. Elegir aquellas que se aproximarán a las reales requiere de meticulosos análisis y sobre todo experiencia junto a capacidad intuitiva.

De por sí resulta difícil determinar el peso exacto de cualquier elemento que sostenemos en nuestras manos. En general apenas nos atrevemos a decir "pesado" o "liviano". Establecer una cifra exacta de su peso es una acción que entra dentro del área de las especulaciones. Imaginemos la dificultad que se plantea cuando debemos adoptar las cargas que actuarán en un edificio. La decisión surgirá de una pequeña parte de maniobras matemáticas precisas y la otra gran parte de estimaciones subjetivas avaladas por la práctica de la ingeniería y el buen criterio.

Un buen estudio de cargas es aquél donde los valores determinados en gabinete, en la etapa de cálculo se aproximan al peso del edificio terminado. Por ello entre el arquitecto y el ingeniero debe existir una buena comunicación y un fuerte compromiso de no variar los materiales o los espesores en la etapa de construcción o los destinos en la de uso.

1.2. Historia.

Hasta mediados del siglo XIX el estudio del efecto de las cargas, antes de la construcción de los edificios no era prioritario. Se le asignaba poca importancia. El peso propio de cerramientos y estructuras de esa época resultaban muy pesadas comparadas con las fuerzas externas que debían resistir. Imaginemos el efecto que puede causarle el viento al Panteón; mínimo comparado con su propio peso.

En ese tiempo, el mecanismo más común era la bóveda o el arco, que combinado con el material más usual, el ladrillo o la piedra, generaban edificios de elevado peso. Las secciones de columnas, bóvedas y paredes resultaban generosas. La estabilidad se la obtenía por la cantidad de material empleado, por la elevada masa. En general sometida a compresión.

Con el advenimiento del hierro fundido primero, luego con el acero barato en perfiles estandarizados y a principios del siglo XX con la llegada del hormigón armado, surgen nuevas modalidades en el diseño de la edificatoria. Las estructuras y los edificios son más esbeltos, y livianos; las cargas se canalizan por elementos más delgados. Pero la conciencia y costumbres de los proyectistas en esos primeros años aún estaban poseídas por la indiferencia hacia el estudio y análisis de las cargas.

Es en 1879 cuando despiertan bruscamente de ese aletargamiento al derrumbarse el puente ferroviario que cruzaba el Estuario de Tay en Escocia. El suceso se presenta durante un ventarrón a sólo dieciocho meses de su inauguración; cruzaba un tren de pasajeros cayendo al vacío. Murieron setenta y cinco personas. Luego de una larga investigación se determina la causa de la tragedia: en el diseño y cálculo no se tuvieron en cuenta los efectos de las ráfagas de viento.

Años más tarde, en agosto de 1907 el puente sobre el río San Lorenzo, en Quebec, Canadá, se desploma cuando se encontraba en la última etapa de su construcción. Murieron sesenta y cuatro operarios. Hubiera sido el puente más grande del mundo del tipo voladizo en esa época.

Lentamente los ingenieros, mediante el costoso método de la prueba y el error, van corrigiendo sus metodologías de diseño y cálculo. Asignan especial atención a la investigación de las cargas y acciones futuras que se presentarán en la obra.

2. Los métodos de cálculo y las cargas.

2.1. General.

Las exigencias de mayor atención y cuidado en el diseño y cálculo de las acciones y cargas se refleja en las modificaciones a nivel internacional de los métodos de cálculo estructurales. A mediados del siglo XX se produce el cambio de método para la determinación de las dimensiones de las piezas estructurales. Se deja de usar el método de las tensiones admisibles (clásico) y se adopta el método de las resistencias últimas (rotura).

Para comprender esa reforma analizamos la expresión más simple de la relación entre carga, resistencia y sección. La tensión o el esfuerzo interno del material de una pieza en compresión o tracción se da por la expresión:

$$\sigma = \frac{P}{S}\left(\frac{MN}{m^2}\right) = \frac{P}{S}\,(Mpa)$$

$$S = \frac{P}{\sigma}$$

σ: *Tensión en el material (MPa ó daN/cm^2)).*
P: *Carga o acción sobre la pieza (N, kN o daN).*
S: *Sección de la pieza (m^2 o cm^2).*

Veremos en los párrafos que siguen cómo los métodos de cálculo pasan de la reducción de las tensiones (método clásico) al del control riguroso y amplificación de las cargas (método de rotura). Esto sucede por el avance de las tecnologías de fabricación; los materiales de la construcción mejoran en su calidad y es posible establecer su tensión de rotura con buena aproximación en el hormigón y el acero. Resulta más difícil determinar esa tensión para el suelo, las mamposterías de ladrillos y las maderas.

2.2. Método de la tensión admisible.

El método empleado por la ingeniería en sus primeras décadas fue el de la tensión admisible: la sección del elemento estructural debía resultar de la relación:

$$S = \frac{P}{\sigma_{adm}}$$

$$\sigma_{adm} = \frac{\sigma_{rot}}{\gamma}$$

σ_{rot}: *tensión de rotura del material (MPa).*
σ_{adm}: *tensión admisible del material (MPa).*
γ: *coeficiente de seguridad (adimensional).*

En este método se reduce la tensión de rotura, mientras que la carga es la bruta *(D + L)* sin estar afectada por coeficiente alguno. Tampoco se estudiaba el grado de incertidumbre que presentaba cada acción o carga a futuro.

El coeficiente de seguridad en la ingeniería estructural no depende tanto del material sino de la conducta de los proyectistas y constructores:

para control riguroso: $\gamma_1 \approx 1{,}2$ y $\gamma_2 \approx 1{,}6$
para control pobre $\gamma_1 \approx 1{,}4$ y $\gamma_2 \approx 1{,}7$

2.3. Método de la rotura.

Con el desarrollo de la tecnología industrial, los materiales se fabricaban con mejores controles de calidad y la tensión de rotura de cada uno de ellos resultaba más constante e invariable. Es entonces posible prestar mayor atención a la investigación de las cargas; surge el método de la resistencia última o de la rotura. La fórmula de dimensionado cambia:

$$S = \frac{P\gamma}{\sigma_{rot}} = \frac{\gamma_1 D + \gamma_2 L}{\sigma_{rot}} = \frac{U}{\sigma_{rot}}$$

D: Carga muerta o peso propio.
L: Cargas vivas o sobrecargas.
$D + L$: Carga total bruto.
U: Carga con factores de ampliación.

Explicado de manera simplificada, ahora son las cargas que deben ser afectadas por coeficientes de seguridad que difieren según el grado de fluctuación en el tiempo. Las cargas de peso propio que se calculan con métodos deterministas tienen coeficientes más bajos que las de viento, sismo o sobrecargas que resultan de maniobras estadísticas.

Al final del capítulo, en "Aplicaciones" destacamos dos ejemplos muy simples para interpretar mejor este cambio en los métodos de cálculo y la relevancia de las cargas.

3. Las normas Argentinas.

Luego de las modificaciones producidas en los métodos de cálculo y la mayor jerarquía que se le otorga a las cargas, fue necesario reglamentar su diseño y análisis, así aparecen con el tiempo las normativas oficiales en cada país.

Los reglamentos vigentes en la Argentina fueron elaborados por distintas entidades que luego de un largo período de consultas y estudios redactaron un cuerpo reglamentario sobre las acciones sobre los edificios. El Cirsoc (Centro de Investigación de los Reglamentos Nacionales de Seguridad para las Obras Civiles) en el área 100 que trata de las acciones y cargas existen las siguientes normativas:

- *Cirsoc R 101: Cargas permanentes y sobrecargas.*
- *Cirsoc R 102: Acción del viento.*
- *Cirsoc R 103: Acción del sismo.*
- *Cirsoc R 104: Nieve, hielo.*
- *Cirsoc R 105: Superposición de acciones.*
- *Cirsoc R 106: Coeficientes de seguridad.*
- *Cirsoc R 107: Acción térmica climática.*
- *Cirsoc R 108: Cargas de construcción.*

La tapa del R 101 en vigencia en el país, se muestra en la imagen *(figura 4.2).*

Figura 4.2

Estas normativas contienen dos partes; una la principal es el denominado Reglamento y la otra son los Comentarios. La lectura de estos últimos facilitan la comprensión y aplicación de los Reglamentos.

4. Masa, peso, fuerza, acción y carga.

4.1. General.

Cada acepción tiene un significado diferente y en el estudio de las cargas de los edificios es necesario distinguirlas de manera clara y precisa.

Masa:

Expresa la cantidad de materia que contiene un cuerpo. Su unidad en el Sistema Internacional es el kilogramo *(kg)*.

Peso:

Es la fuerza con que la Tierra atrae a un cuerpo, masa por aceleración:

$$f = m.a = kg \, . \, m/seg^2 \ = kg \, . \, 9,81 \, m/seg^2.$$

La unidad es el Newton y resulta de combinar distancia *(metros)* con masa *(kilogramo)* y tiempo *(seg²)*.

Fuerza:

Es la cantidad de masa de un cuerpo afectada por una aceleración cualquiera, que puede ser:

Gravitatoria provocada por la aceleración de gravedad terrestre. Un cuerpo de masa 1,00 kg es atraído hacia la tierra por una fuerza de 9,81 N. Se encuentran las fuerzas generadas por el peso propio y las cargas de uso o sobrecargas, todas afectadas por la gravitación terrestre.

Inercial; cualquier cambio que se produzca en el estado del cuerpo: de reposo a movimiento, de cambio de velocidad, de cambio de dirección. Están las fuerzas producidas por el viento (frenado de la masa de aire contra el edificio) o las de sismo (cambio brusco del estado de reposo) y todas las de impacto. Si bien no se aplican a los edificios, están también las inerciales de rotación; es la fuerza que se produce a velocidad constante (aceleración nula) pero con cambio de dirección. Es el caso de un automóvil en una curva de la ruta.

Acción:

La "acción" en las ciencias de la construcción es utilizada para definir aquellas cargas que provienen de efectos ajenos a la voluntad humana, como la acción sísmica, la acción del viento o las provocadas por variaciones térmicas climáticas. También dentro de ellas se encuentran las cargas de lluvia, hielo y nieve.

Carga:

Esta palabra es utilizada para indicar aquellas fuerzas que actúan sobre la estructura soporte del edificio y que provienen de las decisiones de los proyectistas o usuarios. La "carga de peso propio" o "carga muerta" queda definida por el tipo de material elegido en el proyecto y sus espesores, esa carga se la puede conocer con cierta precisión antes de la ejecución del edificio, porque se conoce la densidad del material utilizado.

La "carga viva" o también llamada "sobrecarga" es la fuerza que se genera por el uso del edificio; pueden ser personas, muebles o mercaderías, en general son todas aquellas que pueden ser desplazadas o removidas con el tiempo.

4.2. Sistema internacional de unidades (SI).

La comunidad científica desde hace más de dos siglos intenta unificar los nombres, los símbolos y el significado de cada unidad utilizada en sus trabajos. Con el tiempo fue cambiando, se fue ordenando en cada una de las reuniones de la *"Conferencia General de Pesos y Medidas"*.

A mediados del siglo pasado, a nivel internacional se aprobó el *Sistema Internacional de Unidades (SI)*. El sistema métrico legal argentino *(Simela)*, adopta las mismas unidades, múltiplos y submúltiplos del Sistema Internacional. El Simela fue establecido por la ley 19.511 de 1972, como único sistema de unidades de uso autorizado en Argentina.

Se establecen siete unidades básicas, todas las otras se deducen de ellas. Corresponden a la longitud *(metro)*, a la masa *(kilogramo)*, al tiempo *(segundo)*, a la corriente eléctrica *(ampere)*, a la temperatura *(kelvin)*, a la cantidad de sustancia (mole) y a la cantidad de luz *(candela)*.

Es interesante observar que entre las unidades "elementales" no se encuentran las "fuerzas", es porque ella resulta de la combinación de otras tres: distancia, masa y tiempo.

4.3. Lenguaje vulgar y lenguaje científico.

En lenguaje vulgar se sigue utilizando el kilogramo como unidad de peso. En la mayoría de los productos que se venden en el mercado de cualquier rubro se lo sigue utilizando, así compramos una bolsa de cemento, como un paquete de harina. Sucede lo mismo con las cargas elevadas, para el peso de un camión se utiliza la tonelada, también la carga sobre una columna de un edificio. Ese es el lenguaje vulgar.

Si nos referimos al lenguaje científico, es la masa que debemos medirla en kilogramo, mientras que la fuerza en Newton. El peso (fuerza) que produce una masa de un kilogramo es igual a:

$$f = m.a = kg / (m/seg^2) = N \ (Newton)$$

En la mayoría de los casos esta modificación del lenguaje se intenta solucionarlo con las tablas de equivalencias entre las unidades del antiguo Sistema Métrico Técnico y las del actual Sistema Internacional, por ejemplo:

Tabla 4.1. Unidades de fuerza, masa, trabajo y energía.

Cantidad física	Sistema métrico técnico	Equivalencia en unidades S.I.
Fuerza	1 kgf	9,81 N ≈ 10 N
Masa	1 kgf.s^2/cm	1.000 kg
Trabajo energía	1 kgf.cm	9,81 N.cm ≈ 10 Ncm = 0,1 J
Trabajo energía	1 tm	9,81 kNm ≈ 10 kNm = 10 kJ

Pero estas tablas, solo resuelven la equivalencia. Es necesario también resolver los conflictos que traen la utilización de las antiguas unidades. Es difícil modificar las costumbres y eso se nota en el paso de una unidad a otra. Por ejemplo la sobrecarga de *2,0 kN/m²* resulta ≈ *200 kg/m²*. La manera de facilitar la equivalencia es conveniente utilizar la unidad *"decanewton"*, en este caso *200 kg/m² ≈ 200 daN/m²*.

5. Variación de las cargas.

5.1. General.

La tarea para la determinación de las cargas que actuarán en un edificio es muy compleja. porque la fuerza tiene por componentes: la masa en kilogramos, la distancia en metros y el tiempo en segundos al cuadrado. Dominar y predecir la conducta de esas tres entidades es muy difícil, en algunos casos caóticas; como las fuerzas de viento o sismo.

5.2. Acciones externas.

Las acciones externas se producen en general por cuestiones climáticas o geodésicas y no dependen de la voluntad del hombre. Exigen calcular una cifra aproximada de la magnitud de la aceleración en un instante dado.

- El viento genera fuerzas porque es la masa de aire que reduce su aceleración al chocar sobre las paredes del edificio. Repetimos, en este caso la masa del aire multiplicada por su desaceleración es quien provoca la fuerza: f_v = m.a *(masa y aceleración del aire)*.
- En el sismo, es el movimiento del suelo que genera un sacudón; el edificio pasa del reposo al del movimiento. En esos instantes hay aceleración de todo el edificio y su masa es la que genera la fuerza: f_s = m.a *(masa y aceleración del edificio)*.

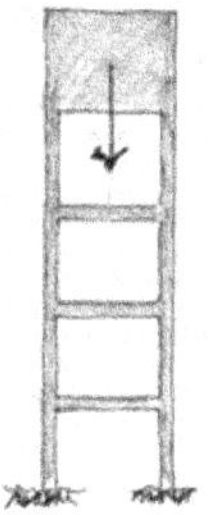

Para interpretar las diferencias y órigen de estas fuerzas imaginamos un depósito elevado de agua. En la imagen intentamos graficar el fenómeno. En tiempo calmo solo actúan las verticales gravitatorias del peso propio del tanque y además la sobrecargas de agua *(figura 4.3)*. Todas las fuerzas tienen la dirección vertical y el sentido hacia abajo. La única fuerza que puede variar es la sobrecarga, según la cantidad de agua acopiada en su cuba, desde valor nulo para tanque vacío y valor máximo para tanque lleno.

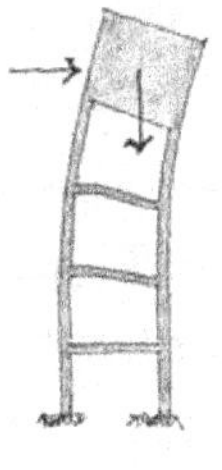

Figura 4.3

En el esquema que sigue actúa el viento (masa del aire: ≈ *1,2 daN/m³*) impacta sobre el tanque con fuerza *(figura 4.4)*. Hay un cambio, una desaceleración (aceleración negativa) de esa masa que produce la fuerza que intenta mover al tanque.

Figura 4.4

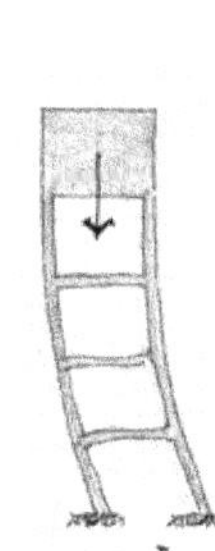

Figura 4.5

La reacción del tanque será distinta según se encuentre lleno o vacío. La situación más desfavorable es esta última, porque a tanque vacío menor es la masa que se opone a la fuerza del viento.

La combinación de las fuerzas horizontales de viento y las verticales gravitatorias generan una componente inclinada. Los mayores esfuerzos se encuentran en la zona superior.

En el sismo es el suelo que moviliza al tanque y busca desplazarlo hacia la derecha o izquierda *(figura 4.5)*, pero la masa inercial en reposo del tanque, en especial si está lleno de agua, se opone. Al igual que el viento hay una fuerza resultante inclinada hacia abajo. En este caso las mayores acciones de encuentran en la parte inferior.

5.3. Cargas propias del edificio.

Ampliamos el concepto; dentro del edificio, una vez terminado y en uso se generan dos tipos de cargas; las de peso propio o cargas muertas: *"D"* y las sobrecargas de uso o cargas vivas:*"L"*.

Las *"D"* de peso propio son determinadas con bastante precisión. En estas la aceleración es la gravitatoria y la masa de las partes del edificio son casi constante en el tiempo. El peso total del edificio depende del criterio del proyectista. Se ejecutan edificios livianos y pesados. Pesados inútilmente en muchos casos. El diseño arquitectónico y estructural debe estar acompañado por un riguroso diseño de las cargas, que no es más que la buena elección de los materiales a utilizar.

Las *"L"* son las sobrecargas, las de uso en el interior del edificio. Tienen variaciones con el tiempo, según la cantidad de personas y muebles que se encuentren en oficinas o departamentos. También del tipo de acopio en almacenes. El rango de oscilación es menor que las de sismo o viento y además pueden ser acotadas en el proyecto indicando en la documentación el destino del edificio.

En estas definiciones se distinguen las tareas de "diseño" de las cargas a las de "cálculo" de las cargas; son diferentes en el tiempo del proceso y en la modalidad operatoria.

5.4. Cambio de destino de los edificios.

Los edificios son proyectados y calculados para un uso determinado. No se puede afectar a archivos un edificio que fue proyectado para viviendas. Esto ocurre a menudo cuando se alquilan edificios y en los contratos no se establece claramente las sobrecargas permitidas. El profesional responsable de la estabilidad del edifico debe indicar en la documentación técnica, las sobrecargas que se utilizaron para el cálculo y dimensionado.

Un edificio para viviendas en departamentos, se los diseña y calcula para cargas vivas o sobrecargas de *2,0 kN/m²*, según lo indican los reglamentos. Pero si se cambia el destino del edificio y pasa a ser utilizado como archivos de papeles, las sobrecargas pueden superar los *10 kN/m²*.

6. Clasificación de las cargas.

6.1. Introducción.

Antes de pretender dominar las cargas y canalizarlas a través de las estructuras es necesario conocerlas en sus orígenes y en su conducta frente a diferentes situaciones. En este punto la clasificación se realiza desde las siguientes variables:

- Según **activas o reactivas**: ambas deben equilibrarse; las acciones sobre una viga deben ser sostenidas por la reacción de la columna.

- Según la **unidad**: se clasifican en función de la unidad; kN, kN/m, kN/m^2.

- Según el **tiempo**: variables con el tiempo o constantes. Aquí se analizan las permanentes de peso propio y las sobrecargas de uso variables.

- Según la **estructura**: si actúan sobre una losa, una viga o una columna.

- Según la **temperatura**: cargas producidas por efectos térmicos.

- Según la **humedad**: generadas por variación de la humedad, en especial los suelos.

- Según la **construcción**: la secuencia de la obra con el acopio de materiales y puntales.

- Según las del **entorno**: las generadas por organismos vivos; usuarios, plantas o animales. También de edificios o infraestructuras vecinas.

Las analizamos en los párrafos que siguen.

6.2. Según la acción y la reacción.

La permuta, el cambio.

Estas dos familias antagónicas de fuerzas, las acciones y las reacciones son las que mantendrán al edificio por años en situación de estabilidad. Es costumbre decir la *"acción"* del viento en dirección horizontal, o la *"carga"* de las gravitatorias verticales. También llamar la *"reacción"* del suelo, o la de las paredes cuando sostienen un entrepiso de hormigón armado.

Esta tradición de catalogar las fuerzas según acciones o reacciones no es tan cierta. El suelo puede actuar como reacción en los meses de seca, y en otros como acción hacia arriba en épocas de lluvias; porque algunos suelos como la arcilla se expanden con el aumento de humedad. La pared puede ser reacción para la losa y acción para la fundación. Con esto queremos quebrar la rutina de colocar las piezas estructurales de acciones y reacciones en casilleros separados. Existen muchos parámetros, que modifican la posición, la magnitud y dirección de las acciones o reacciones.

Un ejemplo, el muro de contención.

Observamos una de las obras más elementales y antiguas construidas por el hombre: el muro. En este caso sostiene la presión del agua acopiada en uno de sus lados. El estudio se hace para una longitud unitaria; un metro. Es muy básico el ejemplo pero sirve para ajustar los conceptos. Se grafica el esquema de muro con sus fuerzas uniformes repartidas *(figura 4.6)*.

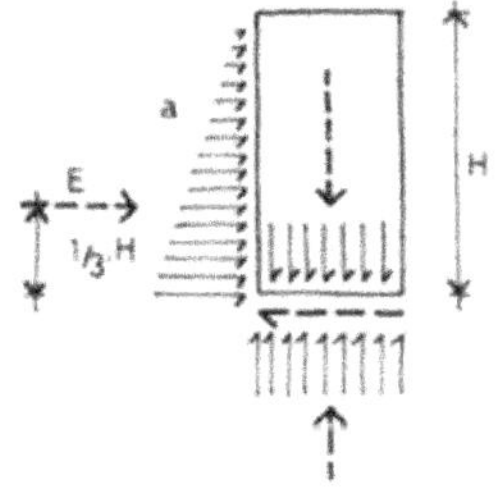

Figura 4.6

Las acciones también se las puede representar por las resultantes *(figura 4.7)*.

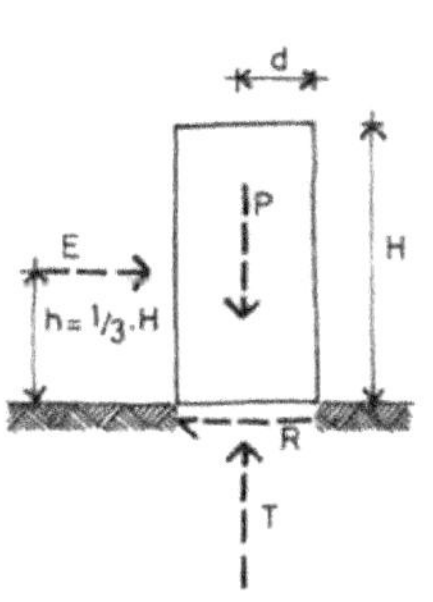

Figura 4.7

Las fuerzas que actúan en el sistema del muro, las mostramos de manera simplificada e ideal; como fuerzas concentradas actuando sobre un punto determinado, la realidad es otra. Estas fuerzas así mostradas son las resultantes de sistemas de fuerzas por unidad de superficie, denominadas tensiones o presiones.

Destacamos que el análisis del muro es el más simple; no se tienen en cuenta variación del nivel del agua, tampoco los descensos posibles del suelo o cuestiones hidráulicas que puedan afectar la estabilidad.

En las figuras superiores los esquemas, el primero con indicación de las presiones y en el segundo, simplificado por cargas concentradas. Explicamos la manera que actúan en la realidad dichas fuerzas:

- *E:* Carga horizontal del agua. Presiona sobre el muro y actúa sobre toda la superficie del mismo. Lo hace en forma triangular, tal como lo muestra la figura. La superficie del triángulo de presiones es la fuerza : $E = h^2.\,\gamma\,/\,2$. El peso específico del agua es *"γ"(kg/m³)* y la altura del muro es *"h" (m)*. El punto de aplicación se ubica en el baricentro del triángulo. La carga de agua, entonces, produce el empuje horizontal y el volcamiento según las agujas del reloj.

- *P*: Carga de muro. El peso del muro apoya sobre el suelo en forma de carga superficial. La magnitud dependerá de la densidad del material utilizado para la construcción y de su forma transversal. Es una acción gravitatoria.

- *R:* Reacción de rozamiento. Es la fuerza que se opone al empuje horizontal del agua. Se distribuye entre la superficie de contacto del muro y el suelo. Cuanto más rugosa es la superficie inferior del muro, mejores serán las posibilidades de reacción del suelo por frotamiento. Reacción de deslizamiento: $R = \varphi.P$. *R* es función de la carga y del coeficiente de rozamiento entre muro y suelo *(φ)* .

- *T:* Reacción del suelo. Es similar al peso vertical del muro, pero de sentido contrario. Si el suelo es débil, de baja resistencia, el muro tendrá desplazamiento vertical, se hundirá hasta que se equilibren las fuerzas de acción y reacción. Reacción del terreno: $T = P$.

- *E:* Acción de deslizamiento: *"E"*. Es la resultante del empuje horizontal del agua. El empuje *"E"* se equilibra con la reacción *"R"*.

- $M_v = E.h$: Acción de volcamiento: La fuerza horizontal del agua obliga al muro a girar en sentido horario (positivo), a volcar respecto al punto *"O"*. El volcamiento *"M_v"* se equilibra con el *"M_e"*.

- $M_e = P.d$: Reacción de volcamiento: El peso de muro equilibra en el giro anti horario (negativo) el volcamiento que genera el agua.

6.3. Según la unidad.

En el punto anterior se analizó la primera y gran clasificación de las cargas: las acciones y las reacciones, según su efecto sobre el cuerpo que actúan. Ahora las catalogamos por la forma de su distribución superficial que se las identifican según los esquemas:

- **Puntuales:** mediante una recta y una flecha. La recta indica la dirección y magnitud. La flecha el sentido.

- **Lineales**: mediante un conjunto de fuerzas distribuidas uniformes en un metro lineal.
- **Superficiales**: conjunto de fuerzas en una superficie unitaria.

Fuerzas concentradas o puntuales:

Su unidad es el *"N" (1 N = 0,10 kg = 0,10 daN)*, pero es más común utilizar el *kN (1 kN = 100 kg = daN)*. En adelante utilizaremos como unidad el *"daN"* que resulta compatible con el antiguo *"kg"*.

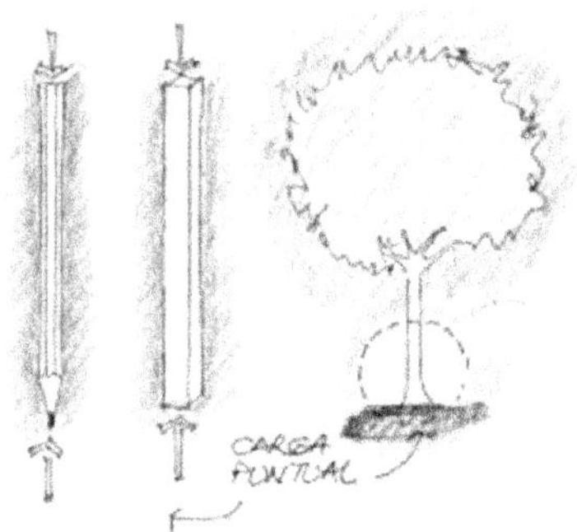

Actúa sobre un punto determinado. Resulta imposible encontrar una fuerza concentrada absoluta. Todos los elementos poseen cierto espesor, tienen lados y una superficie de contacto. Un afilado lápiz presionando sobre un tablero se podría idealizar como una fuerza concentrada, pero en realidad existe una superficie que aprieta *(figura 4.8)*.

Figura 4.8

En general se acepta que las fuerzas que actúan sobre pequeñas superficie, son las concentradas. También una columna en cualquier edificio la podemos imaginar como una fuerza puntual, dada la magnitud de la carga que trasmiten en relación a la pequeña superficie transversal que poseen. En un árbol, el tronco en su parte inferior recibe toda la carga del árbol y se la representa como concentrada. En los esquemas superiores son ejemplos de cargas concentradas aproximadas; el lápiz, la columna y tronco de un árbol. Cargas de compresión en superficies reducidas.

Fuerzas lineales:

Su unidad es la del *kN/ml (100 daN/ml = 100 kg/ml)*. Actúa sobre un elemento lineal, puede ser una viga, un muro. Cantidad de fuerza por la longitud unitaria de un metro.

Si cambiamos las condiciones de borde del lápiz; ahora lo apoyamos en forma horizontal sobre sus dos extremos, el peso propio actuaría como una fuerza lineal. Las vigas en los elementos estructurales, soportan en la mayoría de los casos fuerzas líneas. También llamadas cargas de distribución uniforme. En el árbol, las cargas sobre las ramas son lineales *(figura 4.9)*.

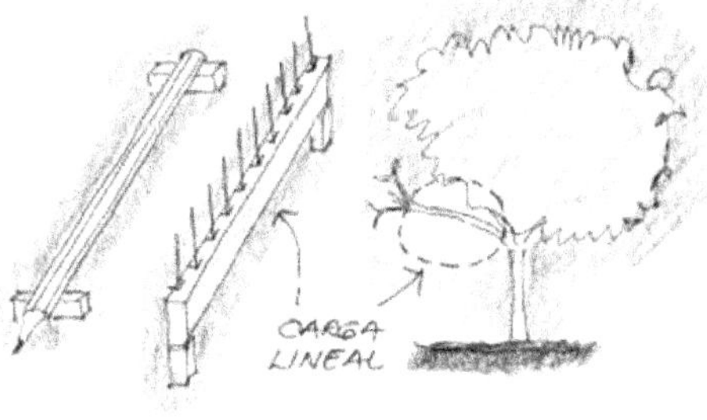

Figura 4.9

Fuerzas superficiales:

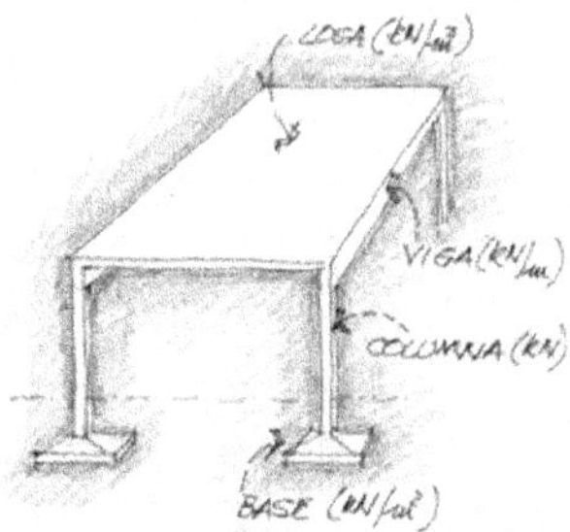

Su unidad es el kN/m^2 ($1\ kN/m^2 = 100$ $kg/m^2 = daN/m^2$). Actúan sobre una superficie. La presión que ejerce el agua en fondo de un recipiente es una fuerza superficial. En los edificios, el contrapiso y el piso, por ejemplo, actúan como cargas superficiales, también lo hacen la losa de hormigón y el cielorraso. En el esquema las diferentes formas de unidad de cargas *(figura 4.10)*.

Figura 4.10

6.4. Según el tiempo de acción.

Las cargas pueden ser constantes, variables, instantáneas; dependen del tiempo de duración.

- Las constantes o permanentes, son las de peso propio (cargas muertas) que no varían con el tiempo, siempre las mismas en la medida que la masa del edificio no cambie (remodelación o refacción), porque la aceleración terrestre es constante.
- Las variables pueden ser las sobrecargas de uso (cargas vivas). Las personas y muebles en un departamento. Acopio de mercaderías en un entrepiso.
- Las instantáneas son las acciones de viento o sismo de corta duración. Poseen oscilaciones de segundos. Las más breves en su duración son las de impacto, décimas de segundo.

Cargas accidentales de impacto.

Tienen pequeña probabilidad de actuación durante la vida útil del edificio, pero con valor significativo y cuya intensidad puede llegar a ser importante para algunas estructuras *(figura 4.11)*. Se las calcula según el grado de efecto, de daño. Están reglamentadas en el *Cirsoc R101 Capítulo 4.6 "Cargas de impacto".*

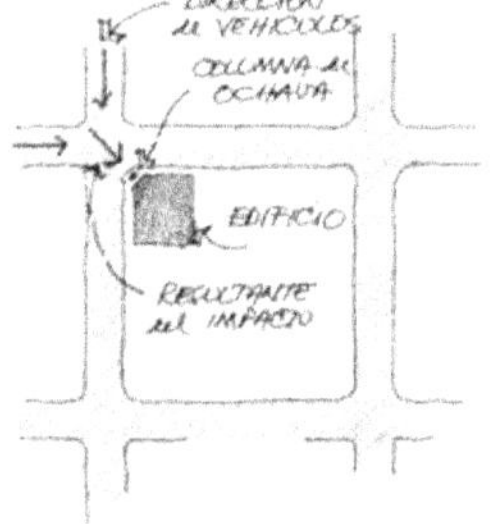

Figura 4.11

En algunos diseños se plantean edificios con columnas en ochavas que se encuentran con altas probabilidades de recibir en el futuro un impacto. En especial aquellas ochavas conde la dirección del tránsito vehicular posee resultante en esa dirección.

Para evitar estos accidentes se puede modificar el diseño estructural del edificio, mostramos dos diseños; el primero, el tradicional con columna en el extremo. En el otro se efectúa una triangulación con tres elementos: viga, tensor, columna. De esta manera se eliminan las columnas de ochava en planta baja *(figura 4.12)*.

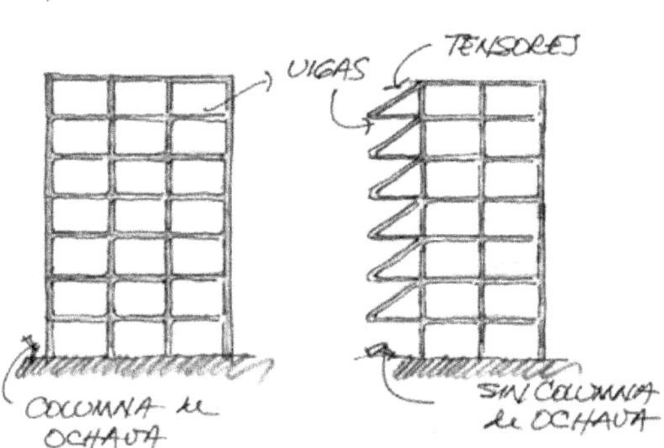

Figura 4.12

En las obras de ingeniería, en especial los puentes, las cargas de impacto son frecuentes. No sólo los vehículos impactan sobre barandas y cordones, sino también el choque abajo de alguna embarcación sobre los pilares. Para prevenir ese tipo de accidentes se colocan grandes pontones flotantes que desvían la dirección equívoca de los barcos *(figura 4.13)*.

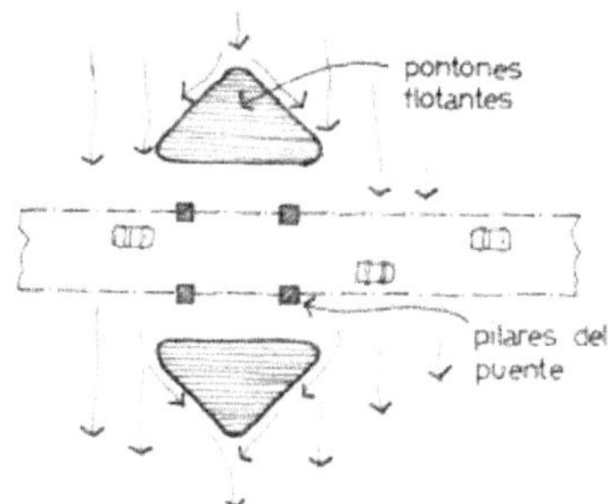

Figura 4.13

En el arranque y parada de los ascensores están las dos variables: la de masa y la de aceleración. Es un impacto atenuado. En el arranque hay una aceleración que se le suma a la de gravitación, en esos segundos los pasajeros tienen mayor peso. Lo contrario sucede en las paradas, hay una desaceleración, un cambio de la velocidad constante a nula.

Acción del viento.

Es una de las más difíciles de predecir, depende de variables climáticas mudables e inestables, también de la forma, altura y posición del edificio. Se logran valores aproximados mediante registros realizados durante decenios. Eso nada nos asegura que en forma inesperada se produzcan tormentas que superen la velocidad indicada en los estudios estadísticos.

El origen de las fuerzas del viento está en la relación de masa y aceleración como ya lo dijimos antes. Es la masa del aire *(1,2 kg/m³)* que sufre una brusca desaceleración cuando se encuentra con las paredes del edificio. En este caso la masa es muy reducida pero la fuerza toma valores elevados por dos motivos:

- Por la intensidad de frenado del aire (desaceleración por choque).
- Por la gran superficie del edificio expuesta al viento.

La normativa argentina que estudia el viento es el *Cirsoc 102 "Acción del viento sobre las construcciones".*

Según la forma del edificio y la dirección del viento se generan efectos de presión y también de succión. En los esquemas que siguen se muestran de manera simplificada esos efectos *(figura 4.14)*.

Figura 4.14

La masa de aire al encontrarse con el edificio se desvía en todas las direcciones. Parte de la masa de aire pasa por sobre la cubierta y otras choca a las paredes y algo se introduce en el interior generando una sobre presión.

En el análisis de planta y corte, las partes sombreadas son regiones donde el viento genera presión (+) o succión (-) *(figura 4.15)*.

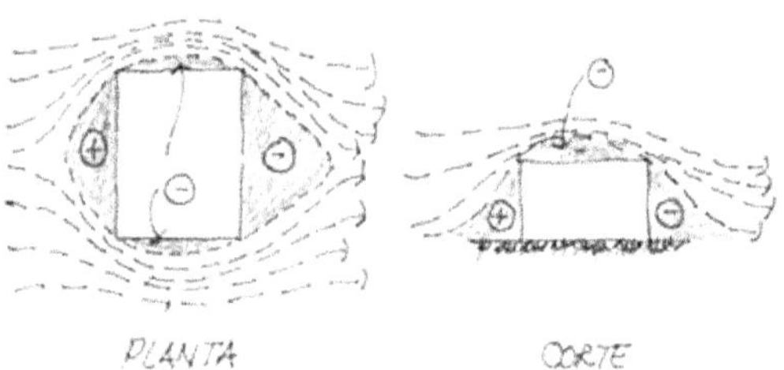

Figura 4.15

El Cirsoc 102 contiene una *"Guía para el uso del Reglamento Argentino de acción de vientos sobre las construcciones".* En una de sus partes figuran ejemplos de cálculo de acción que los mostramos en "Aplicaciones".

La masa de aire que viaja a velocidad posee energía cinética que es transferida al edificio cuando choca con él. Este traspaso de energía es complejo; fuerzas de presión en un lado y fuerzas de succión en el otro, tanto en planta como en corte. Sabemos que en la energía se combina la fuerza con desplazamiento. El edificio cuando "sostiene" al viento se desplaza, se mueve, allí es cuando acumula energía. Cada edificio, según el material y la forma posee distintas capacidades de disipar esa energía, cuando agotan esa capacidad, fallan en alguna pieza.

Los carteles publicitarios a los costados de las rutas son ejemplos de la relación entre las fuerzas de los vientos y la economía estructural. Muchos se observan colapsados; es parte del diseño con variable económica, porque son calculados con velocidades reducidas de viento.

Vemos que las cargas de succión son superiores a las de presión, es habitual, luego de tormentas con vientos elevados, escuchar o leer en medios periodísticos de la "voladura de techos" y no de la "caída de techos" *(figura 4.16)*.

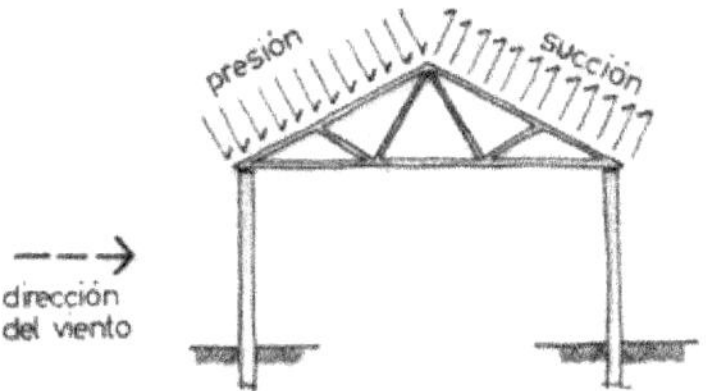

Figura 4.16

En edificios de altura, la presión y la succión del viento se transforman en fuerzas de magnitudes variables en los laterales. En estas construcciones, estas fuerzas provocan volcamiento. Para edificios bajos de 3 a 10 pisos, el peso propio del edificio genera un momento estabilizante, bastante superior al máximo de volcamiento que pueda provocar el viento. En los medianos de 10 a 20 pisos, según la zona y el tipo de diseño estructural, los momentos pueden llegar a igualarse, incluso resultar superiores los de viento. Una aproximación simplista del efecto viento puede ser el dibujo que sigue *(figura 4.17)*.

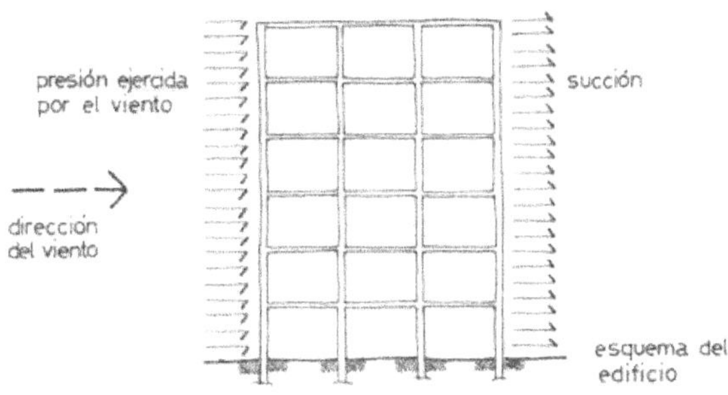

Figura 4.17

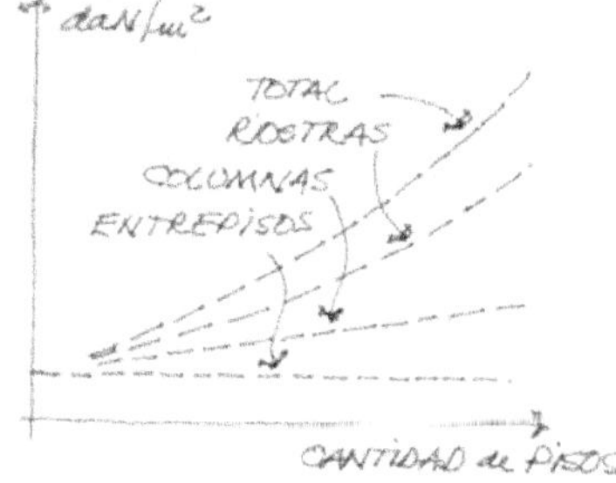

En los edificios altos, superiores a los 20 pisos el viento comienza a tener una incidencia no solo la volcamiento, sino en todo el sistema estructural que deja atrás el estabilizante gravitatorio. En el gráfico que sigue se visualiza *(figura 4.18)*:

En la ordenada el peso de la estructura por metro cuadrado y en la abscisa la cantidad de pisos.

Figura 4.18

Entrepisos: El consumo de material estructural para los entrepisos es independiente de la altura y se mantiene constante el peso por metro cuadrado. La línea es paralela al eje de las alturas. Esto porque las estructuras de entrepisos o plantas tipos no se modifican con la altura.

Columnas: Representa el material consumido para la ejecución de las columnas que aumenta de manera lineal con la altura del edificio. Es función directa de las fuerzas gravitatorias.

Riostras: Indica el aumento de material estructural en nudos y riostras en diagonales para sostener las cargas horizontales de viento o sismo.

Total: Es la curva del total de material consumido. Se obtiene de sumar los insumos anteriores.

Estas consideraciones también son aplicadas a los edificios altos sometidos a las fuerzas sísmicas.

Acciones sísmicas.

Los sismos producen una aceleración de toda la masa del edificio en direcciones tanto horizontales como verticales. La obra en reposo, de manera brusca es acelerada por los desplazamientos del terreno, en esos segundos aparece una enorme fuerza inercial. Otra vez la combinación de masa del edificio por la aceleración del terreno *(figura 4.19)*.

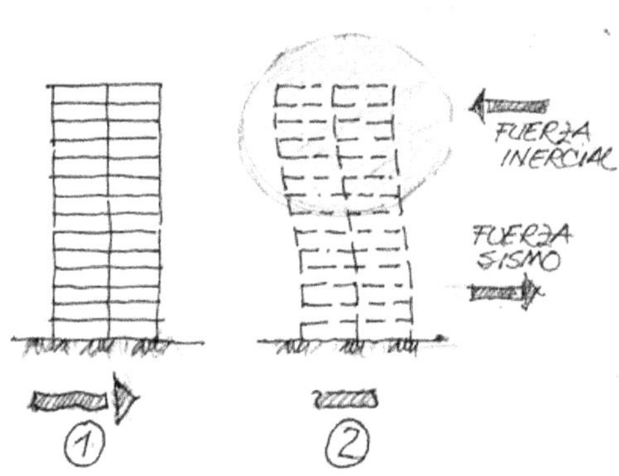

Figura 4.19

En el esquema *(1)* el edificio se encuentra en reposo y un instante después el suelo se desplaza hacia la derecha por las fuerzas sísmicas. En el esquema *(2)*, unas fracciones de segundos después del sacudón, la parte de abajo del edificio acompaña la dirección de la fuerza sísmica, mientras que la parte superior mantiene aún su inercia de reposo; se generan fuerzas inerciales que elevan de manera brusca la energía interna de todo el edificio. Ambas, las fuerzas de abajo y las de arriba son de direcciones opuestas, esta situación crea elevadas fuerzas de corte entre los pisos del edificio. Los que en general colapsan son los de planta baja y primeros pisos.

En los terremotos, la aceleración que sufre el edificio posee diferentes grados intensidad que se miden según la escala de Mercalli. Se toma como referencia la aceleración gravitatoria terrestre: $9,81 \text{ m/s}^2 = 981 \text{ cm/s}^2$. Se utiliza el Gal; unidad de aceleración en el sistema cegesimal, esto es, al centímetro por segundo al cuadrado. El nombre de esta unidad es en honor a Galileo Galilei, quien fue el primero en medir la aceleración de la gravedad.

Por definición:

$$1\ Gal\ =\ \frac{1\ cm}{seg^2} = \frac{0,01\ m}{seg^2}$$

Para tener una idea de esta unidad usamos modelos cotidianos:

- En horizontal: el arranque o frenada de un ómnibus genera 30 a 60 Gal que nos puede hacer perder el equilibrio.
- En vertical: el arranque o parada de un ascensor genera 10 a 20 Gal.

Todas estas cargas de viento, nieve, sismo, térmicas y otras, que son variables con el tiempo se obtienen de procedimientos y fórmulas indicados en las diferentes normativas que tienen los países. Responden a datos, experiencias y estadísticas recogidas en el lugar durante largos períodos de tiempo. En muchas oportunidades, los proyectistas deben estimar algunas de dichas cargas valiéndose solo de su propia experiencia y buen criterio.

Veamos algunos ejemplos simples en extremo; solo consideramos la masa y la aceleración. Se dejan de lado otras muchas variables establecidas en las normativas. Estos ejemplos se incluyen solo para entregar cierta referencias a las magnitudes de las fuerzas horizontales. Usamos la tabla de escala Mercalli.

Tabla 4.2: Escala Mercalli.

Escala de Mercalli	Aceleración (Gal)	Velocidad (cm/s)	Percepción del temblor	Potencial de daño
I	< 0,5	< 0.1	No apreciable	Ninguno
II-III	2,5 - 6,0	0.1 - 1.1	Muy leve	Ninguno
IV	6,0 - 10	1.1 - 3.4	Leve	Ninguno
V	10 - 20	3.4 - 8.1	Moderado	Muy leve
VI	20 - 35	8.1 - 16	Fuerte	Leve
VII	35 - 60	16 - 31	Muy fuerte	Moderado
VIII	60 - 100	31 - 60	Severo	Moderado a fuerte
IX	100 - 250	60 - 116	Violento	Fuerte
X	250 - 500	> 116	Extremo	Muy fuerte
XI	> 500		Desequilibrio	Desastroso
XII	>> 500		Riesgo total	Catastrófico

En "Aplicaciones" mostramos tres ejemplos de las fuerzas que generan los sismos en diferentes edificios.

Variables o sobrecargas.

Incluyen todos los objetos que no poseen posición fija y definitiva. Es la sumatoria de los pesos de muebles, mercaderías, equipos, herramientas, máquinas y personas. Son cargas que varían con el tiempo.

Las normas indican, *2 kN/m²* de sobrecarga en construcciones destinadas para viviendas. Es una carga de máxima que se logra suponiendo la vivienda totalmente ocupada por personas y muebles. Para llegar a ese valor por cada metro cuadrado y en toda la superficie debe existir una carga de *2 kN (200 kilogramos)*. En un departamento de cien metros cuadrados de superficie, además de todos los muebles, libros, ropa y artefactos, deben estar presentes allí, dentro del ese departamento unas 200 personas, valor imposible de llegar en la realidad.

Pero en situaciones extremas de pánico se alcanzan esos valores en regiones reducidas de la vivienda; en el caso de incendio y escape caótico, las personas se agrupan en las puertas de salida del departamento. En esa situación se superan los *2,0 kN* por metro cuadrado.

Construimos una gráfica de la historia "carga tiempo" en un departamento de viviendas. Para confeccionarla, antes fue necesario realizar un censo periódico de las personas, muebles, artefactos, electrodomésticos, macetas, libros, alacenas, ropa, mercadería, en fin, todo lo que existe en la vivienda *(figura 4.20)*.

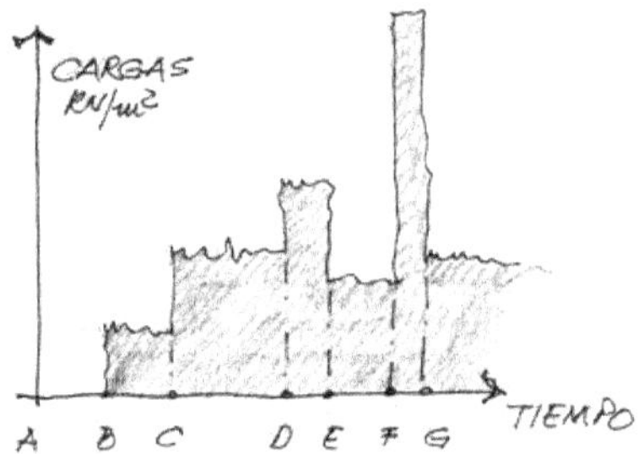

Figura 4.20

Las sobrecargas varían con el tiempo y las podemos representar con un diagrama. Relatamos las circunstancias que hacen las fases del dibujo de arriba:

- *Tramo AB:* Una vez terminado el edificio, el departamento se encuentra vacío a la espera de sus inquilinos; las sobrecargas son nulas
- *Tramo BC:* Cuando es ocupado, llegan primero los muebles, enseres y otros; existe durante unos días una sobrecarga casi constante.
- *Tramo CD:* Luego llegan los usuarios y crean ciertas oscilaciones breves según sus horarios y ocupaciones. Por la noche se elevan porque se encuentran allí todos cobijados.
- *Tramo DE:* Se pueden llegar a máximas anuales en las reuniones de familia y amigos. La cantidad de invitados puede llegar diez o veinte personas.
- *Tramo EF:* Si luego el departamento cambia de dueño o de inquilino, nuevamente las sobrecargas vuelven a disminuir, incluso a anularse.
- *Tramo FG:* Se podría alcanzar un valor de *2 kN/m²* en el caso de una aglomeración en la puerta principal, la de salida del departamento, motivada por una emergencia, pueden ubicarse unas tres a cuatro personas por metro cuadrado.

En situaciones normales los valores promedios de sobrecargas en una vivienda es de $\approx 0,55\ kN/m^2$; una cuarta parte del establecido en reglamento. El edificio es un espacio, un volumen, formado por decenas de departamentos de viviendas. En cada una se desarrolla una de vida y rutina diferente. Es imposible que de manera simultánea todas las familias que ocupan el edificio se encuentren con invitados en una fiesta, donde las sobrecargas pueden ser máximas.

Es por este suceso lógico de no simultaneidad que resulta posible reducir los valores de las sobrecargas totales. Los reglamentos indican fórmulas que consideran los espacios de no simultaneidad tanto en planos horizontales (plantas) como en verticales (corte). Se utiliza la relación entre "áreas de influencia" y "áreas tributarias" para la reducción de las sobrecargas en cada una de las piezas estructurales. El esquema que sigue pertenece al *Cirsoc 101 (Comentarios) (figura 4.21).*

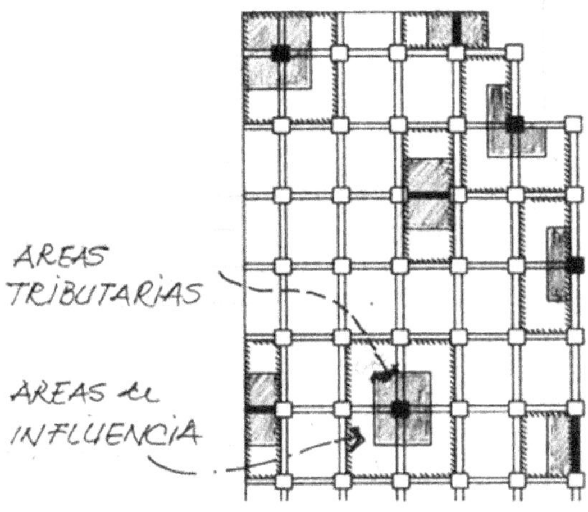

Figura 4.21

Es interesante destacar las diferencias de los conceptos:

- Las "áreas tributarias" (en sombra) corresponde la superficie del entrepiso que envía cargas a columnas o vigas.
- Las "áreas de influencia" es la superficie del entrepiso que es afectado por posible falla de columna; las áreas de influencia rodean a las áreas tributarias.

La reducción de sobrecargas se realiza según lo indicado en el punto *4.8 del Capítulo 4 del Cirsoc 101.* Este reajuste de las sobrecargas reduce los costos de la estructura, en especial en las fundaciones. En edificios altos disminuye la cantidad de pilotes a colocar.

Permanentes.

Responden al conjunto de cargas que se originan por el peso propio de cada uno de los elementos que componen un edificio, desde el contrapiso, hasta el revoque de las paredes. Todo lo que permanecerá fijo en el tiempo. En la mayoría de los casos, para evaluar estas cargas se requiere de la determinación previa de los volúmenes de cada uno de los elementos, para luego aplicarles sus pesos específicos. Estas cargas son analizadas en el *Capítulo 3 del Cirsoc 101*, allí figuran las tablas de densidades de los materiales.

Sin bien parece sencilla esta operación, es difícil que la obra terminada respete con precisión las especificaciones técnicas establecidas en los planos iniciales. Por diversas circunstancias, se producen cambios de espesores y tipos de materiales que modifican las cargas originales de cálculo.

Detallamos el caso característico de los contrapisos. Un edificio de solo diez plantas con una superficie cubierta total de *4.000 m^2* posee la misma cantidad en proyección de hormigón de losas, pisos, morteros y contrapisos. Imaginemos un error en la construcción de solo un centímetro en el espesor del contrapiso; representa un aumento de carga promedio de *0,2 kN/m^2 (20 daN/m^2)* En el total del edificio suma es de unos *800kN (≈ 80 toneladas)*, solo por error de un centímetro en el espesor del contrapiso.

6.5. Según la estructura.

Estamos analizando la clasificación de las cargas y ahora estudiamos cómo actúan según el tipo o pieza estructural. En el articulado "Fuerzas Superficiales" mostramos las partes elementales de una estructura de hormigón armado; el entrepiso, las vigas, las columnas y las bases. Analizamos por separado la forma de transmisión, de transferencia de las cargas de cada una de las partes.

La losa, recibe todas las cargas superficiales que se generan en el entrepiso; peso propio, contrapiso, pisos, paredes, sobrecargas. Todas cargas por unidad de superficie *(kN/m^2)*. Esas cargas las reciben las vigas de manera lineal *(kN/ml)* y éstas se encargan de mandarlas a las columnas en forma puntual *(kN)*.

La columna si apoyara directamente sobre el terreno, se hundiría por poseer una sección de muy pequeña superficie (la columna se la considera puntual). Para que el edificio resulte estable es necesario nuevamente transformar la carga puntual de la columna *(kN)* en una carga superficial *(kN/m^2)*, son las bases las encargadas de ese cambio. Todas las piezas de un sistema estructural, además de resistir las cagas, las "elaboran" cambiando sus unidades para transferirlas a los otros elementos.

6.6. Cargas de construcción.

Se estudian en el reglamento *Cirsoc 108 "Cargas de diseño para estructuras durante su construcción"*. Hubo que afectar a normativa estas cargas de construcción, porque son comunes los casos de fallas durante la etapa de edificación, en especial con estructuras de hormigón armado; mal diseño de los puntales y vigas soportes de encofrados. Así como el edificio requiere un diseño y cálculo previo de sus partes soportes, los encofrados también lo necesitan.

El diseño de puntales y encofrados debe ser realizado con la variable tiempo y clima. En especial en aquellas regiones donde los saltos térmicos de las estaciones del año son elevadas. Las horas o días para el endurecimiento del hormigón varía según la temperatura ambiente, los vientos y la humedad ambiente. Este dato es necesario para tomar la decisión del retiro de los encofrados y puntales. En la academia, en especial en la de ingeniería estructural, se enseña el diseño y cálculo de las estructuras de hormigón armado, pero se dejan de lado los proyectos y detalles ejecutivos de los puntales y encofrados.

6.7. Según la humedad.

Alteración de los suelos.

En el capítulo "Suelos" haremos referencia a las reacciones y cargas que genera el suelo. Ahora, de manera breve y resumida recordamos que el suelo se compone de partículas de sólidos, agua molecular, aire, agua capilar y agua libre. Vemos que el contenido de agua en el suelo (humedad) es un componente más, tanto que el mismo suelo según el porcentual de humedad cambia de nombre y también de resistencia. Pero además en algunos suelos provoca expansión y genera fuerzas o cargas espaciales negativas; es el caso de las fisuras en las paredes de viviendas provocadas por el aumento de volumen del suelo.

Contracción de fragüe.

Los hormigones sufren modificaciones en sus volúmenes durante y después del período de fragüe. Esta contracción genera fuerzas de distintos tipos. En la situación de hormigón armado, el hormigón, por la pérdida de agua se contrae, pero no es acompañado por las barras insertas en su masa *(figura 4.22)*. Ese movimiento de acortamiento queda restringido por las armaduras. Entonces sucede una interacción entre hormigón y barras; el primero se tracciona y el acero se comprime.

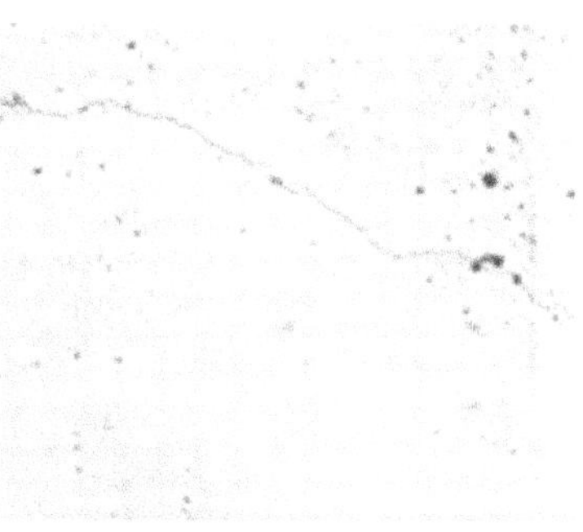

Figura 4.22

En la imagen se muestra una fractura por contracción de fragüe. Poseen direcciones caóticas cuando el hormigón no tiene armaduras. En los hormigones de pavimentos sin armaduras, las fuerzas por contracción de fragüe se las controla mediante juntas de contracción. Un hormigón con buena dosificación y mejor curado produce fisuras por contracción a distancias que oscilan entre los *3,00 a 4,00 metros* y el los espesores promedios tienen de *2 o 3 milímetros*, según la dosificación del hormigón.

6.8. Según la temperatura.

Los materiales se dilatan o se contraen según la variación de la temperatura, de manera lineal directa. El factor de proporcionalidad se denomina coeficiente de dilatación térmica. Si las piezas o el material que sufre esos cambios volumétricos están confinados, se generan fuerzas muy elevadas. Este fenómeno es fácil de observar en las fachadas de las viviendas o edificios a lo largo de la calle; en algunos casos, todas las fachadas están unidas entre sí, sin juntas de dilatación, entonces las fuerzas de dilatación son las encargadas producir las fisuras o fracturas en los lugares más débiles.

En la imagen *(figura 4.23)* un cordón de pavimento que por ausencia de juntas y un aumento de temperatura ambiente, se expandió y produjo una rotura con levantamiento.

Figura 4.23

Para destacar la magnitud de las fuerzas generadas por diferenciales térmicos analizamos en "Aplicaciones" la situación que se plantea en el Puente General Belgrano que une la ciudad de Corrientes con la de Resistencia (Argentina).

7. Aplicaciones del Capítulo 4 "Cargas".

7.1. Carga y dimensionado columna metálica.

Desarrollamos un ejemplo para destacar la influencia de las cargas en los métodos de cálculo. Veremos el modo que participa en cada uno de ellos. Desarrollamos el dimensionado simplificado de una columna metálica utilizando de manera separada los dos métodos.

Método clásico.

El problema es dimensionar una columna de hierro (sin pandeo). Los datos son los que siguen:

- Carga total: *(D+L) = 100 kN = 1,0 MN = 10.000 daN*
- *(D + L):*   *carga bruta sin coeficientes.*
- $\gamma \approx 1,7$:   *Coeficiente total de seguridad empleado en tensión de rotura.*
- $\gamma = \sigma_{rot} / \sigma_{adm} = 1,7$
- *Tensión de fluencia del hierro: $f_y \approx 250$ MPa (2500 daN/cm^2).*
- *Tensión admisible de trabajo para el dimensionado: $\sigma_{adm} = 2500 / 1,7 \approx 1.500$ daN/cm^2.*

Suponemos que las cargas fueron determinadas y revisadas con cuidado. La tensión de rotura se corresponde con el inicio de la fluencia plástica del acero.

Sección necesaria:

$$S = \frac{P}{\sigma_{adm}} = \frac{1,00\ MN}{150\ Mpa} \approx 0,0066\ m^2 \approx 66 cm^2$$

La columna se puede construir con dos perfiles *PNU200 (S = 2 . 33,5 = 67 cm^2)(figura 4.24).*

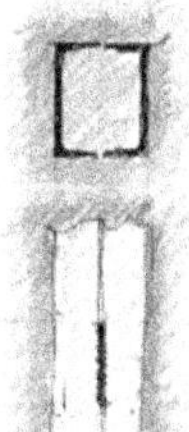

Figura 4.24

Método rotura.

Resolvemos la misma columna con datos similares al ejemplo anterior, pero desde el método de rotura.

- *D = Carga total de peso propio (determinista): 60 kN = 0,6 MN.*
- *L = Sobre cargas de uso (estadísticas): 40 kN = 0,4 MN*
- $\gamma_1 \approx 1,4$: *Factor seguridad de cargas muertas (D).*
- $\gamma_2 \approx 1,7$: *Factor seguridad de cargas vivas (L).*
- *Carga de diseño:*
  $$U = \gamma_1 D + \gamma_2 L \approx 1,4D + 1,7L = 1,4 \cdot 60 + 1,7 \cdot 40 \approx 150 \ kN.$$
- *Tensión de fluencia del hierro:* $\approx 250 \ MPa = 2500 \ daN/cm^2$

Sección necesaria:

$$S = \frac{U}{\sigma_{rot}} = \frac{1,50 \ MN}{250 \ Mpa} = 0,006 \ m^2 = 60 cm^2$$

Las secciones determinadas son similares a las calculadas por el método anterior. Pero el método de la rotura presenta mayor seguridad: conocemos la tensión de rotura del material de manera precisa y además realizamos un análisis más cuidadoso de las cargas.

7.2. Fuerzas de viento.

Este ejemplo corresponde a un edificio comercial con bloques de hormigón que se ubica en la localidad de Telsen, provincia de Chubut con velocidades de vientos básicas de *58 m/s*. Se encuentra en el Cirsoc 102 "Acciones del viento". En croquis que sigue se muestra la configuración en esquema del edificio (la imagen es copia de la figura que se encuentra en la guía *del Cirsoc 102*) *(figura 4.25)*.

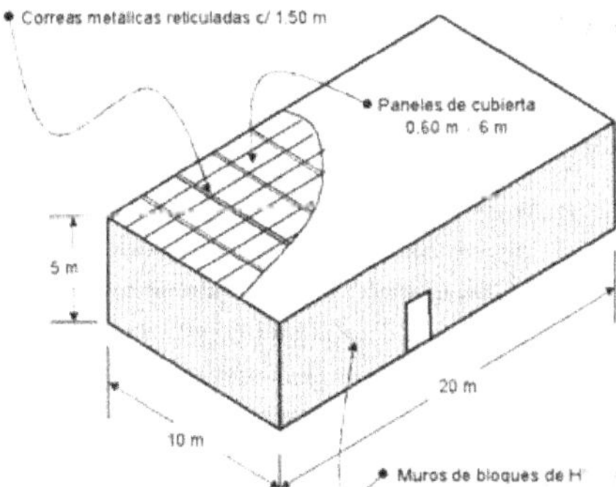

Figura 4.25

En las figuras que siguen se muestran las variaciones de los valores de presión y succión según la dirección del viento respecto a la planta del edificio. Vemos que las cargas según la dirección del viento oscilan entre máximos promedios de:

Presión: *1100 N/m² = 11 kN/m² (≈ 110 kg/m²).*

Succión: *1200 N/m² = 12 kN/m² (≈ 120 kg/m²).*

La distribución en intensidad y geometría de la presión del viento según se indica en dibujo *(figura 4.26)* que corresponde al Cirsoc 102 *"Figura 3.2: Presiones de diseño en N/m², cuando el viento es normal a la pared de 10 metros".*

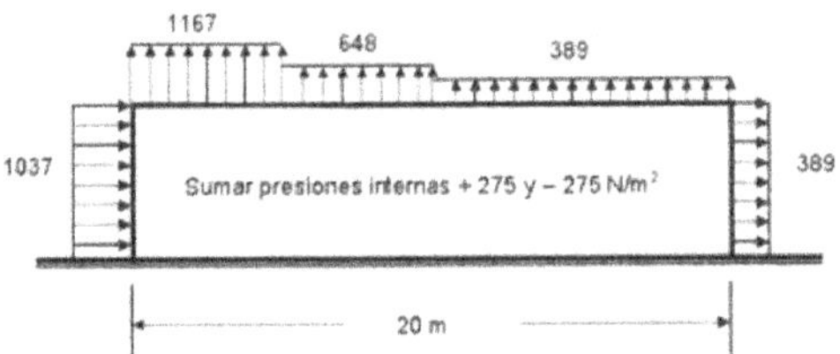

Figura 4.26

También del Cirsoc 102 está la *"Figura 3.3: Presiones de diseño en N/m², cuando el viento es normal a la pared de 20 metros" (figura 4.27).*

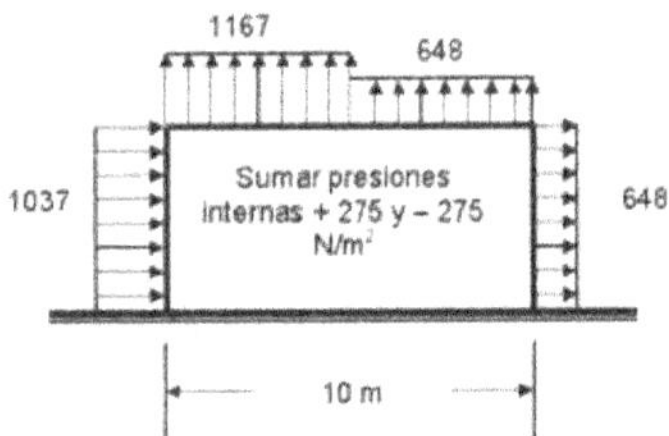

Figura 4.27

Recordemos que una velocidad de *58 m/s* corresponde a unos *210 km/hora.* En la región central del país las velocidades máximas son en promedio de *44 m/s (160 km/h),* por ello la reducción de los valores de presión o succión se reducen en un valor aproximado de *25 % ; ≈ 900 N/m² (90 ≈ daN/m²) en presión y ≈ 100 N/m² en succión (100 ≈ daN/m²).*

7.3. Fuerzas sísmicas.

Presentamos tres ejemplos simplificados al efecto didáctico para obtener una idea de las magnitudes de las fuerzas que provocan los sismos en los edificios. Destacamos que son ejemplos de aproximaciones para referencias generales y aproximadas.

Ejemplo 1: Tanque en sismo grado "IX".

El sismo es de grado "IX" como "fuerte" o "muy destructivo" que provoca pánico generalizado en las personas y daños en las estructuras de los edificios. En ese nivel la aceleración del suelo alcanza los 250 Gal.

Si el tanque lleno tuviera una masa *100.000 daN (100 tn)*, la fuerza que le genera la aceleración del suelo:

$f = m.a = 100.000 \, daN \,.\, 250 \, cm/seg^2 =$

$= 100.000 \, daN \,.\, 2,50 \, m/seg^2 = 25.000 \, daN = 250 \, kN$

En la expresión anterior solo utilizamos dos variables: la aceleración y la magnitud de la masa. Pero también se debe tener en cuenta la posición de la masa en el espacio del edificio, en el caso del tanque la masa inercial principal está elevada y separada del suelo por las columnas y riostras. Entre el suelo que se mueve y la gran masa elevada que tiene inercia de reposo están las columnas que romperán por efecto de fuerzas de corte.

Ejemplo 2: Edificio 20 plantas en sismo grado "I".

Supongamos un edificio de 10.000 toneladas de masa (20 niveles). La fuerza inercial que se produce en el caso de escala *"I"* es de percepción no apreciable:

$F = m.a = 0,5 cm/s^2 \,.\, 10.000.000 \, daN \,.\, 0,01 \, (m/cm) \approx 5.000 \, daN = 50 \, kN$

Es una fuerza horizontal de ≈ 5,0 toneladas que podemos imaginarla actuando sobre el baricentro del edificio. Es reducida y actúa inercialmente en toda la masa y no produce daños en los cerramientos y estructura del edificio. El movimiento solo puede ser percibido por personas sensibles a esos desplazamientos.

Ejemplo 3: Edificio 20 plantas en sismo grado "IX".

Para el mismo edificio anterior adoptamos una aceleración de 250cm/s² (sismo de grado IX).

$F = 250 \, cm/s^2 \,.\, 10.000.000 \,.\, 0,01 \, (m/cm) \approx 2.500.000 \, N =$

$= 250.000 \, daN = 25.000 \, kN$

Este sismo genera una fuerza inercial horizontal de 25.000 kN. Este sacudón en fracciones de segundos provocará daños fuertes. La percepción es violenta y posibilidad de roturas en partes estructurales. El reglamento que regula el cálculo para este tipo de acciones es el *"Cirsoc 103 - Normas Argentinas para Construcciones Sismo Resistentes"*. Se compone de:

Parte I: Construcciones en general.
Parte II: Construcciones de hormigón armado y hormigón pretensado.
Parte III: Construcciones de mampostería.

7.4. Fuerzas térmicas.

Las fuerzas originadas por la combinación de confinamiento de la pieza con diferenciales de temperaturas originan fuerzas elevadas que quiebran al material en toda su sección. La la rotura del hormigón en el tablero de un puente por falta de mantenimiento y limpieza *(figura 4.28)*.

Figura 4.28

Las juntas en los pavimentos de calle, en las veredas, en los tableros de los puentes y también en edificios son espacios que permiten el libre movimiento y así evitar las fuerzas de confinamiento.

Vemos mediante el siguiente ejemplo el cálculo de la cantidad de juntas necesarias en un largo puente para evitar y anular estas fuerzas térmicas.

Los datos que tenemos son los siguientes:

- Puente General Belgrano (une las ciudades de Corrientes con Resistencia).
- Largo total del puente de hormigón armado pos tensado: *1.700 metros.*
- Diferencial térmico en la región entre invierno y verano: *50°C.*

Se pide verificar la cantidad de juntas a colocar en tableros.

El alargamiento o acortamiento total del puente (sin juntas) aplicando la fórmula:

$\delta_l = \alpha .\delta_t . l$
α: coeficiente térmico ($14/10^6$)
δ_t*: salto térmico (50°C)*
l: longitud de la estructura en estudio (1.700 metros).

El alargamiento total:

$$\delta_l = \frac{14}{10^6} \times 50°C \times 1700m \approx 1,20m = 120 \ cm$$

La separación adecuada para limpieza y mantenimiento de cada junta es de unos 4,00 cm. La cantidad de juntas necesarias sería: *120 / 4 = 30* juntas. Separación entre juntas: *1700 / 30 ≈ 56,00* metros.

Si alguna de esas juntas se encuentra atascada por material rígido (piedra, arena, polvo) se genera un confinamiento con fuerzas elevadas que rompen al hormigón cercano a las juntas *(figura 4.28)*. En la imagen siguiente se observa la junta y además la rotura del hormigón por efecto del confinamiento; falta de mantenimiento de las juntas.

Para establecer la fuerza que se puede generar se utiliza la ley de Hooke: la deformación de una pieza es proporcional a la fuerza que actúa. En el caso del puente si el alargamiento se encuentra impedido por deficiencias de mantenimiento de las juntas, la tensión de trabajo:

$$\sigma = E\epsilon = E \frac{\Delta l}{l} = \frac{P}{S}$$

Longitud de tramos entre juntas: *≈ 56* metros. Alargamiento por tramo, adoptamos la mitad del espacio de junta: *2,0* cm.

E: módulo elasticidad del hormigón *≈ 200.000* daN/cm^2.
b: ancho total del tablero: *11,40* metros = *1.140* cm.
h: altura o espesor del hormigón de tablero: *25* cm.
S: superficie transversal de de tablero: *25 . 1140 = 28.500* cm^2.
Fuerza total:

$$P = S \cdot E \cdot \frac{\Delta l}{l} = 200000 \cdot (1140 \cdot 25) \cdot \frac{2,0}{56 \cdot 100} \approx 2.000.000 \ daN$$

La fuerza puede alcanzar las 2.000 toneladas y en las superficies de las regiones atascadas o confinadas las tensiones pueden supera las de rotura del hormigón.

7.5. Análisis de las cargas pared y losa.

El problema.

Establecer la carga que llega al suelo por metro lineal de pared y entrepiso. Del esquema que sigue *(figura 4.29)*.

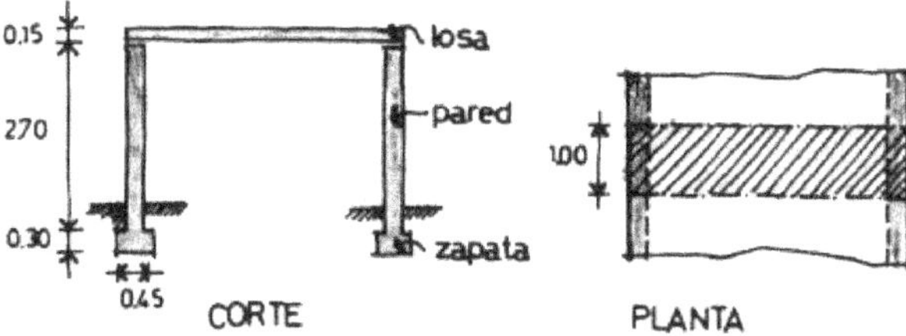

Figura 4.29

Se estudian en franjas de un ancho de 1,00 metro. Distancia entre ejes de pared: 4,20 metros. Detalle en corte de la pared con su fundación *(figura 4.30)*.

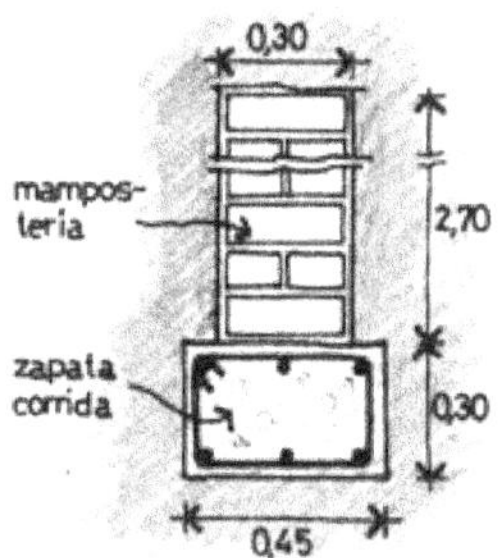

Figura 4.30

La planta de pared con su fundación *(figura 4.31)*.

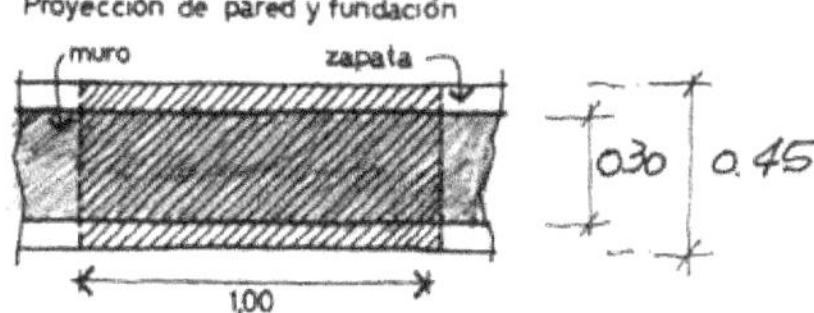

Figura 4.31

Peso de pared y fundación.

En la planilla que sigue se establecen los pesos por metro longitudinal de pared.

	Densidad daN/m³	Espesor ml	Alto ml	Peso daN
Pared	1400	0,27	2,7	1.021
Revoque	1700	2 . 0,015	2,7	138
Fundación	2400	0,45	0,3	324
Total				1.483

Carga de losa permanente o muerta (D).

La losa de azotea se forma por diferentes materiales con densidades distintas *(figura 4.32)*:

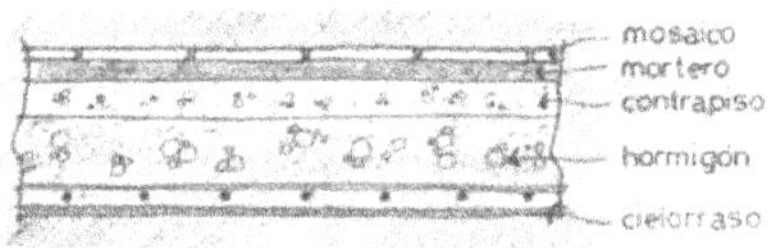

Figura 4.32

Los espesores de cada componente del entrepiso se indican en la tabla con su respectiva densidad para obtener los pesos parciales y totales por metro cuadrado.

	Densidad daN/m³	Espesor ml	Peso daN/m²
Mosaico granítico	2200	0,023	51
Mortero asiento	1900	0,025	47
Contrapiso	1600	0,10	160
Losa hormigón	2400	0,15	360
Cielorraso	1700	0,02	34
Total			652

Carga permanente (D): 652 daN/m².

Carga de sobrecarga o viva (L).

La azotea es accesible y según reglamentos. Sobrecarga de: 200 daN/m² $= 2,00$ kN/m².

Carga total de entrepiso sobre pared.

La estructura es simétrica. Las franjas de losa descargan por igual en ambos lados. Reacción real:

Peso propio (D): *652 daN/m²*
Sobrecarga (L): *200 daN/m²*
Total (D + L): *852 daN/m²*

Adoptamos: $D + L = 850\ daN/m^2$

Carga sobre muro: $R_a = R_b = 850 . 4,2 / 2 = 1.785 \, daN/ml$

Carga total de pared y entrepiso.

La carga sobre el suelo es la suma de la acción del entrepiso más el peso de pared y de fundación.

Carga total por metro lineal *(figura 4.33)*:

Reacción de losa:	*1.785 daN/ml*
Carga pared y fundación:	*1.483 daN/ml*
Carga total por metro lineal:	*3.268 daN/ml*

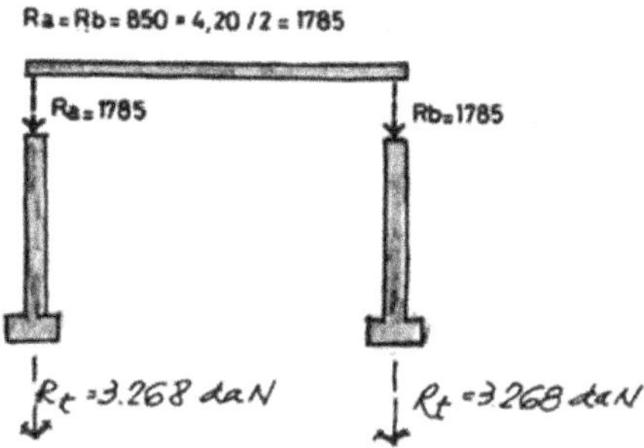

Figura 4.33

7.6. Estudio de cargas en diversos tipos de entrepiso.

Realizamos un análisis de cargas de varios tipos de entrepisos para elegir aquel de menor peso por metro cuadrado para el diseño estructural. En el esquema se indica la planta tipo *(figura 4.34)*. Tipos de entrepisos:

- Losa maciza.
- Losa con ladrillos huecos.
- Losa con bloques poliéster expandido.
- Losa mixta de viguetas pretensadas y bloques.

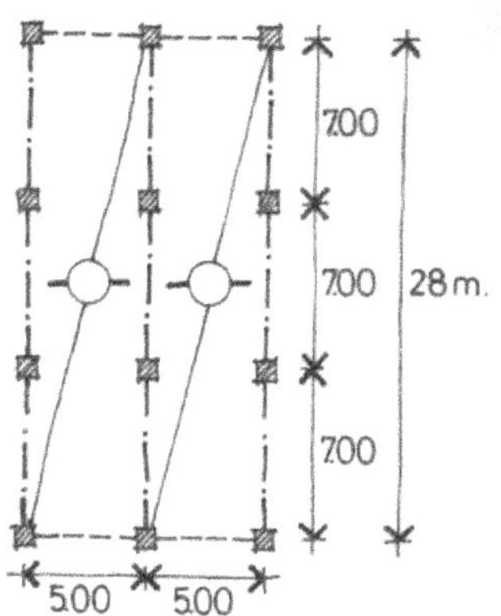

Figura 4.34

En un edificio de viviendas u oficinas cuya estructura resulte de hormigón armado en general y de manera aproximada se cumplen los siguientes porcentuales de volúmenes (consumo de hormigón):

Tipo de elemento	% volumen (m^3)
Losas (entrepisos)	70
Vigas	15
Columnas	5
Escaleras, tabiques y tanques	10

Vemos que la influencia de las losas macizas en la estructura es elevada. Si hablamos de eficiencia en una estructura, con estos antecedentes el primer elemento que debemos ajustar desde un buen diseño eficiente son las losas. Es posible variar la situación anterior creando diseños de losas donde su peso específico se reduzca, por ejemplo colocando elementos livianos en zona de tracción y creando nervios para la ubicación de las barras de acero. Estudiamos cuatro alternativas de diseño transversal de losas:

a) losa maciza.
b) losa alivianada con ladrillos huecos.
c) losa alivianada con bloques de poliéster expandido.
d) losa mixta de viguetas pretensadas y capa de compresión.

Losa maciza.

En losas cruzadas o unidireccionales de reducidas luces de cálculo se utilizan las de tipo maciza. Adoptamos una altura de total de 16 cm. El esquema de una losa de tipo cruzada *(figura 4.35)*

1) Hormigón macizo.
2) Barras en dirección "xx".
3) Barras en dirección "yy".

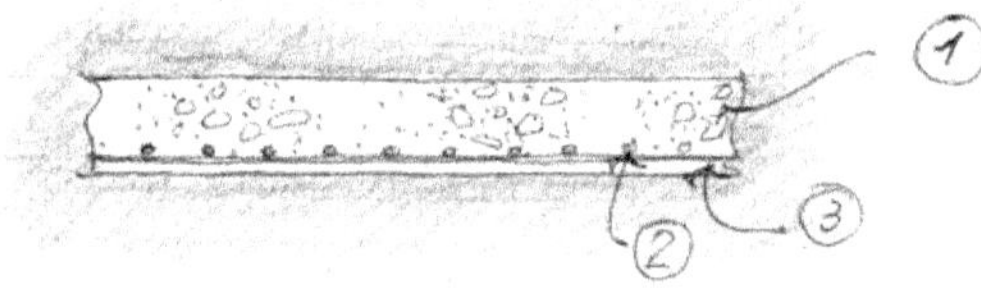

Figura 4.35

Peso de losa por metro cuadrado: Ancho de dos ladrillos: *0,16 m . 2400* daN/m^3 $\approx$ *390 daN/m^2 = 3,9 kN/m^2.*

Losa con ladrillos huecos.

En las décadas del 1960 a fines del 1970 se utilizaban ladrillos huecos cerámicos en zona de tracción dejando nervios para las armaduras *(figura 4.36)*.

1) Capa de compresión.
2) Nervio y armaduras.
3) Barras de repartición.
4) Ladrillos huecos.

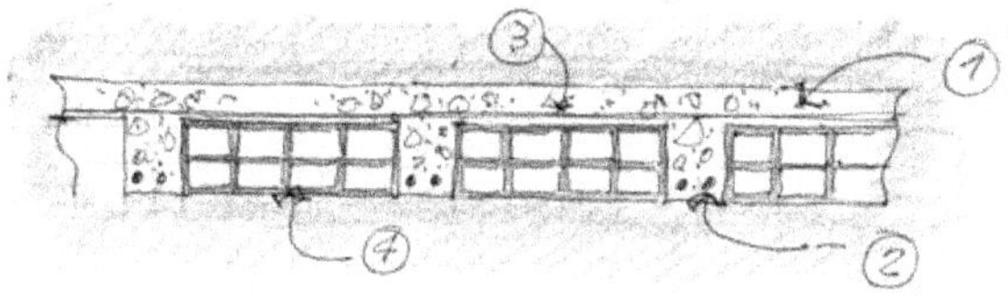

Figura 4.36

Datos: se colocaban dos ladrillos de ancho *18 cm* en línea, dejando un nervio de unos *12 cm* para la colocación de las barras. La capa de compresión podía variar de *4 a 5 cm*. En nuestro caso los datos son:

Altura total de losa:	*16 cm*
Capa compresión:	*4 cm*
Ancho del nervio:	*12 cm.*
Ancho de ladrillos:	*36 cm.*
Distancia a ejes de nervios:	*48 cm.*

Determinación del peso por franja de 0,48 metros:

El análisis se realiza por franja de *0,48* metros. Este ancho surge de:

Ancho de dos ladrillos:	*2 . 18 cm*	*= 36 cm.*
Ancho del nervio:	*1 . 12 cm*	*= 12 cm.*
Separación:		*48 cm.*

El peso de la franja se constituye por:

a) Nervio de hormigón armado:
   　0,12 m . 0,12 m . 2400 daN/m²　　*34,56 daN/ml*

b) Capa de compresión:
   　0,04 m . 0,48 m . 2400 daN/ m²　　*46,08 daN/ml*

c) Ladrillos cerámicos:
   　8 (ladrillos / ml) . 3,4 daN　　*27,20 daN/ml*

Total por franja:　　　　　　　107,84 daN/ml

Determinación del peso por metro:

Peso propio de la losa por metro cuadrado:

Peso propio de losa: *(107 daN/ml / 0,48 ml) ≈ 223 daN/m² = 2,2 kN/m²* .

Alivianada con bloques de poliéster expandido.

Se sustituyen los ladrillos huecos por bloques de poliéster expandido y se ajustan algunas dimensiones:

Altura de losa:	*17 cm.*
Separación de nervios:	*65 cm.*
Bloque de poliéster expandido:	*0,50 . 0,13*
Ancho de nervios:	*15 cm.*

Determinación del peso por franja de 0,65 metros:

Peso del bloque:	*0,50 . 0,13 . 1,00 . 20 daN/m³*	*=*	*1,3*
Ancho del nervio:	*0,15 . 0,13 . 1,00 . 2400 daN/m³*	*=*	*46,8*
Capa de compresión:	*0,04 . 0,65 . 1,00 . 2400 daN/m³*	*=*	*62,4*
	Total		*110,5*

Determinación del peso por franja de 1,00 metros:

Peso por metro cuadrado: *110,5 / 0,65 = 170 daN/m² = 1,7* kN/m².

Alivianada mixta, vigueta pretensada.

En la actualidad son de uso común; ofrecen rapidez en su construcción y economía. El peso, en función de la altura, la capa de compresión y el tipo de bloque a utilizar (cemento, cerámico o poliéster expandido) el peso promedio *(figura 4.37)*:

Para una altura de *0,17* mts: *230 daN/m² = 2,3 kN/m²*

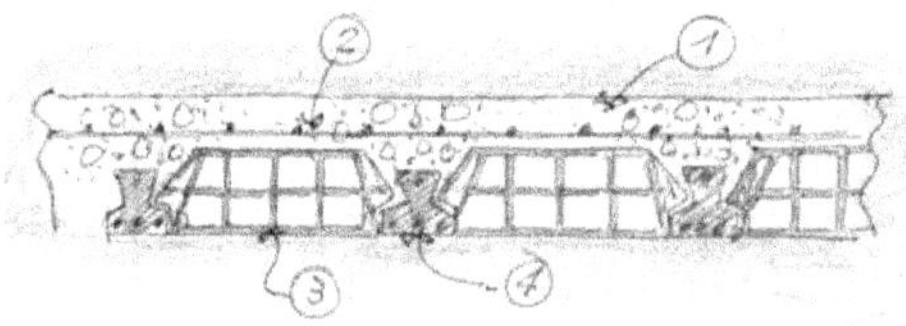

Figura 4.37

Conclusiones.

Si analizamos los valores extremos de este estudio encontramos que en losas macizas se consume 0,16 m³/m², mientras que las alivianadas con bloques de poliéster expandido se ubica en los 0,07 m³/m². Esto es la razón por la cual la mayoría de los edificios en la actualidad se diseñan con los entrepisos de losas con bloques de poliéster. Con este cambio del diseño estructural se modifican los porcentuales de consumo de materiales de cada una de las piezas estructuras y se reduce el consumo de hormigón armado.

Otros tipos de losas alivianadas.

Con otros diseños es posible reducir aún más el peso propio de los entrepisos y aumentar su resistencia, pero el costo de su construcción aumenta por la elaboración de los encofrados *(figura 4.38)*.

Losas nervuradas en una sola dirección, sus alturas oscilan entre los 0,30 a 0,50 metros.

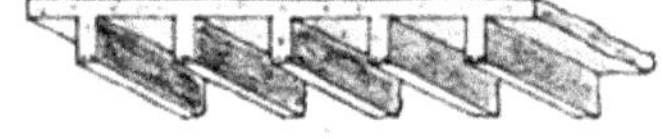

Figura 4.38

Losas casetonadas en dos direcciones, con alturas similares a la anterior *(figura 4.39)*.

Figura 4.39

Comparativa de los pesos de entrepisos.

En el ejemplo anterior se estudiaron cuatro tipos diferentes de diseños de losas según su sección transversal y el resumen de los pesos son los siguientes.

Maciza:	*390 kg/m².*
Alivianada con bloques cerámicos:	*223 kg/m².*
Alivianada con bloques poliéster:	*170 kg/m².*
Vigueta pretensada y capa compresión:	*230 kg/m².*

El peso total de las quince plantas solo del ítem losas estructurales de entrepisos:

Maciza:	*390 kg/m² . 7000 m² = 2.730.000 kg = 2.730 tn..*
Bloques cerámicos:	*223 kg/m² . 7000 m² = 1.561.000 kg = 1.561 tn.*
Bloques poliéster:	*170 kg/m² . 7000 m² = 1.190.000 kg = 1.190 tn.*
Vigueta pretensada:	*230 kg/m² . 7000 m² = 1.610.000 kg = 1.610 tn.*

Recordemos que estamos estudiando las alternativas de la losa de hormigón del entrepiso, no hemos revisado los otros aspectos que hacen al peso del edificio como paredes, contrapisos, pisos y cielorrasos. Solo con el cambio de diseño de la losa estructural vemos que entre el máximo y mínimo existen *1.330* toneladas. Es un número muy alto en la reducción de las cargas y una notable mejora en la eficiencia del sistema estructural.

Para otorgar concepto de magnitud a esa reducción la relacionamos con la capacidad soporte de un pilote perforado de diámetro *0,80* metros y una profundidad ≈ *16,00* metros; puede soportar en suelos normales arcillo limosos una carga cercana a las *100* toneladas. En resumen, con ese cambio de diseño de la losa logramos evitar la construcción de una cantidad cercana a los *15* pilotes sobre un total cercano a los ≈ *90* pilotes (reducción ≈ *20 %*). Además se debe considerar la disminución de hormigón en piezas soportes como vigas y columnas.

7.7. Análisis del peso todos los elementos del edificio.

En los párrafos anteriores solo hemos analizado el peso de losa del entrepiso, para completar un diseño de cargas es necesario también revisar con riguroso control los espesores de cielorrasos, contrapisos, pisos y tipos de paredes. También es posible intervenir la sobrecarga de uso; el reglamento Cirsoc 101 permite reducir su valor en función de la no simultaneidad de las cargas vivas.

Veamos un resumen general promedio (sin factores de seguridad de las cargas) donde comparamos en el mismo edificio: a) sin control riguroso en el diseño de cargas y b) con control riguroso.

Situación a): diseño descuidado de cargas:

Losa maciza hormigón:	*390 kg/m²*
Contrapiso, cielorraso, piso, paredes:	*292 kg/m²*
Sobrecarga total:	*200 kg/m²*
Total:	***882 kg/m²***

Situación b): diseño riguroso de cargas:

Losa alivianada hormigón:	*200 kg/m²*
Contrapiso, cielorraso, piso, paredes:	*160 kg/m²*
Sobrecarga total:	*170 kg/m²*
Total:	***530 kg/m²***

Resumen final:

La diferencia entre los dos diseños de cargas nos entrega un valor de *352 kg/m²* que aplicado a la superficie total del edificio anterior:

7.000 m² . 352 kg/m² = 2.464 toneladas.

Esta diferencia reduce costos de la siguiente manera:

- Fundaciones: se ahorra cerca de 23 pilotes sobre un total ≈ 90.
- El flector en losas y vigas se reduce a un ≈ 0,65 y con ello las dimensiones de vigas y columnas.
- En el resto de los ítems como cielorraso, contrapiso, pisos y paredes, también se logra una reducción de los costos mediante un fuerte control tanto en el diseño arquitectónico como en la dirección de la obra.

5

Continuidad.

1. Concepto.

1.1. Entrada.

Continuidad se define como la "unión que tienen entre sí las partes del continuo"; el continuo es el edificio, las partes son las losas, vigas, columnas y bases, mientras que la unión son los nudos donde convergen las piezas.

En este capítulo analizamos las formas que las Ciencias de la Construcción interpretan a ese continuo para aplicar las teorías de cálculo desde las matemáticas. La ciencia en general hace uso de esquemas simplificados de un fenómeno para luego avanzar en el conocimiento del mismo. En los esquemas simples se incorporan hipótesis que puedan ser interpretadas por las matemáticas, en muchos casos algo alejadas de la realidad. Las Ciencias de la Construcción en muchos casos se detienen a estudiar abstracciones; priorizan la tarea teórica a la tarea del razonamiento empírico. De estas cuestiones tratan los párrafos que siguen; estudiar la manera de interpretar el continuo.

Para comenzar clasificamos los edificios solo en dos tipos característicos: aquellos donde sus paredes son portantes y los que poseen estructura independiente.

1.2. Edificios portantes:

No poseen columnas ni vigas, son las paredes las encargas de tomar las cargas y transmitirlas a las fundaciones. Esas paredes son construidas con bloques de cemento comprimido de alta resistencia a la compresión. Para otorgar ductilidad al sistema se incorporan barras de hierros en algunos de los huecos de los bloques y se los rellena con hormigón. Según el país y la región, este tipo de diseño es utilizado en edificios de más de veinte plantas, incluso en zonas de sismos medianos *(figura 5.1)*.

Figura 5.1

En algunas regiones existen edificios de tipo portante construidos con ladrillos comunes cerámicos y también hay antecedentes de construcciones de varios pisos con bloques de adobe.

1.3. Estructuras independientes:

Son los más comunes, la estructura de hormigón armado o metálica, de manera individual o combinada actúa como esqueleto soporte para luego sostener las paredes de cerramientos no portantes*(figura 5.2)*.

Figura 5.2

En la imagen superior se observan las fases de la construcción de estos tipos de edificios.

- En el último nivel superior el encofrado y los puntales se encuentran a la espera de la colocación de las armaduras y hormigón.
- El piso inmediato inferior, ya fue hormigonado y los encofrados se encuentra a la espera del endurecimiento definitivo del hormigón.
- Los dos pisos que le siguen contienen tareas de contrapisos de nivelación y colocación de instalaciones eléctricas, sanitarias y otras.
- En los dos más abajo se observan ya las tareas de colocación de las paredes de cerramiento.

A medida que crece en altura el edificio se van incorporando ítems o rubros que no pertenecen a la estructura soporte. Esta clasificación de los edificios nos será útil más adelante cuando estudiemos el grado de eficiencia de cada uno.

1.4. . Formas de esquematizar la estructura.

Entrada.

Para las simplificaciones de la teoría imaginemos la figura del cubo. Desde la teoría se lo define como un sólido regular por sus cuatro lados iguales. Desde la realidad debemos identificar a ese cubo; un metro cúbico de hormigón, un tanque de agua en forma de cubo, también vigas, columnas y losas configurando un espacio cúbico. Sin embargo a la teoría con su matemática no le interesan los pormenores, ellas buscan las ecuaciones universales, que interpreten la realidad general sin los detalles.

En la ingeniería y arquitectura de las estructuras debemos darle sentido de circunstancias. En resumen, cuando apliquemos las fórmulas matemáticas de cálculo y dimensionado de las piezas es necesario pensar en la identidad de ella. Imaginar su forma espacial externa y los sucesos de su interior; los esfuerzos o tensiones.

Para explicar esta cuestión describimos cada una de las partes que hacen al soporte del edificio. Lo hacemos con la siguiente secuencia:

- Imagen real del edificio terminado.
- Imagen de la estructura que los sostiene.
- Esquema simplificado de análisis teórico del total del edificio.
- Esquemas simplificados de cada una de sus piezas.

Imagen real del edificio terminado:

En muchos, casi en la mayoría de los edificios, las paredes, los revoques y la pintura, tapan y esconden la estructura que las soporta. El paisaje que muestra el edificio solo se observa un volumen de apariencia maciza, que es aliviada por las aberturas que se insertan en sus paredes *(figura 5.3)*.

Figura 5.3

Imagen de la estructura que lo sostiene:

Durante una fase de la construcción es posible observar la estructura que lo sostendrá. Allí en forma clara y definida están las columnas, las vigas y losas. Son los edificios con estructura independiente, luego vendrán las paredes de cerramiento *(figura 5.4)*.

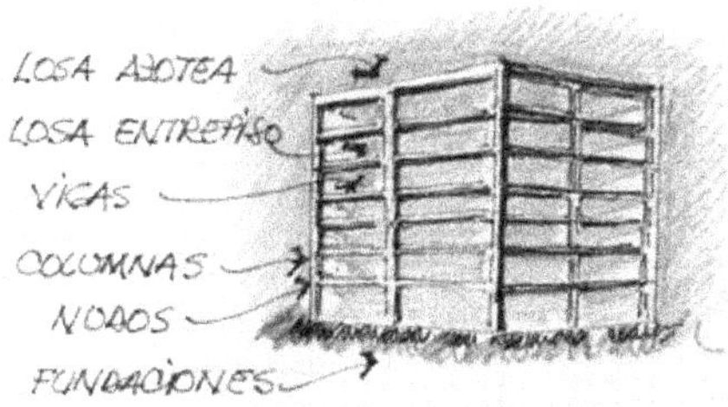

Figura 5.4

Vemos una parte de la estructura de hormigón donde participan tres piezas: columnas, vigas y losas *(figura 5.5)*. Es un conjunto que se encuentra unida por la masa de hormigón y por las barras de hierro en su interior. Estas barras configuran el tipo de resistencia futuro de las piezas.

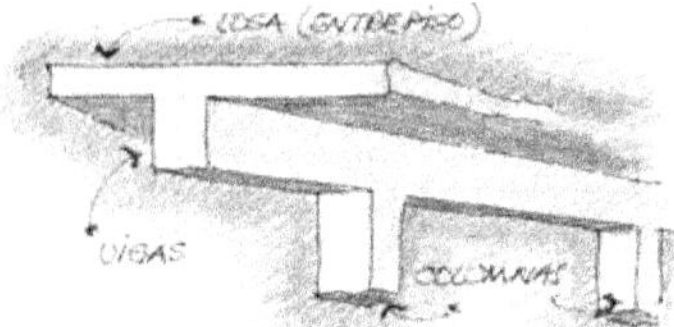

Figura 5.5

Esquemas simplificados de análisis teóricos:

En el análisis teórico las diferentes piezas soportes son esquematizados mediante líneas, tanto para vigas como para columnas. Este esquema es una reducción de la realidad *(figura 5.6)*. Luego en el avance teórico, este espacio de vigas y columnas son estudiados en planos horizontales (plantas) y en verticales (cortes).

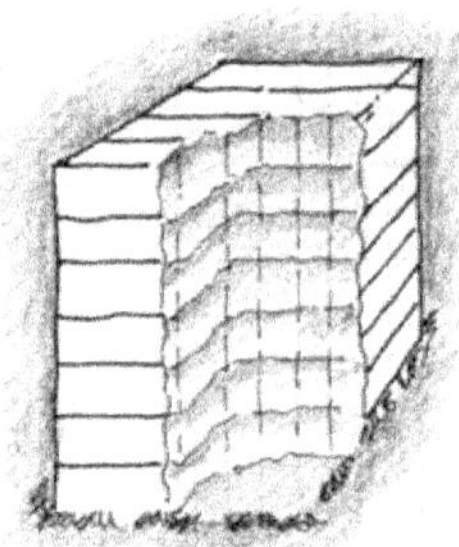

Figura 5.6

A la estructura espacial teórica se la "rebana" en cortes donde aparecen individualizadas las columnas y vigas que componen el plano vertical *(figura 5.7)*. Estos planos de corte son individualizados mediante la numeración que poseen las piezas que lo componen. Las columnas, vigas y losas son reducidas a simples líneas rectas.

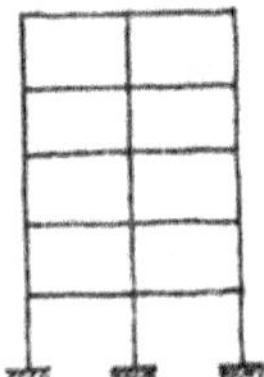

Figura 5.7

Para cada uno de los niveles del edificio se estudian en "planta estructural". En ocasiones esta tarea se simplifica cuando existen varias plantas estructurales iguales, que se repiten en la altura del edificio *(figura 5.8)*. Lo que sigue es un esquema de estos planos simplificados de estudio donde aparecen los entrepisos o losas.

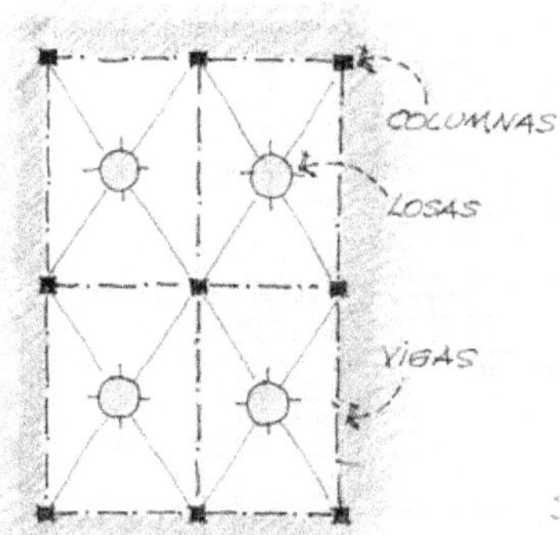

Figura 5.8

En general el nomenclador que se utiliza es el siguiente:

- Cuadros pequeños negros: Columnas.
- Líneas de punto raya: Vigas.
- Línea en diagonal: superficie que abarca un tipo de losa.
- Círculo y raya: en el círculo el nomenclador de losa y la raya indica la dirección de las barras de hierros (apoyos de losas).

Primero fue la simplificación en el espacio, luego mostramos los esquemas de corte vertical y horizontal en el plano. Hay otros esquemas que abrevian aún más las piezas, los vemos en los esquemas de la pieza individual, solo mediante líneas y puntos *(figura 5.9)*:

1. Columna articulada en sus extremos.
2. Columna empotrada en sus extremos.
3. Viga isostáticas con articulación en sus apoyos.
4. Viga hiperestática articulada y empotrada.
5. Viga hiperestática empotrada en sus apoyos.
6.

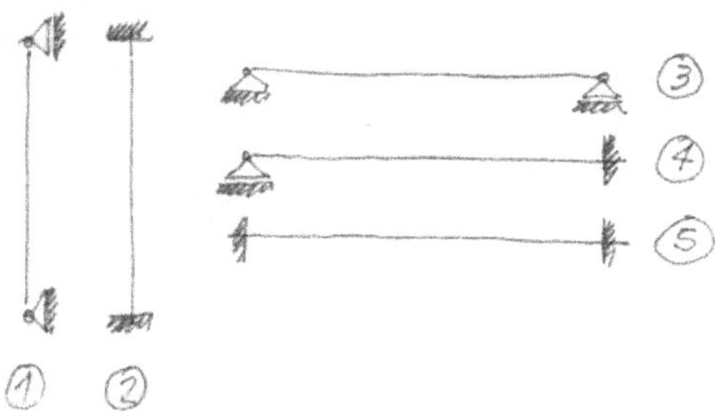

Figura 5.9

En la perspectiva observamos cómo la Estática reduce el espacio de la viga superior a una línea teórica que indica los apoyos, para luego pasar al plano cuando representa los esfuerzos de flexión. Los dos últimos dibujos son teóricos; no existen en la realidad, son herramientas para maniobrar la relación entre fuerzas externas, esfuerzos internos, forma de la viga y la resistencia de su material *(figura 5.10)*.

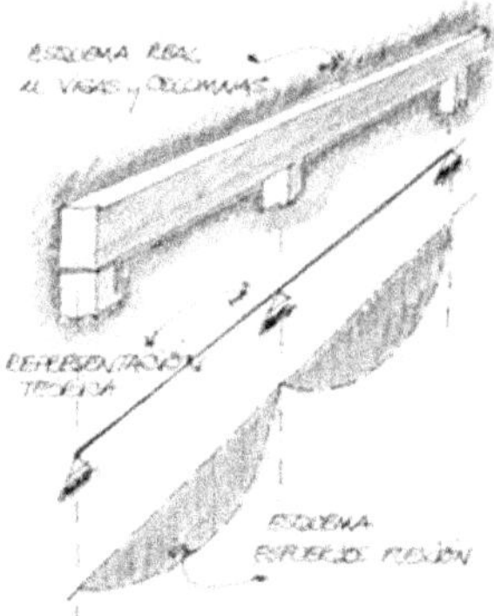

Figura 5.10

La secuencia de imagen anterior de arriba hacia abajo es la siguiente:

- Esquema real de vigas y columnas.
- Esquema o representación teórica.
- Diagrama de momentos flectores.

Hemos visto en los párrafos la manera de interpretar al espacio de un edificio en partes más simples para ser calculado y dimensionado.

2. Continuidad en los sistemas.

2.1. Introducción.

Las cargas de los edificios llegan a las fundaciones y luego al suelo a través de la correcta combinación de elementos tales como losas, vigas, columnas, muros y bases. Estas piezas existen y sirven en la medida que se vinculen entre ellas; éste es el tema del presente capítulo.

El elemento estructural único, aislado, no existe. La viga, el entrepiso, la columna, tienen existencia si poseen cargas a sostener y apoyos que reaccionan. Las piezas estructurales de un edificio poseen diferentes esfuerzos internos. En los entrepisos y vigas será predominante la flexión o corte, en las columnas la compresión, en las bases una combinación de flexión, corte y punzonado. Es por ello que el estudio de cada elemento se lo hace en forma separada, pero no se debe perder la noción de la manera que se vincula con los demás. Ese enlace de la viga con cargas y el entorno externo, se denomina condiciones de borde el elemento.

Vemos una combinación de vigas y columnas de hormigón armado que representan dos pórticos. Pueden ser continuos o discontinuos idénticos desde el exterior. Pero resultan diferentes en su interior por la forma y posición de las barras de hierro *(figura 5.11)*.

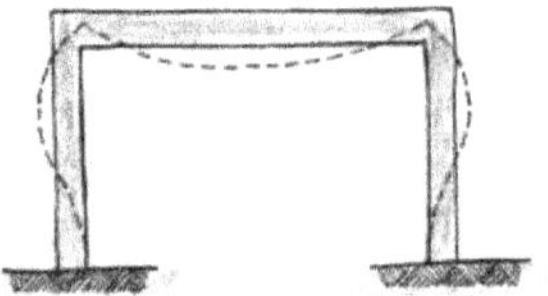

Figura 5.11

El de la izquierda es un falso pórtico; un sistema discontinuo. Son dos columnas que sostienen una viga, cuando ésta se carga y se deforma por flexión, la columna solo está afectada por la compresión. El otro esquema, el de la derecha es un pórtico real, la viga está conectada con la columna mediante un nudo rígido que contiene las barras de acero. Cuando actúan las cargas, viga y columnas se deforman. De acuerdo a lo anterior, las estructuras pertenecen a alguno de los siguientes sistemas:

Sistema discontinuo: Se muestra el nudo de un pórtico isostático; la viga solo transmite a la columna la carga y la comprime. Las barras verticales de la columna apenas se introducen en la viga y de ésta solo dos barras inferiores ingresan a la columna; es una articulación *(figura 5.12)*.

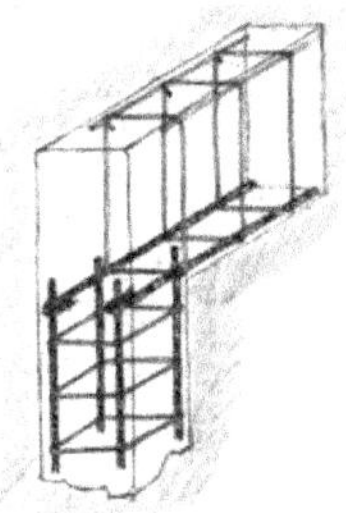

Figura 5.12

Sistema continuo: El nudo del pórtico es hiperestático, la viga, además de la carga anterior, también transmite giros a la columna, flexo compresión. Las barras de acero comparten regiones de columnas y vigas; eso es continuidad *(figura 5.13)*.

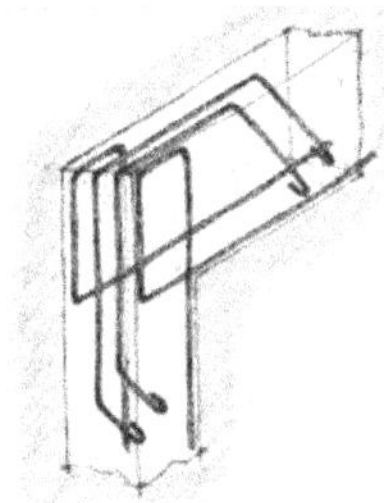

Figura 5.13

La unión es rígida y las deformaciones entre ambas se transmiten en su totalidad. Es un sistema continuo; cualquier alteración en uno de ellos, se transmite al otro.

2.2. Sistemas isostáticos (discontinuos).

Apoyos en sistema isostático:

Estas estructuras son las más comunes. Un tablón apoyado sobre dos caballetes es un sistema isostático, es discontinuo. Es una viga simplemente apoyada. Se puede retirar el tablón sin afectar los caballetes. El tablón ante las cargas se flexiona y en el apoyo gira libre sobre el soporte. Solo transmite cargas verticales *(figura 5.14)*.

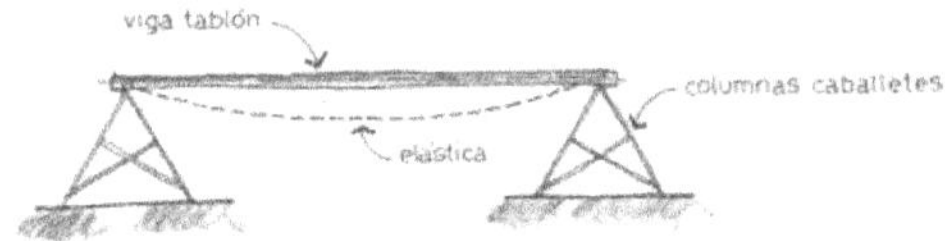

Figura 5.14

La representación gráfica teórica desde la estática *(figura 5.15)*:

Figura 5.15

También es isostática una viga en voladizo *(figura 5.16)*.

Figura 5.16

Un sistema de vigas puede tener la situación de una sola pieza que salva los tres tramos es una viga continua *(figura 5.17 arriba)* o de lo contrario la situación de tres vigas separadas discontinuas isostáticas *(abajo)*.

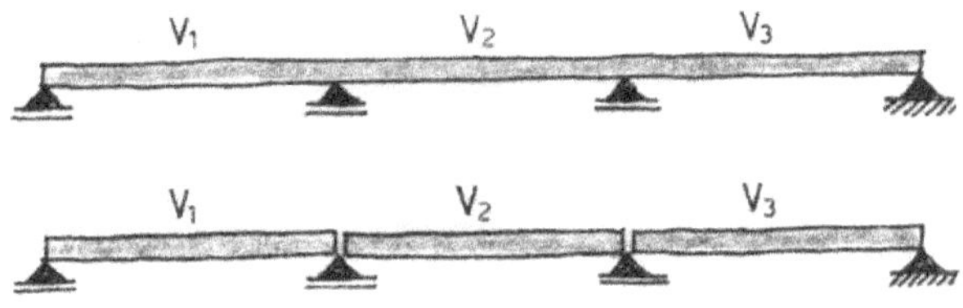

Figura 5.17

La viga del esquema superior V_1 del extremo posee una apoyo articulado a la izquierda y empotrado a la derecha, la viga central V_2 del sistema continuo está empotrada en ambos extremos por las otras vigas contiguas laterales.

Armadura en vigas de hormigón armado.

También son isostáticos algunos sistemas de vigas que en apariencia son continuas. Se logra con disposiciones adecuadas de las barras de acero. Esto se da especialmente en estructuras de hormigón armado; la configuración del nudo o la unión de viga con columna se encuentran cubiertas por el hormigón. Un conjunto de vigas isostáticas, una a continuación de la otra *(figura 5.18)*, cada una resiste y se deforma de manera independiente de las vecinas y también de la columna. Esta manera de trabajar en forma individual explica la posible formación de micro fisuras en los apoyos que forman las articulaciones sobre las columnas.

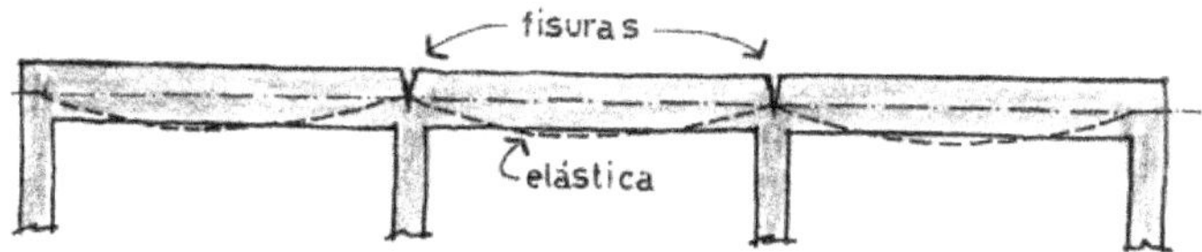

Figura 5.18

Los sistemas isostáticos son un invento del hombre. Colocar un tronco para atravesar un arroyo es crear una viga discontinua (isostática), un puente de una sola pieza. La naturaleza en las especies vegetales genera sistemas en voladizos conectados:

- El tronco empotrado en el suelo es voladizo vertical.
- Las ramas empotradas en los troncos son voladizos en horizontal aproximada.
- Las hojas empotradas en las ramas también son voladizo

No produce piezas aisladas. La otra naturaleza, la animal crea sistemas discontinuos; los huesos en sus extremos poseen rótulas que vinculadas a los músculos actúan como mecanismos de movilidad de alta eficiencia.

Estudiamos dos vigas de hormigón que apoyan simplemente sobre columnas *(figura 5.19)*. La observamos como si fuera a través de una radiografía, así vemos sus barras de acero. Se cortan en el apoyo central o se superponen unos centímetros. Cada barra posee un número de código para luego identificarla en el doblado.

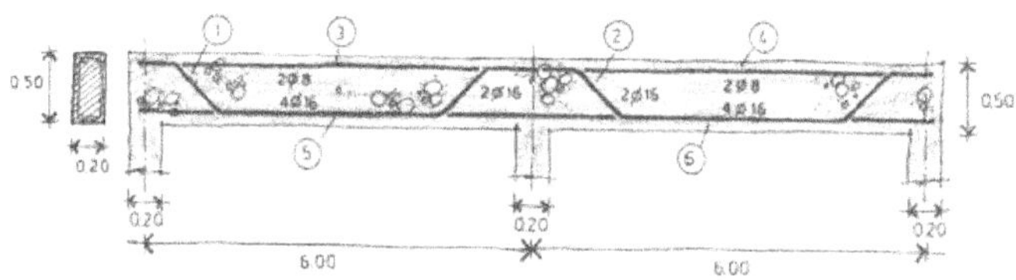

Figura 5.19

Los hierros anteriores de la viga se dibujan de manera separada; vemos que se cortan en la región del apoyo central *(figura 5.20)*.

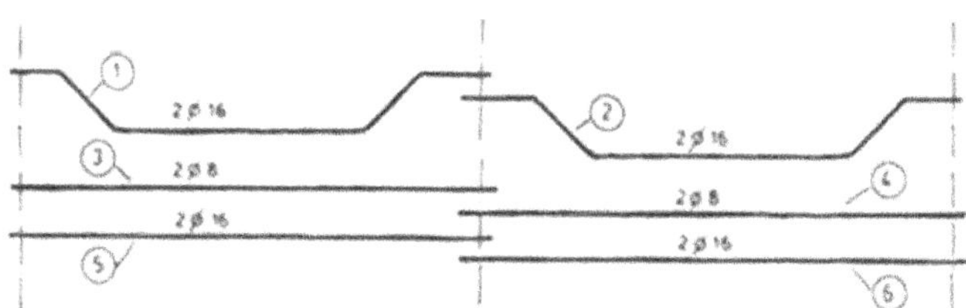

Figura 5.20

Las elásticas:

Las elástica de las vigas se deforman libremente, sin intercambio de efectos de flexión, son discontinuas en el apoyo. En este caso ambas tienen la misma elástica porque la carga es idéntica en las dos *(figura 5.21)*.

Figura 5.21

La curva de la elástica es un acontecimiento real, se lo puede observar en vigas que se deforman con la aplicación de una carga.

Momento flector.

Nos anticipamos al capítulo de la Estática; la elástica o deformación es función de la entidad matemática de *"momento flector" (figura 5.22)*; es la intensidad del flector que producen las fuerzas de izquierda o derecha en cada sección de la viga.

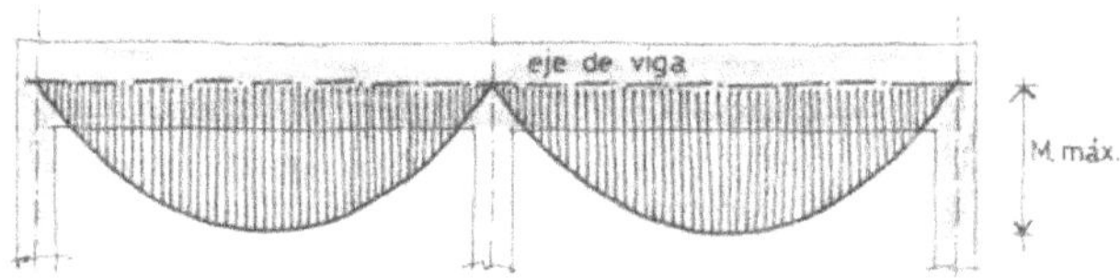

Figura 5.22

El diagrama del flector es una herramienta teórica que se obtiene desde la longitud de cálculo a la segunda potencia, los valores máximos ($M_{máx} = ql^2/m$). La elástica es una realidad desde la cuarta potencia $f_{máx} = C\ ql^4/EI$. Los factores "m" y "C" responden a las condiciones de borde de los apoyos.

Reacciones en sistema isostático:

En la imagen un sistema discontinuo (isostático), cada elemento toma lo suyo *(figura 5.23)*. En el apoyo *"B"* cada viga tiene su reacción definida, además *"R_{Bi}"* es igual a *"R_{Bd}"*. Si las luces de las vigas son iguales, todas las reacciones también lo serán:

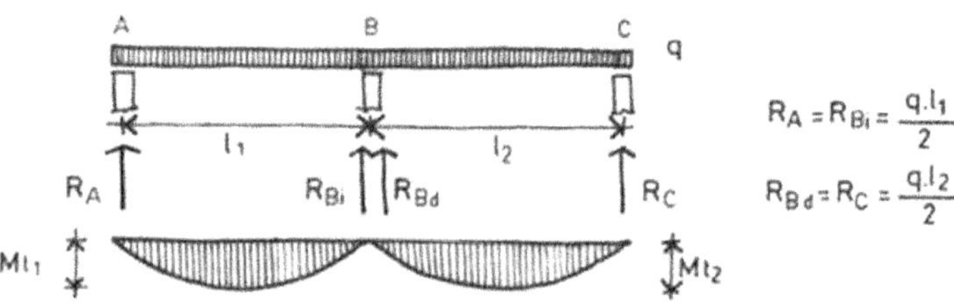

$$R_A = R_{Bi} = \frac{q.l_1}{2}$$

$$R_{Bd} = R_C = \frac{q.l_2}{2}$$

Figura 5.23

2.3. Sistemas hiperestáticos (continuos).

Apoyos en sistema hiperestáticos:

Estas estructuras surgen a mediados del siglo XIX, cuando elementos de unión para las piezas de madera o hierro hicieron posible la transferencia de los esfuerzos de una pieza a la otra (tornillos, tuercas, remaches, soldadura) *(figura 5.24)*.

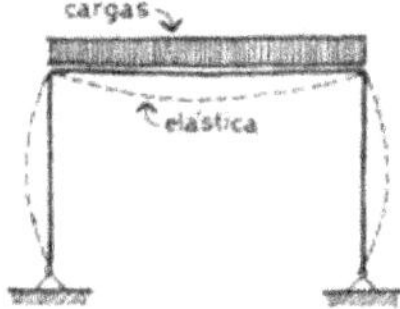

Figura 5.24

En el esquema anterior la viga apoya sobre las columnas y se encuentra rígidamente unida, es un pórtico.

En las vigas continuas las deformaciones y esfuerzos de uno y otro elemento son compartidos y la elástica en el apoyo es continua. La viga transmite esfuerzos de compresión y de flexión a la columna *(figura 5.25)*.

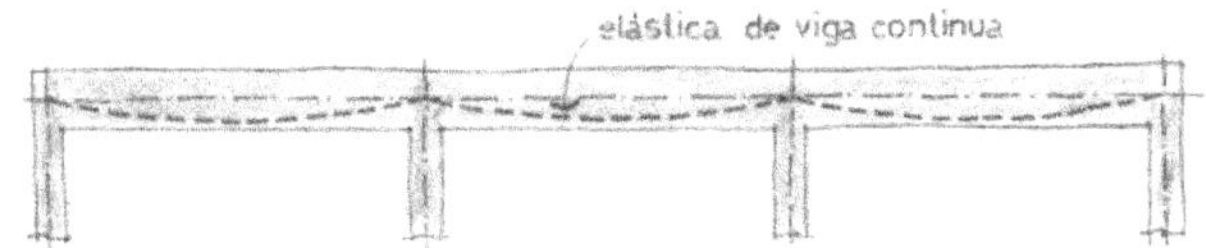

Figura 5.25

En estas vigas no existe la rótula en los apoyos, ahora en esa región existen esfuerzos de flexión. En las figuras que siguen mostramos una viga continua en hormigón armado de dos tramos. Analizamos la posición de sus barras.

Armadura en vigas hiperestáticas de hormigón armado.

En el corte longitudinal las barras pasan de una viga a otra en la zona de apoyo central. La particularidad es que esos hierros se ubican tanto en la parte inferior como en la superior. Ellos junto con el hormigón generan la cupla de empotramiento en el apoyo *(figura 5.26)*.

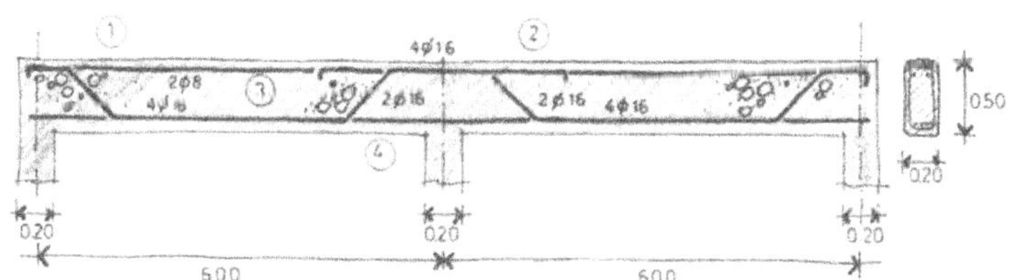

Figura 5.26

En el despiece vemos que los hierros se ubican según las necesidades exigidas por los esfuerzos *(figura 5.27)*. En estos casos existen esfuerzos de tracción en la parte inferior de los tramos y también en la parte superior del apoyo; el hormigón no puede resistirlo, entonces van las barras.

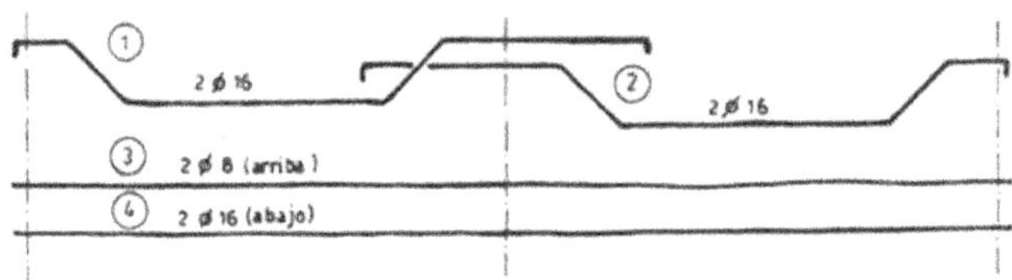

Figura 5.27

Las elásticas en sistemas hiperestáticos:

El apoyo conecta a las vigas en la flexión. Desaparece la discontinuidad de la elástica en ese lugar. En el apoyo la elástica cambia de inclinación de manera suave. Al existir esa empotramiento o cupla resistente en el apoyo, la magnitud de la elástica en los tramos es menor que el caso anterior de vigas isostáticas *(figura 5.28)*.

Figura 5.28

Momento flector en vigas hiperestáticas.

Este esquema muestra en el apoyo los momentos flectores negativos. En el tramo la tracción se ubica abajo, ahora en el apoyo, esos esfuerzos se ubican arriba por la acción de la cupla de empotramiento *(figura 5.29)*.

El diagrama del flector es una herramienta para las tareas teóricas de diseño y cálculo. Es conveniente destacar a esta altura del estudio que existen manifestaciones que son observables en la viga; la forma transversal, sus dimensiones, los apoyos y también la elástica. Pero son inobservables a visión directa las tensiones, las líneas de los esfuerzos internos; el momento flector, la corte y el normal.

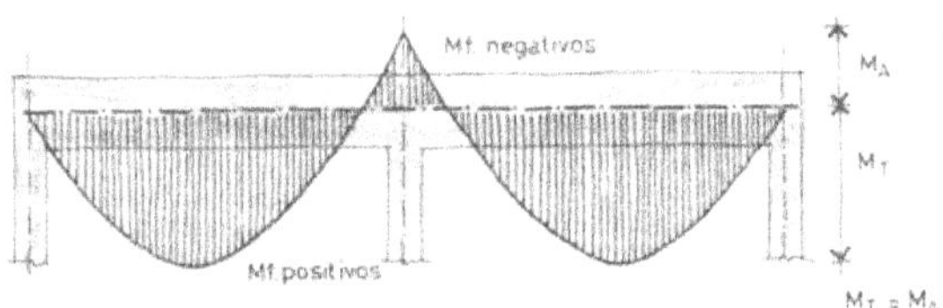

Figura 5.29

Reacciones en sistemas hiperestáticos:

Pero cuando estamos en presencia de un sistema continuo (hiperestático), las vigas tienen otra conducta en las reacciones, deformaciones y esfuerzos. El empotramiento que se genera en el apoyo *"B"* produce un aumento de las reacciones en ese lugar y reduce las de los extremos. La rigidez del apoyo central atrae las cargas *(figura 5.30)*.

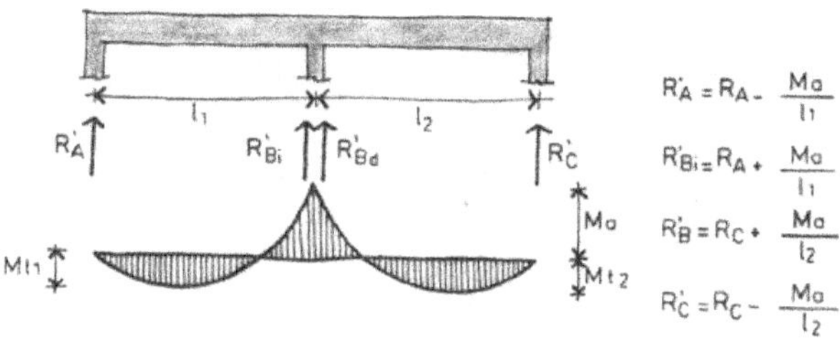

$$R'_A = R_A - \frac{M_a}{l_1}$$

$$R'_{Bi} = R_A + \frac{M_a}{l_1}$$

$$R'_B = R_C + \frac{M_a}{l_2}$$

$$R'_C = R_C - \frac{M_a}{l_2}$$

Figura 5.30

3. Ventajas y desventajas de los sistemas.

3.1. Ventajas del sistema isostático.

Los sistemas isostáticos tienen la ventaja de facilitar el cálculo y construcción. En el caso de dos vigas discontinuas o isostáticas, el descenso del apoyo no provoca aumento de los esfuerzos; la viga se articula en la zona del apoyo central *(figura 5.31)*. Cada una de las vigas sigue resistiendo los mismos esfuerzos.

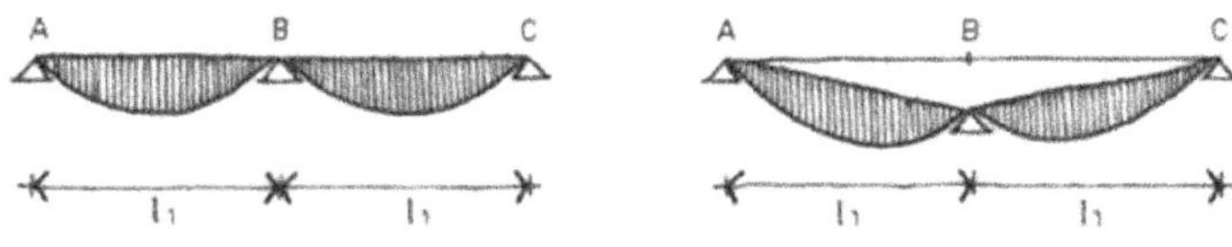

Figura 5.31

3.2. Análisis de sistemas continuos.

General.

Vemos la diferencia de las elásticas de una viga discontinua (isostática) y la continua (hiperestática) *(figura 5.32)*.

Figura 5.32

Si comparamos los servicios que presta una viga de simple apoyo y otra doblemente empotrada, se obtienen las conclusiones:

- La viga empotrada resiste a igual sección, cargas un 50% superior a las que soporta la simplemente apoyada
- Es 5 veces más rígida.
- Su flecha es una quinta parte de la simple.
- Para igual calidad de material, la doble empotrada requiere ≈ 20 % menos de material que la viga de apoyos simples.

Descenso de apoyos internos.

Existen situaciones extremas donde los suelos son deformables o no existe seguridad total de su estabilidad. Ante cualquier descenso del apoyo se modifican todos los esfuerzos previstos en el cálculo *(figura 5.33)*.

La viga original se la diseña y calcula sin movimientos en el apoyo central. Los momentos flectores y las elásticas responden a las ecuaciones de la teoría, como lo muestra el esquema que sigue.

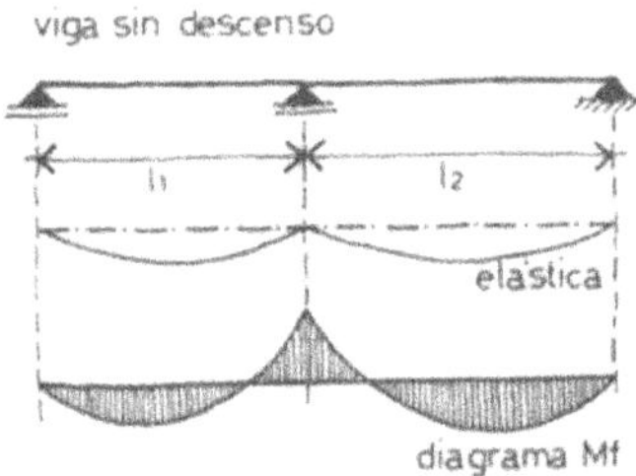

Figura 5.33

La prolija relación entre esfuerzos y cargas del caso anterior se modifica cuando se presenta un descenso del apoyo central, apenas unos milímetros son suficientes para modificar los diagramas de elástica y flector.

El caso extremo imaginario es cuando el descenso continua y transforma la viga hiperestática (tres apoyos) en una de isostática (dos apoyos) *(figura 5.34)*.

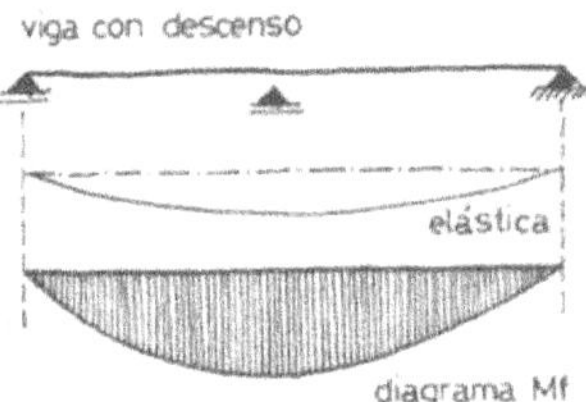

Figura 5.34

Mostramos la viga continua de dos tramos con los tres apoyos. Antes del descenso, el apoyo central es fijo, las dos vigas actúan y se deforman según sus luces l_1 y l_2. Cuando el apoyo central por alguna circunstancia se desplaza hacia abajo, los esfuerzos internos de las vigas cambian. Aumentan hasta el caso extremo último donde el apoyo central se separa de las vigas. En ese instante la viga es una sola y la distancia entre apoyos extremos es *(l_1 + l_2)*.

Los esfuerzos aumentan en función cuadrática. Por ejemplo, elegimos una tensión de cálculo de valor *100 daN/cm²* para una viga de 5,00 metros, pero si la distancia la llevamos al doble, la distancia entre apoyos será de 10,00 metros y el esfuerzo aumentará a *400 daN/cm²*. Los esfuerzos aumentan con la potencia segunda de la longitud de cálculo. La elástica máxima aumenta a la potencia cuarta; si la flecha en la viga de 5,00 metros fuera de *1,00* centímetro, para la viga de 10 metros será de *16* centímetros.

Lo anterior podemos apreciarlo en el cambio de configuración del momento flector *(figura 5.35)*. Con el descenso del apoyo central pasa de la geometría izquierda (flectores positivos y negativos) a la otra de la derecha con flectores muy superiores y positivos.

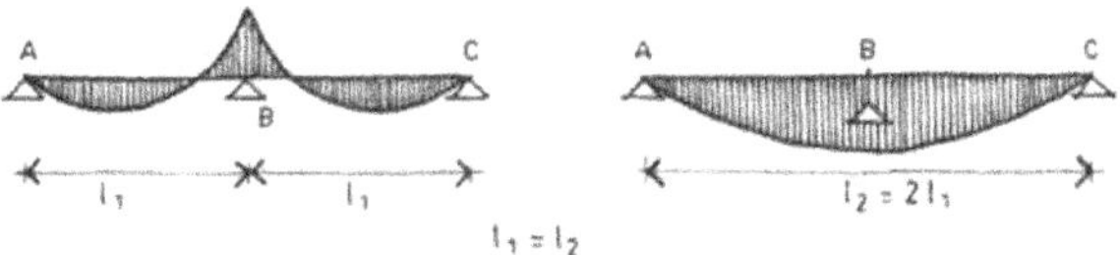

Figura 5.35

En la zona de apoyo se invierten los esfuerzos internos; en la primera viga existían flectores negativos, mientras que en la segunda se transforman en positivos.

3.3. El voladizo.

El voladizo es una pieza estructural muy sensible; posee un solo apoyo que es un empotramiento. Los esfuerzos en su interior para igual carga son cuatro veces superiores al de una viga con dos apoyos. Y la deformación en el extremo resulta nueve veces superior al de la viga de apoyos simples. Es un sistema que debe ser tratado con cuidado.

A pesar de la sensibilidad del voladizo a los esfuerzos y elástica tiene la ventaja de colaborar con vigas o losas. Un caso particular es la viga de hormigón armado de un tramo con voladizo en su extremo *(figura 5.36)*. La viga de hormigón armado tiene en su interior las barras de hierro ubicadas de forma que resistan la tracción en el tramo (momentos positivos) y también la tracción en apoyo y voladizo (momentos negativos).

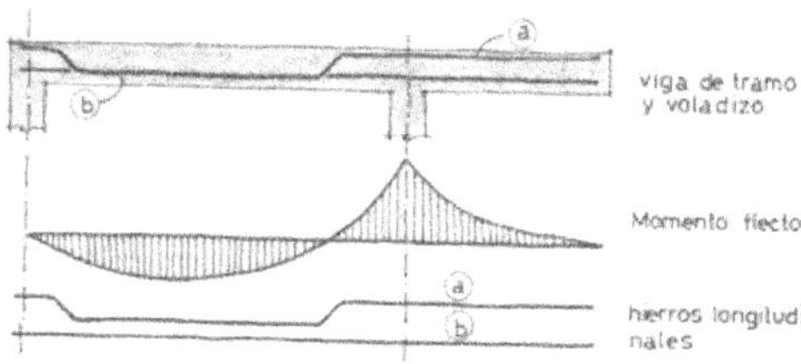

Figura 5.36

Esta combinación de "viga tramo" con "viga voladizo" es uno de los diseños estructurales de mayor eficiencia; el voladizo reduce la elástica del tramo izquierdo y también los esfuerzos. Con un adecuado estudio de geometría y cargas se puede diseñar el sistema de forma tal que el tramo y el apoyo de voladizo tengan los mismos esfuerzos.

3.4. Diferencia en longitudes.

Esta transferencia de esfuerzos entre vigas se observa cuando las longitudes son muy diferentes. El esquema muestra de manera exagerada la situación de dos vigas continuas; la de mayor tramo modifica la elástica de la viga corta, incluso generar en ella momentos negativos en toda su longitud *(figura 5.37)*.

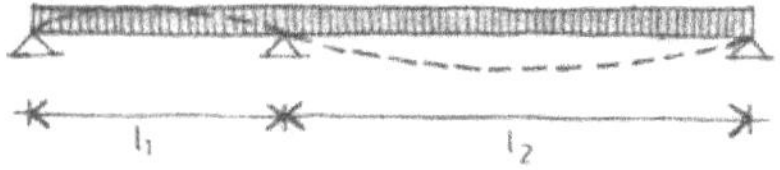

Figura 5.37

Esta situación no es común, pero es conveniente tenerla en cuenta en el diseño para evitar fisuras en elementos divisorios livianos como paredes o tabiques.

4. Aplicaciones.

4.1. General.

Se realiza un estudio de la continuidad de las tres diferentes vigas:

a) Macizas.
b) Heterogéneas.
c) Reticuladas.

La viga en estudio es de tipo simétrica continua de dos tramos. El flector de apoyo es mayor que los de tramos *(figura 5.38)*.

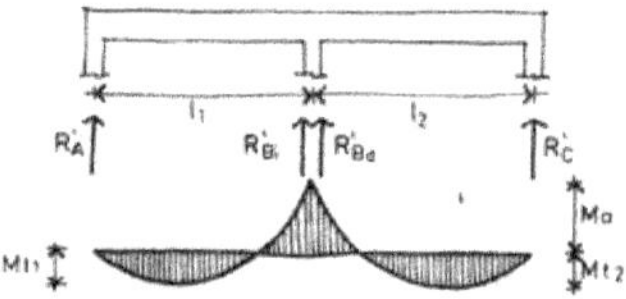

Figura 5.38

4.2. Viga maciza de perfil metálico.

Pueden ser de perfiles metálicos o tirantes de madera. En la mayoría de los casos son uniformes y homogéneas *(figura 5.39)*. Tanto en los tramos como en los apoyos poseen igual configuración y cantidad de material; la resistencia nominal interna es constante en toda su longitud.

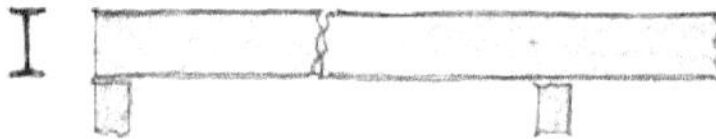

Figura 5.39

4.3. Viga maciza de hormigón armado.

Son las de hormigón armado que combinan el hormigón con las barras de acero *(figura 5.40)* . Estas vigas es posible diseñarlas con resistencia interna a flexión diferente entre tramos y apoyos, esto se logra modificando la posición y cantidad de las barras.

Figura 5.40

4.4. Viga reticulada.

Pueden ser construidas con perfiles metálicos o con tirantes de madera *(figura 5.41)*. También con ellas es posible obtener diferentes resistencias según las necesidades del proyecto.

Figura 5.41

4.5. Conclusiones.

Vemos que las solicitaciones establecidas por la teoría de la estática (momento flector y corte externos) son independientes del material y de la forma transversal de la viga. En el caso de la viga continua de dos tramos iguales con carga uniforme el flector negativo de apoyo posee un valor cercano al doble que el flector del tramo.

En el diseño de las vigas en función de su continuidad debemos configurarla para que en su interior sus resistencias se adapten a las solicitaciones externas. Con la vigas uniformes macizas de hierro o madera eso no es posible, pero con las de hormigón armado y las reticuladas logramos resistencias nominales internas iguales o superiores a las externas.

6

Estáticas de fuerzas.

1. Introducción.

1.1. General.

En capítulos anteriores analizamos los orígenes y valores de las cargas, así también como su ubicación y unidades, pero nada se dijo de su relación con el conjunto estructural de un edificio. Tampoco se estudió la influencia de las formas de las piezas estructurales en su resistencia ante las cargas.

Este capítulo "Estática de las fuerzas" se analiza la relación entre las fuerzas, sus direcciones, magnitudes y posiciones en el elemento estructural. Con maniobras de matemática elemental se logran establecer ecuaciones y fórmulas que interpretan de manera adecuada el efecto de esas cargas en la pieza. Veamos la ecuación presentada en el capítulo anterior sobre la relación entre la tensión *"σ"* (resistencia), la solicitación *"M"* (efecto flector de las fuerzas) y el módulo resistente *"W"* (forma de la sección):

$$\sigma = \frac{M}{W}$$

En este se analiza el numerador de de la expresión, por ejemplo en el caso de una fuerza aplicada en el medio de una viga simple: *M = Pl/4 (figura 6.1).*

Figura 6.1

En el Capítulo 7 "Estática de las formas" se analiza el denominador del cociente, el *"W"* que interpreta de manera matemática la jerarquía de la forma (sección transversal) de la viga ante el fenómeno de flexión.

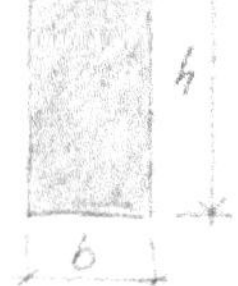

Figura 6.2

La expresión que interpreta la forma es el módulo resistente *"W"*. En el caso de sección rectangular *(figura 6.2)*:

$$W = \frac{bh^2}{6}$$

Vemos que es función cuadrática de la altura y directa del ancho.

1.2. Acción, carga, fuerza, esfuerzo y tensión.

En el desarrollo de estos escritos aparecen todas estas palabras; es bueno definirlas para evitar confusiones. Los conceptos de acción, carga, peso y fuerza fueron definidos en el Capítulo 4 "Cargas". El esfuerzo o tensión tienen el mismo significado con iguales unidades. En general la palabra "esfuerzo" es utilizada de manera genérica, independiente de si es tracción, compresión, torsión o corte. Sin embargo la palabra "tensión" es más específica, casi siempre se acompaña del tipo de efecto que produce.

1.3. Cómo funciona la Estática.

El gráfico es la perspectiva de un entrepiso de madera. Las vigas principales y las secundarias con voladizos. Las columnas de la izquierda por extremas y efecto voladizo, reciben menor carga que las de derecha *(figura 6.3)*.

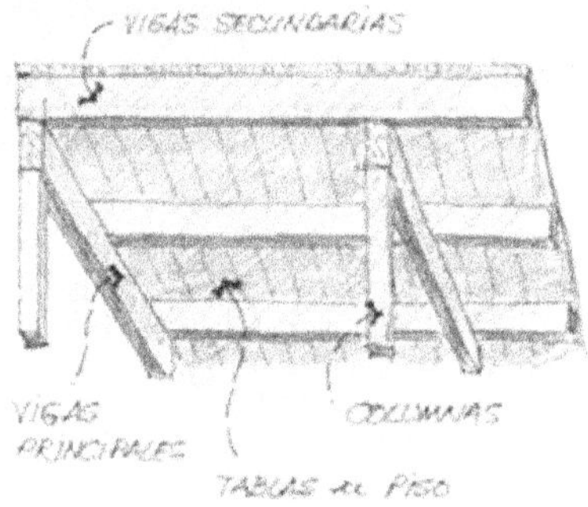

Figura 6.3

La carga es transmitida por los tablones del entrepiso en forma uniforme y distribuida en toda su longitud. Se conocen las longitudes de cada tramo, así también como la carga que actúa. La planta estructural del entrepiso es como se indica *(figura 6.4)*.

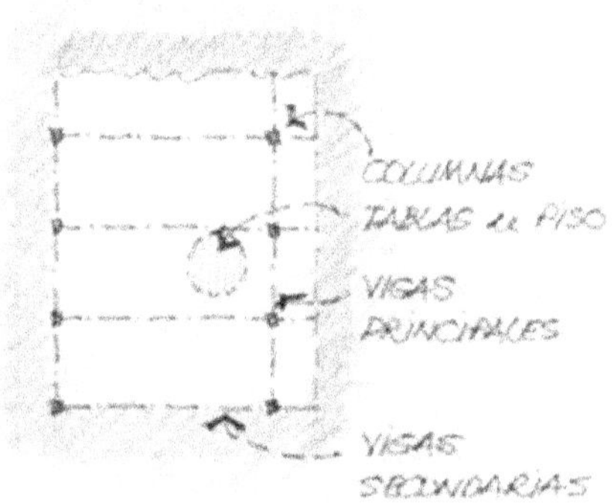

Figura 6.4

Esquematizamos la viga principal y por intuición podemos afirmar que la reacción en el apoyo "B" es mayor el "A"; es el efecto palanca universal. Pero desconocemos el valor de cada reacción. Tenemos una noción cualitativa, pero no cuantitativo *(figura 6.5)*.

Figura 6.5

La estática es la ciencia que brinda las herramientas para la determinar el valor de esas reacciones ignoradas. En forma práctica y sencilla enseña la manera de calcular con precisión las reacciones R_A y R_B que sostienen la viga.

No le interesa el origen y generación de las fuerzas; esa tarea es realiza desde el análisis de las cargas. La estática exige que le entreguemos las cargas de manera precisa; magnitud, sentido, dirección. La mayoría son gravitatorias de fácil determinación, otras, como vimos más complejas. Nos entrega el valor las fuerzas que reaccionan para que esa viga se mantenga en equilibrio. Si la entrada de datos a la estática (distancias y cargas) no son correctas, los resultados serán falsos.

Todos poseemos intuición estática, porque el cuerpo humano es una estructura que puede mantenerse en equilibrio en la medida que nuestros músculos (tracción) y los huesos (compresión) lo dispongan. También podemos quebrar el equilibrio de reposo y quietud con las acciones de nuestro sistema "músculos y huesos", puntal y tensor, compresión y tracción *(figura 6.6)*.

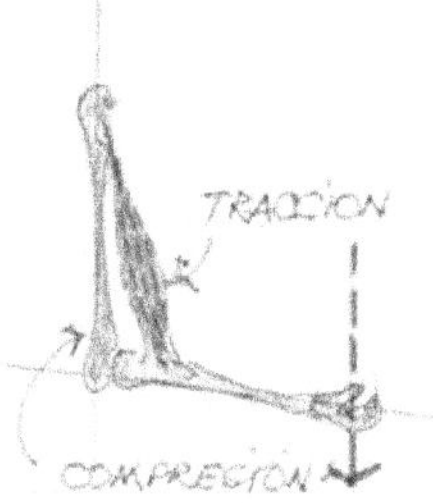

Figura 6.6

Observar de manera continua el equilibrio o dinámica de nuestro entorno, es "pensar en estática", así se logra una adecuada intuición del proceder de las fuerzas que luego se las verifica o confirma con la estática.

A la estática se la define como: *"el estudio de las condiciones que deben cumplir las fuerzas que actúan sobre un sistema para que éste permanezca en estado de equilibrio"*. Si revisamos el ejemplo de la viga anterior, el "sistema" es la viga y las "fuerzas" con las acciones y las reacciones que mantienen la viga en equilibrio.

1.4. Formas de estudio de la Estática.

Puede ser estudiada en forma gráfica o analítica. El gráfico consiste en resolver los problemas mediante la utilización de dibujos y diagramas construidos a escalas. Mientras que la resolución analítica se realiza con la aplicación de fórmulas matemáticas y trigonométricas.

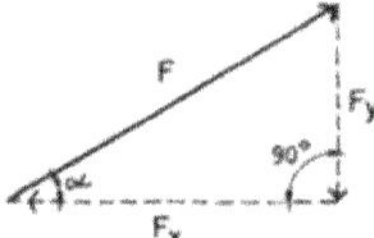

Figura 6.7

Una fuerza *"F"* inclinada que forma un ángulo *"α"* con la horizontal. Deseamos conocer las fuerzas que logren equilibrarla en la dirección *"x"* e *"y"* (descomposición de fuerzas) *(figura 6.7)*.

- Resolución gráfica: Trazamos en escala el dibujo y medimos las equilibrantes F_x y F_y.
- Resolución analítica. Aplicamos los conocimientos de la trigonometría: para la horizontal $F_x = F.cos\alpha$ y para la vertical $F_y=F.sen\alpha$

En la realidad el esquema anterior se lo puede interpretar como una ménsula con tensor *"F"* y puntal *"F_x"* con la carga en el extremo *"F_y"* (figura 6.8). Los datos conocidos son:

a) La dirección del tensor *"F"*.
b) El ángulo *"α"* que forma el tensor con la horizontal (F con F_x).
c) La dirección F_y es vertical y forma 90° con F_x.

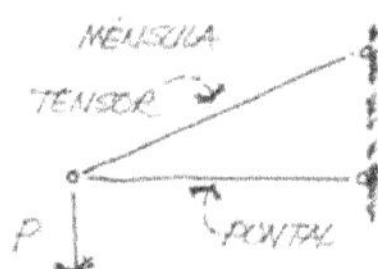

Figura 6.8

Este ejemplo se presenta para destacar la diferencia entre los métodos gráficos y analíticos, más adelante lo repetimos para la "composición" y "descomposición" de las fuerzas.

Hace unas décadas atrás, se utilizaba casi en forma exclusiva el método gráfico para la resolución de sistemas de fuerzas, dado que la resolución analítica necesita de cálculos matemáticos largos y complejos. Con la llegada de las máquinas de calcular mecánicas a principio del siglo pasado, más tarde con las electrónicas y luego con los ordenadores o computadoras, las tareas analíticas se hicieron notablemente fáciles. Así desplazaron en parte a las maniobras gráficas. A los fines didácticos, es necesario justificar y mostrar todos los conceptos mediante dibujos. Por ello la parte gráfica de la estática la utilizaremos durante todo el estudio como apoyo de la analítica.

1.5. Cuerpo rígido y cuerpo elástico.

La estática solo estudia el equilibrio de las fuerzas exteriores (acciones y reacciones), no le interesa lo que sucede dentro de la estructura. Es una ciencia que hace abstracción de la materia que constituye el sólido cuyo equilibrio se estudia. Al cuerpo lo considera rígido e infinitamente resistente.

Esta enorme simplificación, en algunos casos es impracticable. Entonces la estática deja de ser útil y debemos buscar apoyo en otra ciencia; la "Resistencia de los Materiales" que a diferencia de la estática, le interesa todo lo que sucede en el interior del cuerpo y analiza sus deformaciones.

El esquema que sigue ayuda a interpretar mejor la diferencia entre las ciencias "Estática" y "Resistencia de Materiales". La viga de simple apoyo es accionada por varias cargas concentradas. La estática analiza solo los acontecimientos externos, el entorno de la viga: acciones y reacciones *(figura 6.9)*.

Acciones externas:		F_1, F_2 y F_3
Reacciones externas:		R_A y R_B

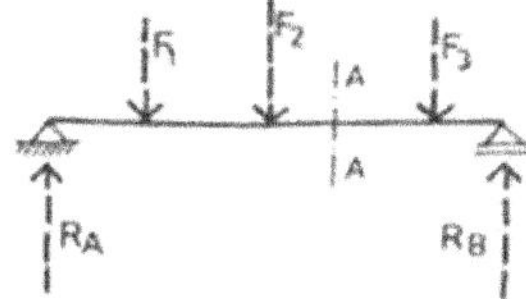

Figura 6.9

Con la "Resistencia de los Materiales" nos metemos dentro de la masa de la viga y la revisamos; es la ciencia que completa a la estática con solo agregar una variable más; la deformación y su relación con el material y las fuerzas *(figura 6.10)*.

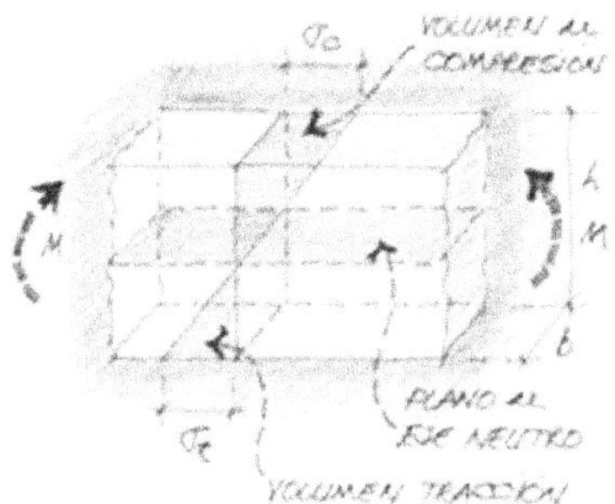

Figura 6.10

Para el estudio imaginamos planos de referencias; el horizontal que contiene al eje neutro y el vertical a 90° que utilizamos para referir la magnitud de las tensiones de tracción o de compresión.

1.6. Representación gráfica de las fuerzas.

Las fuerzas quedarán representadas gráficamente mediante cuatro condiciones *(figura 6.11)*:

a) **Magnitud**: es la intensidad de la fuerza que se define mediante la longitud de segmento en escala adecuada.
b) **Dirección**: es la recta indefinida, según la cual apoya la fuerza y que llamaremos en este caso recta de acción de la fuerza.

c) **Sentido**: queda establecido por la flecha que indica la orientación de la fuerza.

d) **Punto de aplicación**: es el lugar donde se aplica la fuerza.

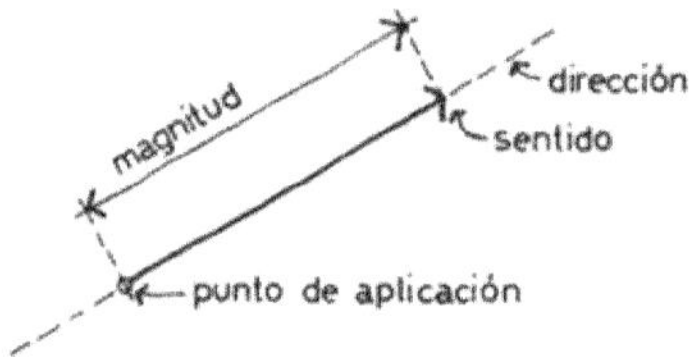

Figura 6.11

2. Ley de momentos.

2.1. General.

Los entrepisos, las vigas, las columnas, las paredes, las fundaciones, son elementos, piezas, que componen un edificio. Las cargas y sus efectos se canalizan dentro de ellos y generan en su interior solicitaciones. La posición, forma y tamaño de esas piezas son variables para la acción de las cargas.

La viga de madera representada por una línea en voladizo es de sección rectangular y sostiene en tiempos diferentes la misma carga F_1 pero en distintas posiciones *(figura 6.12)*.

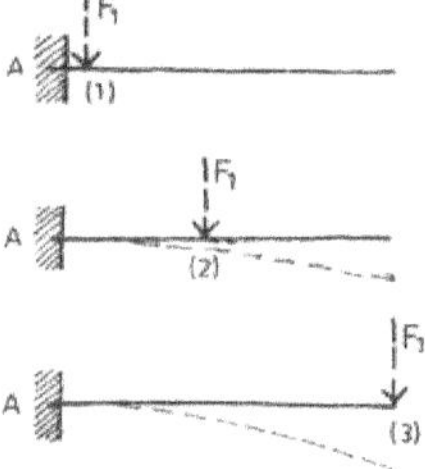

Figura 6.12

La carga *"F_1"* se desplaza sobre la viga. El efecto que causa es diferente según la posición. Muy próxima del apoyo, del empotramiento, es muy reducida la flexión que produce. En la longitud media la carga genera una elástica pequeña. Luego en el extremo, en la punta, es el mayor efecto en el descenso. La elástica aumenta a medida que la carga se aleja del apoyo.

Con esta simple observación podemos elaborar uno de los razonamientos elementales: la importancia de la fuerza *"F_1"* se incrementa en la medida que su punto de aplicación se aleja. De allí surge la Ley de Momentos:

El momento de una fuerza respecto de un punto, es el producto de la magnitud de la fuerza por la distancia que la separa de ese punto.

Vale ahora una pausa para reflexionar sobre la palabra "momento". En el vocabulario vulgar, común, significa tiempo muy corto. Puede ser un instante, un segundo, un minuto. Pero ahora ya estamos metidos en una ciencia, ella modifica el significado de la palabra. Ahora "momento" significa la jerarquía, la importancia de una fuerza respecto de un punto.

Así, la fuerza F_1, según su ubicación, produce tres momentos diferentes según su posición:

En la posición (1): $M_1 = F_1 . d_1$
En la posición (2): $M_2 = F_1 . d_2$
En la posición (3): $M_3 = F_1 . d_3$

En el caso que actúen dos fuerzas F_1 y F_2 simultáneas sobre la viga, la resultante en magnitud y posición es $R = F_1 + F_2$. Con estos conceptos de momento y resultante, podemos extender la Ley de Momentos a una definición más general:

El momento que produce la resultante de un sistema de fuerzas respecto de un punto, es igual a la suma de los momentos de las componentes respecto de ese mismo punto.

Ejemplo: Las fuerzas son: F_1 y F_2, en este caso iguales ($F_1=F_2$) *(figura 6.13)*. El punto de referencia elegimos el punto O.
La resultante es $R = F_1 + F_2$
Las distancias:
d_1 : para F_1
d_2 : para F_2
d_r : para R

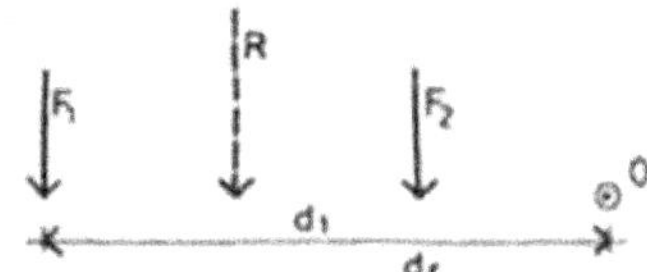

Figura 6.13

Momento que produce la Resultante:

$M_r = R.d_r$

Momento que producen las componentes:

$M_c = F_1.d_1 + F_2.d_2$

La ley de momentos según lo establecido anteriormente resulta:

$M_r = M_c$

O también: $R.d_r = F_1.d_1 + F_2.d_2$

Si damos valores a cada uno de éstos terminos y expresiones resolvemos numéricamente la cuestión:

$F_1 = 4,50 \ kN \ (450 \ daN)$ $F_2 = 4,50 \ kN \ (450 \ daN)$

$R = 9,00 \ kN \ (900 \ daN)$.

$d_1 = 3,00 \ metros$ $d_2 = 1,00 \ metros$ $d_r = 2,00 \ metros$

$M_r = d_r . R = 2,00m . 9,00 \ kN = 18 \ kNm \ (1.800 \ daNm)$

$M_c = F_1.d_1 + F_2.d_2 = 3,00m . 4,50 \ kN + 1,00m . 4,50 \ kN = 18 \ kNm \ (1.800 \ daNm)$

El momento de la resultante es igual al de las componentes. La Ley de Momentos parece una obviedad. Fácil de interpretarla, pero posee una amplio campo de aplicación tanto en la Estática como en el estudio del Equilibrio. La bibliografía que analiza este tema, lo hace más extenso y sobre bases matemáticas estrictas. No creemos necesario extenderlo si el concepto, la noción de la Ley de Momentos fue comprendido.

2.2. Galileo.

El análisis anterior tiene una antigüedad superior a los cuatrocientos años; los inicia Galileo y en su libro "Discurso sobre dos nuevas ciencias". Observamos sus dibujos y podemos imaginar la dificultad para expresarse y explicar estos fenómenos físicos. Galileo fue un gran escritor y mejor dibujante. Sus gráficos muestran siempre objetos reales en perspectiva, este genio estudiaba y ensayaba desde la realidad. Ahora esas vigas se muestran con una línea recta y la carga de piedra con un vector. A la izquierda el dibujo original y a la derecha la representación en esquema actual *(figura 6.14)*.

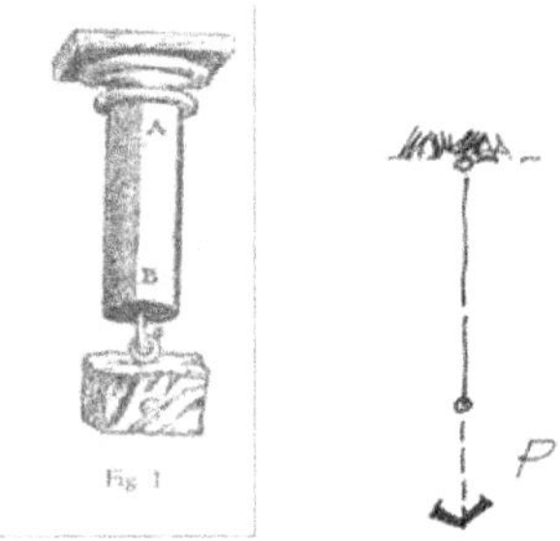

Figura 6.14

Estudia una carga que la representa por un bloque de piedra que cuelga de un cilindro de mármol. Es la forma que representa el efecto de la tracción, lo hace con dibujos que copian la realidad. En esa época el lenguaje de la matemática, los símbolos de la física y los gráficos simplistas de la Estática no existían.

También estudia la palanca mediante un trozo de madera rígido que mueve una piedra *(figura 6.15)*.

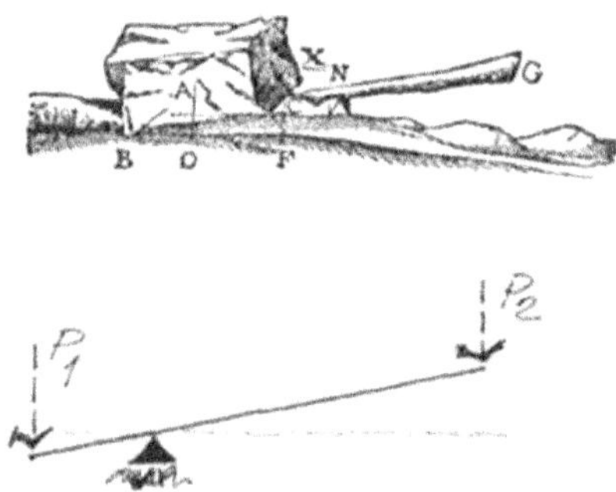

Figura 6.15

Realiza por primera vez una demostración matemática de la relación de las tres fuerzas de la palanca (peso, apoyo y acción) con las distancias que las separa.

Luego comienza con los estudios de las vigas. Lo hace con un voladizo de madera empotrado en un muro, también le cuelga una piedra como carga concentrada en el extremo *(figura 6.16)*. Imaginamos al sabio trabajando con los ensayos en el patio de su prisión en Arcetri. Este sabio es considerado "el padre de la física y de la astronomía moderna".

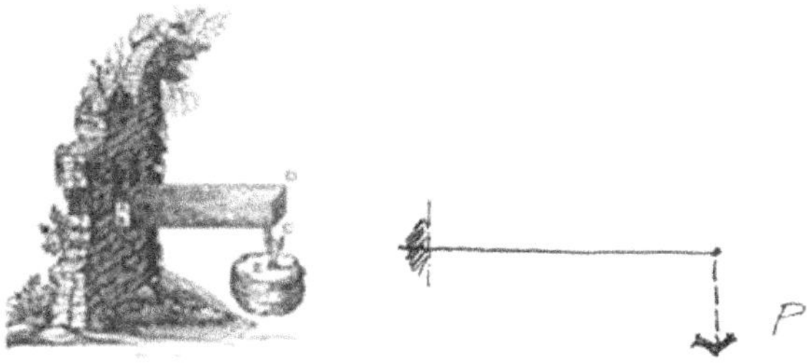

Figura 6.16

También experimenta con una viga sin carga puntual, no le cuelga nada; analiza solo el efecto del peso propio *(figura 6.17)*.

Figura 6.17

Estos escritos con los esquemas originales sirven para rendir un homenaje a Galileo. Avanza en la Estática con algunos errores pero es el primero que mediante experimentos logra comprender la relación de la forma de la viga con las cargas que sostiene. No logra resolver los sucesos de esfuerzos internos de la viga, los de la Resistencia de Materiales.

Surge un acontecimiento extraño dentro de la historia de las ciencias de la construcción. Leonardo da Vinci, más de cien años antes que Galileo, realiza ensayos de resistencia con alambres de hierro común. Son asombrosos sus razonamientos sobre la deformación de las vigas, la posición de las cargas, el tamaño y la forma. Estos asuntos los explica en el Códice de Madrid y aquí la contingencia; esos Códices se extravían y recién a mediados del siglo XX son encontrados en uno de los depósitos de la Biblioteca Central de Madrid. Es increíble; estuvieron perdidos por casi quinientos años. Estas circunstancias explican de algún modo la ausencia de referencias en el libro "Discurso sobre dos nuevas ciencias" de Galileo hacia Leonardo y sus experimentos con los materiales. Con el descubrimiento del Códice de Madrid, se podría afirmar que es Leonardo quien da inicio a la ciencia "Resistencia de los Materiales".

3. Fuerzas concurrentes en el plano.

3.1. Composición.

Datos.

Las fuerzas concurrentes son las que se encuentran e interceptan en un punto. La más elemental es el sistema de dos fuerzas concurrentes *(figura 2.18)*.

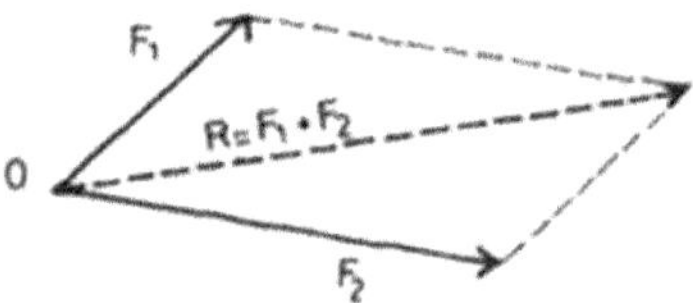

Figura 6.18

Las fuerzas F_1 y F_2 son conocidas y debemos hallar la fuerza única (resultante) que pueda sustituirla en la acción.

Resolución gráfica.

Gráficamente podemos resolver la composición mediante el método del paralelogramo, tal como muestro en la figura superior. Trazamos rectas paralelas a las fuerzas por los extremos de las mismas. En la intersección de esas paralelas se encontrará el final de la resultante y su magnitud la obtenemos de medir la recta *OR* en escala.

Resolución analítica.

Necesitamos posicionar las fuerzas en el plano. Hacemos uso de un sistema de ejes cartesianos. Una vez colocadas, las proyectamos como sombras en las dos direcciones. La herramienta para hacerlo es la trigonometría *(figura 6.19)*.

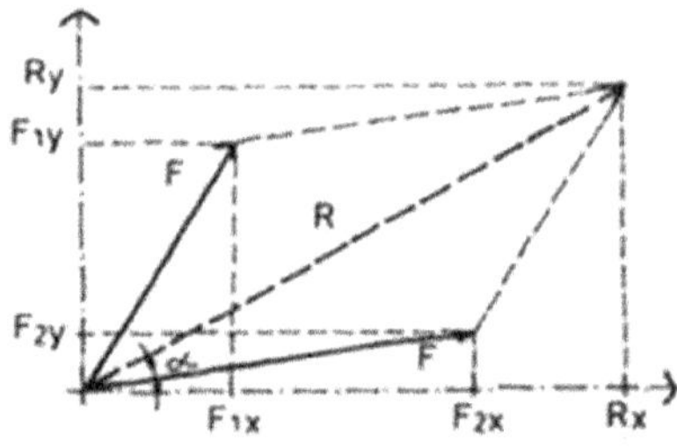

Figura 6.19

Sobre el eje horizontal (abscisas) aparecen las F_{1x} y F_{2x}, sobre el eje vertical (ordenadas) las F_{1y} y F_{2y}. Así logramos ordenar el sistema original de fuerzas sobre ejes perpendiculares. Las fuerzas son concurrentes, pero además forman un ángulo de 90° entre ellas.

F_1 se compone de F_{1x} y de F_{1y}.

F_2 se compone de F_{2x} y de F_{2y}.

Podemos obtener las resultantes en cada uno de los ejes:

$$R_x = F_{1x} + F_{2x} \qquad R_y = F_{1y} + F_{2y}$$

Tenemos un rectángulo; R_x y R_y son los lados. Para obtener la diagonal, en definitiva la resultante final, aplico el teorema de Pitágoras.

$$R = \sqrt{R_y^2 + R_x^2}$$

La inclinación la obtenemos de:

$$arctg\frac{R_y}{R_x} = \alpha$$

Ejemplo.

Resolvemos gráfica y analíticamente una composición de dos fuerzas concurrentes *(figura 6.20)*.

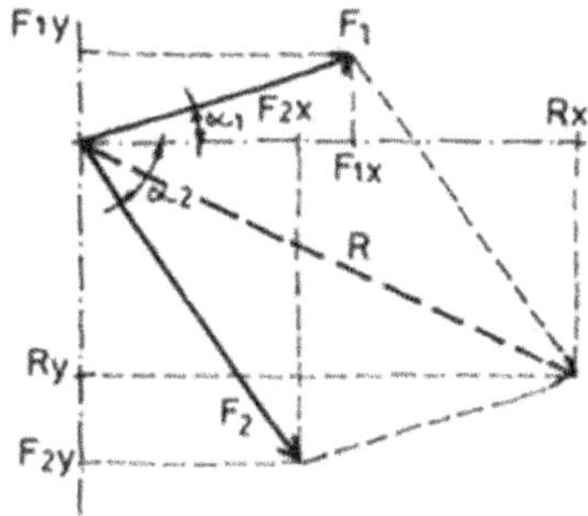

Figura 6.20

Gráficamente:

Los datos:

$F_1 = 50\ kN\ (5.000\ daN) \qquad \alpha_1 = 15°$
$F_2 = 70\ kN\ (7.000\ daN) \qquad \alpha_2 = 50°$

En escala obtenemos:

$R \approx 102\ kN\ (10.200\ daN) \qquad \alpha_R \approx 31°$

Analíticamente:

$F_{1x} = 50kN.cos15° = 50.0,97 = 48,29\ kN\ (4.829\ daN)$
$F_{1y} = 50kN.sen15° = 50.0,26 = 12,94\ kN\ (1.294\ daN)$

$F_{2x} = 70kN.cos50° = 70.0,64 = 45,00\ kN\ (4.500\ daN)$
$F_{1y} = 70kN.sen50° = 70.0,77 = -53,62\ kN\ (5362\ daN)$

Sumando las fuerzas sobre cada uno de los ejes

$R_x = F_{1x} + F_{2x} = 48,29 + 45,00 = 93,29 \ kN \ (9.329 \ daN)$
$R_y = F_{1y} + F_{2y} = 12,94 - 53,62 = 40,68 \ kN \ (4.068 \ daN)$

Magnitud de la resultante:

$$R = \sqrt{R_x{}^2 + R_y{}^2}$$

$$R = \sqrt{93,29^2 + 40,68^2} \approx 102 \ kN$$

El ángulo de inclinación de la resultante respecto del eje x:

$$tg\alpha = \frac{40,68}{93,29} = 0,44 \quad \rightarrow \ \alpha \ \approx 24°$$

La composición de más de dos fuerzas concurrentes, requiere una metodología basada en la composición reiterada de las dos fuerzas. En la figura las fuerzas concurrentes a un punto son tres: F_1, F_2 y F_3. Realizamos la composición de F_1 con F_2 y obtenemos R_1. Luego componemos R_1 con F_3 para conseguir la resultante final del sistema *(figura 6.21)*.

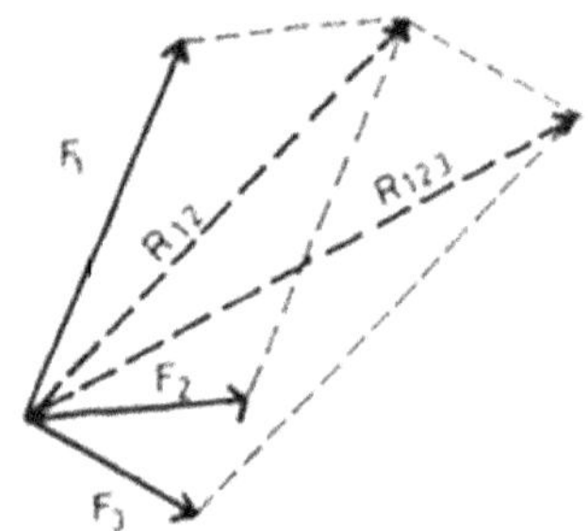

Figura 6.21

3.2. Descomposición.

Introducción:

En los sistemas reticulados simples, las fuerzas internas se encuentran materializadas por las barras *(1)* en tracción y la *(2)* en compresión. Ambas empotradas en un cuerpo rígido que puede ser una pared o columna de hormigón. Para calcular y dimensionar las piezas es necesario conocer la magnitud de cada una de esas fuerzas. Esta solución la realizamos mediante la "descomposición" de fuerzas *(figura 6.22)*.

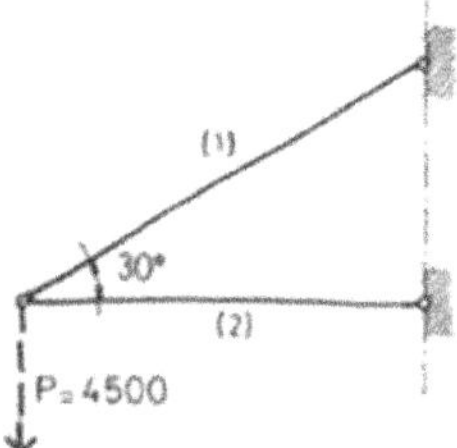

Figura 6.22

Imaginamos el reticulado de la figura. Es una viga en voladizo elemental. Se compone de dos barras articuladas en sus extremos. Se sostienen desde la rígida pared. La fuerza *"P"* que cuelga del extremo acciona las barras creando esfuerzos de tracción y compresión en ellas que debemos determinarlos. Algo parecido hicimos en párrafos anteriores cuando destacamos los métodos gráficos y analíticos.

Resolución gráfica:

La fuerza *"P"* la descomponemos en las direcciones *(1)*: tensor y *(2)*: puntal *(figura 6.23)*. Dibujamos en escala la fuerza y trazamos por su extremo una paralela a *(2)*. Por su origen una paralela a *(1)*.

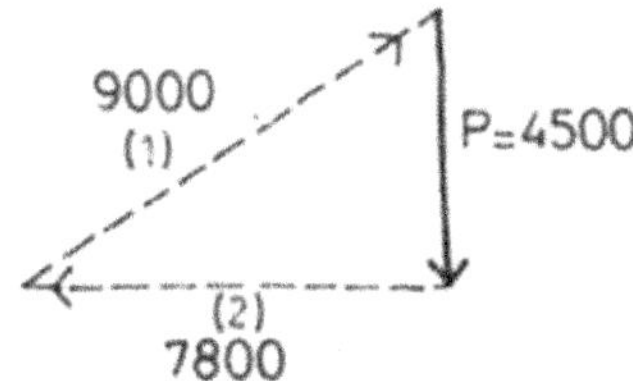

Figura 6.23

En escala determinamos las incógnitas

Barra (1): (tracción) = *90 kN (9.000 daN)*
Barra (2): (compresión) = *78 kN (7.800 daN)*

Resolución analítica:

Al problema lo podemos resolver de manera analítica. Antes hacemos un repaso de trigonometría:

tg α = (cateto opuesto) / (cateto adyacente)
sen α = (cateto opuesto) / (hipotenusa)
tg α = P / (2)   *(2) = P / tg α*
sen α = P / (1)   *(1) = P / sen α*
tg α = tg 30° = 0,566   *sen α = sen 30° = 0,500*

(1): barra (1) = *45 kN / 0,500 = 90 kN = 9.000 daN*
(2): barra (2) = *45 kN / 0,577 = 78 kN = 7.800 daN*

Valores coincidentes con los determinados de manera gráfica.

4. Fuerzas no concurrentes en el plano.

4.1. Composición gráfica.

Datos.

Debemos establecer los parámetros (magnitud, dirección, sentido y ubicación) que definen la resultante del sistema de fuerzas F_1, F_2, F_3 y F_4 *(figura 6.24)*. Otra vez utilizaremos los métodos gráficos y analíticos.

Figura 6.24

Composición gráfica: Magnitud, dirección y sentido:

Usamos el método del Polígono de Fuerzas y del Polígono Funicular. Se dibujan las fuerzas de tal manera que el extremo de una resulte el origen de la siguiente, en forma secuencial.

Se une el origen de F_1 con el extremo de F_4. Obtenemos la resultante R en escala. Además la dirección y el sentido *(figura 6.25)*.

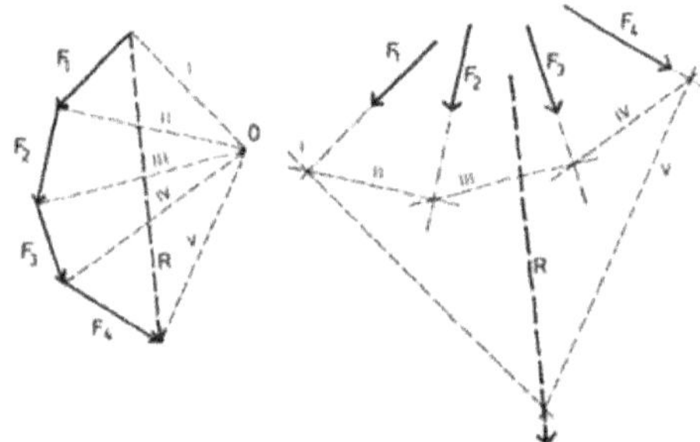

Figura 6.25

Ubicación:

Es algo más complejo encontrar donde se ubica la resultante dentro de conjunto de fuerzas. Usaremos el Polígono Funicular, elegimos un punto cualquiera *"O"*, próximo al Polígono de Fuerzas y descomponemos cada una de las fuerzas en dos direcciones.

Hay una particularidad: las componentes internas del Funicular se superponen, coinciden, pero de sentido contrario y se anulan. En definitiva quedan solo el primer y último rayo.

Así procedemos para la descomposición:

F1: en las direcciones (rayos) I y II.
F2: en las direcciones (rayos) II y III.
F3: en las direcciones (rayos) III y IV.
F4: en las direcciones (rayos) IV y V.

Si observamos la figura, las nuevas fuerzas, *II*, *III* y *IV*, se anulan entre sí. Permanecen solo la *I* y la *V*. La primera y la última, que ahora son las nuevas componentes de la resultante.

Posición de la Resultante.

Dibujado el Polígono Funicular con sus "rayos" y la Resultante, procedemos a establecer su ubicación dentro del conjunto de las fuerzas menores. Dibujamos una paralela al *I* y en el punto donde corta a la dirección de F_1 trazamos la paralela a *II*. Donde ésta corta a la F_2, trazamos la paralela a *III* y así seguimos hasta el último rayo: el *V*.

Como dijimos, los únicos "rayos" que permanecen sin anularse son el primero *(I)* y el último *(V)*. Entonces prolongamos las direcciones de estas rectas, donde se cortan, en ese punto pasa la Resultante del sistema de fuerzas original.

La explicación y enseñanza del Polígono de Fuerzas y del Polígono Funicular, es tediosa y larga. Además, en la vida real, en especial en los edificios, son muy raras las ocasiones donde las fuerzas que actúan tienen tan diferentes direcciones y sentidos. Porque las fuerzas primarias que dominan en la tierra son las de gravedad: verticales y paralelas. Pero hay casos muy especiales donde esta herramienta es la más eficiente para resolverlos.

El método es realmente admirable y simple. Desconocemos su origen, menos aún el hombre, el genio que lo descubre. Creemos que estas maniobras geométricas fueron creciendo a lo largo de los siglos, de los milenios.

4.2. Composición analítica.

General.

A todas las fuerzas que integran el conjunto las referimos a un solo sistema de ejes cartesianos (*x, y*). Una vez proyectadas sobre los mismos logramos tener ordenadas a todas las fuerzas solo en dos direcciones normales. Hacemos la sumatoria en cada uno de los ejes; así conocemos las R_x y R_y *(figura 6.26)*.

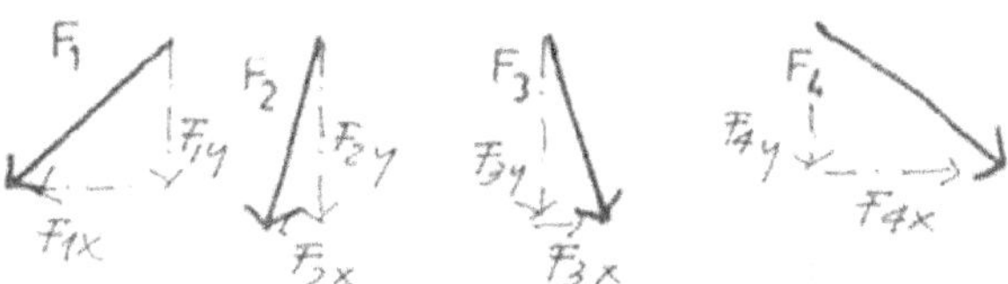

Figura 6.26

Aplicamos Pitágoras para establecer la magnitud y tangente para conocer la inclinación y por fin usamos la ley de momentos para conocer su ubicación. Cuestiones que ya las analizamos en puntos anteriores.

Posible situación real.

En los soportes de amarre de tensores para altas antenas pueden presentarse varias fuerzas de acción, materializadas por los cables que llegan y otras fuerzas reactivas desde el suelo. Mediante vectores indicamos las fuerzas "*F*" que ejercen los tensores y en sombra dibujamos los triángulos teóricos reactivos del suelo, las "*R*" son las resultantes de cada uno de los diagramas, además actúa el peso propio "*P*" del bloque de hormigón. Todas las fuerzas de acción y reacción actúan en un mismo plano *(figura 6.27)*.

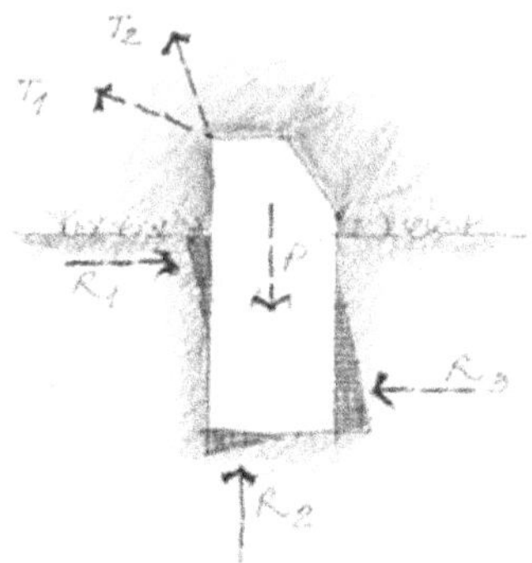

Figura 6.27

Con este ejemplo exponemos un caso de fuerzas no concurrentes y que con la ayuda de la estática de fuerzas podremos encontrar el equilibrio entre las fuerzas activas de los tensores y la resistencia del suelo.

4.3. Descomposición de una fuerza en dos direcciones.

Analizamos la descomposición de una fuerza F_1, en dos direcciones no concurrentes *"a"* y *"b"*. En este caso el punto de intersección de estas direcciones se encuentra fuera de los límites del dibujo *(figura 6.28)*.

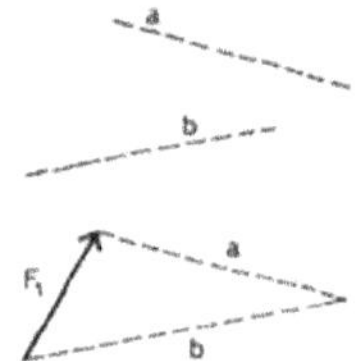

Figura 6.28

Descomposición gráfica.

Trasladamos las paralelas de las direcciones a los extremos de F_1 y obtenemos las magnitudes y sentidos de F_a y F_b.

4.4. Descomposición en tres direcciones no concurrentes.

Para esta situación utilizamos una recta auxiliar *(figura 6.29)*. La fuerza a descomponer es F_1 en las direcciones *(a)*, *(b)* y *(c)*. El procedimiento es el que sigue:

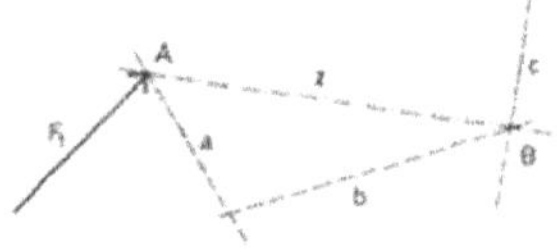

Figura 6.29

1) Descomponemos la fuerza F_1, en una de las direcciones dadas y en otra dirección auxiliar *"z"*, que está dada por la recta que une los puntos *A* y *B* *(figura 6.30)*.

Figura 6.30

2) Luego descomponemos la fuerza *"z"*, en las direcciones restantes, *(b)* y *(c)*.

Si las tres direcciones fueran concurrentes en un punto *(figura 6.31)*, no sería posible la descomposición por cuanto la dirección auxiliar coincidiría con una de las direcciones dadas (en nuestro caso con la dirección "b"). Es por esto que la descomposición de una fuerza en tres direcciones concurrentes resulta indeterminada.

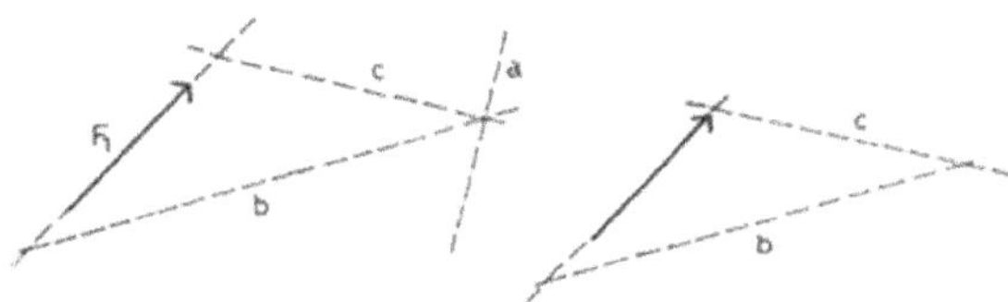

Figura 6.31

5. Fuerzas paralelas.

El tema que iniciamos ahora trata la composición y descomposición de fuerzas paralelas que es uno de los sistemas comunes en las estructuras de los edificios.

5.1. Composición fuerzas paralelas en sistema simétrico.

La fuerza de gravitatoria es la más frecuente de las producidas en las cargas de los edificios; tiene una dirección definida, es vertical. Las cargas por peso propio, las sobrecargas y algunas acciones variables poseen todas las mismas direcciones, la vertical y por tal razón son paralelas.

Las columnas de un edificio tienen direcciones paralelas y verticales; fueron construidas para resistir las gravitatorias. Distinguimos los sistemas según posean ejes de simetría, tanto de carga como de forma. Con simetrías de fuerzas y de formas, obtenemos la resultante y las reacciones de manera inmediata, es intuitivo. Todo debe seguir siendo proporcionado a la simetría original *(figura 6.32)*.

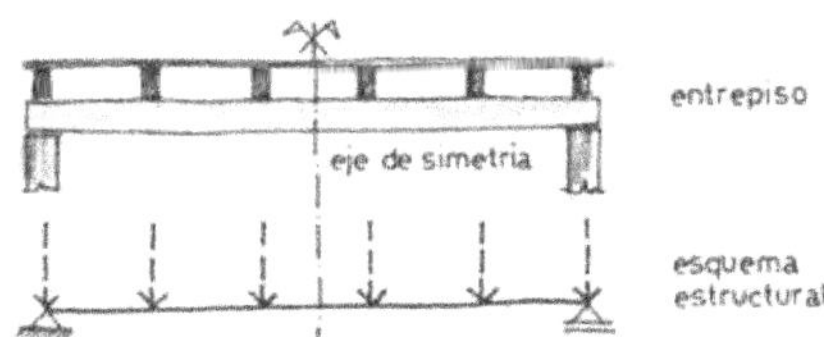

Figura 6.32

Imaginamos la viga principal de un entrepiso que soporta las vigas secundarias. En la parte superior (entrepiso) dibujamos la realidad, con los espesores de cada una de las piezas. En parte inferior (esquema estructural) es el utilizado por la

Estática, la viga se la representa mediante una recta y las cargas de las vigas secundarias mediante vectores. La resultante queda definida por:

- La ubicación: en el eje de simetría.
- La dirección: paralela al resto de las fuerzas.
- El sentido: igual a las otras fuerzas.
- La magnitud la suma de todas las fuerzas.

Mientras que las reacciones se definen por:

- La ubicación: en cada uno de los apoyos, columnas.
- La dirección: paralela al resto de las fuerzas.
- El sentido: contrario a todas las fuerzas.
- La magnitud: la mitad de la resultante.

Por efecto de la simetría se obtienen las reacciones con una sola operación aritmética:

$$R_A = R_B = \frac{\sum P}{2}$$

5.2. Composición en sistemas asimétricos.

Ejemplo 1: Datos.

En caso de asimetría de fuerzas paralelas, la resolución puede realizarse mediante métodos gráficos o analíticos *(figura 6.33)*.

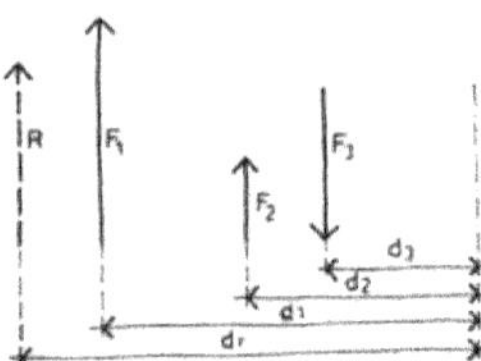

Figura 6.33

F_1, F_2, F_3: Fuerzas actuantes.
R: Resultante.
d_1, d_2, d_3: distancia de las fuerzas al eje.
d_r: distancia de la resultante al eje.

Los parámetros a resolver son: dirección, sentido, magnitud y ubicación de la resultante.

Método gráfico.

La resolución gráfica es similar a la estudiada anteriormente, con la diferencia que el Polígono de Fuerzas aquí es rectilíneo y todas las fuerzas se encuentran sobre la misma vertical *(figura 6.34)*.

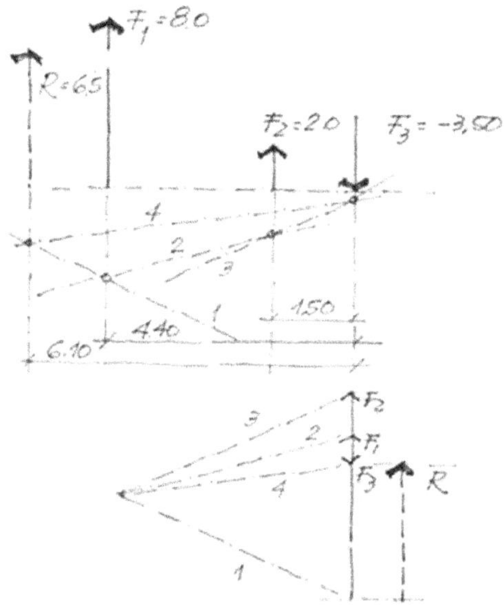

Figura 6.34

Lo explicamos dando valores a las fuerzas:

$F_1 = + 8,0 \, kN$ $F_2 = + 2,0 \, kN$ $F_3 = - 3,5 \, kN$

$d_1 = 4,40 \, metros$ $d_2 = 3,10 \, metros$ $d_3 = 2,10 \, metros$.

El gráfico de la izquierda es el Polígono de Fuerzas; obtenemos la magnitud de la resultante. El de la derecha es el Polígono Funicular y ubicamos la posición de la Resultante en el sistema.

Método analítico.

El ejemplo siguiente es un sistema de fuerzas que lo podemos materializar como un tirante que cuelga de los tensores F_1 y F_2 de diferentes capacidad de resistencia. En el extremo hay una fuerza gravitatoria F3. Debemos encontrar la magnitud de la resultante y su posición *(figura 6.35)*.

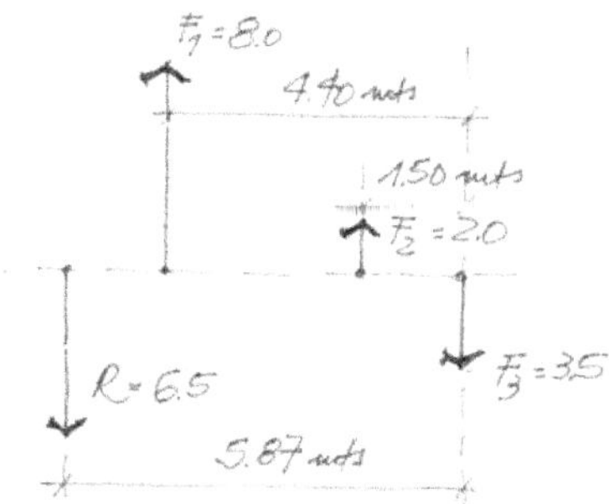

Figura 6.35

Determinamos el valor de la resultante:

$R = - F_1 - F_2 + F_3$

$R = 8,00 + 2,00 - 3,50 = 6,5\ kN = 650\ daN$

Luego aplicamos la ley de momentos desde el origen de F_3.

$R.d_r = F_1.d_1 + F_2.d_2$

Signos: la regla de los signos es arbitraria. En este escrito establecemos que las fuerzas que se dirigen hacia arriba son positivas, mientras que las de sentido contrario son negativas. En cuanto al giro que producen: el momento de la fuerza; si giran según las agujas del reloj: positivas. Caso contrario, negativo.

Posición y sentido.

$6,50 . d_r = 2,00 . 1,5 + 8,0 . 4,4$

$d_r = (2,00 . 1,5 + 8,0 . 4,4) / 6,50 = 5,87\ mts$

Ejemplo 2:

Se necesita resolver la posición de una carga sobre el chasis de un camión semirremolque de manera tal que los tres ejes de las ruedas tengan la misma reacción *(figura 6.36)*.

Datos:

$R_1 = R_2 = R_3$

$R = R_1 + R_2 + R_3$

Componemos las tres reacciones iguales, obtenemos la intensidad de la resultante. Cada reacción la descomponemos en la dirección de los rayos. Luego construimos el polígono funicular y obtenemos la posición de la resultante, con ese dato colocamos la carga de manera tal que su centro de gravedad coincida con la vertical de la resultante .

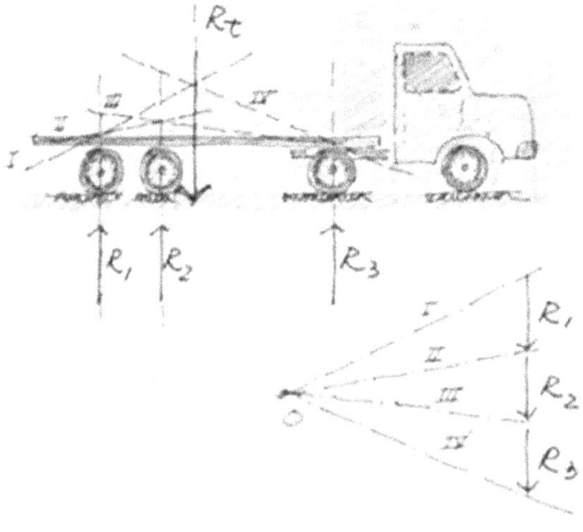

Figura 6.36

5.3. Descomposición fuerzas paralelas.

Introducción.

Necesitamos descomponer una fuerza *"F"* en dos direcciones. La situación real puede ser representada por una fuerza que actúa sobre una viga de apoyo simple. El problema es determinar la magnitud de las reacciones en las direcciones *"a"* y *"b"*: R_a y R_b *(figura 6.37)*.

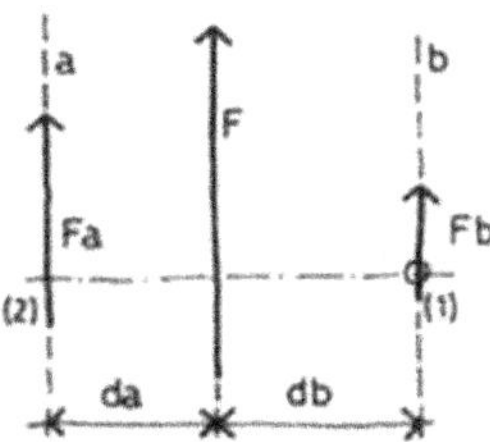

Figura 6.37

Datos.

Los datos son:

$F = 95$ kN $= 9.500$ daN $d_a = 3,50$ metros $d_b = 5,00$ metros

Método gráfico.

Trazamos una recta horizontal de referencia que corte a *F (figura 6.38)*.

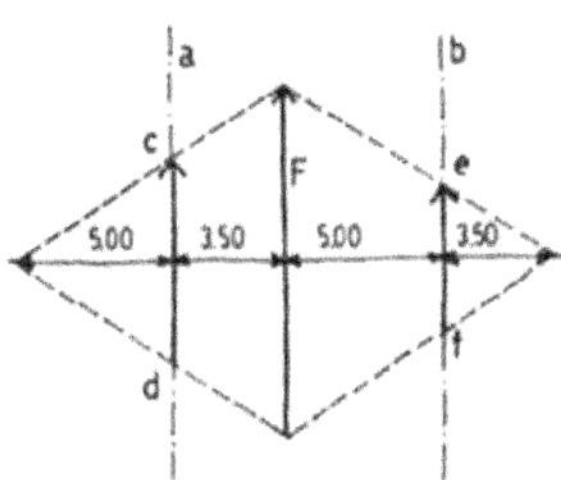

Figura 6.38

A derecha de la dirección *"b"* prolongamos en escala la distancia *"d_a" (3,50 m)* y a la izquierda de la *"a"*, la distancia *"d_b" (5,00 m)*. Unimos estos puntos con los extremos de *F*.

Las nuevas rectas cortan a las direcciones en los puntos *"c"* y *"d"* y en los *"e"* y *"f"*. Midiendo en escala dichos segmentos obtenemos las magnitudes de $R_A = F_a$ y $R_B = F_b$.

Método analítico.

En este caso una fuerza *F* debemos descomponerla en dos direcciones. Otra vez aplicamos la ley de momentos.

Los datos son las distancias (ubicación) y la magnitud de *F*: aplicamos ley de momentos desde el punto *"1"* por donde pasaría F_b:

$$F.d_b = F_a\,(d_a + d_b) \qquad F_a = F.d_b \,/\,(d_a + d_b)$$

Conocida F_a, resuelvo F_b:

$F_b = F - F_a$

$R_A = F_a = 95 \cdot 5,00 / 8,5 = 55,88 \ kN = 5.588 \ daN$

$R_B = F_b = 95,00 - 55,88 = 39,12 \ kN = 3.912 \ daN$

6. Cuplas o par de fuerzas.

6.1. General.

Cuando se presentan dos fuerzas paralelas de igual intensidad y de sentido contrario, constituyen un sistema especial de fuerzas denominado par de fuerzas o cuplas. La resultante de éstas fuerzas es nula, pero producen un giro cuyo efecto se lo denomina "momento de cupla" *(figura 6.39)*.

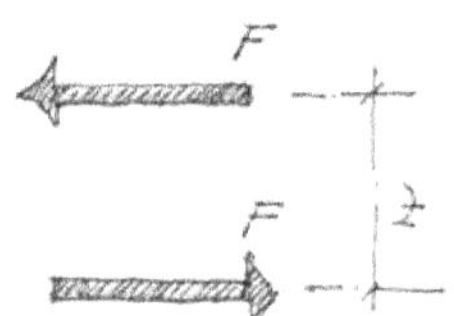

Figura 6.39

Momento de la cupla:

$$M_c = F \cdot z$$

Es negativa por producir un giro según rotación anti horaria.

6.2. Cuplas de la naturaleza.

Este par de fuerzas tan simple, es universal. Está presente en todas las vigas. En las hojas, en las ramas, en los troncos, todos en voladizos construidos por la naturaleza. En flexión por la gravitatoria o por los vientos. También se encuentra en cada elemento a flexión construido por el hombre. Diríamos que la estructura soporte de un gran edificio, todas sus partes, de alguna u otra manera contienen cuplas. También la esbelta columna frente a la inevitable excentricidad de la carga.

El tronco del árbol circular, para equilibrar las fuerzas externas del viento: fibras en tracción a barlovento y compresión a sotavento. Recordemos que además el tronco sostiene el peso propio del árbol *(figura 6.40)*.

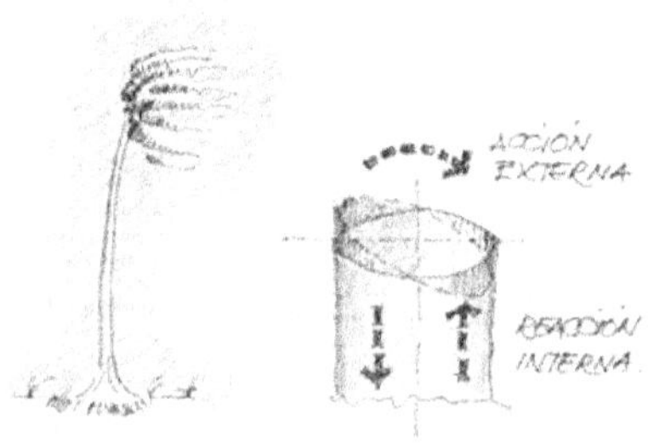

Figura 6.40

La extensa hoja del banano en voladizo muestra las finas fibras superiores en tracción y la masa inferior a compresión *(figura 6.41)*.

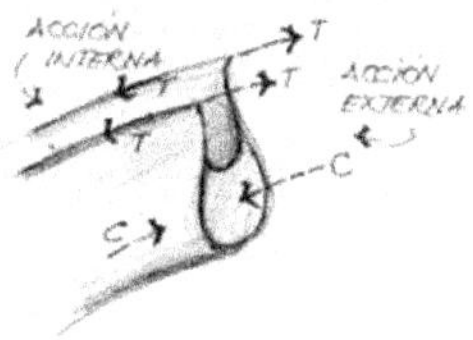

Figura 6.41

Vemos que en el interior de elementos siempre hay esfuerzos paralelos que tienen sentido contrario. De compresión y tracción. Cuando estas fuerzas son casi constantes, la naturaleza modifica las características de las fibras de tracción respecto a las de compresión, cuestión que se lo observa de manera bien definida en la larga hoja del banano.

6.3. Cuplas de las ciencias de la construcción.

Posición de la cupla.

La viga simple con carga uniforme representada por fuerzas repartidas y apoyada sobre dos columnas genera esfuerzos internos que deben ser equilibrados por las cuplas *(figura 6.42)*.

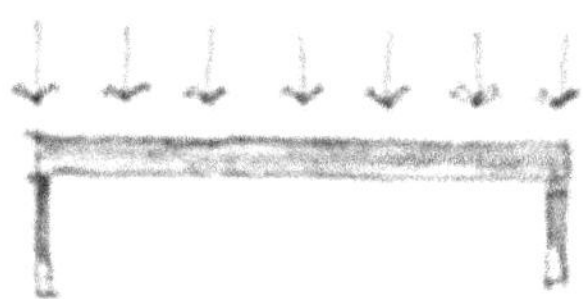

Figura 6.42

Se muestran varios tipos de vigas. En la metálica las fuerzas se ubican muy cerca de las alas, allí hay mayor cantidad de masa para la resistencia de la cupla. En la viga de cordones paralelos del tipo reticulada, las fuerzas de cupla se posicionan en el cordón superior (compresión) y en el inferior (tracción). En la viga de madera maciza las tensiones varían según su distancia al eje neutro. Forman un plano, según la proporcionalidad entre esfuerzo y deformación *(figura 6.43)*.

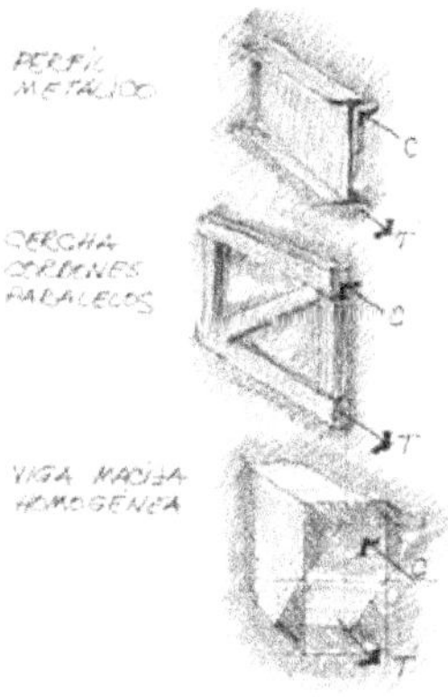

Figura 6.43

Vigas de material homogéneo.

En las vigas de hormigón armado los volúmenes de tensiones se distribuyen de acuerdo a la forma de la sección transversal y la ubicación de las barras. La interpretación de los volúmenes de tensiones que generan las fuerzas de cupla es complejo. En la serie de figuras observamos la manera que se configuran.

En el caso de hormigón simple sin barras, la distribución se puede asimilar al de una viga de material homogéneo, como la madera o el hierro *(figura 6.44)*.

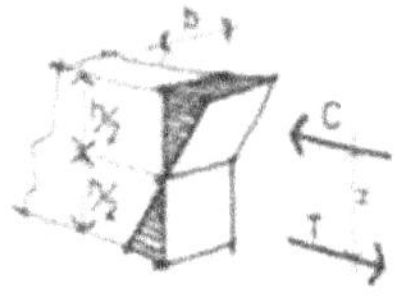

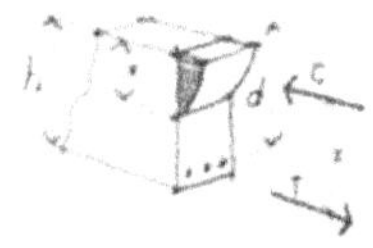

Figura 6.44

Vigas de hormigón armado.

En vigas con barras de acero que sostienen la tracción el volumen de las tensiones de compresión es una combinación de parábola con rectángulo *(figura 6.45)*.

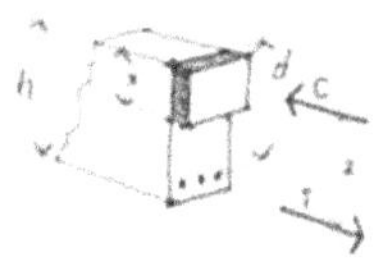

Figura 6.45

Para simplificar el cálculo el brazo de palanca de la cupla se la obtiene de considerar un volumen prismático de compresión *(figura 6.46)*.

Figura 6.46

Tipos de equilibrios.

La Estática posee capítulos enteros que tratan de la traslación, composición y descomposición de cuplas. Tratamos de mostrar el funcionamiento de las cuplas y su aplicación en los elementos estructurales a fin despertar la intuición frente a los fenómenos que se crean en el interior de las vigas.

Supongamos una viga que se apoya sobre dos columnas. Soporta dos cargas concentradas simétricas *(figura 6.47)*.

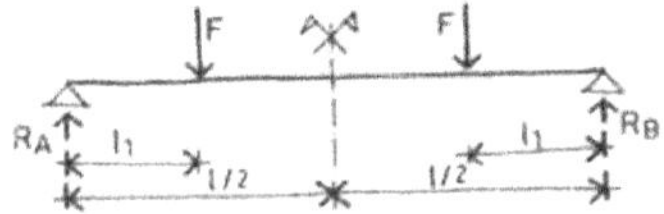

Figura 6.47

Posee simetría de cargas y de formas. Los máximos esfuerzos suceden en el tramo medio. Suponemos la viga de madera y de sección rectangular. En su interior se conforman estados tensionales creando en su conjunto una cupla resistente *(figura 6.48)*.

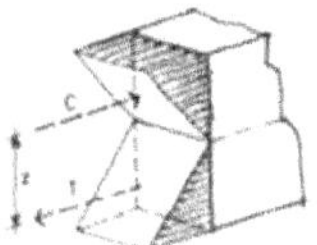

Figura 6.48

- C: Esfuerzo resultante de la sumatoria de todas las fuerzas de compresión que actúan por unidad de área (tensiones).
- T: Esfuerzo resultante de la sumatoria de las fuerzas de tracción.
- z: Distancia que separa las fuerzas. También denominado "brazo elástico".

Cortamos la viga en el centro de su longitud. La parte izquierda: las fuerzas F (acciones) y la R (reacciones), son las externas que producen flexión. En su interior la viga responde con la más simple y elemental conformación de fuerzas: la cupla $C.z = T.z$.

$$M_e = R . (l/2) - F .(l/2 - l_1)$$

Momento externo: $M_e = R . (l/2) - F .(l/2 - l_1)$

Cupla interna: $M_i = C.z = T.z$

Cuando se analice el capítulo de equilibrio, nos detendremos en el estudio detallado de este fenómeno: la relación entre las acciones externas y los esfuerzos internos. Se presentan tres tipos de equilibrio:

Equilibrio estable: $M_e < M_i$.
Equilibrio indiferente: $M_e = M_i$.
Equilibrio inestable: $M_e > M_i$.

7. Aplicaciones.

7.1. Cabriada simple de quincho.

Inicio.

Estudiamos las fuerzas que actúan en los cordones superior e inferior de una cabriada simple *(figura 6.49)*.

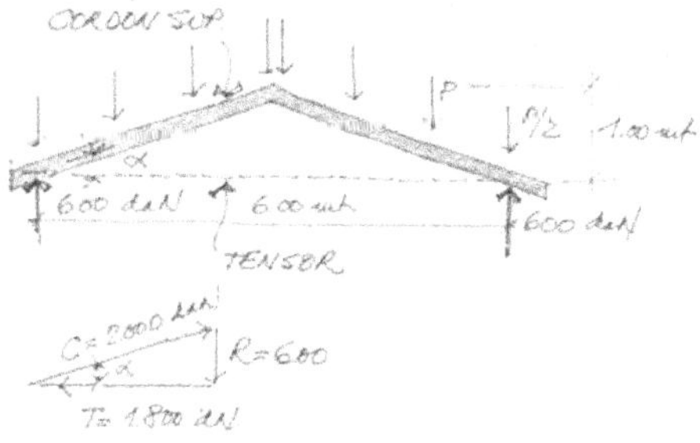

Figura 6.49

Datos:

Cordón superior de madera pino (con nudos): σ_{rot} = 150 daN/cm^2.
Cordón inferior barra construcción: $\sigma_{fluencia}$: 4200 daN/cm^2
Acciones externas:
De correas: 200 daN $\rightarrow$ Carga total 1.200 daN.
Reacciones: 600 daN.
Ángulo $\alpha \approx 18°$
tg 18° $\approx$ 0,33   sen 18° $\approx$ 0,31   cos 18° $\approx$ 0,96

Método de cálculo:

Por el método de rotura donde utilizamos las tensiones de rotura del material y a las cargas las afectamos por coeficientes de seguridad: CS = 2,00.

Fuerzas en cordones:

Fuerza en cordón de madera superior: $\approx$ 2 . 2000 = 4.000 daN
Fuerza en cordón acero inferior: $\approx$ 2. 1800 = 3600 daN

Secciones:

Cordón superior: $\sigma_{trabajo} \approx$ 4000 / 150 $\approx$ 26 cm^2
Lados sección de madera: $\approx$ 5,00 cm^2
Adoptamos 10 cm . 10 cm por cuestiones constructivas y comerciales.

Cordón inferior: $\sigma_{trabajo} \approx$ 3800 / 4200 $\approx$ 0,90 cm^2

Diámetro de tensor: 1,2 cm $\rightarrow$ sección 1,13 cm^2.

Detalles:

En la imagen *(figura 6.50)* se observa:
- Cordón superior de dos tirantes (5cm.10 cm) separados por conectores para asegurar efecto de pandeo.
- Cordón inferior una barra de acero construcción de diámetro 1,2 cm.
- Para el ajuste de esfuerzos se utiliza un tensor de doble rosca.

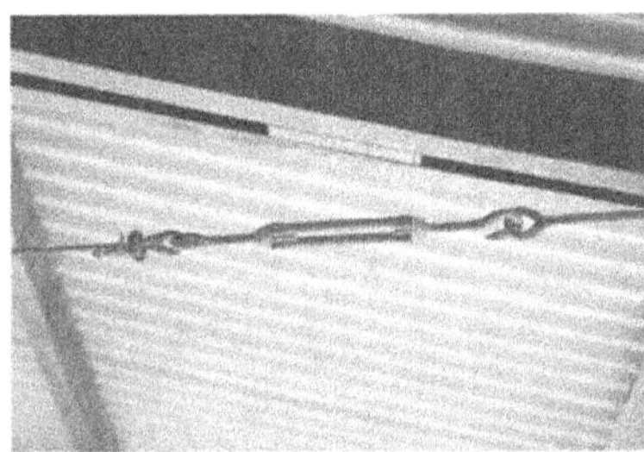

Figura 6.50

6.2. Otras aplicaciones.

En el Capítulo 25 de Aplicaciones se resuelve la estructura completa de un entrepiso de madera y además la estructura de un galpón.

7

Estáticas de las formas.

1. Estática de las formas.

1.1. General.

Para la resolución de muchos problemas de la Estática y del Equilibrio de los cuerpos, es necesario ubicar el punto donde actúan las resultantes y además conocer la influencia de las formas transversales de las piezas en la resistencia. Algo hemos visto cuando estudiamos composición de fuerzas, especialmente cuando debíamos encontrar la posición de la resultante dentro del sistema.

Este análisis tiene una historia muy larga y aún más interesante. Quien comienza a estudiar la relación de las formas de la viga con respecto a las fuerzas fueron en orden cronológico Leonardo da Vinci y luego, un siglo más tarde Galileo Galilei. La historia de las ciencias en algunos aspectos es injusta con Leonardo porque atribuye a Galileo los primeros estudios realizados sobre las vigas y sus cargas. Esto se puede justificar porque el Códice de Madrid, que contenía los estudios tanto de vigas como de la resistencia de los materiales se mantuvo oculto, como ya dijimos en capítulos anteriores *(figura 7.1)*.

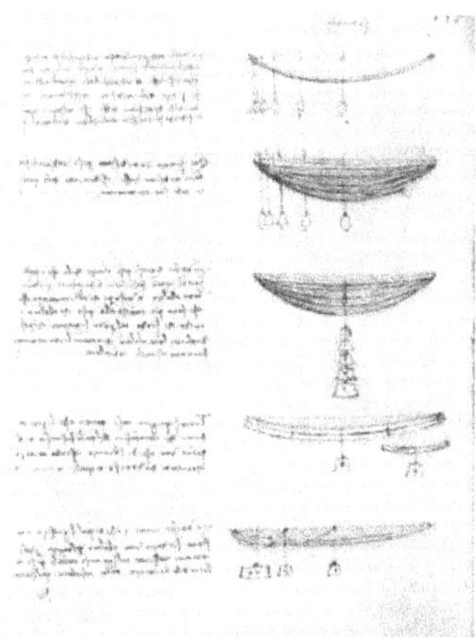

Figura 7.1

En sus bosquejos aparecen de cinco vigas, del tipo de dos apoyos simples y las cargas que Leonardo las materializa con pesas que cuelgan en diferentes posiciones. A la izquierda escribe su famosa pregunta "Yo me pregunto", describe su duda y luego intenta contestarla. Este estudio es posible que lo haya realizado en la década del 1490. Leonardo realiza otras investigaciones que están en Códice de Madrid pero escapan del objeto de este libro. Unos 140 años más tarde, en la década del 1630, sin conocer los escritos de Leonardo, Galileo Galilei realiza ensayos y experimentos con las vigas y sus formas *(figura7.2)*.

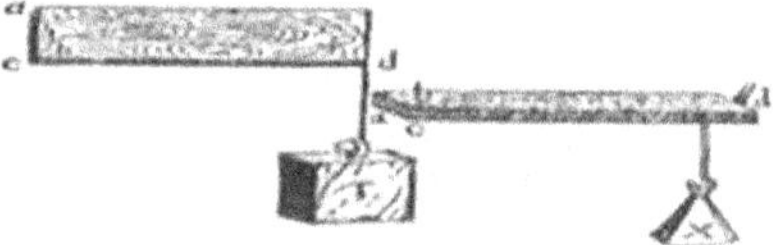

Figura 7.2

El dibujo 7.2 le pertenece a Galileo y se encuentra en su último libro "Discurso sobre dos nuevas ciencias" que es editado en el año 1637. Tanto Leonardo como Galileo no llegan a resolver la relación definitiva entre forma, carga y material en una viga, por una sencilla razón; en esa época recién se iniciaba la matemática científica y además el método experimental estaba en sus comienzos.

Desde las formas y sus dimensiones se puede establecer el tamaño de una pieza. Esta cuestión de relacionar el tamaño con la resistencia lo planteó Galileo por primera vez y en la actualidad se la estudia desde la Mecánica de Fracturas.

1.2. Forma y resistencia.

Primer caso: base constante y altura variable.

Las cargas que solo producen tracción o compresión generan esfuerzos que están en función de la superficie transversal de la pieza. Pero cuando existe flexión o pandeo, aparecen otros parámetros además de la superficie: módulo resistente, inercia de la sección y radio de giro, los estudiamos por separado.

Supongamos cuatro vigas cuyas secciones poseen diferentes alturas pero con algo en común; todas tienen la misma base de 10 centímetros. La altura aumenta en escalones de 5 centímetros *(figura 7.3)*.

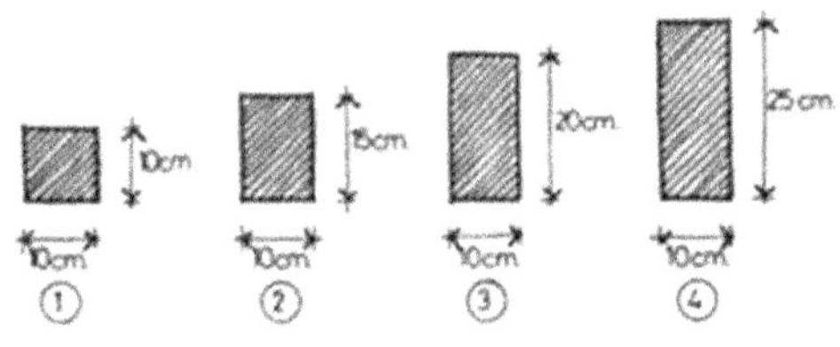

Figura 7.3

Los cuadrados de su altura serán para cada viga:

Para la viga (1): *100 cm²*
Para la viga (2): *225 cm²*
Para la viga (3): *400 cm²*
Para la viga (4): *625 cm²*

Tomando como unidad de resistencia la que posee la viga (1), Leonardo observa:

La (1) resiste *100/100 = 1,00 la V_1 como unidad.*
La (2) resiste *225/100 = 2,25 veces más que la V_1*
La (3) resiste *400/100 = 4,00 veces más que la V_1*

La (4) resiste *625/100 = 6,25 veces más que la V_1*

Es decir que la resistencia de las vigas, cuando mantienen constante su ancho de base, aumenta proporcionalmente al cuadrado de su altura. Esto es cierto y se comprueba con la fórmula actual de flexión:

$$\sigma = \frac{M}{W} \qquad W = \frac{bh^2}{6} \qquad M = \sigma\,\frac{bh^2}{6}$$

El momento resistente *"M"* es directamente proporcional a la altura de la viga elevada al cuadrado.

Segundo caso: sección constante, variables altura y base.

Otro descubrimiento que obtuvieron los científicos antiguos es mantener la superficie constante. Por ejemplo, considerar cuatro vigas de diferentes formas pero que todas posean la misma superficie: *100 cm²* . Sin embargo las formas son diferentes. La resistencia flexional aumenta con la altura según la figura *(figura 7.4)*.

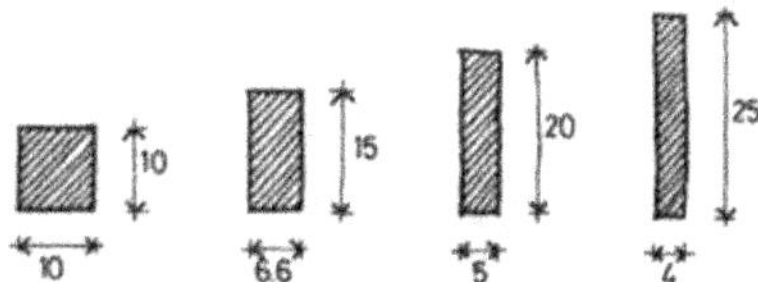

Figura 7.4

Adoptando como resistencia unitaria al de la viga (1), hacemos las siguientes relaciones:

- La V_1 resiste *10/10 = 1,0 la V_1 como unidad de resistencia.*
- La V_2 resiste *15/10 = 1,5 veces más que la V_1.*
- La V_3 resiste *20/10 = 2,0 veces más que la V_1.*
- La V_4 resiste *25/10 = 2,5 veces más que la V_1.*

En resumen, cuando se mantiene la sección constante y se varían la base y la altura, la resistencia de la viga aumenta de manera lineal a su altura. Más adelante veremos que lo supuesto por Da Vinci hace más de 500 años, es rigurosamente cierto y tiene vigencia.

1.3. Baricentros de líneas.

En algunos casos muy especiales, se utiliza el concepto de línea. Por ejemplo en el esquema de la izquierda se muestra una viga cargada con fuerzas uniformes y constantes *(figura 7.5)*.

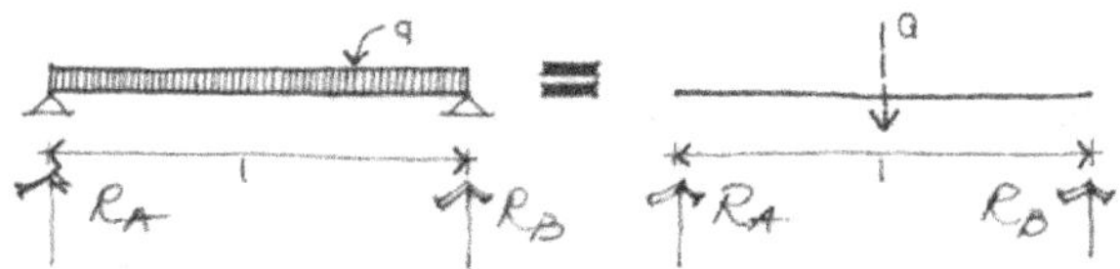

Figura 7.5

Esa configuración, se la puede asimilar a una viga con una carga única centrada, para solo para la determinación de las reacciones donde:

longitud de viga *(metros)*: l
carga repartida *(kN/metros)*: q

Recordemos las unidades y sus equivalencias: *1.000 N = 1 kN ≈ 100 kg = 100 daN.*

$$Q\ (kN) = l \cdot q\ (kN) \qquad\qquad R_A = R_B = Q/2$$

Esta simplificación solo sirve para la determinación de las reacciones, porque en la flexión la carga repartida genera esfuerzos internos distintos a los de cargas concentradas.

1.4. Baricentros de superficies.

General.

En otros casos debemos conocer el baricentro de una superficie para aplicar una carga. En el caso de las columnas es necesario que las cargas se ubiquen en los baricentros de sus secciones *(figura 7.6)*. El caso más simple, una columna cuadrada. La carga *"P"* debe centrarse en el baricentro *"G"* de la sección. Si la carga estuviera desplazada de dicho punto, existiría una excentricidad *"e"* de la carga que produciría tensiones parásitas a las columnas (flexo compresión).

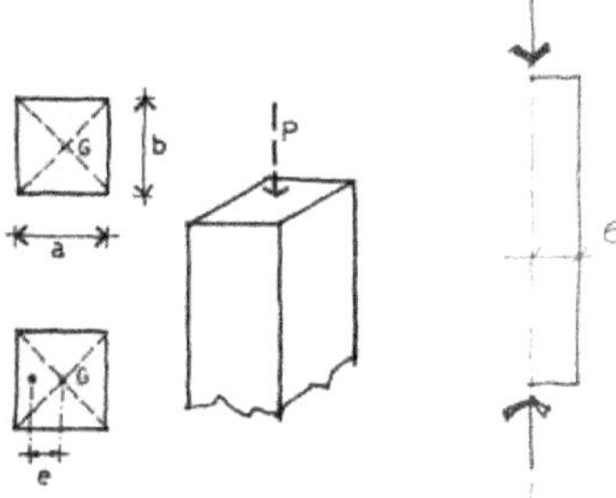

Figura 7.6

En algunos casos cuando la carga no está centrada, la columna se transforma en una especie de viga vertical con solicitaciones de flexión y además con la carga de compresión.

Las cargas fuera de baricentros pueden ser del tipo "previstas" *(e₁)* y las otras "no previstas" *(e₂)* o accidentales. Las primeras son aquellas que fueron detectadas y aceptadas en el proceso de diseño y cálculo del edificio. Las segundas responden a errores cometidos por olvido o descuido tanto en el diseño como en la construcción *(figura 7.7)*.

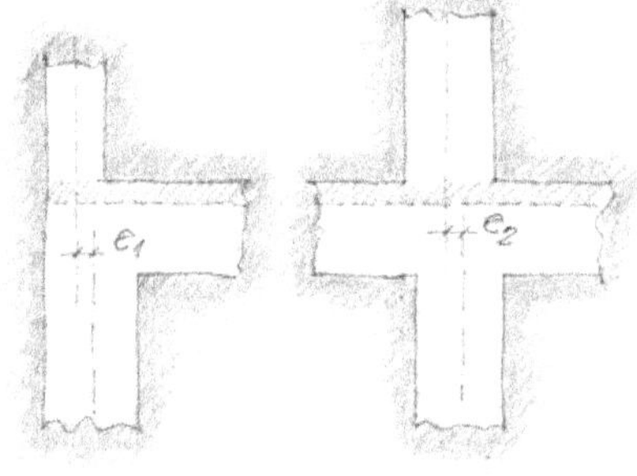

Figura 7.7

El caso de *(e₁)* es la que presentan columnas en medianera por dimensiones diferentes. Esta situación crea efectos de flexo compresión que se tienen en cuenta en el proceso de cálculo. Parte de esta cuestión la observamos en el capítulo anterior.

Una excentricidad por descuido se genera cuando la posición de las barras longitudinales de las columnas no guardan simetría de diámetros y posición *(figura 7.8)*.

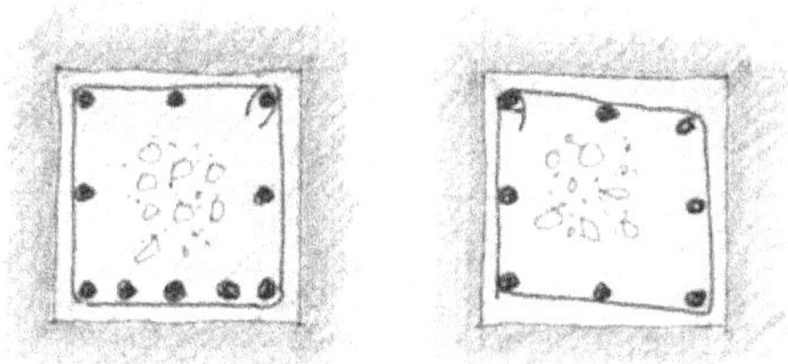

Figura 7.8

Gran parte de los esfuerzos parásitos generados por la excentricidad, son tomados por el "nudo" que posee una elevada rigidez y son redistribuidos a columnas, vigas y losas que llegan a ese lugar.

Recordemos que está en nuestras manos la decisión de orientar las fuerzas y además de controlarlas, tanto en la fase de diseño, de cálculo y por último en la ejecución de la obra. En "Aplicaciones" estudiamos una columna con barras asimétricas.

2. Momentos estáticos de superficie.

2.1. General.

Los próximos temas que estudiaremos "Momentos Estáticos", "Módulos Resistentes" y "Momentos de Inercia", en la mayoría de los libros y manuales aparecen como temas teóricos. Emplearemos una modalidad distinta para su análisis y secuencia de estudio. Trataremos de justificarlos en la realidad mediante ejemplos prácticos y luego haremos el desarrollo teórico.

2.2. Ejemplo: la forma y la resistencia.

Habíamos dicho respecto a las secciones de las vigas, que si manteníamos constantes sus superficies, variando la altura y el ancho de base, obtendríamos vigas más resistentes, en una relación directa al aumento de la altura *(figura 7.9)*.

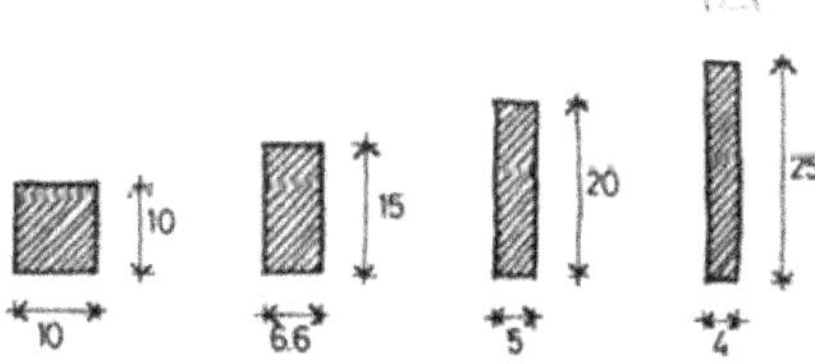

Figura 7.9

El *"M_e"* (Momento Estático) de las secciones mostradas es el producto de su superficie por la distancia de la base a su baricentro. Veamos:

- *Caso (1): 100 cm² . 5,0 cm = 500 cm².*

- *Caso (2): 100 cm². 7,5 cm = 750 cm².*
- *Caso (3): 100 cm². 10,0 cm = 1.000 cm².*
- *Caso (4): 100 cm². 12,5 cm = 1.250 cm².*

La relación de cada uno respecto al del caso (1):

- *Caso (1): 500 / 500   = 1,00*
- *Caso (2): 750 / 500   = 1,50*
- *Caso (2): 1.000 / 500 = 2,00*
- *Caso (3): 1.250 / 500 = 2,50*

Conclusión: la relación de los *"M_e"* tienen la misma relación al de las resistencias de la vigas. Este ejercicio de figuras, formas, superficies y resistencia se relacionan. Veremos de qué manera.

2.3. Desarrollo teórico.

El *"M_e"* (momento estático) es similar al momento de una fuerza; producto de la intensidad de la fuerza *(kN)* por la distancia al punto de referencia (metros). Ahora, multiplicamos la magnitud de la superficie por la distancia al eje baricéntrico *(figura 7.10)*. Las unidades, para recordarlas::

Momento de fuerza (fuerza por distancia): $kN . m.$
Momento estático (superficie por distancia): $m^2 . m = m^3.$

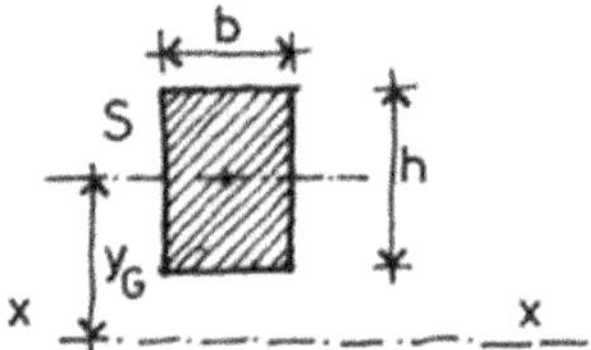

Figura 7.10

La distancia del baricentro al eje *"xx"* es y_G.

"M_e": referido a un eje cualquiera.

El *"M_e"* (Momento estático) cuando está referido el eje horizontal de la figura, se lo expresa de manera matemática *(figura 7.11)*:

$$M_e = S \cdot y_G = (b \cdot h)y_G$$

Utilizando diferencial de superficie: $dF = bdy$

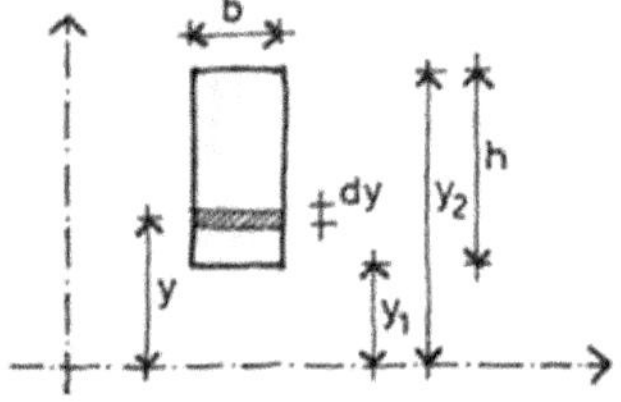

Figura 7.11

$$M_e = \int_{y_1}^{y_2} dFy = \int_{y_1}^{y_2} b \cdot dy \cdot y = b \int_{y_1}^{y_2} ydy =$$

$$= b \left[\frac{y^2}{2}\right]_{y_1}^{y_2} = \frac{b}{2}(y_1^2 - y_2^2)$$

Ejemplo:

$y_1 = 10\ cm \qquad y_2 = 30\ cm \qquad b = 10\ cm$

desde la aritmética (superficie por su distancia al eje):

$S = 20 \cdot 10 = 200\ cm^2$.
Distancia del eje al baricentro: *20 cm*
Momento estático: $= 200 \cdot 20 = 4.000\ cm^3$
Desde la ecuación diferencial:

$$M_2 = \frac{10}{2}(30^2 - 10^2) = 4.000\ cm^3$$

"M_e": referido a un eje de base.

La sección apoya sobre el eje *x-x*, el valor $y_1 = 0$, $y_2 = h$ *(figura 7.12)*.

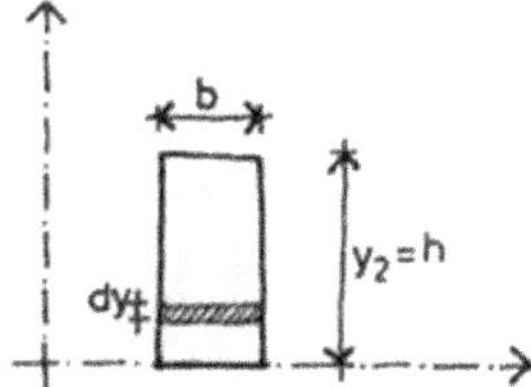

Figura 7.12

Aquí $y_1 = 0 \qquad b = 10\ cm \qquad y2 = 20\ cm$

Mediante la aritmética:

$$M_e = S \cdot y_G = \left(b \cdot h \cdot \frac{h}{2}\right) = 200 \cdot 10 = 2000 cm^2$$

Mediante el cálculo diferencial:

$$M_e = \int_{y_1}^{y_2} dFy = b \int_{y_1}^{y_2} ydy = \frac{bh^2}{2} = \frac{10 \cdot 20^2}{2} = 2.000 cm^3$$

"M_e": referido a un eje baricéntrico.

El "M_e" es nulo cuando está referido a un eje baricéntrico ($y_G = 0$).

$$M_e = S \cdot y_G = (b \cdot h) \cdot 0 = 0$$

Mediante el análisis matemático y considerando un diferencial de superficie *dF*, también se lo puede considerar como sigue *(figura 7.13)*:

$$M_e = \int_{y_1}^{y_2} dFy = \int_{y_1}^{y_2} b \cdot dy \cdot y = b \int_{y_1}^{y_2} ydy =$$

$$= b \left[\frac{y^2}{2}\right]_{y_1}^{y_2} = \frac{b}{2}(y_1^2 - y_2^2) = 0$$

La expresión se anula por resultar $y_1 = y_2$.

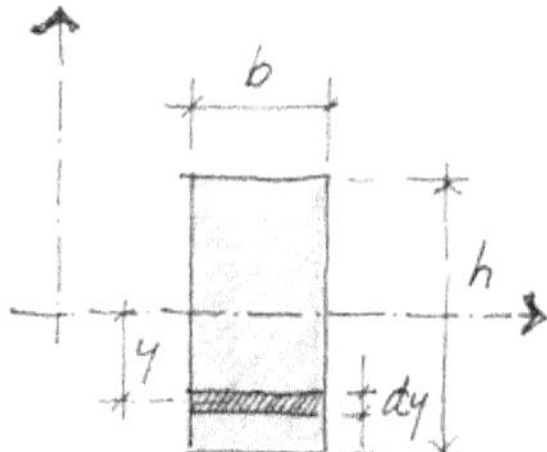

Figura 7.13

3. Resistencia, forma y deformada.

3.1. General.

Para estudiar las tensiones que se producen en el interior de la masa de la viga y las deformaciones externas o flechas debemos hacer uso de dos nuevas entidades que definen a la forma:

W: módulo resistente en flexión (tensión de trabajo interno).
I: momento de inercia (descenso de la viga o curvatura)

Hacemos una introducción para justificar su estudio.

3.2. Desde la teoría general.

General.

En el estudio de una viga cualquiera se deben contemplar dos condiciones para que resulte apta para ser una pieza de la estructura de un edificio. Una es interna de sus características; la resistencia de flexión debe ser mayor que la solicitación externa y la otra que la deformada o elástica resulte menor a los límites de uso y estética.

Veremos que en ambas fórmulas, tanto la de resistencia como la de elástica aparecen las entidades que se refieren a la forma de la sección transversal: el *"W"* módulo resistente en la resistencia y el *"I"* momento de inercia en el cálculo de la flecha o descenso.

Internas de resistencia:

Tensión de trabajo producida por cargas externas:

$$\sigma_{trabajo} = \frac{M_e}{W}$$

Tensión de rotura obtenida en laboratorios:

$$\sigma_{laboratorio} = \frac{M_l}{W} = \sigma_{rot}$$

Tensión admisible de diseño:

$$\sigma_{adm} = \frac{\sigma_{rot}}{\gamma}$$

γ: coeficiente de seguridad que depende del tipo de material y del grado de control que se ejerza en las fases de diseño y construcción.

La pieza estructural en su vida de servicio debe cumplir con:

$$\sigma_{adm} > \sigma_{trabajo}$$

La tensión admisible mayor que la tensión de trabajo.

Externas de la deformada o elástica:

La otra condición es externa, se la puede observar desde afuera: la deformada o la curva elástica que se genera en la viga con las cargas. Se la mide en centímetros y debe ser menor a las límites permitidas por reglamentos y usos:

$$f_{lím} < C\frac{ql^4}{EI}$$

f: flecha máxima de la viga (descenso).
C: constante en función de las condiciones de borde (tipos de apoyos).
q: carga uniforme repartida (acción externa).
l: longitud de la viga (geometría longitudinal).
E: módulo de elasticidad (característica mecánica del material).
I: momento de inercia de la sección (variable geométrica).

3.3. Desde la geometría general.

La viga del esquema en flexión tiene una flecha *"f"* y un esquema en detalle de su deformación interna *(figura 7.14)*. Para establecer la tensión de trabajo en el interior de la viga utilizamos la relación de los triángulos sombreados cuyos lados menores son *"δ_e"* y *"δ_i"* y los lados mayores *"h/2"*.

Esa geometría interna está relacionada con la externa de la viga deformada. La deformación *"f"* de la viga en su longitud puede ser perceptible a la visión común, incluso es posible medirla con una regla en milímetros. Lo interesante son otros parámetros relacionados a esa elástica o flecha; dos perpendiculares muy próximas a esa curva se encuentran en el punto "O".

La distancia entre ese punto y el eje de la viga se indica con la letra *"r"* y se denomina radio de curvatura.

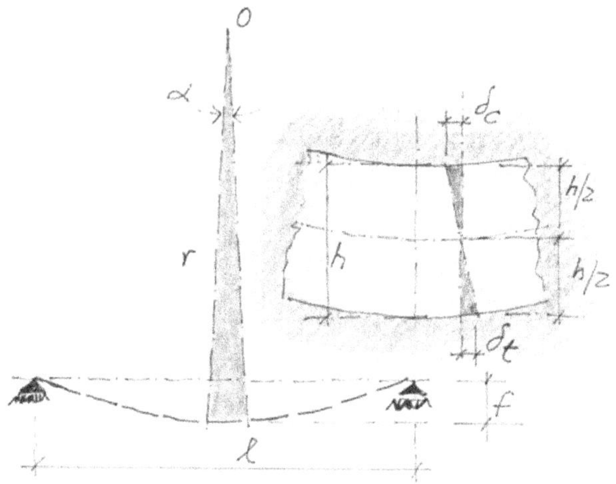

Figura 7.14

"δ_c" : acortamiento de fibras.
"δ_l" : alargamiento de fibras.

Si comparamos el esquema externo de la viga con el interno, nos encontramos que los triángulos sombreados son proporcionales. Desde el radio de curvatura surge el momento de inercia *"I"* de la sección, mientras que desde las tensiones internas de trabajo aparece el módulo resistente *"W"*. Esto lo veremos en el Capítulo 19 "Deformación".

Las expresiones anteriores poseen como variables todos los parámetros que pueden definir la resistencia y conducta de una viga: carga *(q)*, material *(E)*, resistencia *(σ)*, pero también las distancias que definen la forma final de la viga: longitud *(l)*, ancho *(b)*, alto *(h)* y flecha *(f)* .

4. Módulo resistente.

4.1. General.

Hemos visto que existe relación entre la forma de las sección transversal de la pieza de una viga y su resistencia a la flexión. Ahora, en el estudio que sigue incorporamos el concepto de tensión:

$$\sigma = \frac{fuerza}{superficie} = \frac{MN}{m^2} = MPa$$

Para el análisis elegimos una viga con material que resiste por igual la tracción y la compresión, por ejemplo la madera o el hierro.

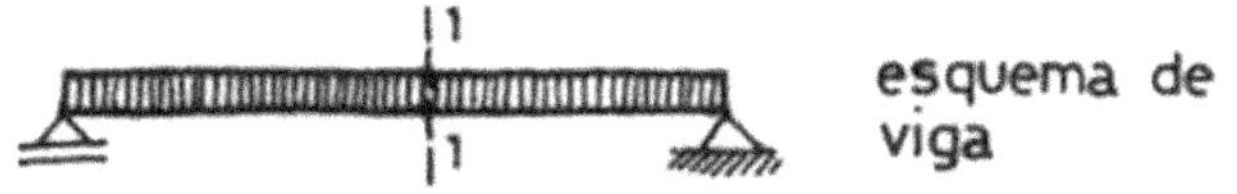

Figura 7.15

La viga del esquema responde a apoyos simples con carga uniforme repartida y con simetría de forma y de cargas *(figura 7.15)*. La máxima solicitación a flexión se da en la mitad de su longitud *(l/2)*. Llamamos M_f (Momento Flector) a la solicitación que dobla a la viga.

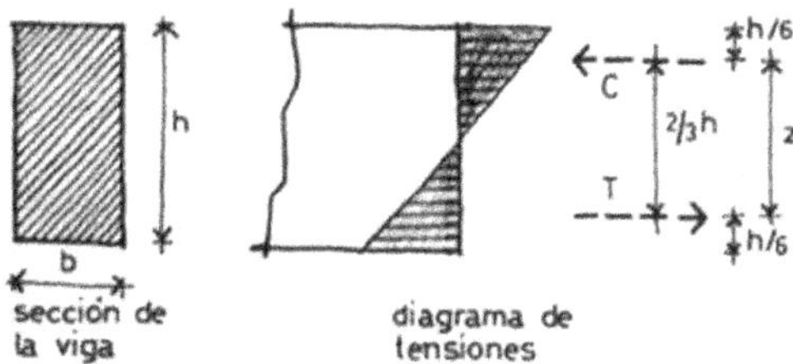

Figura 7.16

En el interior de la viga se crean cuplas resistentes cuya intensidad varían de acuerdo al M_f externo *(figura 7.16)*. La cupla de mayor intensidad se da en el punto medio de la viga, sección *(1-1)*: $M_e = ql^2/8$. La parte superior de la viga se encuentra comprimida y la inferior traccionada. La distribución de los esfuerzos internos (tensiones) tienen la forma triangular de la figura superior. Las resultantes de ese volumen de tensiones es *"C"* para la compresión y *"T"* para la tracción.

$$Mf = C \cdot z = T \cdot z$$

Para la geometría del volumen consideramos solo los esfuerzos de compresión de la parte superior *(figura 7.17)*.

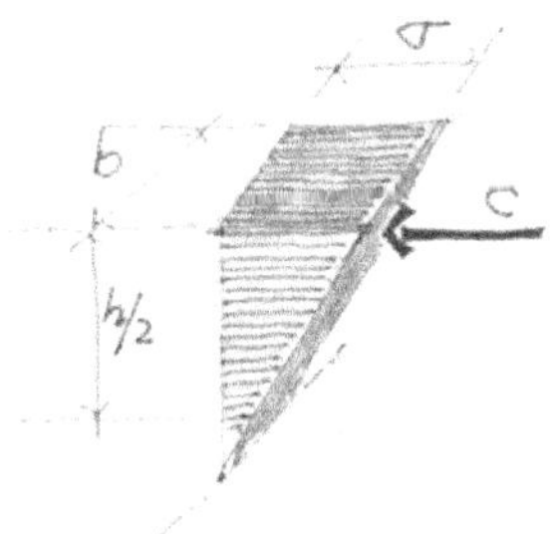

Figura 7.17

Ese prisma se compone de fuerzas que se las denomina tensiones y considera la cantidad de *daN* por centímetro cuadrado de superficie de la sección. Entonces el valor de "*C*" será:

$$C = \sigma \cdot b \cdot \left(\frac{h}{2}\right)\frac{1}{2} = \frac{\sigma bh}{4}$$

La tensión "*σ*" que utilizamos es la de rotura, la máxima que soporta el material en las fibras más alejadas. Esa resultante "*C*" se ubica a una distancia *(2/3)h* de la resultante de tracción "*T*". Esa cupla o resistencia interna a la rotura por flexión se denomina "*M_i*", momento interno.

En el instante de la rotura de la viga, las acciones externas superan a la resistencia interna que forma la cupla, esta resistencia se denomina "flector nominal" o "flector interno".

Rotura: $M_f > M_i$

Para que la viga resulte estable durante su función en el edificio, se debe cumplirse que:

Estable: $M_f < M_i$

El modelo matemático de la cupla interna:

$$Mi = Cz = Tz = \frac{\sigma bh}{4}\left(\frac{2}{3}h\right) = \sigma\frac{bh^2}{6}$$

Esto significa que resistencia límite de la viga (cupla interna) es igual a la tensión de rotura multiplicada por una expresión que depende de la base y la altura de la viga al cuadrado.

$$M_i = \sigma\frac{bh^2}{6} = \sigma W$$

Entonces el factor de proporcionalidad es:

$$W = \frac{bh^2}{6}$$

Esta expresión se llama "Módulo resistente" de una viga de sección rectangular. La fórmula final de la teoría de la flexión desde la tensión:

$$\sigma = \frac{M}{W}$$

4.2. Incógnitas y datos.

Viga de apoyos simples y carga uniforme repartida (figura 7.16):

La ecuación anterior podemos escribirla con todos los parámetros que participan en una viga. Tendremos cinco variables (tensión, carga, altura, ancho y longitud), cuatro de ellas pueden ser datos y una la incógnita.

Para despejar la **tensión** máxima de trabajo de la viga:

$$\sigma = \frac{M}{W} = \frac{ql^2}{8}\frac{6}{bh^2} = \frac{ql^2}{1{,}33bh^2}$$

Para conocer la **carga** necesaria para determinadas condiciones:

$$q = \frac{1{,}33\sigma b h^2}{l^2}$$

Para calcular la **longitud** admisible de una viga según los otros parámetros:

$$l = \sqrt{\frac{1{,}33\sigma b h^2}{q}}$$

Para dimensionar el **ancho** "b" de la sección rectangular:

$$b = \frac{q l^2}{1{,}33\sigma h^2}$$

Para dimensionar la **altura** "h" de la sección rectangular:

$$h = \sqrt{\frac{q l^2}{1{,}33\sigma b}}$$

Viga de apoyos simples y carga centrada al medio:

También tendremos cinco variables (tensión, carga, altura, ancho y longitud), cuatro de ellas pueden ser datos y una la incógnita.

Para despejar la **tensión** máxima de trabajo de la viga:

$$\sigma = \frac{Pl}{4}\frac{6}{bh^2} = \frac{1{,}5Pl}{bh^2}$$

Para conocer la **carga** necesaria para determinadas condiciones:

$$P = \frac{\sigma b h^2}{1{,}5l}$$

Para calcular la **longitud** admisible de una viga según los otros parámetros:

$$l = \frac{\sigma b h^2}{1{,}5P}$$

Para dimensionar el **ancho** "b" de la sección rectangular:

$$b = \frac{1{,}5Pl}{\sigma h^2}$$

Para dimensionar la **altura** "h" de la sección rectangular:

$$h = \sqrt{\frac{1{,}5Pl}{\sigma b}}$$

5. Momento de inercia.

5.1. General.

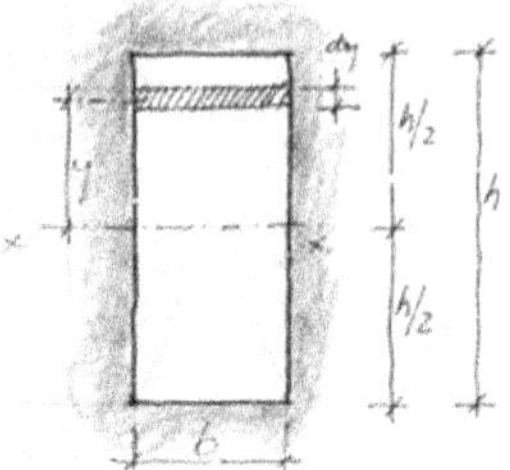

Al momento de inercia *"I"* se lo conceptualiza como la suma de los productos de las superficies por sus distancias al eje baricéntrico elevadas al cuadrado. Consideramos una superficie elemental $dF = b.dy$ que está a una distancia *"y"* del baricentro *(figura 7.18)*.

Figura 7.18

Entonces la sumatoria de la superficie elemental por su distancia al cuadrado lo resolvemos con una integral:

$$I_{xx} = \int_{-\frac{h}{2}}^{+\frac{h}{2}} dF y^2 = \int_{-\frac{h}{2}}^{+\frac{h}{2}} by^2 dy = b\left[\frac{y^3}{3}\right]_{-\frac{h}{2}}^{+\frac{h}{2}} =$$

$$= \frac{b}{3}\left[\left(\frac{h}{2}\right)^3 - \left(-\frac{h}{2}\right)^3\right]_{-\frac{h}{2}}^{+\frac{h}{2}} = \frac{b}{3}\left(\frac{h^3}{8} + \frac{h^3}{8}\right) = \frac{bh^3}{12}$$

Entonces:

$$I_{xx} = \frac{bh^3}{12}\,(cm^4)$$

La inercia puede ser aumentada según la forma y posición de la masa de la pieza, el bambú presenta en su corte una sección circular hueca, esa configuración le otorga una elevada resistencia al pandeo, además de sus nudos que actúan como piezas de rigidez de las fibras *(figura 7.19)*.

Figura 7.19

5.2. Relación entre el "W" y el "I".

Sabemos que ambos provienen de maniobras aritméticas realizadas con la base *"b"* y la altura *"h"*, entonces debe haber una relación entre ellos, hacemos *I/W*:

$$\frac{I}{W} = \frac{\dfrac{bh^3}{12}}{\dfrac{bh^2}{6}} = \frac{h}{2}$$

$$I = W\frac{h}{2}$$

El momento de inercia *"I"* resulta de multiplicar al módulo resistente *"W"* por *(h/2)*, la mitad de la altura de la viga.

6. Radio de giro *"i"*.

El radio de giro es una longitud cuya unidad puede ser el centímetro o el metro. También es una entidad matemática que expresa una condición geométrica de la sección, en realidad es parte del Momento de Inercia *"I"*.

El *"I"* es una longitud elevada a la cuarta potencia *(m⁴)*, si la dividimos por la superficie *"S"* de la figura nos quedará la unidad *(m²)*. Si por fin le aplicamos una raíz cuadrada conseguimos una distancia *(m)*. Veamos, para una sección rectangular:

$$i = \sqrt{\frac{I(m^4)}{S(m^2)}} = \sqrt{\frac{\left(\frac{bh^3}{12}\right)}{(bh)}} = \sqrt{\frac{h^2}{12}} = \frac{h}{3,46}\,cm$$

El significado de *"i"* está muy bien definido en el libro "Intuición y razonamiento del diseño estructural" de Moisset, al decir que el radio de giro es una longitud que representa la distancia a la que habría que colocar la totalidad del área para obtener el mismo momento de inercia que la sección maciza *(figura 7.20)*.

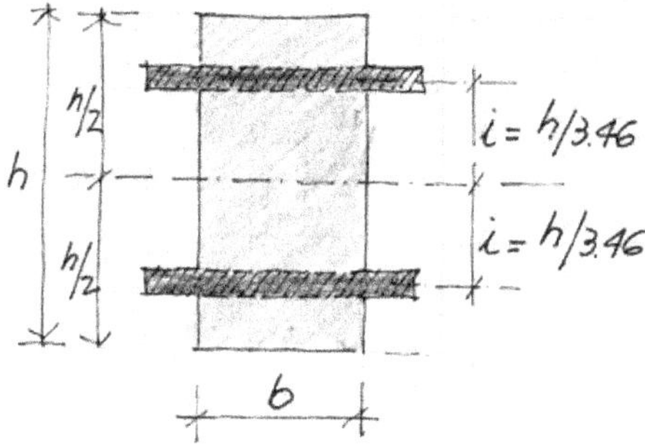

Figura 7.20

- La superficie total de la figura: $S = bh$
- La mitad de esa superficie: $S/2 = bh/2$
- La inercia de la sección maciza: $bh^3/12$

Imaginemos una sección donde $b = 10\ cm$ y $h = 20\ cm$.

El momento de inercia de masa total:

$$I = bh^3/12 = 10 \cdot 20^3 / 12 = 6.667\ cm^4$$

La misma inercia anterior la obtenemos usando el radio de giro:

$$I = 2 \cdot (bh/2) \cdot i^2 = 2 \cdot (10.20/2) \cdot (20/3,46)^2 = 6.667 \ cm^2$$

La función o utilidad del *"i"* la veremos en el Capítulo 21 de "Pandeo".

7. Relación entre la geometría y las cargas.

7.1. General.

En este espacio consideramos a la geometría de las secciones transversales de las piezas estructurales de dos formas: superficie y forma. Por otro lado consideramos las cargas también de dos maneras: aquellas que actúan en la misma dirección que el eje longitudinal de la pieza (columnas) y las otras que descargan en forma perpendicular a ese eje (vigas).

Con esta propuesta de geometría y cargas, vamos a ver la manera que se combinan y obtendremos una interesante respuesta.

7.2. Cargas en la misma dirección que el eje.

Son los tensores o cables que trabajan a tracción, las cargas por su dirección y sentido corrigen cualquier desviación de la pieza, son auto correctivas. La tensión o esfuerzo dentro del material será:

$$\sigma = \frac{P(kN)}{S(cm^2)} = \frac{P(MN)}{S(m^2)} = \frac{P}{S}(MPa)$$

Participa la superficie de la sección transversal. En el caso que las cargas sean de compresión, si la pieza es robusta y no exista excentricidad, la expresión del esfuerzo es igual al del efecto de tracción: fuerza sobre superficie.

Resumen: la tensión es la relación de la carga con la superficie.

7.3. Cargas normales a la dirección del eje.

Son las piezas sometidas a flexión, las vigas. Veremos que ahora participa la forma de la sección. En estos casos la tensión de trabajo en la sección media, será:

$$\sigma = \frac{M(kNm)}{W(cm^3)} = \frac{M(MNm)}{W(m^3)} = \frac{M(MN)}{W(m^2)} = \frac{M}{W}(Mpa)$$

Recordemos que:

$$W = \frac{bh^2}{6}$$

Resumen: la tensión es la relación del M_e con la forma "W" de la sección transversal.

7.4. Pandeo.

En el suceso de pandeo aparece otra entidad: la relación entre la forma longitudinal de la columna (altura de pandeo) con la forma transversal (radio de giro) y nos cuantifica su esbeltez:

$$\lambda = \frac{s}{i}$$

Cuando las columnas son muy esbeltas, las cargas de compresión producen un fenómeno de inestabilidad geométrica que se llama pandeo. Mostramos en forma directa la expresión matemática que lo representa, luego en capítulos próximos desarrollamos la teoría. Para aliviar la lectura advertimos que la transcribimos solo para ver como se relacionan las cargas con las formas y las características del material.

La tensión crítica en pandeo:

$$\sigma_{crit} = \frac{\pi^2 E}{\lambda^2}\,(Mpa) = \frac{\pi^2 E}{\left(\dfrac{s^2}{i^2}\right)}\,(Mpa) = \frac{\pi^2 E i^2}{s^2}\,(Mpa)$$

Complicada la fórmula. Observemos solo el último término; nos dice que la tensión crítica, cuando la pieza ingresa en pandeo es función de:

- π*: pi.*
- *E: Módulo de elasticidad del material (Mpa).*
- *i: radio de giro (m).*
- *s: altura de la columna (m).*

Notable; no figura la carga, tampoco la superficie de la sección de columna. Desde el aspecto geométrico, esta tensión es función:

- Del radio de giro "i" que es una expresión matemática que indica la separación teórica de las masas del material respecto del eje neutro.
- De la altura "s" de la columna.
- Del "Módulo de Elasticidad", característico en cada material.

8. Resumen.

En todas las piezas donde actúas las cargas, el esfuerzo interior es una función que tiene por variables la solicitación, la superficie y la forma.

- En el caso de cargas simples (tracción y compresión): se toma la superficie.
- En el caso de flexión simple: se utiliza el módulo resistente *"W"*.
- En los casos de las elásticas de viga: se utiliza la rigidez *"EI"*.
- En los casos de pandeo: se adopta el radio de giro *"i"*.

En todos los sucesos aparece la forma de la sección transversal de la pieza interpretada de una u otra manera. Este tema de la dimensión longitudinal fue un dolor de cabeza para los sabios del Renacimiento.

La discusión se presentaba también en la forma longitudinal. Se creía que un cable aumenta su resistencia cuando mayor es su longitud. En realidad no aumenta, pero surge un nuevo fenómeno que no se lo conocía en ésa época: la energía o el trabajo. Sabemos ahora que el trabajo es el producto de la fuerza por su desplazamiento: en el cable corto el desplazamiento para la rotura es reducido. Para un cable muy largo por la propia elasticidad del cable, la fuerza debe desplazarse una distancia mayor.

Si bien no es tema de este capítulo, es conveniente destacar la diferencia entre "trabajo" y "energía". El primero, el trabajo, dijimos que es el producto de la fuerza por la distancia que se desplaza; es trabajo exterior. Pero en el interior de la pieza ese trabajo se acopia; eso es energía de deformación acumulada. El trabajo exterior se transforma en energía elástica interna en el edificio y en su estructura.

9. Aplicaciones

9.1. Columna de sección en "L"-

Mostramos columnas con secciones complejas, por ejemplo aquellas con formas de tipo *"L" (figura 7.21)*.

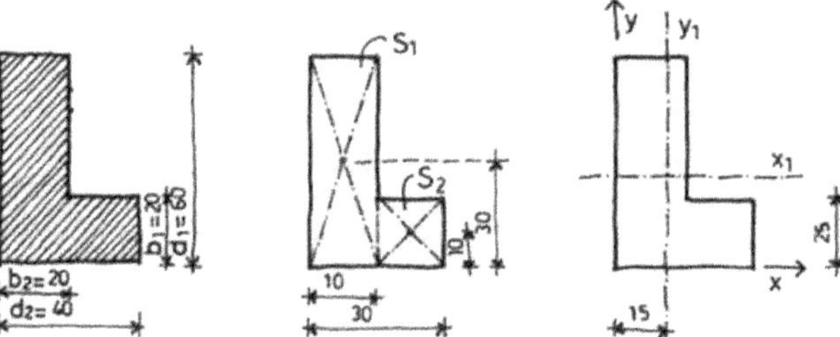

Figura 7.21

Para conocer el grado excentricidad de las cargas que sostienen estas columna, es necesario calcular la posición de baricentro. De manera analítica se procede como sigue y supongamos la columna con las siguientes dimensiones:

$d_1 = 60$ cm. $b_2 = 20$ cm

$d_2 = 40$ cm $b_1 = 20$ cm

Dividimos la superficie total en dos rectángulos:

$S_1 = 20 . 60 = 1.200$ cm^2 $(d_1 . b_2)$

$S_2 = 20 . 20 = 400$ cm^2 $(d_2 - b_2) . b_1$

   Superficie total $S_t = 1.600$ cm^2

Usamos ejes coordenados *(x-y)* coincidente con los lados exteriores de la sección de la columnas. Aplicamos la Ley de Momentos, ahora, en vez de fuerzas maniobramos con superficies:

Según el eje x-x:

$$\sum S_i y_i = S_1 \cdot 30cm + S_2 \cdot 10cm$$

$$y = \frac{1200cm^2 \cdot 30cm + 400cm^2 \cdot 10cm}{1600cm^2} = 25 \; cm$$

Según el eje *y-y*:

$$\sum S_i x_i = S_1 \cdot 10cm + S_2 \cdot 30cm$$

$$y = \frac{1200cm^2 \cdot 10cm + 400cm^2 \cdot 30cm}{1600cm^2} = 15 \; cm$$

El baricentro de la columna se encuentra en la intersección de los nuevos ejes $x_1 - y_1$. Es allí donde se debe ubicar el eje de las cargas superiores.

9.2. Diferencias entre circunferencia y anillo.

El tronco del bambú es hueco y con forma de circunferencia; es un anillo o cilindro. Veamos cómo la naturaleza supo aprovechar la condición de la estática de las formas. Suponemos las siguientes dimensiones del radio exterior e interior del tronco:

$r_1 = 5$ cm
$r_2 = 4$ cm

De tabla 6 "Momento inercia y módulo resistente" *(figura 7.22)*:

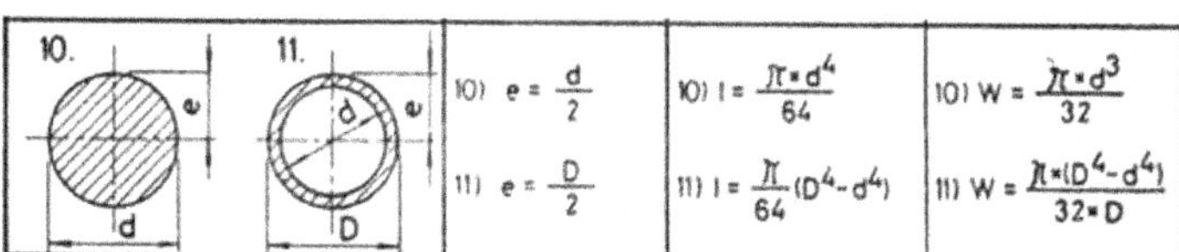

Figura 7.22

Superficie del anillo: S = *28* cm^2
Módulo resistente: W = *58* cm^3
Momento de inercia: I = *289* cm^4

Realizamos la comparativa entre un tronco con igual superficie maciza que la del anillo del tronco de bambú.

r = *3* cm

Superficie: = *28* cm^2
Módulo resistente: W = *7* cm^3
Momento de inercia: I = *64* cm^4

La tacuara de bambú con su característica forma posee un módulo resistente más de ocho veces que la rama maciza de igual superficie. Además tiene un inercia superior a cuatro. La resistencia a flexión interna *(Mi = σ.W)* es función directa del módulo; la capacidad de sostener las fuerzas horizontales de viento con la sección hueca aumenta también ocho veces.

Figura 7.23

Para evitar el pandeo de sus largas fibras genera nudos separados unos *15* a *20* centímetros *(figura 7.23)*.

9.3. Baricentro columna de hormigón.

Una columna de hormigón con lados de 20 centímetros posee una armadura asimétrica, tal como se la muestra *(figura 7.24)*.

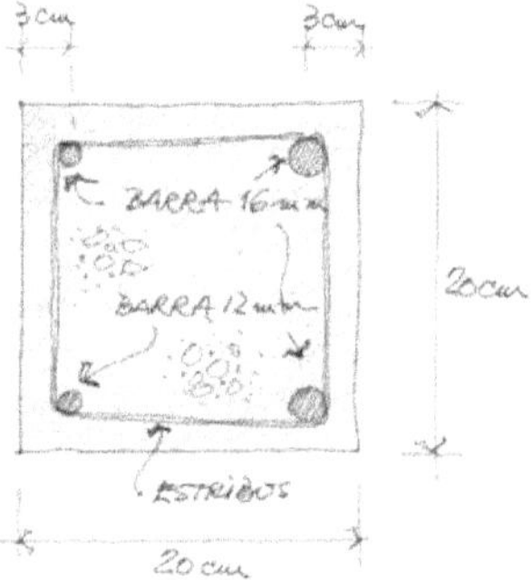

Figura 7.24

De una lado fueron colocadas dos barras de diámetro 12 mm y del otro dos barras de diámetro 16 mm. El módulo de elasticidad del acero es una once veces superior al del hormigón, el momento estático respecto a la cara izquierda de las superficies equivalentes de manera aproximada se resuelve:

Área equivalente barras *12* mm: Se = *1,13 . 2 . 11 ≈ 25* cm^2
Área equivalente barras 16 mm: Se = *2,00 . 2 . 11 ≈ 44* cm^2
Superficie total: *69* cm^2.

Adoptamos como eje de referencia la cara izquierda de la columna y calculamos el momento estático de estas superficies.

M_e = *25 . 17* cm + *44 . 3* cm = *557* cm^3

Por ley de momentos calculamos la distancia del eje baricéntrico:

x = *557 / 69 = 8,07* cm

Desplazamiento del baricentro: x_G = *10 - 8,07 = 1,93* cm

La carga sobre la columna es de 30 toneladas, con ese desplazamiento se produce una flexión:

$M_f = 1,93 . 30 = 57,9$ tn cm $= 57.900$ daN cm $= 579$ daNm

Por este desplazamiento del baricentro la columna está solicitada por flexo compresión.

9.4. Resistencia en flexión según la forma

El problema es determinar la carga última máxima que puede soportar la viga de apoyos simples con carga concentrada al medio, según la forma que se coloca la sección transversal. *(figura 7.25)*.

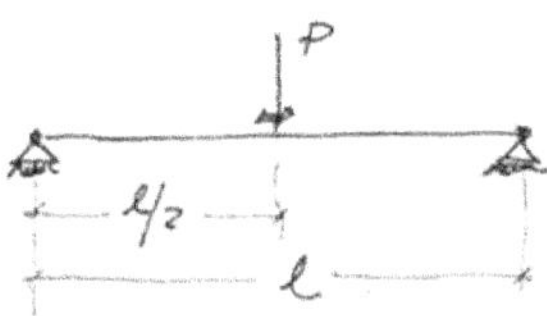

Figura 7.25

La sección rectangular de canto *(figura 7.26)*.

Figura 7.26

- Longitud de la viga: $l = 5$ *metros.*
- Material: *madera dura.*
- Tensión de rotura en flexión: *45 Mpa.*
- Lado "b": *12,5 cm*
- Lado "h": *25,0 cm*
- Momento flector externo: $M_f = Pl/4$
- Momento de cupla interno: $M_i = \sigma W$

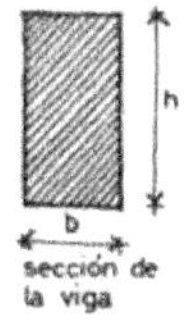

$$W = bh^2/6 = 12,5 . 25^2 / 6 = 1.302 \ cm^3 = (1.302 \ cm^3 / 1.000.000 \ cm^3/m^3)$$

$$M_i = 45 \ Mpa . 0,0013 \ m^3 = 0,0585 \ Mpa . m^3 = 0,0585 \ (MN/m^2) . m^3 = 0,0585 \ MNm = 58,5 \ kNm$$

La carga de rotura será:

$$M_i = M_f \qquad Mi = 58,5 \ kNm = Mf = Pl/4 = P . 5 / 4 = P . 1,25$$

$$P = 58,5 / 1,25 = 46,8 \ kN \approx 4.680 \ kg$$

Esta es la carga que lleva a la rotura a la viga. Luego, en el capítulo de esfuerzos internos vamos a desarrollar el concepto de tensión admisible y coeficiente de seguridad para el dimensionado final de las piezas.

La sección rectangular apaisada *(figura 7.27)*.

El módulo resistente "W" se reduce a la mitad al girar 90° la sección, lo vemos:

Figura 7.27

- Lado "b": *25,0 cm*
- Lado "h": *15,5,0 cm*

$$W = bh^2/6 = 25,0 \cdot 12,5^2 / 6 = 651 \ cm^3 = (651 \ cm^3 / 1.000.000 \ cm^3/m^3)$$

$$M_i = 45 \ Mpa \cdot 0,00065 \ m^3 = 0,02925 \ Mpa \cdot m^3 = 0,02925 \ (MN/m^2) \cdot m^3 = 0,02925 \ MNm \approx 29,25 \ kNm$$

La carga de rotura será:

$$M_i = M_f \qquad Mi = 29,25 \ kNm = Mf = Pl/4 = P \cdot 5 / 4 = P \cdot 1,25$$

$$P = 29,25 / 1,25 \approx 23 \ kN = 2.340 \ kg$$

La carga de rotura se reduce a la mitad.

Equilibrio general.

1. Introducción.

Los hombres, durante toda su evolución y así la historia nos demuestra, han pretendido dominar y manipular al equilibrio en sus distintas formas. El equilibrio obtenido de manera adecuada e ingeniosa resulta llamativo y agradable. Lo encontramos en todas las expresiones del arte y de las ciencias creadas por el hombre. Podemos hablar de una pintura bien lograda como algo armónico y también de un vehículo que puede desarrollar elevadas velocidades y mantenerse estable. Todo es equilibrio.

Pero es la Naturaleza nuevamente la que nos da muestras de proporciones admirables para los equilibrios de sus creaciones. Las alas desplegadas de un águila suspendida en el aire planeando con un equilibrio dinámico, o la majestuosidad del álamo con el aplomo y la mesura de un equilibrio estático.

Este último tipo de equilibrio, el estático, el quieto y fijo es el que a nosotros, los constructores nos interesa para lograr edificios seguros y estables. Mucho se ha estudiado y escrito sobre el equilibrio que han logrado los antiguos constructores con aquellas grandes y monumentales obras que aún perduran a varios siglos de su ejecución. Muchas de ellas poseen un valor histórico inapreciable y otras marcan etapas del arte de construir en sus distintas manifestaciones.

Las obras monumentales, las de los reyes, príncipes, emperadores y papas, fueron y son muestras de poder, opulencia y en el uso de los materiales demostraron liberalidad y largueza. Esa edificatoria fue sobre todas las cosas espectacular en su tamaño y ornamento. En raras ocasiones demuestran el ingenio y la inventiva para lograr eficiencia estructural: con menos material más resistencia. Todas esas majestuosas manifestaciones han sido realizadas con coeficientes de seguridad excesivamente grandes, justamente para que perduren por siglos.

Figura 8.1

Comparemos la estabilidad de las pirámides de Egipto con la choza más simple de varillas y pieles e imaginemos el coeficiente de seguridad entre ambas *(figura 8.1)*. El cobijo más elemental como el esquematizado en la figura, evidencian proporciones en sus formas y un arreglo en los materiales que resulta llamativo. La choza primitiva de los indígenas nómadas, realizadas con ramas y cubiertas en algunos casos con pieles u hojas, analizadas ahora a miles de años de su generalizada utilización nos presenta un sistema reticulado espacial, de alta resistencia y con un empleo mínimo de materiales *(figura 8.2)*.

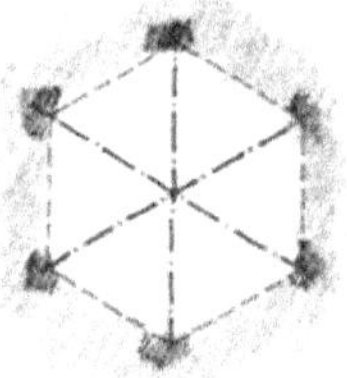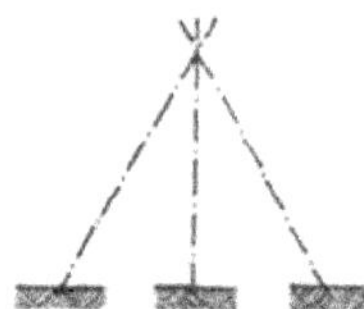

Figura 8.2

Observamos que el triángulo, la figura indeformable elemental, se encuentra presente en todos los cortes, tanto de planta como transversales; la triangulación está en el espacio.

Figura 8.3

Si examinamos la pieza individual estructural, resulta ser una viga inclinada *(figura 8.3)*. Soporta cargas uniformes del viento y posee apoyo simple articulado en la parte superior donde se une a las otras vigas. En la parte inferior un empotramiento generado por la tierra compactada que la rodea. Esta primaria construcción destinada a proteger al hombre del rigor y crudeza del clima, demuestra un equilibrio óptimo en la forma, el uso de los materiales y las uniones o apoyos de cada pieza.

Frente a los dos extremos de la construcción de todos los tiempos; por un lado la arquitectura majestuosa y en el otro extremo la vivienda simple, sencilla y que ha servido de protección por siglos, podemos establecer distintos grados de equilibrios que surgen de la jerarquía, de la vida útil de la obra y de la seguridad buscada. El grado de equilibrio lo establece el coeficiente de seguridad de la estructura, este tema lo analizamos en extenso en párrafos siguientes.

Las pirámides de Egipto fueron construidas con la seguridad de una montaña monolítica, con un grado de seguridad miles de veces superior al de la choza de ramas y pieles. Qué ironía, la primera para albergar muertos y la segunda para cobijar vida.

Nuestro objetivo es lograr encontrar entre esos extremos de grados de equilibrios, aquel suficiente y necesario para brindar seguridad y protección al usuario de las obras y especialmente de las viviendas. En la actualidad el aspecto económico es un parámetro fundamental en el diseño de las obras y derrochar material para mostrar inútil fortaleza, podría afectar hasta la posibilidad de realización de la obra misma.

2. Tipos de equilibrios.

2.1. General.

Al equilibrio lo estudiamos desde diferentes ciencias. Desde la **Estática** en la relación de las acciones externas y las reacciones sin interesarnos el material y la forma. En las características mecánicas del material participa la ciencia **Resistencia de los Materiales**. Otra ciencia que concurre es la **Química** junto a la **Termodinámica;** estudian los cambios a nivel atómico que se producen en el material ante el ataque de factores agresivos, por ejemplo la carbonatación y la corrosión. La última en ingresar con pasos muy largos y rápidos es la **Mecánica de Fracturas**, ella utiliza los conceptos de trabajo y energía. Trataremos de explicar la participación de cada una de ellas en el equilibrio estructural.

2.2. Estática desde ejemplos simples.

Es común imaginar el fenómeno del equilibrio como una balanza con el fiel en vertical y los platos en la horizontal. Pero esa manifestación es solo una de las formas de estudiar el equilibrio y es el que nos interesa en este estudio. Analiza el estado de reposo de un cuerpo sin tener en cuenta la variable tiempo. Esta ciencia resuelve la estabilidad de una viga con la relación entre las fuerzas externas y las reacciones en sus apoyos. Ahí termina sus consideraciones. Sin embargo el equilibrio de la termodinámica es universal y participan todos los fenómenos del universo, entre ellos el del tiempo.

Los esquemas representan los análisis clásicos simplificados que utiliza la estática para representar los diferentes estados de equilibrios *(figura 8.4)*.

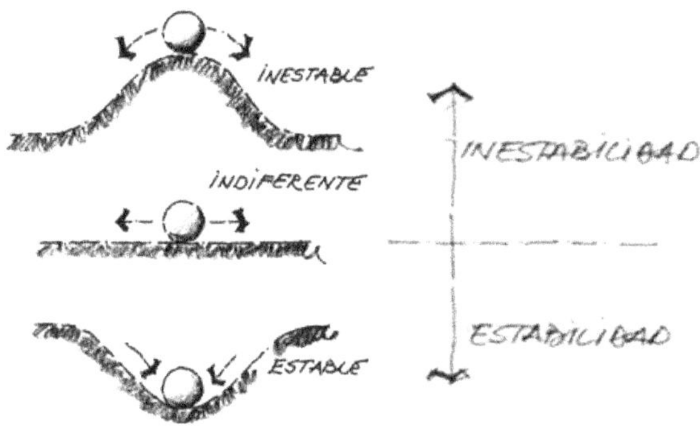

Figura 8.4

El **equilibrio inestable** es la esfera en la parte superior de una superficie convexa; cualquier perturbación la hará caer. Se puede presentar en una estructura que se encuentra al límite de su resistencia, en el instante que actúa cualquier fuerza el sistema falla, colapsa. También se lo puede representar mediante la placa que cuelga en inversa de un hilo *(figura 8.5)*:

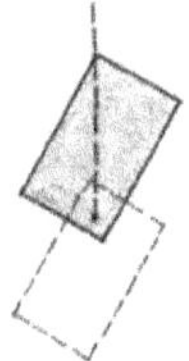

Figura 8.5

En el **indiferente** la esfera está sobre una superficie plana, si es perturbada, cambia de posición y luego vuelve a ese equilibrio. Se lo puede mostrar como una caja de cartón vacía sobre un terreno plano, cualquier fuerza que actúe, lo desplaza a otro lugar, pero la caja no se rompe, sigue manteniendo sus cualidades. Solo ha cambiado de lugar. En la placa si es colgada desde su baricentro; puede adoptar cualquier posición, es indiferente *(figura 8.6)*.

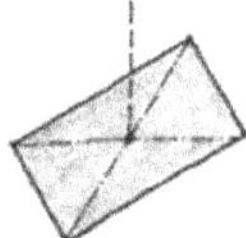

Figura 8.6

En el **estable** la esfera ocupa la posición más baja de una superficie cóncava. Las Ciencias de la Construcción buscan que se cumpla la última situación, la de equilibrio estable; es aquél que luego de una perturbación de una fuerza, el cuerpo regresa a su posición original. Un fuerte viento hace oscilar algo un edificio, pero cuando cesa la perturbación, el edificio vuelve a su estado original de reposo. En la representación de la placa el equilibrio es estable si es colgada del extremo superior, ante cualquier alteración volverá a su posición original *(figura 8.7)*.

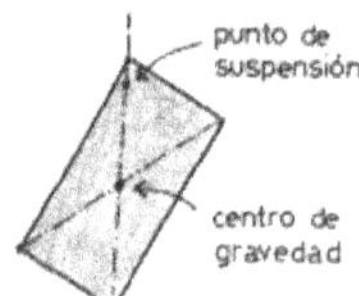

Figura 8.7

2.3. Desde la configuración longitudinal.

Es la rotura de la configuración recta original de una pieza sometida a compresión en aumento, es el caso de las columnas esbeltas. Desde la teoría fue investigado de manera genial por Euler a mediados del siglo XVIII y luego desde ensayos en laboratorios por Timoshenko en el XX. Vemos las formas que puede mostrar una columna que ingresa en pandeo según las características de sus apoyos extremos *(figura 8.8)*.

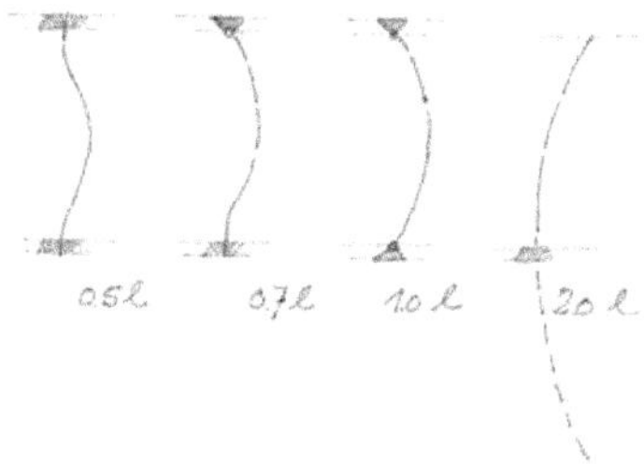

Figura 8.8

La curva de flexión en el pandeo aumenta en la medida que se pierden grados de libertad en los apoyos. Este tema lo estudiamos en el Capítulo 21 "Pandeo". Destacamos que en estos casos las columnas esbeltas presentan dos tipos diferentes de rotura; la primera el cambio brusco de la configuración geométrica longitudinal y la otra la rotura del material.

2.4. Desde la fisura.

En las piezas sometidas a flexión las fisuras o fracturas poseen diferentes categorías según el tipo de material. En el caso de una viga de madera o hierro la inesperada presencia de una fisura es el aviso de una rotura próxima.

Sin embargo en las vigas de hormigón armado no sucede lo mismo, es más, el cálculo se hace con el supuesto de viga fisurada. En estas piezas las zonas comprimidas son homogéneas, pero en la región de máxima tracción el hormigón que rodea a las barras de acero se fisura. La singularidad de este fenómeno reside en la diferencia del módulo de elasticidad entre ambos materiales. Se fisura el hormigón, pero las barras siguen resistiendo (Capítulo 24 "Hormigón Armado")

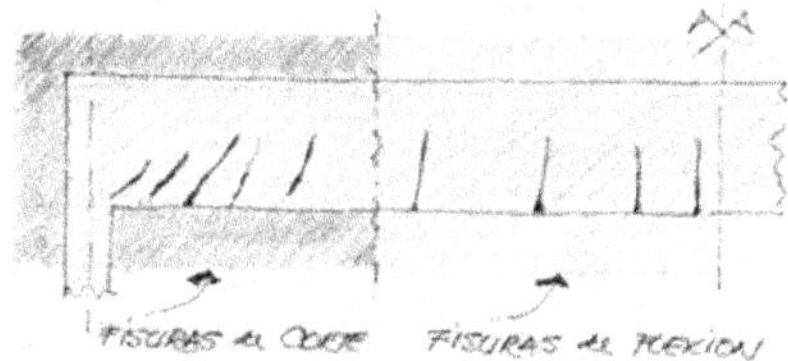

Figura 8.9

En el dibujo superior se muestran distintos tipos de fisuras en una viga de hormigón armado según el tipo de esfuerzo; cerca del apoyo las provocadas por esfuerzos de corte y en la zona central las generadas por la flexión *(figura 8.9)*.

2.5. Desde la mecánica de fracturas.

Esta ciencia acepta las fisuras en todos las piezas estructurales. Las estudia desde el intercambio de las energías que existen dentro de su masa. Energía elástica acumulada, energía de inicio de fractura, energía de prolongación de fisura. Según el flujo de esas energías determina la "longitud crítica", si la fisura está por debajo de esa longitud el sistema posee equilibrio, si la supera ingresa a un equilibrio inestable de aumento descontrolado de la fractura que termina en colapso.

En la ingeniería aeronáutica y naval la ciencia de las fracturas avanzó tanto que en la actualidad se ubica como la principal. En la ingeniería de la construcción está ingresando de manera tímida pero sostenida, en algunas sistemas constructivos se la usa para establecer el grado de resilencia (capacidad de acumular energía elástica).

2.6. Desde el tipo de material.

Los tres tipos de materiales utilizados en los sistemas estructurales son la madera, el hierro y el hormigón armado. La madera es elástica, el hierro además de elástico es dúctil y el hormigón armado ninguna de esas cualidades porque es frágil, solo soporta cargas de compresión.

Desde las características del material empleado en una estructura podemos pronosticar el tipo de colapso que se producirá en el momento de la salida de servicio. La madera y el hierro con elevadas deformaciones anticipan el quiebre el equilibrio final, mientras que en el hormigón armado, en especial aquellas piezas que fallan desde el hormigón, la rotura es brusca, sin aviso.

Lo vemos en los ensayos de compresión realizadas en las probetas de hormigón, en laboratorio. La masa en compresión genera un estallido brusco cuando disipa toda su energía acumulada tal como lo muestra la figura *(figura 8.10)*.

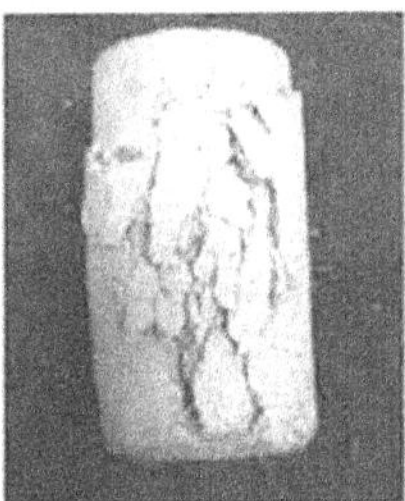

Figura 8.10

2.7. Desde la química.

Otro equilibrio es el estado del material desde su composición química. Una viga de hormigón armado en un ambiente agresivo, como pueden ser zonas cercanas al mar, a los pocos años de su construcción, puede mostrar síntomas de carbonatación en el hormigón y corrosión en las armaduras, se quiebra el equilibrio químico o electro químico *(figura 8.11)*.

Figura 8.11

En la figura superior las armaduras en proceso de corrosión se expanden y desprenden el recubrimiento de hormigón. Este fenómeno es estimulado por el ambiente salino que los rodea.

2.8. Desde la termodinámica o entropía.

La termodinámica considera al edificio en estado "inestable" ante la "flecha del tiempo" donde todo envejece. Los diferentes estados se clasifican según la entropía que poseen. Por ejemplo la luna tiene más entropía que la tierra, allí nada se altera, el desordenado polvo de superficie está desde miles de miles de años. Nada se mueve, todo está muerto; por ello posee mayor entropía que la tierra.

Veamos los sucesos en una barra de hierro con la variable del transcurso del tiempo *(figura 8.12)*:

- En sus inicios fue **óxido de hierro** contenido de manera desordenada en las piedras de las montañas, en un estado de equilibrio por millones de años.
- Luego es extraído y enviado a los altos hornos, allí con fuego y energía ordenan al material y aparece el **hierro o acero**, pero ahora inestable.
- Porque con los años ese hierro comienza a oxidarse y según el grado de mantenimiento aparece la **corrosión** que acorta su tiempo de existencia.
- Por último volverá a ser **óxido de hierro**, otra vez mezclado en la tierra o en las montañas.
-

El horizonte de equilibrio natural es nivel de terreno, donde se encuentran las piedras y suelos con óxidos, hacia arriba se presentan las alteraciones y reducción del equilibrio termodinámico.

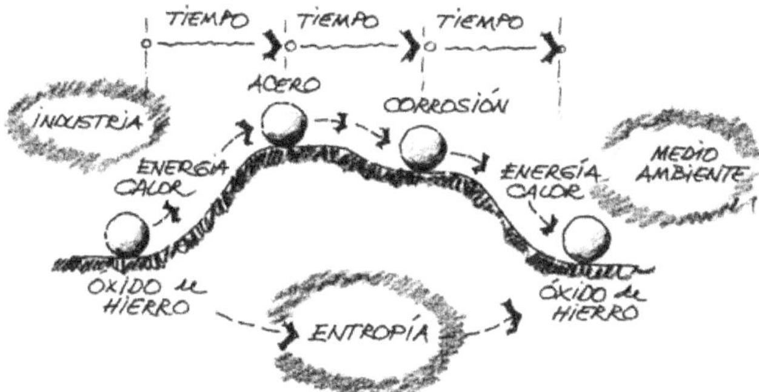

Figura 8.12

Si observamos al edificio y le aplicamos la razón del tiempo pasado y futuro podremos construir el esquema parecido al anterior *(figura 8.13)*.

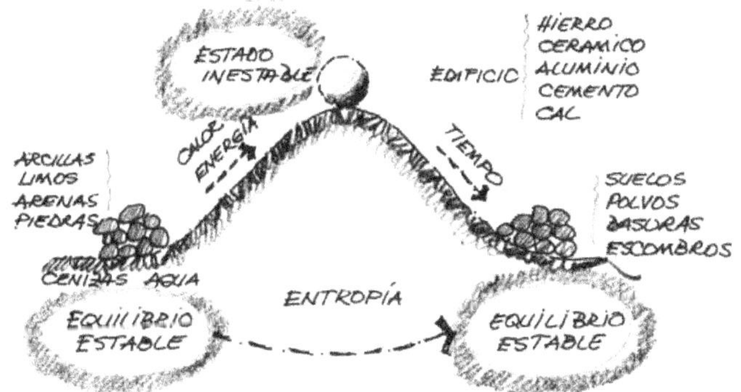

Figura 8.13

Cada material que compone al edificio fue obtenido de la tierra, de excavaciones o túneles y su historia desde la termodinámica es la siguiente:

Equilibrio estable: Estaban en la quieta oscuridad con temperatura y presión constante, nada los agredía.

Equilibrio inestable: Son extraídos de su reposo y otra vez con calor y energía se transforman en hierro, cal, cemento, cerámico y muchos otros. Llegan a la obra por separado, el camión que trae el cemento, otro arena, un semirremolque con las barras de hierro. Con ellos se construye el edificio empleando de nuevo energía y calor.

De vuelta al equilibrio estable: Todos los materiales del edificio con los siglos o milenios volverán a su estado natural: arcillas, limos, arenas, piedras o petróleo.

Desde la termodinámica y la química los edificios están construidos por materiales temporales, permanecen sosteniendo al edificio por cierto tiempo; son inestables con la variable de tiempo que no la tienen en cuenta las ciencias de la Estática ni la de Resistencia de Materiales.

2.9. Resumen.

Destacamos que en el universo, así como en el planeta Tierra todas las entidades que lo componen se encuentran en un estado de permanentes cambios de equilibrios. Como veremos más adelante, las estructuras de los edificios no escapan a esa ley de cambios; es el envejecimiento, la segunda ley de la termodinámica. El equilibrio desde la estática de las fuerzas es solo uno de todos y es temporario.

Con los razonamientos anteriores demostramos que no basta con aplicar las ecuaciones del equilibrio de la estática para la vida útil del edificio. Desde hace unas décadas ha surgido una nueva ciencia la "Patología de la Construcción" que investiga y trata de prolongar el equilibrio de la termodinámica: edificios más durables.

En resumen, la Estática es la ciencia que estudia el equilibrio de los cuerpos de manera atemporal. Sus conclusiones se corresponden con el período de estudio, se proyecta al futuro sobre hipótesis falsas; las cargas no varían y el material es rígido y eterno. Sin embargo la Patología de las Construcciones utiliza todas las ciencias disponibles para su investigación, lo estudia al edificio desde el pasado, el presente y el futuro. En varias y muchas de sus especulaciones utiliza al tiempo como variable. Esta nueva ciencia investiga los dos equilibrios: el estático y el termodinámico.

3. Equilibrio y centro de gravedad.

3.1. Simetría en vertical.

Al observar cualquier edificio podemos imaginar la zona de masa baricéntrica en su espacio. Desde un eje vertical de referencia ese baricentro varía de altura según la cantidad de pisos del edificio. Pero desde ejes horizontales que forman las plantas horizontales del edificio ese baricentro en general no cambia.

El centro de gravedad de los edificios y la fuerza resultante que genera su masa por la gravitación terrestre en general deben coincidir. Con ejemplos muy simples analizamos la relación entre centro de gravedad de una geometría dada y el equilibrio.

En la imagen se pueden observar los edificios más altos de la ciudad de Buenos Aires. Todos sin excepción muestran un eje vertical que contiene el centro de masa de cada uno de sus niveles *(figura 8.14)*.

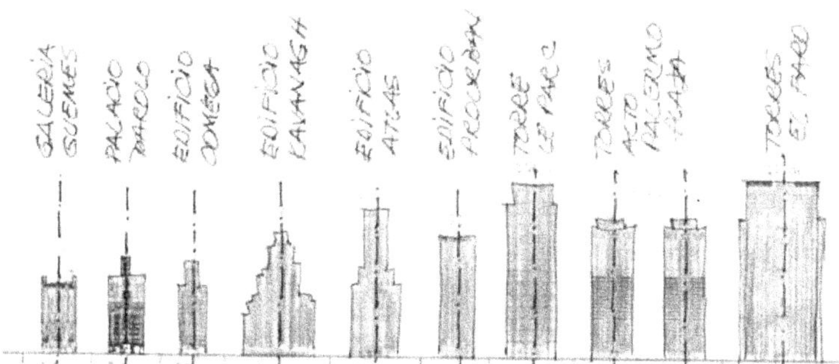

Figura 8.14

Los edificios más bajos tienen una altura promedio de cien metros, mientras que los más altos llegan a los doscientos metros.

3.2. Simetría en planta.

El plano de planta de arquitectura muestra simetría de forma y su baricentro se ubica en el cruce de las diagonales. De esta manera se produce un equilibrio en las fuerzas verticales de masa; no existe excentricidades que generen esfuerzos parásitos *(figura 8.15)*.

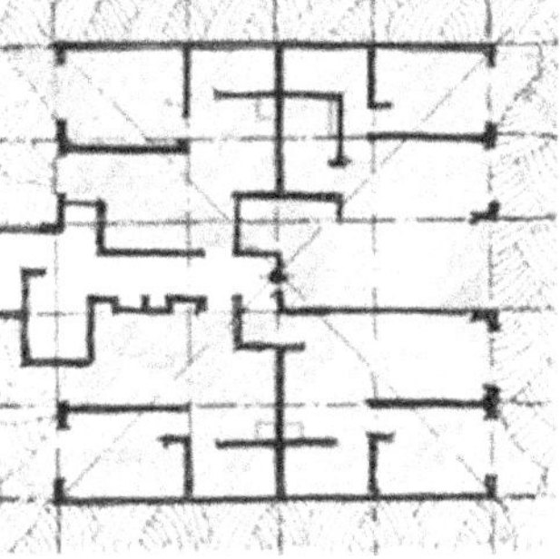

Figura 8.15

Los edificios más bajos tienen una altura promedio de cien metros, mientras que los más altos llegan a los doscientos metros. El correcto manejo de las región baricéntrica de los edificios es parte del buen diseño estructural.

Mediante el esquema elemental de una mesa distinguimos el baricentro de superficie sobre el tablero (en el plano) y el centro de gravedad de todo el sistema (en el espacio) *(figura 8.16)* .

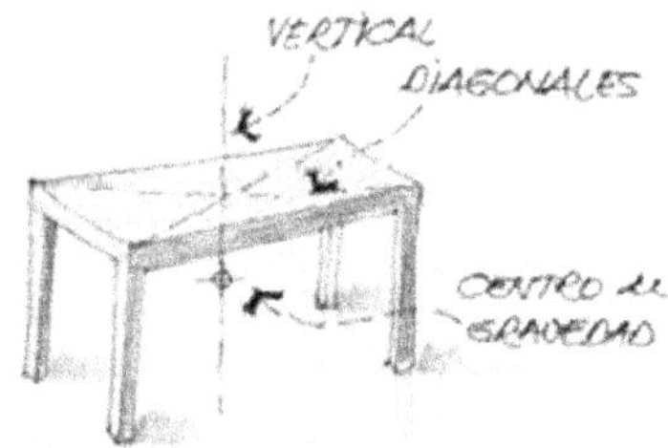

Figura 8.16

4. Estados de servicio y el equilibrio.

Existe una relación inseparable entre el coeficiente de seguridad de una pieza y su estado de servicio. Recordemos que los estados se servicio pueden ser estudiados desde una pieza estructural única o de la totalidad del edificio.

El **estado elástico** de servicio es el común de todas las estructuras. Frente a variaciones de cargas horizontales o verticales muestran pequeñas deformaciones que desaparecen junto a la fuerza de alteración. Estamos frente a un equilibrio estable que se recupera luego de la perturbación.

El equilibrio plástico se da con el aumento de las cargas; el material pasa del período elástico al plástico y las deformaciones son permanentes luego del cese de las cargas que lo produjeron. Este fenómeno se presenta en materiales dúctiles como el hierro, no así con la madera que posee una largo período elástico y casi nulo plástico. En el hormigón simple y las paredes de ladrillos cerámicos, la rotura es inmediata luego de un muy corto fragmento elástico.

El estado de equilibrio límite de servicio se presenta cuando los descensos o la deformaciones son tan elevadas que aparecen fisuras. Esa situación alerta a los usuarios y temen, tiene miedo de permanecer bajo esa estructura. Entonces cuando la estructura deja de ser usada, sale de servicio. El sistema no colapsó, pero no puede ser utilizada hasta tanto se realicen trabajos de recuperación o estabilización. Es otro estado de equilibrio indiferente más intenso que el anterior.

El estado límite de uso es similar al anterior con la diferencia de que en este caso es imposible la recuperación de la estructura. Los daños son tan elevados que es más conveniente demoler la estructura y construir una nueva, en vez de reparar la existente.

En los casos de siniestros inesperados como grandes huracanes o sismos, es común el ingreso al estado de colapso en cortos períodos de tiempo con falla total del sistema y víctimas fatales.

Del análisis realizado vemos que el elemento estructural se ha manifestado frente al aumento progresivo de las cargas de diferentes formas. De todas ellas, las únicas que se aceptan dentro del proyecto y cálculo es la primera: estado estable, que puede ser en estado elástico total o parcial con reducidas zonas plastificadas. Además se deben controlar las elásticas o vibración de la pieza, por la cuestión de confort del usuario. Esta verificación se la realiza en la fase de diseño o cálculo mediante expresiones matemáticas que logran pronosticar las deformaciones.

5. El equilibrio y los apoyos.

5.1. General.

La teoría clásica de la estática considera solo tres tipos de apoyos: articulado móvil, articulado fijo y empotrado. A todos ellos los considera extremos, es decir perfectos; la articulación no debe ofrecer ninguna resistencia al giro, así como el empotramiento debe ejercer imposibilidad total al giro. No hay términos medios. Con esos tres modelos teóricos se puede considerar a una viga simple de tres maneras *(figura 8.17)*.

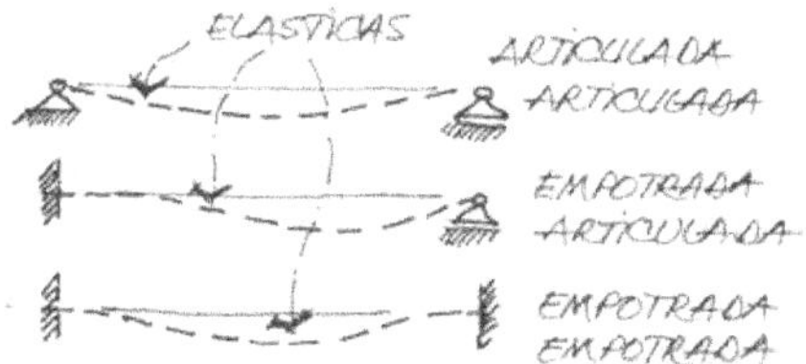

Figura 8.17

Con estas hipótesis simples es posible construir una teoría con ecuaciones matemáticas (teoría clásica) que se aproxima a la realidad. Es interesante el estudio porque allí observaremos cómo la matemática, con su lenguaje interpreta el contexto de las piezas estructurales en función de los supuestos simplistas de apoyos.

La columna también posee sus esquemas simples de la teoría, a la izquierda se muestra una columna empotrada en el suelo en su parte inferior y en el superior una articulación, mientras el esquema de la derecha la columna es articulada en los dos extremos *(figura 8.18)*.

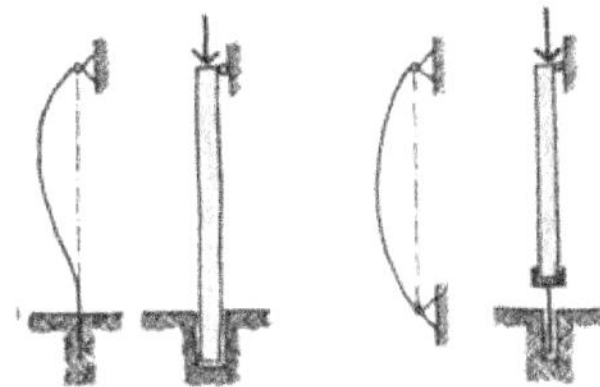

Figura 8.18

Antes del cálculo y dimensionado de una columna debemos establecer en esquemas gráficos la forma de los apoyos en sus extremos tal como lo hacemos con las vigas.

5.2. Viga empotrada de perfil de hierro.

Para cada una de las combinaciones de apoyo existe un estado de equilibrio particular. Lo explicamos desde la formación de las rótulas plásticas que se pueden formar en una viga de perfil estándar de hierro *(figura 8.19)*.

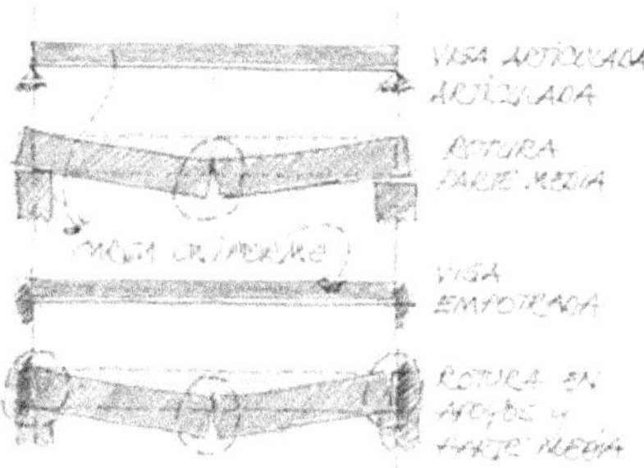

Figura 8.19

El dibujo de arriba es una viga de apoyos simples articulados, es suficiente que se forme una sola rótula para quebrar el equilibrio. En el dibujo de abajo la misma viga si la construimos con fuertes empotramientos rígidos en los apoyos, la carga para romperla en el medio será mayor que la del caso anterior. Antes del colapso deben formarse las rótulas en los apoyos empotrados; la viga se transforma en una de apoyos articulados. Luego con aumento de carga se forma la rótula en el medio y sobreviene el colapso.

6. Aplicaciones.

6.1. Elementos de madera.

En los párrafos que siguen se muestran diferentes estados de equilibrio según los apoyos y el material. Volvemos a repasar los elementos que constituyen un entrepiso de maderas *(figura 8.20)*. Distinguimos cada pieza y las estudiamos en su función y también en sus apoyos.

1. Tablones de madera de piso (vigas continuas).
2. Vigas secundarias donde apoyan las tablas (empotrada articulada).
3. Viga primaria de apoyo de las secundarias (articulada articulada).
4. Columnas (empotradas articuladas.

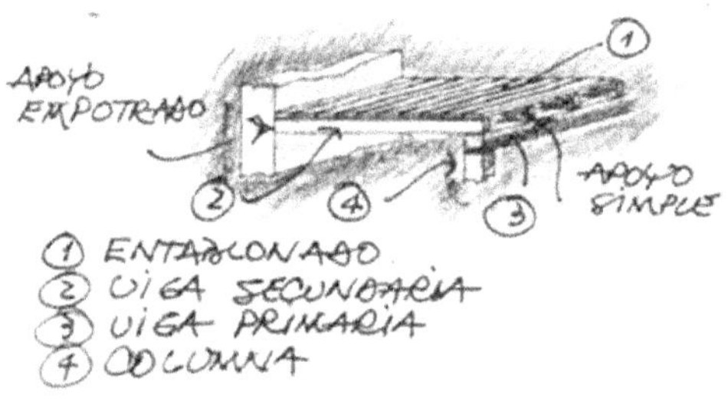

Figura 8.20

El piso se construye con tablas machihembradas que se apoyan como una viga continua sobre el cabio o viga secundaria. La deformación de esta viga tabla se transmite de un tramo a otro, en el apoyo gira la tabla. Este apoyo permite el giro parcial de la tabla *(figura 8.21)*.

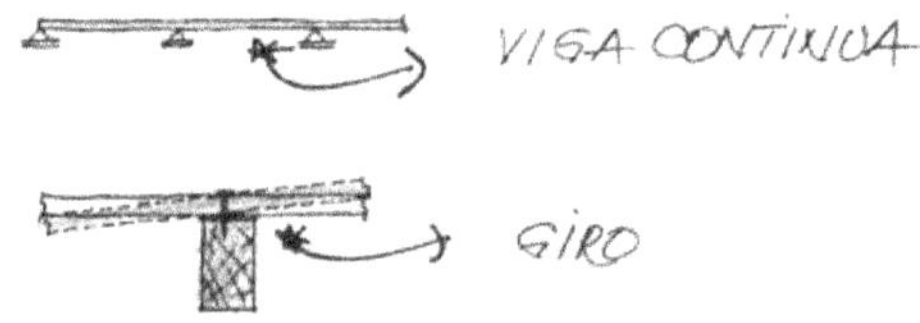

Figura 8.21

La viga secundaria tiene el extremo izquierdo empotrado en la pared que le impide girar libremente. En el otro extremo, en el derecho se apoya de manera libre sobre la viga principal.

El dibujo que sigue muestra en la parte superior el esquema teórico del cabio empotrado articulado y a la derecha el esquema de la viga principal articulada articulada *(figura 8.22)*.

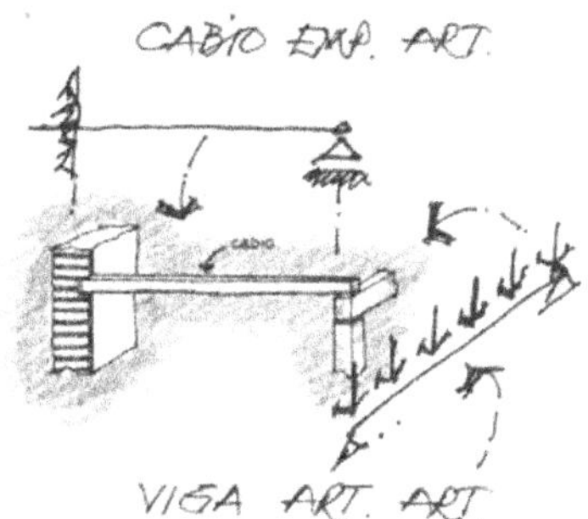

Figura 8.22

La viga principal; además de su peso propio tiene las cargas concentradas que transmiten las de vigas secundarias. Este ejemplo del entrepiso de madera nos sirve para conceptualizar y distinguir los apoyos.

6.2. Piezas en hierro.

Los apoyos de piezas de hierro se adaptan mejor a las condiciones de borde para el equilibrio con ellas es posible confeccionar piezas más adecuadas. Los grandes sistemas reticulados de acero, las cargas producen flechas y giros, además los diferenciales térmicos generan desplazamientos horizontales, estos movimientos pueden generar fuerzas que modifican el equilibrio *(figura 8.23)*.

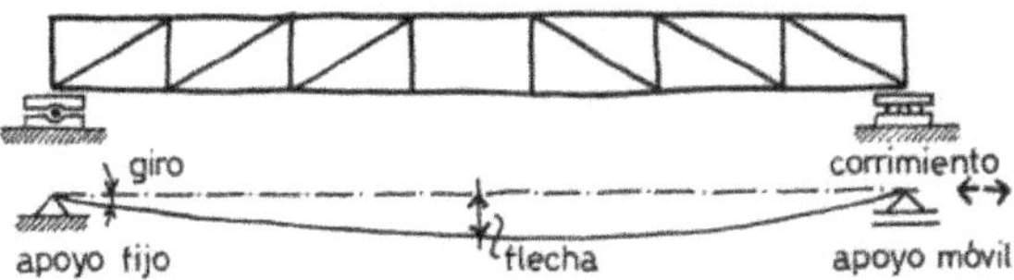

Figura 8.23

En este ejemplo es una viga de longitud mayor a los 15 metros, para crear las condiciones necesarias de apoyos, a principios del siglo pasado se utilizaban rodillos de acero. Mediante diseños especiales se lograban articulaciones fijas o móviles que permitían el giro o el desplazamiento, anulando así las fuerzas de apoyos rígidos. Estos tipos de apoyos aún los podemos observar en algunos viejos puentes metálicos del ferrocarril *(figura 8.24)*.

 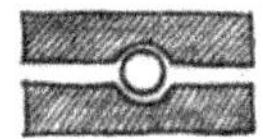

Articulado fijo　　　　　　　　Articulado móvil.

Figura 8.24

Estos antiguos apoyos tienen el inconveniente del mantenimiento. El óxido, la arena o tierra si ingresan en su nicho pueden impedir el libre giro o desplazamiento. En la actualidad estos tipos de apoyos han sido sustituidos no sólo en la forma de ejecución sino también en el material utilizado.

En la actualidad se colocan planchas de caucho sintético de alta resistencia (neopreno). Con espesores de varios centímetros que actúan como "amortiguador" y permiten giros y desplazamientos (figura 8.25).

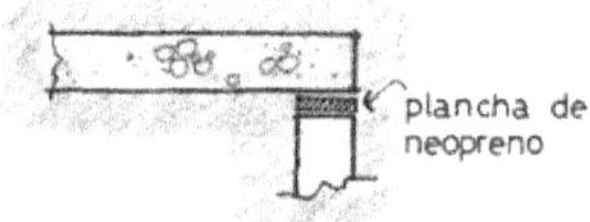

Figura 8.25

Con las posibilidades que nos brindan los diferentes tipos de soldaduras se pueden construir sistemas metálicos de tipo pórticos, donde las uniones de las vigas con las columnas son rígidas *(figura 8.26)*.

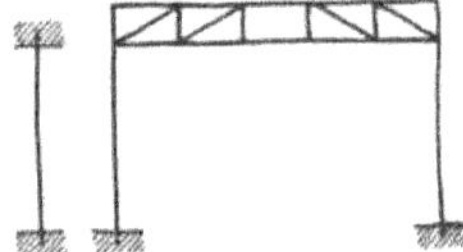

Figura 8.26

El sistema de la figura 8.26 es un pórtico hiperestático. La viga se encuentra rígidamente unida a las columnas y en ese caso sus apoyos son empotrados (poseen cupla), los giros o desplazamientos están restringidos. La columna a su vez se encuentra empotrada en la parte inferior con una base rígida.

Los grados de rigidez en el sistema de pórtico se diseñan de distintos tipos:

a) Pórtico articulado en su parte inferior. Empotrado arriba. El sistema está en equilibrio, es estable.

b) Pórtico articulado en la parte superior e inferior. Es inestable, no posee equilibrio firme, cualquier fuerza horizontal provoca su caída. Necesita de otros elementos auxiliares o estructuras vecinas para mantenerse en equilibrio.

c) Pórtico empotrado en la parte inferior y articulado en su parte superior; el sistema posee equilibrio estable.

Los apoyos de todos los elementos estructurales, deben ser diseñados en sus apoyos de manera cuidadosa para que no produzcan solicitaciones extrañas a las determinadas originalmente *(figura 8.27)*.

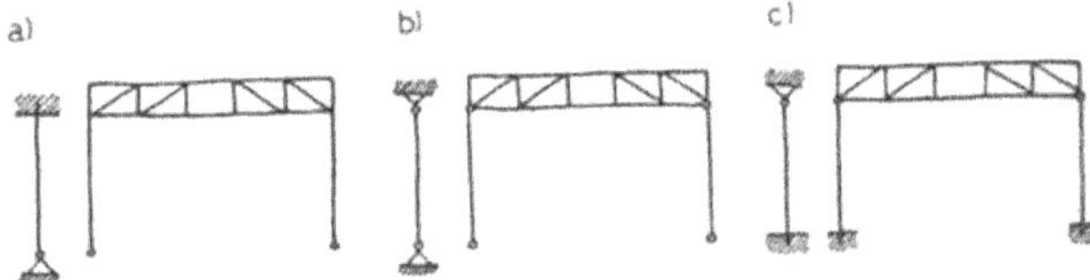

Figura 8.27

6.3. Piezas en hormigón armado.

En las estructuras de hormigón las articulaciones y apoyos especiales son difíciles de visualizar en forma directa, porque el hormigón recubre a las armaduras que son las que definen los distintos tipos de apoyos. Es por ello necesario hacer de la observación de las estructuras de hormigón un hábito permanente para imaginar las formas escondidas de sus apoyos. Las articulaciones o empotramientos en el hormigón es posible descubrirlas si observamos con especial cuidado las micro fisuras que presenta su superficie.

Losas de entrepisos.

Un entrepiso constituido por dos losas que apoyan sobre vigas, fueron diseñadas como simplemente apoyadas, es decir que en sus apoyos no existe cupla o momento flector, pueden girar de manera libre junto a la elástica *(figura 8.28)*.

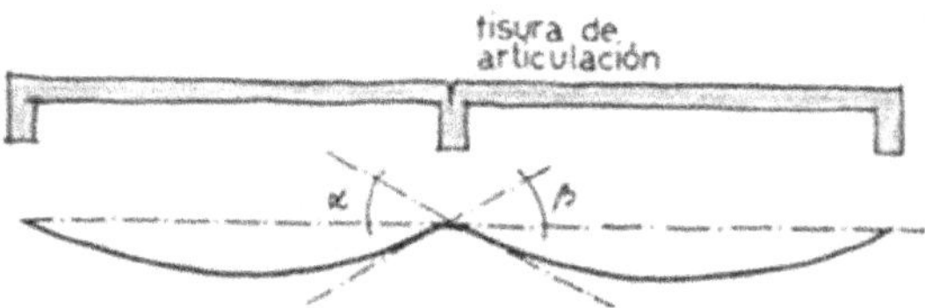

Figura 8.28

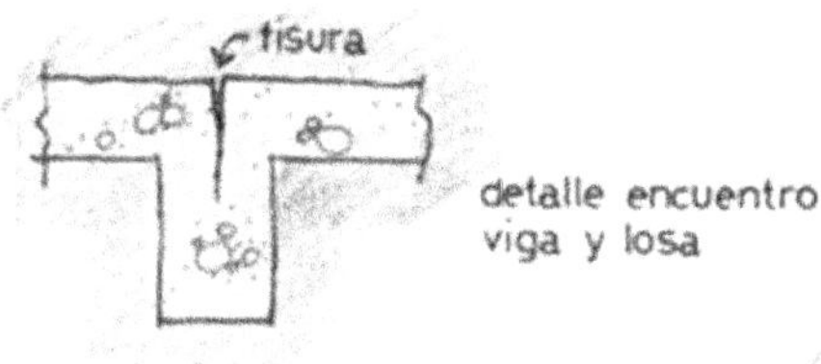

Figura 8.29

Cada una de las losas se deforma independiente de la otra. Para que esto suceda las armaduras de ambas losas deben finalizar en los apoyos, sin continuidad, en especial en la parte superior a efectos de no generan cupla de apoyo *(figura 8.29)*.

Al ser sometidas a cargas, se deforman levemente y en la parte superior del apoyo central se pueden producir micros fisuras, casi imperceptibles a vista directa. Esa fisura nos indica que allí, ese apoyo actuó como una articulación.

Vigas y columnas.

En hormigón armado la unión entre vigas o éstas con columnas, para que crear un apoyos simple articulado los hierros deben ser colocados de forma tal de evitar cuplas resistentes; anular los posibles momentos flectores internos *(figura 8.30)*. En la imagen el caso de una viga sobre columna, vemos que en caso de cargas, la viga posee elástica y debe girar libre en su apoyo, por ello las barras son discontinuas en la zona de tracción del nudo de apoyo.

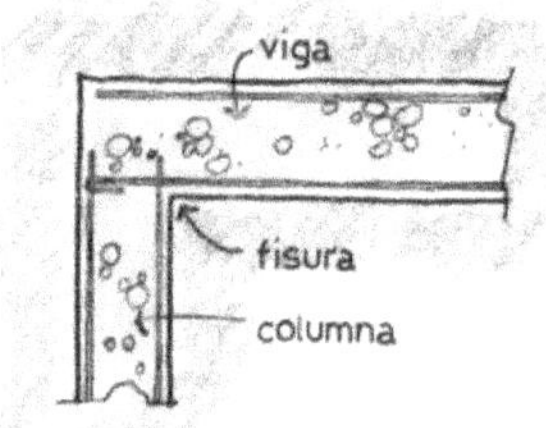

Figura 8.30

En caso de necesitar un empotramiento para el equilibrio, debemos colocar los hierros de manera continua para que columna y viga puedan intercambiar sus cuplas internas *(figura 8.31)*. El extremo superior de la columna resulta empotrado por la viga que transmite los esfuerzos de flexión.

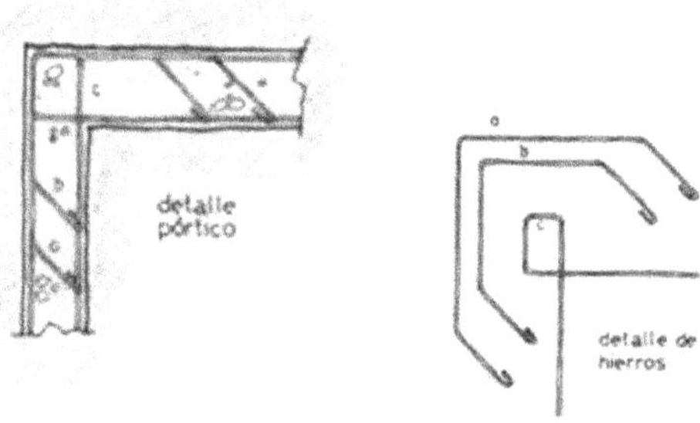

Figura 8.31

Los esfuerzos internos los representamos en la figura mediante el diagrama de momentos flectores. En el pórtico, el nudo transmite los esfuerzos. La columna, además de la carga de compresión, recibe momentos flectores de la viga. Vemos que las partes externas del nudo están en tracción y en el extremo inferior el flector es nulo *(figura 8.32)*.

Figura 8.32

Para lograr esa articulación las barras dentro del hormigón podrían tener la configuración mostrada en los esquemas *(figura 8.33)*.

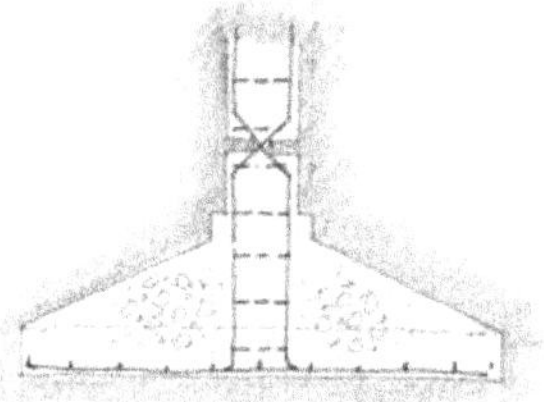

Figura 8.33

En el caso anterior, el flector interno de la columna es nulo en la unión con la base. Para que ello suceda se deben interponer una articulación. En el hormigón armado se consiguen cruzando todas las barras verticales de la columna en un lugar muy cercano de la base. Ese cruce elimina la cupla y no se transmiten esfuerzos de flexión.

6.4. Equilibrio desde la termodinámica.

En la parte inferior de la columna de primer plano se observa desprendimiento del hormigón de recubrimiento y las barras quedan sin la protección alcalina del hormigón *(figura 8.34)*.

Figura 8.34

En la imagen *(figura 8.35)* las barras longitudinales y los estribos ingresaron en el periodo de corrosión del acero. En ese proceso aumentan su volumen por el óxido y desprende al hormigón de recubrimiento.

Figura 8.35

Estamos en presencia de un desequilibrio termodinámico y químico. En general se presenta en las columnas de cocheras o subsuelos donde la humedad está presente de manera constante y los gases de escape de los automóviles aceleran el proceso de carbonatación del hormigón y el de corrosión de las barras.

Además en la historia de las columnas de cocheras hay una cuestión humana. De la obra fueron las primeras estructuras en hormigonar, en el tiempo donde los técnicos y obreros recién se iniciaban, además la obra estaba en proceso de organización. Los capataces y jefes de cuadrillas comenzaban a conocer las capacidades individuales de los obreros. En estas situaciones es común la falla humana, como las que muestran estas columnas luego de unos 20 años de haber sido construidas.

9
Ecuaciones del equilibrio.

1. Ecuaciones del equilibrio.

Las ecuaciones del equilibrio de las acciones y reacciones en los sistemas estructurales las estudiamos desde dos ejemplos: a) un muro de soporte de cargas horizontales y b) una viga simple con cargas verticales y otras inclinadas.

1.1. Muro de sustentación.

Volvemos al ejemplo del muro de capítulos anteriores *(figura 9.1)*. Ahora lo analizamos desde el equilibrio. Las acciones que tratan de mover al muro son las acciones:

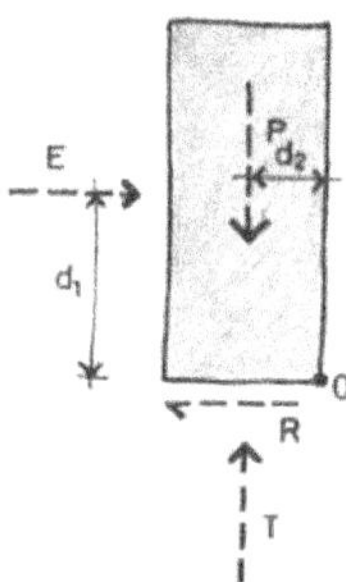

Figura 9.1

- *"E"*: acción de vuelco y empuje, el muro rotaría en el punto *"O"* y se desplazaría en el plano de apoyo, a ésta fuerza se opone la de rozamiento *"R"* en la interfase suelo muro.
- *"R"* fuerza de rozamiento, se resiste al desplazamiento horizontal.
- *"P"*: acción gravitatoria de peso propio que estabiliza el vuelco y además crea presión sobre el suelo que reacciona con la *"T"*.
- *"T"*: fuerza de resistencia del suelo para que el muro no se hunda.

En el juego de las acciones y las reacciones, el muro debe permanecer estable eliminando tres movimientos; no debe girar, no debe desplazarse en horizontal y no hundirse en vertical. Aplicamos la matemática a los conceptos:

La sumatoria de los productos de las fuerzas activas por sus distancias al punto de rotación debe ser nula. Referimos las fuerzas al punto de rotación *"O"*:

$E \cdot d_1$: Volcamiento; empuje por la distancia al punto de giro *"O"*.
$P \cdot d_2$: Estabilizantes; peso del muro por la distancia al punto de giro *"O"*.

El equilibrio existe si:

a) El momento de volcamiento *"M_v" ($M_v = E \cdot d_1$)* es igual al momento equilibrante *"M_e" ($M_e = P \cdot d_2$)*.
b) La fuerza de empuja *"E"* es igual a la fuerza de rozamiento *"R"*.
c) La fuerza de peso propio *"P"* es igual a la resistencia del suelo *"T"*.

En ecuaciones matemáticas esto se expresa:

- $M_v = M_e$
- $E = R$
- $P = T$

Equilibrio en la rotación:

Adoptamos positivos los que giran según las agujas del reloj. La sumatoria resulta:

$$\sum M_i = M_v - M_e = Ed_1 - Pd_2 = 0$$

Equilibrio en el deslizamiento:

Se elimina el deslizamiento horizontal porque existe una reacción de rozamiento en la interfase de suelo con muro.

$$\sum F_{hi} = E - R_v = 0$$

Equilibrio en el hundimiento:

Movimiento vertical hacia abajo se anula si el peso del muro es igual o menor al de la reacción del suelo.

$$\sum F_{vi} = P - T = 0$$

Ecuaciones generales.

Con este simple ejemplo quedan definidas las tres ecuaciones fundamentales del equilibrio que deben cumplirse de manera simultánea:

$$\begin{cases} \sum M_i = 0 \\ \sum F_{hi} = 0 \\ \sum F_{vi} = 0 \end{cases}$$

Queremos destacar que este equilibrio teórico es inestable, porque cualquier oscilación de las cargas puede provocar su caída. Recordemos que para transformarlo en un sistema estable debemos aplicarle los coeficientes de seguridad que también son variables del diseño estructura. Con esos coeficientes el sistema estructural poseerá reacciones mayores a las acciones y cargas en conjunto.

$$CS = \frac{reacción}{acción} > 1,00$$

1.2. Viga simple.

La viga soporta dos cargas una vertical *"F_1"* y la otra inclinada *"F_2"*. En los apoyos *"A"* y *"B"* se deben producir las reacciones necesarias para equilibrar dichas acciones *(figura 9.2)*. El apoyo *"A"* por ser móvil genera solo reacciones verticales, mientras que el apoyo *"B"* por ser fijo, genera reacciones inclinadas (componentes horizontal y vertical).

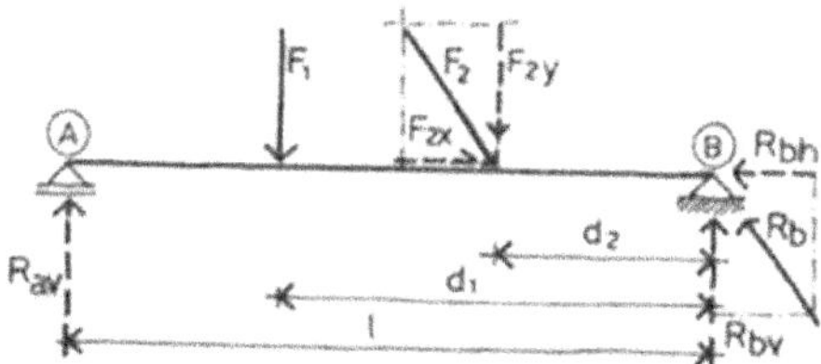

Figura 9.2

Para la aplicación de las ecuaciones, tomamos un punto cualquiera de referencia. En este caso adoptamos los puntos de giro del sistema, lo mismo hicimos con el estudio del muro. Ahora elegimos los puntos *"A"* y *"B"* que son los apoyos izquierdo y derecho.

Sumatoria de momentos igual a cero.

Tomamos momentos de las fuerzas externas desde un punto donde el flector es nulo, debido a la existencia de una articulación en el punto *"B"*, el momento es cero.

$$\sum M_B = R_{Av}l - F_1 d_1 - F_{2y} d_2 = 0$$

Las fuerzas R_{2x}, R_{Bx} y R_{By} no producen momentos porque sus brazos de palancas son nulos.

Sumatoria de fuerzas verticales nula.

Adoptamos como negativas las fuerzas con sentido hacia arriba y positivas las contrarias.

$$\sum F_v = -R_{Av} + F_1 + F_{2y} - R_{bv} = 0$$

Sumatoria de fuerzas horizontales nula.

$$\sum F_h = R_{2x} - R_{bh} = 0$$

Con las ecuaciones anteriores obtenemos los valores de nuestras incógnitas: R_{Av}, R_{Bv} y R_{Bh}.

2. Los sistemas y las ecuaciones.

2.1. Sistemas isostáticos.

Las piezas que posean la cantidad justa de apoyos para garantizar la inmovilidad recibe el nombre de "piezas isostáticas", tal como la viga inferior *(figura 9.3)*.

Figura 9.3

Los apoyos le permiten a la viga:

a) Giro en el apoyo A.
b) Giro en el apoyo B.
c) Desplazamiento horizontal en apoyo B.

Según las fuerzas el sistema puede tener tres incógnitas *(figura 9.4)*:

1) R_{Av}
2) R_{Ah}
3) R_{Bv}

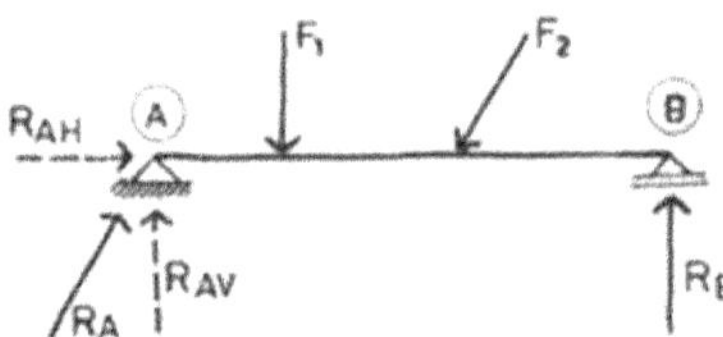

Figura 9.4

Para resolver el problema de tres incógnitas necesitamos tres ecuaciones que ya la hemos estudiado:

$$\sum M = 0 \qquad \sum F_v = 0 \qquad \sum F_h = 0$$

Resumen: las ecuaciones estudiadas responden a la relación que existe entre las fuerzas externas de la viga: las acciones y las reacciones. Cuando estudiemos resistencia de los materiales debemos incorporar la cupla resistente máxima que para el equilibrio estable debe ser superior al flector máximo externo.

2.2. Sistemas hiperestáticos.

Si se colocan más apoyos que los necesarios, la estructura se transforma en hiperestática *(figura 9.5)*. La viga del caso anterior puede tener en el apoyo *"B"* un empotramiento.

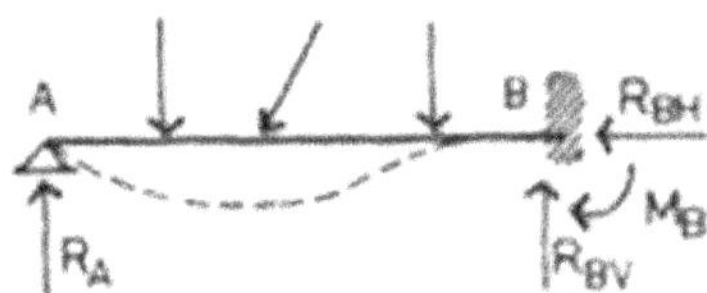

Figura 9.5

La viga en estas nuevas condiciones solo puede girar y desplazarse en el apoyo *"A"*, nada más. Por otro lado las incógnitas aumentan, ahora son cuatro:

1) R_A
2) R_{Bh}
3) R_{Bv}
4) M_B

Esta viga no la podemos resolver desde las tres ecuaciones de la Estática; necesitamos otros conocimientos, otros métodos para su resolución. La solución la encontraremos cuando hagamos participar las deformaciones (elásticas), ángulos de giro (rotaciones) y curvatura (radio de curvatura), estas cuestiones las veremos en el Capítulo 19 "Deformaciones".

3. Aplicación.

3.1. Datos.

La viga sostiene dos cargas, una de ellas vertical y la otra inclinada *(figura 9.6)*:

Longitud: 7,00 metros.
d_1: 5,00 metros.
d_2: 2,00 metros.
F_1: 25 kN
F_2: 57 kN
Ángulo $\alpha = 60°$

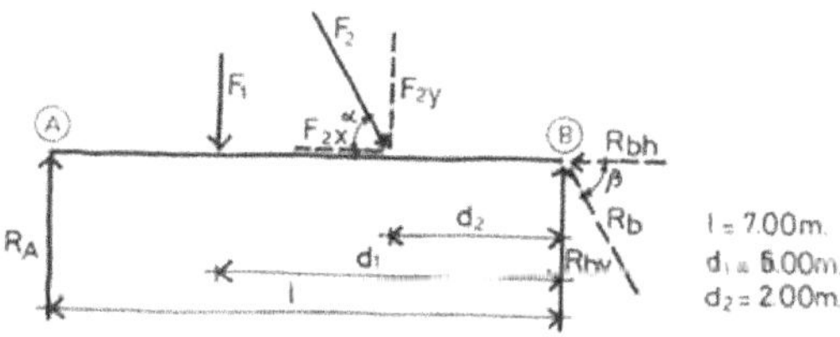

Figura 9.6

3.2. Descomposición de F_1 y F_2:

$$F_{2x} = F_2 \cos 60° = 57 \, kN \cdot 0,5 = 28,5 \, kN$$

$$F_{2y} = F_2 \operatorname{sen} 60° = 57 \, kN \cdot 0,87 = 49,36 \, kN$$

3.3. Cálculo de las reacciones.

Determinación de R_A:

$$\sum M_B = 0 = R_A 7,0 - F_1 5,0 - F_{2y} 2,0 = 0$$

$$R_A = \frac{25 \cdot 5,0 + 49,36 \cdot 2,0}{7,0} = 31,96 \; kN$$

Determinación de R_{Bv}:

$$\sum F_v = 0 = -R_{Av} + F_1 + F_{2y} - R_{bv} = 0$$

$$R_{Bv} = -31,96 + 25,00 + 49,36 = 42,40 \; kN$$

Determinación de R_{Bh}:

$$\sum F_h = 0 = F_{2x} - R_{Bh} = 0$$

$$R_{Bh} = 28,5 \; kN$$

Valor total de R_b y su inclinación.

$$R_B = \sqrt{R_{Bv} + R_{Bh}} = \sqrt{42,5 + 28,5} = 51,09 \; kN$$

Angulo de inclinación de la reacción respecto de la horizontal:

$$tg\alpha = \frac{28,5}{42,4} = 0,67 \qquad \alpha = 33,82º$$

3.4. Diseño y construcción.

Si deseamos construir el sistema de viga y apoyos del esquema anterior debemos elegir un coeficiente de seguridad para que el sistema resulte estable en el tiempo ante las variaciones de las fuerzas. Para ello debemos establecer un coeficiente de seguridad que depende de muchas variables pero la principal es el factor humano. Si los técnicos que proyectan, calculan y controlan la obra es de categoría "bueno", podemos elegir:

CS = 1,7

En ese caso las fuerzas deben ser afectadas y resultan:

$F_{1c} = 25 \, . \, 1,7 \approx 43 \; kN$
$F_{2c} = 57 \, . \, 1,7 \approx 97 \; kN$

La incorporación del subíndice "c" establece que los valores fueron afectados por los coeficientes de seguridad. Recordemos una vez más que el Coeficiente de Seguridad (CS) no es una entidad absoluta, varía según los tipos de cargas que actúan y más aún de la aptitud del equipo de técnicos que trabajan en el proyecto, cálculo y ejecución de la obra. Este asunto lo analizamos en el Capítulo 18 "Coeficiente de Seguridad".

10

Resistencia de Materiales
Tecnología

1. Historia breve de la Resistencia de Materiales.

Los principales materiales en el diseño estructural son: la madera, la piedra o ladrillo, el hierro y el hormigón. El estudio de cada uno lo hacemos por separado; en esta primera parte corresponde a la historia y tecnología de la Resistencia de Materiales como ciencia, en la segunda parte se analizan las características mecánicas. El estudio de los materiales de la construcción es extenso. Imposible de abarcarlo en nuestro trabajo. Destacaremos las cuestiones principales separadas en su historia, tecnología y características mecánicas.

La naturaleza logra resultados asombrosos no solo en sus formas y tamaños, también diseña al material que utilizará; la composición de un hueso es diferente a la de un músculo. El método empleado por la naturaleza es del tipo "proceso de aproximaciones sucesivas" que en definitiva es una secuencia de ensayos de prueba y error a lo largo de miles de milenios *(figura 10.1)*.

Figura 10.1

Los cambios que mejoran la eficiencia de un sistema estructural tienden a permanecer, mientras que los defectuosos o débiles desaparecen lentamente. Darwin estudia las diferentes especies de gaviotas en las islas Galápagos y logra desarrollar una teoría con la publicación de su libro "Del origen de las especies de aves por medio de la selección natural" (1859). Allí demuestra que algunas especies se desarrollaron mejor que otras por el diseño de sus picos y la resistencia de los mismos, que le permitían alimentarse mejor que otras.

El planeta Tierra tiene una edad de 4.500 millones de años y la primer célula orgánica elemental 2.000 millones; tiempo suficiente que le permitió crear, modificar y evolucionar Nosotros los seres humanos hemos sido elegidos para desarrollar la inteligencia y diseñar estructuras, para eso es necesario conocer los materiales.

El homos sapiens ocupa una minúscula parte de los tiempos anteriores. Nuestros ancestros apenas comienzan 12 mil años atrás, nada. Mucho antes, seis millones de años, nuestros parientes los homínidos bípedos ya estuvieron con un garrote o piedra en la mano. Sabían algo de resistencia de materiales, eran los elementos más pesados y resistentes. Con algunos millones de años más los combinaron; los unieron con tientos de cuero y crearon el hacha, eso ya es tecnología.

Cuando salen de sus cuevas y de la selva que los protegen comienzan a realizar otras combinaciones con los materiales. El barro y el espartillo es la mezcla universal, aún hoy la usan los hombres para hacer chozas rurales, también los pájaros, las hormigas y algunas avispas. No avanzan en los descubrimientos de transformar los materiales, por ejemplo, el hierro que se extrae de algunas piedras, recién fue descubierto 3.500 años del presente, es un nuevo tipo de material. Pero la historia nos cuenta que mucho antes realizaron notables avances con el adobe crudo y el ladrillo del adobe cocinado. Luego, ya a mediados de la Edad Media aparece la evolución de las formas; la triangulación con maderas y el descubrimiento del efecto arco con la piedra o ladrillos.

Podemos clasificar los tiempos de la Resistencia de Materiales desde el homo sapiens hasta nuestros días:

- Reconoce la piedra y la dura rama del árbol como herramientas de defensa.
- Descubre la combinación de madera con piedra: el hacha.
- Obtiene energía acumulada en al arco de madera y tensor de fibra que dispara la flecha.
- Descubre el bronce y el hierro.
- Descubre las formas resistentes: la bóveda, la triangulación y otras.
- Genera dos revoluciones: la científica y la industrial, en ésta última la fabricación de bajo costo del hierro.
- En el siglo XIX inicia el estudio de los materiales en las recientes universidades.
- En los inicios del siglo XX se descubre al hormigón armado, luego el post tensado y pre tensado.
- En las últimas décadas evolucionan los métodos de unión en metal, madera y hormigón; mediante procedimientos químicos de calor y reactivos.

En la actualidad nos encontramos con una variedad tan grande de productos para la construcción que resulta difícil lograr una diseño estructural óptimo donde se empleen tecnologías, formas y tipos de materiales ajustados a la necesidad del edificio.

2. La intuición, prueba y error.

Toda la edificatoria realizada durante siglos, fue lograda por la intuición de los constructores y a los conocimientos que se transmitían entre generaciones y en algunos casos la influencia y costumbres constructivas de otras civilizaciones.

Se han desarrollado investigaciones en tribus del África central como del Amazonas totalmente separadas de las civilizaciones actuales, en ellas se pudo observar el uso de la madera, la piedra, trenzado de hojas y el barro junto a espartillo como materiales de construcción de sus chozas. De una manera similar a las utilizadas por algunos pájaros, avispas y animales menores. Este asunto es intuición.

Las dimensiones de los elementos de soporte se adoptaban combinando la intuición, la experiencia y los secretos de antepasados constructores. No existió una justificación teórica de las formas y medidas a emplear en cada una de las piezas de un edificio. No existía la matemática avanzada, solo la aritmética básica y la geometría.

El conocimiento de los materiales y los métodos constructivos se produjo por el ejercicio de "prueba y error" del método heurístico; la investigación mediante métodos no rigurosos. Los antiguos realizaban las pruebas con los mismos edificios que construían, por siglos seguían el mismo procedimiento con los idénticos materiales. La prueba y error surgía cuando modificaban algo, sea el material o el procedimiento constructivo. Probaban el cambio para verificar su funcionamiento. No completaban el ciclo de la investigación; si la prueba fallaba, continuaban con la forma de construir anterior. Entonces los cambios en el uso de los materiales resultaban muy lentos.

3. Origen de la Resistencia de los Materiales.

3.1. Inicio.

Unos dos mil años atrás se inician los primeros intentos de sistematizar y normalizar el uso de los materiales y sus formas. Muchas de estas reglas fueron recopiladas por Marco Vitrubio. El escrito se refería a la arquitectura y la construcción, es el escrito más antiguo sobre el tema. Allí establece que la arquitectura se apoya sobre tres pilares: la belleza, la firmeza y la utilidad. De este antiguo libro analizamos en especial la segunda condición: la firmeza. Los principios de Vitrubio se mantuvieron casi sin modificaciones hasta el Renacimiento.

3.2. Los primeros.

Alrededor del 1.500 Leonardo da Vinci fue quien emplea el ensayo o el experimento para conocer las cualidades de los materiales *(figura 10.2)*. La figura que sigue, dibujada por Leonardo es una máquina para realizar ensayos de tracción. El objeto a ensayar es una varilla delgada de hierro.

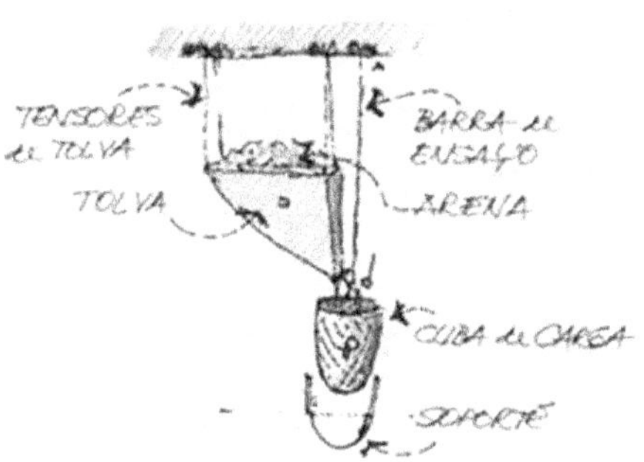

Figura 10.2

De ella cuelga un cubo o canasto vacío antes del ensayo. Arriba, sostenida por un soporte fijo, Leonardo colocó la tolva cargada con arena seca. El ensayo consistía en abrir la válvula de la tolva, dejar caer la arena al cubo, hasta que el fino alambre se rompía. En el instante de la rotura el canasto quedaba resguardado por un cuenco. De esa forma era posible quitar la arena y pesarla. Con ello Leonardo conocía la carga de rotura de esa fina varilla de hierro.

Más de cien años después, Galileo continúa con la investigación de los materiales. El dibujo que sigue es uno de los muchos dibujado por el genio. Allí se muestra la rotura del material, en este caso un trozo circular de mármol afectado por esfuerzos de flexión con diferentes condiciones de borde *(figura 10.3)*.

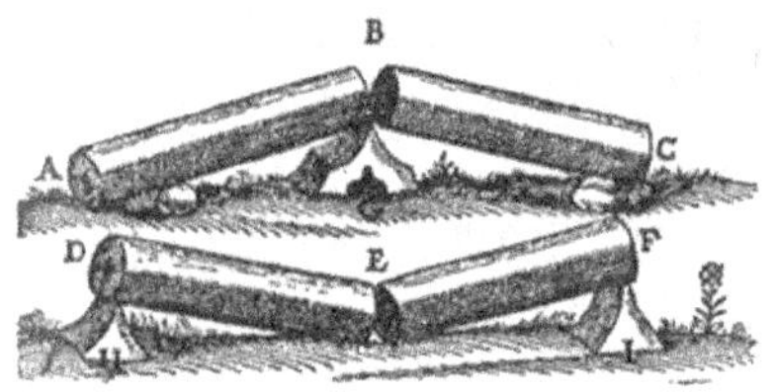

Figura 10.3

La primera viga posee un único apoyo al medio y la segunda con dos apoyos en los extremos. Galileo en este experimento mezcla la resistencia de los materiales con la estática. La diferencia es el modo de la rotura, la primera con fractura abierta hacia arriba y la segunda hacia abajo.

Algo de lo que sigue fue escrito en capítulos anteriores, pero es conveniente reiterarlo en homenaje a Leonardo. Hasta hace unos años se lo consideraba a Galileo como fundador de la Estática y la Resistencia de los Materiales. Pero en la mitad del siglo pasado se descubre en España el "Códice de Madrid" de Leonardo da Vinci, allí aparecen dibujos y escritos sorprendentes sobre los ensayos y experimentos para el análisis. Tanto Leonardo como Galileo realizan sus investigaciones sin distinguir o separar la "Estática" de la "Resistencia de los Materiales". Sin embargo Leonardo en uno de sus estudios marca la diferencia; realiza un ensayo de rotura a tracción de una delgada barra de hierro, ese experimento pertenece a la "Resistencia de Materiales".

La obra de Galileo "Discorsi e dimostrazione matematiche" o "Discurso sobre dos nuevas ciencias" es editada en Leyden (1638), poco antes de su muerte. En el segundo diálogo, plantea las cuestiones referentes a la rotura y la resistencia de las vigas en flexión, que luego constituyeron la preocupación de los físicos y matemáticos posteriores.

Citamos pocos genios de los muchos que dan origen temprano a la Revolución Científica. Es durante ese período y luego en el inmediato posterior surgen grandes modificaciones en la conceptualización y los conocimientos de los materiales, en especial sus resistencias. Para entender los sucesos del Renacimiento, es bueno conocer los personajes que plantaron las raíces de las Ciencias de la Construcción:

Da Vinci	*(1452 – 1519)*
Galileo	*(1564 – 1642)*
Hooke	*(1635 – 1703)*
Newton	*(1642 – 1727)*
Euler	*(1707 – 1783)*
Young	*(1773 – 1829)*

Durante los siglos posteriores y mediante el aporte de los sabios nombrados y muchos otros desconocidos, se establecen los principios científicos para el análisis racional del comportamiento de los materiales y de las estructuras. En Francia se realizan cientos de pruebas experimentales con vigas de madera para el Ministerio de Marina de Luis XV. Fueron realizados por el científico Jorge Leclerc (1707 – 1788). En 1792, Belidor publica el primer texto sobre ingeniería con una base científica "La Science des Ingenierus", siendo la primera publicación con reglas y normas para el dimensionado de vigas de madera.

Sin embargo es en el siglo XIX cuando se generaliza la aplicación de los principios científicos del diseño y dimensionado de las estructuras. Todo lo dicho hasta aquí es una síntesis escasa de la historia de las ciencias de la construcción. La "Resistencia de los materiales", se afianza y consolida en forma definitiva a mediados del siglo pasado. Gracias a ella hoy podemos determinar las tensiones de trabajo de una viga o columna y compararlas con los valores de rotura para cada uno de los materiales que componen una estructura y así establecer con anticipación el coeficiente de seguridad en las mismas.

4. La Resistencia de los Materiales y el cálculo.

4.1. Concepto.

La palabra "tensión", es la más utilizada en la actual ciencia de la construcción. Pareciera que siempre existió, que desde los inicios estuvo pegada a los materiales y a la construcción. En realidad la "tensión" es un plagio del lenguaje vulgar que significa la hostilidad latente entre personas o naciones, también estado anímico de excitación.

A mediados del Renacimiento se la comienza a utilizar como "Estado de un cuerpo sometido a la acción de fuerzas". Luego surge el problema de establecer la manera que puede ser medida y además que esa unidad resulte universal, para que los científicos entiendan de qué se trata.

Así, de manera algo difusa, en el siglo XVI surge la relación entre fuerza y superficie.

$$\sigma \rightarrow \frac{fuerza}{superficie} = \frac{MN}{m^2} = \frac{daN}{cm^2}$$

En sus inicios se utilizó solo la letra $"\sigma"$ luego, a medida que las ciencias resultaban más específica fue cambiando su designación. En la actualidad para el acero de la construcción se utiliza $"f_y"$ (tensión de fluencia) y para el hormigón $"f'_c"$ (tensión de rotura a compresión). Esto en cuanto al material. También se modifica para el tipo de tensión: para tracción o compresión general se mantiene $"\sigma"$ mientras que para los tangenciales o corte se utiliza $"\tau"$.

4.2. Unidades.

Hemos anticipado que las unidades aceptadas por ley en Argentina son las del sistema internacional *(SI)* donde la unidad de fuerza es el *N (Newton)* que surge de la combinación de tres unidades principales: metro (longitud), kilogramo (masa) y tiempo (segundo).

$$N \rightarrow kg\frac{m}{s^2} \approx 0,10 \; kgf$$

Como ya dijimos, a pesar de los más de cuarenta años de promulgación de la ley de pesas y medidas en nuestro país aún se mantiene el uso del sistema antiguo de unidades, donde la fuerza se medía en kilogramo *(kg)*. Por esa inercia mental que hace la costumbre y para facilitar la comprensión de las magnitudes, en estos escritos se utilizan de manera simultánea ambos sistemas de unidades.

4.3. Inicios.

La historia anterior se desarrolla dentro del proceso natural de los descubrimientos, primero es la curiosidad del hombre para interpretar los sucesos en el interior de una viga. Luego los relaciona con las cargas y por último con la sección transversal. Esta larga investigación de siglos, con pequeños escalones de descubrimientos se realiza solo para la ciencia pura. No existe tecnología y menos aún lenguaje común para ser utilizados en la construcción. El saber queda dentro de un grupo muy reducido de personajes, en general de científicos aislados en diferentes partes del mundo.

Trataremos de analizar la manera como se inserta la Resistencia de los Materiales dentro del contexto del diseño y cálculo de las estructuras. Las ciencias de la construcción por siglos buscaron el conocimiento y el modo de predecir las dimensiones de un material para que resista cargas. También en ese tiempo se revelan algoritmos matemáticos y geométricos que permiten relacionar la resistencia de los materiales con las formas de las vigas y las cargas, recién allí comienza a surgir de manera muy lenta el "cálculo".

En fenómenos simples de tracción o compresión puras se logra unificar el concepto de resistencia última de una pieza con:

$$P = \sigma \cdot S$$

P: carga axial (N).
σ_{rot}: tensión de rotura del material (resistencia de materiales en MPa).
S: superficie de la sección transversal en cm^2 (sin importar la forma)

En cuanto a la flexión podríamos decir que de la mano de Navier, al principio del siglo XIX se relacionan por primera de manera cierta los conocimientos para hacer surgir el cálculo. La ecuación inaugural del cálculo a flexión es:

$$M = \sigma \cdot W$$

M: momento flector generado por las cargas (Nm).
σ: tensión de trabajo del material (resistencia de materiales).
W: geometría de la sección transversal de la viga (estática de formas).

4.4. Tensiones de rotura.

Luego del orden establecido por Navier en la relación de tensiones, forma y cargas, los laboratorios de universidades y academias de mediados del siglo XIX orientaron sus investigaciones a establecer las tensiones de rotura de cada uno de los materiales que se utilizan en la construcción. Por otro lado, la industria del acero logra estandarizar los perfiles con las formas más eficientes en la flexión y combinados en la compresión.

Cuando a nivel internacional se llegan a esos conocimientos de origen teórico algunos y empíricos otros, recién allí comienzan a transitar las tareas de diseño y cálculo estructural.

4.5. Las primeras grandes estructuras.

Cuando observamos dos vigas iguales en longitud y carga, una maciza y la otra reticulada nos encontramos que la última, posee la gran ventaja de controlar desde el diseño la intensidad y dirección de los esfuerzos internos. Esas ventajas y la posibilidad de la unión de las barras en los nudos mediante remaches hizo que las primeras estructuras metálicas en puentes respondan al diseño de reticulados. Lo comprobamos en la mayoría de los puentes realizados en la época del auge del ferrocarril. También se han realizado sistemas soportes de envergadura utilizando la madera y bulones.

En esos años, la determinación de las fuerzas que actuaban en cada una de las piezas estructurales se realizaban mediante métodos gráficos (Cremona, Ritter,

Cullmann) que permitían resolver los problemas en menos tiempo que las operaciones matemáticas.

Durante varias décadas los materiales utilizados eran homogéneos y uniformes como la madera y el hierro, pero todo el andamiaje de cálculo se vuelve complejo cuando aparece el hormigón armado.

4.6. El nuevo material; el hormigón armado.

El conocimiento con la Revolución Científica, la tecnología con la Revolución Industrial y en el campo de la edificación la Revolución de la Construcción con la llegada del hormigón armado hace más de cien años. Con ese nuevo material, no homogéneo producido de la combinación del hierro con el hormigón surge una nueva tecnología en la construcción y por otro lado la caída de paradigmas en los principios, fundamentos y fórmulas del cálculo. No pueden ser utilizadas las recetas tradicionales del cálculo. Las hipótesis simplistas de la estática y resistencia de materiales con el hormigón armado no pueden ser usadas. Como veremos en próximos capítulos fue necesaria una nueva ciencia: la de estructuras de hormigón armado.

5. Módulo de elasticidad.

5.1. Inicio.

Las dos principales características mecánicas de los materiales es la tensión y su relación entre deformación y tensión *(figura 10.4)*. Esta correlación tiene un valor particular para cada material y se acompaña de un gráfico o histograma. Por ejemplo para el hierro el diagrama simplificado es el que sigue y su valor en el período elástica es $E = 210.000$ MPa.

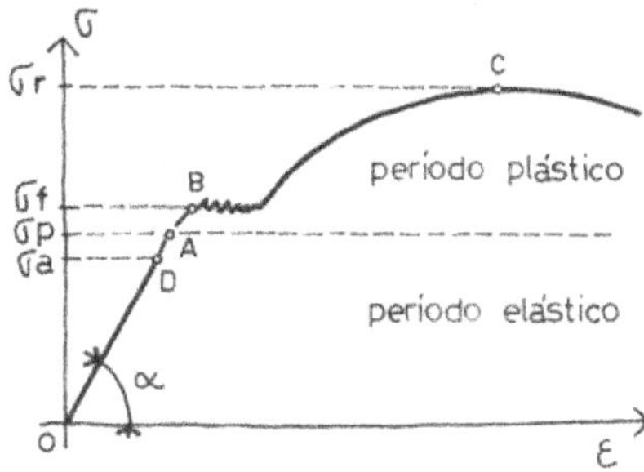

Figura 10.4

Nos anticipamos, para el cálculo se utiliza la tensión, pero cuando se controlan las deformaciones se incorpora como herramienta el módulo elástico.

5.2. Ley de Hooke .

Hooke (1635 - 1702) es el propietario de su ley: la relación entre fuerzas y deformaciones. Durante siglos se realizaron estudios sobre la conducta de los materiales frente a las fuerzas. En 1678, publica su investigación que de manera rápida se transforma en ley. La preocupación inicial de Hooke no se hallaba centrada en los materiales de la construcción, sino en el comportamiento de los resortes de los relojes de aquella época, que debían experimentar grandes deformaciones dentro del período elástico, es decir, debían recuperar su forma a medida que disminuyera la fuerza que los sometía. Para ello inventó el resorte espiral de los relojes además construyó la primera máquina aritmética y un telescopio especial.

5.3. Módulo de Young.

Thomas Young (1773 -1829), más de cien años después de Hooke, realiza estudios de los materiales y descubre la particular e individual rigidez de cada uno de ellos. En su memoria ese valor se denomina "Módulo de Young". Esa característica del material es un código de identidad: $E = \sigma\varepsilon$.

E: módulo de elasticidad (MPa).
σ: tensión o esfuerzo interno del material (MPa).
ε: deformación relativa para la tensión aplicada (adimensional).

5.4. Características del módulo de elasticidad "E".

Como vimos, la relación de proporcionalidad en el hierro se mantiene hasta la tensión límite $"\sigma_p"$, superado ese valor se ingresa al período plástico. A partir del punto *"A"* de la curva se acelera la deformación y luego del punto *"B"* aparece una extraño fenómeno; para la carga constante en ese punto el material sigue alargándose, solo, sin ser exigido con aumentos de cargas. Es la fase donde los cristales del hierro modifican su posición relativa.

Con un aumento mayor de carga se llega a la tensión máxima de resistencia $"\sigma_r"$ pero no rompe en ese punto. El material sigue alargándose con reducción de la carga hasta que rompe a una tensión menor. Esta conducta tan especial de las barras de acero es una de las mejores cualidades que existen entre todos los materiales de la construcción y es aprovechada de diversas maneras. De acuerdo a las expresiones matemáticas anteriores el *"E"* resulta del cociente entre la tensión y la deformación relativa.

$$E = \frac{\sigma}{\epsilon} = tg\ \alpha$$

La relación anterior es la tangente que forma la línea de proporcionalidad con el eje *x-x*. Desde esta consideración podemos imaginar la inclinación de las diversas rectas en función del tipo de material:

Material	"E" (Mpa)
Acero	210.000
Cobre	130.000
Madera dura	11.000
Madera blanda	7.000
Hormigón	21.000

Cada material posee su propia curva de tenso deformación. Las características se definen por la inclinación de la recta del período elástico y el valor de rotura.

6. Los cuatro materiales: historia y tecnología.

6.1. La madera.

Estudiamos los cuatro materiales principales de la industria de la construcción: la madera, el ladrillo, el acero y el hormigón armado. En su relación con el hombre es posible que la madera haya precedido a la piedra. Antes de la evolución del hombre ya fue utilizada, así nos dice Rudofsky en "Arquitectura sin Arquitectos":

> *"Los monos salvajes no comparten el apremio del hombre por buscar refugio en una cueva natural o en las salientes de las rocas, sino que prefiere un entablado aéreo, hecho por ellos mismos. En el "Origen del hombre", Darwin, escribe que se sabe que el orangután se cubre durante la noche con las hojas del plátano. Y Brehm observó que uno de sus mandriles se protegía del calor del sol arrojándose una estera de paja sobre la cabeza. En estos hábitos vemos probablemente los primeros pasos hacia algunas de las artes más simples, tales como una arquitectura tosca y una rudimentaria vestimenta, entre los antepasados del hombre".*

La imagen que sigue impresiona por la cantidad de señales que entrega *(figura 10.5)*. El hombre mayor que sostiene al niño, la inclinación de sus cuerpos, el avance, la ropa mínima, el canasto de la cosecha, el arroyo. Pero hay más; observamos el puente natural de un tronco caído que los soporta. La madera estuvo siempre a mano del hombre actual y primitivo.

Figura 10.5

Imagen de la página 6 del libro "Puentes, ejemplos internacionales" de Wittfoht: "Pasarela sobre un arroyo de montaña en Hindurusch (Afganistán)".

Los restos más antiguos descubiertos hasta la fecha de construcciones realizadas en madera por el hombre primitivo, datan de 20 mil años; de la época paleolítica. Son las huellas de seis viviendas rectangulares de tres metros de ancho por doce de longitud. Fueron descubiertas en Rusia en el poblado de Timonovka, sobre el río Desua *(figura 10.6)*. Estas construcciones estaban en parte excavadas en el suelo y se supone que las paredes eran de troncos y el techo de gruesas ramas con varillas cubiertas de tierra.

Figura 10.6

El corte muestra el sector excavado y la perspectiva con puntales inclinados y apoyados sobre una viga horcón. También circulares, como se muestra en la imagen que sigue de una reconstrucción realizada en la región de Cantabria *(figura 10.7)*.

Figura 10.7

Lo notable; en la actualidad las chozas rurales se construyen de manera similar. Sin viajar a zonas tan alejadas ni efectuar difíciles investigaciones para buscar ejemplos arcaicos de edificación en madera. Las podemos observar en algunas regiones de América del Sur. Las cubiertas son de troncos y palos en vertical empotrados en el suelo, las paredes de de barro mezclado con fibras vegetales *(figura 10.8)*. Esta costumbre aún en uso, tiene poca diferencia con las del paleolítico.

Figura 10.8

La imagen superior es de una vivienda en región noreste de Argentina. Aquí se emplea el cruce de vigas con horquilla. Las uniones de las piezas fueron mejorando a medida que los pueblos se volvían sedentarios; los nudos entre las maderas resultaban más duraderos y firmes.

De todas las figuras geométricas simples, el triángulo es la indeformable, no es posible desplazar ninguno de sus tres nudos. En la antigüedad dos de sus vértices apoyaban en el suelo y el tercero sobre el horcón. En la actualidad, desde la aparición del hierro en forma de pernos o clavos, es posible la triangulación de las piezas en planos separados del suelo. En el cuadrado o el rectángulo sus lados pueden pivotear sobre los nudos.

En la época de Augusto, (año 100 DC), los romanos y en especial Vitrubio, dieron recomendaciones sobre las aplicaciones más convenientes de las diferentes especies de árboles, el corte de la madera y el uso más adecuado para la construcción. Es en la época del Renacimiento donde adquiere importancia la madera en forma de piezas trianguladas. Vasari (1511–1574), proyecta una cabreada para techar la Galería Uffizi de Florencia y propone como podemos apreciar los diversos tipos de uniones y empalmes *(figura 10.9)*.

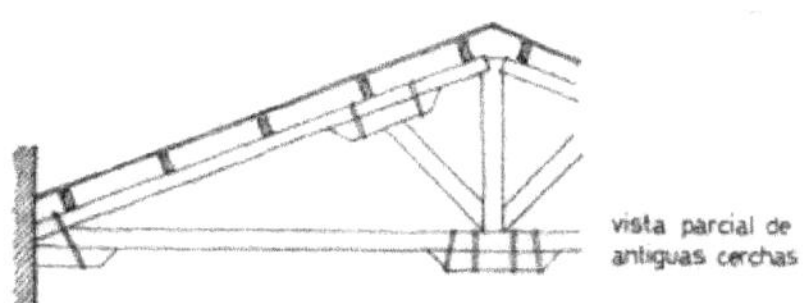

Figura 10.9

Antes la unión de piezas en tracción se realizaba mediante trabas y enclaves de maderas duras, todo apretado y afirmado con tensas sogas de cáñamos. Con la ayuda del hierro en forma de tuerca y tornillo es posible ahora empalmar las piezas sometidas a tracción de manera más rápida y segura *(figura 10.10)*.

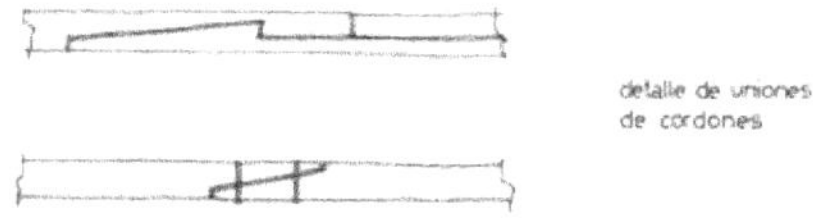

Figura 10.10

Es notable el avance en esa época considerando lo limitado de los recursos tecnológicos. Herramientas rudimentarias, el hacha era la principal y los clavos metálicos resultaban raros, caros y difíciles de conseguir. No poseían el conocimiento teórico, porque aún no existía. La matemática práctica solo alcanzaba a la aritmética con la geometría. Se procedía con intuición, con la experiencia y trasvase de conocimientos y el arte de generaciones anteriores, siglos y siglos.

En el siglo XIX convergen sucesos que en forma conjunta impulsan al uso de la madera en la construcción en forma más económica y racional. Se generaliza la aplicación de los principios científicos al diseño y cálculo. Por otro lado la mecanización y la evolución de las herramientas facilitan el mejor aprovechamiento, especialmente la aparición de la sierra en sus diversas formas. El adelanto lo da la máquina de vapor, surge la energía desde la combustión de leña o carbón, el hombre se despega de la energía biológica (viento, agua, animal, hombre). Los medios de unión mejoran con la entrada al mercado del tornillo; la tuerca, el bulón y la arandela.

En el siglo XX ingresa la química con su ciencia para descubrir asombrosos pegamentos. Surgen las maderas laminadas o encoladas que permiten secciones especiales y largos de piezas que antes no existían. Ahora, en la actualidad, las piezas de madera natural de reforestación, la industrializada con sustancias químicas que aumentan su duración, y una enorme cantidad de maquinas grandes y pequeñas, demuestran que la madera es uno de los materiales de la construcción con mayor avance.

6.2. La piedra y el ladrillo.

La piedra, la mampostería de adobes o de ladrillos cerámicos deben ser junto a la madera los recursos más antiguos en la construcción de viviendas. Esta albañilería tiene antecedentes del año 10.000 a.C. Los muros de piedra sin labrar fueron las primeras construcciones, no existían aún herramientas adecuadas para esas tareas. En algunos casos lo hacían con otras piedras de mayor dureza y resistencia. Cada piedra era elegida para que su forma y tamaño coincidiera en el hueco del muro y lo ajustara como una cuña.

En diferentes excavaciones arqueológicas en la Mesopotamia se han encontrado hiladas de adobes, formando muros con antigüedad de 7500 a.C. El tamaño y la forma de los adobes y ladrillos cerámicos se ajustaban a la facilidad de ser transportados y colocados por un solo hombre. La cocción del barro para formar los ladrillos cocidos o cerámicos se comenzó a usar luego del año 3.500 a.C. El método de cocción dio mayor resistencia y durabilidad con la ventaja de un moldeado previo.

La madera era utilizada para todos los esfuerzos, en especial la flexión en la construcción de las cubiertas de la vivienda. El ladrillo y la piedra solo para la compresión en las paredes y algunos puentes en arco.

6.3. El hierro.

El hierro o el acero marcan etapas en la historia de la humanidad. En los primeros tiempos, según se desprende del alto contenido de níquel de los objetos de hierro encontrado, se supone que el origen del material se encontraba en los meteoritos.

Los trabajos manuales de los egipcios y la consumada técnica en la fabricación de armas a que llegaron los romanos, indican un notable avance en el forjado mediante dos rudimentarias herramientas: la fragua y el martillo. Los primeros vestigios de hierro elaborado, aparecen en Asia Menor y es probable en el sudoeste del Mar Negro. El tesoro de objetos de este metal hallado en el palacio del rey Sargon II (700 aC) de Ninive afirma el origen en la zona.

Excavaciones realizadas en 1934, en Alemania en la región de Segerland, evidencian un amplio desarrollo de la siderurgia. Allí se descubrió un horno acampanado que pudo ser extraído intacto y que fuera utilizado entre los siglos V y I antes de Cristo.

El mineral de hierro, es una piedra con elevado contenido de óxido de hierro y se fundía en hornos excavados en zanjas o en pozos en cuya construcción se empleaba barro, piedra partida o canto rodado. Los hornos que se usaban para ello, eran en principio accionados por tiro de aire natural. Más tarde se emplean los fuelles, esa mayor cantidad de aire permitió obtener nódulos de hierro forjable entre los diez a quince centímetros de diámetro. Con sucesivos procesos de caldo y de forja se eliminaban las escorias; de esa manera se obtenía el material para la fabricación de diversos objetos, en especial armas.

Al final de la Edad Media se idearon fuelles movidos con la fuerza hidráulica de arroyos y se construyeron los hornos semienterrados con paredes cada vez más altas. La escoria era posible eliminarla en el mismo horno y el bloque de hierro obtenido poseía dimensiones superiores a los obtenidos en siglos anteriores. Para la forja se comienza a utilizar la fuerza del agua, mediante sistemas hidráulicos y los martillos tienen mayor peso.

El gran cambio aparece con el Alto Horno donde se logra un rendimiento térmico mejor. Se consigue la fusión completa del hierro, en lugar de su reblandecimiento en estado pastoso obtenido con los hornos primitivos. No se puede establecer con certeza el lugar y la época donde se descubre el primer Alto Horno. El producto que se obtenía con los Altos Hornos era rico en carbono y resultaba inadecuado para la forja, para transformar este material era preciso afinarlo, proceso de purificación, quemando los elementos extraños existentes en la fundición. Se quemaba en presencia de carbón vegetal en una atmósfera cargada de anhídrido carbónica y oxígeno. Los primeros indicios históricos de la producción de arrabio se ubican en el siglo XIV.

Hacia el 1.400 empieza en forma simultánea en Alemania e Italia el "Moldeo por Colada", siendo una de sus primeras aplicaciones la fabricación de balas de cañón. Otra vez, primero las armas y luego el resto.

A finales del siglo XVIII y principios del XIX, la aparición de la máquina de vapor representó una revolución para el desarrollo de la industria del acero. Comienza la Revolución Industrial. Su aplicación no quedó reducida a mejorar la alimentación forzada de aire para los hornos, sino que se extendió al accionamiento de máquinas, como trenes de laminación y martillos de forja, que se fueron construyendo cada vez de mayor potencia y contribuyeron así a acrecentar la producción. En 1773 se construyó una laminadora para chapa, en 1820 se inicia la laminación de alambres, luego diez años más tarde se fabricaban algunos angulares, en 1835 los primeros rieles de ferrocarril y es en 1852 cuando se instala el primer taller de laminación de perfiles doble T.

A partir de esa fecha, el hierro se constituye definitivamente como material de la construcción. Con los conocimientos de la estática y de la Resistencia de los Materiales, se logran fabricar mediante procesos de laminación, perfiles estructurales cuyas formas se adaptan notablemente a los esfuerzos internos de las piezas estructurales.

6.4. El hormigón armado.

Inicio.

A diferencia de los materiales estudiados anteriormente, (la madera y el hierro), el hormigón es un material de los denominados compuestos. Es obtenido de la combinación de otros materiales elementales, tales como: el agua, la arena, la piedra, el cemento y el hierro. En el siglo pasado surgen los hormigones de tipos pos tensado, pre tensados y los de alta resistencia.

El cemento.

El cemento tiene sus orígenes en la época de los romanos, si bien no tenía las características del actual, era una mezcla de arcilla y una materia de origen volcánico, denominada puzolana y que se encontraba en las cercanías de Roma. Se lo empleaba tal como se lo obtenía de las canteras, no sufría ningún procedimiento físico ni químico en su preparación.

Con el transcurso de los siglos se incorporó el proceso de calcinación mejorando las cualidades del cemento. Las primeras noticias del uso de cemento provenientes de piedras calizas calcinadas, datan del año 1756, cuando el ingeniero inglés Juan Smeaton, luego de realizar una serie de ensayos, logra obtener un material que tenía la propiedad de endurecer bajo el agua. Y con él construye un faro cerca de la Bahía de Plymouth en Inglaterra asombrando a los hombres de aquella época por la fortaleza obtenida con el nuevo material.

El éxito de Smeaton con el cemento obtenido de la molienda de la piedra caliza y luego calcinada que solidificaba bajo el agua, despertó un notable interés en toda Europa donde se realizan tentativas similares pero con poco éxito. Es recién en el año 1824, cuando Joseph Aspdin, en Inglaterra, obtiene un cemento de excelente calidad. Lo consigue mezclando arcillas y piedras calizas que son molidas para ser sometidas a calcinación en hornos rudimentarios para luego con el producto obtenido transformarlo mediante un proceso de molienda en fino polvo. El producto así conseguido era similar a los cementos naturales de Portland, y por ese motivo los cementos producidos mediante la metodología de Aspdin fueron denominados en adelante "Cementos Portland".

El hormigón simple a compresión.

Si realizamos un análisis retrospectivo de la vinculación entre los distintos componentes del hormigón armado, podremos trazar una trayectoria en su evolución a través de los años *(figura 10.11)*.

Figura 10.11

En sus orígenes, como ya lo dijimos, los elementos estructurales, como las columnas y muros; se construían en bloques de piedra tallada. No se utilizaba argamasa alguna. Luego se utiliza la piedra en forma natural, pero unida mediante aglomerantes especiales como la cal. Esta combinación se utilizó durante siglos en la construcción de todo tipo de estructuras sometidas a compresión.

Al surgir el cemento, a mediados del siglo pasado, se construyen distintas estructuras, especialmente puentes en forma de arco. Se realiza la mezcla de la piedra (partida o natural) con el cemento. Siempre en piezas sometidas a compresión.

Combinación de hormigón y acero.

El hormigón armado, es decir la mezcla de cemento, piedra e hierros, surge en forma accidental, como la mayoría de los grandes y sorpresivos inventos. La historia comienza en Francia. El jardinero Monier, en el año 1861, fabricaba maceteros en morteros de cemento y arena. Y con el objeto de reforzarlos le incluye un esqueleto de alambres de acero. Se asombra al obtener una notable mejora en la resistencia de esas macetas y gestiona la primera patente en 1867. En los años siguientes obtiene otras patentes para tubos, placas, puentes y se dedica exclusivamente a las aplicaciones del hormigón combinado con el acero. Las construcciones de Monier estaban desarrolladas sobre bases puramente empíricas y muestran que el inventor no se había formado ningún concepto claro del efecto mecánico de los refuerzos del acero en el hormigón.

La ciencia del hormigón armado.

La nueva ciencia "Estructuras en Hormigón Armado" es posible que se haya iniciado en 1877, en Estados Unidos, cuando se publican los primeros estudios y ensayos de elementos estructurales con ese material. El investigador Hyatt, descubre con claridad el efecto de la unión de ambos materiales. A partir del 1900 surgen diversos sistemas de utilización del cemento con la combinación del acero. Pero fundamentalmente se extiende y desarrolla el conocimiento sobre la manera como se produce la colaboración entre estos materiales y se aprende a utilizarlos según la distribución de esfuerzos que se presenta en el interior de los elementos estructurales *(figura 10.12)*.

Morsch en la década del 1930, desarrolla teorías respecto al comportamiento del acero con el hormigón afianzado por numerosos ensayos y sus conceptos constituyeron por decenios y casi en todo el mundo los fundamentos de la teoría del Hormigón Armado y son válidas todavía hoy en sus rasgos fundamentales.

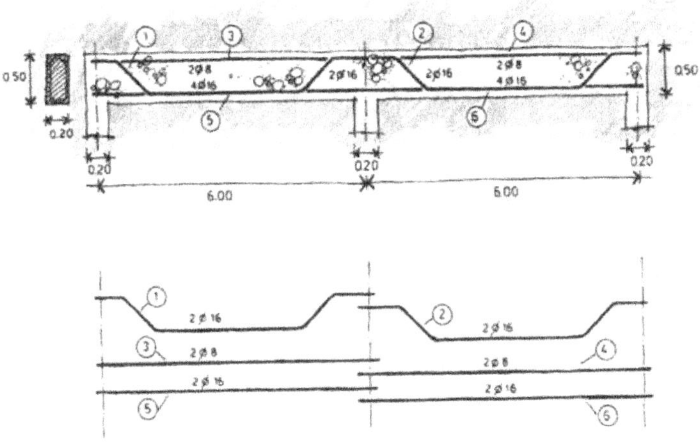

Figura 10.12

Al surgir el hierro, se combinan las resistencias de la compresión del hormigón con la resistencia a la tracción del acero. De esa manera aparece el hormigón armado que resiste esfuerzos de flexión; son las vigas de hormigón armado como ya las vimos en el Capítulo 5 "Continuidad" *(figura 5.19)*.

También se obtienen mayores resistencias a la compresión con la utilización del hierro, especialmente en forma de estribos *(figura 10.13)*. El hormigón queda confinado entre los hierros longitudinales y transversales obteniéndose tensiones más elevadas de resistencia a la compresión.

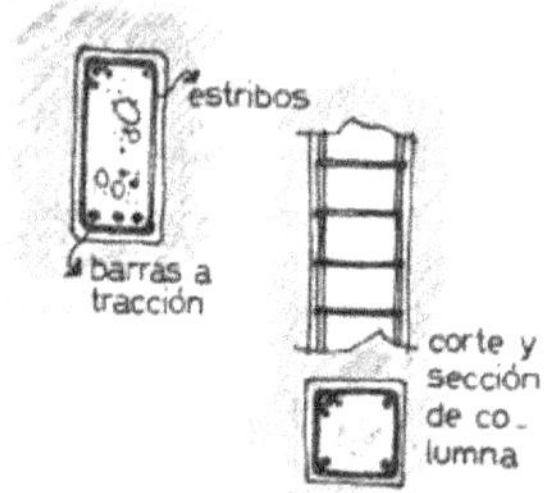

Figura 10.13

El hormigón pretensado.

Por último se descubre el sistema pretensado. Que mediante un tensado previo de las barras de acero, se consigue aumentar la resistencia a la flexión de las vigas *(figura 10.14)*. Con este sistema se logra:

- Reducir o anular la fisuración del hormigón en zona de tracción.
- Generar una deformación inicial contraria a la elástica posterior de sistema en uso.
- Aproximar los cordones de acero a la línea curva del flector.

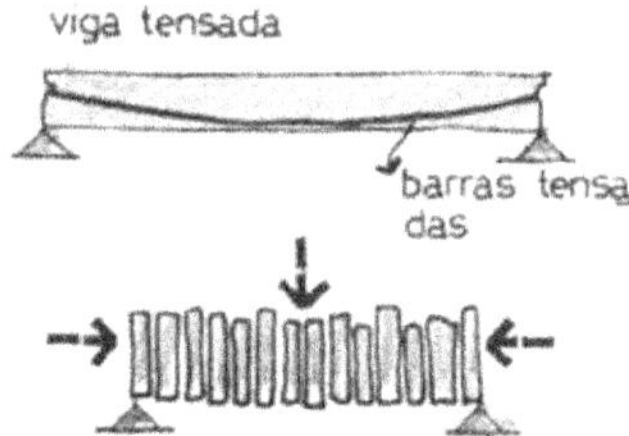

Figura 10.14

Viene al caso del ejemplo tan utilizado; los libros que se retiran del estante de biblioteca pre comprimidos o apretados con las manos. Esta combinación previa de esfuerzos tracción con lo de compresión en realidad fue descubierto hace miles años. El arco de madera en flexo compresión posee en su interior energía interna suministrada por la cuerda en tracción. Cuando se lo estira el sistema acumula mayor energía que luego al disparar es transmitida a la flecha.

Homenaje.

Es bueno destacar un hecho de la Ingeniería en la Argentina que ha marcado el cambio entre el hormigón simple y el hormigón armado. Nos referiremos al antiguo Dique San Roque, ubicado en la provincia de Córdoba y que fuera construido en 1885. Luego de algunos años de servicio fue demolido para dar lugar a la construcción del nuevo Dique San Roque, actualmente en servicio.

El primitivo Dique fue construido totalmente con piedras y ladrillos asentadas en morteros de cales hidráulicas. Con cal y canto se logra construir una obra que en su época se ubica entre las más grande del mundo, embalsando agua hasta una altura de 27 metros y sus fines eran de regadíos. El cemento, llegaba a la Argentina desde Inglaterra y era utilizado casi exclusivamente para revoques especiales o revestimientos a metálicos decorativos. El hormigón armado en esos años era desconocido en el país.

Cincuenta años más tarde de la construcción de viejo dique San Roque, en 1939, se construye el nuevo dique, a pocos metros del antiguo, pero totalmente de Hormigón Armado y con una altura de embalse de casi 40 metros. Esos 50 años que separan el antiguo dique del nuevo, son también los que muestran el desarrollo y evolución del Hormigón Armado no sólo en el país, sino en el mundo entero.

7. Aplicación.

7.1. El acero.

Recordemos que el acero se obtiene de la combinación de hierro y carbono además de otros elementos. En la medida que se desea mayor resistencia se eleva el porcentual de carbono en la mezcla, pero esta maniobra reduce la ductilidad del acero.

7.2. Elección del tipo de acero.

Es común en el diseño estructural elegir los aceros de mayor resistencia, pero en algunos casos esta decisión es equívoca. Porque en muchas obras la variable "ductilidad" tiene mayor peso que la "resistencia".

Por ejemplo entre las piezas de un automóvil, el block del motor se construye con hierro fundido de elevada rigidez y mínima ductilidad, mientras que las llantas que sostienen los neumáticos de las ruedas son hechas con acero dulce de elevada ductilidad para soportar los fuertes impactos provocados por las irregularidades del camino. Esas llantas se doblan o se deforman pero no se rompen, no se quiebran y permiten mayor seguridad a los pasajeros.

Algo parecido sucede con las estructuras metálicas de salones con grandes cubiertas; se construyen con aceros de bajo contenido de carbono y mediana resistencia. El sistema, por su ductilidad o resilencia puede absorber elevadas deformaciones antes de la rotura.

11

Resistencia de Materiales
Características.

1. Introducción.

En esta segunda parte de Resistencia de Materiales analizamos las características mecánicas de cada uno los utilizados en la construcción de los edificios. En el capítulo anterior hicimos referencia a los aspectos generales y a los orígenes de la ciencia de la Resistencia de Materiales.

En el principio de esta segunda parte revisamos cada uno por separado; la madera, ladrillos cerámicos de paredes, el hierro y el hormigón. Luego vemos la relación de la resistencia en función de las formas y de los distintos planos internos, normales al eje de la pieza y también en los inclinados.

2. Los cuatro materiales: características mecánicas.

2.1. La madera.

Por la dirección caótica de sus fibras y la presencia de nudos, es un material que resiste de manera diferente la compresión y la tracción. En tracción posee conducta lineal hasta la rotura, no así a la compresión que muestra resistencias inferiores y luego comportamiento aleatorio según la dirección de las fibras. Existen tantas tensiones características de rotura como tipos de madera.

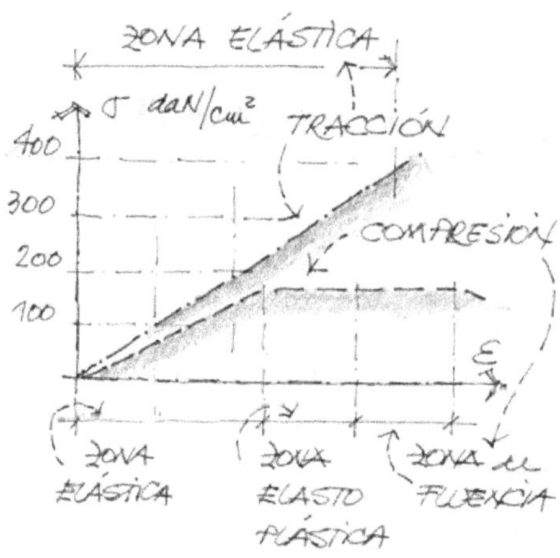

Figura 11.1

El diagrama de tensión deformación para las maderas tipo pinos elliotis de reforestación de nuestro país, muestra que en tracción es lineal y alcanza valores de rotura característicos entre los *200* a *350* daN/cm². En compresión alcanzan valores muy inferiores que oscilan entre los 70 a 100 daN/cm². El módulo de elasticidad tiene valores promedios que alcanzan los 100.000 daN/cm² *(figura 11.1)*.

2.2. Características mecánicas de la mampostería de ladrillo.

Además de las irregularidades en su forma, los ladrillos comunes no tienen condiciones homogéneas de resistencia, por ello deben plantearse resistencia de cálculo muy reducidas. Para ladrillos de calidad regular las roturas se producen para tensiones aproximadas de *35* daN/cm², mientras que la tensión admisible empleada es de *6* a *8* daN/cm². El módulo de elasticidad posee gran oscilación y tomando un valor promedio se puede establecer cercano a los *80.000* daN/cm².

Al cerámico no se lo considera de manera aislada, se lo estudia en el conjunto que forma una pared: el ladrillo y la mezcla de asiento. Esta última no solo para la adherencia, sino también para uniformar y homogeneizar el contacto; las irregulares en las caras del bloque se anulan al asentarlos sobre el mortero de asiento. Además la resistencia de las paredes está en función del tipo de traba según los espesores de las paredes.

Las paredes de ladrillos cerámicos poseen resilencia muy baja; no tienen capacidad de acumular energía de deformación en tracción. Es por ello que la casi totalidad de las fisuras que presentan las paredes de viviendas tienen dirección normal al flujo de tensiones de tracción. Esto último se observa en paredes construidas sobre suelos activos ante los cambios de humedad.

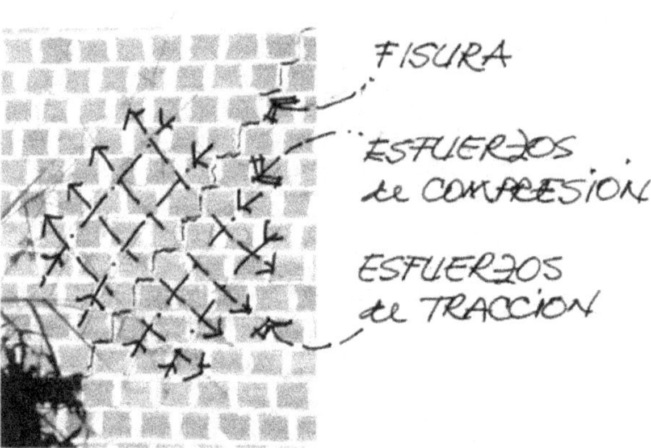

Figura 11.2

La imagen muestra una pared con fisura inclinada provocada por los esfuerzos de tracción de las isostáticas internas. Las isostáticas de compresión son paralelas a la fisura *(figura 11.2)*. Este es un caso donde el mortero de asiento es más débil que el cerámico porque toda la grieta sigue de manera escalonada la configuración de la mezcla de asiento.

Para evitar la rápida fisuración de las paredes es necesario incorporarle ductilidad y eso se realiza con la colocación de barras de hierro en la sección transversal de pared en cuantías de ≈ *0,20* por mil. En vertical es conveniente incorporar en cada esquina de la vivienda, empotradas en el hormigón de fundación.

2.3. Características mecánicas del hierro.

Diferencia entre hierro y acero.

La diferencia entre hierro y el acero es muy grande. El hierro en estado puro es muy difícil de encontrarlo y no resulta apto para el uso en las piezas estructurales. El hierro mezclado con reducidos porcentuales de carbono se transforma en acero, éste es el material que se utiliza en la construcción. El carbono modifica las características del hierro. En especial aumenta la dureza o resistencia pero también la fragilidad. A mayor cantidad de carbono menos dúctil es el acero. Una clasificación reducida de los tipos de acero en función del porcentual de carbono, puede ser:

> *Aceros dulces: 0,30 %.*
> *Aceros semiduros: 0,45 %.*
> *Aceros duros: 0,70 %.*
> *Aceros extra duros: mayor del 0,70 %.*

Tenores de carbono superiores al 1,70 % hacen pasar el material del campo de los aceros al de las fundiciones. Los aceros que componen las barras que se utilizan en la construcción se encuentran además combinados con manganeso, cromo, silicio y cobre. Los porcentuales de carbono no deben superar el 0,30 %.

Tipos de acero en la construcción de edificios.

Desde la forma en la construcción se utilizan dos tipos de acero: los perfiles metálicos y las barras redondas. Desde las características mecánicas se distinguen:

- *AL 220: Es el común liso.*
- *ADN 420: Es el conformado en frío. Al acero anterior se lo somete a una fuerte deformación plástica que modifica la posición de sus cristales y modifica sus características elevando su resistencia.*

Ensayos de laboratorios.

Una vez más repetimos el diagrama de tenso deformación del hierro. Una barra metálica de sección constante *"S"* y de longitud *"l"* si la sometemos a una fuerza axial *"F"* variable y medimos las deformaciones que se producen a medida que aumenta la fuerza, podremos dibujar un diagrama donde en el eje de las ordenadas *"y"* colocamos los valores de las tensiones y en el eje de las *"x"* las deformaciones relativas.

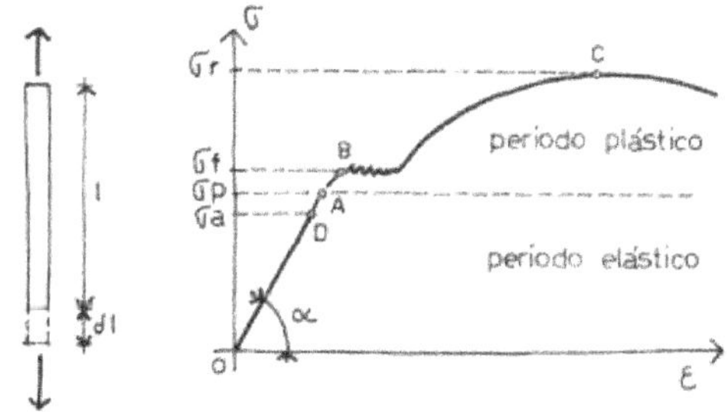

Figura 11.3

A la izquierda aparece la barra longitudinal sometida a tracción y su alargamiento. A la derecha los ejes de las ordenadas con las tensiones y el eje de las abscisas con las deformaciones relativas, cuyos datos fueron obtenidos durante el proceso del ensayo *(figura 11.3)*.

Símbolos:

- l: largo de la barra (*metros*).
- S: sección de la barra *(m^2)*. Luego se lo reduce a *cm^2* para facilitar las operaciones.
- F: fuerza de tracción *(MN)*.
- δl: alargamiento en metros. Luego lo reducimos a centímetros.
- *σ: tensión de tracción.*
- $\varepsilon = \delta l / l$ deformación relativa (adimensional).

$$\sigma = \frac{F}{S}\,(Mpa) = \frac{F}{S}\left(\frac{MN}{m^2}\right)$$

Durante el ensayo en cada escalón de carga medimos el alargamiento de la barra. En la fase inicial del ensayo observamos que los puntos donde se encuentra el valor de la tensión con el correspondiente de la deformación, forman una línea recta; es el período de cargas denominado elástico. Es propio y característico de cada material.

Las partes de la curvas del diagrama se pueden explicar como sigue:

- Punto D: σ_a, tensión admisible de cálculo *(14 Mpa)*.
- Punto A: final de la proporcionalidad de tensión con deformación.
- Punto B: entrada al período de fluencia (plástico). Con línea horizontal: período de fluencia.
- Punto C: valor máximo de resistencia en zona plástica.
- Luego de alcanzar el punto *"C"* la barra sigue su deformación con disminución de carga. La rotura se produce a un valor de carga inferior al del punto *"C"*.

En la recta del período elástico se cumple la proporcionalidad entre las tensiones y las deformaciones, ese fenómeno se lo expresa con la matemática:

$$\sigma = \varepsilon C$$

"C" es la constante de proporcionalidad, que luego de varios experimentos se demostró que es particular de cada material y se lo denomina *"E"* (módulo elástico del material), es algo así como las huellas digitales del material.

$$\sigma = \varepsilon E = \frac{\delta l}{l}\,E$$

En el caso de los aceros, todos tienen el mismo módulo de elasticidad *"E"*, lo podemos observar en la imagen *(figura 11.4)*. Se muestran los tres aceros más utilizados en la construcción de edificios; el acero común de barras lisas que trabaja dentro de las piezas de hormigón armado o perfiles de hierro en valores aproximados de los *140 Mpa*, este acero entra a rotura en valores de *370 Mpa*. Luego le sigue el acero conformado en frío que trabaja en valores de los *240 Mpa* para el diseño y en rotura llega hasta los *500 Mpa*, es el más utilizado en estructuras de hormigón armado. Por último el acero de alta resistencia, es empleado en los sistemas de pretensado o postensado. Sus valores de esfuerzos son de unos *1.200 Mpa* y los de rotura llegan a los *2.000* y más.

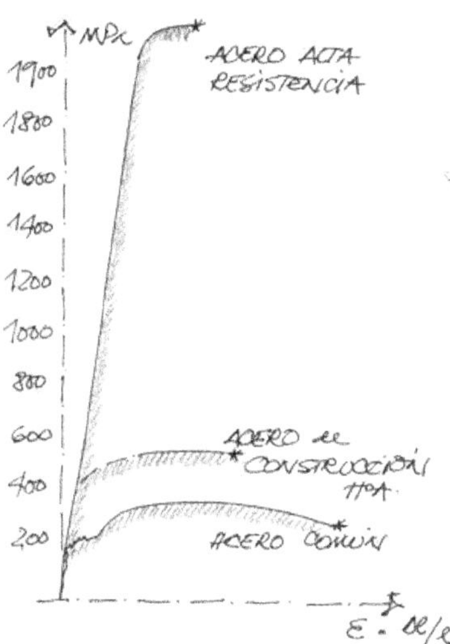

Figura 11.4

Las barras se identifican colocando en un lado el nombre el fabricante, en la imagen es *"Acindar"* y al dorso se indica la tensión de fluencia *(420 Mpa)* y el diámetro de la barra en milímetros *(figura 11.5)*.

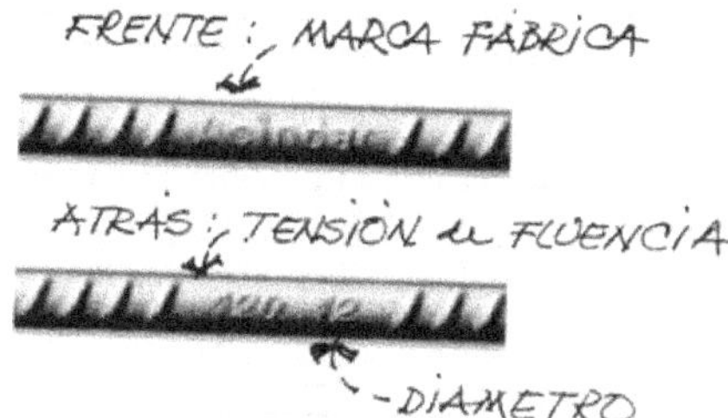

Figura 11.5

Forma y resistencia.

El más conocido, usado y popular de los perfiles laminados, es el denominado "doble te", que posee una configuración tal que la mayor cantidad de material se ubica en los extremos superior e inferior, son las alas del perfil. Quien las une es el alma. Se logra un elevado módulo resistente *(W)*, también del momento de inercia *(I)*; desde la forma se aumenta la resistencia a la flexión. La cupla interna resistente aumenta al distanciarse las masas y se reduce el consumo de material.

Para destacar el aumento de la resistencia a flexión comparamos dos voladizos *(figura 11.6)* con la misma superficie de sección pero diferentes formas. Los datos de los perfiles son:

- *Para el doble te:* $S_1 = 22{,}80\ cm^2$　$W_1 = 117\ cm^3$　$I_{xx1} = 935\ cm^4$
- *Para el cuadrado:* $S_2 = 22{,}80\ cm^2$　$W_2 = 18\ cm^3$　　$I_{xx2} = 43{,}5\ cm^4$

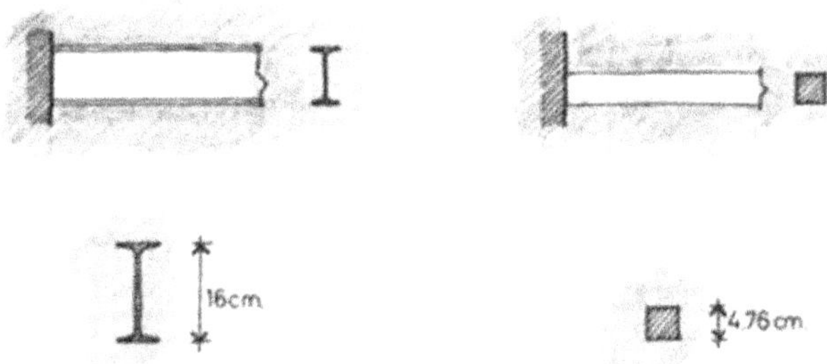

Figura 11.6

La viga construida con el perfil PNI, al poseer un momento de inercia *21* veces superior al de la sección cuadrada, sufrirá deformaciones tantas veces menores. Si la viga de perfil PNI desciende en su extremo *1 (un)* centímetro, con la misma carga y longitud de viga, la de perfil cuadrado descenderá *21* centímetros *(figura 11.7)*. Desde la resistencia el *PNI 160* resiste *6,5* veces más carga que el perfil de sección cuadrada.

Figura 11.7 (fuera de escala)

La resistencia y la resilencia.

Los diferentes tipos de acero que se emplean en la construcción al tener diferentes contenidos de carbono, tienen características de ductilidad que van del hierro liso común (con fluencia a los *2.400 daN/cm²*) hasta los cordones de acero de alta resistencia para pretensado o postensado (fluencia a los ≈ *20.000 daN/cm²*). En apariencia y frente al diseño pareciera conveniente utilizar los aceros de mayor resistencia. Pero en muchos casos no es así. Porque dentro de las variables de diseño debe ingresar el valor de la resilencia; la capacidad de acumular energía sin romperse.

De acuerdo a lo anterior se plantean criterios de diseño que aparentan ser insólitos. Por ejemplo en algunas estructuras muy comprometidas con la seguridad de las personas es conveniente que en caso de falla se utilicen materiales dúctiles (hierro común) que aceros más resistentes pero frágiles (acero alta resistencia).

En las estructuras de hierro común la falla no es abrupta, antes que aparezca el colapso existen grandes deformaciones de las piezas en períodos elásticos, ese proceso tiene su tiempo y permite que las personas puedan alejarse del lugar. También en este tema es necesario ingresar al análisis del desarrollo de las "uniones". Al principio fueron los remaches, luego las soldaduras mediante la combinación del oxígeno y acetileno y por último las de arco eléctrico. La utilización de cada una de ellas marcó un avance en la efectividad de los tiempos de ejecución de las uniones, pero tienen la contra partida, en el caso de las dos últimas de modificar la estructura cristalina del hierro en la zona de soldaduras; esa región resulta más frágil.

2.4. Características mecánicas del hormigón armado.

El hormigón es uno de los materiales de mayor dificultad para obtener tensiones de rotura uniformes. Esto se debe a la cantidad de componentes que participan en su elaboración (agua, cemento, arena, piedra, aditivos) y por otro lado la inseguridad que existe en los controles para un correcto curado durante el fragüe.

Los resultados se obtienen de métodos estadísticos mediante los valores que arrojan los ensayos de rotura a compresión de probetas cilíndricas normalizadas.

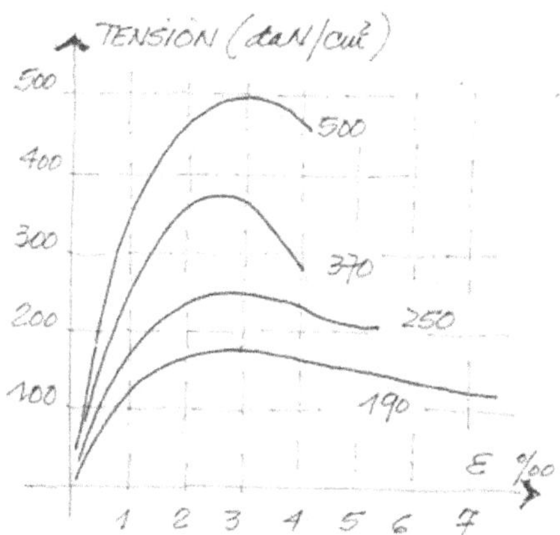

Figura 11.8

En las curvas de tenso deformación de probetas de hormigón en la imagen superior, observamos el reducido período elástico, solo para cargas muy pequeñas y además las diferentes formas de la viga en función de la resistencia *(figura 11.8)*.

El valor de la resistencia del hormigón no solo depende de la dosificación de la mezcla, de la calidad del cemento y del proceso de mezclado. En gran parte es función del cuidado que se brindó en el tiempo de curado, en ese período de endurecimiento suceden procesos químicos que afectan la calidad última.

3. Elasticidad y plasticidad.

Los materiales de la construcción se pueden caracterizar por el grado de elasticidad o plasticidad que poseen, por ejemplo podremos decir que el acero es más elástico que el hormigón. Pero todos poseen un período elástico y otro período plástico de diferentes amplitudes y según la intensidad de las fuerzas que se le aplican *(figura 11.9)*.

En el hierro común, para tener idea del trabajo que debe realizar una fuerza en período elástico en el gráfico está representada por el delgado triángulo en negro, mientras que toda la superficie sombreada corresponde al trabajo en periodo plástico. Es conveniente imaginar los diagramas de la madera, del cerámico y del hormigón (sus tensiones de rotura por debajo de los *500 daN/cm²*) y compararlos en el del hierro de esa manera tener conocimiento de las características de cada material en la relación de fuerza, deformación, trabajo y energía.

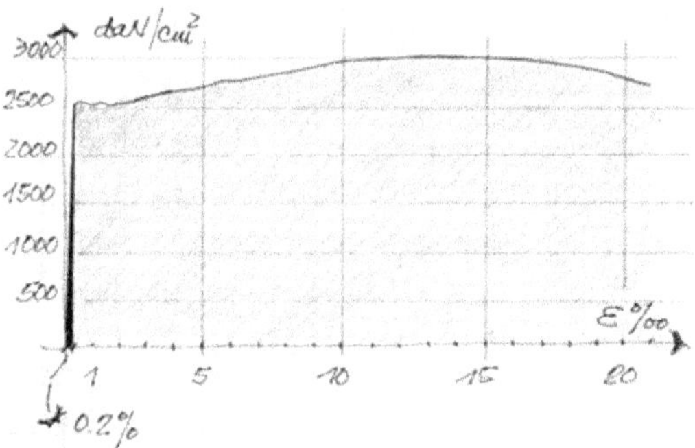

Figura 11.9

Esa diferencia de trabajo entregado a la pieza en flexión lo marcamos con un experimento simple; para doblar un alambre en estado elástico se necesita muy poco esfuerzo con las manos, pero si deseamos llevarlo al estado plástico el esfuerzo debe aumentar de manera notable y el espacio recorrido por los extremos del alambre es tan amplio que puede formar una figura cerrada.

Además de las tensiones y las flechas, también se estudian las rotaciones de las vigas en sus apoyos. Una viga sobre apoyos simples y sometida a cargas se deformará según giros o rotaciones en ángulos $"\alpha"$ y $"\beta"$ en los apoyos (figura 11.10). Esas rotaciones o ángulos nos interesan, porque son parte de todos los parámetros que contienen las ecuaciones de las deformadas de las vigas.

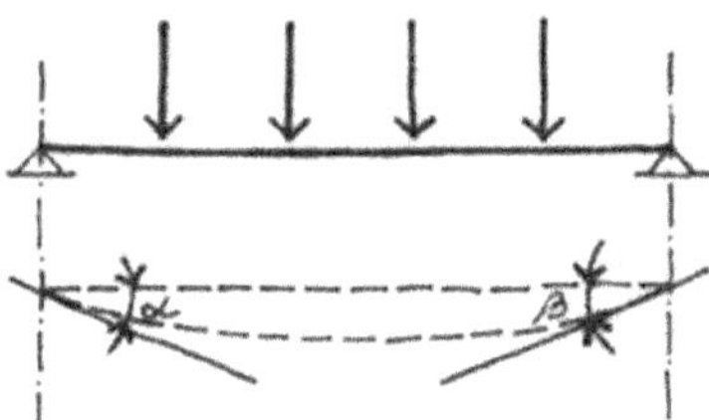

Figura 11.10

4. Análisis de las diferentes tensiones.

4.1. Tracción.

Se produce cuando las fuerzas separan las partes de la pieza, pueden ser tan intensas que en algunos casos como el hierro, los cristales adopta una nueva disposición (período de fluencia). Tiene la ventaja de ser fuerzas auto correctivas, es fácil el concepto; un hilo sobre la mesa si lo estiramos busca la dirección de una recta. Al ser una fuerza correctiva es independiente de la esbeltez y forma de la sección, en la medida que se la aplique en el baricentro de la pieza *(figura 11.11)*.

Pero tiene la desventaja que si ingresa en falla la pieza se parte.

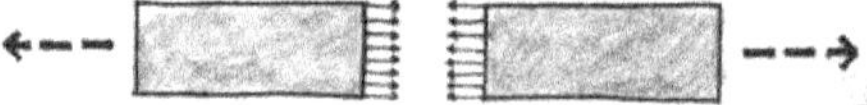

Figura 11.11

4.2. Compresión.

Las fuerzas se acercan, comprimen a la pieza (figura 11.12). Tiene la ventaja que las secciones se apoyan una sobre otra; es el caso de un muro de piedra sin mezcla. En la edificatoria antigua se construía buscando este esfuerzo. Tiene la desventaja de generar otros esfuerzos imprevistos porque es función de la esbeltez y de las características de la sección. Las altas piezas del bambú alcanzan alturas notables; la sección es circular, no es maciza, es hueca, tiene un diseño que eleva de manera notable la inercia y el módulo resistente.

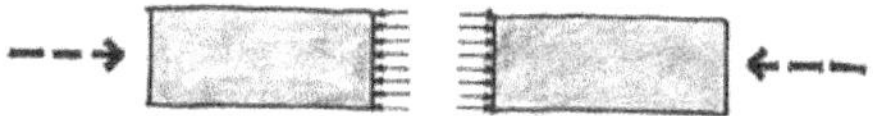

Figura 11.12

4.3. Corte.

Las fuerzas tienen direcciones normales al eje de la pieza, tratan de deslizar una sección sobre la otra (figura 11.13).

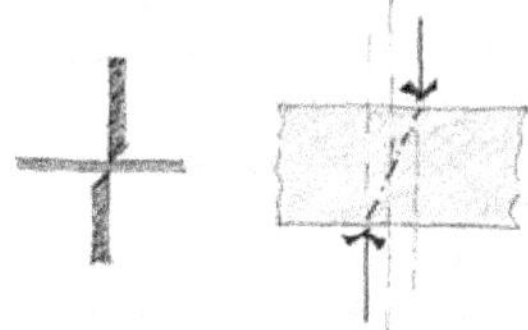

Figura 11.13

El fenómeno de corte depende del espesor de la pieza. En los esquemas superiores se muestra el "efecto tijera" o corte puro, cuando el material posee reducido espesor, por ejemplo una cartulina. En los casos de las piezas estructurales de edificios, los espesores son importantes y el corte puro desaparece dando lugar a un suceso de triangulación de esfuerzos en el interior del elemento.

En la zona de apoyos donde el corte es máximo, se producen esfuerzos de tracción (tensor) y de compresión (bielas) que se lo entiende desde la analogía del reticulado. Las fisuras aparecen en direcciones inclinadas, en general a 45° normales a las direcciones del flujo de tracción y se encuentran cercanas a los apoyos *(figura 11.14)*.

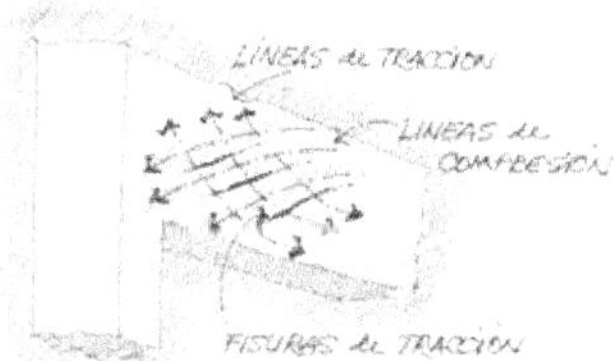

Figura 11.14

4.4. Tensiones combinadas en un sistema.

Tracción y compresión.

Hacemos los estudios de las tensiones combinadas en una viga triangulada o cercha; la más simple de todas *(figura 11.15)*.

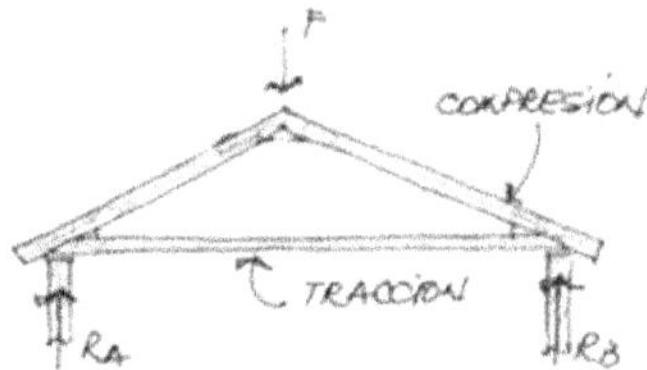

Figura 11.15

Con una sola carga en vertical sobre la cumbrera se producen tensiones puras de compresión en los cordones superiores y de tracción en el cordón inferior. También compresión en las reacciones. Pero cuando actúan otras cargas aparecen las combinaciones.

Flexión, compresión y tracción.

Cuando aplicamos otras cargas en el cordón de arriba generamos flexión, que sumada a la compresión surgen las tensiones de flexo compresión *(figura 11.16)*. El cordón inferior, el tensor, continua con el esfuerzo de tracción pura.

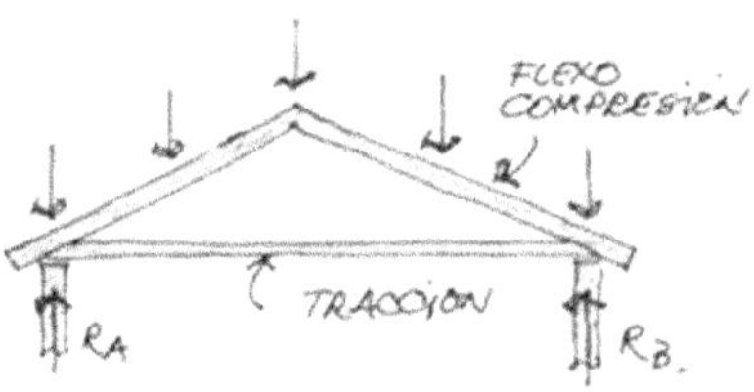

Figura 11.16

Flexión y tracción.

Ahora aplicamos una carga en el cordón inferior; crea flexión que sumada a la tracción anterior tenemos flexo tracción *(figura 11.17)*.

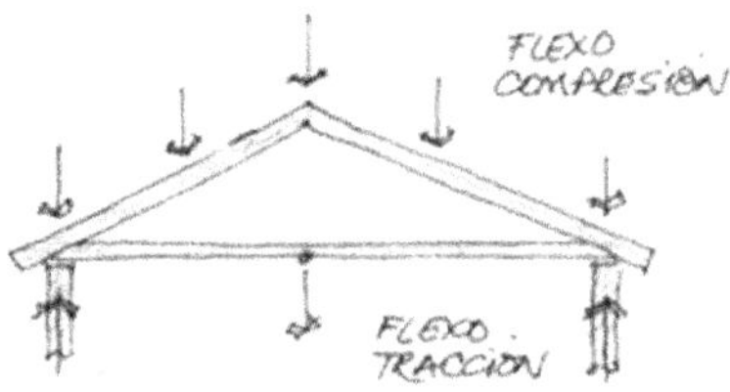

Figura 11.17

Todas las piezas de la cabreada poseen esfuerzos o tensiones combinadas. Solo permanece con compresión pura el muro de apoyo.

Flexión y corte transversal.

En el cordón superior en la zona cercana al apoyo se originan tensiones de corte; tienen direcciones de fuerzas opuestas sobre un mismo plano de manera simultánea *(figura 11.18)*.

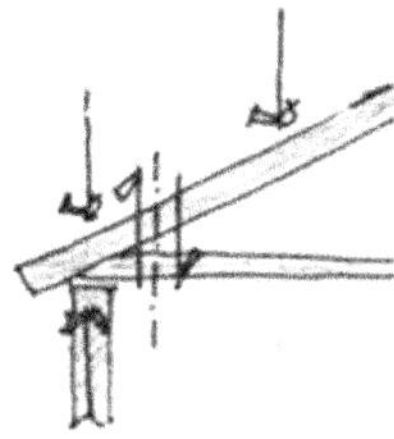

Figura 11.18

También existen tensiones de corte en la dirección horizontal como veremos, el cordón superior tiende a desplazarse sobre el inferior.

Flexión y corte longitudinal.

En una viga de simple apoyo con carga uniforme presenta dos tipos de tensiones tangenciales o de corte. Una es la transversal al eje de la pieza y la otra es longitudinal, en ambos casos son máximas en la región cercana a los apoyos *(figura 11.19)*.

Para entender imaginamos una viga maciza cortada al medio de la sección en forma longitudinal. Cuando actúan las cargas la parte superior se desliza sobre la inferior porque no hay resistencia al corte. Si es maciza existe resistencia al corte y se forman las tensiones tangenciales longitudinales.

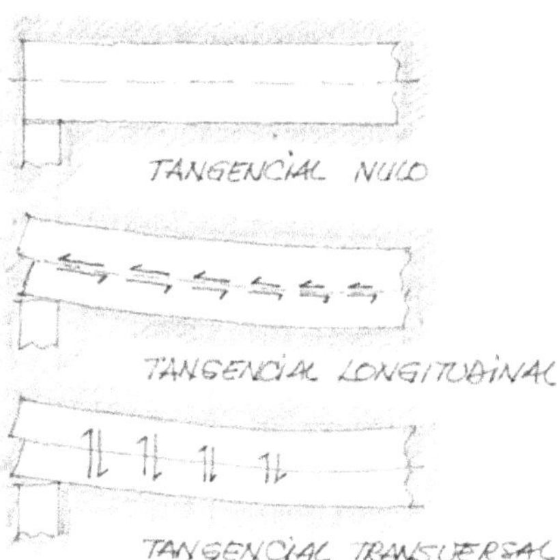

Figura 11.19

En el esquema vemos la sección de tres vigas. Una sola cuadrada, la otra rectangular con dos piezas superpuestas sin uniones y la última una rectangular maciza. Para entender la colaboración que prestan las tensiones tangenciales longitudinales explicamos los sucesos *(figura 11.20)*.

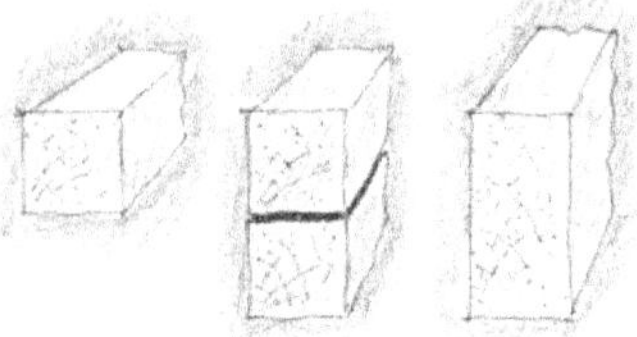

Figura 11.20

La primera viga supongamos que resista la unidad *(1)*. La segunda viga resistirá por lógica el doble *(2)*. La tercer viga que es maciza por efecto de las tangenciales resistirá cuatro veces más *(4)*. En esta consideración Leonardo da Vinci comete un error cuando estudia la resistencia de vigas superpuestas; porque sus "paquetes" de viga no estaban unidos en sus secciones transversales.

Flexión y torsión longitudinal.

Se muestran dos vigas, una la principal empotrada en columnas y la otra secundaria en voladizo de la zona media. Al actuar una carga sobre el voladizo se generan dos tipos de deformaciones. En la viga secundaria un descenso (elástica), existe solo flexión. Mientras que en la viga principal se combina la flexión con una torsión. El voladizo hace girar a la viga sobre su eje *(figura 11.21)*.

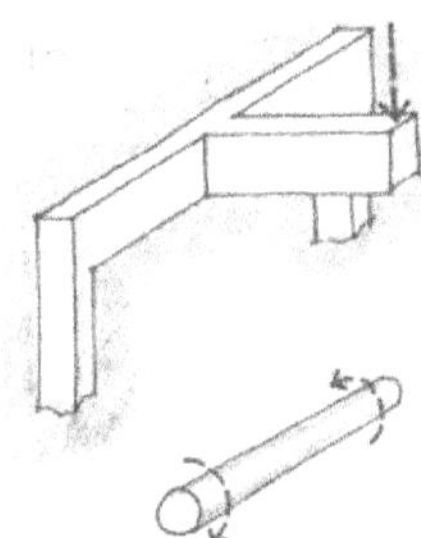

Figura 11.21

En la columna los esfuerzos son complejos: por un lado tiende a girar según la tensión de torsión de la viga y por otro se deforma por la acción de flexión.

5. Tensiones en planos inclinados.

5.1. General.

Hasta ahora hemos estudiado las tensiones que se producen en el material en secciones perpendiculares a la dirección de las fuerzas y hemos definido las tensiones en un plano *1-1* normal al eje *(figura 11.22)*.

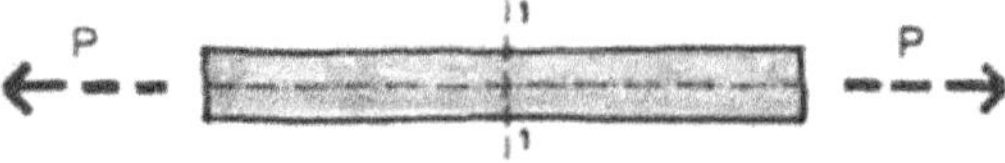

Figura 11.22

En muchos casos se presentan fallas en planos inclinados respecto del transversal. Un plano oblicuo podría ser cualquiera que no forme 90° con el eje longitudinal *(figura 11.23)*.

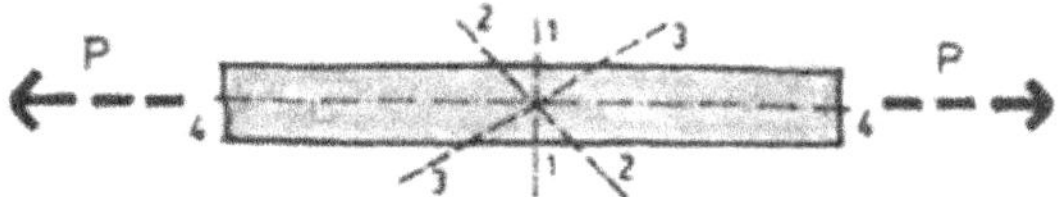

Figura 11.23

Estudiaremos las tensiones en planos oblicuos a la dirección de las fuerzas (sean de compresión o tracción). Los planos *2-2*, *3-3* son algunos de los infinitos planos oblicuos, también lo es el plano del eje longitudinal *4-4 (figura 11.23)*.

Estudiamos un plano cualquiera, por ejemplo el *2-2*, y analizamos las fuerzas que actúan sobre dicha superficie oblicua a derecha de la pieza *(figura 11.24)*.

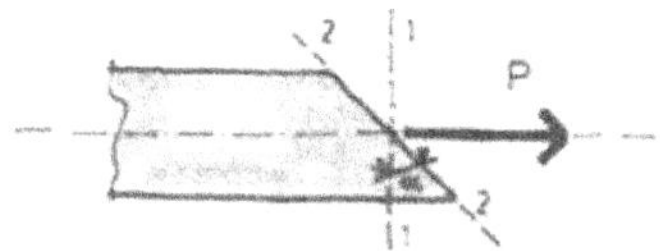

Figura 11.24

La fuerza *"P"* de tracción la descomponemos según el ángulo de inclinación del plano; una fuerza *"N"* normal a la sección oblicua y otra fuerza *"T"* tangencial *(figura 11.25)*.

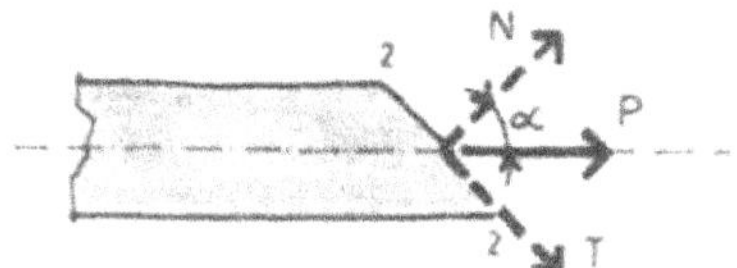

Figura 11.25

Llamamos:

- S_1: sección de la pieza, normal al eje longitudinal.
- S_2: Sección de la sección oblicua, plano 2-2.
- P: carga de tracción que actúa según eje longitudinal.
- N: componente de fuerza normal al plano oblicuo.
- T: componente de fuerza tangencial al plano oblicuo.
- α: ángulo entre la sección normal y la oblicua.

Resolvemos las superficies:

$$S_1 = S_2 \cos\alpha \qquad S_2 = \frac{S_1}{\cos\alpha}$$

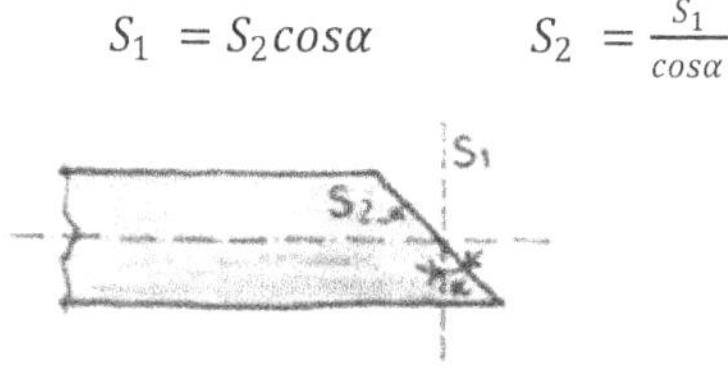

Resolvemos las fuerzas.

$$N = \frac{P}{cos\alpha} \qquad T = P \cdot sen\alpha$$

Resolvemos las tensiones: la tensión principal

$$\sigma_P = \frac{P}{S_1}$$

Tensión normal sobre el plano oblicuo:

$$\sigma_N = \frac{N}{S_2} = \frac{P \cdot cos\alpha}{\left(\frac{S_1}{cos\alpha}\right)} = \sigma_P.cos^2\alpha$$

Tensión tangencial sobre el plano oblicuo:

$$\tau_T = \frac{T}{S_2} = \frac{P \cdot sen\alpha}{\left(\frac{S_1}{cos\alpha}\right)} = \frac{P}{S_1} sen\alpha \cdot cos\alpha = \sigma_P \frac{1}{2} sen2\alpha$$

De esta manera comprobamos que las tensiones normales y tangenciales están en función del ángulo de inclinación del plano en estudio.

5.2. Análisis en planos principales.

Estudiamos los planos principales para determinar las tensiones normales y tangenciales en cada uno de ellos *(figura 11.26)*. Supongamos una barra a la compresión, analizamos tres casos de planos respecto del eje longitudinal:

a) Plano con ángulo de 90°.
b) Plano con ángulo de   0°.
c) Plano con ángulo de 45°.

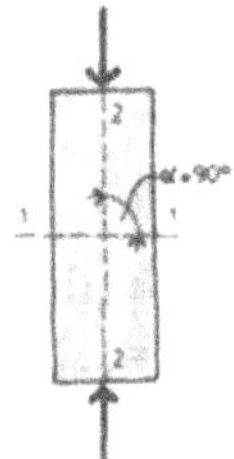
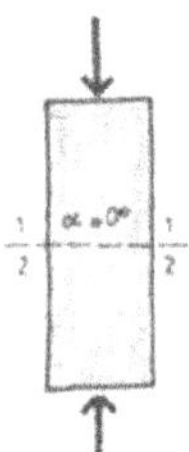
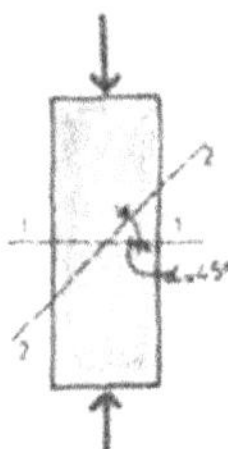

Figura 11.26

Caso a): α = 90°

$$\sigma_N = \sigma_P.cos^2\alpha = 0$$

Porque el coseno de 0° es nulo, es igual a cero.

$$\tau_T = \frac{1}{2}\sigma_P.sen2\alpha = \frac{1}{2}\sigma_P.sen2 \cdot 90^\circ = \frac{1}{2}\sigma_P.sen180^\circ = 0$$

Vemos que las tensiones en el plano *2-2* coincidentes con el eje de la pieza son nulas. Es por ello que algunas columnas pueden ser diseñadas como compuestas, es decir separadas en la parte media longitudinalmente, mediante presillas, quedando un vacío en el medio *(figura 11.27)*.

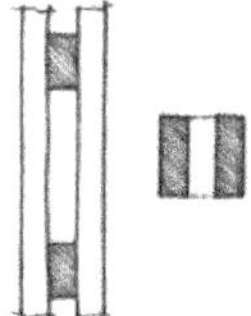

Figura 11.27

Esta posibilidad de separar las partes de la columna favorece el diseño ante el efecto de pandeo.

Cuando se empalman dos piezas de madera traccionadas (cordón inferior de cabreada), es necesario colocar pernos o bulones pasantes que absorban las tensiones tangenciales que se crean en los planos de empalme.

Caso b): α = 0°

Es la sección *2-2* normal al eje longitudinal. La tensión normal será igual a:

$$\sigma_N = \frac{N}{S_2} = \sigma_P . cos^2\alpha = \sigma_P$$

$$cos0º = 1$$

$$\tau_T = \frac{1}{2}\sigma_P . sen2\alpha = 0$$

$$sen0º = 0$$

En este plano principal, la tensión normal es igual a la tensión principal y la tensión de tangencial es nula *(figura 11.28)*.

Figura 11.28

Es el caso de una columna realizada con piedras superpuestas bien talladas, tal como las ejecutaban los antiguos constructores. Cada una de las juntas es un plano principal donde solo existen esfuerzos normales. No se presentan esfuerzos tangenciales.

Caso c): α = 45°

Es la sección *2-2* que forma un ángulo de 45° con el eje longitudinal.

Tensión normal:

$$\sigma_N = \sigma_P \cdot cos^2\alpha = \sigma_P \cdot cos^2 45º = 0,5\sigma_P = \frac{\sigma_P}{2}$$

Tensión tangencial sobre el plano oblicuo:

$$\tau_T = \frac{1}{2}\sigma_P.sen2\alpha = \frac{\sigma_P}{2}$$

$$sen2\alpha = sen(2 \cdot 45°) = sen90° = 1$$

La tensión principal se desdobla, existiendo iguales tensiones normales y tangenciales. Es el caso de máximas tensiones tangenciales y es por ello que la mayoría de los materiales se rompen en ángulos aproximados a los 45°, porque algunos resisten menos las fuerzas internas tangenciales que las principales *(figura 11.29)*.

Imaginemos un absurdo: en un pilar de bloques de piedras superpuestas, una de las juntas fue construida de manera incorrecta con un ángulo de 45° respecto al eje de la columna, tal como muestra la figura. De manera intuitiva sabemos que la columna colapsará en esa junta. En general las tensiones tangenciales son las causas de la mayoría de roturas de los materiales.

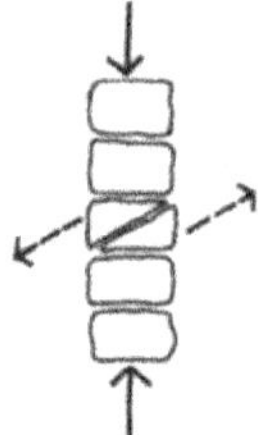

Figura 11.29

En piezas de madera tanto en compresión como en tracción se ajustan sus extremos en planos inclinados con bulones que aprietan la madera y sostienen los tangenciales *(figura 11.30)*.

Figura 11.30

Este fenómeno de roturas en planos inclinados se observa en los laboratorios de hormigón, cuando se someten las probetas de ensayos a compresión de rotura y cuando colapsa, lo hacen en planos inclinados *(figura 11.31)*. En general formando dos conos de inclinación aproximada de 45°.

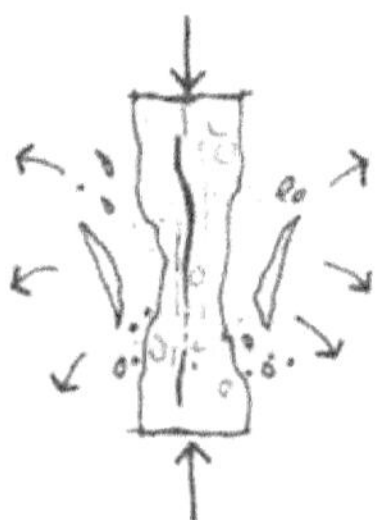

Figura 11.31

5.3. Círculo de Mohr.

Todo lo anterior se realizó con análisis de matemática, geometría y trigono-metría. Ahora estudiamos la posibilidad de justificar y comprobar los estudios ante-riores mediante el método gráfico. No se lo utiliza en la actualidad porque existen herramientas electrónicas, máquinas de calcular y computadoras que resuelven el problema de manera rápida.

Pero es conveniente incluirlo en este libro porque es un ejercicio mental para interpretar la manera que varían las tensiones en función de la inclinación del ángu-lo de la sección considerada *(figura 11.32)*.

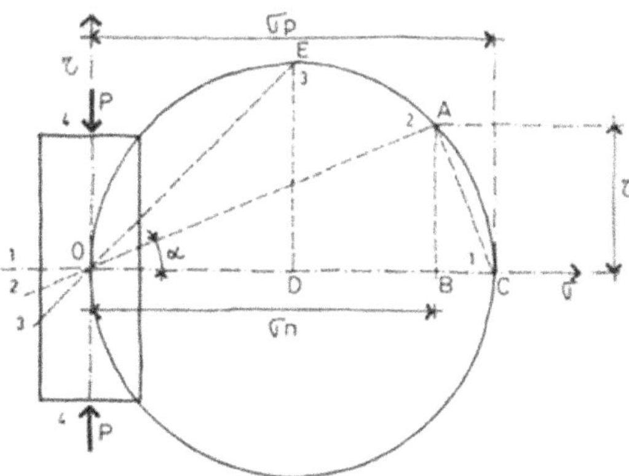

Figura 11.32

Ensayamos una probeta de hormigón. Está representada por el rectángulo de la izquierda con centro en *"O"*. Sobre ella actúa la carga *"P"* de acción y reacción. Podemos imaginar una prensa hidráulica que aprieta a la pieza.

Marcamos en el centro *"O"* de la probeta los ejes normales de referencia:

- Al eje *"y-y"* lo denominamos *"τ"*: tensiones tangenciales.
- Al eje *"x-x"* lo denominamos *"σ"*: tensiones normales.
- S_1: sección normal a la dirección de la carga.
- P: carga de ensayo de compresión.

Calculamos la tensión normal (en este caso igual a la principal) que actúa sobre la sección transversal:

$$\sigma_P = \frac{P}{S_1}$$

En escala trazamos un círculo con diámetro *"σ_P"* y que resulte tangente al eje *"y"*. Si trazamos cualquier plano inclinado, en escala y desde el gráfico pode-mos conocer los valores de las tensiones normales y tangenciales.

Analizamos cualquier plano inclinado de sección, en este caso la recta *OA* es la elegida, que forma con la horizontal un ángulo *"α"*. Formamos el triángulo *"OAB"* y le aplicamos los principios de la trigonometría.

Según el eje *"x"*:

$$OA = OC \cdot cos\alpha$$

$$OB = OA \cdot cos\alpha$$

$$OB = OC \cdot cos^2\alpha = \sigma_N$$

Demostramos que el valor de la tensión normal a la sección *"OA"* es el segmento *"OB"*.

Según el eje *"y"*:

$$AB = OA \cdot sen\alpha$$

$$AB = OC \cdot cos\alpha \cdot sen\alpha = \frac{1}{2} OC \cdot sen2\alpha = \frac{1}{2}\sigma_N \cdot sen2\alpha$$

Demostramos que el valor de la tensión tangencial a la sección *"OA"* es el segmento vertical *"AB"*. Analizamos los diferentes casos:

Caso a): α = 0°

Veamos otras virtudes del círculo de Mohr; supongamos que el plano *2-2* se mueve a la posición *1-1* (ahora la sección no es inclinada porque coincide con el eje normal al eje de la pieza).

El ángulo α = 0: de manera directa, observando el círculo tenemos:

$$\sigma_N = \sigma_P = OC \qquad \tau = 0$$

Caso b): α = 45°

Colocamos el plano inclinado en α = 45°.

$$\sigma_N = \frac{1}{2}\sigma_P = OD \qquad \tau = \frac{1}{2}\sigma_P = ED$$

Vemos en el círculo que la tensión tangencial es máxima para el plano a 45°.

Caso c): α = 90°

De la figura observamos que nos ubicamos en el punto "O", no hay segmentos para medir. En este caso tenemos que:

$$\sigma_N = \tau = 0$$

Vemos que desde la gráfica es posible establecer de manera inmediata los diferentes valores de las tensiones según la inclinación del ángulo de la sección.

6. Rigidez inercial.

6.1. Inicio.

La palabra "inercia" en general se la define como la propiedad de los cuerpos de no modificar su estado. Se la utiliza en dinámica y cinemática, ahora la usamos para destacar el cambio, la deformación, de una pieza estructural del estado original a otro deformado.

Es conveniente tener en cuenta las diferencias que existen entre las entidades de "material", "pieza" y "estructura". En la primera, la del **material** se estudian las características que surgen de ensayos de laboratorios; la tensión de rotura y el módulo "E" de elasticidad.

En la de la **pieza** se analiza un elemento del sistema de una estructura, que puede ser una losa, una viga, columna o una base. En este caso participa la geometría, la forma y en especial las condiciones de borde, es decir, la manera que se conecta con las otras piezas; se obtiene la rigidez "EI", el producto del módulo por la inercia de la pieza.

Por último se estudia la rigidez del sistema total de la **estructura** donde participan todas las piezas conectadas de alguna u otra forma. En estos casos se pueden medir las oscilaciones de una elevada estructura de una antena o también de un edificio ante fuerzas elevadas del viento sismo. Repetimos, es necesario en las tareas de diseño y cálculo tener presente las tres situaciones porque cada una plantea una limitación al diseño. En los articulados que siguen tratamos de estudiarlo.

6.2. Rigidez al alargamiento.

Estas consideraciones también pueden ser aplicadas los acortamientos por compresión en períodos elásticos. La ley de Hooke en una pieza elemental sometida solo a tracción o compresión nos indica:

$$\sigma = \frac{P}{S} = E\varepsilon = E\frac{\Delta l}{l}$$

$$ES = \frac{P}{\varepsilon} = \frac{Pl}{\Delta l} : rigidez\ longitudinal$$

En la expresión aparece la carga, la superficie, el módulo *"E"*, el alargamiento y la longitud de la pieza. El producto del módulo de elasticidad *"E"* por la sección transversal *"S"* de la barra, nos da la rigidez a la deformación longitudinal.

$$ES = E\left(\frac{kg}{cm^2}\right)S(cm^2) = E\left(\frac{MN}{m^2}\right)S(m^2)$$

Con la utilización de este factor, se pueden calcular alargamientos. Por ejemplo, el que sufre un tensor que soporta los esfuerzos de tracción en los extremos de una cercha triangular *(figura 11.33)*.

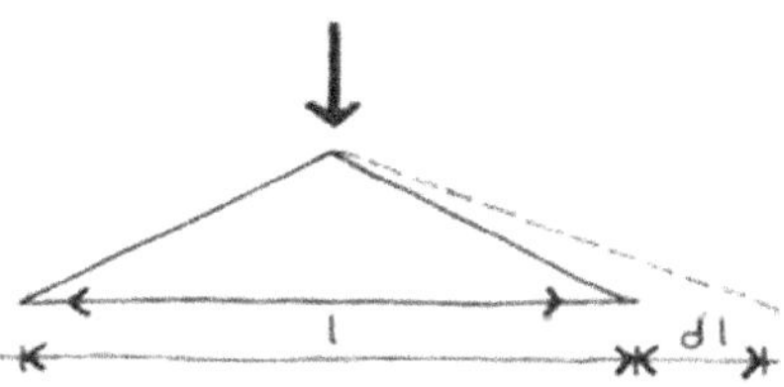

Figura 11.33

$$\delta l = \frac{Tl}{ES}$$

δl: Alargamiento de la pieza en estudio por tracción.
T: carga de tracción.
S: sección transversal.

E: módulo de elasticidad del material de la pieza.

En los efectos de tracción o compresión "puros" interesa solo la sección de la pieza, veremos más adelante que en la flexión el parámetro es la forma, además de la sección.

6.3. Rigidez a la resistencia en flexión.

Vemos que en la flexión de nuevo la rigidez aparece como el producto de una tensión por una cualidad de la forma: el módulo resistente W.

La tensión de trabajo por flexión en una viga es:

$$\sigma = \frac{M}{W} \qquad \sigma W = M$$

M: es la resistencia nominal o flector interno de resistencia.
σW: es la rigidez flexional.

6.4. Rigidez a la elástica.

Utilizamos otra vez una maniobra aritmética de multiplicación cuando deseamos conocer la resistencia de una pieza a la deformación por flexión, en el punto anterior lo hicimos en el alargamiento en tracción. En este caso debemos multiplicar el momento de inercia *"I"* (dato de la forma) con el módulo elasticidad *"E"*, dato mecánico del material.

$$Rigidez = E\left(\frac{MN}{m^2}\right) I(m^4) = EI(MN\, m^2)$$

La unidad de la rigidez *(MNm²)* es difícil de comprender, relaciona una fuerza *(MN)* con la forma de una superficie *(m²)*. Podríamos pensar que es el producto de la "inercia de forma *(I)*" por la "inercia a la deformación *(E)*" .

6.5. Rigidez angular.

También con la rigidez *"EI"* se puede establecer el ángulo de giro en los apoyos. El ángulo que forma la tangente de la elástica en los extremos *(figura 11.34)*.

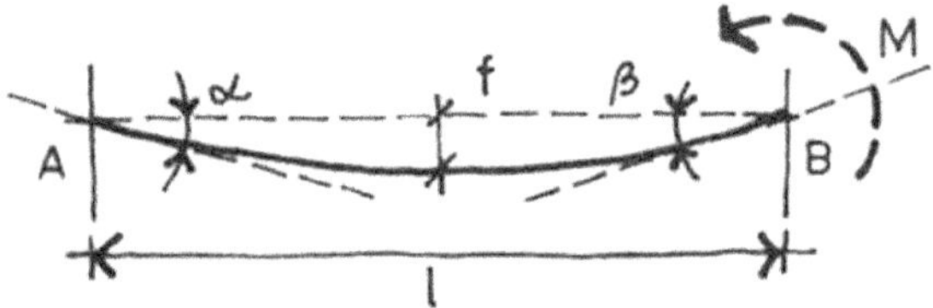

Figura 11.34

Analizamos la viga anterior:

$$\alpha = \beta = \frac{1}{24}\frac{ql^3}{EI}$$

7. Aplicaciones.

7.1. Análisis reticulado simple.

General.

Resolvemos una estructura simple. Supongamos un reticulado como el de la figura. Los cordones inclinados superiores de madera y el tensor inferior de hierro común *(figura 11.35)*.

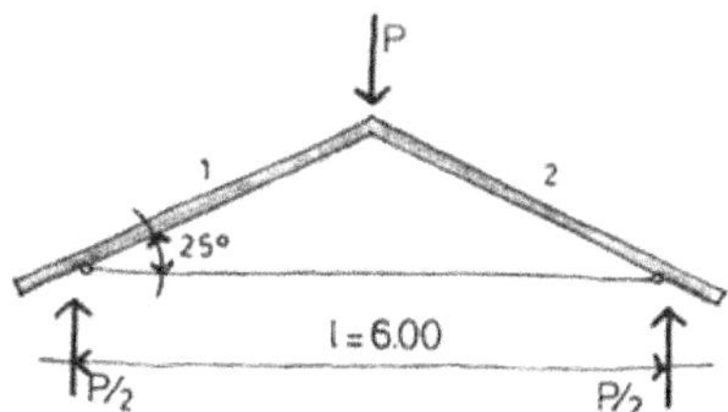

Figura 11.35

Suponemos que solo actúa la carga en la cumbrera *"P"*. Mediante los conocimientos de la estática, la fuerza *"P"* se desdobla en las direcciones *"1"* y *"2"*, que corresponden a los ejes de los cordones superiores. Las reacciones en los apoyos, por existir simetría de forma y de cargas, son $R_A = R_B = P/2$. Determinamos los esfuerzos en cada una de las piezas, para luego obtener sus dimensiones adecuadas, según la resistencia del material.

El cordón superior dimensionamos a compresión simple, sin tener en cuenta el efecto de pandeo que lo analizamos en el Capítulo 21 "Pandeo".

Datos.

$$P = 10 \, kN \quad l = 600 \, cm \quad \alpha = 25°$$

- Cordones superiores de madera (sección cuadrada).
- Cordón inferior de acero (sección circular).
- Tensión admisible de la madera: $\sigma_m = 0,60 \, Mpa = 60 \, daN/cm^2$
- Tensión admisible del hierro: $\sigma_h = 140 \, Mpa = 1.400 \, daN/cm^2$
- $sen \, \alpha = 0,42$
- $tg \, \alpha = 0,47$

Adoptamos una tensión admisible de la madera porque suponemos que podría tener nudos que cortan o desplazan la dirección de las fibras. Las dimensiones del cordón

Determinación de los esfuerzos, método gráfico.

Descomponemos la reacción en las direcciones de los cordones superior e inferior *(figura 11.36)*. Mediante escala obtenemos el C_s y el C_i.

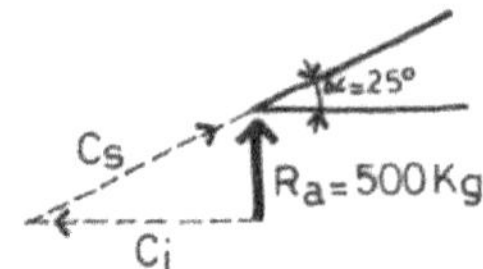

Figura 11.36

Determinación de los esfuerzos, método analítico.

Reacción en los apoyos:

$$R_A = R_B = P/2 = 5,0 \ kN = 500 \ daN$$

Fuerza en el cordón superior:

$$sen\alpha = \frac{R_A}{C_S} \qquad C_S = \frac{R_A}{sen\alpha} = \frac{500}{0,42} = 1.190 \ daN = 11,9 \ kN$$

Fuerza de compresión en el superior: *1.190 daN = 11,9 kN*

Fuerza en el cordón inferior:

$$tg\alpha = \frac{R_A}{C_I} \qquad C_I = \frac{R_A}{tg\alpha} = \frac{500}{0,47} = 1.064 \ daN = 10,6 \ kN$$

Fuerza de tracción en el inferior: *1.064 daN = 10,6 kN*

Dimensionado.

Cordón superior:

Suponemos que no existe efecto de pandeo.

$$\sigma = \frac{P}{S} \qquad\qquad S = \frac{P}{\sigma}$$

Sección del cordón (sin tener en cuenta el pandeo) : *S = P/σ = 1190 / 60 (daN/(daN/cm²) = 19,83 cm²*

Lados del tirante cordón superior:

$$b = h = \sqrt{19,83} = 4,45 \ cm$$

Adoptamos: *h = b = 5,0 cm.*

Cordón inferior:

Tensor de hierro común:

$$S = 1064 \ daN / 1400 = 0,76 \ cm^2$$

Diámetro de la barra:

$$d = \sqrt{\frac{4 \cdot 0,76}{\pi}} = 0,98 \ cm$$

Adoptamos un tensor de hierro de diámetro 1,0 cm (10 mm).

Empalme cordón superior:

El tirante está sometido a una carga de compresión de $P = 1.190\ daN$. Imaginamos de debemos empalmarlo *(figura 11.37)*:

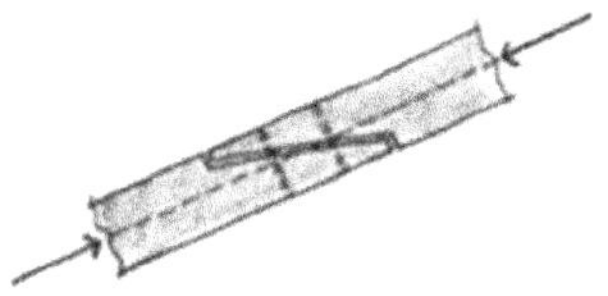

Figura 11.37

Debemos determinar las fuerzas que actúan en el plano normal y tangencial del empalme *(figura 11.38)*:

Figura 11.38

El ángulo de empalme es de $\alpha = 30°$.

Tensión principal:

$$\sigma_{P=}\frac{1190}{5^2} = 47{,}60\ \frac{kg}{cm^2}$$

Tensión normal:

$$\sigma_N = 47{,}6 \cdot cos30º = 47{,}6 \cdot 0{,}75 = 35{,}7\ \frac{kg}{cm^2}$$

Tensión tangencial:

$$\tau = 47{,}6 \cdot \frac{1}{2} \cdot sen2\alpha = 47{,}6 \cdot 0{,}5 \cdot sen60º =$$

$$= 47{,}6 \cdot 0{,}5 \cdot 0{,}87 = 20{,}7\ \frac{kg}{cm^2}$$

Los esfuerzos son bajos. Las maderas se pueden unir mediante dos bulones de diámetro *10* mm (con un elevado coeficiente de seguridad). Si el empalme se hubiera realizado a *45°* la tensión tangencial sería máxima: $\tau = 24\ daN/cm^2$. Así demostramos que el segmento vertical *"AB"* es la tensión tangencial.

Alargamiento del tensor inferior.

En construcciones especiales es necesario controlar el desplazamiento de los apoyos de la pieza estructural, que pueden ser por la acción de fuerzas o por diferenciales térmicos. En este caso calculamos el motivado por la fuerza que actúa en el cordón inferior *(figura 11.39)*.

Sección del tensor: hierro de construcción redondo con diámetro de 10 mm = 1,0 cm. La sección: $S \approx 0{,}79\ cm^2$.

Figura 11.39

Aplicamos la ley de Hooke:

$$\sigma = \epsilon E = \frac{\delta l}{l} E \qquad \delta l = \frac{Pl}{SE} = \frac{1064 \, kg \cdot 600 cm}{0{,}79 cm^2 \cdot 2.100.000 \frac{kg}{cm^2}} =$$

$$= 0{,}38 \, cm = 3{,}8 \, mm$$

Es un valor de longitud con apariencia de pequeño, pero si el sistema estructural se apoya sobre paredes de mampostería común y está ajustado, confinado, esos casi 4 mm se transformarán en una fisura o grieta del mismo espesor en la pared más débil.

Pero si imaginamos una situación crítica donde las fuerzas que actúan puedan llevar a la barra a la rotura final, en ese caso el alargamiento del tensor sería un *20 %* de su longitud original (barra de acero dulce). Gran parte de ese porcentual de alargamiento lo realiza en período plástico.

El tensor posee una longitud original: *6,00* metros = *600* centímetros. Alargamiento en rotura: *600 . 1,20 = 720* centímetros. La barra se alargó *1,20* metros antes del colapso. En ese caso la estructura del reticulado se deforma tanto que las personas del lugar pueden apreciar el fenómeno y retirarse.

En estos casos es necesario calcular las piezas por deformación y también por tensión. En el ejemplo anterior, la tensión de trabajo del tensor se encuentra dentro de la región de tensiones admisibles del acero:

σ = 1064 daN / 0,79 cm^2 = 1340 daN/cm^2 < *2.400* daN/cm^2

En aquellos casos donde el alargamiento se debe reducir para evitar fisuras en las paredes, la tensión de trabajo del tensor se reduce de manera notable.

7.2. Viga de madera en flexión.

General.

Calculamos la resistencia interna nominal de una viga de madera de sección rectangular.

Datos.

Viga de un tramo con apoyos simples:

- *Longitud entre apoyos: 4,00 metros = 400 centímetros.*
- *Carga repartida uniforme: 200 daN/m = 2,00 daN/cm = 2,00 kg/m.*
- *Tensión máxima de trabajo: σ = 200 daN/cm2*
- *Dimensiones: Ancho = 15 cm   Alto = 30 cm*

Flector máximo externo.

Viga de apoyos simples:

$M_{fe} = ql^2/8 = 200.4^2/8 = 400 \ daNm.$

Resistencia a flexión nominal interna.

$M_{fi} = \sigma.W$

$W = bh^2/6 = 15.30^2/6 = 2.250 \ cm^3.$

$M_{fi} = \sigma W = 200 . 2250 = 450.000 \ daNcm = 4.500 \ daNm$

Coeficiente de seguridad.

La resistencia nominal de la viga es muy superior al flector producido por las cargas externas:

$CS = M_{fi} / M_{fe} = 4500 / 400 \approx 11$

Valor muy elevado, teniendo en cuenta que los usuales oscilan entre 2 a 3 según la elástica permitida de la viga.

7.3. Viga de hierro cálculo de la elástica.

General.

Estudiamos la elástica máxima que se produce en una viga metálica de apoyos simples.

Ejemplo rigidez deformada:

Analizamos una viga de hierro *PNI 120* de apoyos simples:

- *Longitud entre apoyos: 5,00 metros = 500 centímetros.*
- *Carga repartida uniforme: 300 daN/m = 3,00 daN/cm = 3,00 daN/m.*

Rigidez inercial EI.

Rigidez inercial *EI*: Si utilizamos unidades podremos tener una idea de lo elevado que resulta este valor, por ejemplo para el perfil doble te *PNI 120*:

- $E = 2.100.000 \ daN/cm^2 = 210.000 \ MPa.$
- $I = 328 \ cm^4$

$EI = 688.800.000 \ daNcm^2$: es un valor muy grande.

Pero al aplicar las fórmulas de las elásticas, por ejemplo, el caso del descenso máximo de una viga simple apoyo con carga repartida lo comprendemos mejor cómo compensan las grandes cifras:

Elástica máxima de la viga.

La fórmula que relaciona el valor máximo de la elástica con el *"EI"* es:

$$f = \frac{5}{384}\frac{ql^4}{EI} = 0{,}013\frac{ql^4}{EI}$$

No es necesario en este momento desarrollar o explicar el origen de la fórmula, lo haremos en el Capítulo 19 "Deformación". En el numerador surge también un valor muy elevado, la distancia entre apoyos está elevada a la cuarta potencia.

Longitud de la viga de 5,00 metros (500 centímetros) de luz.

$$5ql^4 = 0{,}013 \cdot 3 \cdot 500^4 = 2.437.500.000 \ kg\,cm^3$$

Este valor dividido por el *"EI"* del perfil metálico utilizado:

$$f = \frac{2.437.500.000 \ kg\,cm^3}{688.800.000 \ kg\,cm2} \approx 3{,}5 \ cm$$

Con estas operaciones matemáticas donde participan todas las variables es posible predecir el descenso máximo de la viga, porque en el diseño de la viga se necesario controlar no solo las tensiones de trabajo, sino también los descensos o las deformaciones.

Tensión de trabajo perfil PNI 120.

En el ejemplo anterior la tensión de trabajo es:

$$\sigma = \frac{M}{W}$$

El valor del momento:

$$M = \frac{ql^2}{8} = \frac{3{,}0 \cdot 500^2}{8} = 93.750 \ daNm$$

El módulo resistente de "Tablas 22":

W = 54,7 cm3

La máxima tensión de trabajo de la viga:

$$\sigma = \frac{93750}{54{,}7} = 1.700 \ \frac{daN}{cm^2} > 1.400 \ \frac{daN}{cm^2}$$

Los valores obtenidos de la elástica y de la tensión de trabajo superan los admisibles normales permitidos. En estos casos se analiza el coeficiente de seguridad a empleado según el destino de la construcción y el grado de control en obra, en función de ello se acepta el *PNI 120,* de lo contrario se debe verificar con una PNI 140.

Tensión de trabajo perfil PNI 140.

Verificación con un PNI 140 de "Tablas 22":

S: *18,3 cm².*
I: *573 cm⁴.*
W: *81,9 cm³.*

Tensión:

$$\sigma = 1700 \ \frac{54{,}7}{81{,}9} = 1.140 \ \frac{daN}{cm^2} < 1.400 \ \frac{daN}{cm^2}$$

Control de flecha o elástica:

$$f = 3{,}5 \frac{328}{573} \approx 2 \ cm$$

7.4 Relación entre valores según eje *"x-x"* y eje *"y-y"*.

Perfil IPN 120 eje x-x:

> Superficie: 14,20 cm2
> Módulo: W = 54,7
> Inercia: I = 328

Perfil IPN 120 eje y-y:

> Superficie: 14,20 cm2
> Módulo: W = 7,41
> Inercia: I = 21,5

Relaciones:

> De módulo: Wx /Wy = 54,7 / 7,41 ≈ 7

> De inercias: Ix / I y = 328 / 21,5 ≈ 15

Tensiones:

La tensión de trabajo con perfil colocado según eje "y-y" es 7 veces superior al de eje "x-x": 1700 . 7 = 11.900 → la viga se plastifica y rompe.

Flechas:

La elástica máxima aumenta 15 veces: fy-y = 15 . 3,5 ≈ 50 cm, valor inadmisible.

7.5. Dimensionado viga de madera

Inicio.

Se dimensiona una viga de madera desde las fórmulas de resistencia y se realiza el control de elástica máxima.

Datos:

> Condiciones de borde: simplemente apoyada.
> Tipo de madera: semi dura.
> Tensión admisible: $\sigma_{adm} = 90\ daN/cm^2$
> Módulo de elasticidad: *70.000 daN/cm²*
> Sección rectangular: $h = 2b$
> Dimensiones de columnas de madera: ≈ *15 . 15 cm*
> Destino del edificio: vivienda.
> Esquema de viga *(figura 11.40)*:

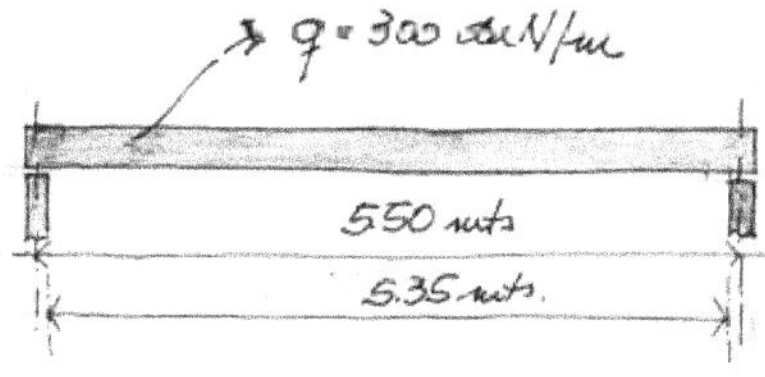

Figura 11.40

El peso propio de la viga está incorporado a la carga *"q"*.
Distancia a ejes de columnas: *5,50* metros.

Distancia a caras interiores de columnas: *5,35* metros

Tanto la tensión admisible como el módulo *"E"* son bajos y responden a la regular calidad de la madera. El método de dimensionado es el de tensiones admisibles.

Solicitaciones: reacciones, flector y corte.

Empleamos el método clásico de la estática.

Reacciones:

$$R_A = R_B = \frac{5,5 \cdot 300}{2} = 825 \; kg$$

Momento flector máximo de fuerzas externas, como luz de cálculo se adopta la distancia entre ejes de columnas (*5,50* metros).

$$Mf \; máx = \frac{ql^2}{8} = 1.135 \; kgm$$

Corte máximo.

El corte máximo se produce en el plano de cara interior de columna. Distancia de tramo para corte: *5,50 - 0,15 = 5,35* metros.

$$Q \; máx = \frac{ql}{2} \approx 800 \; daN$$

Dimensionado.

Empleamos la fórmula general de la flexión donde se combinan:

- σ: tensión $\rightarrow$ resistencia materiales.
- M: flector externo $\rightarrow$ estática y equilibrio.
- W: módulo resistente $\rightarrow$ geometría y forma

$$\sigma = \frac{M}{W} \qquad W = \frac{M}{\sigma} = \frac{bh^2}{6}$$

Para $h = 2b$

$$W = \frac{b^3}{1,5} \qquad b = \sqrt[3]{1,5 \cdot W} = \sqrt[3]{1,5\frac{M}{\sigma}} = \sqrt[3]{\frac{1,5 \cdot 1135 \cdot 100}{90}} = 12,36$$

Adoptamos: $b = 12,5$ cm $h = 25,0$ cm   *(figura 11.41)*

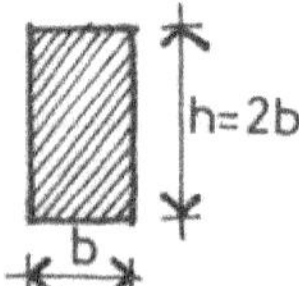

Es conveniente adoptar medidas comerciales de la región, en general se utilizan múltiplos de 2,5 cm (una pulgada).

Figura 11.41

Cálculo de la flecha.

La flecha que se produce en la mitad de la viga, se determina mediante la expresión *(figura 11.42)*:

$$f = \frac{5}{384} \frac{ql^4}{EI}$$

Donde:

q = 300 daN/m = 3,0 daN/cm
l = 5,50 m = 550 m
E = 70.000 daN/cm² (módulo de elasticidad)
I = bh³/12 = 16.276 cm⁴

Figura 11.42

$$f = \frac{5 \cdot 3,0 \cdot 535^4}{384 \cdot 16276 \cdot 70000} = 2,8\ cm$$

Dimensionado mediante el uso de tablas.

Dimensionado.

Con la Tabla 32 "Dimensionado flexión" para una tensión de *90 daN/cm²*, entramos con el momento *1.135 daNm* y encontramos:

Alternativa (1): *12,5 cm . 25,0 cm (M_r = 1.171 daNm)*
Alternativa (2): *15,0 cm . 22,5 cm (M_r = 1.139 daNm)*

Adoptamos la alternativa (1) que coincide con el cálculo anterior.

Verificación de flecha.

Las normas y reglamentos establecen flechas límites que se encuentran en función del destino del edificio y en general responden a cuestiones estéticas *(tabla 26.38)*. En nuestro caso la deformación admisible está dada por la expresión:

Para edificios viviendas: *f < l / 300*

Flecha límite: *f = 535 / 300 ≈ 1,8 cm*

Malas condiciones. La deformación de la viga es de *2,8 cm* superior al límite de *1,8 cm*. Es necesario redimensionar la viga a efectos de lograr secciones compatibles con la flecha admisible.

Redimensionado de la viga.

La primera aproximación del dimensionado la hicimos con las fórmulas de resistencia del material, ahora la viga la redimensionamos utilizando la fórmula de la elástica.

Mediante fórmulas.

El valor de la flecha límite permitida la conocemos: *1,8 cm*; utilizamos la fórmula de la elástica para despejar la inercia *"I"* que contiene los valores de *"b"* y *"h"*.

Fórmula general de la elástica:

$$f = \frac{5}{384} \frac{ql^4}{EI}$$

Despejamos el momento de inercia "I":

$$I = \frac{5}{384} \frac{ql^4}{Ef} = \frac{5}{384} \frac{3,0 \cdot 535^4}{70000 \cdot 1,8} \approx 25.400 \ cm^4$$

La inercia "I" en función de los lados de la viga:

$$I = \frac{bh^3}{12} = \frac{b(2b)^3}{12} = \frac{b^4}{1,5}$$

Obtenemos el lado *"b"* y condición de diseño es *h = 2b*.

$$b = \sqrt[4]{25400 \cdot 1,5} \approx 14 \ cm$$

Adoptamos: *b = 15 cm   h = 30 cm*
Obtenemos el lado *"b"* y condición de diseño es *h = 2b*.

Comparativa de secciones:
Superficie de la sección de viga desde la tensión:
12,5 cm . 25,0 cm = 312,5 cm2.
Superficie de la sección de viga desde la elástica:
15 cm . 30 cm = 450 cm2
Existe un aumento del 450 / 312,5 = 1,44. Es decir una 44 % más de material para salvar la exigencia de elástica. Este comentario lo realizamos para tener en cuenta la revisión del carácter de la elástica límite; si la deformación de la viga no afecta a otras estructuras o cerramientos y no se cuestiona desde la estética, es posible adoptar la sección calculada desde la resistencia (12,5cm . 25cm) y así evitar una reducción de la eficiencia.

Mediante tablas de flechas.
Calculamos la relación entre flecha límite permitida y el factor de carga *"β = 300/100 = 3"*:

$$f = f'.\beta \qquad f' = f/\beta = 1,8 / 3,0 = 0,61$$

En la tabla 34 "Flechas vigas madera" ingresamos en la columna de *"l = 5,50"* metros hasta encontrar el valor más cercano a 0,61. Encontramos una sección de *15 cm . 27,5 cm,* aproximado al valor calculado en el paso anterior.

Conclusiones.

Recomendamos realizar siempre la verificación de las deformaciones en las vigas. En este ejemplo hemos utilizado valores muy bajos de tensión admisible y de módulo elástico de maderas, porque suponemos que posee nudos y defectos en el aserrado.

Cuando se presentan situaciones como la de este ejemplo, la solución de cambiar las dimensiones no es la única, también se puede realizar diseño estructural de la siguiente manera:

- Cambiar la calidad de la madera.
- Cambiar las condiciones de borde colocando travesaños en los apoyos.
- Diseñar la viga como reticulado de cordones paralelos.
- Cambiar el material, se podría utilizar una viga metálica.

7.6. Dimensionado viga de hierro

Inicio:

Dimensionamos la viga de hierro cuyos datos se indican. La primera aproximación se realiza desde la resistencia del material y luego se verifica desde la deformación de la pieza *(figura 11.43)*.

Datos:

La carga y distancia entre apoyos de la viga es similar al ejemplo anterior.
Condiciones de borde: simplemente apoyada.
Tipo de perfil: doble te (PNI).
Tensión admisible: $\sigma_{adm} = 1400\ daN/cm^2$
Tensión de fluencia: $f_y = 2.400\ daN/cm^2$
Sección rectangular: maciza doble te.
Destino del edificio: vivienda.
Esquema de viga:

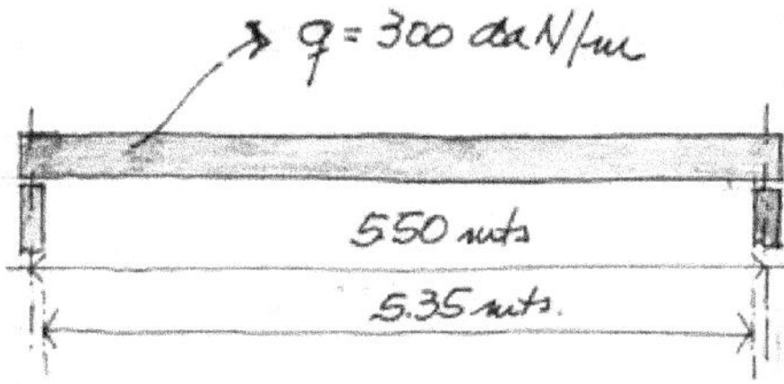

Figura 11.43

Distancia a ejes de columnas: *5,50* metros.
Distancia a caras interiores de columnas: *5,35* metros
El peso propio de la viga está incorporado a la carga *"q"*.

Métodos de cálculo:

En este ejemplo se emplean dos métodos de cálculo:
   a) De las tensiones admisibles o clásico: Se utilizan las cargas reales brutas y una tensión admisible por debajo de la fluencia.
   b) De la rotura o resistencia última: las cargas son afectadas por coeficientes de mayoración y la tensión de rotura del hierro.

De ambos métodos el que entrega mejor seguridad es el de rotura, porque en él las cargas deben ser estudiadas por separado y además se utiliza un dato cierto que es la tensión de fluencia del hierro. Para el cálculo riguroso se utiliza lo establecido en el Cirsoc área 300 "Estructuras de acero".

Método clásico de tensiones admisibles:

Cargas.

Para el método clásico:
Cargas permanentes: $"D" =$ *190* daN/m
Cargas vivas (sobrecargas): $"L" =$ *110* daN/m

q total: *300 daN/m*

Solicitaciones.

$q = D + L = 190 + 110 = 300$

Reacciones: $R_a = R_b = 825\ daN$

Flector máximo: $M_{f\,máx} \approx 1.100\ daNm$

Dimensionado.

El dimensionado resulta más sencillo que el anterior de madera; los perfiles de acero se encuentran normalizados y existen tablas donde se indican todas las características. La tarea de dimensionado se reduce a calcular el "módulo resistente W", entrar en tablas con esta valor y obtener el perfil necesario.

$$W = \frac{M}{\sigma_{adm}} = \frac{1100 \cdot 100}{1400} = 78{,}5\ cm^3$$

Con este valor ingresamos en tabla de perfiles y obtenemos:

Altura del perfil: $h = 14\ cm\ (PNI\ 140)\ (figura\ 11.44)$
Módulo resistente: $W_x = 81{,}9\ cm^3$
Momento inercia: $I_x = 573\ cm^4$

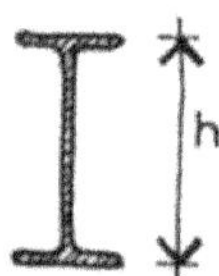

Figura 11.44

Cálculo de la flecha.

El módulo de elasticidad en el acero: $E = 2.100.000\ daN/cm^2$.

$$f = \frac{5}{384}\frac{ql^4}{EI}$$

$$f = \frac{5 \cdot 3{,}0 \cdot 535^4}{384 \cdot 573 \cdot 2100000} \approx 2{,}6\ cm$$

Verificación de la flecha.

Para estructuras metálicas las exigencias son superiores a las de madera, las normas establecen como límites:

$$f = \frac{l}{500} = \frac{550}{500} = 1,1 \ cm$$

Nos encontramos en malas condiciones. Si bien la viga puede resistir las cargas, se presenta esta limitación en cuanto a la deformación, que hace necesario un redimensionado.

Redimensionado.

Utilizamos la misma metodología que la aplicada para la viga de madera y determinamos el momento de inercia necesario:

$$I = \frac{5}{384}\frac{ql^4}{Ef} = \frac{5}{384}\frac{3,0 \cdot 535^4}{2100000 \cdot 1,1} \approx 1.390 \ cm^4$$

Con este valor de la inercia entramos a la tabla de los perfiles *(tabla 26.21)* y encontramos un nuevo perfil: *PNI 180.*

Nota: el momento de inercia del *PNI 180* resulta un poco menor que el I_x calculado por la flecha, es muy poca la diferencia y se lo adopta.

Reducción de la tensión de trabajo.

Con el aumento de altura del perfil, también aumenta el brazo de palanca de la cupla interna y se reducen las fuerzas de *"C"* y *"T"*, de esta manera la tensión de trabajo es la que sigue (de tabla: W = 161)

$$\sigma_t = \frac{1100 \cdot 100}{161} \approx 680 \ \frac{kg}{cm^2} \ll 1.400 \ \frac{kg}{cm^2}$$

Vemos que la tensión de trabajo es la mitad de la admisible, desde la resistencia hay un coeficiente de seguridad demasiado alto y un desperdicio de material, todo por una cuestión de elástica. En estos casos se debe revisar con cuidado cuales son las consecuencias que genera la elástica de $\approx 3,0 \ cm$, a otras piezas que puedan apoyar sobre la viga, además de la estética de la viga flexionada. Si no las hay se puede reducir la exigencia a valores menores *(f ≈ l/400 = 1,4).*

Verificación mediante el uso de tablas.

Dimensionado.

Con el $M_f = 1.100 \ daNm$, ingresamos a Tabla 26.35 de flexión y buscamos un momento igual o similar. Para un $M_r = 1.147 \ daNm$ corresponde un perfil *PNI 140.*

Verificación de flecha.

En tablas de flechas, para un *PNI 140* y una luz de apoyos de 5,35 metros se obtiene: *f' = 0,99.*

$\beta = q/100 = 300 / 100 = 3,0 \quad \alpha = 1,0$
$f = f'.\beta = 0,99 . 3 \approx 3,0 \quad M.C.$

Redimensionado por tablas de flecha.

$f' = f/\beta = 1,1 / 3 = 0,37$

Desde la tabla podemos elegir un *PNI 180* o un *PNU 200.*

Conclusiones.

En estos dos ejemplos la viga fue dimensionada primero por la fórmula teórica de la flexión, pero cuando revisamos las elásticas no verifica. Repetimos lo escrito en capítulos anteriores, en vigas que superan los 4,0 metros es conveniente revisarla primero desde las elásticas, y luego desde las tensiones.

7.7. Método límite o de rotura:

Cargas.

Para el método clásico:

Cargas permanentes (muertas): $D =$ *190 daN*
Sobrecargas (vivas): $L =$ *110 daN*

$$q = 1,4\ D + 1,7\ L = 1,4 \cdot 190 + 1,7 \cdot 110 \approx 450\ daN/m$$

Los coeficientes de seguridad en cargas empleado corresponden al de un control de diseño y de obra de nivel regular.

Solicitaciones.

Reacciones: $R_a = R_b = (450 \cdot 5,35)/2 \approx 1.200\ daN$

Flector máximo: $M_{f\,máx} = ql^2/8 \approx 1.600\ daNm$

Dimensionado.

Utilizamos la misma fórmula anterior pero ahora con flector de carga mayorada y tensión de fluencia (rotura) del acero.

$$W = \frac{M}{\sigma_f} = \frac{1600 \cdot 100}{2400} \approx 67\ cm^3$$

Con este valor ingresamos en tabla de perfiles y obtenemos:

Altura del perfil: $h = 14\ cm\ (PNI\ 140)$
Módulo resistente: $W_x = 81,9\ cm^3$
Momento inercia: $I_x = 573\ cm^4$

Flecha.

Procedemos de manera similar al método anterior. La carga que utilizamos en la fórmula de elástica es la carga bruta *(q = 300 daN/m)*, porque ya se encuentra asegurada la resistencia mediante el dimensionado por resistencia a rotura (cargas mayoradas).

12
Solicitaciones
Hipótesis y Teoría

1. Revisión del conocimiento.

Para comprender el contenido de cada uno de los capítulos estudiados y su relación con éste de "Solicitaciones" hacemos un análisis en el despiece de un entrepiso que ya revisamos en capítulos anteriores. Ahora volvemos a él como referencia de los capítulos escritos anteriores *(figura 12.1)*.

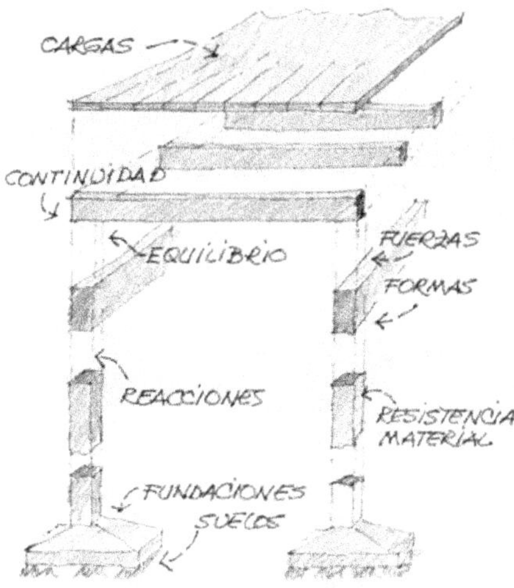

Figura 12.1

Observamos la viga principal que sostiene las cargas puntuales de las vigas secundarias y éstas a las tablas de piso. Este esquema responde a los primeros conceptos escritos en los capítulos de *"Introducción", "Hipótesis" y "Diseño"*.

En el capítulo *"Cargas"* logramos conocer las acciones externas de cada pieza desde su intensidad y su ubicación. Con la ayuda del capítulo de *"Continuidad"* revisamos las condiciones en los extremos de los elementos (entrepiso, vigas, columnas y bases); si son apoyos simples articulados o empotrados.

El capítulo *"Estática de las Fuerzas"* nos indicó la manera que podemos maniobrar desde las matemáticas las ecuaciones para obtener la intensidad y dirección de las reacciones. El que le sigue *"Estática de las formas"* describe la geometría de las secciones transversales de viga con el módulo resistente *"W"* y la inercia geométrica de la sección *"I"*.

Las condiciones del estado de reposo del sistema se estudiaron en el capítulo *"Equilibrio"* con las ecuaciones fundamentales del equilibrio; la relación que debe existir entre las acciones y las reacción. Hasta allí merodeamos los acontecimientos de observación directa del conjunto, del sistema estructural; las cargas, las distancias, las formas, el equilibrio. Todo el entorno exterior de la pieza.

En *"Resistencia de Materiales"*, analizamos los sucesos en el interior de la masa de las piezas estructurales y revisamos las condiciones del material, tanto en su resistencia como su capacidad de deformación.

Con todos los antecedentes anteriores es posible ingresar al territorio del dimensionado de las piezas; sus secciones y forma. Para ello debemos utilizar la herramienta de *"Solicitaciones"* que nos entrega el capítulo presente; con ella es posible interpretar los efectos que causan las fuerzas externas: tracción, compresión, flexión, corte, normal y torsión.

Los pasos que estamos dando conducen a la entrada del diseño final: el dimensionado (sección y forma de las piezas) que lo presentamos en el Capítulo 25 *"Dimensionado de esfuerzos y secciones"*.

2. Solicitaciones, formas y materiales.

Los diagramas de las solicitaciones, especialmente el del momento flector y el del esfuerzo de corte, se trazan para observar los efectos de las cargas sobre las vigas o de las piezas estructurales. En función de ellos las piezas se diseñan en función de las formas de los diagramas.

Los camiones y acoplados poseen vigas elásticas que soportan sus ejes para aliviar los impactos de cargas dinámicas. Son vigas de simple apoyo con su carga concretada en el medio, que se materializa en el apoyo del eje.

La viga sostiene una carga concretada en su parte media y el diagrama de M_f lo muestra la figura. Su forma es triangular y el "paquete de elásticos" también posee una forma similar aproximada. En este caso la viga, mediante hojas de acero conforma una figura similar al diagrama de momentos *(figura 12.2)*.

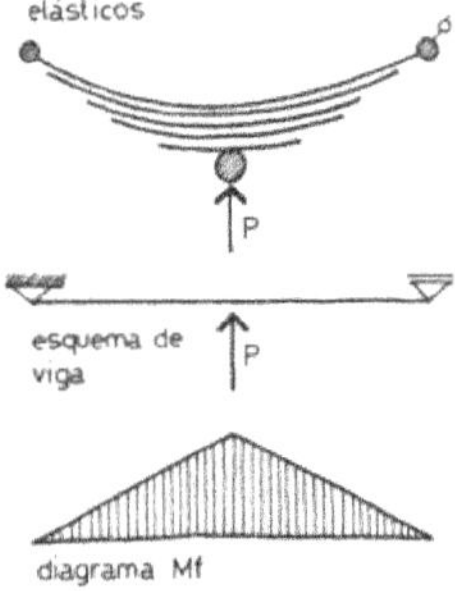

Figura 12.2

Algo parecido sucede con una ménsula reticulada que sostiene una carga en su extremo. El diagrama del flector es triangular. La ménsula (viga empotrada en un extremo) también tiene esa forma. En estos casos se pueden combinar los materiales. Colocando, por ejemplo, tirantes de madera que trabajen a la compresión (cordón inferior) y barras delgadas de acero (cordón inferior) que soportarán tracción *(figura 12.3)*.

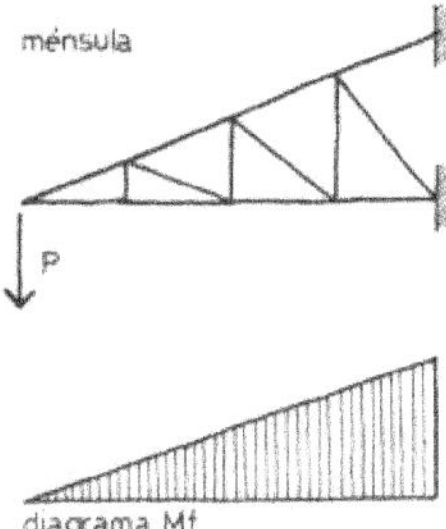

Figura 12.3

En el caso de vigas de hormigón armado, que a simple vista parecen homogéneas, en su interior posee todo un diseño en barras de acero que acompañan los esfuerzos de flexión y de corte. En la zona inferior y central las barras soportan la flexión, mientras que en las zonas cercanas a los apoyos, ésas mismas barras las podemos levantar a 45° para que absorban los esfuerzos de corte *(figura 12.4)*.

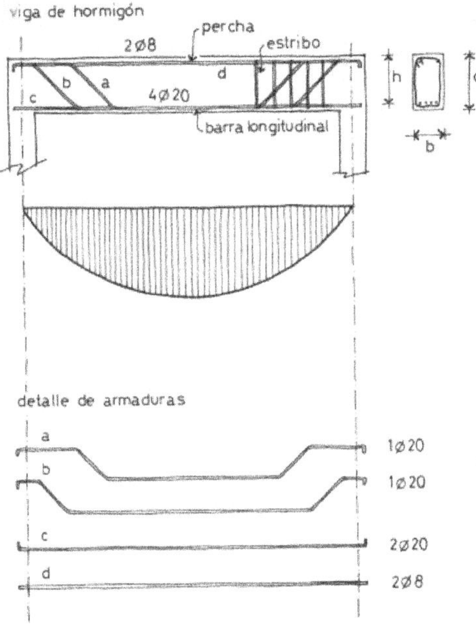

Figura 12.4

3. Relación entre apoyos, elásticas y flectores.

La teoría clásica para lograr compatibilizar la teoría matemática con la realidad, realiza varias simplificaciones que las analizamos desde una viga con apoyos simples, en los puntos que siguen.

Reducción de apoyos: algo de esto ya lo dijimos en capítulos anteriores, la teoría supone la viga como una línea recta y solo dos tipos apoyos extremos: articulados o empotrados.

Luz de cálculo: Al establecer los apoyos de manera tan simple, la luz de cálculo se adopta sobre la vertical de los apoyos, es decir al eje de la pared o columna que la sostiene.

Elástica: En el caso de apoyo articulado la viga gira sobre los apoyos sin ninguna restricción. La elástica arranca en los apoyos con máxima inclinación, hasta llegar al medio de viga donde su tangente es nula.

El momento flector: es una entidad teórica que sirve de herramienta para interpretar las solicitaciones que generan las fuerzas externas. Tiene proporcionalidad con la elástica.

$$\frac{1}{\rho} = \frac{M}{EI} \quad \rightarrow \quad \rho = \frac{EI}{M}$$

ρ: es el radio de curvatura de la elástica (ver figura 19.3 del Capítulo 19 " Deformación").

Radio de curvatura: define a la elástica aumenta con la rigidez y se reduce al aumentar el flector; la viga sin carga no posee deformación y la magnitud del radio de giro es infinito. La tensión de trabajo de la viga y la magnitud del descenso máximo en el medio se expresan desde ecuaciones matemáticas según la forma transversal con los valores de *"h"* (altura) y *"b"* (ancho).

4. Posición de las cargas.

Una misma carga puede causar distintos efectos. Para entenderlo imaginamos otra vez al tablón de albañil, el operario trabaja sobre ese andamio que se apoya sobre dos caballetes *(figura 12.5)*. En una imagen se posiciona en el medio que genera la elástica máxima y en la otra en un extremo, sin elástica.

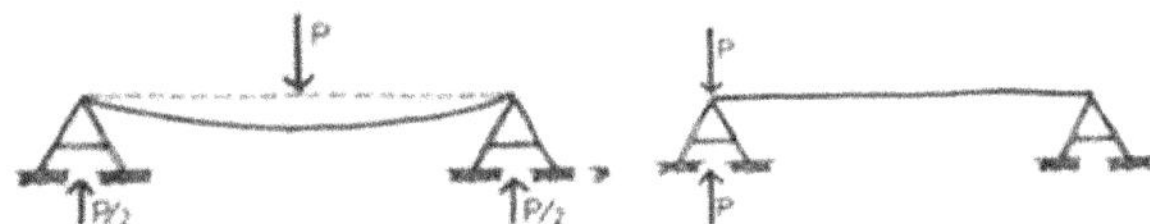

Figura 12.5

La carga que transmite el operario al tablón la representamos con el vector *"P"*, pero recordemos que también actúa el peso propio del tablón que por cuestiones de simplicidad por ahora no la tenemos en cuenta. Como ya lo sabíamos desde la intuición, una misma carga genera diferentes esfuerzos según la posición que ocupa. Este fenómeno natural se lo representa con las entidades de momento flector *"M_f"* y corte *"Q"*, como veremos más adelante.

En el primer esquema la carpa *"P"* está el medio de la viga; el diagrama flector y el de corte son simétricos. El *"M_f"* es máximo bajo la carga, en el medio, mientras que el *"Q"* pasa de positivo a negativo bajo la carga *"P"* y se mantiene constante en ambos lados de la carga *(figura 12.6)*.

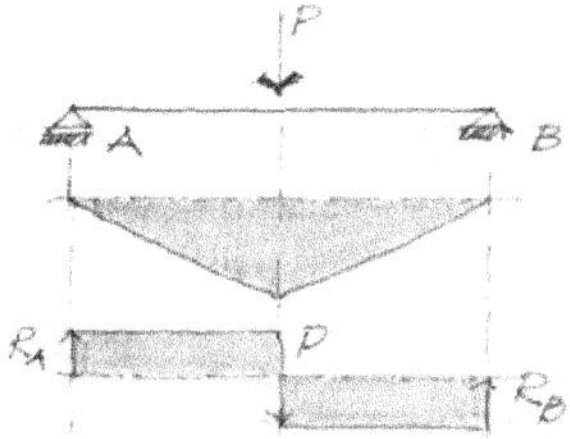

Figura 12.6

A medida que la carga se desplaza hacia alguno de los apoyos disminuye el flector *Mf* y aumenta el corte *Q (figura 12.7)*.

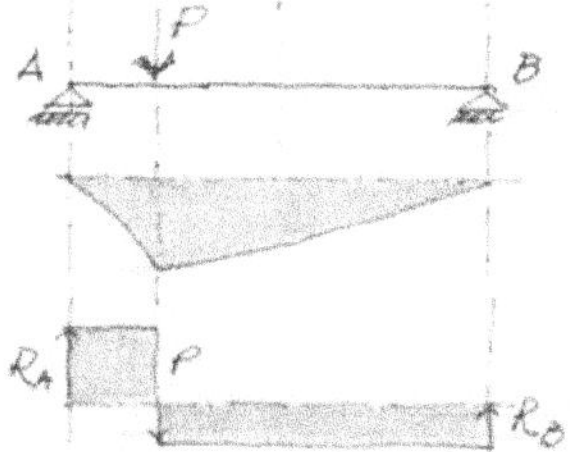

Figura 12.7

La carga *"P"* al llegar al extremo *"A"* deja de producir flector y corte, toda su acción la traslada al apoyo o columna.

5. Tipos de solicitaciones y tensiones.

Revisamos la relación de las cargas externas con las tensiones internas y veamos cómo se los representa desde las solicitaciones. Al estudio lo separamos en dos partes:

- Solicitaciones puras o simples: Cargas que generan esfuerzos constantes y uniformes en toda la pieza.
  - ✓ Tracción, compresión, flexión, corte, torsión
- Solicitaciones combinadas o compuestas: Cargas que generan esfuerzos combinados; en la sección de la pieza aparecen más de un tipo de tensión.
  - ✓ Flexión plana, flexo compresión, flexo compresión, torsión con flexión y corte, pandeo.

Vemos cada tipo de solicitación en las piezas que configuran un sistema estructural.

5.1. Solicitaciones simples.

De tracción pura.

Tiende a separar las fibras y genera alargamientos. Lo vemos en una pieza elemental y en un sistema estructural *(figura 12.8)*.

En el esquema de la izquierda una pieza sometida a tracción y su alargamiento. A la derecha sistemas estructurales como las cabriadas, donde el tensor y algunas diagonales o montantes también en tracción y en algunos casos combinados con flexión.

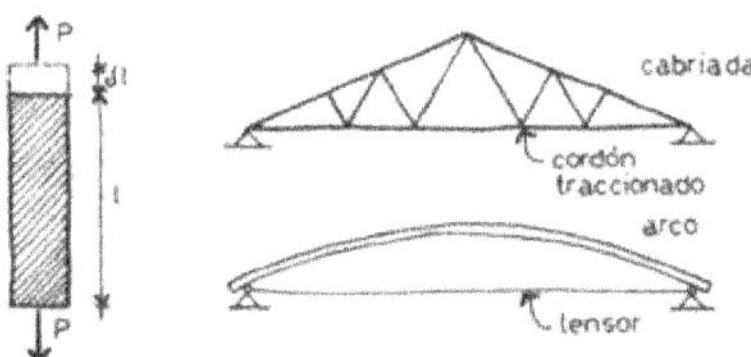

Figura 12.8

Solicitación de compresión pura.

Las fuerzas tienden a acercar y comprimir las fibras y producen acortamientos.

Figura 12.9

A la izquierda la pieza individual y a la derecha los elementos combinados de una estructura: columnas, paredes, barras comprimidas en un reticulado *(figura 12.9)*.

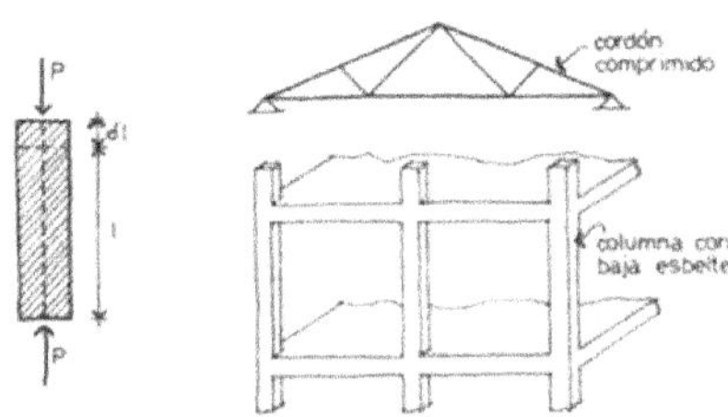

Solicitación de flexión pura.

Se presenta en situaciones especiales. El caso de una viga que solo recibe momentos en los extremos, sin cargas en el tramo. En la flexión pura solo existe tracción en las fibras superiores y compresión en las inferiores y son constantes a lo largo de la viga. No existe el corte porque no hay variación del flector *(figura 12.10)*.

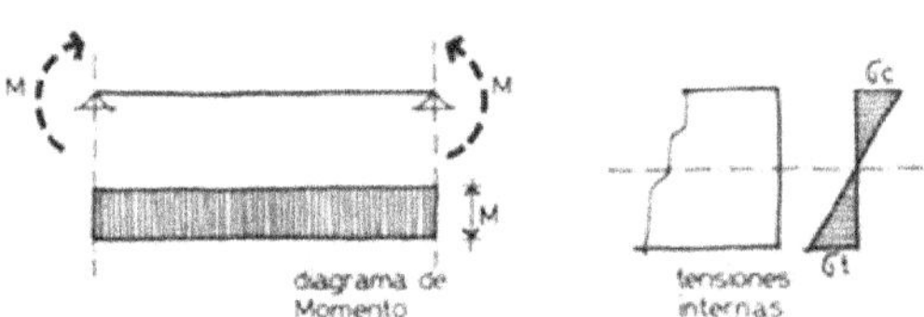

Figura 12.10

Otro ejemplo de flexión pura es la viga que sostiene dos cargas iguales con geometría simétrica. Entre *"P_1"* y *"P_2"* el momento flector es máximo y permanece constante, mientras el corte es nulo. La flexión simple se presenta en los laterales donde se combina la flexión con el corte. En la imagen la viga con sus cargas, el diagrama del momento flector y por último el diagrama de corte *(figura 12.11)*.

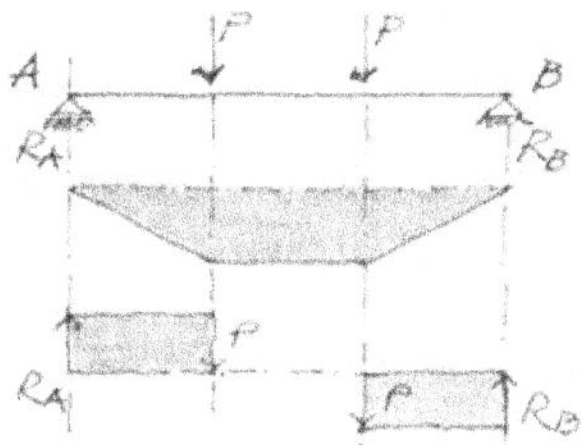

Figura 12.11

Solicitación de corte puro.

Son solicitaciones tangenciales que generan desplazamientos de una sección respecto de otra. Un suceso de este tipo de corte se produce en el perno que une las dos chapas *(figura12.12)*.

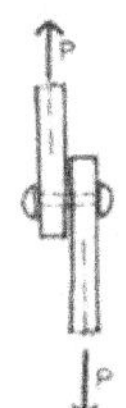

Figura 12.12

En un sistema estructural de hormigón armado debido al espesor de las piezas, a su unión monolítica y a la masa de nudo, no existe corte puro. En las de hierro o madera solo en las piezas de unión como bulones, pernos o remaches.

Solicitación de torsión pura.

Genera tensiones tangenciales en el plano de la sección, actúan de manera concéntrica y produce giros transversales *(figura 12.13)*.

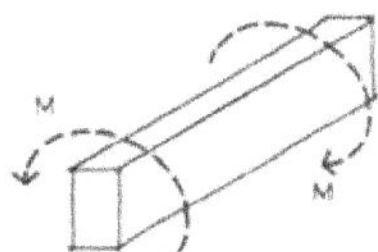

Figura 12.13

Un ejemplo puede ser el eje de un camión que transmite las fuerzas de rotación a las ruedas. En la construcción este tipo de solicitaciones en estado puro no existe.

5.2. Solicitación con tensiones combinadas.

Solicitación por pandeo:

Según la esbeltez de las columnas y la intensidad en aumento de la carga, puede surgir de manera brusca el fenómeno de pandeo con la rotura de la configuración geométrica inicial *(figura 12.14)*.

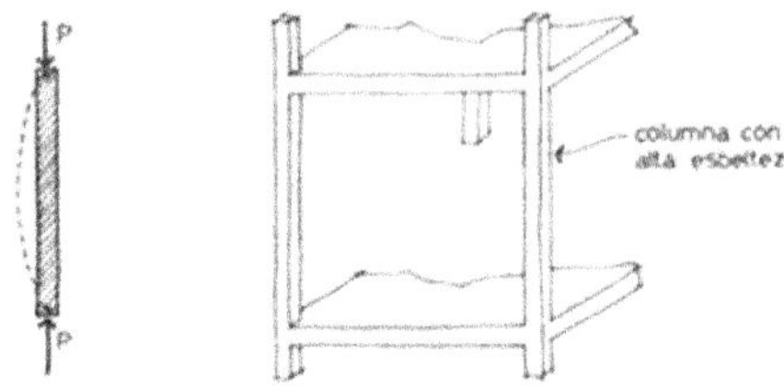

Figura 12.14

El fenómeno de pandeo pertenece a la teoría, al ideal de una columna con carga ubicada en su eje baricéntrico longitudinal. Pero la realidad de los edificios nos demuestra que es imposible ubicar una carga de manera centrada perfecta. Desde la teoría el fenómeno de pandeo se lo podría clasificar como un esfuerzo simple de compresión ideal y se lo estudia según la teoría de Euler. Desde la realidad se lo estudia como un fenómeno de flexo compresión. Sobre este asunto hay muchos investigadores que consideran la imposibilidad de centrar de manera precisa y exacta una carga sobre la columna; siempre existirá una excentricidad, entonces no es pandeo, es flexo compresión.

Las columnas esbeltas presentan tres estados según la intensidad de las cargas:

- Resistencia a compresión sin pandeo para cargas reducidas.
- Rotura de la configuración geométrica, de la columna recta a la columna doblada.
- Rotura del material.

Esta cuestión la comprobamos con una regla de escritorio de madera o plástico; la colocamos en vertical y presionamos con la mano; primero resiste sin cambio de geometría (resistencia sin pandeo), luego de golpe se dobla y sigue resistiendo (rotura de geometría). Si aumentamos la presión continua su flexión hasta romperse (rotura del material).

En diseño y cálculo de piezas con pandeo se presenta de manera clara la contradicción que suele surgir entre las prácticas del cientificismo y el empirismo. El primero, adopta la situación ideal imaginaria de carga centrada en columna para dar entrada a la elegante teoría matemática de Euler, sin embargo el empirismo que es el conocimiento desde la verdad que nos entrega la realidad, acepta la inevitable excentricidad de las cargas sobre las columnas y estudia la columna en estado del flexo compresión.

Solicitación desde la flexión plana:

Es la común, se encuentra en la mayoría de las piezas. Coexisten la tracción, la compresión y el tangencial que varía a lo largo de la viga. En la figura la compresión las fibras de arriba, la tracción abajo y el corte transversal en la sección. Se presenta de manera general en las vigas y entrepisos en flexión con cargas uniformes.

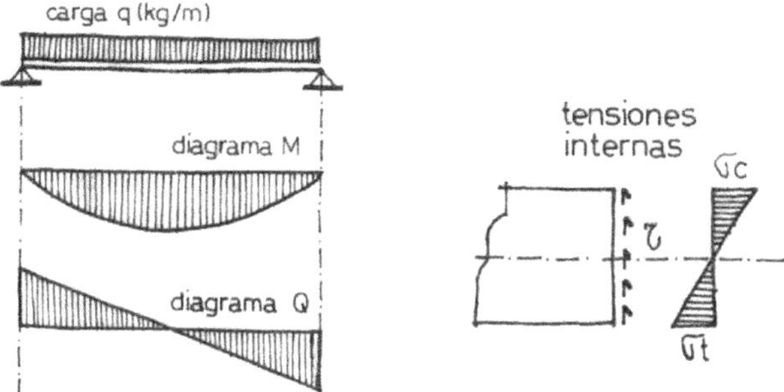

Figura 12.15

La viga esquematizada de manera elemental, sirve de referencia para dibujar los diagramas de momento flector y de corte. Existe una única sección de la viga donde la flexión es pura; es el punto medio, en la mitad; allí el cortante es nulo y el flector máximo, solo en una sección. Los efectos de corte más intensos se producen en la zona cercana al apoyo, allí el flector es reducido y tiende a cero *(figura 12.15)*. El corte se produce tanto en las secciones transversales como longitudinales.

Solicitación desde la flexo compresión:

En general aparece en las columnas donde las cargas son excéntricas; hay compresión junto a flexión. Genera acortamientos y elásticas. Es la combinación de efectos más difícil de sostener y requiere de columnas con dimensiones grandes para generar la cupla interna resistente *(figura 12.16)*.

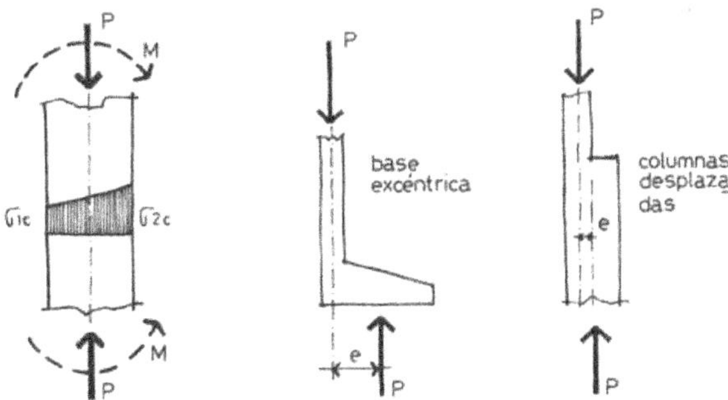

Figura 12.16

En las columnas de medianeras con bases excéntricas las cargas máximas se encuentran en valores de 150 a 200 kN (15.000 a 20.000 daN), para valores mayores son necesarios dispositivos de diseño especiales tales como vigas de equilibrio o tensores. La flexo compresión es antieconómica por la cantidad de material utilizado para el equilibrio y además origina conflictos en el diseño tanto de arquitectura como estructural, esto se da en las columnas medianeras que por su ancho quita espacio funcional *(figura 12.17)*.

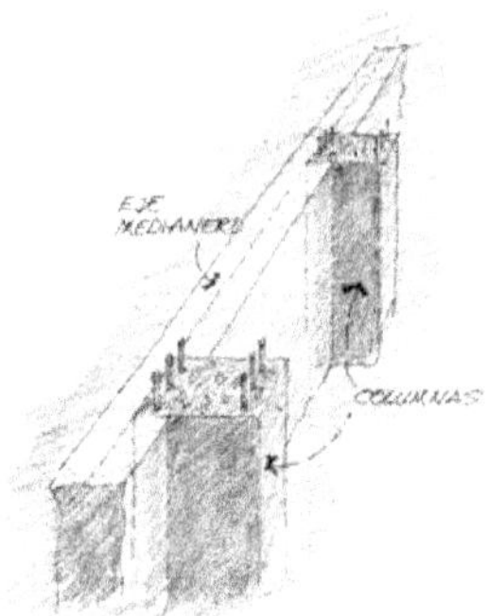

Figura 12.17

Las paredes externas contienen un eje medianero que establece la frontera, el límite de posición de la columna.

Solicitación desde la flexo tracción:

Actúa flexión en simultáneo con tracción. Produce alargamientos y curvaturas. Es un suceso muy raro en las estructuras de los edificios. Se puede dar en el cordón inferior de una cabreada que está en tracción y alguno de sus nudos le transmite un giro de flexión *(figura 12.18).*

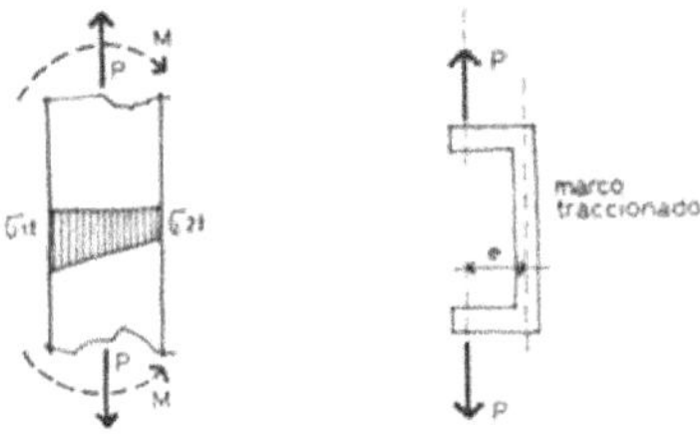

Figura 12.18

Se muestra a la izquierda la combinación de un flector en los extremos de la pieza junto a una fuerza de tracción. Esta situación se la puede representar por la pieza de la derecha, donde la fuerza de tracción es excéntrica.

Solicitación desde la torsión y flexión.

En este caso las tensiones tangenciales en el plano de la sección, actúan de manera concéntrica y produce giros transversales. Se presenta en casos muy particulares; por ejemplo, una viga aislada que soporta un voladizo *(figura 12.19).*

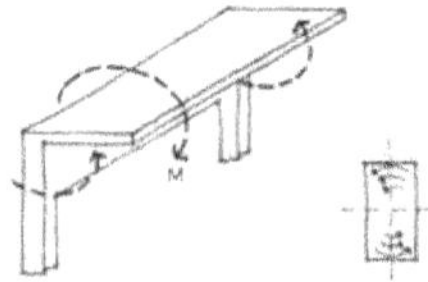

Figura 12.19

Solicitación desde la continuidad de las estructuras.

En los sistemas estructurales de un edificio las piezas forman un entramado espacial complejo. Todas las partes están unidas y en vigas, losas y columnas co-existen la tracción, la compresión y el corte *(figura 12.20).*

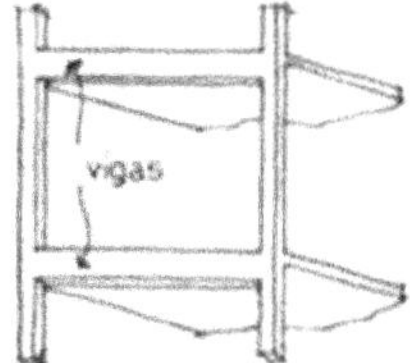

Figura 12.20

6. Solicitaciones principales.

6.1. General.

Hemos definido varios tipos de solicitaciones de ocurrencia en las estructuras de los edificios, hacemos un resumen:

Esfuerzos por flexión: considera a todas las solicitaciones de flexiones tanto puras como planas.

Esfuerzos por flexo compresión: considera las solicitaciones de flexiones que se suman a las de compresión.

Esfuerzos por flexo tracción: considera las solicitaciones de flexiones que se suman a las de tracción.

Esfuerzo de corte: estudia todas las acciones que puedan generar tensiones tangenciales, tanto puras como mezcladas con flexión.

Esfuerzo Normal: comprende a todas las solicitaciones que actúan sobre el eje longitudinal de la pieza, pueden ser de tracción o compresión.

Esfuerzo por torsión: analiza las tensiones que se generan cuando sobre el eje de la pieza se cuplas inversas de acción y reacción.

Estudiamos solo tres primeras, las más comunes. El valor numérico de estos efectos servirá luego para determinar las secciones de las piezas. El análisis lo hacemos sobre vigas de un solo tramos con apoyos simples. El

6.2. Momento flector.

Teoría y concepto.

Para que la viga se encuentre en equilibrio, el flector producido por las cargas externas, debe resultar menor a la cupla interna resistente. Esa cupla dependerá de la forma de la sección y del tipo de material ver Capítulo 3 "Hipótesis" *(figura 3.19).*

$$M_i < M_e$$

Las cargas externas son del tipo repartida *(daN/ml ó kN/ml).* En las imágenes, los sucesos en el interior se muestran dos materiales: hormigón armado y madera de sección rectangular. En ambos casos la cumpla interna se configura por $M_i = C.z = T.z$. Las fuerzas *"C"* y *"T"* representan a los volúmenes de tensiones superior e inferior y *"z"* el brazo de palanca que las separa. Si la viga la hacemos de hormigón, la cupla se formará con la resistencia del hormigón y del acero. El primero resiste a la compresión arriba y las barras a la tracción abajo.

Viga simple con apoyos simples: Cargas concentradas verticales.

El momento flector, en general es variable a lo largo de la viga. Cada sección recibe una determinada intensidad del efecto flexión *(figura 12.21).*

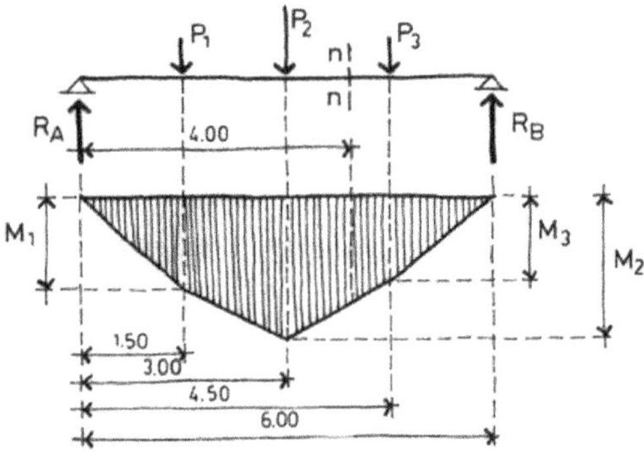

Figura 12.21

El flector se calcula con las fuerzas que actúan a la derecha o izquierda de la sección en estudio.

d_A, d_1, d_2: son las distancias de las fuerzas a la izquierda de *"nn"*.

d_B, d_3: los las distancias de las fuerzas a la derecha de *"nn"*.

La viga superior posee cinco acciones externas; tres sobre la viga y una reacción en cada apoyo. El momento flector en el punto "*nn*" (fuerzas de izquierda), es la sumatoria de los momentos:

$$M_{nni} = R_A \cdot d_A - P_1 \cdot d_1 - P_2 \cdot d_2 = \sum M_{ei}$$

El momento flector en el punto "*nn*" (de derecha):

$$M_{nnd} = -R_B \cdot d_b + P_3 \cdot d_3 = \sum M_{ed}$$

En ambos casos tomamos con signo positivo los momentos que producen giro en el sentido de las agujas del reloj. En valor absoluto:

$$\left| \sum M_d \right| = \left| \sum M_i \right|$$

Cargas iguales simétricas:

En el caso donde actúan varias cargas iguales y distribuidas de manera simétrica el diagrama de corte toma la forma que sigue *(figura 12.22):*

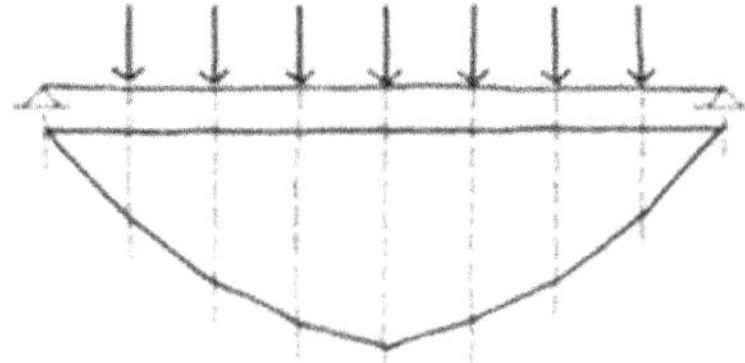

Figura 12.22

Vemos que el diagrama del flector va adquiriendo la geometría de una parábola.

Cargas uniformes repartidas.

Si actúan cargas uniformes repartidas la determinación de los momentos surgen de las siguientes ecuaciones:

Por simetría de cargas y de formas: $R_A = R_B = ql/2$

El M_f en "*nn*" en un punto cualquiera a distancia "*x*" del apoyo izquierdo.

$$M_x = R_A \cdot x - qx\left(\frac{x}{2}\right) = R_A x - \left(\frac{q}{2}\right)x^2 = \left(\frac{ql}{2}\right)x - \left(\frac{q}{2}\right)x^2$$

En el caso de buscar el M_f máximo que se da en la mitad de la viga: $x = l/2$.

$$M_{l/2} = \left(\frac{ql}{2}\right)x - \left(\frac{q}{2}\right)x^2 = \frac{qx^2}{8}$$

Esta expresión es una de las más utilizadas para el cálculo de las solicitaciones; en general las losas y las vigas con apoyos simples de los edificios que poseen cargas uniformes.

Forma de dibujar la parábola del flector en forma precisa.

Para dibujar la parábola del M_f se procede como sigue *(figura 12.23)*:

$$2M_{max} = \frac{ql^2}{4}$$

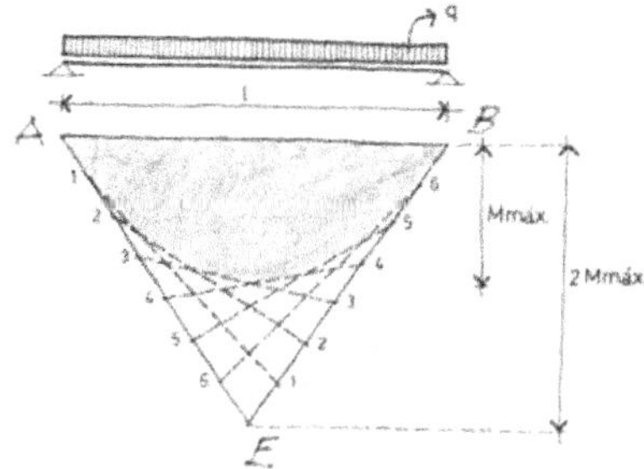

Figura 12.23

Trazamos una vertical en el centro de la viga y sobre ella marcamos en escala la distancia $2\,M_{máx}$. Luego dividimos en partes iguales las rectas *AE* y *BE* uniendo los puntos tal como muestra la figura. La parábola quedará conformada por la curva tangente a todas las rectas trazadas.

6.3. Esfuerzo de corte.

Teoría y concepto.

El esfuerzo de corte que actúa en un punto determinado de una viga, es igual a la sumatoria de las fuerzas verticales existentes a la izquierda del punto considerado o a la sumatoria de las fuerzas de las derechas cambiadas de signo *(figura 12.24).*

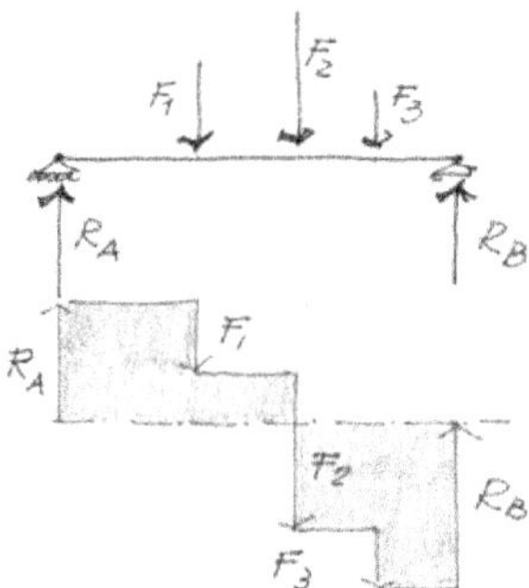

Figura 12.24

Aplicando esta definición a la viga indicada anterior, podremos escribir las siguientes expresiones.

El valor de corte entre R_A y F_1:

$$Q_{A-1} = R_A$$

El valor entre F_1 y F_2:

$$Q_{1-2} = R_A - F_1$$

El valor entre F_2 y F_3:

$$Q_{2-3} = R_A - F_1 - F_2$$

El valor entre F_2 y F_3:

$$Q_{3-B} = R_A - F_1 - F_2 - F_3 = 0$$

Los signos para el trazado de los diagramas de esfuerzo de corte se establecen:

- Área positiva: cuando las fuerzas producen giros según las agujas del reloj (superficie superior).
- Área negativa: cuando giran en sentido contrario (superficie inferior).

Corte con cargas uniformes.

En el caso de cargas uniformes repartidas, no existen "escalones", el diagrama es representado por una línea recta continua e inclinada, desde el extremo de R_A al extremo de R_B *(figura 12.25).*

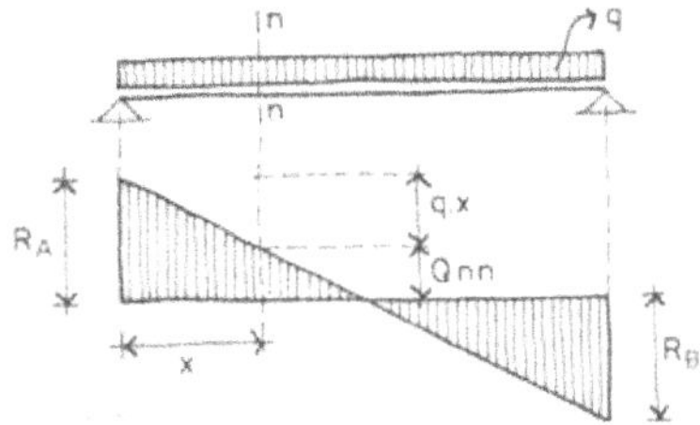

Figura 12.25

Estudiamos los sucesos en una sección *"nn"* a distancia *"x"* del apoyo *"A"*, el valor de Q_{nn} será:

$$Q_{nn} = R_A - qx$$

Por la simetría de cargas y de forma el corte nulo y el flector máximo coincide en la sección media de la viga.

6.4. Esfuerzo normal.

General.

General teórico:

En una sección cualquiera de la viga será la sumatoria de las fuerzas horizontales de izquierda o derecha cambiadas de signos. El esfuerzo normal es la fuerza que actúa en el eje longitudinal de la viga. Genera esfuerzos de compresión o tracción según la dirección de la fuerza y la posición del apoyo fijo.

Si la viga soporta cargas inclinadas, sus componente verticales y horizontales serán F_x y las verticales las F_y. Antes se deben determinar las condiciones de los apoyos (fijos o móviles). En la figura el apoyo izquierdo es el fijo y el derecho el móvil. Los apoyos fijos pueden soportar cargas horizontales porque tienen restringido los movimientos en esa dirección. Los apoyos móviles solo resisten cargas verticales *(figura 12.26)*.

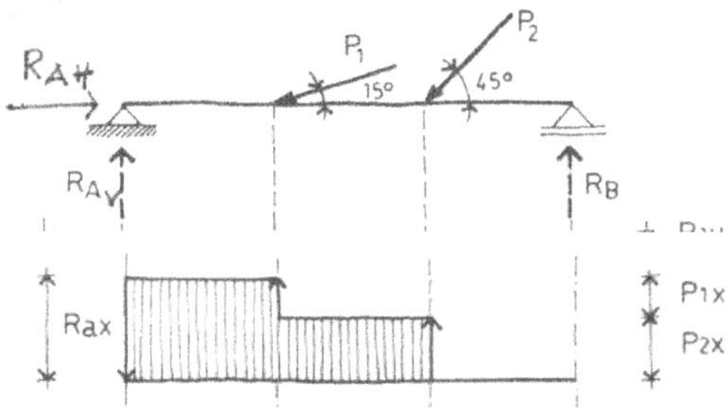

Figura 12.26

7. Relación entre el flector "Mf" y el corte "Q".

La relación entre el flector y el corte es un fenómeno donde la matemática, desde el análisis diferencial, provoca una rápida y notable explicación. Analizamos un trozo muy pequeño de la viga, separado por dos secciones adyacentes en una distancia *"dx"* (una distancia tan pequeña como se quiera). Las secciones que separan esa distancia se indican con *"nn"* y *"mm"* *(figura 12.27).*

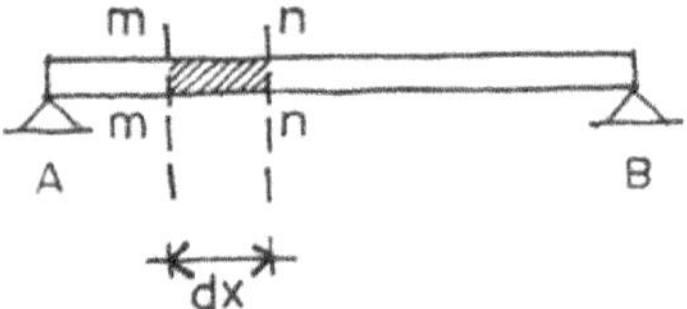

Figura 12.27

Observamos en detalle el pequeño sector *(figura 12.28):*

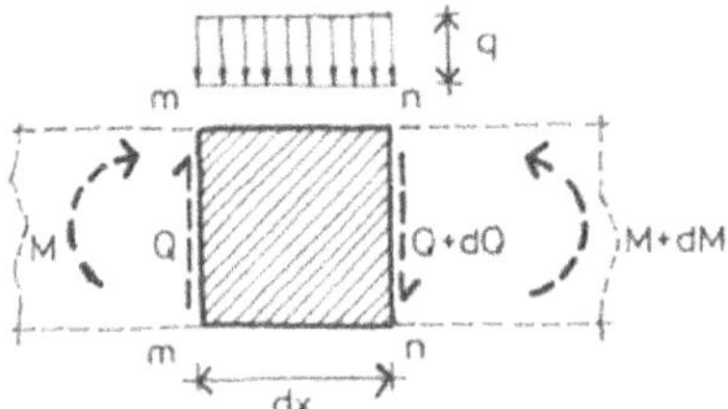

Figura 12.28

A la izquierda del diferencial *"dx"* actúa un corte *"Q"* y el flector *"M"* y a la derecha *(Q – dq)* y el flector *(M +* dM).

Esto lo vemos en el esquema *(figura 12.29):*

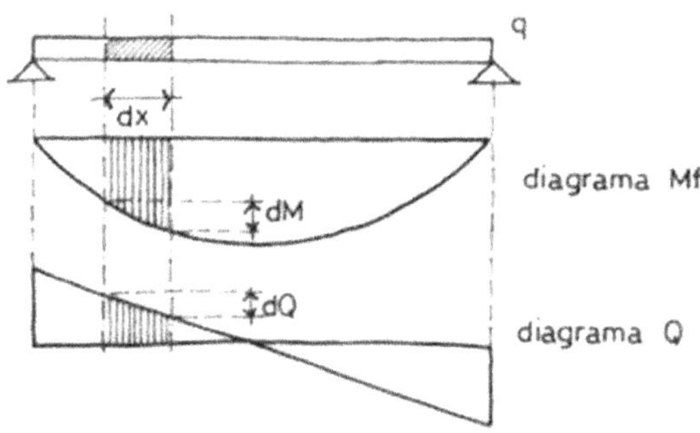

Figura 12.29

La carga total que actúa en el elemento *"dx"*, es *"q.dx"*. Del equilibrio del elemento se deduce que la fuerza cortante en la sección *"mm"* difiere de la *"nn"* en la cantidad:

$$dQ = qdx \quad \therefore \quad \frac{dQ}{dx} = q$$

Encontramos así que la derivada del corte respecto de *"x"* es igual a la intensidad de la carga unitaria repartida. Si ahora tomamos momentos de todas las fuerzas que actúan sobre el elemento diferencial, obtenemos:

$$dM = Qdx - q.\,dx\left(\frac{dx}{2}\right) = Qdx - q\frac{dx^2}{2}$$

El segundo término es una cantidad muy pequeña que la podemos despreciar. Entonces queda:

$$dM = Qdx \qquad \therefore \qquad Q = \frac{dM}{dx}$$

Entonces, el esfuerzo de corte *"Q"* es la derivada del momento flector respecto de *"x"*. Dicho de otra manera, el corte es igual a la variación del flector respecto de *"x"*.

También se conceptualiza la relación entre el corte y el flector aplicando la definición matemática de "derivada": *"La derivada de una curva es la tangente trigonométrica de la tangente geométrica, en el punto dado"*. Definición que a primera lectura parece complicada, pero que no lo es si la analizamos desde el gráfico *(figura 12.30)*.

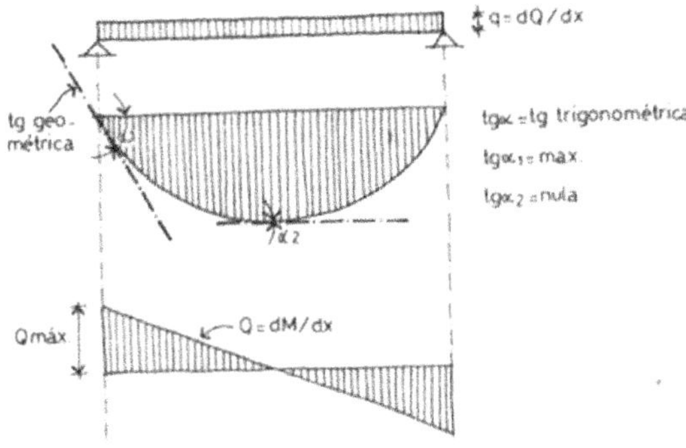

Figura 12.30

En el caso particular de una viga de simple apoyo, con cargas uniformes, el diagrama del *"M_f"* es una parábola. Si trazamos una tangente (geométrica) en el arranque de la parábola (en el apoyo de la viga), la inclinación está dada por la tangente del ángulo (tangente trigonométrica).

La inclinación en ese punto es máxima (flector nulo y corte máximo). Si ahora observamos la inclinación en el centro de la viga, veremos que la tangente es nula (flector máximo y corte nulo). El diagrama del corte nos indica punto a punto los valores de la inclinación de las tangentes a la curva del flector *(Q=dM/dx)*. Los valores del diagrama de cargas repartidas son todos constantes porque la inclinación del diagrama de corte también lo es *(q = dQ/dx)*.

8. Aplicaciones.

8.1. Solicitaciones de viga simple con cargas verticales.

Calculamos los momentos que se generan en la viga anterior bajo la acción de las tres cargas puntuales:

Datos:

l_c: *6,0 mts* d_1: *1,5 mts* d_2: 3,00 mts d_3: 4,50 mts

- $P_1 = 1.000\ daN = 10\ kN$
- $P_2 = 2.500\ daN = 25\ kN$
- $P_3 =\ \ \ 800\ daN = 8\ kN$

Cálculo de reacciones.

Si nos ubicamos en el apoyo "A" (allí el momento flector es nulo) y tomamos momentos de todas las fuerzas de la derecha obtenemos la reacción R_B:

$$\sum M_a = -R_B \cdot 6{,}00 + P_1 \cdot 1{,}50 + P_2 \cdot 3{,}00 + P_3 \cdot 4{,}50 = 0$$

$$R_B = \frac{P_1 \cdot 1{,}50 + P_2 \cdot 3{,}00 + P_3 \cdot 4{,}50}{6} =$$

$$= \frac{1000 \cdot 1{,}5 + 2500 \cdot 3{,}00 + 800 \cdot 4{,}50}{6} = 2.100\ daN = 21kN$$

Con la ecuación de sumatoria de fuerzas igual a cero:

$$\sum F = P_1 + P_2 + P_3 - R_A - R_B = 0$$

$$R_A = P_1 + P_2 + P_3 - R_B = 1000 + 2500 + 800 - 2100 = 2.200\ daN$$
$$= 22kN$$

Cálculo de momentos flectores:

Conocidos los valores de las reacciones, ahora determinamos el momento en el punto "*nn*", tomamos momentos a la izquierda:

$$\sum M_{nn} = R_A \cdot 4{,}00 - P_1 \cdot 2{,}50 - P_2 \cdot 1{,}00 = 3.800 daNm = 38kNm$$

También podemos calcular los momentos bajo los puntos donde actúan las cargas:

$M_1 = 3.300\ daNm = 33{,}0\ kNm$
$M_2 = 5.100\ daNm = 51{,}0\ kNm$
$M_3 = 1.200\ daNm = 12{,}0\ kNm$

Con estos valores trazamos el diagrama del flector, que indica la intensidad en cada sección de la viga *(figura 12.21)*.

Cálculo de los esfuerzos de corte:

Resolvemos los valores de corte del ejercicio anterior, donde actúan tres cargas concentradas *(figura 12.31)*.

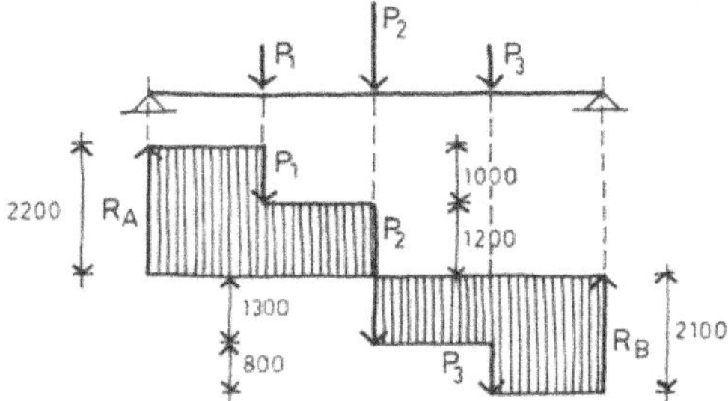

Figura 12.31

Signos: Positivo del eje de referencia hacia arriba y negativo hacia abajo.

En el punto *"nn"*, tomando las fuerzas de izquierda:

$$Q_{nni} = R_A - P_1 - P_2 = 2200 - 1000 - 2500 = -1.300 \; daN = -13kN$$

En la posición de la carga P_2 el corte pasa de positivo a negativo; es decir pasa por un valor nulo. Vemos que en esa sección se produce el máximo flector. El diagrama de corte se resuelve considerando las fuerzas con dirección de abajo hacia arriba como positivas, las de dirección contraria, negativas.

Si lo construimos comenzando desde la izquierda, dibujamos en escala el valor de "R_A", por su extremo trazamos una paralela al eje de referencia, hasta encontrar la recta de acción de "P_1", allí bajamos en escala con el valor de esa fuerza. Seguimos con el procedimiento y obtenemos los escalones que nos dibujan el diagrama. Vemos por partes:

A la derecha de "R_A":

$$Q_{Ad} = R_A = 2.200 \; daN = 20 \; kN$$

A la derecha de "P_1":

$$Q_{1d} = R_A - P_1 = 2200 - 1000 = 1.200 \; daN = 12 \; kN$$

A la derecha de "P_2":

$$Q_{2d} = Q_{1d} - P_2 = 1200 - 2500 = -1.300 \; daN = -13 \; kN$$

A la derecha de "P_3":

$$Q_{3d} = Q_{2d} - P_3 = -1300 - 800 = -2.100 \; daN = -21 \; kN$$

En el extremo del apoyo "B":

$$Q_{3d} + R_B = 0 = 2100 - 2100$$

En este punto de "teoría y concepto" del esfuerzo de corte como nos referimos a la acción de las fuerzas externas y la variación de su intensidad en cada sección de la viga. Es conveniente hacer una referencia a los esfuerzos internos que provocan estas solicitaciones, si bien no corresponde a este capítulo consideramos conveniente hacerlo.

8.2 Viga con cargas uniformes:

Calculamos las reacciones y flectores de una viga de apoyos articulados con carga repartida *(figura 12.32)*.

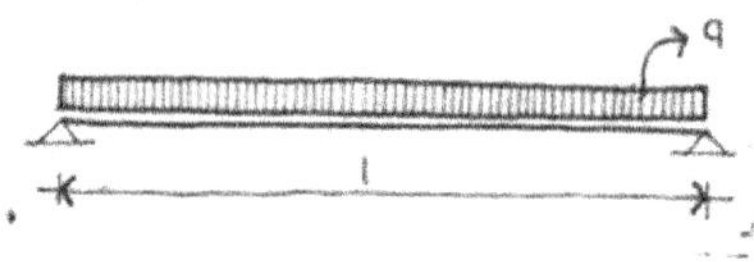

Figura 12.32

Datos:

l_c: *6,0 mts   q: 600 daN/m*

Reacciones:

$R_A = R_B = ql/2 = 1.800$ daN

El flector máximo en el medio:

$$M_{l/2} = \frac{qx^2}{8} = \frac{600 \cdot 6^2}{8} = 2.700 \; daNm$$

8.3. Viga con carga uniforme y concentradas.

General:

Observando los diagramas de *"M_f"* y *"Q"* *(figura 12.30)*, veremos la relación que existe entre ellos. Cuando el flector aumenta, el corte disminuye. Para valores máximos de uno le corresponde valores nulos del otro. Esta correlación entre ellos nos permite determinar la magnitud y los puntos donde son máximos.

La viga que ahora analizamos se encuentra sometida a cargas combinadas; concentradas y repartidas uniformes. Para determinar el máximo *"M_f"* es necesario antes calcular el punto donde se anula el *"Q"*. Ese punto se encuentra a una distancia *"x"* del apoyo *"A"*.

Datos:

l = 6,00 mts   q = 600 daN/m   P1 = 1.000 daN   P2 = 2.000 daN

Reacciones:

Se calcula como sigue:

Con la aplicación de Ley de Momentos se determinan las reacciones:

R_A = 3.133 daN = 31,33 kN R_B = 3.467 daN = 34,67 kN

Cambio de signo del "Q":

Vamos a buscar el tramo donde cambia el signo de Q, eso significa que pasa por un valor nulo *(Q = 0)*. El valor del cortante disminuye desde R_A hasta la posición de P_1:

$$Q_{1i} = R_A - q \cdot 2,00 \; = +1.933 \; daN = +19,33 \; kN$$

A este valor que fue disminuyendo en forma lineal, ahora hay que restarle la carga P_1:

$$Q_{1d} = Q_{1i} - P_1 = + 933 \; daN = 9,33 \; kN$$
$$Q_{2i} = Q_{1d} - q \cdot 2,00 = - 267 \; daN = - 2,67 \; kN$$

En este tramo cambió el signo de *"Q"*. Ahora determinamos la distancia *"x_1"* donde se produce el cambio de signo.

$$Q_{1d} - q \cdot x_1 = 0 \qquad\qquad x_1 = \frac{Q_{1d}}{q} = \frac{933}{600} = 1,55 \; m$$

La distancia total desde el apoyo A:

$$x = 2,00 + x_1 = 2,00 + 1,55 = 3,55 \; m$$

A esa distancia del apoyo *"A"* se produce el corte nulo y el máximo flector.

Flector máximo:

$$M_{max} = R_A \cdot 3,55 - P_1 \cdot 1,55 - \frac{q \cdot 3,55^2}{2} = 5.792 \; daNm = 57,92 kN$$

Los resultados los graficamos como sigue *(figura 12.33)*.

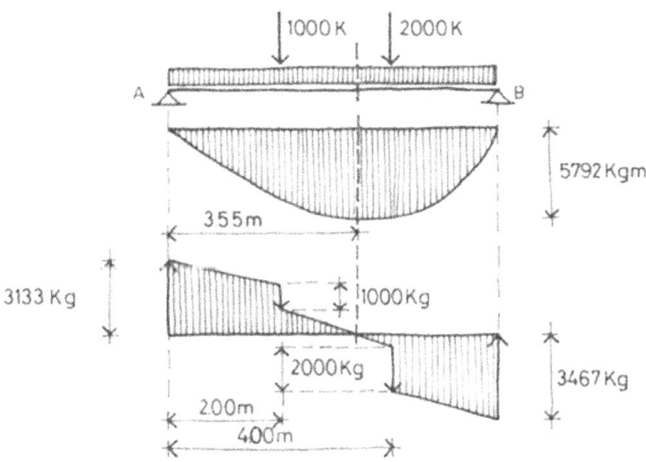

Figura 12.33

8.4. Viga con carga inclinadas.

General:

Resolvemos la viga con cargas inclinadas de la *figura 12.34.*

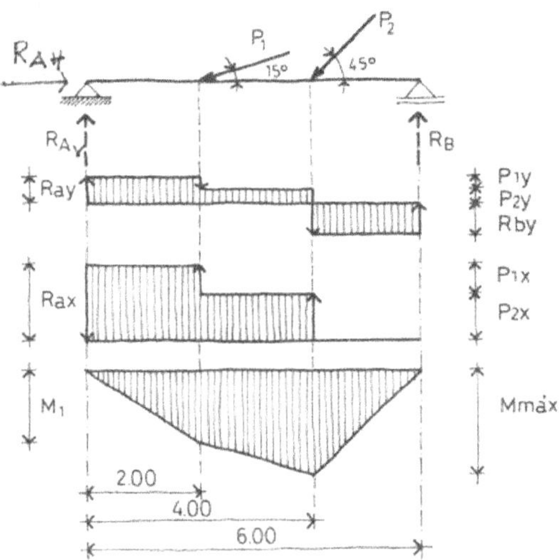

Figura 12.34

A la izquierda del punto "*nn*" a distancia de 4,00 metros del apoyo "*A*":

$$N_{nn} = R_{Ax} - P_{1x}$$

Las fuerzas horizontales con dirección hacia la derecha poseen signos positivos, para la izquierda negativos. En el ejemplo la viga está sometida a dos cargas inclinadas. Analizamos los tres esfuerzos: el flector, el corte y el normal.

Para operar solo en dos ejes normales, a las cargas inclinadas las descomponemos en las direcciones "*xx*" e "*yy*". El apoyo izquierdo es fijo y el derecho móvil. Las cargas verticales (*xx*) generan flector y corte, mientras que las horizontales (*yy*) solo normales.

Datos:

$P_1 = 1.000 \ daN = 10 \ kN \quad P_2 = 2.000 \ daN = 20 \ kN$

$\alpha = 15° \quad \beta = 45°$

Las distancias entre las cargas y longitud de viga se indican en la figura.

Reacción por ley de momentos:

$R_{Ay} = 644 \ daN = 6,44 \ kN \quad R_B = 1.029 \ daN = 10,29 \ kN$

Descomposición de fuerzas: Las fuerzas y reacciones se descomponen de manera gráfica *(figura 12.35).*

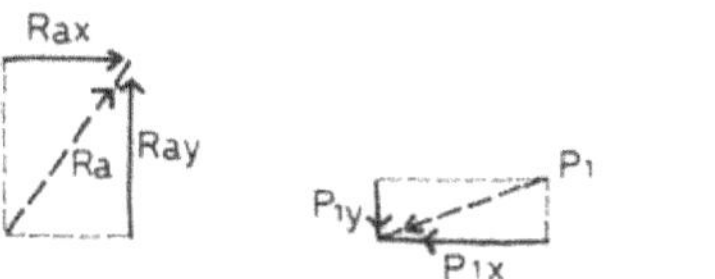
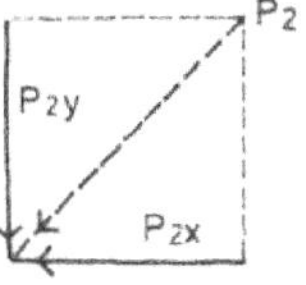

Figura 12.35

También de forma analítica como sigue:

$$P_{1x} = -1000 \cdot cos15º = -966 \, daN = 9{,}66 \, kN$$
$$P_{2x} = -2000 \cdot cos45º = -1414 \, daN = 14{,}14 \, kN$$
$$P_{1y} = \;\;\;1000 \cdot sen15º = 259 \, daN \;\;\;= 2{,}59 \, kN$$
$$P_{2y} = \;\;\;2000 \cdot sen45º = 1414 \, daN \;\;\;= 14{,}14 \, kN$$

Cálculo de los momentos flectores.

$$M_{1i} = R_A \cdot 2{,}00 = 1288 \, daNm = 12{,}88 \, kNm$$

$$M_{2i} = R_A \cdot 4{,}00 - P_{1y} \cdot 2{,}00 = 2058 \, daNm = 20{,}58 \, kNm$$

Cálculo de los esfuerzos de corte.

$$Q_{1d} = R_A - P_{1y} = 385 \, daN = 3{,}85 \, kN$$

$$Q_{2d} = Q_{1d} - P_{2y} = -1029 \, daN = 10{,}29 \, kN$$

Cálculo de los esfuerzos de normales.

En el apoyo fijo la reacción horizontal tiene dirección hacia la derecha.

$$N_A = R_{Ax} = P_{1x} + P_{2y} = 2.380 \, daN = 23{,}80 \, kN$$

El normal desde el apoyo *"A"* hasta P_1 es igual al valor de la componente horizontal de la reacción.

El normal en el tramo de P_1 a P_2:

$$N_{12} = R_{Ay} - P_{1y} = 2380 \; - 966 = 1.414 \, daN = 14{,}14 \, kN$$

El normal en el tramo de P_2 a R_B:

$$N_{2B} = N_{12} - P_{2x} = 0$$

8.5. Viga de tramo y voladizo, carga uniforme.

General.

Se calculan las solicitaciones que se producen en la viga de tramo y voladizo *(figura 12.36)*. El estudio es realizado desde el método de teoría clásica.

También se dibujan los diagramas de variación de momentos flectores y esfuerzos de corte a lo largo de la viga. Con esos diagramas visualizaremos la intensidad de los esfuerzos en cada punto de la viga.

Datos.

Usamos el esquema teórico de viga con apoyos simples sin rigideces.

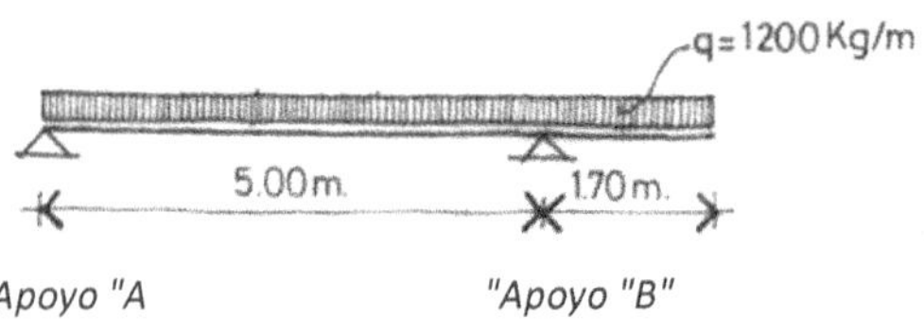

Figura 2.36

Las luces en la viga son:

l_1 = 5,00 metros　　　l_2 = 1,70
Carga uniforme: 1.200 daN/m

En la fase de diseño esta combinación de tramo con voladizo reduce los flectores. Si la fase de diseño arquitectura lo permite es conveniente buscar la relación más adecuada entre l_1 y l_2. Lo veremos al final del ejercicio.

Las cargas que actúan sobre la viga, generan en ellas esfuerzos que deben ser conocidos para el cálculo de las secciones de las piezas (dimensionado). En este caso particular los esfuerzos a determinar son:

R_A: reacción en el apoyo A.
R_B: reacción en el apoyo B.
M_t: momento flector máximo positivo en tramo.
M_v: momento flector máximo negativo en voladizo.

Determinación de las reacciones.

Determinación de R_b.

Calculando los momentos respecto del apoyo *"A"* nos permite obtener la reacción R_B.

$$\sum M_A = 0 = (5,00 + 1,70)^2 \cdot \frac{1200}{2} - R_b \cdot 5,00 = 0$$

De esto resulta: $R_B = 5.387$ daN.

Se toman como positivos aquellos momentos que producen giros según el sentido de las agujas del reloj.

Determinación de R_A.

Ahora los momentos se toman del apoyo *"B"*.

$$\sum M_B = -R_a \cdot 5,00 - \frac{5,00 \cdot 1200}{2} + \frac{1,7^2 \cdot 1200}{2} = 0$$

$R_A = 2.653$ daN.

Comprobación.

Para verificar los resultados anteriores, aplicamos otra de las ecuaciones del equilibrio; la sumatoria de las fuerzas verticales:

$$\sum F_V = 0 = 5387 + 2653 - 1200 \cdot 6{,}7 = 0$$

Se cumple la tercera ecuación.

Otra forma de calcular las reacciones.

Para determinar R_B debemos calcular primero el flector en voladizo, así establecer su influencia en la reacción.

$$M_v = -\frac{ql^2}{2} = -\frac{1200 \cdot 1{,}7^2}{2} = -1.734 \; daNm$$

Reacción *"B"* total derecha de tramo.

$$R_{Bh} = 1200 \cdot 1{,}7 + \frac{1200 \cdot 5}{2} + \frac{1734}{5} \approx 5.387 \; daN$$

Reacción derecha de tramo.

$$R_{Ah} = \frac{1200 \cdot 5}{2} - \frac{1734}{5} \approx 2.650 \; daN$$

Reacción de voladizo:

$$R_v = 1{,}7 \cdot 1200 = 2.040 \; daN$$

Resumen final de reacciones:

$R_A \approx 2.650 \; daN$
$R_B \approx 5.390 \; daN$

Esfuerzos de corte.

Dibujamos el diagrama de los esfuerzos de corte, que en el caso de esta viga es sencillo, porque las cargas son constantes y uniformes *(figura 12.37)*.

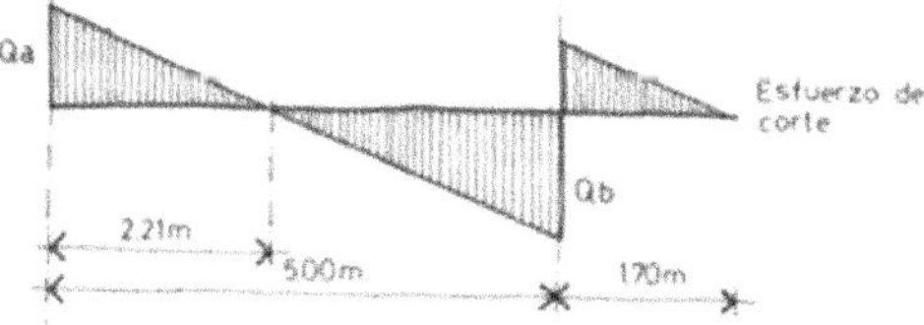

Figura 12.37

La construcción del diagrama lo hacemos avanzando de izquierda a derecha. Comenzamos con el apoyo *"A"*, allí el esfuerzo de corte es igual a la reacción R_A:

$R_A = Q_A = 2.653$ daN.

Disminuye linealmente a medida que desplazamos el punto de análisis hacia la derecha. Se hace cero en el punto *"x_0"*, allí será máximo el flector.

$$Q_A = q \cdot x_0 = 0 \quad \rightarrow \quad x_0 = Q_A/q = 2653 / 1200 = 2{,}21 \; metros$$

La reacción total en apoyo *"B"*; Q_{Bt} se desdobla en Q_{Bi} (reacción a la izquierda del apoyo) y Q_{Bd} (a la derecha):

$$R_B = Q_{Bt} = Q_{Bi} + Q_{Bd}$$

La reacción de la derecha corresponde a todo el peso del voladizo:

$$Q_{Bd} = q \cdot l_2 = 1200 \cdot 1{,}7 = 2.040 \; daN$$

Por diferencia: $Q_{Bi} = 3.347 \; daN$

En la figura anterior los esfuerzos de corte:

Q_A : en el apoyo *"A"*.
Q_{Bt} : en el apoyo *"B"*, es la suma de $Q_{Bi} + Q_{Bd}$

Momento flector máximo.

En voladizo.

Se considera el producto de las fuerzas por las distancias, desde la derecha del apoyo *"B"*.

$$M_{fv} = (q.l) \cdot (l/2) = q \cdot l^2 /2 = 1200 \cdot 1{,}7^2 / 2 = -1.734 \; daNm$$

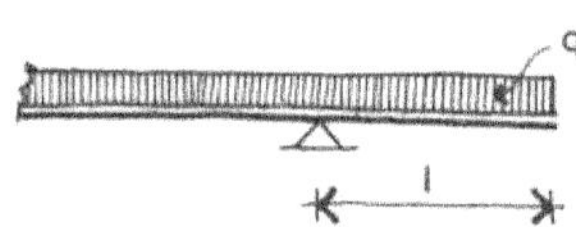

Este flector lo consideramos negativo porque produce tracción en las fibras superiores de la viga, los flectores en el tramo resultarán positivos por generar tracción en las fibras inferiores *(figura 12.38)*.

Figura 12.38

En tramo.

Hemos estudiado en teoría que el momento es máximo cuando se anula el esfuerzo de corte. Ese punto ya lo calculamos: $x_0 = 2{,}21$ metros.

El flector máximo será:

$$M_t = R_a \cdot 2{,}21 - 2{,}21^2 \cdot 1200 / 2 = 2930 \; daNm$$

También se puede utilizar la fórmula general:

$$M_t = \frac{R_a{}^2}{2q} = \frac{2653^2}{2 \cdot 1200} \approx 2930 \; daNm$$

Resultados finales.

Los valores obtenidos:

$$R_A = 2.653 \; daN = 26{,}53 \; kN$$

$$R_B = 5.387 \; daN = 53{,}87 \; kN$$

$$M_v = -1.734 \; daN = -17{,}34 \; kN$$

$$M_t = 2.930 \; daN = 29{,}30 \; kN$$

El diagrama de momentos flectores externos se grafica como sigue *(figura12.39)*.

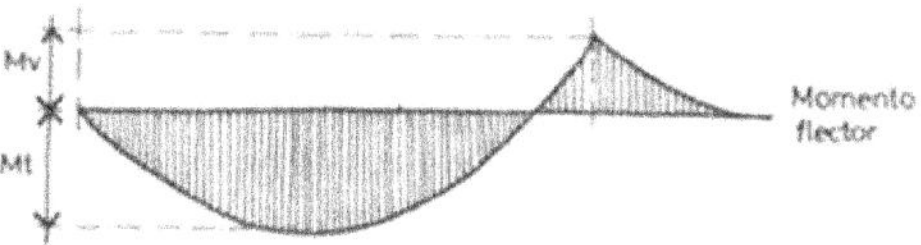

Figura 12.39

Estos valores se utilizarán para el dimensionado de las vigas. En el caso de piezas de material homogéneo (madera o hierro) las dimensiones surgen del flector máximo que en nuestro caso se encuentras en un solo punto del tramo (a *2,21* metros del apoyo izquierdo), el resto de la viga queda sobre dimensionada porque los flectores externos son menores al nominal constante.

En el caso de vigas metálicas con cierta rigidez en los apoyos es conveniente que el flector de tramo resulte cercano al de voladizo, para ello se modifican l_1 y l_2 hasta lograr cierta similitud del flector negativo con el positivo (vigas Gerber).

Si la viga fuera de hormigón el diseño estará sujeto a la sección transversal de la viga, si posee la colaboración de losa en el tramo (parte superior) resulta conveniente que el flector fuera mayor en tramo que en voladizo. El nominal interno de la viga de hormigón armado se regula en gran parte con la cantidad y diámetro de barras en tracción.

13

Solicitaciones
Empirismo

1. Método empírico de elásticas y rótulas.

1.1. General.

Este capítulo presenta otras alternativas, además de la teoría clásica para el estudio y cálculo de las solicitaciones y los esfuerzos internos. Los métodos alternativos son para:

- Solicitaciones: La aplicación de elástica y rótula.
- Esfuerzos internos: La analogía del reticulado.

En este capítulo estudiamos las solicitaciones desde la deformada y el punto de inflexión que son sinónimos de elástica y rótula. En el próximos capítulos haremos el estudio de los esfuerzos internos mediante la biela y tensor que es sinónimo de analogía del reticulado.

1.2. Empirismo.

El diccionario establece que el empirismo es conocimiento que se obtiene de la experiencia, también es la razón que se elabora desde los datos de la práctica profesional. Lo contrario es el cientificismo que es la aplicación a rajatabla de las ecuaciones y fórmulas entregadas por las teorías clásicas. En cuanto a las solicitaciones podríamos clasificar al capítulo anterior como perteneciente al cientificismo y a éste capítulo dentro del empirismo.

En las buenas tareas de diseño y cálculo se utilizan ambos. Al inicio con los métodos de la experiencia y del empirismo; se determinan las solicitaciones mediante la técnica de la "elástica y rótula" y los esfuerzos internos con el método de la "analogía del reticulado" con la simulación de la pieza en bielas y tensores.

En la segunda fase de las tareas es de verificación y ajuste con la aplicación de las teorías clásicas científicas que hemos visto en el capítulo anterior; en trabajos bien realizados los resultados deben coincidir con regular aproximación.

El método de la teoría clásica es posible adquirirlo desde el estudio y la lectura de bibliografía especializada, pero el método empirista "elástica y rótulas" (para solicitaciones) o el de "biela y tensor" (para esfuerzos internos) solo es posible mediante la práctica continua.

1.3. La enseñanza en ingeniería.

Deductivo.

La ingeniería estructural se enseña en la academia desde maniobras deductivas. Se obtiene una ecuación o fórmula general y con ella se resuelven los problemas particulares, por ejemplo la fórmula final de la teoría de flexión se la utiliza para dimensionar una viga de madera y también sirve para una viga de hierro; de lo general a lo particular.

Una de las mayores críticas que se realiza a la enseñanza de la ingeniería estructural es su dogmatismo que degenera en autoridad indiscutida; el profesor, el libro y el pizarrón, ellos no ingresan en el campo de la duda, los escrito o lo dictado es dogma. Los proyectistas cuando ingresan en la rutina del cálculo avanzan con ciega fe en las fórmulas aplicadas. Esa automaticidad genera problemas. Desde los métodos teóricos basados en fórmulas matemáticas como los indicados en el capítulo anterior, poseen ocultos riesgos que terminan en resultados o conclusiones erróneas o falsas.

El contagio a la rutina se produce cuando el proyectista utiliza de manera automática y mecánica, sin razonar o diseñar las condiciones de borde de las piezas que calcula. Esto es generado desde la enseñanza, allí le imponen la fórmula del momento flector de una viga simple:

$$M = \frac{q\,l^2}{8}$$

Porque está respaldada de una teoría donde se encuentran todas las variables o parámetros que definen la viga; material, geometría, forma transversal y apoyos. Pero no se distinguen de manera clara la cantidad de hipótesis dudosas o falsas empleadas en la trama de la teoría.

Inductivo.

Sin embargo el procedimiento de cálculo de las solicitaciones mediante el uso de elástica y rótulas es del tipo inductivo. Se analiza primero la viga en particular, se busca encontrar su elástica y el punto de inflexión; son los primeros datos. Luego se determinan las solicitaciones como sistema isostático.

En todos los pasos del proceso, el proyectista interpreta el fenómeno de flexión de esa viga en particular (inductivo), no aplica de manera automática la fórmula teórica de la flexión (deductivo) . Con esquemas y gráficos se pronostica la deformada de la viga y luego con su geometría se obtienen los resultados de las solicitaciones.

Este proceso tiene un alto contenido empírico y los resultados no son tan exactos como los de la teoría clásica, pero sí más reales porque interpreta mejor la realidad de la viga. Estos métodos combinados exigen al proyectista estar alerta y en pleno conocimiento de los fenómenos que se desarrollan en la estructura en función del material, de la forma, del tamaño y de las condiciones de los apoyos.

1.4. Unidades, decimales y enteros.

Estamos dentro del capítulo de las solicitaciones desde el empirismo o también desde la sensibilidad que podemos adquirir desde la práctica y la experiencia. En este campo del diseño estructural debe ser discutido el empleo de los decimales. Para el empirismo su uso es un conflicto.

Es común que en las operaciones del método teórico clásico se utilicen de manera innecesaria los decimales en resultados de flectores y reacciones. Por ejemplo, vemos en algunas planillas o memorias de cálculo que se identifica el flector con $M_f = 2.347,85$ daNm (kgm) o la reacción con $R_A = 23.466,72$ *daN*.

La cantidad de números superfluos genera riesgos de equívocos. Los valores de flectores o reacciones (en unidad de *daN*) que apenas afectan las dimensiones de las piezas pueden estar en la centena. En los ejemplos anteriores se debería escribir como $M_f = 2.300$ *daN* y la reacción como $R_A = 23.500$ *daN*. La lectura y la interpretación es más clara.

La unidad de fuerza que utilizaremos con mayor frecuencia es el "deca newton" (*daN* $\approx$ *kgf*), aprobado por el SIMELA (Sistema Métrico Legal Argentino).

1.5. Las revoluciones en el cálculo de solicitaciones.

A fines del siglo XIX la ciencia de la construcción logra relacionar las fuerzas externas de una viga con los esfuerzos internos con ecuaciones simples como hemos visto en capítulos anteriores, pero necesitaron de muchas hipótesis simplistas. A mediados del siglo XX se interpreta el fenómeno anterior mediante sistemas de ecuaciones denominadas "matrices" que permiten relacionar las fuerzas con las deformaciones, esto gracias a la relación entre deformación y fuerza que es propia de cada material; el módulo de elasticidad *"E"* que multiplicado por la inercia de la sección *"I"* nos entrega la rigidez de la sección *"EI"*. Este producto *"EI"* contiene la característica de cada material y la forma de la pieza, de allí que resulte posible realizar un dimensionado; establecer el ancho y alto de cada pieza.

Esa concepción en su época fue revolucionaria, pero de difícil aplicación por la enorme tarea de resolver miles de matrices o ecuaciones hasta que a fines de la década del 1960 llegaron las computadoras. Estas máquinas resuelven de manera veloz numerosas ecuaciones que permiten determinar las incógnitas que buscamos; momento flector, corte, normal y esfuerzos internos. Existen numerosos "paquetes" de programas o software adecuados a cada necesidad de la arquitectura o ingeniería estructural. No es tema de este libro abordar los principios y el funcionamiento de esos programas que ya son de uso corriente en la mayoría de los cálculos y dimensionado de las estructuras de cualquier tipo. Es una herramienta poderosa pero también de riesgo porque facilita en tal grado la resolución estructural, que se pierde el proceso de reflexión en la fase de diseño.

1.6. Control de flector máximo y nulo.

En la teoría clásica se busca establecer el momento flector externo máximo; su intensidad y posición de una viga con esquema tradicional. Ahora con los métodos empíricos podemos realizar tres operaciones según nuestra voluntad:

a)　Establecer secciones de flector nulo.
b)　Controlar los valores máximos de flectores en tramos y apoyos.
c)　Convertir una viga continua hiperestática en un conjunto de vigas isostática.

El estudio lo abordaremos tanto en las vigas homogéneas (hierro y madera) como las heterogéneas (hormigón armado.

2. Apoyos, elástica y flectores.

2.1. Introducción.

Estudiaremos la deformada o elástica de la viga en función de su rigidez y las de los apoyos *(figura 13.1)*. Una vez dibujada establecemos el punto de inflexión, donde la curvatura cambia de signo. En la relación entre columnas y vigas se destacan dos tipos :

- Vigas con apoyos simples; los apoyos con rigidez nula es una articulación. Es el caso de una viga metálica que apoya sobre columnas.
- Vigas con apoyos continuos a las columnas; existe rigidez en el nudo que impide en parte el giro libre. Es la situación de vigas de hormigón monolíticas con las columnas.

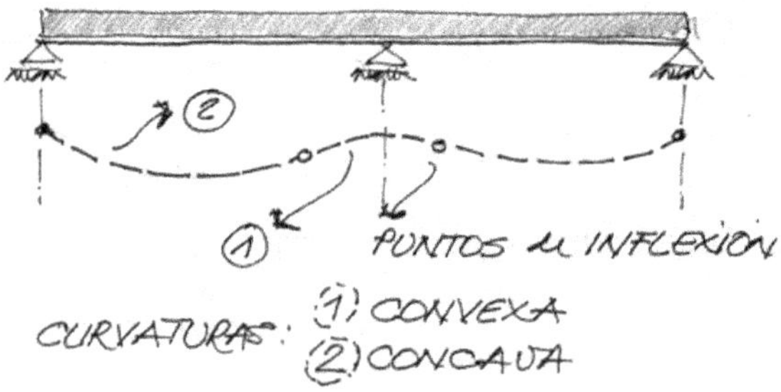

Figura 13.1

En base a lo anterior investigamos un solo objeto; el punto de inflexión y para ello necesitamos obtener los datos que nos suministra la elástica.

En los métodos del empirismo los apoyos no pueden ser representados por el pequeño triángulo y la articulación. Ahora deben ajustarse al contexto de la verdad. Según las tareas de diseño y cálculo existen dos realidades:

- A futuro: es cuando se diseña o calcula un edificio que se construirá en un tiempo próximo; el edificio solo existe en los planos.
- Al presente: responde a las tareas de verificación de una estructura existente.

En ambos casos el apoyo deja de ser una entidad abstracta ideal y pasa a ser una pieza más dentro de la estructura: es un nudo, donde participan vigas, columnas, paredes y losas. Ese nudo posee condiciones de rigidez y de él dependen las solicitaciones de las piezas.

En la imagen superior que sigue es la viga metálica de tipo homogénea maciza y en general se la representa de manera ideal mediante una línea y apoyos puntuales, como las indica la teoría clásica. La imagen inferior muestra las vigas de hormigón que poseen apoyos más complejos y debe ser representada con otros detalles *(figura 13.2)*.

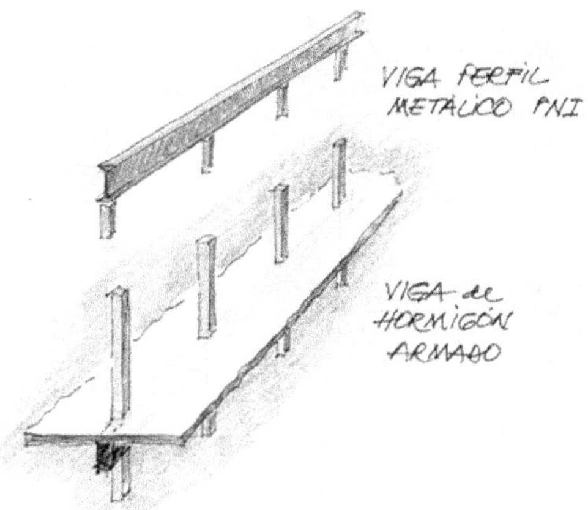

Figura 13.2

Las vigas de hormigón, poseen empotramientos parciales en los apoyos *(figura 13.3)*. El apoyo ahora es un nudo que está prisionero entre las columnas superior e inferior, entre las vigas que llegan de dos o más sentidos y además de la losa o entrepiso. A todo ese complejo hay que agregar la disposición, cantidad y diámetros de las barras de acero.

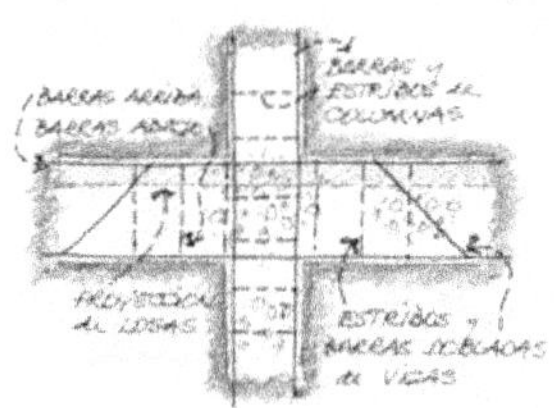

Figura 13.3

Para los métodos del empirismo la viga se debe representar con las piezas (vigas, columna y losas) que configuran las condiciones de borde (el nudo). Para los métodos que siguen, el nudo es una pieza más del sistema estructural que ingresa como variable del cálculo.

2.2. Longitud de cálculo.

Al participar el nudo como pieza estructural surgen nuevas longitudes; la del tramo central de la viga y las de los extremos según las rigideces de las columnas. Mostramos en corte longitudinal la realidad de la viga; su altura, longitudes, tipos de apoyo (monolítica o articulada). En la tarea de interpretar la viga mediante el dibujo podemos entender algo de sus condiciones de borde y elásticas futuras.

La viga de hormigón monolítica apoya sobre columnas de ancho 0,30 metros. La distancia entre ejes de columnas es de 7,00 metros. Al dibujar la viga con sus espesores aparecen otras distancias que resultan interesantes de analizar *(figura 13.4)*. Definimos las diferentes longitudes:

- 7,30: longitud entre caras externas de columna.
- 7,00: longitud entre ejes de columnas.

- 6,70: longitud entre caras internas de columna.
- 5,70: longitud de tramo central.
- 0,65: longitud o longitud de las ménsulas en los dos extremos. En este caso son iguales (izquierda y derecha) porque las columnas tienen la misma sección, de los contrario la luz de ménsula será mayor a medida que aumente la rigidez del nudo.

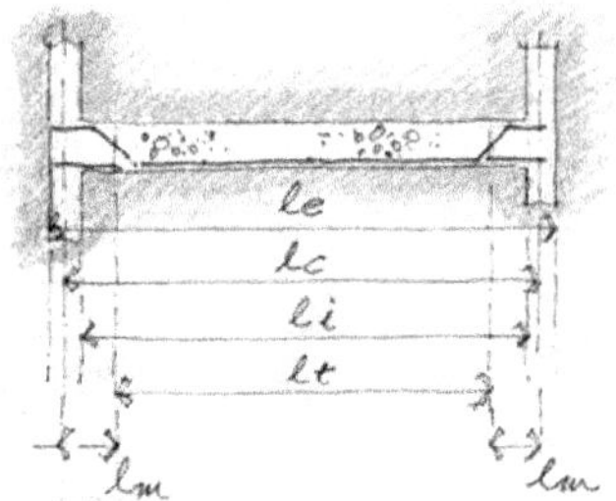

Figura 13.4

Vemos que la longitud de cálculo no está impuesta por la distancia entre columnas, sino por el grado de rigidez de los apoyos y esto queda a voluntad del proyectista.

2.3. La elástica.

General.

La viga al recibir carga se deforma y parte de esa deformación se la transfiere a la columna. Para dibujar la elástica de manera aproximada debemos observar el entorno completo que rodean a la viga *(figura 13.5)*. En el esquema que sigue la viga comparte columna inferior, columna superior y losas.

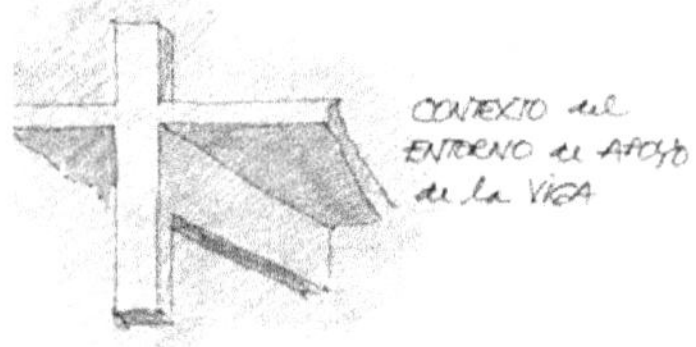

Figura 13.5

Es un apoyo con mediana rigidez, entonces imaginamos la deformada de viga y columna en función de las rigideces de las piezas que participan en el sistema *(figura 13.6)*.

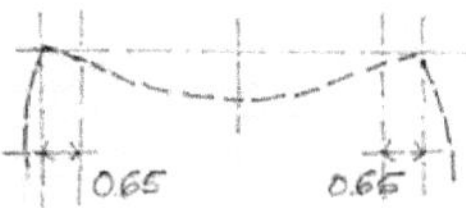

Figura 13.6

El punto de inflexión es el paso de curvatura positiva en el tramo (cóncava hacia arriba) a la negativa cerca de los apoyos (cóncava hacia abajo), en el cambio de curvatura el flector es nulo *(figura 13.6)*. También podemos definir como el punto de cambio de la velocidad de inclinación de la tangente a la elástica. Suponemos de manera aproximada que la inflexión se produce a *0,65* metros del eje de columnas. De esta manera vemos todas las piezas con sus elásticas; las columnas, las ménsulas y el tramo central de viga.

Trazado de la elástica.

Cualquier escala de dibujo de la elástica sirve para determinar las zonas de inflexión, solo es necesario mantener un criterio cuidadoso en su trazado, pensando en el grado de empotramiento o rigidez del nudo y su relación con la rigidez de la viga.

Mostramos una viga de rigidez normal que participa del nudo de apoyo de muy alta rigidez en ambos apoyos. En este caso consideramos la clásica viga empotrada en los dos extremos. La deformada la trazamos en dos escalas diferentes. Vemos que la vertical de los puntos de inflexión es la misma *(figura 13.7)*.

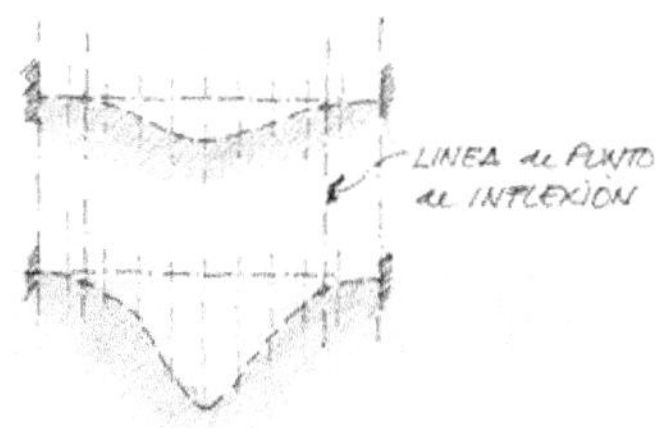

Figura 13.7

En el arranque del empotramiento la tangente de la elástica es horizontal. La distancia del punto de inflexión al apoyo es de $\approx$ *0,20.l* en este caso, si la viga tuviera 5,00 metros de longitud, la inflexión se presenta a $\approx$ *1,00* del apoyo. Para el trazado de las elásticas es necesaria experiencia y práctica, en especial tener sensibilidad a las rigideces de las condiciones de borde de la viga. Eso ya lo vimos; la diferencia de rigideces de una columna de último piso en un edificio alto y la rigidez de la misma columna en planta baja.

De manera general la verificación anterior la representamos en la figura de una viga con empotramientos iguales en ambos extremos *(figura 13.8)*. En este caso particular los momentos de apoyo son iguales.

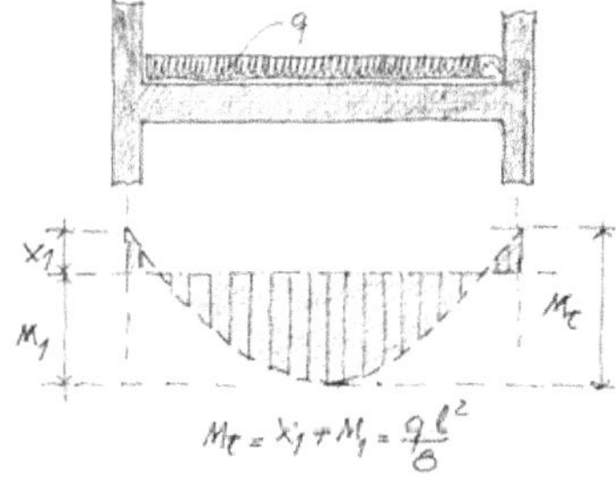

Figura 13.8

Flector nominal de apoyo: X_1
Flector nominal de tramo: M_1

La distancia entre la línea superior de flectores negativos y la inferior de flector positivo es:

$$M_{tot} = \frac{X_1 + X_1}{2} + M_1 = \frac{ql^2}{8}$$

El flector negativo "X_1" afecta a las piezas que llegan al apoyo que pueden ser vigas o columnas *(figura 13.9)*.

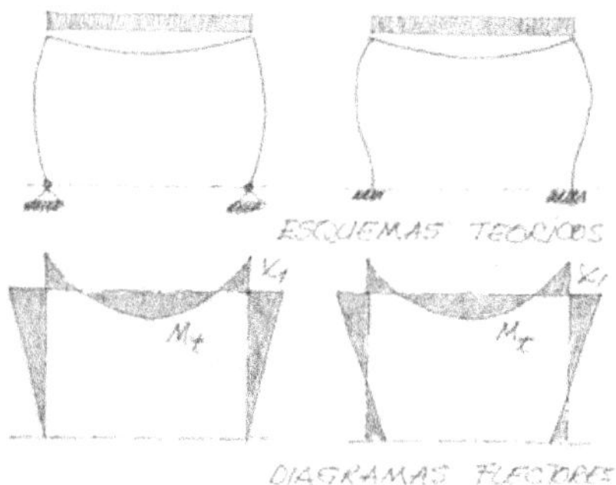

Figura 13.9

La imagen superior muestra dos tipos de pórticos; el de la izquierda articulado y el de la derecha empotrado. Vemos en los diagramas de flectores la manera que el *"X_1"* afecta las columnas.

2.4. Caso particular: Viga de un tramo con voladizo.

General.

La viga simple con voladizo en el extremo es un sistema isostático. En este caso el uso de elástica y rótula no es posible porque transformaría al sistema en inestable; el momento flector de voladizo no se lo puede modificar. Pero si los apoyos son monolíticos se transforma en hiperestático y es posible diseñar mediante elástica y rótula.

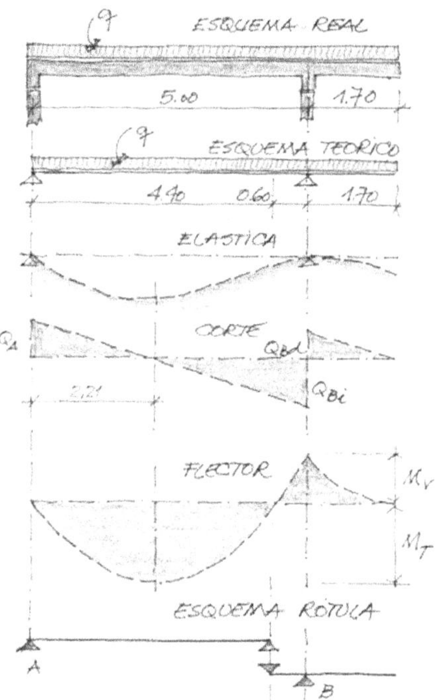

Figura 13.10

Hacemos una práctica de trazado de elástica y luego la comparamos con los resultados obtenidos desde la aplicación de ecuaciones de la teoría clásica *(figura 13.10)*.

Viga isostática:

Cualquier cambio que realicemos en la posición del punto de inflexión generamos una reacción de la viga de simple apoyo que no es compatible con la que necesita el voladizo para mantenerse en equilibrio. Dibujamos la elástica en escala exagerada en busca el punto de inflexión y la encontramos a una distancia de ≈ *0,60* metros del apoyo derecho y a *4,40* metros del apoyo izquierdo.

Viga hiperestática:

Si las columnas tuvieran rigidez elevada, el esquema de viga isostática se transforma en un pórtico y la viga resulta hiperestática. En ese caso es posible utilizar el método de rótulas para calcular las solicitaciones de flectores y reacciones.

3. Rótulas vigas homogéneas de hierro o madera.

3.1. General.

La incorporación de una o más rótulas en un sistema continuo permite "diseñar" los momentos flectores positivos y negativos, con ello salimos del cerco rígido impuesto por la teoría clásica (vigas Gerber).

En la figura mostramos una viga de dos tramos continua y de luces iguales, colocando la articulación en uno de los tramos a distancia de *0,17.l* del apoyo central, logramos que los momentos positivos de tramos sean iguales a los negativos de apoyo. Esta posibilidad de maniobrar con los momentos permite elevar la eficiencia de vigas homogéneas, como el caso de los perfiles metálicos y vigas de madera *(figura 13.11)*.

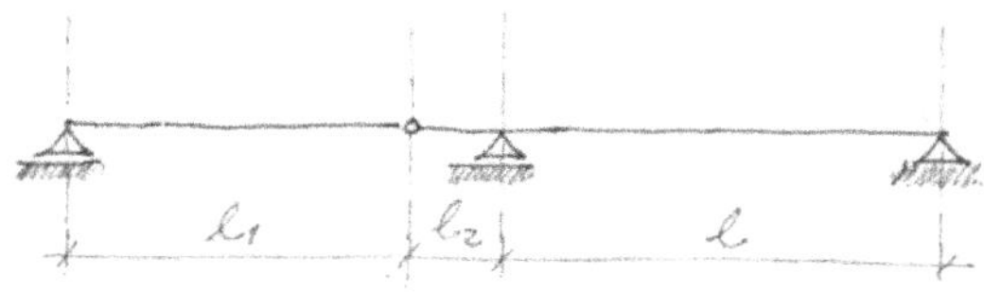

Figura 13.11

Para generar una articulación o rótula, el perfil metálico es cortado y se colocan dos planchuelas, una a cada lado. De un extremo de la planchuela se ajustan dos o más bulones con sus tuercas y del otro extremo u solo perno con sección suficiente para que resista los esfuerzos de corte pero que pueda allí girar la deformada de la viga. Esta figura la hemos mostrado antes, para comodidad del lector la repetimos *(figura 13.12)*.

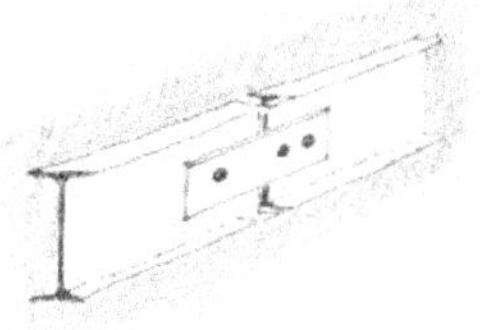

Figura 13.12

En vigas de madera maciza también se construye la articulación con placas y bulones similares a las metálicas.

3.2. Articulación según tablas.

El estudio anterior lo realizamos sobre los datos de una viga continua de dos tramos. En la tabla que sigue se indican las distancias de las articulaciones para vigas de diferentes tramos continuos, para obtener cierta uniformidad entre flectores de tramos y apoyos *(figura 13.13)*.

En el caso de vigas de varios tramos de luces iguales y carga uniformes, las distancias más convenientes de los puntos de articulación se indican como:

Dos tramos:	$\approx 0,17\,l$
Tres tramos alternativa (1):	$\approx 0,12\,l$
Tres tramos alternativa (2):	$\approx 0,22\,l$
Cuatro tramos:	$\approx 0,20\,l \quad \approx 0,16\,l \quad \approx 0,12\,l$

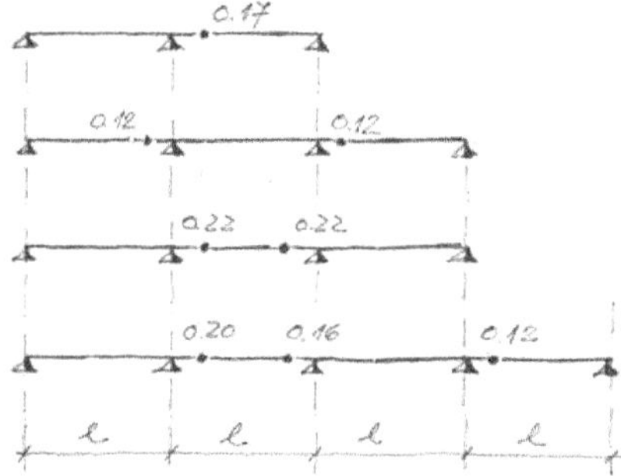

Figura 13.13

Los factores indicados son para obtener momentos flectores positivos de tramos iguales o aproximados a los de apoyo para aumentar la eficiencia de vigas macizas de hierro o madera. Si observamos la figura la cantidad de rótulas que podemos diseñar en vigas continuas es de *(n -2)*, donde "n" es la cantidad de apoyos.

3.3. Viga con rótula calculada por método clásico teórico.

Parte teórica.

La viga continua de dos tramos es un sistema hiperestático, lo podemos transformar en isostático y además le imponemos la posición de las secciones con flector nulo. Se coloca una articulación en el tramo izquierdo de la viga continua, con ella el sistema se transforma en isostático y los flectores positivos y negativos se controlan. La viga transformada tiene las características *(figura 13.14)*:

a) a la izquierda viga de apoyos simples.
b) a la derecha viga de apoyos simples con voladizo.

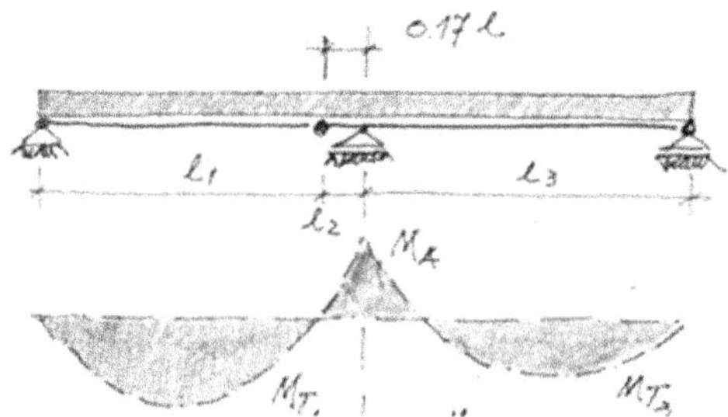

Figura 13.14

Las solicitaciones:

Distancia de articulación: l_2
Momento de tramo de l_1: $Mt_1 = ql_1^2/8$
Reacciones de tramo positivo: $l_1 : R_1 = ql_1/2$
Momento de apoyo negativo: $Ma = (ql_1/2)l2 + ql_2^2/2$

Con estos valores se pueden controlar todos los flectores, tanto negativos como positivos. En las vigas metálicas (sección uniforme longitudinal) se busca una distancia del apoyo a la articulación tal que los momentos de tramo sean iguales a los de apoyo; de esta manera se utiliza un perfil de dimensiones iguales en tramo y apoyo.

4. Vigas de hormigón armado.

4.1. General.

En los años del invento de la viga Gerber, el hormigón armado aún no existía como material de estructuras soportes. En la actualidad a más de siglo y medio de ese invento, el método ingresa de manera lenta en las vigas de hormigón mediante un adecuado diseño de la geometría y posición de las barras dentro del hormigón. En hormigón armado los apoyos, en su mayoría son monolíticos, esto significa que esos sistemas son hiperestáticos.

Pero lo interesante de las estructuras de hormigón armado es que en las uniones de los diferentes elementos, los nudos pueden tener diferentes grados de rigidez en función de la posición y cantidad de barras de acero que se coloquen en el lugar. Incluso es posible diseñar las vigas con secciones plastificadas tanto de las barras de hierro como del hormigón, eso dependerá de la cuantía de hierro colocada en el lugar. El hormigón armado nos permite graduar la resistencia no solo en estado elástico, sino también en estado plástico. Incluso se puede llegar casi a anular la resistencia al flector en una sección determinada.

4.2. Resistencia de tramo y de apoyo.

Las vigas de hormigón en la mayoría de los casos son monolíticas con las losas. En la imagen se muestra la sección transversal de una viga continua; en el tramo con flector positivo la zona de compresión incluye la losa con un gran área que ofrece una resistencia nominal mayor comparada con la del apoyo donde deja de ser viga tipo "T" y pasa a geometría rectangular simple *(figura 13.15)*.

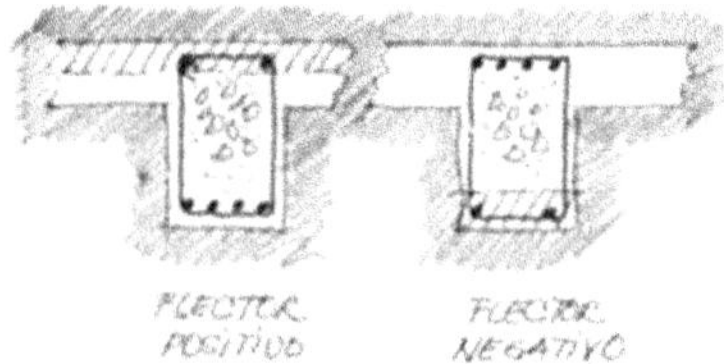

Figura 13.15

4.3. Cambio de rigidez de los nudos.

En el conjunto de un edificio alto, de varias plantas, la posición de las rótulas (punto de inflexión de elástica) cambia de piso a piso por el aumento de la rigidez del nudo; las columnas de plantas inferiores tienen secciones muy grandes respecto a las de planta superiores *(figura 13.16)*.

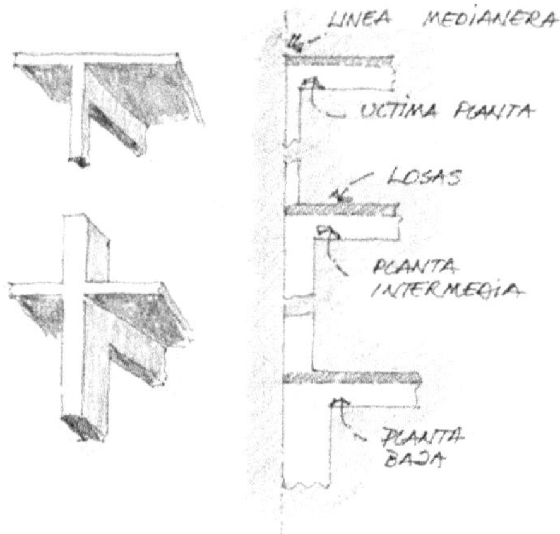

Figura 13.16

Por ejemplo en un edificio de varios pisos, las columnas de planta baja pueden llegar a secciones muy superiores a las de última planta. No sucede lo mismo con las vigas de planta tipo que mantienen la misma sección, en todas las plantas de arquitectura. Lo anterior, desde la relación columna y viga (nudo) indica que el nudo de planta baja tiene una rigidez muy elevada respecto al de la última planta. Podríamos decir que en las plantas inferiores el empotramiento de la viga es casi perfecto. Es por ello que se modifica la elástica en cada nivel en función de la rigidez del nudo donde se empotra la viga; el punto de inflexión de elástica se desplaza hacia el interior de la viga en la medida que aumenta la rigidez del nudo.

4.4. Ajuste de rótula a la relación de rigidez de tramo y apoyo.

Con el dimensionado mediante la teoría clásica son necesarias mayor cantidad de barras en el apoyo que en el tramo; desaprovechamos la forma de viga placa. Para modificar la situación anterior podemos debilitar la rigidez del apoyo y con ello se desplaza el punto de inflexión hacia el apoyo central. Así aumentamos el momento resistente nominal de tramo y reducimos el de apoyo *(figura 13.17)*. En la figura que sigue se muestra la posición de rótula para que los momentos de tramos resulten iguales a los de apoyo $(d_i \approx 0,17.l)$.

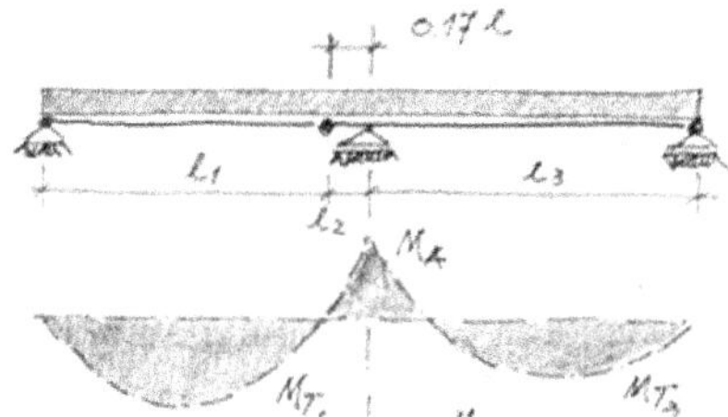

Figura 13.17

Con ello logramos igualar los flectores de tramo y apoyo, pero en hormigón monolítico las vigas en los tramos, por la colaboración de las losas, poseen mayor resistencia que la región de apoyo, por ello es conveniente correr el punto de inflexión a unos $d_i \approx 0,08\ l$ del apoyo central. Con estas maniobras podemos obtener una relación de $M_A < M_T$.

4.5. Configuración de rótulas.

Posición de rótula y rigidez de apoyo.

La viga continua que apoya sobre ménsulas imaginarias en las columnas *(figura 13.18)*. A la izquierda suponemos la rótula a $\approx 0,04\ l$ *(0,20* metros) de la columna, mientras que a la derecha a $0,08\ l$ (0,40 metros). Estas rótulas imaginarias las hacemos realidad con el doblado de las barras de acero.

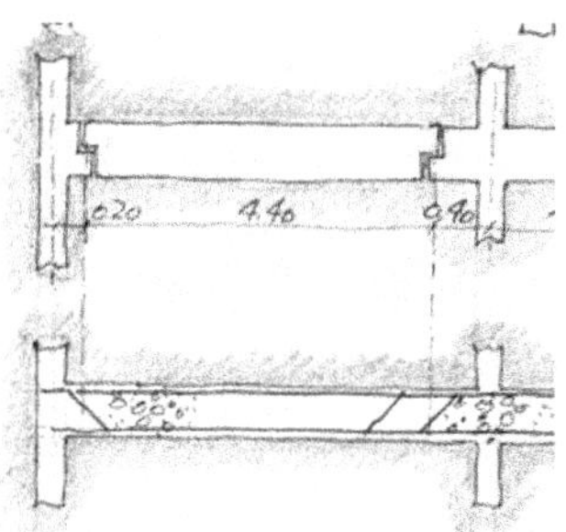

Figura 13.18

La diferencia de distancias de rótulas es por la mayor rigidez que poseen los apoyos internos. Vemos que la posición de rótulas queda a voluntad y del buen criterio del proyectista que debe contemplar las rigideces de apoyos y tramos. Destacamos que en todas las figuras existen estribos que resisten el corte, por una simplificación del esquema no fueron dibujados. Algunos hierros, incluso los de percha los dejamos arriba para el flector externo de empotramiento parcial.

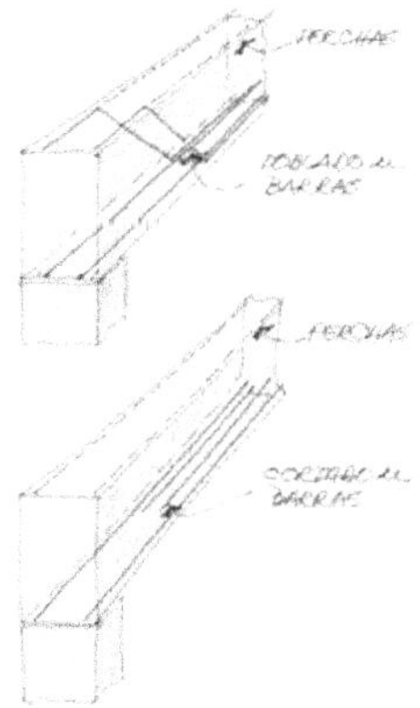

Figura 13.19

Doblado o cortado de barras.

En las figuras que siguen se muestran dos formas de reducir la resistencia del flector en una sección *(figura 13.19)*. La imagen superior responde a una viga donde las barras se doblan a 45°, pasan de la parte inferior a la superior. Podemos decir que en esa sección se invierte la resistencia al flector, de positivos pasan a negativos, entonces en esa región hay resistencia nula a flexión .

Otra forma de materializar las rótulas es cortando las barras que no resultan necesarias para el flector tal como se muestra en la imagen inferior.

Sistemas prefabricados.

En estructuras prefabricadas pretensadas en hormigón las ménsulas y rótulas se materializan según la imagen que sigue, donde la viga se articula sobre la ménsula *(figura 13.20)*.

Figura 13.20

4.6. Nominal flector resistente en hormigón armado.

General.

En ocasiones necesitamos conocer la resistencia nominal de una sección de la viga de hormigón en función de la posición y cantidad de barras de acero, porque ese nominal podemos utilizarlo como dato para el diseño . Suponemos una sección rectangular de hormigón, para determinar el flector resistente interno nominal hacemos uso de la configuración simplificada de esfuerzos en el interior de la viga *(figura 13.21)*.

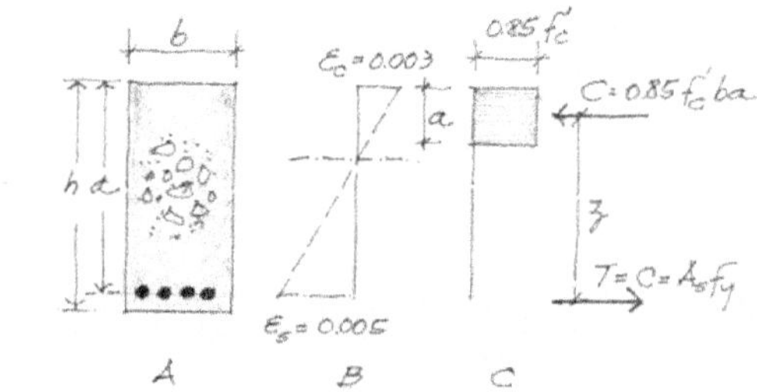

Figura 13.21

Los datos que obtenemos son:

- La sección total de barras en tracción.
- El brazo de palanca $"z" = (h - r)\ 0,85$.
- El valor *"a"* del prisma de compresión.
- La tensión de fluencia del acero "f_y".

- La tensión de rotura del hormigón "f'_c".
- Recubrimiento "r".

Con estos datos determinamos la cupla resistente (nominal interno) multiplicando la fuerza resistente de forman todas las barras $(A_s.f_y)$ por el brazo de palanca "z":

$$Mi = C.z = T.z = A_s . f_y . z$$

Esta ecuación aproximada la utilizaremos para controlar o comparar la resistencia interna (nominal) de la viga con las acciones externas (flector externo) en todo el proceso de diseño y cálculo.

5. Ventajas y desventajas.

5.1. General.

El procedimiento de elástica y rótula posee diferencias en sus cualidades según el tipo de material de la viga. Para hierro y madera está demostrada su utilidad con la solo estadística de su uso por más de un siglo. En cuanto a hormigón armado es necesario poseer una buena experiencia y sensibilidad a estos tipos de estructuras porque se requiere, desde una geometría simple de vigas o columnas entender el grado de rigidez de los apoyos.

5.2. Ventaja.

Destacamos las ventajas en vigas de hormigón armado de mayor relevancia.

- Mediante el diseño de las armaduras (ubicación y cantidad) se puede establecer a voluntad la rigidez flexional de la misma, tanto en apoyos como en tramos. Con ello es posible ubicar los puntos de inflexión o rótulas, según la combinación más conveniente entre flectores de tramo y apoyo.

- Desde la interpretación del funcionamiento de la viga continua posee la ventaja del manejo correcto por parte del proyectista. Los esfuerzos, tanto de flexión como de corte son fáciles de ubicar y controlar.

- Desde aquellas estructuras donde se pueden presentar diferenciales de asentamientos en los suelos, las vigas articuladas no generan flectores adicionales. Los esfuerzos internos son independientes de los asentamientos.

- Desde la construcción, las regiones de rótulas se las obtiene desde la posición y cantidad de barras de acero. No existe costo adicional en la ejecución de las rótulas.

- El cálculo se fácil y sencillo, comparado con las estructuras hiperestáticas.

5.3. Desventaja.

- Repetimos; se requiere de una buena experiencia y sensibilidad en el campo de las estructuras de hormigón armado.

- En todos los casos se deben aplicar los dos métodos; el clásico y el de elástica con rótula. De esa manera cualquier error se detecta antes de la ejecución de la obra.

6. Aplicaciones.

6.1. Resolución de viga con tramo y voladizo.

Inicio.

Resolver la viga del ejemplo anterior mediante el método de "elástica y rótula" *(figura 13.22)* a efectos de controlar los resultados obtenidos mediante el método de teoría clásica

Trazado de elástica.

Esto lo hemos estudiado en el Capítulo 13 "Solicitaciones desde el empirismo". Lo analizamos para darle valores a las reacciones y flectores.

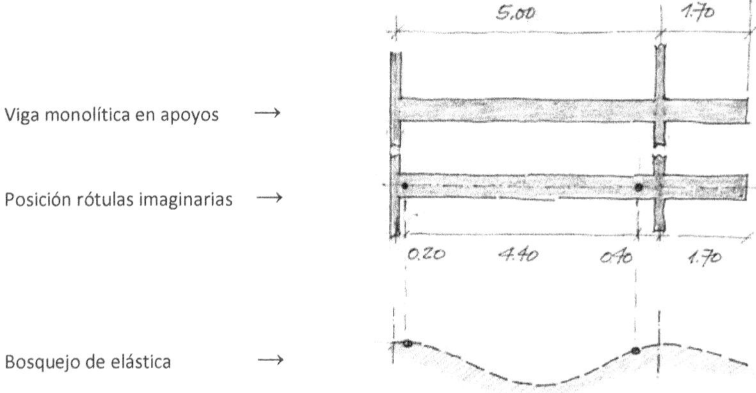

Figura 13.22

La tarea de pensar en la elástica se la adquiere con la repetida ejercitación, en especial en observar, mirar las vigas que nos rodean y pensar en sus deformaciones o elásticas.

Para trazar la elástica debemos imaginar rótulas imaginarias y también pensar en el grado de rigidez del apoyo. En la figura la viga que estamos estudiando puede ser de hormigón armado y se apoya sobre columnas, pero éstas continúan en planta alta. Es decir que el apoyo *"B"* se constituye de manera monolítica de partes de viga, losa y columnas. También en el apoyo *"A"* existe rigidez; entonces el sistema es parte de un pórtico. En ambos casos la rótula la imaginamos como un apoyo simple; una parte de la viga se apoya sobre otra.

La viga de apoyos simple:

Al observar el esquema de la elástica aproximada vemos que el tramo se compone por una viga de un solo tramo y ménsulas en los extremos. De esta manera adoptamos la luz de cálculo de la viga de tramo en escala: ≈ *4,40 metros.* En apoyo izquierdo la ménsula de una longitud ≈ *0,20 metros* y en apoyo derecho por el efecto voladizo la ménsula puede tener unos ≈ *0,40 metros.*

La viga de un tramo tiene las reacciones simples:

$R_B = R_A = 4,4 \cdot 1200 / 2 = 2.640 \; daN$

$M_f = q l^2 / 8 = 1200 \cdot 4,4^2 / 8 \approx 2900 \; daNm$

Las reacciones de esta viga apoyan en las ménsulas; los flectores que genera junto a la carga repartida:

Forma de apoyos de las vigas:

$$M_A = 2640 \cdot 0,20 - \frac{1200 \cdot 0,2^2}{2} \approx 500 \; daMm$$

$$M_B = 2640 \cdot 0,40 - \frac{1200 \cdot 0,4^2}{2} \approx 1.150 \; daMm$$

El flector del voladizo es mayor (1.734 daNm) así reduce la elástica del tramo.

Resumen final:

$R_A = 2.640 \; daN + 0,2 . 1200 = 2880 \; daN$

$R_B = 2.640 \; daN + 0,40 . 1200 + 1,7 . 1200 = 2640 + 480 + 2040 = 5.160 \; daN$

$M_v = - 1.734 \; daN$

$M_t = 2.900 \; daNm$

Diferencias con el teórico.

Las diferencias de las reacciones y de los flectores son reducidas, solo se mantiene igual la reacción y flector del voladizo porque en ambos casos se toma la distancia al eje de apoyo: *1,70* mts.

La viga, cualquiera fuera su material tiene capacidad de redistribuir las solicitaciones. Además recordemos que en caso de madera o perfil de hierro sin rigideces en los apoyos se dimensiona con al flector mayor que está en una sola sección, el resto queda sobre dimensionado.

Eficiencia desde los flectores.

Vemos el caso de una viga metálica de sección uniforme en toda la longitud. Dibujamos el diagrama del flector teórico externo (en rayas) y superpuesto el diagrama de resistencia nominal interna de la pieza (en sombra). Esta gráfica nos permite aproximar una idea de la cantidad de material no utilizado en la resistencia final *(figura 13.23)*.

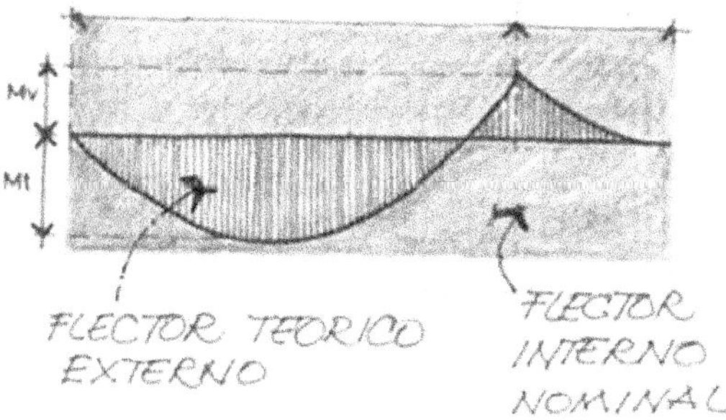

Figura 13.23

En las tareas del buen diseño estructural se encuentra la de reducir las áreas sombreadas y de esa manera mejorar la eficiencia de las piezas estructurales.

Puntos de inflexión.

El punto de inflexión como vimos se lo obtiene de manera aproximada desde el gráfico, pero también es posible obtenerlo desde las ecuaciones que siguen.

1. Hemos considerado un empotramiento parcial en el apoyo izquierdo *"A"*, el primer punto de inflexión lo consideramos a *0,20* metros.

2. Calculamos la reacción de la izquierda a 0,20 mts del eje de columna R_{Ar}:

$$R_{Ar} = \frac{4,8 \cdot 1200}{2} - \frac{1200 \cdot 1,7^2}{2}\frac{1}{4,8} \approx 2.620$$

R_{Ar}: reacción en rótula de apoyo "A"

3. Configuramos la ecuación de momentos flectores igual a cero. Una de las soluciones es el flector nulo en el apoyo *"A"*:

$$x = R_A x - \frac{1200 \cdot x^2}{2} = 0 = \frac{1200 \cdot x^2}{2} - R_A x = 0$$

c) Aplicamos la expresión de ecuaciones de segundo grado:

$$x = \frac{-b \pm \sqrt{b^2 - 4ac}}{2a}$$

d) Resolvemos:

$$x = \frac{-R_A \pm \sqrt{R_A^2 - 0}}{2 \cdot 600} = \frac{-2620 \pm \sqrt{2620^2 - 0}}{2 \cdot 600} \approx 4,4 \text{ metros}$$

Valor similar a los obtenidos de las gráficas de *figura 13.22*. Estas consideraciones se pueden realizar solo en los casos donde existe ciertos valores de empotramientos en los apoyos.

6.2. Influencia del punto de inflexión.

Introducción.

Queremos destacar la influencia que ejerce la posición del punto de inflexión en las vigas. Para esta exploración utilizaremos como modelo de estudio una viga de dos tramos iguales con carga uniforme *(figura 13.24)*.

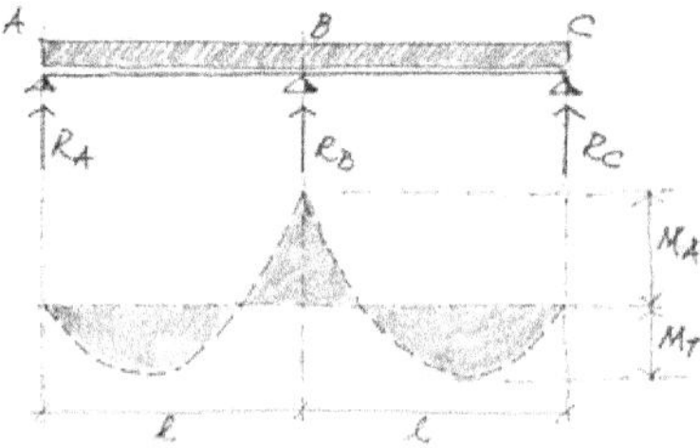

Figura 13.24

El esquema anterior es teórico. Para realizar las maniobras de posición del punto de inflexión que siguen, la viga en la realidad debe formar pórticos con las columnas y los apoyos monolíticos con cierta rigidez al giro.

Estudiamos diferentes casos mediante ejemplos numéricos para una viga de hormigón armado con columnas del mismo material en la parte inferior y superior de cada apoyo:

Caso uno: las solicitaciones desde la teoría clásica gobiernan la cantidad y posición de las barras.

Caso dos y tres: mediante doblado o corte de las barras es posible ajustar los flectores positivos y negativos.

Caso uno: según teoría clásica, rótula posición 1.

Imaginamos la viga como parte de un sistema estructural completo. En la realidad la viga se monolítica con las losas y con las columnas. Pero la teoría clásica considera los apoyos de tipo simples *(figura 13.25)*. Los puntos de inflexión se ubican como sigue:

Región apoyos externos: Sobre eje columnas.

Región apoyo interno: a $\approx 0{,}24l \approx 1{,}70\ mts$ en ambos lados del apoyo central.

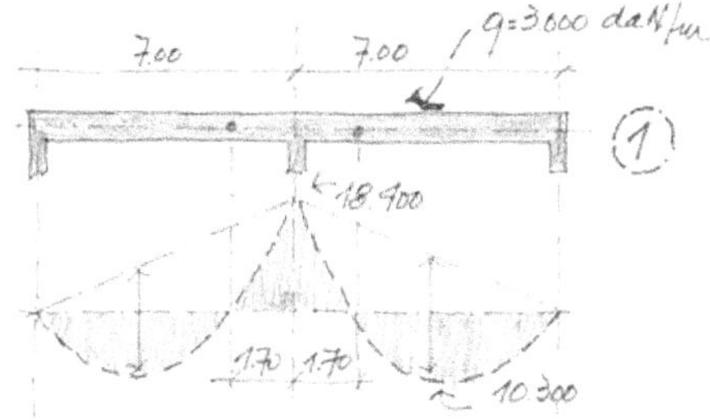

Figura 13.25

Las solicitaciones desde el método teórico resultan:

Datos de viga:
  Longitud de viga: 7,0 metros.
  Carga: q = 3.000 daN/m

Resolución:

  Momento de tramo: $M_T = ql^2/14{,}22$
  Momento de apoyo: $M_A = ql^2/8$
  Reacciones:
  $$R_{Ad} = R_{ai} - M_a/l = R_{Ci}$$
  $$R_{Bi} = R_{ad} + M_a/l = R_{Bd}$$

Estas ecuaciones nos entregan un flector de apoyo $14{,}22/8 \approx 1{,}8$ veces superior al de tramo. Esto exige que la viga en apoyo posea una resistencia interna casi el doble de la necesaria en tramos. Lo vemos mediante valores numéricos.

$M_A = 0\ daNm$

$M_B = ql^2/8 = 3000 \cdot 7^2 / 8 = \mathbf{18.400}\ tm$
$M_T = ql^2/14{,}22 = 3000 \cdot 7^2 / 14{,}22 = \mathbf{10.300}\ tm$
Relación de flectores: $M_B / M_T = 18400 / 10300 \approx 1{,}8$

$R_A = ql/2 - M_A / 7{,}0 = 10500 - 2600 = 7.900\ tn$
$R_B = ql/2 - M_B / 7{,}0 = 10500 + 2600 = 13.100\ tn$

El punto de inflexión teórico se encuentra a una distancia de $\approx$ *1,7* metros del apoyo *"B"*, es por ello la gran diferencia entre la solicitación de apoyo respecto a la del tramo. Esta situación genera problemas en el diseño y la eficiencia de las vigas.

Veamos la posibilidad de acercarnos a la realidad; el hormigón armado es monolítico y configura empotramientos en los apoyos. Por ello podemos generar rótulas o puntos de inflexión separados del eje de columna.

Caso dos: Mediante elástica y rótula posición 2.

Analizamos ahora una viga con una rótula a *0,50* metros de los apoyos extremos *"A" y "C"*, también reducimos a *0,80* metros del apoyo *"B"* porque los apoyos poseen algo de rigidez y desplazan el punto de inflexión *(figura 13.26).*

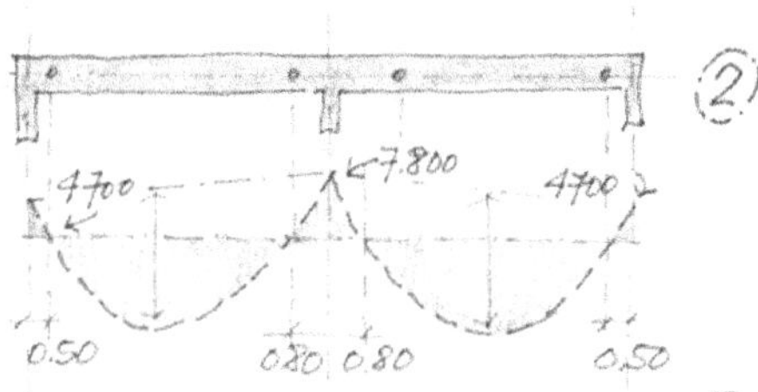

Figura 13.26

Calculamos el tramo central como de simple apoyo con una longitud de:

$l = 7,00 - 0,50 - 0,8 = 5,70\ metros$
$M_T = ql^2/8 = 3000 . 5,7^2 / 8 = \mathbf{12.200}\ daNm$
$R_{A1} = R_{B1} = ql/2 = 3000 . 5,7 / 2 = 8.600\ tn$

Ménsula en "A":

$M_A = R_{A1}\, l + ql^2/2 = 8600 . 0,5 + 3000 .0,5^2 / 2 \approx \mathbf{4.700}\ daNm$

Ménsula en "B":

$M_B = R_{B1}\, l + ql^2/2 = 8600 . 0,8 + 3000 .0,8^2 / 2 \approx \mathbf{7.800}\ daNm$

Ahora el flector de tramo es mayor que el del apoyo *"B"* situación que favorece a las vigas de hormigón monolíticas con las losas de entrepiso.

Caso tres: Mediante elástica y rótula posición 3.

Realizamos una práctica más *(figura 13.27).* Generamos una rótula a *0,80* metros del apoyo *"A"* y la otra a *1,10* del apoyo *"B"*. para calcular las solicitaciones procedemos como sigue:

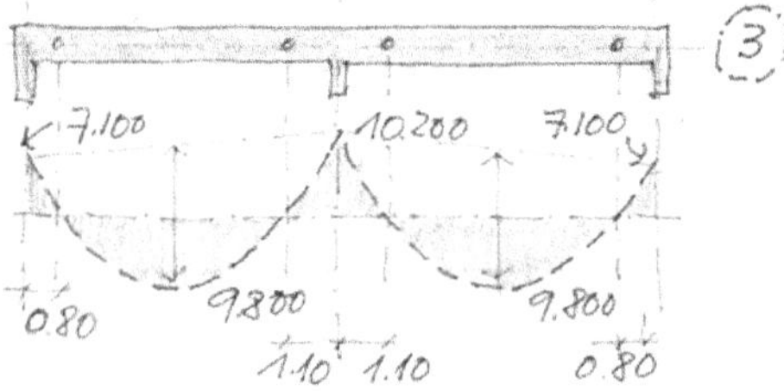

Figura 13.27

Calculamos el tramo central como de simple apoyo con una longitud de:

$l = 7,00 - 0,80 - 1,10 = 5,10 \ metros$

$M_T = ql^2/8 = 3000 \ . \ 5,1^2 \ / \ 8 = \mathbf{9.800} \ daNm$

$R_{A1} = R_{B1} = ql/2 = 3000 \ . \ 5,1 \ / \ 2 = 7.650 \ tn$

Ménsula en "A":

$M_A = R_{A1} \, l + ql^2/2 = 7650 \ . \ 0,8 + 3000 \ .0,8^2 \ / \ 2 \approx \mathbf{7.100} \ daNm$

Ménsula en "B":

$M_B = R_{B1} \, l + ql^2/2 = 7650 \ . \ 1,1 + 3000 \ .1,1^2 \ / \ 2 \approx \mathbf{10.200} \ daNm$

En este caso el flector de tramo aumenta y se aproxima al del apoyo, relación que favorece a vigas de hormigón de sección rectangular en tramos y apoyos.

Verificación:

En las vigas hemos cambiado la posición de la articulación o rótula interna, pero se mantiene la carga y la longitud total, esto significa que en todos los casos el flector total debe ser igual o aproximado. El flector total corresponde a una viga de simple apoyo: *18,4 ≈ 19* daNm que debe verificar con al valor del momento de tramo de la viga modificada más la mitad del flector negativo de apoyo.

En todos los casos es conveniente realizar la siguiente verificación:

Caso uno:

Promedio de momentos negativos: *(0 + 18,4)/2 ≈ 9,2*

Total de tramo: *9,2 + 10,3 ≈ **19***

Caso dos:

Promedio de momentos negativos: *(7,1 + 10,2)/2 ≈ 8,7*

Total de tramo: *9,8 + 8,7 ≈ **19***

Caso tres:

Promedio de momentos negativos: *(4,7 + 7,8)/2 ≈ 6,3*

Total de tramo: *6,3 + 12,2 ≈ **19***

6.3. Viga de un tramo: cálculo de flectores internos.

Inicio.

Una viga de hormigón armado de un tramo apoya sobre columnas rígidas, también de hormigón. El nudo genera empotramiento según la sección de barras en la parte superior de viga que llegan a ella. Realizamos la aplicación de diferenciar el momento total teórico de la viga (M_e) del momento nominal resistente en apoyo (M_i).

Datos.

Distancia a ejes de columnas: *6,00* metros.
Carga distribuida: *3.000* daN/ml
$R_A = R_B = 9.000$ daN
Barras de construcción arriba: perchas: *2 ϕ 10 mm. (figura 13.28):*
    $A_s = 2 \ . \ 0,78 = 1,56 \ cm^2$

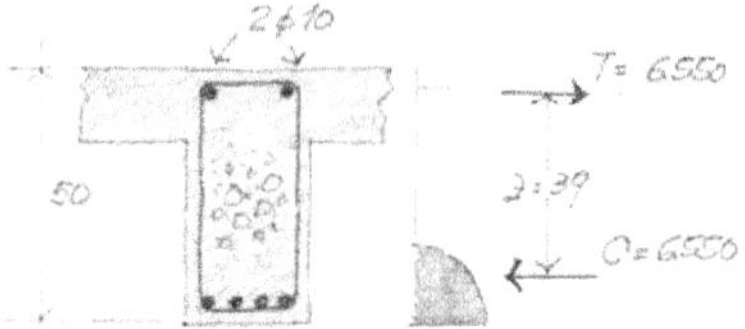

Figura 13.28

Altura total de viga: *50 cm*.
Recubrimiento de barras: *4 cm*
Brazo de palanca aproximado de la cupla interna de viga en apoyo:
$z = (50 - 4)\,0,85 = 39\ cm$

Momento nominal de viga en apoyo.

Momento nominal resistente en apoyo arriba, en los nudos:
$T = A_s \cdot 4200 = 1,56\ cm2 \cdot 4200\ daN/cm2 \approx 6.550\ daN$
$M_i = 6550 \cdot 0,39 \approx 2.500\ daNm$

Momento teórico de fuerzas externas total.

Momento máximo externo de tramo:
$Mt = ql^2/8 = 3000 \cdot 6^2 / 8 = 13.500\ daN$

Momento real de tramo.

Diseño de armadura de tramo: Existe un empotramiento generado por las barras de construcción $(M_A = 2.500$ daNm$)$, el flector de tramo se obtiene de la diferencia *(figura 13.29)*:
$M_{t\ final} = M_t - M_A = 13.500 - 2.500 = 11.000\ daNm$

Figura 13.29

Vemos que utilizando el flector de resistencia interna de apoyo reducimos en un 20 % el flector final de apoyo. Ese flector de apoyo debe ser sostenido por las columnas o vigas adyacentes.

6.4. Viga calculada por método clásico teórico (viga metálica).

Inicio.

Dimensionamos una viga continua de tramos iguales *(figura 13.30)*. Determinamos las solicitaciones según lo indicado en las tablas del capítulo anterior.

Momentos flectores externos.

Momento de tramo: $Mt = ql^2/14,22 = 3.516\ daNm$
Momento de apoyo: $Ma = ql^2/8 = 6.250\ daNm$

Reacciones:
$R_{Ad} = R_{ai} - M_a / l = R_{Ci} = (2000 \cdot 5,00 / 2) - (6300 / 5,0) \approx 3.700\ daN$

$$R_{Bi} = R_{ad} + M_a / l = R_{Bd} = (2000 \cdot 5{,}00 / 2) + (6300 / 5{,}0) \approx 6.300 \; daN$$

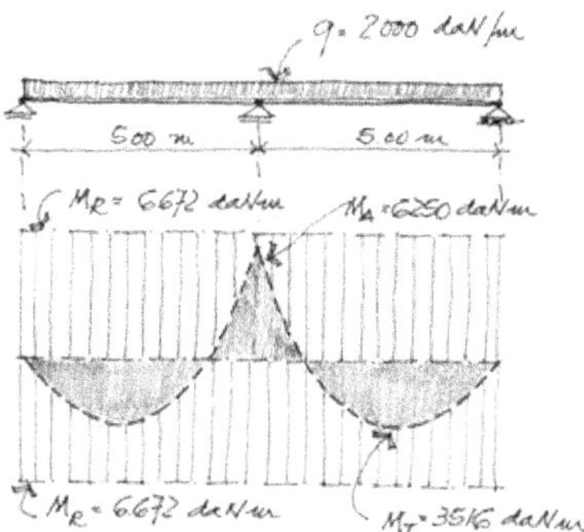

Figura 13.30

Dimensionado.

Desde el dimensionado se necesitan perfiles metálicos:

Para los tramos: *IPN 220*
Para el apoyo: *IPN 260*

Problema de eficiencia y armado.

Se presenta una dificultad técnica constructiva por la diferencia de altura de los perfiles de apoyos y tramo. Se puede resolver de alguna de las siguientes formas:

- Utilizar un solo tipo de perfil. Se coloca en todo el largo de la viga continua el *IPN 260* (por exigencias del apoyo). Con ello se aumenta de manera innecesaria la seguridad y la eficiencia estructural disminuye. Los vemos en el dibujo; la región en sombra es la resistencia requerida y la región a rayas es la resistencia disponible. Existe un elevado desperdicio de resistencia disponible.
- Colocar platabandas o refuerzos en región de apoyos para resistir el flector mayor y el resto de la viga con el *IPN 220*.
- Una articulación cercana al apoyo central (viga Gerber).

6.5. Viga calculada por método rótulas.

Parte numérica.

Se coloca una articulación en uno de los lados a distancia de *0,17 l* para que los flectores de tramo y apoyo sean iguales. El sistema así diseñado tendrá mayor eficiencia que el hiperestático de la teoría clásica *(figura 13.31)*.

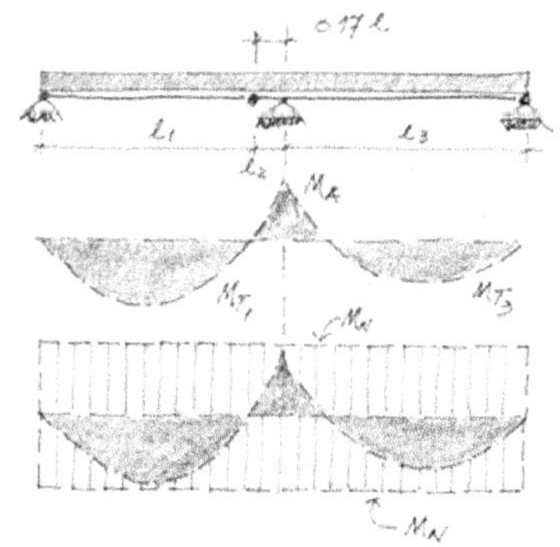

Figura 13.31

Viga izquierda simple dos apoyos:

Distancia entre apoyos: $l = 5,0$ metros.
Distancia tramo: $l_1 = 4,15$ metros.
Distancia voladizo: $l_2 = l_1 \cdot 0,17 = 0,85$ metros.
Carga uniforme: $q = 2.000$ daN/ml
Momento flector: $Mt = ql^2/8 \approx$ **4.300 daNm**
Reacciones de tramo interno izquierdo:
$R_{Ad} = R_{Bi} = (2000 \cdot 4,15 / 2) \approx 4.150$ daN

Viga derecha simple dos apoyos con voladizo:

Distancia tramo: $l_2 = 5,00$ metros con voladizo de $0,85$ metros.
Momento flector en apoyo: $Ma = R_B\, l + ql_2^2/2 \approx$ **4.250 daNm**
Reacciones: $R_B = (2000 \cdot 5,0 / 2) + (4250 \cdot 5,0) \approx 5.850\ daN$
Reacciones: $R_C = (2000 \cdot 5,0 / 2) - (4250 \cdot 5,0) \approx 4.150 daN$

Obtenemos que los flectores de tramo resulten iguales a los de apoyo aumentando la eficiencia del sistema. Con esto se salva el problema técnico constructivo y es posible utilizar un solo perfil. En este caso se requiere uno del tipo IPN 220.

En este ejemplo hemos empleado factores que nos entregan flectores muy similares entre tramo y apoyo porque construiremos sistema metálico de sección uniforme. Pero en el caso de hormigón armado debemos revisar la geometría del tramo y apoyo para aprovechar el efecto de viga placa que otorga la losa.

6.6. Viga empotrada en ambos extremos.

Según la teoría clásica elástica.

Para una viga con empotramientos perfectos en sus extremos la teoría clásica determina los flectores con las siguientes expresiones *(figura 13.32)*:

$$M_{tramo} = \frac{ql^2}{24} \qquad M_{apoyo} = \frac{ql^2}{12}$$

La magnitud del flector externo del tramo es la mitad que el de apoyo.

Veamos con un ejemplo: la misma viga que hemos utilizado en ejemplos anteriores:

Longitud: $5,00$ metros.
Carga: 2.000 daN/m
$M_{tramo} \approx$ 2.100 daNm
$M_{apoyo} \approx$ 4.200 daNm

Según rótula y elástica:

Esto lo podemos comprobar desde los puntos de inflexión (caso de empotramiento perfecto), elegimos una distancia di $\approx 0,21.l = 1,05$ metros:

Viga isostática de tramo:

Longitud de ménsula: $5,00 \cdot 0,21 = 1,05$ metros
Longitud de tramo: $2,90$ metros
Flector de tramo: $ql^2/8 \approx 2.100$ daNm $R_A = R_B = 2.000 \cdot 2,9 / 2 = 2.900$ daN

Flector en ménsula: $(2900 \cdot 1,05) + (2.000 \cdot 1,05^2 / 2) \approx 4.200$ daN

Valores similares a los obtenidos con las ecuaciones de la teoría.

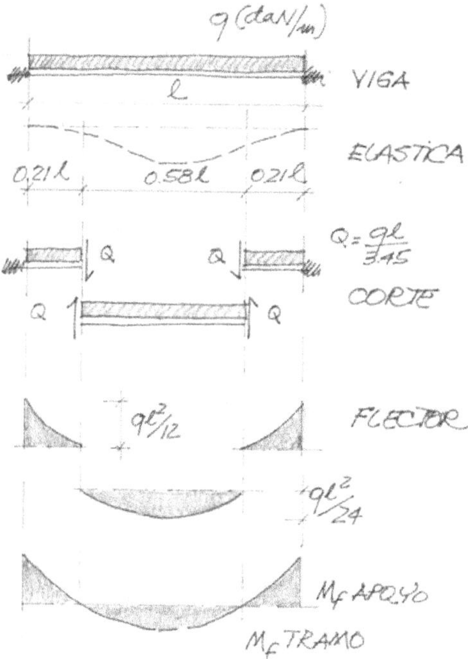

Figura 13.32

Otras consideraciones..

Un caso que se toma como empotramiento perfecto son las vigas centrales de varios tramos que desde la teoría surgen momentos de tramos y apoyos muy diferentes. En esos caso es conveniente utilizar el método de elástica y rótula de manera de reducir las diferencias entre ellos. En la tabla indicada más arriba aparecen vigas de varios tramos con las distancias de los puntos de inflexión.

6.7. Viga simple de hormigón armado.

Datos y análisis de la viga.

Estudiamos la viga en hormigón armado dos tramos continuos e iguales. La resolvemos por dos métodos: el clásico de apoyos simple y el de rótulas (punto de inflexión).

Datos:

- Longitud total de extremo a extremo: *7,30* metros.
- Barras de construcción (perchas): $2 \phi 12 = 2,26$ cm^2
- Nudo: columnas superior e inferior, viga y losa de manera monolítica.
- Lados de columna: *0,30* metros.
- Distancia a ejes de columnas: *7,00* metros.
- Carga uniforme repartida: *5.500* daN/m (aumentada con los coeficientes de seguridad de cargas permanentes y de sobrecargas ≈ 1,8)

Resolución por teoría clásica.

Esta teoría considera la viga con apoyos simples y libre giro en los apoyos. Solo de analiza el tramo porque en los apoyos el flector es nulo.

* Luz de cálculo: *7,00* metros.
* Altura mínima por deformación: *l/16 = 700/16 = 44* cm
* Recubrimiento de barras: *r = 5* cm.
* Adoptamos: b = *30* cm   d = *55*   z = *(55 – 5) . 0,85 = 42,5* cm
  Flector máximo externo:

  $ql^2/8 \approx 33.500$ daNm $R_A = R_B = 19.250$ daN

  Me = 18.400

  Flector nominal resistente interno:

  $M_i = C.z = T.z = A_s . f_y . z = M_i = 33.500\ daNm$

  $A_s = (33500\ daNm . 100\ cm) / (4200\ daN/cm^2 . 42,5\ cm) = 18.8\ cm^2$

  Se necesitan: ≈ 10 barras de *16* mm en dos capas *(20 cm²)*.

Resolución elástica y rótula.

Tramo:

* Suponemos la rótula o articulación a *45* cm del eje de columna.
* Luz de cálculo ménsulas a eje columna: *45* cm.
* Luz de cálculo viga en tramo central: *610* cm *(6,10* metros).
* Altura mínima por deformación: *l/16 = 610/16 = 38* cm
* Recubrimiento de barras: r = 5 cm.
  Mantenemos las dimensiones de hormigón del ejemplo anterior:

  Adoptamos: *b = 30 cm   d = 55   z = (55 – 5) . 0,85 = 42,5 cm*

  Flector máximo:

  $ql^2/8 \approx 25.600\ daNm$ $R_A = R_B = 16.800\ daN$

  Con estos valores se dimensiona la viga:
  $M_e = 25600 = M_i = C.z = T.z = A_s . f_y . z$

  $A_s = (25600\ daNm . 100\ cm) / (4200\ daN/cm^2 . 42,5\ cm) = 14,3\ cm^2$

  Se necesitan ≈ 7 barras de *16* mm *(14 cm²)*

Resumen: en barras de tracción en tramo reducimos la sección necesaria en un 30 % valor significativo para lograr eficiencia en las estructuras.

También es posible cortar algunas barras; el momento flector es una parábola con su máximo valor *(25.600* daNm) al medio de viga y a una distancia de *1,45* metros del eje de apoyo, la magnitud del flector se reduce casi a la mitad (≈ 14.000 daNm).

Las barras necesarias para ese valor:

$A_s = (14000\ daNm . 100\ cm) / (4200\ daN/cm^2 . 42,5\ cm) = 7,85\ cm^2$

Se necesitan ≈ 4 barras de *16* mm *(18 cm²)*

Ménsulas:

Por el monolitismo de viga con columna, en los apoyos se genera un flector negativo de empotramiento (ménsula).

* Luz de cálculo ménsulas a eje columna: *45* cm.

- Carga sobre extremo de ménsula: *16.800* daN
  Flector de ménsula (carga concentrada en extremo y carga repartida):

$M_f = 16800 \cdot 0{,}45 + 0{,}45^2 \cdot 5500 / 2 \approx 8.100\ daN$

Mantenemos las dimensiones de hormigón:

Adoptamos: $b = 30\ cm$ $d = 55$ $z = (55 - 5) \cdot 0{,}85 = 42{,}5\ cm$

Con estos valores se dimensiona la ménsula:

$Me = 4420 = Mi = C.z = T.z = A_s \cdot f_y \cdot z$

$A_s = (8100\ daNm \cdot 100\ cm) / (4200\ daN/cm^2 \cdot 42{,}5\ cm) \approx 4.5\ cm^2$

Diseño de barras en apoyo:

Existentes: *2* barras *12* mm (perchas): *2,26 cm²*
Agregar: *2* barras *12* mm   : *2,26 cm²*
Total: *4* barras *12* mm (*4,52 cm²*).

Cuando se calculen las columnas inferior y superior de los apoyos se les debe incorporar como acción el flector transmitido por la viga.

Esquema de viga.

Dibujamos el esquema resumido de viga *(figura 13.33)*. Faltan indicar los estribos y las longitudes de anclajes de las barras (artículo 12.2 "Longitudes de anclaje" Cirsoc 201).

Barras (a): 2 ϕ 12 arriba en el apoyo (flexión negativa).
Barras (b): 2 ϕ 12 arriba todo el largo de viga (flexión negativa).
Barras (c): 4 ϕ 16 Abajo en todo el largo de viga (flexión positiva).
Barras (d): 3 ϕ 16 abajo en tramo central (flexión positiva).

Las barras (b) también sirven de perchas o soportes de estribos durante la fase de ejecución y armado.

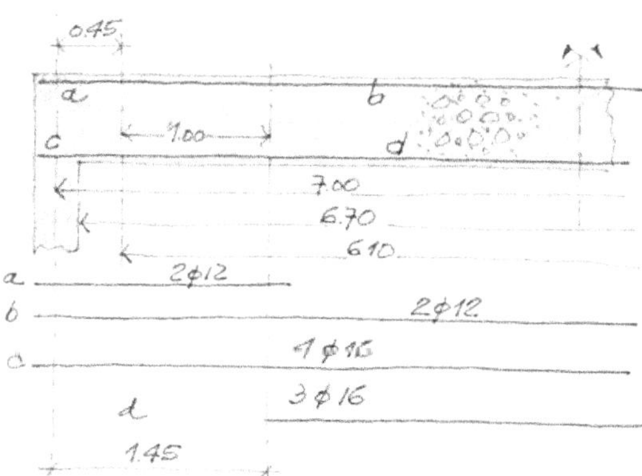

Figura 13.33

14

Esfuerzos internos
Teoría

1. Los esfuerzos y la eficiencia.

1.1. General.

Existen varios procedimientos para establecer la eficiencia de una estructura. En el Capítulo 1 "Introducción" hemos reflexionado sobre la eficiencias de los sistemas estructurales desde la relación de superficie útil y superficie ocupada por proyección de soportes. Ahora lo haremos desde el tipo de esfuerzo interno de las piezas estructurales.

Como vemos el estudio de los esfuerzos internos en las piezas de una estructura, se realiza para el dimensionado, pero también para el control de la eficiencia. Esto significa emplear la menor cantidad de material posible en el sistema.

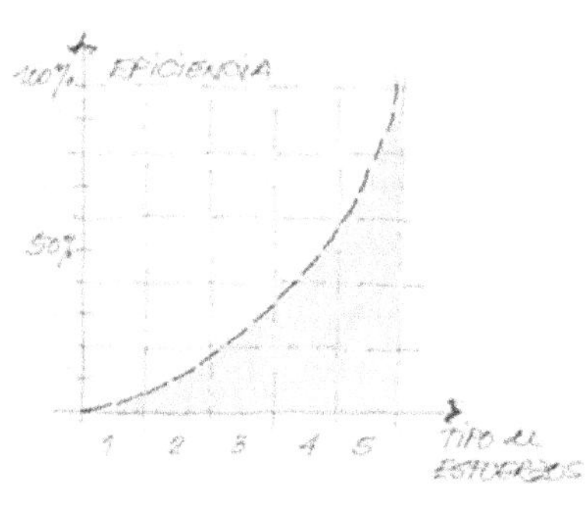

Figura 14.1

En la figura 14.1 elegimos un solo material para el estudio, por ejemplo, el hierro y una longitud igual para todas piezas de ensayo. Analizamos la cantidad en kilogramos empleados para sostener la misma carga con esfuerzos de diferentes tipos, así podemos realizar una curva aproximada de eficiencia. En el eje vertical la eficiencia y en el horizontal cinco tipos de esfuerzos internos.

Caso (1): Tracción:
El esfuerzo más económico, respecto de los otros es el de tracción. Solo pensar en el diámetro de un cable de acero que soporta cargas en tracción.

Caso (2): Compresión.
Algo parecido sucede con columnas robustas sometidas a compresión pura. En las columnas esbeltas con efecto pandeo surge flexo compresión y se reduce la eficiencia.

Caso (3): Flexo tracción y corte:
Aquí está el flector, el corte y la tracción. Esta última, al ser auto correctiva disminuye bastante la cantidad de material en la pieza estructural. Ejemplo de esta situación son los cordones inferiores de los reticulados.

Caso (4): Flexo compresión:
La de menor eficiencia es el caso de una columna con carga y reacción excéntricas, por ejemplo en medianera que soporta cargas de compresión y además de flexión (bases excéntricas).

Caso (5): Flexión pura sin corte:
Es raro de encontrar piezas en esta situación, se pueden dar en las vigas de equilibrio en fundaciones donde la posición de las vigas y las reacciones del suelo producen flexión pura. En los laboratorios de ensayos de logra aplicando dos cargas en los tercios medio de la longitud; en el tercio central hay flexión pura y en los laterales flexión plana.

Caso (6): Flexión plana (flexión y corte):
Son las vigas donde en una misma sección se puede combinar corte con la flexión. En las vigas metálicas y de madera, en general es la flexión la que genera la falla, el corte se da solo en vigas muy cortas y cargas muy altas. Sin embargo en las vigas de hormigón la situación es inversa, en muchos casos se presenta primero por corte, según la posición y cantidad de las barras de acero.

Los esquemas que siguen muestran cada uno de los casos anteriores *(figura 14.2)*.

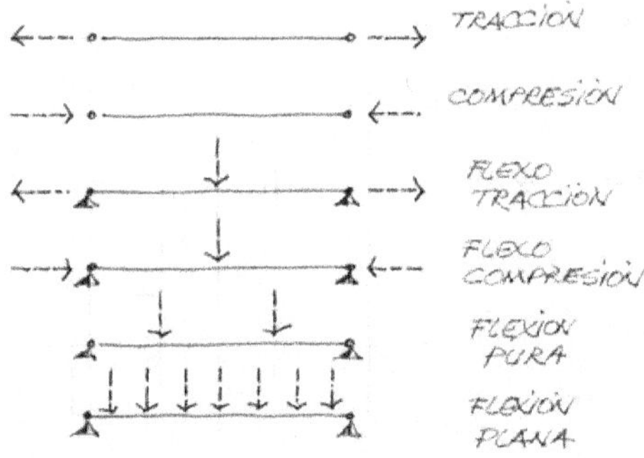

Figura 14.2

Estas consideraciones sobre la eficiencia de la estructura y los esfuerzos internos son aproximaciones conceptuales. Lo anterior lo apreciamos en dos tipos extremos de construcciones para moradas del hombre: la carpa y la bóveda. En la capítulos anteriores los estudiamos desde relación de superficie útil y superficie de soportes, pero ahora debemos razonar desde la masa. El peso de la carpa es miles de veces menor que el de la cúpula de piedras. En el primero predomina la tracción en la mayoría de sus elementos y en la bóveda de piedra la compresión acompañada de flexión.

2. Tipos de piezas.

Para ordenarnos en el estudio de los esfuerzos y su relación con la estructura clasificamos las piezas en dos grupos: macizas y reticuladas *(figura 14.3)*.

Macizas:

- Macizas homogéneas (madera o hierro).
- Macizas heterogéneas (hormigón armado).

Reticuladas:

- Reticuladas de cordones paralelos.
- Reticuladas de cordones inclinados.

En la figura 14.3 mostramos los tipos diferentes de piezas.

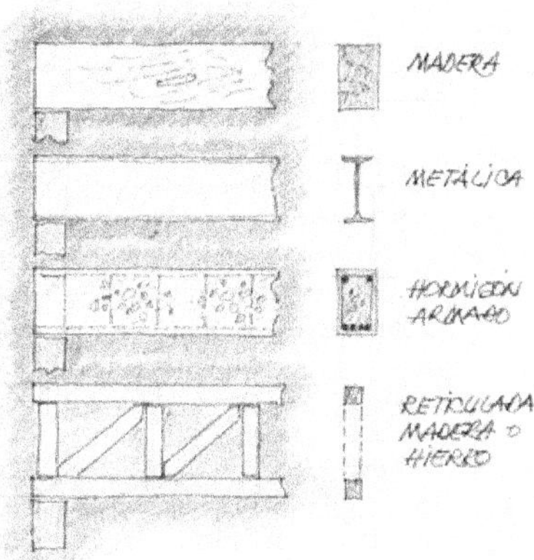

Figura 14.3

Al referirnos a "piezas" significamos que pueden ser vigas, columnas o entrepisos y en los párrafos que siguen estudiamos la relación entre sus solicitaciones con la intensidad y geometría de los esfuerzos internos.

3. Vigas macizas homogéneas.

3.1. Introducción.

La vigas macizas muestran una de las extraordinarias leyes universales. Es el fenómeno de la distribución de los esfuerzos dentro de la masa de una viga. Imaginemos una viga apoyada sobre el suelo de superficie uniforme y lisa. La viga se encuentra sin esfuerzos, sin tensiones en su interior, porque la única fuerza externa es la gravitatoria que se anula con la reacción uniforme del suelo *(figura 14.4)*.

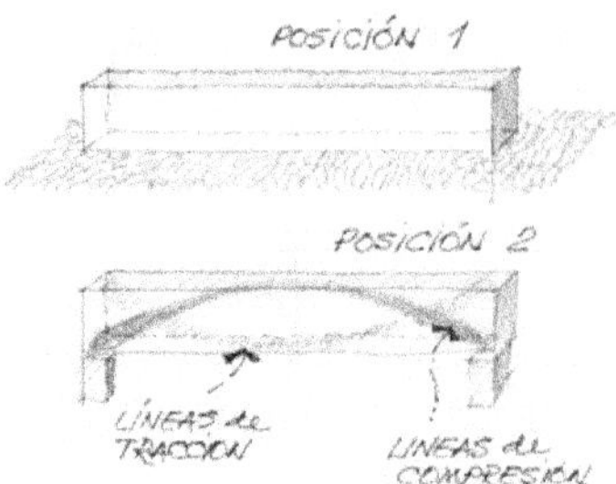

Figura 14.4

Pero en el instante que la apoyamos sobre dos columnas, las fuerzas gravitatorias de su propio peso se liberan y surge la flexión. Se generan en su interior un estado tensional donde se forma de manera natural "caminos" de esfuerzos precisos para soportar la flexión externa. Cada resistencia o nominal interno de cupla es el justo para equilibrar el flector externo de las fuerzas gravitatorias. Las tensiones internas se agrupan de acuerdo a sus magnitudes, intensidad y signos, además de direcciones. Lo notable de este asunto es que los "caminos" cambian de manera automática con la intensidad y posición de las fuerzas.

La viga apoyada sobre las columnas, configuró por sí sola la posición y geometría de las tensiones de compresión, tracción y corte en su interior. Este fenómeno es una parte muy pequeña de los misterios de la naturaleza, ¿cómo y quién dispone esa prolija organización de los esfuerzos para resistir?

En las ciencias de la construcción, a ese mapa de esfuerzos internos se lo denomina "líneas isostáticas". Aquí vale una explicación. El prefijo "iso", de origen griego significa "igual", es decir que las líneas muestran los caminos de tensiones iguales de compresión arriba o de tracción abajo. Observando la figura la igualdad es solo del tipo de esfuerzo (tracción o compresión) pero la intensidad se la cuantifica por la densidad de las líneas en una determinada sección.

La palabra "flujo" consideramos que está mal utilizada, porque significa un movimiento, un desplazamiento de algo; en la realidad interna de la viga nada se desplaza, cada partícula permanece en su posición. Según las fuerzas externas y las condiciones de borde solo cambia el "estado tensional" de la partícula. Al mal llamado "flujo de tensiones" deberíamos denominarlo "regiones de tensiones" que pueden ser de compresión o de tracción

Para averiguar lo que acontece en el interior la viga, imaginamos un cubo elemental, muy pequeño, infinitesimal (en conceptos matemáticos). Lo introducimos en el interior colocándolo en diversas posiciones, es un testigo que nos informará de los esfuerzos que recibe.

En un esquema similar al anterior pero de mayor escala, mostramos las diferentes posiciones que adopta el cubo testigo *(figura 14.5).*

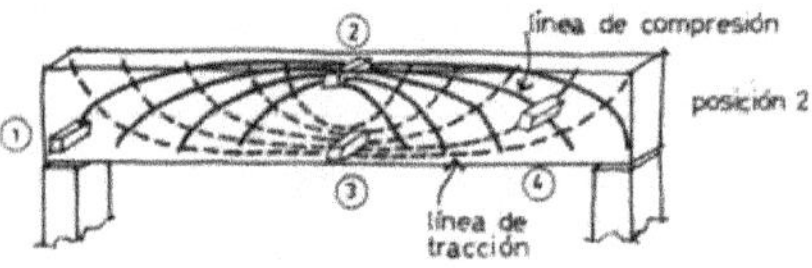

Figura 14.5

- **Posición (1)**: En el borde inferior de la viga, casi en contacto con la columna. El elemento se encuentra sometido a esfuerzo de compresión de dirección inclinada.
- **Posición (2)**: Es colocado en la parte superior de la viga y en el medio de su longitud. Allí la zona se encuentra comprimida. La intensidad de los esfuerzos de compresión aumentan desde el eje neutro (compresión nula), hasta las fibras superiores (compresión máxima) *(figura 14.6)*. En período elástico la distribución se ajusta a un plano inclinado; tensiones de tracción y compresión inversos que hacen a la cupla que resiste el flector de las fuerzas externas.

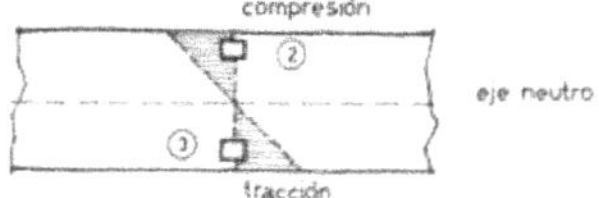

Figura 14.6

- **Posición (3)**: Lo colocamos en la parte inferior media de la viga. Allí la zona se encuentra traccionada desde el eje neutro (tracción nula), hasta la fibra inferior más alejada (tracción máxima).
- **Posición (4)**: Al cubo testigo lo ubicamos en el eje neutro, cercano al apoyo. Pero esta vez lo inclinamos 45°; las tensiones de tracción y compresión se presentan en direcciones normales.

3.2. Descomposición de los esfuerzos en otras direcciones.

Componemos las tensiones principales de tracción y compresión (σ_1 y σ_2), vemos que por arriba del eje neutro, (que coincide con la diagonal del cubo), la resultante se dirige a la derecha, mientras que por debajo del eje neutro, la resultante se dirige a la izquierda *(figura 14.7)*. Esas tensiones se denominan tangenciales de corte horizontales y se las indican con la letra τ.

Figura 14.7

Ahora componemos las tensiones para encontrar las resultantes verticales. Demostramos que en la sección vertical, también se producen esfuerzos tangenciales *(figura 14.8)*.

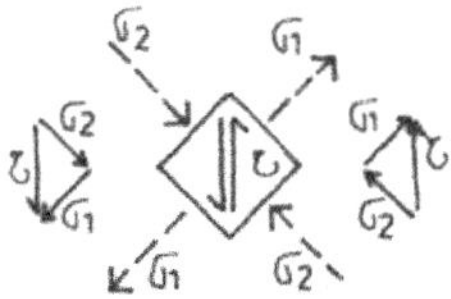

Figura 14.8

Los tangenciales tienen el mismo valor en dirección vertical que horizontal. En la imagen se muestra el desplazamiento en la parte media (tangencial horizontal) y la reacción de izquierda con la acción de derecha (tangencial vertical) *(figura 14.9)*.

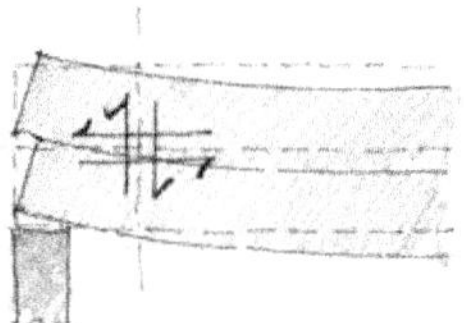

Figura 14.9

3.3. Los esfuerzos, las formas y los materiales naturales.

Este orden en las vigas macizas lo establece la naturaleza, es ella que mediante complejos principios ordena a las tensiones. No solo indica las direcciones, los ángulos y la intensidad, también dispone el material y sus características. Pero además cuando su responsabilidad es diseñar y construir la naturaleza la hace de manera extraordinaria, en especial en su eficiencia. Observemos un hueso.

El material que constituye la estructura, se ubica a lo largo de las líneas de tensiones (isostáticas) para así formar una estructura alveolar, celular o fibrosa, capaz de resistir en igual forma las fuerzas externas con un empleo mínimo de material *(figura 14.10)*.

Figura 14.10

La imagen pertenece al libro "Los orígenes de las formas" de Christopher Williams, página 30, figura 1-17.

"La estructura animal y su materia son de composición más refinada que sus similares hechos por el hombre. La estructura del hueso es una armonía de absorción de fuerzas. Las fibras que integran las secciones duras del hueso se alinean frente al esfuerzo".

La disposición de la masa de un hueso se ajusta en forma, densidad y dureza a los esfuerzos externos que puedan actuar. Las fibras que integran las secciones duras del hueso se alinean frente a los esfuerzos y crean líneas isostáticas de tensiones de fácil observación.

Reflexionemos sobre los dos orígenes de las piezas estructurales macizas, pueden ser: construidas por la naturaleza o por el hombre. En ambos casos cumplen el orden y dirección de los esfuerzos internos en flexión, pero en las construcciones naturales su homogeneidad es relativa; tanto en los huesos como en las maderas muestran disposiciones en sus fibras que se ajustan a los esfuerzos marcados por las isostáticas con notable eficiencia. Sin embargo las construidas por el hombre, por ejemplo los perfiles metálicos macizos son homogéneos en toda su masa, solo es posible mejorar estas piezas cuando se las diseñan en formato reticular.

3.4. Las formas de las secciones macizas.

Vigas de madera.

Se las obtiene en general de maderas obtenidas de árboles de reforestación y con precisos cortes realizados en los aserraderos.

Figura 14.11

Puede ser de tipo maciza natural o también compuestas del tipo maciza; varias tablas o tirantes adheridos con pegamentos especiales para alcanzar las resistencias internas de flexión *(figura 14.11)*.

Perfiles metálicos estandarizados.

Los perfiles de acero laminados, en especial el tipo doble te *(PNI)* poseen un diseño en su sección transversal que optimizan al máximo el efecto de la cupla interna *(figura 14.12)*.

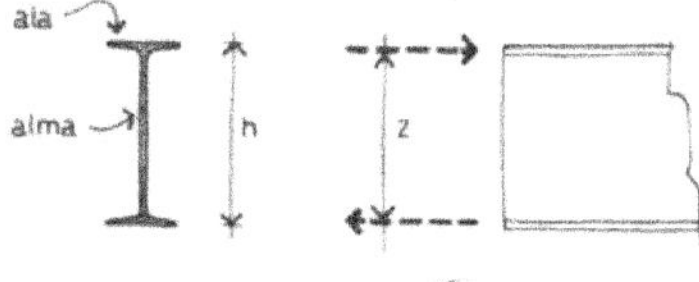

Figura 14.12

Gran parte del material se ubica en las alas y así se satisfacen las condiciones simultáneas para aumentar la resistencia; la mayor masa del material se ubica en los extremos más alejadas y con ello el brazo de palanca alcanza valores de máxima; aumenta el nominal.

Perfiles metálicos combinados.

También son perfiles de sección maciza transversal aquellos que se forman utilizando planchuelas y ángulos que se unen mediante soldaduras o bulones *(figura 14.13)*. Con estos perfiles se obtienen mayores alturas que los normales y satisfacen cualquier combinación de carga y longitud de viga.

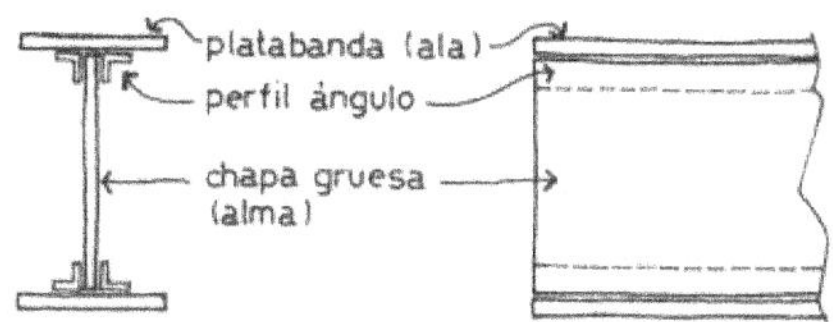

Figura 14.13

Perfiles de chapas dobladas.

En vigas de reducida distancia entre apoyos y bajas cargas es común utilizar chapas dobladas de diferentes espesores para configurar perfiles de diferentes formas transversales *(figura 14.14)*.

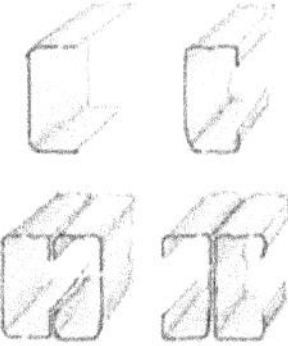

Figura 14.14

Perfiles de chapas gruesas soldadas.

Son vigas y también pórticos que se fabrican "a medida", esto es posible con la utilización de tecnologías nuevas de corte por plasma y la unión mediante soldaduras del tipo continua *(figura 14.15)*.

Figura 14.15

La imagen muestra pórticos con espacios de círculos vacíos que separan los cordones superiores de los inferiores. Los montantes y diagonales se materializan en los planos sólidos de las piezas.

Otra manera de obtener elevados nominales a flexión es mediante el corte longitudinal con forma trapecial, donde cada línea de corte forma 120° con el anterior *(figura 14.16)*. El procedimiento es realizar el corte del perfil, separar las piezas, desplazarlas y luego mediante soldadura conformar una nueva viga con un valor de *"z"* superior al original.

Perfil con línea trapezoidal de corte:

Se separan las partes, se las desplaza una respecto de otra: aumenta la altura del perfil al doble.

Figura 14.16

3.5. Cuplas en vigas macizas (estado elástico y plástico).

En el interior de una viga maciza los diagramas de las tensiones internas que forman las cuplas se reducen hacia los apoyos y son compatibles con las líneas isostáticas *(figura 14.17)*.

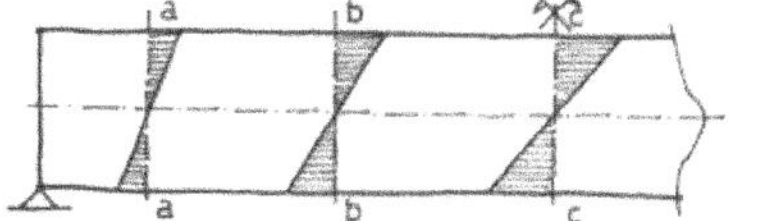
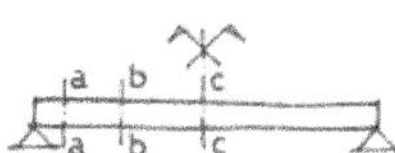

Figura 14.17

La viga con carga uniforme reacciona en cada sección con la cupla necesaria para sostener el esfuerzo externo. En la figura la máxima solicitación está en el medio, allí la cupla también es máxima, luego disminuye hacia los apoyos, pero se mantiene el brazo *"z"* de cupla: *2/3 h*. En este caso las tensiones que forman las cuplas son las que corresponden al estado elástico. En toda la sección la línea de las tensiones es lineal; hay proporcionalidad entre tensiones y esfuerzos.

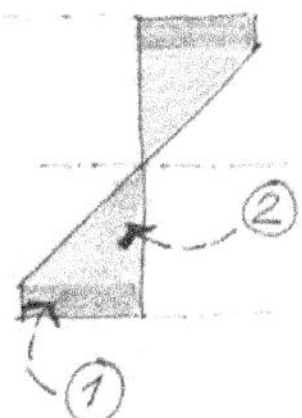

Cuando el esfuerzo externo aumenta puede generar plastificación en el material. En ese caso se reduce el brazo de palanca *"z"*; disminuye la resistencia a la flexión. Para una carga constante, la viga sigue deformándose. En figura el esquema simplificado *(figura 14.18)*.

Figura 14.18

1) Zona plastificada.
2) Zona elástica.

Las fibras extremas, superior e inferior, son las primeras en plastificarse, luego de manera secuencial le siguen las otras. El fenómeno se detiene si se disminuye la carga externa.

3.6. Teoría de la flexión desde geometría y aritmética.

Inicio.

Esta teoría la podemos estudiar con las herramientas de la aritmética y algo de geometría, solo para secciones rectangulares. Luego en el punto siguiente emplearemos el cálculo diferencial para cualquier forma de sección transversal.

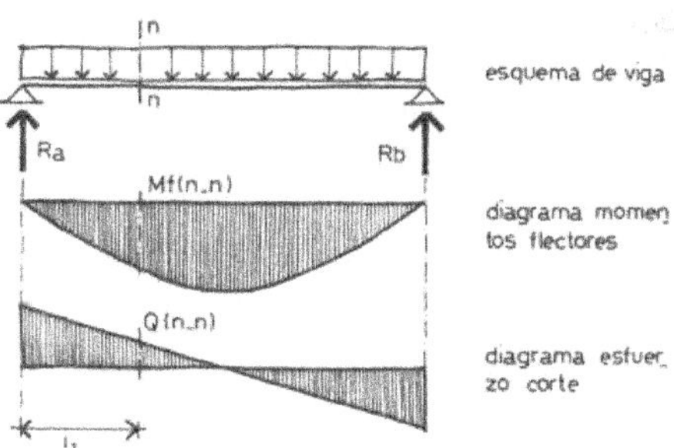

Figura 14.19

Estudiamos los sucesos internos de la viga de arriba en una sección cualquiera, en este caso la *"nn"* a una distancia *"l₁"* del apoyo izquierdo *(figura 14.19)*. Si bajamos una vertical, a esa sección le corresponde un valor de flector y de corte externos y en el interior se forman esfuerzos o tensiones de resistencias para equi-librar al sistema.

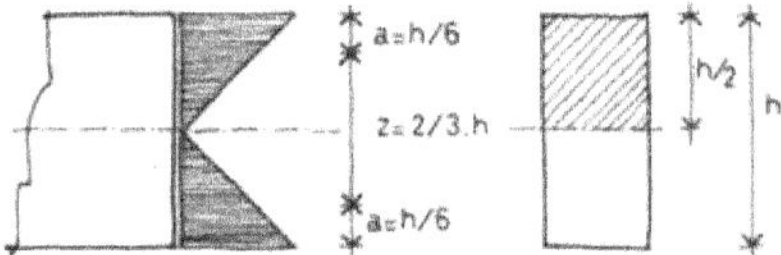

Figura 14.20

Las tensiones las representamos solo hacia un lado de la sección, es otra ma-nera de hacerlo *(figura 14.20)*.

Hipótesis.

Solo es posible el análisis teórico si se cumplen las siguientes hipótesis idea-les principales:

a) *Secciones planas durante la deformación (Navier).*
b) *Cargas sobre el plano axial de la viga.*
c) *Material elástico.*
d) *Secciones de forma constante.*
e) *Material homogéneo.*
f) *Material isótropo.*

Existen varias hipótesis más y gran parte de ellas se alejan de la realidad. Es-ta situación se acepta por: a) para que la matemática pueda representar el fenómeno y b) porque la simplificación está del lado de la seguridad.

Flector externo y cupla interna.

El objeto del estudio es encontrar la expresión matemática que relacione el equilibrio entre las acciones externas de la viga con su resistencia interna a la flexión.

Para el equilibrio: $M_i = M_e$

Para la seguridad: $M_i > M_e$

$M_i / M_e = CS \;\; \rightarrow \;\;$ Coeficiente de seguridad.

- M_e: flector producido por las fuerzas externas.
- M_i: cupla interna producida por la resistencia del material.

Reacciones en los extremos:

$$R_A = R_B = \frac{ql}{2}$$

Flector a la distancia $"l_1"$:

$$M_{e1} = R_A l_1 - q \frac{l_1^2}{2}$$

Cupla interna resistente M_i:

$$M_i = Cz = Tz$$

Suponemos material homogéneo; las tensiones de compresión son iguales a las de tracción tanto en su distribución como en magnitud (valor absoluto):

$$|\sigma_c| = |\sigma_t| = \sigma$$

$$C = T = \frac{1}{2}\sigma\frac{h}{2}b = \sigma\frac{bh}{4}$$

El brazo de palanca *(figura 14.20)*:

$$z = h - 2\left(\frac{1}{6}h\right) = \frac{2}{3}h$$

El momento resistente interno:

$$M_i = Cz = Tz = \left(\frac{\sigma bh}{\dfrac{h}{6}}\right) = \sigma\frac{(bh^2)}{6} = \sigma W$$

Para el equilibrio inestable: $M_e = M_i$
Para el equilibrio estable: $M_e < M_i$

Coeficiente de seguridad de la viga:
$M_i\,/\,M_e > 1,00$

La expresión final desde la tensión relaciona todos los parámetros que configuran una viga *(figura 14.21)*:

$$\sigma = \frac{M}{W}$$

Figura 14.21

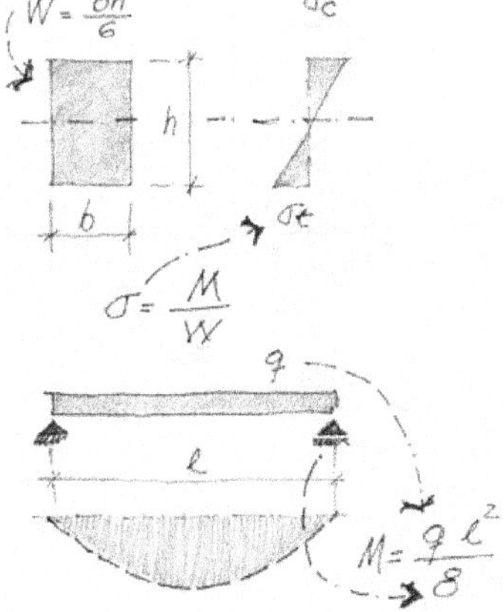

Volvemos a repetirlo; esta expresión encierra a todas las variables de la viga:

- La tensión *(σ)* representa las características mecánicas resistentes del material: Resistencia de los Materiales.
- El momento flector *(M)* combina las fuerzas externas con las condiciones de borde (tipos de apoyos) de la viga: Estática de las fuerzas.
- El momento resistente *(W)* establece desde la matemática la influencia de la forma en el fenómeno de flexión: Estática de las formas.
-

Corte externo y tangencial resistente interno.

Las fuerzas de corte externas las hemos analizado en varias figuras anteriores, ahora tratamos de entender los sucesos de los esfuerzos tangenciales en el interior de la viga. Recordemos que existen esfuerzos tangenciales iguales en las dirección normales de los ejes *"yy"* e *"xx"*. La sección rectangular la dividimos en franjas iguales por arriba del eje neutro *(figura 14.22)*.

Figura 14.22

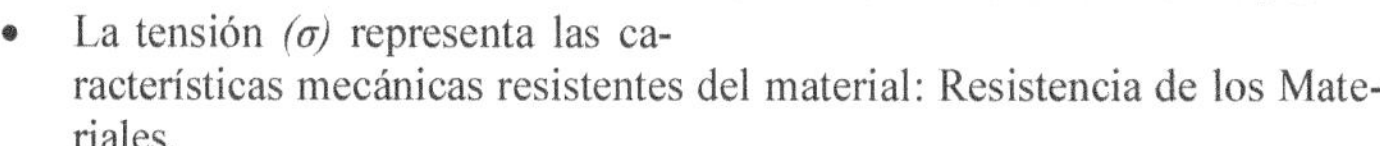

En cada franja actúa una fuerza que resulta de multiplicar la intensidad del esfuerzo interno a ese nivel por las superficie de la franja. Las superficies en gris son las tensiones de tracción y compresión de signos contrarios. Las superficies triangulares en negro son las que restamos al total para conocer la intensidad de la fuerza al nivel estudiados.

En la primera posición la suma de las fuerzas es máxima; las superficies de los triángulos positivos son iguales y contrarios: el esfuerzo tangencial es máximo, estamos en el eje neutro: $C_{máx} = T_{máx}$. Así seguimos y nos encontramos en la última posición a nivel de las fibras más alejadas del eje neutro, allí las fuerzas internas tangenciales se anulan en la suma *(figura 14.23)*.

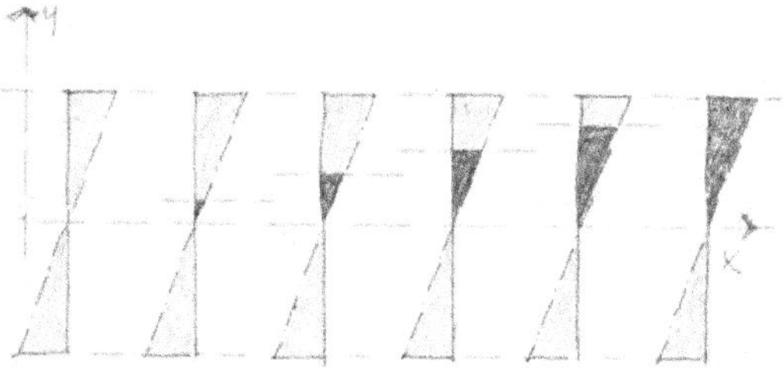

Figura 14.23

El diagrama que nos entrega la variación de los esfuerzos tangenciales es una parábola con un valor máximo de tensión tangencial *(figura 14.24)*:

$$\tau_{máx} = 1,5\,\frac{Q}{bh}$$

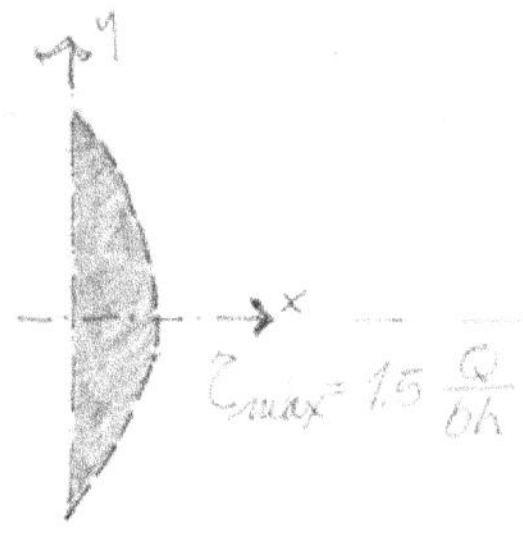

Figura 14.24

En ocasiones y solo como valor de referencia se utiliza la expresión promedio:

$$\tau_{prom} = \frac{Q}{bh}$$

Resistencia, deformación y forma.

Para tener una idea de las diferentes forma que participa la forma de la sección de las vigas en la flexión es interesante "leer" las fórmulas:

$$M_i = \sigma W$$

La resistencia nominal a flexión interna es igual al producto de la tensión de trabajo *(σ)* por la expresión matemática de la forma transversal *(W)*.

En cuanto a la resistencia nominal en función de la flecha, como veremos más adelante:

$$M_i = fEI \cdot C$$

En este caso el flector de resistencia interno es el producto de la flecha *"f"* por la rigidez *"EI"* donde participa el módulo de elasticidad *"E"* y la inercia de la sección *"I"*. La constante *"C"* considera las condiciones de borde (apoyos, carga y longitud de viga). En ambos casos sea por tensión o por deformación, el M_i es función de la forma de la pieza.

3.7. Teoría de la flexión con cálculo infinitesimal.

Inicio.

Este análisis lo hacemos desde la teoría escrita por S. Timoshenko en su libro "Resistencia de Materiales". En este tema y en muchos más del libro Timoshenko conjuga la experimentación con la matemática. Primero trabaja en los laboratorios de la universidad de Stamford (California), obtiene los datos de la realidad y luego los interpreta desde la matemática.

Para el estudio se considera una viga de apoyo simple con dos cargas simétricas e iguales *(figura 14.2 flexión pura)*. Recordemos que para esta configuración el flector es constante entre las cargas; es decir, flexión pura, no hay corte.

Tensión desde el radio de curvatura.

Estudiamos una sección entre las cargas, es la *"mm"* y la otra cercana *"pp"*. Aplicamos la carga, la viga se deforma, tiene una elástica y un radio de giro *"r"*. El eje neutro es el de la línea *"nn₁"*. Analizamos los sucesos en una fibra a una distancia *"y"* del neutro. Por relación de triángulos y aplicando la ley de Hooke *(figura 14.25)*.

$$\epsilon_x = \frac{s's_1}{nn_1} = \frac{y}{r}$$

La tensión en la fibra "y" en función del radio de curvatura:

$$\sigma_x = \frac{Ey}{r} = E\epsilon$$

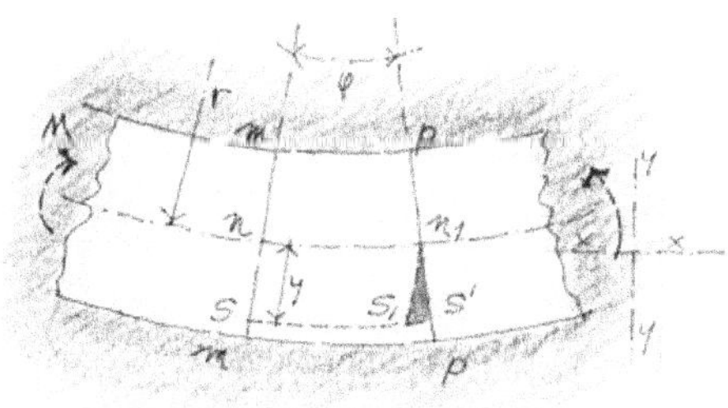

Figura 14.25

La figura es copia de la imagen de página 85 "Resistencia de Materiales" Timoshenko (edición 1961)

La sección transversal con el infinitésimo *"dA" (figura 14.26)*:

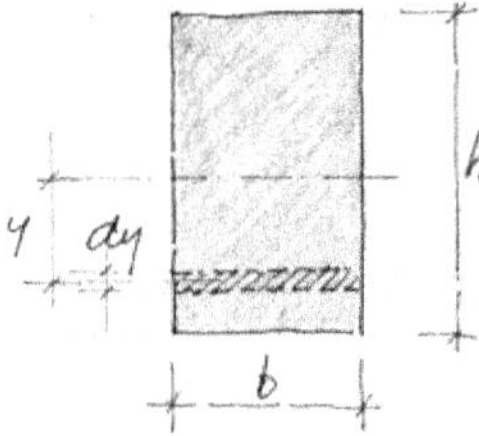

Figura 14.26

Fuerza a distancia "y" del eje neutro.

Superficie elemental: $dA = b.dy$

La fuerza diferencial que se produce en la fibra a una distancia "*y*" del eje neutro *(figura 14.26)*:

$$dF = \sigma_x dA = \frac{Ey}{r} dA$$

Donde "*dA*" es una superficie infinitesimal de la franja ubicada a la distancia "*y*" La sumatoria de todas las fuerzas que actúan en toda la sección vertical:

$$\int dF = \int \frac{Ey}{r} dA = \frac{E}{r} \int y dA = 0$$

Momento nominal interno (cupla resistente).

Sumando los momento que producen los esfuerzos internos

$$M_i = \int dFy = \int \frac{Ey}{r} dAy = \int \frac{E}{r} y^2 dA = \frac{E}{r} \int y^2 dA = \frac{E I_z}{r}$$

El momento de inercia de la sección:

$$I_z = \int dAy^2$$

Este concepto de inercia lo estudiamos en el capítulo de "Estática de las Formas".

Momento nominal en función del radio de giro.

Sustituyendo:

$$M_i = \frac{E I_z}{r} \qquad \frac{1}{r} = \frac{M}{E I_z}$$

Antes habíamos establecido:

$$\sigma_x = \frac{Ey}{r} = E\epsilon\sigma_x \qquad \frac{1}{r} = \frac{\sigma_x}{Ey}$$

Combinando:

$$\frac{\sigma_x}{Ey} = \frac{M}{EI_z} \qquad \therefore \qquad \sigma_x = \frac{My}{I_z}$$

Expresión final.

Considerando valores de tensiones máximas *"σ"* en las fibras más alejadas a una distancia *"y" (y = h/2)*, la ecuación general queda:

$$\sigma = \frac{My}{I}$$

Con *"y = h/2"*, la tensión máxima:

$$\sigma_{xm\acute{a}x} = \frac{M\dfrac{h}{2}}{\dfrac{bh^3}{12}} = \frac{M}{\dfrac{bh^2}{6}} = \frac{M}{W}$$

Valor similar al calculado mediante la aritmética y la geometría. La diferencia reside que con esta última herramienta de los diferenciales es posible calcular las tensiones para cualquier viga recta con una sección que tenga un plano de simetría en la forma.

3.8. Maneras de utilizar la fórmula de flexión.

Para interpretar los datos e incógnitas de los procesos que siguen es conveniente recordar los parámetros de la figura 14.25 anterior.

Para verificar una viga.

Datos: longitud, carga, base y altura.
Incógnita: tensión de trabajo.

$$\sigma = \frac{M}{\dfrac{bh^2}{6}} = \frac{M}{W}$$

Para dimensionar la viga (sección rectangular).

Datos: longitud, carga, tensión, base.
Incógnita: altura.

$$h^2 = \frac{6M}{b\sigma} \qquad\qquad h = \sqrt{\frac{6M}{b\sigma}}$$

Para dimensionar la viga (perfil normalizado de hierro).

Datos: longitud, carga, tensión.
Incógnita: módulo resistente "W".

$$W = \frac{M}{\sigma}$$

Con este valor se ingresa a las tablas que proveen los fabricantes de perfiles y se busca el de valor más cercano.

Para conocer la carga admisible:

Datos: ancho, altura, tensión, longitud.
Incógnita: cargas.

$$\sigma \frac{bh^2}{6} = M$$

Desde el valor de "M", con longitud de viga y tipo de cargas se despeja la intensidad, por ejemplo en el caso de carga repartida:

$$M = \frac{ql^2}{8} \quad \rightarrow \quad q = \frac{8M}{l^2}$$

En el caso de una carga concentrada al medio de la viga:

$$M = \frac{Pl}{4} \qquad P = \frac{4M}{l}$$

3.9. Esfuerzos tangenciales internos.

Inicios.

Los hemos visto de manera resumida al principio del capítulo. Allí hemos mostrado de manera esquemática las direcciones de los esfuerzos tangenciales verticales y longitudinales. Ahora queremos analizar cómo varían a lo largo de la viga y también en la altura de la sección en estudio.

Cortante externo a lo largo de la viga:

En el caso de una viga simple con carga uniforme el corte externo aumenta de manera lineal desde el medio hacia los apoyos donde es máxima *(figura 14.27)*.

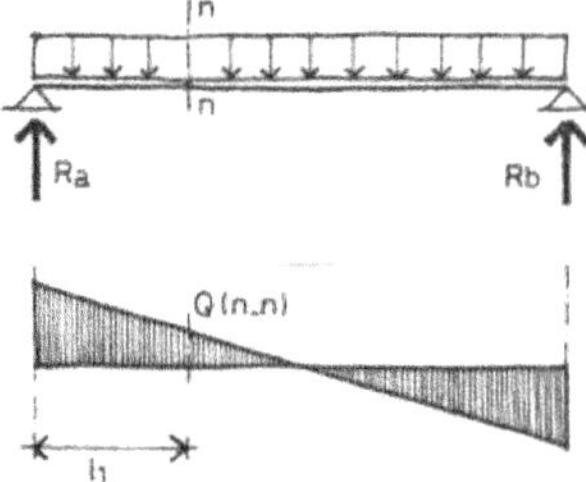

Figura 14.27

Las acciones cortantes son máximas en los extremos y coincide con los mayores esfuerzos tangenciales.

Tangencial interno transversal:

De la aplicación del cálculo diferencial también se obtiene que en la sección transversal los esfuerzos son máximos en la media altura de la viga *(figura 14.28)*.

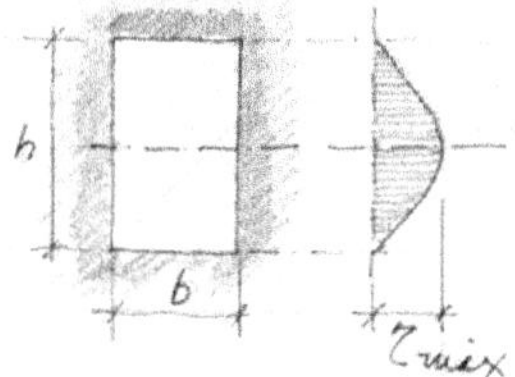

Figura 14.28

Configuración geométrica y de valores similares a los calculados por el método de la aritmética simple en párrafos anteriores.

Comparativa de vigas.

Dos vigas superpuestas.

Volvemos a mostrar el efecto del desplazamiento en el caso que actúen dos vigas iguales superpuestas sin resistencia al corte. En el plano de las dos vigas existe un libre desplazamiento que reduce la cupla resistente *(figura 14.29)*.

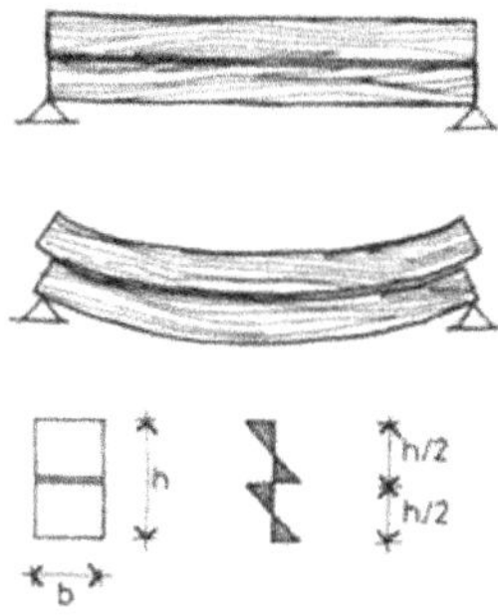

Figura 14.29

Al observar los diagramas independientes de tensiones, en la figura de abajo, vemos que en ese plano se encuentran las tensiones de tracción de la viga superior con las tensiones de compresión de la viga de abajo y nada perturba su intensidad de direcciones contrarias.

Viga maciza.

Para otorgar resistencia similar al de una viga maciza total es necesario sostener los esfuerzos tangenciales, se puede realizar la traba mediante pernos o bulones y se recupera la cupla original *(figura 14.30)*.

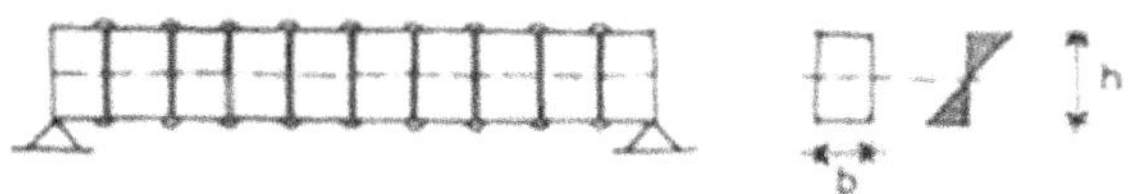

Figura 14.30

3.10. Magnitud del tangencial en vigas macizas.

Corte externo y tangencial interno:

Corte externo: En la mitad longitudinal de la viga el esfuerzo de corte es nulo, al desplazarlo a izquierda o derecha comienza a aumentar hasta llegar al máximo en el apoyo.

Esfuerzo tangencial interno: En la mitad transversal de las vigas rectangulares el esfuerzo máximo se ubica en el eje neutro y es nulo en los extremos superior e inferior.

Tangencial promedio:

Para las tensiones se acostumbra a decir desde la lógica simple que la tensión de corte en el apoyo es la relación entre la fuerza y la superficie de la sección transversal:

$$\tau = \frac{Q}{bh} = \frac{fuerza}{superficie}\left(\frac{MN}{m^2} = MPa\right)$$

Es máximo en zona de apoyos y nulo en la mitad de viga.

Tangencial máximo:

En realidad es un valor promedio, porque si vemos la distribución en la sección la máxima se producen en las fibras del eje neutro y su valor es:

$$\tau_{max} = \frac{3}{2}\frac{Q}{bh}$$

Es decir un 50% más que el promedio, también es máximo en región de apoyos y nulo en el medio.

Confusión y mejor interpretación.

Esta situación genera confusión cuando se dimensiona o verifica el corte de una viga *(figura 14.31)*.

Figura 14.31

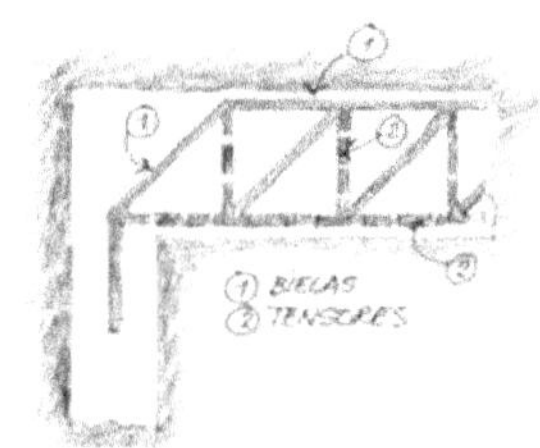

Lo anterior se corrige mediante una mejor interpretación del fenómeno: se incorpora un reticulado imaginario en el interior de su masa, si bien lo hemos visto en capítulos anteriores, lo reiteramos para facilidad del lector. Las barras *(1)* están en compresión mientras que las *(2)* en tracción. Estas últimas son las primeras en agotar su resistencia en el cortante según el material. En general las fisuras por corte (hormigón armado) aparecen cerca de los apoyos con inclinación de 45°.

Destaquemos lo interesante de esta analogía en particular; las diagonales están en compresión y evitan que se desplace el cordón superior respecto del inferior.

Todos los materiales difieren no solo en su estructura atómica sino también en su resistencia a la compresión o tracción. Pocos, como el hierro resisten por igual. Otros como la madera lo hacen según la dirección de las fibras, el hormigón o el cerámico poseen capacidad diez veces mayor a la compresión que a la tracción. Esta diferencia en las cualidades de los materiales son necesarias tenerlas en cuenta en el diseño estructural, porque en el avance de la flexión las deformadas "avisan" con tiempo de una anormalidad, mientras que en el avance del corte la fractura puede ser brusca.

La teoría de la flexión fue posible desarrollarse con la hipótesis de secciones planas durante la flexión pura, donde no existen esfuerzos de corte. Cuando la flexión está combinada con el corte esas superficies planas se deforman en pequeñas curvas *(figura 14.32)*.

Figura 14.32

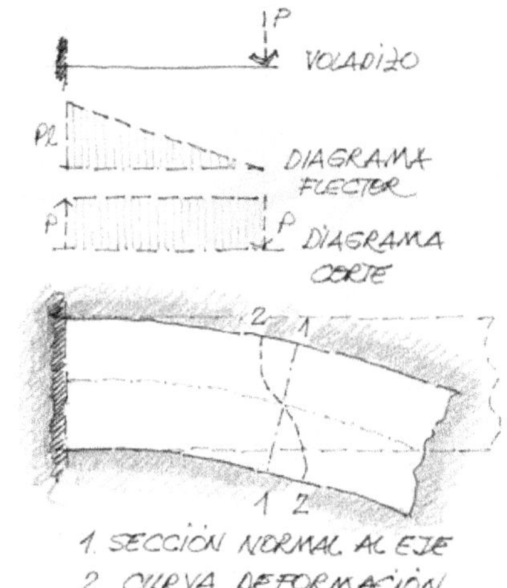

Repetimos; la mejor manera de interpretar el fenómeno de corte es mediante el método de "biela y tensor" (analogía del reticulado), con él se descompone cualquiera de los tangenciales (longitudinal o vertical) en cordones de diagonal a 45° y montantes a 90°. Se obtienen de manera fácil y precisa los valores de compresión y tracción en esa conflictiva región, esto lo estudiamos en el Capítulo 15 "Esfuerzos: analogía del reticulado".

3.11. Teoría de la flexión vigas de hormigón armado.

La gran mayoría de los principios y teorías anteriores no pueden ser aplicadas a las piezas en flexión de hormigón armado. Aparenta ser un material homogéneo pero tiene una doble heterogeneidad:

- Desde los materiales se constituye por barras de acero y hormigón.
- Desde la geometría posee fisuras en su fase resistente *(figura 14.33)*.

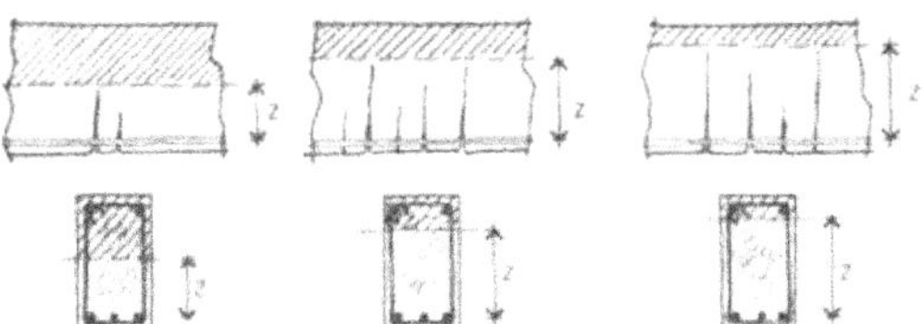

Figura 14.33

Según la intensidad de las cargas, la longitud de las fisuras verticales varían y sus extremos indican la posición del eje neutro. Por todas estas cuestiones a las vigas de hormigón armado las estudiamos en Capítulo 24 "Hormigón Armado".

3.12. Flexo compresión y flexo tracción.

Cuando actúan estas solicitaciones se utilizan las expresiones matemáticas que ya hemos estudiado:

Para la compresión o tracción: $\sigma = P / S$
Para la flexión: $\sigma = M / W$

Para flexo compresión o flexo tracción: $\sigma = P / S \pm M / W$

Existe superposición de esfuerzos como la muestra la *figura 14.34.*

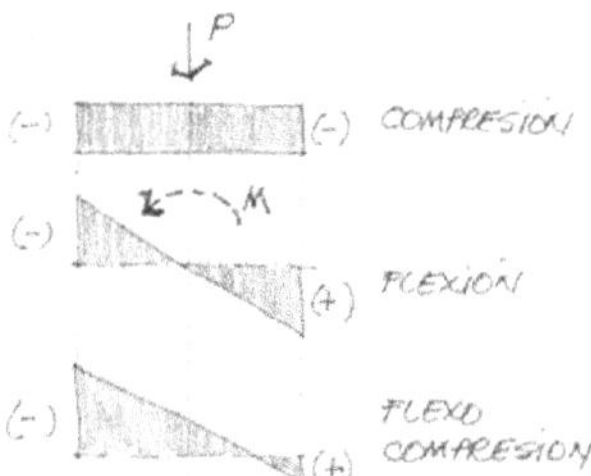

Figura 14.34

4. Vigas reticuladas.

4.1. Cordones paralelos.

La notable diferencia entre estas vigas reticuladas y las macizas es la forma que se distribuyen los esfuerzos. En las reticuladas las líneas o los "caminos" de los esfuerzos los establece el proyectista en su diseño estructural. En las piezas macizas, como vimos en párrafos anteriores, los esfuerzos deben por sí solos elegir los caminos; es uno de los notables misterios de la naturaleza.

Los esfuerzos deben tomar las direcciones preestablecidos de cordones, diagonales y montantes *(figura 14.35)*. Analizamos cómo se distribuyen los esfuerzos.

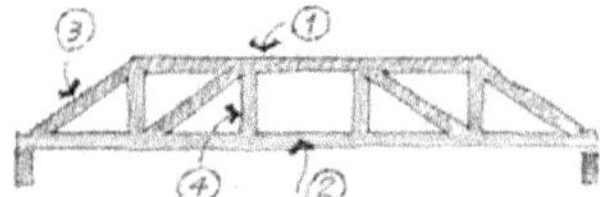

Figura 14.35

CS: Cordón superior → Compresión.
CI: Cordón inferior → Tracción.
D: Diagonales → Compresión
M: Montantes → Tracción.

Estos esfuerzos podemos cambiarlos si invertimos la geometría de la viga *(figura 14.36)*.

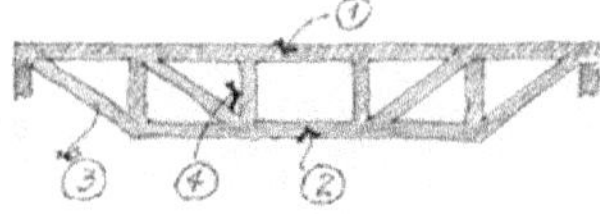

Figura 14.36

CS: Cordón superior → Compresión.
CI: Cordón inferior → Tracción.
D: Diagonales → Tracción.
M: Montantes → Compresión.

Solo se mantienen con igual esfuerzo y dirección los cordones superior e inferior. Las diagonales y montante invierten sus esfuerzos.

También cambia la manera que resiste la viga según la región, en la zona media debe generar nominal de flexión: $M_i = Cz = Tz$, para soportar el flector externo. En las cercanías de los apoyos debe resistir los esfuerzos de corte mediante la triangulación de diagonal con montante *(figura 14.37)*.

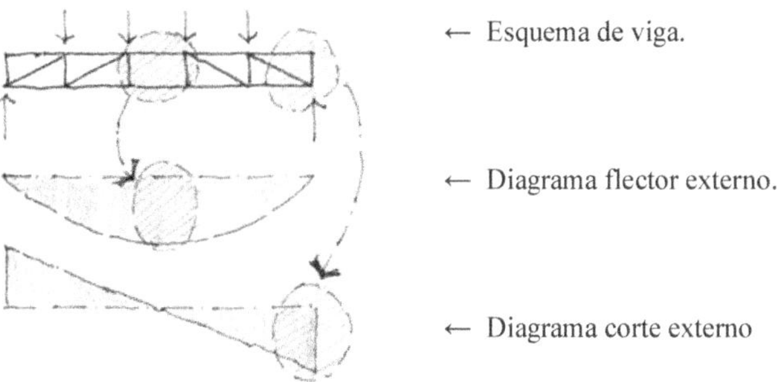

Figura 14.37

La posibilidad de inversión de forma es una de las ventajas en el proceso de diseño de las reticuladas. El otro gran beneficio es la posibilidad de establecer desde el diseño la altura o separación entre CS y CI, de esta manera ajustamos la cupla a las necesidades del proyecto.

La desventaja respecto de las vigas macizas es el consumo de mano de obra y dispositivos de hierro (bulones, tornillos) para ejecutar los nudos. En general este tipo de vigas reticuladas son eficientes para distancias entre apoyos superiores a los seis metros.

4.2. Cordones inclinados.

En estas vigas el cordón superior inclinado satisface la función de escurrimiento de aguas de lluvias o nieve, es por ello que en la mayoría de los casos son utilizadas en cubiertas livianas.

Resultan más eficientes que las de cordones paralelos porque su altura es superior y además tienen similitud con el diagrama del flector. El nominal interno de flexión se ajusta con bastante aproximación a la forma del diagrama de solicitación del flector externo *(figura 14.38)*.

Figura 14.38

El brazo de palanca *"z"* varía de un máximo en el centro a un mínimo en los extremos, esa variación se ajusta de manera aproximada a los requerimientos del flector externo. La amplitud de diseño de las vigas reticuladas es amplísima, desde cordones inclinados a cordones paralelos y con los materiales que resulten de un estudio de la eficiencia y tipo de cargas.

En estas vigas la eficiencia es mayor porque el consumo de material es menor que las vigas de cordones paralelos. El corte también es adecuado porque desde el apoyo aparece la triangulación que toma los esfuerzos cortantes, además de la mayor masa de material en el apoyo donde se une el CS con el CI.

5. Aplicaciones.

5.1. Resistencia en vigas dobles.

Hacemos la comparativa de dos vigas superpuestas de geometría rectangular con una viga iguales dimensiones pero unida con bulones o maciza *(figura 14.39)*:

Viga simple total:

Dos vigas de: Alto: 20 cm   Ancho: 20 cm superpuestas libres.
Material: Madera dura.
Tensión permitida de trabajo: 150 daN/cm^2
Resistencia nominal interna:

$$M = \sigma \cdot W$$

$$W = \frac{bh^2}{6} = \frac{20^3}{6} = 1.330 \ cm^3$$

$$M_n = M_i = 150 \cdot 1330 \approx 200.000 \ daNcm = 2.000 \ daNm$$

Viga doble sin conexión:

Dos vigas de: Alto: 20 cm   Ancho: 20 cm superpuestas libres.
Material: Madera dura.
Tensión permitida de trabajo: 150 daN/cm^2

$$M = \sigma \cdot W$$

$$W = \frac{bh^2}{6} = \frac{20^3}{6} = 1.330 \ cm^3$$

Momento nominal interno (hay dos vigas superpuestas sin vinculación):

$$M_i = M_n = 2 \cdot 150 \cdot 1330 \approx 200.000 \ daNcm = 4.000 \ daNm$$

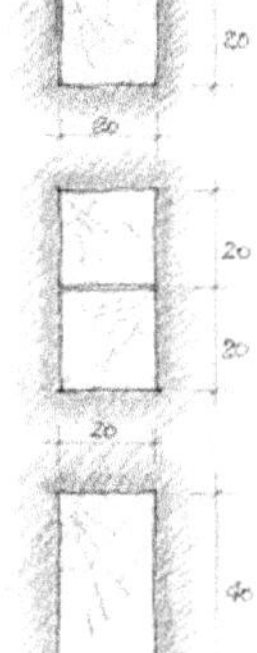

Viga doble con conexión:

Una viga de: Alto: 40 cm
Ancho: 20 cm maciza.
Material: Madera dura.
Tensión permitida de trabajo: 150 daN/cm2

$$M = \sigma \cdot W$$

$$W = \frac{bh^2}{6} = \frac{20 \cdot 40^2}{6} = 5.330 \ cm^3$$

Figura 14.39

Momento nominal interno:

$$M_i = M_n = 150 \cdot 5330 = 800.000 \ daNcm = 8.000 \ daNm$$

Resumen de comparativas:

Viga simple $\rightarrow M_i \approx 2.000$ daNm
Viga doble sin conectores: $\rightarrow Mi \approx 4.000$ daNm
Viga doble con conectores: $\rightarrow Mi \approx 8.000$ daNm

5.2. Elástica en vigas dobles.

La altura doble maciza registra mayor resistencia a los tangenciales, eso genera también una notable reducción de la elástica. El estudio lo realizamos con un viga de carga 300 daN/ml y una longitud de cálculo igual a 5,00 metros. Apoyos simples en los extremos.

Primera viga simple:

$$I = \frac{bh^3}{12} = \frac{20^4}{12} = 13.330 \ cm^3$$

La flecha máxima en el medio:

$$f_1 = Cql^4 \frac{1}{EI} = \frac{5}{384} \frac{3 \cdot 500^4}{90000 \cdot 13330} \approx 2,0 \ cm$$

Segunda viga doble:

$$I = 2\frac{bh^3}{12} = 2\frac{20^3}{12} \approx 26.700 \ cm^3$$

La flecha máxima en el medio:

$$f_1 = Cql^4 \frac{1}{EI} = \frac{5}{384} \frac{3 \cdot 500^4}{90000 \cdot 26700} \approx 1,0 \ cm$$

Tercera viga doble unida con bulones:

$$I = \frac{bh^3}{12} = \frac{20 \cdot 40^3}{12} \approx 107.000 \ cm^3$$

La flecha máxima en el medio:

$$f_1 = Cql^4 \frac{1}{EI} = \frac{5}{384} \frac{3 \cdot 500^4}{90000 \cdot 107000} = 0,25 \ cm$$

En esta última viga (doble conectada) la elástica es ocho veces menor que la simple.

5.3. Máximo tangencial.

Hacemos una verificación de los esfuerzos tangenciales de una viga de madera rectangular.

Datos.

Longitud de cálculo: *5,00* metros
Carga repartida uniforme: $q = 300$ daN/ml
Tensión admisible en flexión: *110* daN/cm^2.

Flector y cortante externos:

$M_e \approx 940 \; daNm$

$R_A = R_B = Q = 750 \; daN$

Dimensionado por flexión:

$$W = \frac{M}{\sigma} = \frac{bh^2}{6}$$

Diseño de sección transversal de viga: $h = 2b$

$$b = \sqrt[2]{1,5 \frac{940 \cdot 100}{110}} \approx 10 \; cm \qquad \rightarrow \quad h = 20 \; cm$$

Tangenciales máximos internos:

Tensión de corte promedio máximo:

$$\tau = \frac{Q_{máx}}{bh} = \frac{750}{10 \cdot 20} = 3{,}75 \; \frac{daN}{cm^2}$$

Tensión máxima en la sección transversal:

$$\tau_{máx} = 1{,}5 \frac{Q_{máx}}{bh} = 1{,}5 \frac{750}{10 \cdot 20} \approx 5{,}6 \; \frac{daN}{cm^2}$$

Valor reducido $\quad \rightarrow \quad B.C.$

15

Esfuerzos internos
Analogía del reticulado

1. Introducción.

General.

En artículos anteriores hemos estudiado los esfuerzos internos desde la teoría clásica, con ella logramos establecer fórmulas para verificar las tensiones de trabajo de las vigas. Lo que sigue es otro método, desde el empirismo que se obtiene de la observación en las conductas de las vigas, tanto en su deformación como en sus fisuras.

Hemos establecido que en el interior de la viga se forman caminos de esfuerzos que difieren según sean de tracción o compresión. Son las líneas o isostáticas de tensiones. La "analogía del reticulado" fue desarrollado por Ritter y Morsch y con este método es posible encontrar no solo la dirección de los esfuerzos internos, sino también sus magnitudes. En el interior de la viga se producen las líneas de esfuerzos *(figura 15.1)*.

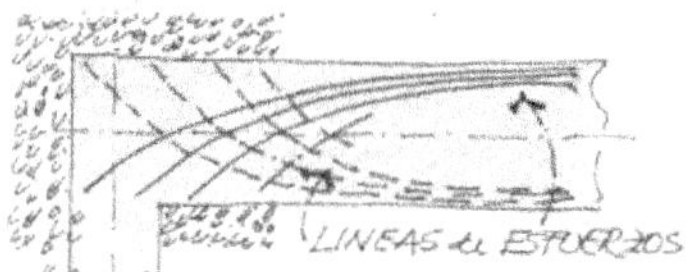

Figura 15.1

El extremo de viga real en este caso de hormigón armado, si las cargas son elevadas, las fisuras en proximidad de la columna se inclinan y producen los puntales que se ajustan a la inclinación de las líneas de compresión. Destacamos que las líneas de esfuerzos no son observables, mientras que las fisuras son perceptibles a visión directa *(figura 15.2)*.

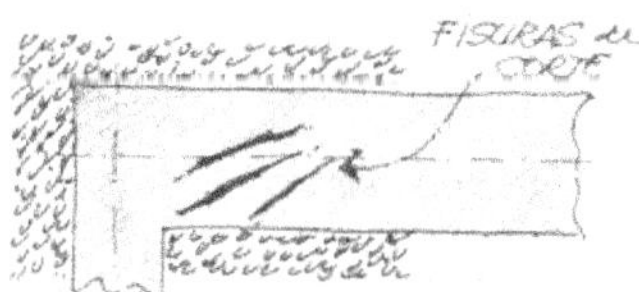

Figura 15.2

Del análisis de las dos observaciones anteriores es posible dibujar la analogía del reticulado tal como se muestra en la figura siguiente. Podemos copiar esos caminos de manera aproximada con líneas rectas que se cortan en puntos establecidos, cada una se denomina barra y el punto de encuentro nodo. Hay solo dos tipos de barras, las de compresión "bielas o puntales" y las de tracción "tensores o tirantes" *(figura 15.3)*.

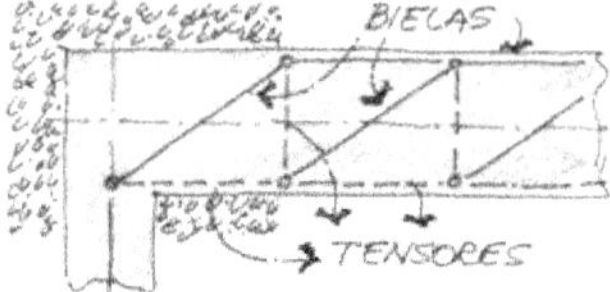

Figura 15.3

En la figura superior las distinguimos realizando una equivalencia simplificada de las líneas de esfuerzos internos. El objeto del presente estudio es determinar la intensidad y dirección de los esfuerzos internos por fuera de la teoría clásica. Al final de este capítulo haremos un ejemplo comparativo de cálculo de los esfuerzos internos con ambos métodos.

Resistencia a tracción y compresión.

El único material que resiste por igual ambas fuerzas de tracción y compresión es el hierro. La madera posee buena resistencia en tracción en dirección paralela a sus fibras y algo menos en compresión en la dirección normal. Sin embargo el hormigón simple como la mampostería de ladrillos cerámicos la diferencia es muy grande; la resistencia a tracción es diez veces a veinte veces menor que la compresión. En el estudio desde la analogía del reticulado debemos tener en cuenta las diferentes cualidades del material según el tipo de tensiones *(figura 15.4)*.

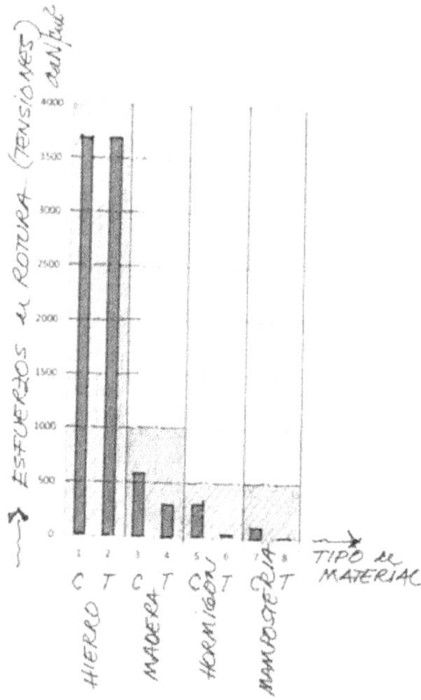

Figura 15.4

Esta gráfica debemos comprenderla; en las filas los valores de las tensiones y en las columnas la intensidad de las tensiones de compresión *"C"* y tracción *"T"* de cada material. En fluencia el hierro común alcanza y supera los *3.500 daN/cm²*, mientras que las paredes de ladrillos cerámicos apenas alcanzan los *10 a 20 daN/cm²*, algo parecido sucede con el hormigón a tracción. Estos datos son variables para el diseño el proceso de analogía del reticulado.

2. Definiciones según reglamentos.

El reglamento Cirsoc 201 contiene un capítulo referido al modelo de bielas, las definiciones que siguen son copia textual de la normativa.

Discontinuidad: Cambio brusco en la geometría o en las cargas.

Modelo de bielas: Modelo reticulado de un elemento estructural, o de una región *"D"* de dicho elemento estructural, compuesto por puntales y tensores que se conectan a nodos, capaces de transferir las cargas mayoradas a los apoyos o a las regiones *"B"* adyacentes *(figura 15.10)*.

Nodo: En un modelo de bielas, es el punto de una unión donde se produce la intersección de los ejes de los puntales, los tensores y los esfuerzos concentrados que actúan en la unión.

Puntal: Elemento comprimido en un modelo de bielas. Un puntal representa la resultante de un campo de compresión paralelo o en forma de abanico.

Puntal en forma de botella: Puntal que es más ancho en su punto medio que en sus extremos.

Región B: Parte de un elemento a la cual se le puede aplicar la hipótesis de secciones planas de la teoría de flexión.

Región D: Parte de un elemento ubicada dentro de una distancia *"h"*, medida a partir de una discontinuidad del esfuerzo o de una discontinuidad geométrica.

Tensor: Elemento traccionado en un modelo de bielas.

Viga de gran altura: Son aquellas cuya longitud supera a cuatro veces su canto.

Zona nodal: Volumen de hormigón alrededor de un nodo que se supone que transfiere los esfuerzos de los puntales y tensores a través del mencionado nodo.

3. Las fisuras en las estructuras.

Las fisuras se pueden presentar en cualquier elemento estructural del edificio, esto lo representamos en las figuras que siguen.

- Columnas: por cuantías muy reducidas de estribos, el hormigón se expande *(figura 15.5)*.

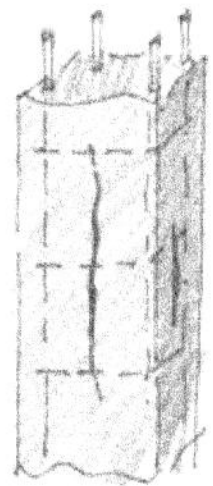

Figura 15.5

- Vigas: por corte o flexión según la disposición y cantidad de las barras *(figura 15.6)*.

Figura 15.6

- Paredes: por ausencia de resilencia, paredes sin armaduras *(figura 15.7)*.

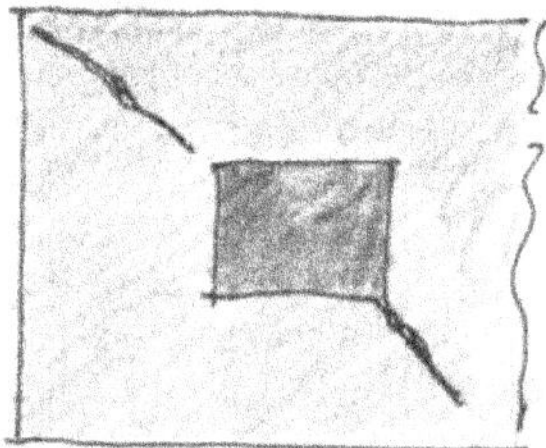

Figura 15.7

- Nudos: encuentros de vigas con columnas por inadecuada disposición de las barras y estribos *(figura 15.8)*.

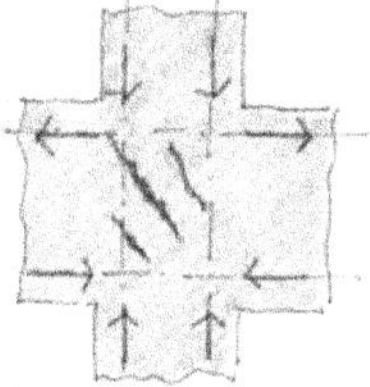

Figura 15.8

- Ménsulas: por errores en la colocación de las barras y estribos *(figura 15.9)*.

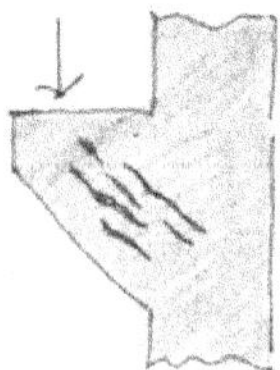

Figura 15.9

Vemos que aparecen con cierto orden en su tendencia. Las bielas son paralelas a las líneas de compresión y normales a las líneas de tracción. Entre una y otra actúa el puntal o diagonal soporte, las barras en el interior algunas ya en estado de fluencia funcionan como tensores. Así, de esta manera, desde la evidencia de las fisuras y fracturas podemos establecer la analogía del reticulado.

4. Regiones "B" y "D" de la viga.

En las vigas existen secciones o regiones donde se cumplen de manera aproximada todas las hipótesis de la teoría de la flexión, son las llamadas regiones *"B"* (en honor a Bernoulli o también por las palabras "beam-bending") en ellas solo existe la flexión pura. Las otras regiones son las *"D"* disturbadas por la presencia de esfuerzos corte mezclados con los de flexión. La sigue es una viga de apoyos simples con dos cargas iguales concentradas; en rayado se indican las zonas *"D"* y en blanco las *"B" (figura 15.10)*.

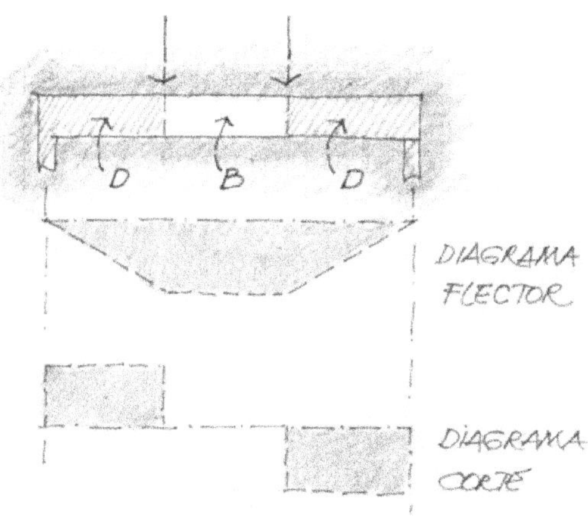

Figura 15.10

En general las turbulencias de las trayectorias de los esfuerzos internos se producen en las cercanías de cargas concentradas (acciones o reacciones) en la figura a región *"D"*, mientras que en la región *"B"* las líneas son casi paralelas. En la teoría clásica solo se emplean los principios o hipótesis de zonas *"B"*, sin embargo en este método de biela y tensor las hipótesis se dejan de lado y se interpreta el fenómeno de manera más real.

5. Los esfuerzos según posición y tipo de cargas.

5.1. Tipos de cargas y posición.

En una síntesis, las cargas que actúan sobre una viga pueden ser:

- Única concentrada al medio.
- Dos iguales en los tercios de longitud.
- Varias cargas concentradas iguales.
- Cargas uniformes repartidas.

Existen muchas más, pero para la introducción del análisis del método de biela y tensor es suficiente.

5.2. Carga concentrada al medio.

En el caso de viga simple con una carga concentrada al medio aparecen tres zonas *"D"* disturbadas; en los extremos por la reacción de los dos apoyos y en centro por la carga. Además dos regiones intermedias de menor desorden que la adoptamos como tipo *"B"* . Distinguimos vigas normales cuando su longitud es mayor que cuatro veces su altura *(l > 4h)*, en caso que la longitud resulte menor estamos en los casos de vigas de gran altura. Ahora estudiamos solo las vigas normales.

Figura 15.11

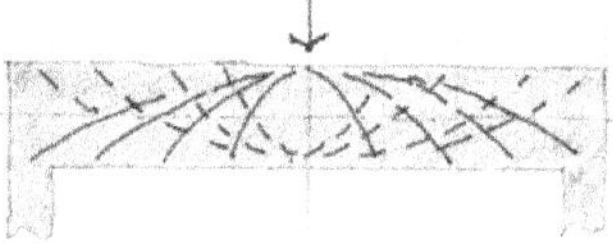

La líneas de esfuerzos en el caso de única carga concentrada es similar al de la imagen *(figura 15.11)*. En base a las inclinaciones de las líneas distinguimos las regiones en cinco espacios de la viga *(figura 15.12)*.

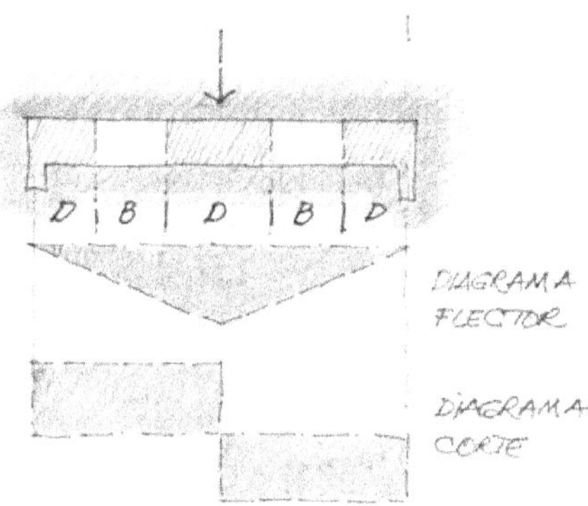

Figura 15.12

Con los antecedentes anteriores dibujamos el esquema de bielas y tensor *(figura 15.13)*.

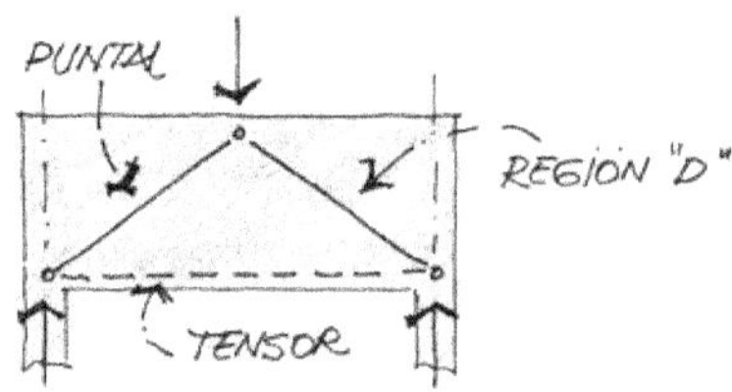

Figura 15.13

En la realidad la carga concentrada la envía una columna que posee espesor determinado *(figura 15.14)*. La columna de *30* centímetros de lados apoya sobre un cabezal de dos pilotes de longitud total *2,10* metros. La carga total de *60* toneladas la bifurcamos en dos paralelas de *30* toneladas.

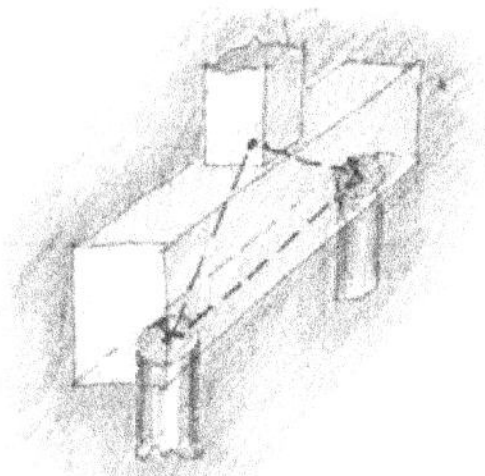

Figura 15.14

Con ellas dibujamos la geometría de la analogía del reticulado. El esquema interpreta al fenómeno desde un plano bidimensional por una simplificación didáctica *(figura 15.15)*. La carga de columna de *60* tn se descompone en dos paralelas de *30* que al inclinarse en la biela del cabezal aumentan a *62* tn y crean un estado de tracción en la parte inferior de *55* tn. Con esos valores es posible dimensionar al cabezal.

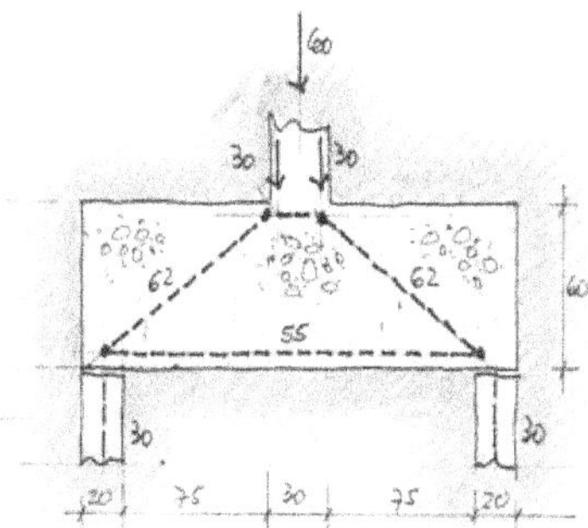

Figura 15.15

En los casos de más de dos pilotes se debe analizar al sistema desde el espacio, con ello podremos establecer la cantidad de bielas en diagonal que participan, por ejemplo el caso de una columna que apoya sobre un cabezal de cuatro pilotes *(figura 15.16)*.

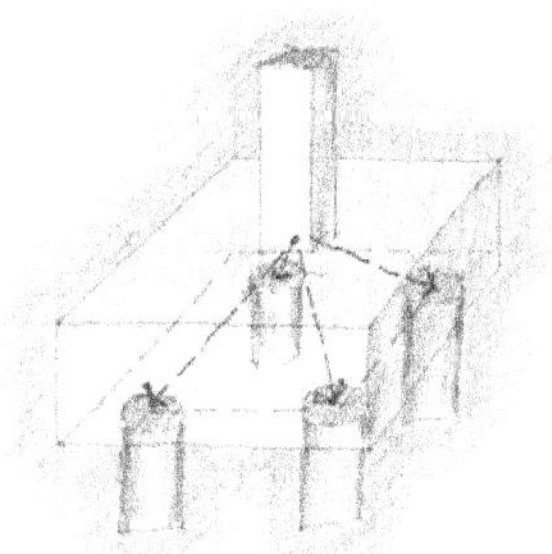

Figura 15.16

Dos o más cargas concentradas.

En los ensayos de laboratorio se utilizan dos cargas iguales en los tercios de la viga *(figura 15.17)*. Las líneas se inclinan entre apoyo y carga (región D). Permanecen con cierto paralelismo en el tercio interno (región B).

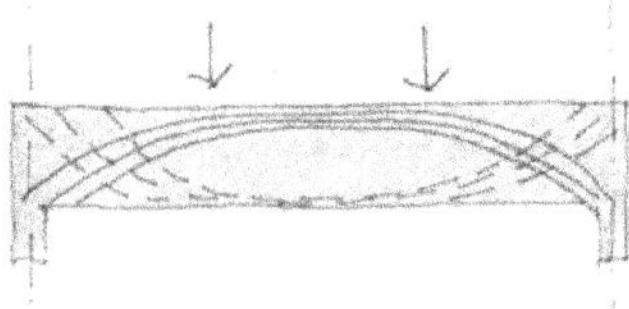

Figura 15.17

El esquema que sigue muestra la disposición más simple de configuración de las bielas y tensores *(figura 15.18)*.

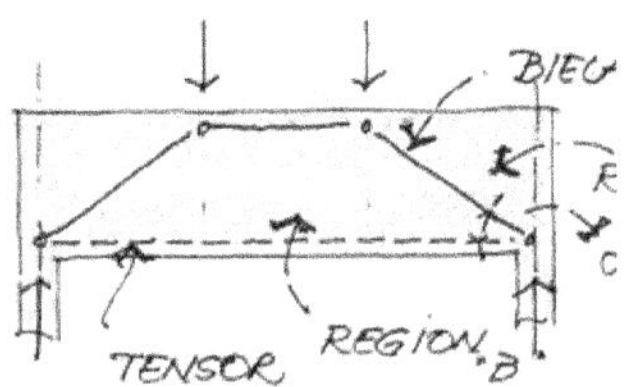

Figura 15.18

Las regiones *"B"* y *"D"* se ordenan en solo tres espacios *(figura 15.19).*

Figura 15.19

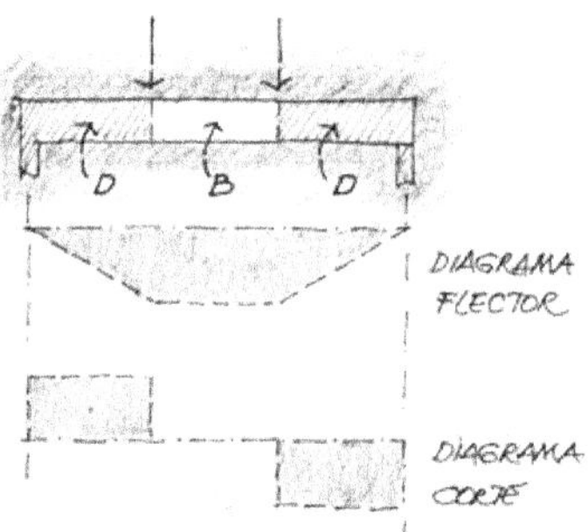

En el cabezal de tres o cuatro pilotes no alineados la carga de columna se bifurca en el espacio del cabezal. En la figura de cabezal con cuatro pilotes, por ejemplo, la carga de *60* toneladas se fragmenta en cuatro bielas de inclinadas.

El ángulo entre biela y tensor debe ser como mínimo de *25°* o también la proyección de la biela debe tener una longitud menor a *2h*.

Varias cargas o uniforme repartidas.

En una viga de varias cargas con separación uniforme es posible colocar un nudo en la vertical de cada carga, de esa manera se obtiene un sistema reticulado *(figura 15.20)*. La región central es de tipo *"B"*, mientras los laterales con diagonales es región *"D"*.

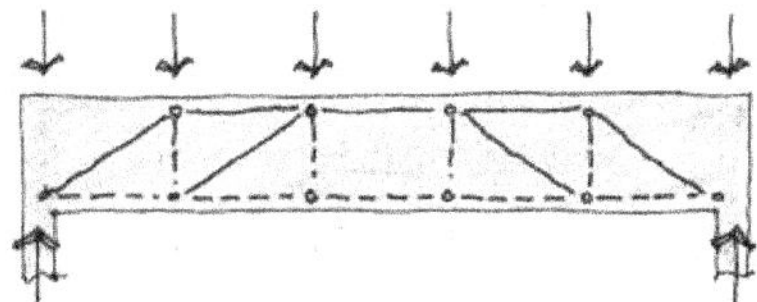

Figura 15.20

La configuración de las líneas de esfuerzos es muy similar al de la viga con carga uniforme repartida. Las curvaturas son suaves en toda la longitud tanto para las líneas de tracción como las de compresión *(figura 15.21)*.

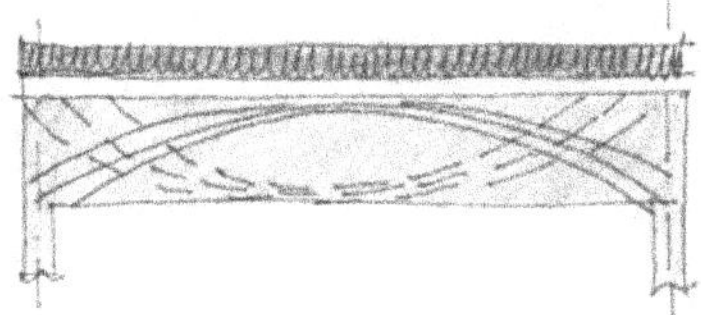

Figura 15.21

Cuando las cargas son del tipo uniforme repartidas las líneas de los esfuerzos resultan más ordenadas y presentan una configuración similar al varias cargas concentradas.

6. Vigas de gran altura.

Líneas de esfuerzos.

En estas vigas las líneas de esfuerzos resultan muy diferentes a las de las vigas normales, aquí aparece el efecto tamaño y forma. Además se debe analizar la posición de la carga si es ubicada en la parte superior o inferior de la viga *(figura 15.22)*.

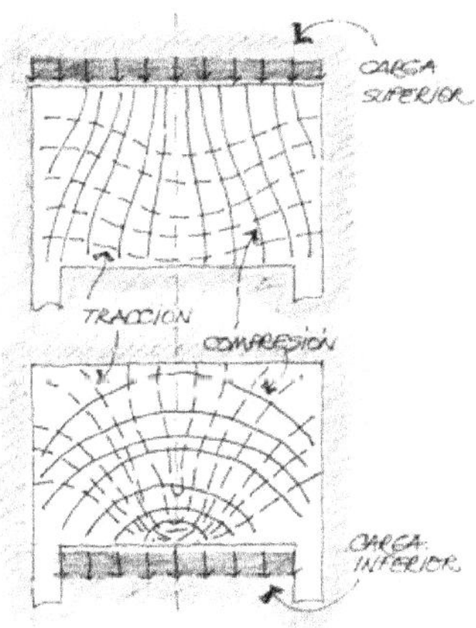

Figura 15.22

Es notable la diferencia de la dirección de las líneas según la posición de cargas arriba o abajo.

Las paredes como vigas de gran altura.

Las paredes de las viviendas deben ser consideradas como vigas de gran altura para comprender sus fisuras y los esfuerzos dentro de su masa. Mostramos una pared de esquina con una fisura inclinada a 45° ascendente *(figura 15.23)*. Sobre la imagen se marcan de manera aproximada las líneas de tracción y compresión. Este suceso se produjo por un asentamiento del suelo en la zona de la pared.

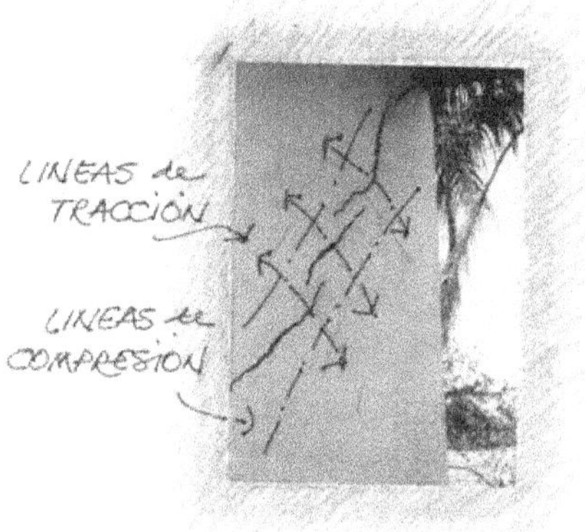

Figura 15.23

En el esquema el suelo se separa o se debilita en el extremo de la esquina, el peso propio de la pared y la cubierta generan las líneas de tracción que quiebran la pared.

En la secuencia de imágenes que sigue se analiza una pared sobre un suelo de arcilla activa que se expande o contrae según su contenido de humedad. En situaciones de aumento de humedad en el perímetro de la vivienda, el suelo se expande en las fronteras y levanta las paredes como lo indica la figura. Mostramos solo dos posibles diseños de biela y tensor *(figura 15.24)*.

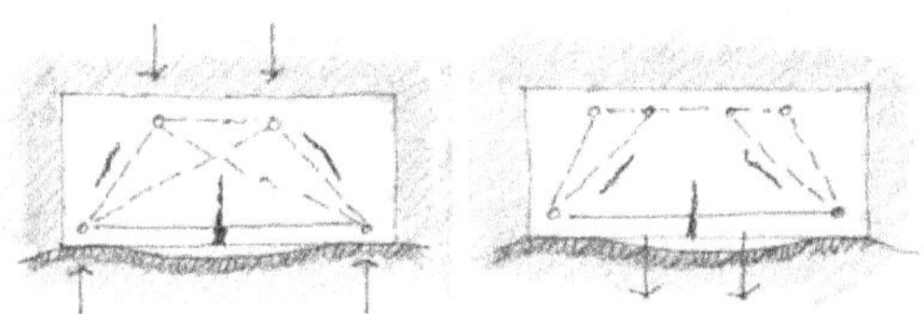

Figura 15.24

La situación inversa se produce en largos períodos de seca; el suelo en el perímetro de la vivienda se contrae y la carga de peso propio busca la zona de resistencia del suelo que se ubican en la zona central *(figura 15.25)*.

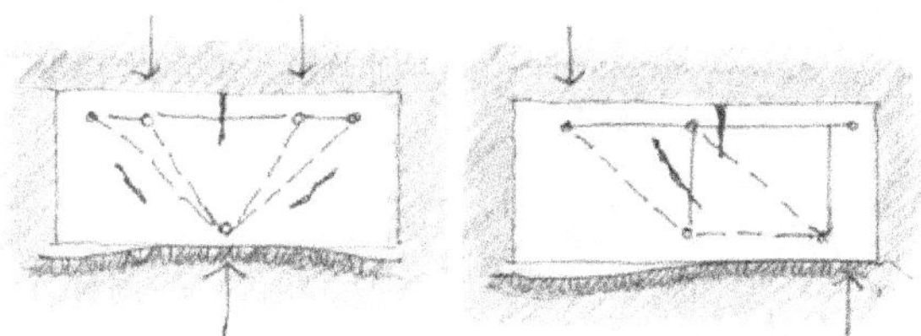

Figura 15.25

En el esquema de la derecha puede ser el caso de una pared continua o muro donde uno de sus extremos queda sin soporte adecuado del suelo. En el Capítulo 22 "Suelos" ampliamos el estudio.

De todos los materiales de la construcción quien posee menor capacidad de acumular energía de deformación en tracción es la pared de ladrillos cerámicos; no tiene resilencia para ese esfuerzo. Desde estos razonamientos es necesario la colocación de (diámetro *6* mm) cada cinco o seis hiladas, asentadas sobre mortero en una cuantía de *0,4 por mil*.

Por ejemplo una pared de ancho *20* cm y alto *300* tiene una sección de $S_p =$ *20 . 300 = 6.000 cm²*; la superficie en barras que se deben colocar es ≈ *0,4 . 6000 / 1000 = 2,4 cm²* que corresponden a unas *8* barras de diámetro *6* mm: dos sobre capa aisladora, dos bajo antepecho, dos sobre dintel y dos bajo carga superior.

El hábito y la rutina en la ingeniería.

El muro o las paredes se han construido por siglos con la ayuda de la fuerza gravitatoria; piedra sobre piedra o ladrillo sobre ladrillo. Con o sin argamasa quien los mantiene en su posición es la fuerza de gravedad. Esa noción se transformó en inercia intelectual, tanto que en la ingeniería de construcciones las paredes se verifican a compresión, pero la paradoja; se quiebran por esfuerzos de tracción.

La presencia de las fisuras en paredes se puede explicar desde los cambios de niveles de las napas freáticas; en los principios de colonia o pueblo el agua era extraída de pozos profundos y el agua de lluvia almacenada en aljibes con ello las napas descendían. Pero con los años el pueblo se transforma en ciudad y aparecen las cañerías de agua potable y los pozos negros; las napas ascendían. Luego la instalación de cañerías de cloacas y vuelta a descender las napas. En esa oscilación se produjeron cambios de contenido de humedad en los suelos con expansión y contracción de masa y las paredes terminaron con fisuras.

Este desacuerdo entre el pensamiento vulgar y la realidad de las fisuras queda resuelto en parte con la analogía del reticulado, tal como lo hemos visto en los párrafos anteriores.

7. Efecto de expansión de las bielas.

Las bielas son una simplificación de las trayectorias de los esfuerzos, esto lo vemos en la imagen. No hay una sola línea recta, son varias curvas que en el cambio de dirección generan fuerzas transversales *(figura 15.26)*.

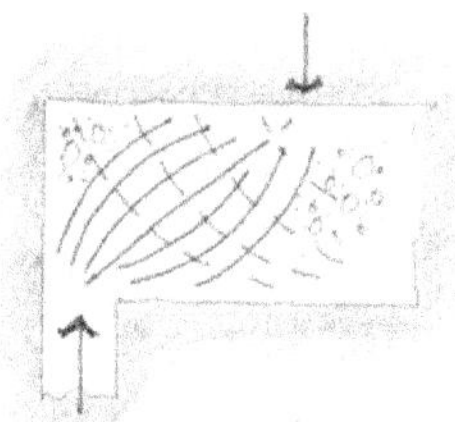

Figura 15.26

Las isostáticas anteriores es posible representarlas en diferentes tipos de esquemas donde las líneas de tracción se cruzan con las de compresión, mostramos solos dos de muchos posibles de diseñar *(figura 15.27)*.

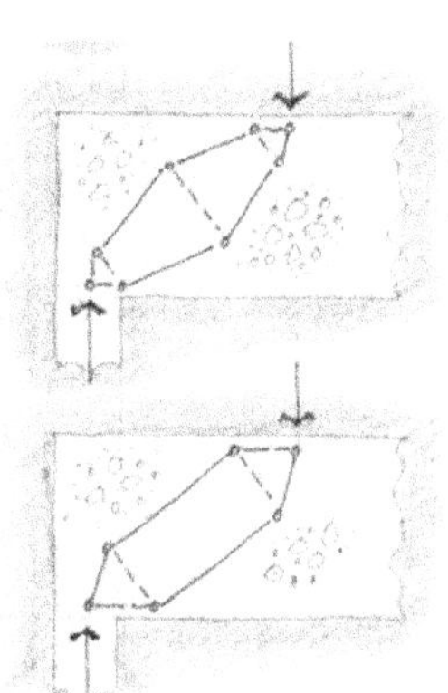

Figura 15.27

En el quiebre de la dirección de las bielas se produce una acción de tracción en el interior de la masa. Para mostrarlo elegimos una viga de hormigón. En la imagen de la izquierda la fuerza en el eje de la biela la descomponemos en otras líneas simétricas que por su forma generan tracción normal al eje. En la imagen de la derecha se muestra el "efecto botella"; es la biela que se abulta generando tracción y son las barras longitudinales y estribos que equilibran *(figura 15.28)*.

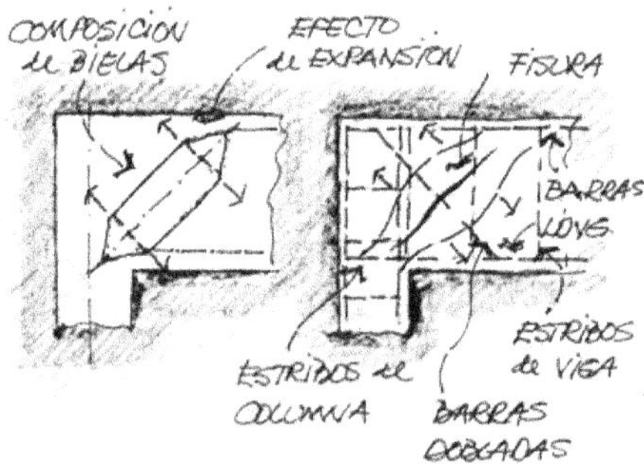

Figura 15.28

Mostramos un ejemplo. La reacción $R_A = 10.000$ daN se descompone en otras inclinadas como lo muestra la figura. Vemos que en cada quiebre de las diagonales aparece una fuerza de tracción de unos *3.100* daN que debe ser sostenida por los estribos o barras *(figura 15.29)*.

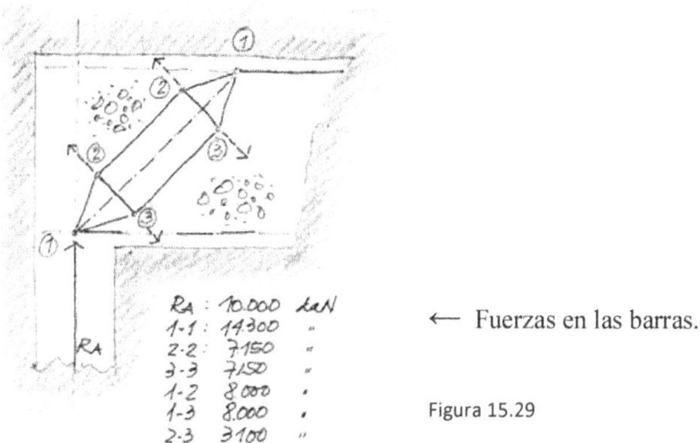

← Fuerzas en las barras.

Figura 15.29

8. El nudo.

En el encuentro de biela con tensores se materializa el nudo tal como se lo observa *(figura 15.30)*.

El nudo superior trabaja a compresión en todo su espacio, mientras el inferior se mezclan espacios en tracción con los de compresión. El cálculo de la longitud de anclaje está indicado en el Apéndice "A" del Cirsoc 201.

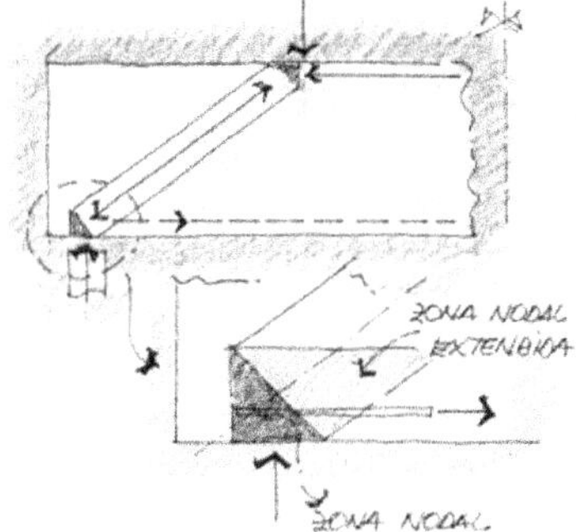

Figura 15.30

9. Aplicaciones.

9.1. Inicio.

El ejemplo que sigue mostramos dos maneras de calcular las tensiones internas de una viga maciza de madera de un tramo y apoyos simples. En la primer fase lo hacemos desde la teoría clásica y luego mediante el método de la analogía del reticulado *(figura 15.31)*.

9.2. Datos:

Longitud de viga: *5,00* metros.
Material: madera.
Tensión admisible: *150* daN/cm^2
Sección: rectangular: $b = 15\ cm$ $h = 30\ cm$
Cargas: $P = 500\ daN$

Separación entre cargas: *0,5* metros.

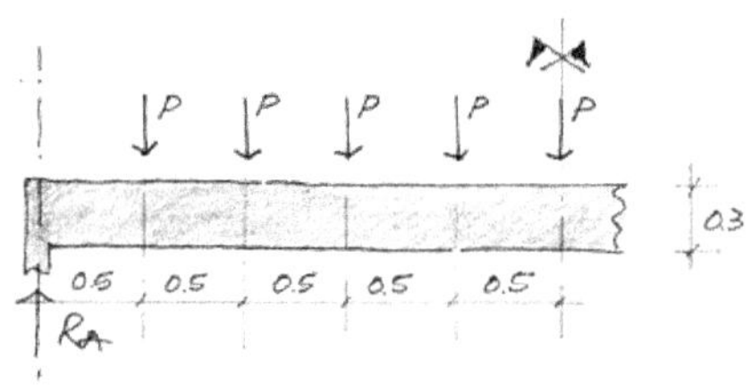

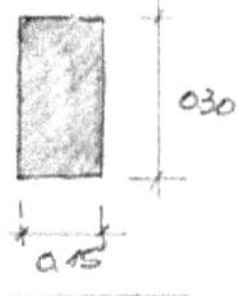

Figura 15.31

9.3. Resolución por teoría clásica:

$R_A = R_B = 500 \cdot 9 / 2 = 2.250 \; daN$
$M_f = 2250 \cdot 2,5 - 500(2,0 + 1,5 + 1,0 + 0,5) = 3.125 \; daNm$

Módulo resistente: $W = bh^2/6 = 2.250 \; cm^3$

Desde la teoría clásica: Tensión de trabajo tracción compresión:

$\sigma = M / W = 3125.100 / 2250 \approx 140 \; daN/cm^2 \quad BC \; < \; 150 \; daN/cm^2.$

Tensión tangencial:

$\tau = R_A \cdot (3,/2) / (bh) = 2250 \cdot 1,5 / (30 \cdot 15) = 7,5 \; daN/cm^2.$

Recordemos que la tensión normal (tracción o compresión) se da en las fibras más alejadas del eje neutro y en el centro de la viga, mientras que la tangencial máxima o de corte se da en la sección transversal cerca del apoyo.

9.4. Verificación modelo de bielas:

Reacciones:

$R_A = R_B = 2.250 \; daN$

Dibujamos la geometría de los montantes, diagonales y cordones que soportan las cargas en el interior de la viga *(figura 15.32)*.

$tg\, \alpha = 25/50 \approx 0,5 \quad \alpha = 28,6° \quad sen\, \alpha = 0,48 \quad cos\, \alpha = 0,,88$

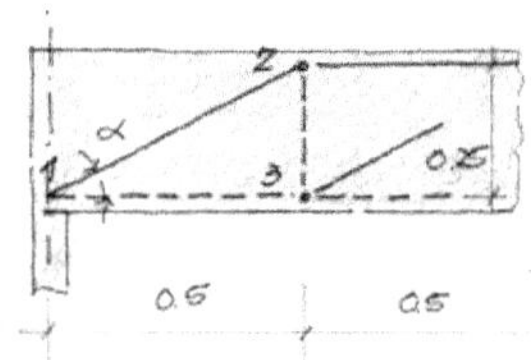

Figura 15.32

barra *1-2*: fuerza compresión $F_{12} = 2250/0,0,48 \approx 4.700$ daN
barra *1-3*: fuerza tracción $F_{13} = 4700 \cdot 0,88 \approx 4.100$ daN

Esquema de cordones paralelos de viga reticulada *(figura 15.33)*:

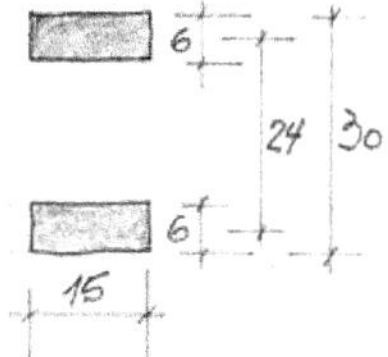

Figura 15.33

Fuerzas máximas de cupla en el centro:

$C = T = Mf / z = 3125 / 0,24 \approx 13.000\ daN$

Sección de CS y CI: $15 . 6 = 90\ cm^2$

Tensiones máximas de tracción y compresión en centro de viga:

$\sigma = 13000 / 90 \approx 140\ daN/cm^2 \quad BC < 150\ daN/cm^2.$

Tensiones de compresión en barra 12:

$\sigma = 4700 / 90 \approx 52\ daN/cm^2 \quad BC \quad \tau_{adm} < 0,5 . 150 = 75\ daN/cm^2.$

Tensiones de tracción en barra 13:

$\sigma = 4100 / 90 \approx 45\ daN/cm^2 \quad BC \quad \tau_{adm} < 0,5 . 150 = 75\ daN/cm^2.$

La tensión de trabajo máxima (tracción o compresión) se establece en el centro de la viga y es un esfuerzo uniforme en toda la sección transversal de cordón superior o cordón inferior. En la analogía del reticulado la tensión tangencial desaparece para transformarse en una tensión normal y la máxima se produce en la diagonal más cercana al apoyo.

16

Gauss
Estadística y determinismo

1. Introducción.

Estos capítulos que se inician con los nombres de "Curva de Gauss", "Error" y "Coeficiente de seguridad" están vinculados por el suceso universal de la complejidad o también llamada teoría del caos, porque el diseño y cálculo de un edificio es a futuro. Entonces las tareas de cálculo es un pronóstico y como tal está afectado del azar; no se conoce con certeza los sucesos que pueden suceder el día de mañana.

Existen dos tipos de incertidumbres:

* Las que están fuera del dominio del hombre: vientos, sismos, térmicas.

* Las que pertenecen a la condición humana.

Ambas solo pueden ser pronosticadas a futuro con la estadísticas de sucesos del pasado.

2. Estadística y determinismo.

En las ciencias de la construcción existen partes que son solucionadas desde las operaciones deterministas, por ejemplo la ley de momentos es un conjunto de productos y sumas que puede establecer la magnitud de una resultante de fuerzas y su ubicación. Sin embargo el estudio de las cargas que actuarán sobre el edificio no es posible obtenerlas desde una ecuación matemática, en especial aquellas de sobrecargas, de viento, sismo o térmicas, solo es posible mediante la estadística.

La herramienta más útil para la estadística es la relación que existe entre la frecuencia (porcentaje) que suceden los fenómenos y la intensidad (magnitud) de los mismos. Esa instrumento es la curva de Gauss desde las gráficas y dejamos de lado las ecuaciones teóricas que no corresponden a estos escritos.

3. Curvas de Gauss (Curva de distribución normal).

Todo el universo es aleatorio y de él los sucesos y fenómenos climáticos y sísmicos de La Tierra, lo son más. Además, el hombre como parte de ella posee la condición de azaroso, tanto a nivel individual como colectivo. La ecuación fundamental de la estabilidad de los edificios, en todos sus términos contiene factores que amortiguan las contingencias inesperadas. Los reglamentos de construcciones establecen que la resistencia nominal interna de la estructura resulte mayor que las provocadas por las fuerzas, acciones o cargas que solicitan al edificio:

$$Resistencia \geq Cargas$$

Según Reglamento:

$$\phi S \geq \gamma U = \gamma_1 D + \gamma_2 L$$

ϕ: factor de reducción de resistencia del material.

S: Resistencia nominal de la pieza.

D: Carga muerta o permanente.

L: Carga viva o sobrecarga.

γ_1: factor de mayoración cargas muertas.

γ_2: factor de mayoración cargas vivas.

La única manera de aproximar un valor de resistencia o carga a futuro es mediante la estadística, la teoría probabilística y la sociología del colectivo técnico, con maniobras que utilizan datos del pasado. La herramienta más utilizada es la curva gaussiana; en las ordenadas se indica la frecuencia de suceso en porcentual y en las abscisas la intensidad *(figura 16.1)*.

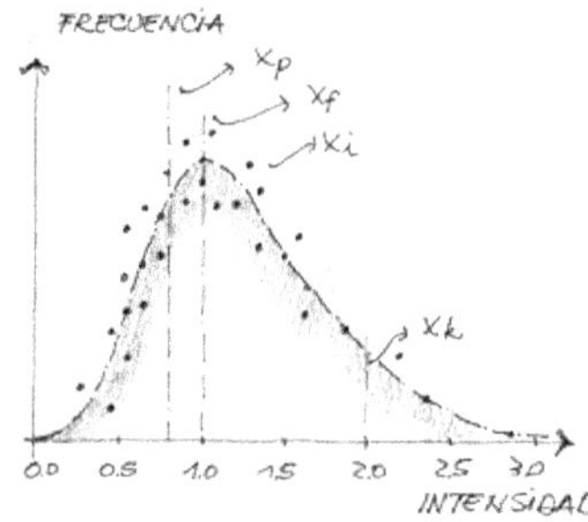

Figura 16.1

La curva superior muestra los resultados de una estadística de las sobrecargas de un edificio de viviendas con datos obtenidos de censos realizados largos períodos de tiempo. Las mayores frecuencias se encontrarían en valores aproximados a *1,0 kN/m²*. Mínima frecuencia tendría el valor de *L = 0* (departamento vacío) así también aquellos que superan los *2,00 kN/m²*. Los valores que nos entrega la curva:

x_p: valor promedio de sobrecarga (kN/m²).

x_f: valor de mayor frecuencia (kN/m²).

x_i: valor individual de cada medición de sobrecarga (kN/m²).

x_k: valor característico, solo superado en el 5 % de los *casos (k*N/m²).

Este último es el utilizado para el diseño y cálculo de las estructuras.

4. Las curvas de colectivos, interpretación.

4.1. General.

La frecuencia y la intensidad se pueden establecer en los tres principales grupos o colectivos de la construcción:

- De cargas en fuerza o presión: daN ó daN/m².
- De materiales en la resistencia: daN/cm².
- De conducta de los técnicos: nota o calificación del 1 al 10.

Estas variables determinan el grado de incertidumbre en el proyecto y ejecución. Es necesario destacar las maniobras que se realizan para obtener los datos de diseño y cálculo de una estructura:

- Investigar los sucesos y antecedentes de la región o ciudad donde se construirá el edificio (cargas, acciones, materiales y conducta humana).

- Operar esos datos para ser posible una predicción de los sucesos a futuro.

En ambos casos participa el proyectista tanto arquitecto o ingeniero y su gestión es estudiada por los principios del origen del CS (Coeficiente de Seguridad) que establece calificaciones generales en cuatro niveles y sus notas:

Malo: de 1 a 2.
Regular: de 3 a 5.
Bueno: de 6 a 8.
Muy Bueno: de 9 a 10.

Cuanto mayor es el control y exigencias en la investigación del pronóstico de las cargas y resistencia, menor será el CS.

4.2. Cargas de las estadísticas de la historia.

Desde informes y datos de sucesos pasados analizamos cuatro grupos de cargas: permanentes, sobrecargas, vientos y sismos . Para cada grupo obtenemos una curva en particular. Esas curvas nos indican el nivel de caos o desorden particular de cada una

En el histograma se indican de manera aproximada la frecuencia de los sucesos y su intensidad *(figura 16.2)*:

(1) Cargas permanentes.
(2) Sobrecargas.
(3) Cargas de viento.
(4) Cargas de sismo.

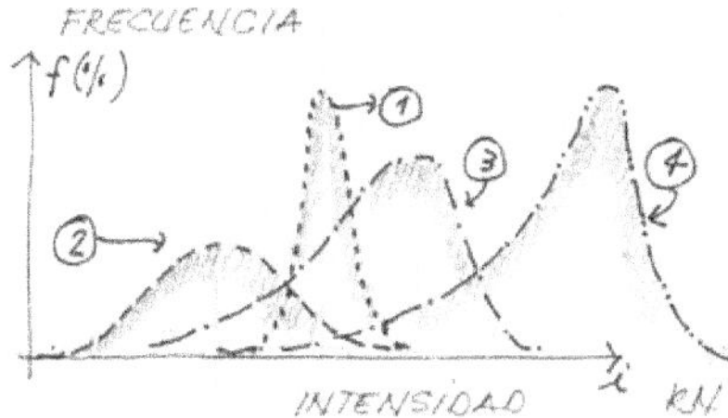

Figura 16.2

(1): Las **cargas permanentes** poseen una baja dispersión, porque la masa y la gravedad son casi constantes en el edificio. Además los errores que se pueden cometer en su determinación son reducidos porque el cálculo es determinista: producto del volumen por la densidad.

(2) Las **sobrecargas** poseen menor intensidad que las permanentes, pero mayor dispersión. En las estadísticas de sobrecargas en un departamento de vivienda los valores pueden oscilar entre mínimos cercanos al cero y máximos superiores al indicado en reglamentos *(200 daN/m^2)*.

(3): Las cargas de **viento** poseen mayores frecuencias en valores de vientos normales (brisas, vientos leves), pero menor frecuencia en vientos fuertes (tempestad, tormenta).

(4): Las cargas de **sismo** poseen largos períodos de tiempo con intensidades nulas o mínimas, pero cortos períodos de intensidades muy fuertes (terremotos).

Esta investigación fue realizada desde los datos y mediciones realizadas en diferentes regiones o ciudades. Es el estudio del pasado, el proyectista de estructuras debe interpretarlas desde la estadística para utilizarlas en el diseño.

4.3. Materiales.

La tecnología de fabricación de los materiales de la construcción ha avanzado de manera notable en las últimas décadas. Podemos decir que los materiales de manera individual son buenos, pero cuando son necesarios mezclarlos para producir otro material combinado, como el caso del hormigón armado entonces la calidad del conjunto combinado puede variar. La resistencia dependerá si la elaboración fue realizada en condiciones de control riguroso, regular y descuidado.

En la curva que sigue analizamos tres grupos de hormigones realizados con diferentes tipos de controles *(figura 16.3)*. En la curva *(1)* se muestra el resultado de ensayos de hormigones con vigilancia rigurosa; curva esbelta con baja dispersión. La curva *(2)* representa al grupo de control regular. Por último la curva *(3)* son los resultados de frecuencia y calificación del hormigón realizado con un control pobre o descuidado.

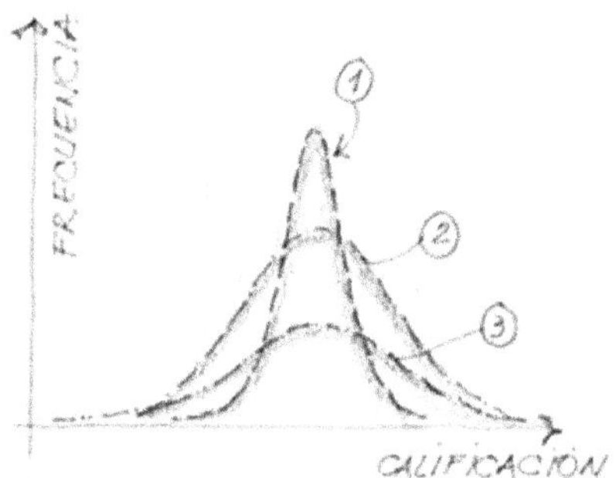

Figura 16.3
Eje de las ordenadas *"yy"*: frecuencia en porcentual.
Eje de las abscisas *"xx"*: calificación o resistencia.

En las curvas existe una particularidad, a los efectos didácticos; todos los grupos poseen la misma resistencia media, pero la posibilidad de encontrarnos con hormigones de mala calidad es mucho más elevada en la curva *(3)* que en la *(1)*. Veremos que en diseño, cálculo y construcción de los edificios la cualidad de "dispersión" tiene mayor rango que la de "promedio".

4.4. Conducta humana.

El estudio de la conducta o nivel de conocimiento de grupos humanos también se la estudia con el histograma o curva de Gauss. Así lo establece el Cirsoc en el *R105* y el *R106*.

Las gráficas que siguen nos muestran los resultados de una evaluación de tres colectivos o grupos de técnicos de ciudades diferentes *(figura 16.4)*. Otras vez elegimos la situación particular: la nota promedio es la misma para los tres grupos es la calificación de *"5"*.

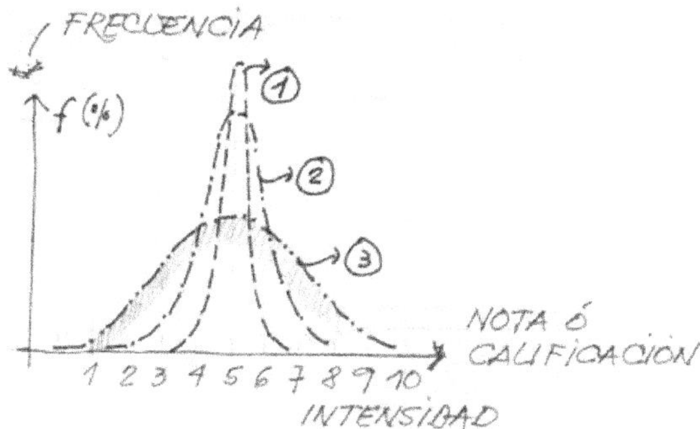

Figura 16.4

Colocamos en el eje *"xx"* las notas o calificaciones obtenidas de los exámenes y en el eje *"yy"* los porcentuales de sus eventos. Vemos que el promedio en los tres grupos encuestados tiene el valor *5* (cinco).

- Curva (1): Grupo con buen conocimiento y además todos los integrantes del poseen casi el mismo nivel de instrucción. Mínima dispersión.
- Curva (2): Grupo con conocimiento y control medios, la dispersión aumenta.
- Curva (3): Grupo con conocimiento bajos y control pobre. Tiene el mismo promedio que los anteriores pero la dispersión es elevada, esto significa que hay mayor probabilidad de encontrar técnicos con niveles con capacidad por debajo de cinco.

En resumen, la primera curva nos muestra que la mayoría de los profesionales poseen un grado de conocimientos uniformes, mientras que la última indica la elevada posibilidad de encontrarnos profesionales de bajo nivel . Veremos más adelante, cuando estudiemos coeficientes de seguridad que el grado de dispersión de la conducta humana es la variable principal de diseño del CS.

En general, los resultados de la exploración de colectivos humanos una reducida dispersión va acompañada de una calificación alta. Así las curvas no solo difieren en la forma sino también en la posición de la posición de la nota media *(figura 16.5)*. Esto lo mostramos en las gráficas que siguen.

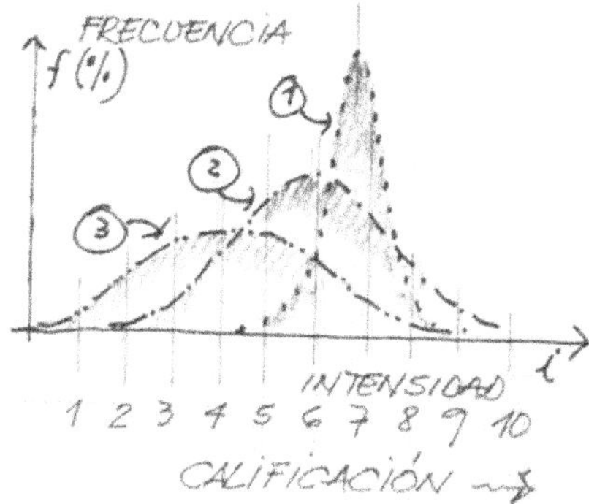

Figura 16.5

La población *(1)* de la imagen tiene un promedio de $\approx 6,8$. La población *(2)* un promedio $\approx 6,0$ y la *(3)* un promedio $\approx 4,0$. En estos casos una reducción en la intensidad de la nota y además un aumento de la dispersión. Para cada uno de estos colectivos en el proceso de diseño estructural le corresponde un CS determinado; aumenta cuanto mayor es la dispersión y su menor su calificación de conocimiento.

4.5. Reflexiones.

Los materiales utilizados en la actualidad para la construcción de los edificios y en especial sus estructuras son de muy buena calidad. Las barras de hierro y el hormigón son controlados en laboratorios de fábricas. También los tableros de maderas especiales para los encofrados permiten realizar trabajos de buen nivel.

Entonces, si en el mercado de la construcción se ofrecen productos de calidad certificada surge la pregunta ¿porqué existen deficiencias o fallas? La respuesta es inmediata: la incorrección, la irregularidad o el desperfecto es causado por maniobras erróneas de las personas que participan en el proyecto, cálculo y ejecución.

Está demostrado que la calidad del colectivo humano que participa en una obra es variable de diseño y quien lo representa es el coeficiente de seguridad (CS). Este estudio fue publicado hace décadas atrás en "Recomendación Cirsoc 106" para el dimensionamiento del coeficiente de seguridad. Es por ello que damos énfasis al tema de la estadística y a las curvas de distribución, así también para justificar las aplicaciones que siguen.

5. Aplicaciones.

5.1. Valor característico del hormigón.

Inicio.

Analizamos los resultados de un lote de 30 (treinta) probetas de hormigón realizadas con un control mediano *(figura 16.6)*.

Resultados y curva.

Los resultados de las tensiones de rotura oscilan entre un mínimo de $\approx$ 100 daN/cm^2 a un máximo de $\approx$ 460 daN/cm^2.

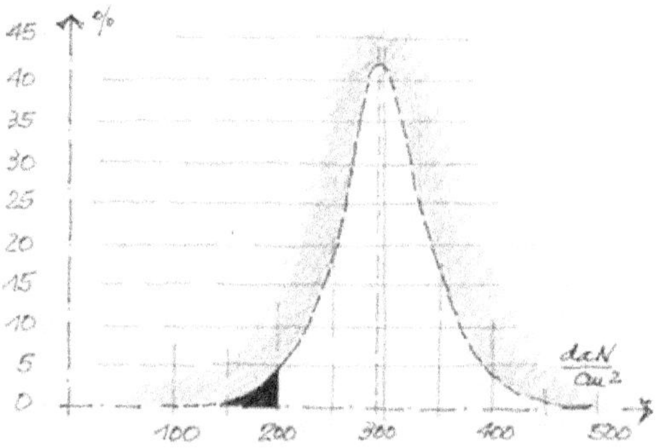

Figura 16.6

En el eje *"yy"* del gráfico se muestran los porcentuales de sucesos de cargas similares y en el *"xx"* la intensidad de las tensiones de rotura.

El promedio nos entrega una tensión de $\approx$ *280 daN/cm²*, pero existe dispersión. Del estudio de la curva y aplicación de las fórmulas de la estadística se obtiene que la tensión a utilizar para el cálculo debe ser menor o igual a *200 daN/cm²*. La superficie sin sombra indica la posibilidad de encontrar valores de resistencia superiores a los *200 daN/cm²*, la superficie en negro la posibilidad de encontrar valores menores.

Estudio de la curva.

Entre porcentuales del 15 al 20 % es cóncava, tanto a la izquierda como a la derecha. Por arriba de ese valor la curva es convexa. Desde el punto de inflexión de la curva hasta la media se establece el grado dispersión o desviación que en nuestro caso es de un valor aproximado a 50 daN/cm².

La curva puede ser simétrica; el valor medio o promedio coincide con el de máximo porcentual. En nuestro estudio la curva es asimétrica; el valor promedio (280) está un poco desplazado al de máximo porcentual (300).

5.2. Valor característico de diseño.

Inicio:

El grupo de profesionales ingenieros, arquitectos, técnicos, capataces y obreros que participan en el proyecto, cálculo, dirección y ejecución de una obra tiene en su conjunto colectivo un valor característico de calidad en su labor.

Cuanto más elevado es el rigor y control de cada una las fases que participan menor será el coeficiente seguridad empleado para el diseño estructural. En general el valor total promedio que establecen los reglamentos a nivel internacional oscila en el entorno:

$CS \approx 2,00$

El *CS* es una "nota", una calificación del colectivo humano que participa en toda la obra.

Si es necesario construir un edificio en una región donde la calidad de los técnicos y obreros, así como los materiales es regular a pobre el *CS* se debe elevar, por ejemplo:

$CS \approx 3,5\ a\ 4,5$

Por ejemplo si diseñamos una columna de madera sin pandeo que se realiza en una población técnica de control bueno y en otra región de población técnica pobre. La carga y las características mecánicas de la madera son iguales en ambos casos:

Carga: P = 12.000 daN   Tensión rotura madera: 300 daN/cm2

a) Sección de columna para la región de control bueno a riguroso:

$CS - \gamma \approx 2$

$S = (P \cdot \gamma) / \sigma_{rot} = (12000 \cdot 2) / 300 = 80\ cm^2.$

Lados de columna cuadrada: ≈ 10 cm

b) Sección de columna para la región de control pobre o descuidada:

$CS = \gamma \approx 4,5$

$S = (P \cdot \gamma) / \sigma_{rot} = (12000 \cdot 4,5) / 300 = 180\ cm^2.$

Lados de columna cuadrada: ≈ 14 cm

Resumen: se utilizará un 40 % más de material en esta última región por la incertidumbre que existe en la ejecución y control de la columna.

Ejemplo simple: Estudio del colectivo humano.

El grupo de profesionales ingenieros, arquitectos, técnicos, capataces y obreros que participan en el proyecto, cálculo, dirección y ejecución de una obra tiene en su conjunto colectivo un valor característico de calidad en su labor.

Es habitual a nivel internacional la aplicación de seguros de riesgo para las fallas que son provocadas en la fase de proyecto o de dirección de obra. En estos casos las compañías de seguros realizan una evaluación del grupo que participará en la obra.

Los investiga en función de los antecedentes certificados de cada profesional y de los capataces de obra. A cada uno lo califican con notas de 1 (uno) a 10 (diez). Para simplificar suponemos que el grupo de trabajo se constituye por 100 (cien) personas. Confeccionan una planilla como la que se indica a continuación:

nota	%
1	0
2	1
3	2
4	15
5	37
6	22
7	12
8	8
9	3
10	0
	100

En la primer columna: la calificación o nota.
En la segunda columna: el porcentual de esa nota.

Con los valores de las notas y los porcentuales se construye la curva *(figura 16.7)*:

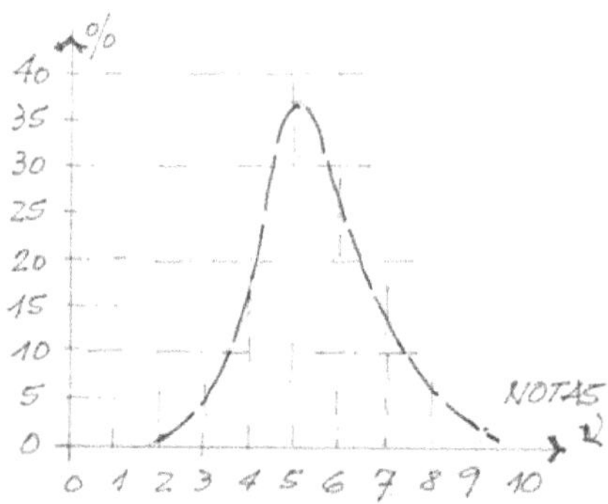

Figura 16.7

Del estudio de la curva surge lo siguiente:

- La nota promedio oscila entre el valor *5* (cinco) a *6* (seis).
- La dispersión se mide en la zona de inflexión de las curvas en ascenso y en descenso: puede ser $\approx$ *2,0* (diferencia entre *4* y *6*).
- Un *5 %* de encontrar por debajo de *4*.
- Un *15 %* de encontrar en el entorno de *4*.
- Un *60 %* de encontrar entre *5* y *6*.
- Un *15 %* de encontrar entre *6* a *8*.
- Un *5 %* de encontrar en el entorno de *9*.

En base a estos estudios se establece el monto del contrato entre el asegurado (estudio de arquitectura, de ingeniería y directores de obras) y la compañía de seguros.

17

El error
Análisis del equívoco

1. El error.

1.1. General.

Los edificios son creaciones del hombre; los proyecta y luego los construye. Entonces el edificio copia el carácter del técnico tanto en la parte estética como funcional. Por aquello de "errar es humano", el error siempre está presente en el inventario de los defectos. No existe un solo equilibrio, tampoco un solo error.

En el último siglo se produjo el desarrollo tecnológico más espectacular de la historia de la humanidad. Con él llegaron juntas la precisión y la velocidad en las operaciones comandadas por circuitos electrónicos, tanto sea para el movimiento de un robot como un software de cálculo de estructura. Son máquinas de asombrosa precisión y exactitud pero solo en función de los datos de entrada.

Esta revolución tecnológica ha cambiado la actitud del técnico, son tan veloces esos aparatos que generan un "apuro" en el ingreso de las referencias y datos. Las máquinas no razonan, solo obedecen a las órdenes dadas por el operador. Esto queda demostrado en las estadísticas; en la actualidad los errores en el proceso de diseño y cálculo poseen un mayor porcentual que en las épocas del cálculo manual. La sociología y la psicología frente a esta realidad se esfuerzan por comprender y explicar los deslices que se cometen en la interacción entre el hombre y la máquina.

1.2. Dinámica de las tareas.

Existen dos grandes grupos de tareas. Una son aquellas dinámicas donde están presentes la aceleración, velocidad y la masa. En estos casos ante una falla con el objeto en movimiento, el tiempo de reacción que dispone el operador es corto. A mayor velocidad, menor tiempo para reflexionar sobre una decisión correcta. Las trágicas noticias de accidentes y muertes en las rutas son consecuencia del mínimo tiempo para la reflexión antes del choque. Algo similar le sucede al operador con una computadora que resuelve mediante un software específico el cálculo de un sistema estructural, por suerte se comete error, pero no son trágicos.

En el otro grupo de tareas se encuentran los equipos de ingenieros y arquitectos, que asumen la reflexión como variable principal del diseño y cálculo. Antes de conectar las poderosas máquinas resuelven con lápiz, borrador y tiempo todas los datos que configuran el diseño de la estructura. Además es posible "volver atrás" con la goma de borrar; se reinicia el cálculo luego de un equívoco en el análisis. Este tipo de tareas conduce a un reducido porcentual de errores comparado con las dinámicas de alta velocidad motivadas por computadoras.

2. Variables del error.

Destacamos algunos conceptos que se utilizan en la teoría del error para el estudio del equilibrio y la probabilidad de falla. Lo hacemos a efectos de comprender mejor el fenómeno de la relación entre hombre y el edifico.

2.1. Falla.

El diccionario define a la falla como "defecto material de una cosa que merma su resistencia". Para nuestra disciplina, está bien la definición. La falla no es colapso o rotura. Una patología de corrosión de armaduras de una losa del edificio que tiene décadas de uso, es una anomalía. También puede ser una irregularidad la elevada velocidad en el frente de carbonatación del hormigón. Una fisura en una viga provocada por un exceso de carga. Existen edificios en uso que poseen una gran cantidad de "faltas" pero siguen en uso. Esos edificios, tienen una probabilidad de falla total mayor que otros porque ese suceso es función de la cantidad y combinación de los errores.

2.2. Origen del error y falla.

Los estudios realizados sobre el origen del error, en general entregan resultados repetidos y extraños:

- En el caso de tareas dinámicas el 60 al 70 % de las equivocaciones tienen su origen durante el desarrollo del proyecto.
- En el caso de tareas pausadas se ubica entre el 40 al 50 %, el porcentaje disminuye porque hay más tiempo para la corrección.

En general los errores se presentan sobre el tablero durante la elaboración de los documentos, planos y especificaciones técnicas. Lo anterior está probado y demostrado desde la estadística en investigaciones realizadas sobre el origen del error en ingeniería o arquitectura.

La imagen muestra de manera aproximada la relación del porcentual del error con las cinco principales fases del proyecto y ejecución de un edificio *(figura 17.1)*.

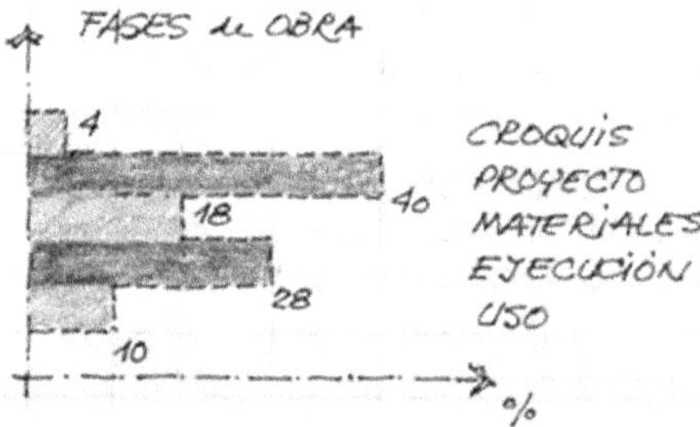

Figura 17.1

- Croquis 4 %: Fase inicial de ubicación del terreno, de fallas geológicas no detectadas o de suelos inadecuados.
- Proyecto 40 %: Cuando aún los planos y planillas de cálculo se encuentran en los tableros o en las pantallas de computadoras el error crece de manera considerable

- Material 18 %: Por fallas en el control o elección de los materiales que se utilizarán en obra.
- Obra 28 %: El porcentual otra vez asciende, porque la variable humana aumenta en la ejecución de la obra. En muchos casos por la ausencia de una presencia constante y rigurosa inspección.
- Uso 4 %: Con edificio terminado y en uso, también existen errores cometidos por sus ocupantes.

2.3. Los factores del error.

Es imposible establecer y explicar cada una de las causas que originan errores, pero desde nuestro campo de acción del diseño y cálculo de las estructuras podemos arrimar algunos conceptos. En la delicada etapa de proyecto está la del cálculo, es decir la determinación del material y sus dimensiones. Durante esa tarea se requiere:

- Estado mental adecuado para la recepción e interpretación de la información que se utilizará para el cálculo.
- Organización del equipo de trabajo. La tarea de cálculo eleva el riesgo de error cuando es individual.
- Prevenir cuestiones fisiológicas como cansancio, agotamiento o fatiga en los momentos que se toman las decisiones tanto para el ingreso de datos o la interpretación de respuestas.
- Evitar la rutina, repetición o monotonía de las acciones.
- Entender, interpretar, en todo momento del proceso los valores tanto de las distancias, de las formas, del tamaño y magnitud de las fuerzas.
- No actuar durante estados de ansiedad o elevada preocupación.

De todas las recomendaciones la principal es la de trabajar en equipo, que exista un grupo de personas con capacidad para comunicar sus dudas y también para responder a las de otros.

2.4. Jerarquía del error en las distancias.

Las distancias pueden participar de manera lineal, cuadrática, cúbica y a la cuarta potencia.

- Potencia unidad: Las reacciones en función lineal de la distancia entre apoyos, en el caso de una viga simple:

$$R = \frac{ql}{2}$$

- Potencia segunda: Los flectores en función de la potencia segunda, así como los módulos resistentes, en las vigas isostáticas:

$$R = \frac{ql^2}{2}$$

En el módulo de elasticidad:

$$W = \frac{bh^2}{6}$$

También en la tensión:

$$\sigma = \frac{P}{cm^2}$$

- Potencia tercera: En el cálculo de momentos de inercia:

$$I = \frac{bh^3}{12}$$

- Cuarta tercera: En el cálculo de las elásticas:

$$f = C\frac{ql^4}{EI}$$

Para tener una idea de la transformación del error en cada una de estas expresiones supongamos una distancia real de 6,05 metros que por error se adopta 6,45 metros, la relación será:

	Relación	Porcentual
Primera potencia:	$6,05 / 6,45 =$ $1,07$	7
Segunda potencia:	$6,05^2 / 6,45^2 = 1,14$	14
Tercera potencia:	$6,05^3 / 6,45^3 = 1,21$	21
Cuarta potencia:	$6,05^4 / 6,45^4 = 1,29$	29

2.5. De la estructura: jerarquía de las piezas.

Cada pieza estructural de un edificio posee una jerarquía particular en el caso de una colapso. La falla de una losa solo afecta al área de esa losa, el colapso de una viga puede afectar a la propia viga y a las losas que apoyan sobre ella. En las columnas la falla de una de ellas afecta a todo lo que está arriba: columnas, vigas, paredes, losas. Esta situación se denomina jerarquía por fallas que categoriza al error. La caída de una losa o viga es plana, queda afectada la planta donde se produce el accidente. Sin embargo la falla de la columna es espacial, afecta su planta y también las superiores *(figura 17.2)*.

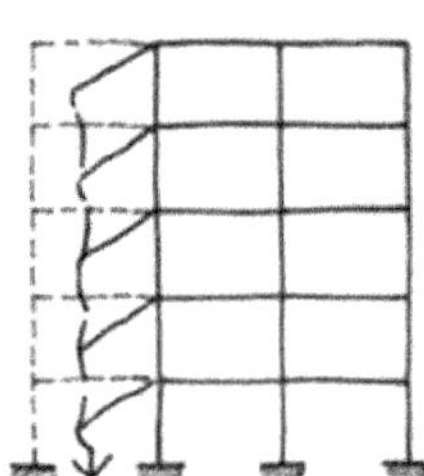

Figura 17.2

La imagen simple muestra las consecuencias de la falla de una columna en planta baja. Una manera de categorizar la jerarquía de las piezas en un edificio es emplear el concepto de "áreas tributarias" y "áreas de influencia" que se describen en el Capítulo 4 "Cargas" *(figura 4.24)*. Para comprender la manera de proceder dibujamos un esquema en planta de columnas, vigas y losas.

En la jerarquía de falla nos interesa las piezas que se encuentran en las fronteras del área de influencia, por ejemplo, si falla una columna interior ingresan en colapso losas y vigas adyacentes y parcialmente afectadas las vigas de fronteras.

2.6. Variaciones de la magnitud del error.

La estadística no solo atiende la variación de las diversas cargas, también estudia la jerarquía y magnitud de los equívocos que se cometen en el proceso de proyecto, cálculo y ejecución de un edificio en los casos de controles medianos y pobres.

Peso propio.

La jerarquía depende del concepto o unidad de estudio en particular. En el caso de estudiar el peso propio de una estructura de hormigón armado, desde cota cero hacia arriba, el consumo de hormigón según las partes de la estructura resulta:

> *Losas: Muy alto.*
> *Vigas: Alto.*
> *Columnas: Bajo.*
> *Tabiques: Muy bajo*

Es decir que un error en el espesor del ítem losas, significa varias veces superior al error cometido en columnas o tabiques. En el estudio de pesos propios vemos así que las losas poseen la mayor jerarquía.

Colapso.

Sin embargo si estudiamos el error desde el área de influencia de colapso, las jerarquías se invierten.

> *Losas: Muy bajo.*
> *Vigas: Bajo.*
> *Tabiques: Alto.*
> *Columnas: Muy alto.*

Esta calificación, desde el colapso se explica en función del área de influencia de cada pieza. Las columnas poseen la más alta categoría porque sobre ellas apoyan losas, paredes y vigas. En este caso el estudio se realiza en función de las áreas que ingresan en colapso.

Viento o sismo.

Desde las cargas horizontales de viento o sismo se puede jerarquizar el error desde la influencia de las cargas en relación a la altura del edificio:

> *Edificio muy alto: más de 100 plantas.*
> *Edificio alto: entre 50 a 100 plantas.*
> *Edificio mediano: entre 10 a 50 plantas.*
> *Edificio bajo: hasta 10 plantas.*

Entonces la jerarquía de las cargas horizontales no solo dependerá de la intensidad de los vientos o sismos, sino también de la geometría del edificio.

En resumen: el error hay que ubicarlo en el área de estudio que corresponde, es más, cada error posee una unidad; puede ser fuerza, corte, flexión, resistencia, secuencia de colapso, o características de uso.

2.7. Precisión y exactitud.

En la investigación científica de la teoría del error, se distingue la diferencia entre precisión y exactitud. Estos conceptos no son equivalentes.

Precisión se refiere a la dispersión del conjunto de valores obtenidos de mediciones repetidas de una magnitud. Cuanto menor es la dispersión mayor la precisión. Una medida común de la variabilidad es la desviación estándar de las mediciones y la precisión se puede estimar como una función de ella.

Exactitud se refiere a cuán cerca del valor real se encuentra el valor medido. En términos estadísticos, la exactitud está relacionada con el desvío de una estimación. Cuanto menor, es más exacta la estimación.

Hacemos un estudio de las sobrecargas en un edificio. Se efectúa el relevamiento y de construye la curva *(figura 17.3)*.

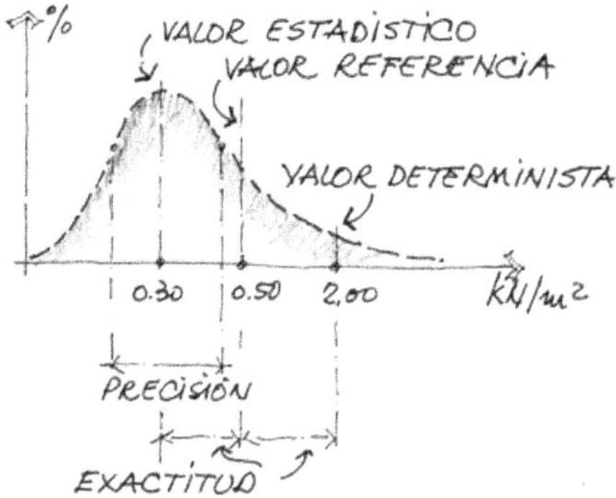

Figura 17.3

- La media obtenida del censo de cargas: *0,30 kN/m²*.
- Amplitud o desviación de la curva: *0,25 kN/m²*.
- Valor de referencia elegido: *0,5 kN/m²*
- Valor establecido por el R101: *2,0 kN/m²*.

La precisión es la amplitud es la distancia entre los puntos de inflexión de la curva (desviación), en nuestro caso es de ≈ *0,25 kN/m²*. En el caso de un entrepiso que no tuviera variación de sobrecarga la precisión sería óptima; no existe desviación en la curva.

La exactitud es la distancia entre lo indicado por el Reglamento y el valor de referencia: *2,0 – 0,5 = 1,50 kN/m²*. Vemos que el valor que empleamos en el cálculo está distanciada una vez media al de referencia, alejada del valor exacto.

3. El error y el coeficiente de seguridad.

3.1. General.

El coeficiente de seguridad que se utiliza para el cálculo de las estructuras tiene su origen en los posibles errores que se puedan cometer tanto en las fases de proyecto, diseño, cálculo, dirección de obra y uso del edificio.

En el Capítulo 18 "Coeficiente de Seguridad" desarrollamos las ecuaciones y las variables humanas que configuran el valor final del coeficiente. El error puede ser individual provocado por un solo técnico que se equivoca en una operación o entrada de datos. También hay error desde el colectivo humano; por ejemplo un equipo técnico que no interpreta de manera adecuada un informe de estudios de suelos. Luego están los errores que se pueden cometer en la ejecución de la obra y por último en el uso del edificio con un cambio de destino del local.

3.2. Vulnerabilidad, fiabilidad y riesgo.

También se cometen errores cuando no se analiza la vulnerabilidad y el riesgo. Vulnerabilidad, es la posibilidad que el edificio sufra algún tipo de daño o falla durante su vida útil, este carácter depende de variables internas del edificio y su estructura. Por ejemplo un edificio es más vulnerable si esconde un error cometido en la fase de proyecto o de construcción. Ese error puede ser de diseño de arquitectura o de ingeniería. Otra variable son las condiciones de seguridad, por ejemplo un edificio que no posee instalación contra incendios o matafuegos en los pasillos y locales.

La fiabilidad humana es condición de la vulnerabilidad. Cuanto mayor cuidado y atención se presta al diseño de arquitectura y al de estructura, mayor es la fiabilidad y menor será la vulnerabilidad de alguna falla del edificio.

El riesgo es una cuestión externa de todo el edificio. Las fuerzas de viento de una gran tormenta o el suceso de terremoto son riesgos latentes. También es riesgo la decisión de algunos usuarios de sobrepasar las sobrecargas establecidas en el diseño estructural.

El riesgo y la vulnerabilidad actúan entre sí de manera permanente y su combinación hacen a la probabilidad de falla. Ella está más cercana del suceso cuanto más vulnerable es el edificio y mayor es el riesgo de un fenómeno externo.

3.3. Combinación del error.

Dentro de la estructura del edificio existe una misteriosa máquina que combina los errores de manera aleatoria. Los puede concertar a favor o en contra de la estabilidad del edificio o también desde el costo final. Para lograr una explicación fácil a este suceso imaginamos una columna robusta sin pandeo.

Si la pieza es de madera u hormigón armado, tiene tres variables: la sección *(cm²)*, la carga *(daN)* y la tensión de rotura *(daN/cm²)*. De ellas solo la sección puede ser mensurada con precisión, las otras dos tanto la carga como la tensión de rotura son valores aproximados que se los establece desde la estadística. En el caso de una pieza de acero, por ejemplo un perfil IPN, la tensión de rotura ingresa como valor preciso, esto es por los controles de calidad que se realizan en las acerías. No sucede los mismo con materiales como la madera, el hormigón y la mampostería.

4. Error en las cargas y en el replanteo.

4.1. General.

Estudiamos solo dos errores de muchos otros que se presentan. El primer caso se trata de un error que es común cometerlo en el proceso de diseño, en gabinete durante la fase de cálculo; el error en el estudio de las cargas a futuro. El otro error se comete en obra por equívocos en los replanteos de las plantas de un edificio en altura; el error de la excentricidad entre una columna inferior y la superior.

4.2. Estudio de las cargas.

En este punto mostramos un ejemplo característico de los errores que se pueden cometer en la determinación de las cargas. Supongamos un entrepiso de losas de hormigón. Teóricamente, en la etapa de cálculo se estimó el conjunto de elementos que componían dicho entrepiso, ese valor fue usado en el cálculo y dimensionado. Pero luego, durante el proceso de obra, de manera inconsulta e involuntaria se cambian los elementos de entrepiso. Lo describimos:

Situación de proyecto:

En la etapa de proyecto se acuerdan los materiales, los espesores y las disposiciones. En general estos parámetros se indican en la planilla de locales y también deben ser dibujados en los planos ejecutivos de obra. En fase de proyecto se establece:

- Paredes divisorias internas de placas de yeso.
- Piso de cerámico esmaltado (bajo espesor).
- Contrapiso mínimo espesor *(6 centímetros)*.
- Cielorraso: fino de yeso.
- Sobrecargas: normales para vivienda *(2 kN/m²)*.

Con estas disposiciones la carga teórica del entrepiso alcanza los *7,5 kN/m²*.

Situación real del edificio en uso:

El proyecto puede estar durante meses o años a la espera de resolver cuestiones financieras o factibilidad del municipio. En ese tiempo es posible que se realicen ajustes en el proyecto pero no se modifica el cálculo estructural. Los detalles de arquitectura cambian y al final se construye con:

- Paredes divisorias de ladrillos cerámicos.
- Piso granítico de espesor común.
- Contrapiso de espesor elevado *(12 centímetros)*.
- Cielorraso: de revoque común.
- Sobrecargas: acopio de mercadería *(7 kN/m²)*.

Ahora la carga real de entrepiso es de: *11,5 kN/m²*.

El error cometido en las cargas es elevado: *11,5 - 7,5 = 4 kN/m²*.

Las estadísticas nos muestran que estos errores son comunes; la carga gravitatoria de entrepiso real, puede ser muy superior a la utilizada en la fase de proyecto y cálculo. La falla se traduce en una reducción del coeficiente de seguridad y en algunos casos en deformaciones y fisuras.

También sucede lo contrario, las cargas teóricas, por error son mayores que las reales; son los casos donde el coeficiente de seguridad es muy alto.

4.3. Error de replanteo.

En la construcción de un edificio en altura se comete un error en el replanteo de una columna de planta alta; el eje de carga se desplaza del eje de columna y genera una excentricidad *(figura 17.4)*.

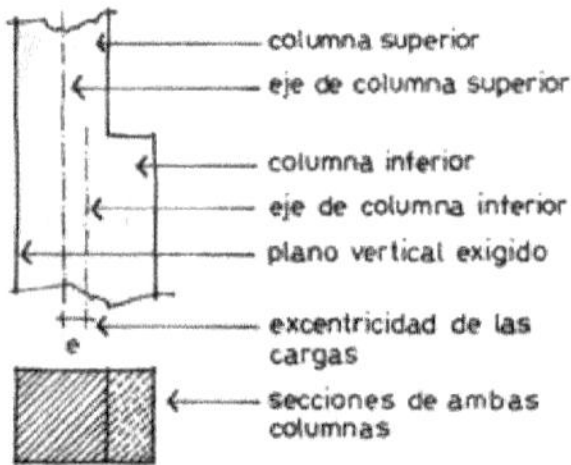

Figura 17.4

La columna fue calculada en gabinete sobre el supuesto de carga centrada y se utilizó la fórmula elemental de compresión:

$$\sigma = P/S$$

Pero cuando se presenta una excentricidad por error en obra esa misma columna necesita una sección mayor porque a la acción de compresión se le suma un efecto de momento flector, en estos casos las tensiones de compresión se calculan con:

$$\sigma = P/S + M/W$$

El diagrama de compresión deja de ser uniforme y se transforma en trapezoidal.

5. Aplicaciones.

5.1. Error en las distancias.

Un error de gabinete puede ser la incorrecta distancia entre apoyos de vigas, por ejemplo si la distancia real es de 5,00 metros y en el proceso de cálculo se adopta 4,7 el porcentual del error longitudinal es de 5,0 / 4,7 ≈ 1,6 % , pero desde la solicitaciones es mayor:

$$5^2 / 4{,}7^2 \approx 25 / 22 \approx 1{,}13 \quad \text{el aumenta al } 13{,}0 \%$$

El error es lineal en la distancia, pero en las solicitaciones de flexión es cuadrático, lo mismo sucede con las alturas de una columna esbelta; la carga crítica se reduce en función del cuadrado de la altura.

5.2. Error en las cargas.

El error en el diseño de cálculo de las cargas es lineal. Es un error común que pasa desapercibido porque su estudio se realiza por la unidad de metro cuadrado, sin embargo el edificio puede tener *10.000 m²*. Aquí el error se multiplica por la cantidad de metros cuadrados. Por ejemplo si se calcula con una carga de *800 daN/m²* y luego en la realidad es de *950 daN/m²*, existe una diferencia de *150 daN/m²* que desde esa unidad es una cantidad pequeña, pero en el total del edificio representa: *150 . 10.000 = 1.500.000 daN (1.500 toneladas)* que deberían ser sostenidas por las fundaciones.

5.3. Categoría de las piezas frente al error.

El ejemplo que sigue nos entrega valores numéricos de la categoría de la pieza ante la falla. La planta corresponde a un edificio de diez plantas y estudiamos solo un sector de la planta general *(figura 17.5)*.

Figura 17.5

- La falla de losa solo afecta su propia superficie: *7,00 . 5,00 = 35 m².*
- La falla de una viga interna afecta a las dos losas que apoyan sobre ella: *7,00 . 10,00 = 70 m².*
- La falla de una columna en la última planta afecta una superficie de: *10. 14 = 140 m².*
- La columna anterior ubicada en planta baja afecta todo el sistema ubicado por encima de ella: *10 . 14 . 10 = 1.400 m².*

Estos números nos muestran que la jerarquía de la columna central de planta baja es *40* veces superior a la losa individual.

5.4. El error de mayor porcentual de suceso.

Inicio.

Los acontecimientos de falla más comunes en las obras se producen durante el proceso constructivo. Uno de ellos es el de rotura y colapso de los encofrados durante el proceso de colocación del hormigón fresco.

La causa de este fenómeno repetido es la ausencia de diseño y cálculo de los encofrados y sus puntales. En la documentación técnica y planos de obra ejecutivos, en la mayoría de los casos no se detallan. La decisión en la forma de su colocación quedan en manos de los capataces.

Los puntales fallan por el efecto de pandeo cuando sus alturas superan las habituales de piso a techo ($\approx$ 3,00 metros). Lo estudiamos en el siguiente ejemplo:

Datos del puntal de encofrados de altura 3,00 metros.

Consideramos la altura más común de los puntales en edificio de viviendas.

Condición de borde: *articulado en ambos extremos.*

Altura total: *300 cm.*
Tensión admisible: *80 kg/cm²*
Forma: cuadrada.
Lados: *7,5 cm*
Superficie: $\approx$ *56 cm²*

Inercia: $I_{xx} = I_{yy} = 264\ cm^4$
Radio de giro: $i_{xx} = i_{yy} = 2.16\ cm^4$
Esbeltez:

$$\lambda_{xx} = \lambda_{yy} = \frac{300}{2,16} \approx 140 \rightarrow \quad \omega = 6,50$$

Capacidad de carga:

$$P_x = \frac{S\sigma}{\omega_x} = \frac{56 \cdot 80}{6,5} \approx 690\ kg$$

Carga que actúa durante la colocación del hormigón:

Detalle	Peso sobre puntal

Detalle	Peso sobre puntal
Peso propio encofrado	60
Peso del hormigón	400
Herramientas y máquinas	180
Operarios	100
Total estático	740
Total con efecto impacto: 1,5	1.110

Datos del puntal de encofrados de altura 3,50 metros.

Ahora analizamos un puntal con 50 centímetros más alto que el anterior.

Condición de borde: *articulado en ambos extremos.*

Altura total: *300 cm.*
Tensión admisible: *80 kg/cm²*
Forma: cuadrada.
Lados: *7,5 cm*
Superficie: *≈ 56 cm²*

Inercia: $I_{xx} = I_{yy} = 264\ cm^4$
Radio de giro: $i_{xx} = i_{yy} = 2.16\ cm^4$
Esbeltez:

$$\lambda_{xx} = \lambda_{yy} = \frac{350}{2,16} \approx 162$$

El valor de "ω" escapa de la tabla de pandeo. Es inadmisible la relación entre superficie transversal y altura de puntal y es causa de su falla. Para prevenir el efecto de pandeo los puntales deben ser arriostrados en su parte media para reducir la esbeltez.

18

Coeficiente de Seguridad

1. Definición y concepto.

1.1. General.

El CS (Coeficientes de Seguridad) es la relación entre la capacidad real soporte de una pieza estructural y la carga que actúa. Expresado en términos vulgares se puede representar mediante la expresión:

$$CS = \frac{R}{C} > 1,00$$

R: resistencia de la pieza.
C: carga o solicitación que actúa.

Por ejemplo, una columna robusta se diseña para que ingrese a rotura para una carga de $R = 100.000$ daN $(\approx 100$ toneladas), pero en la realidad la carga real "C" no superará las 50.000 daN $(\approx 50$ toneladas); el CS de esa columna será:

$$CS = \frac{R}{C} = \frac{100}{50} = 2 > 1,00$$

1.2. Equilibrio inestable (cálculo), equilibrio estable (obra).

Las ecuaciones de equilibrio que estudiamos en le estática de las fuerzas o de la resistencia de los materiales contienen el signo igual " = " que tiene existencia desde la lógica matemática, pero en la realidad ese signo puede cambiar en mayor " > " o menor " < ".

Queremos destacar esta situación; si la resistencia es menor a la carga ($R/C < 1,0$) estamos en presencia de un equilibrio inestable, si es igual ($R/C = 1,0$) tenemos equilibrio indiferente y si la resistencia es mayor que la carga ($R/C > 1,0$) es el equilibrio que buscamos para todos los edificios.

De manera resumida, las tareas que corresponden al diseño y cálculo estructural en sus inicios responden al estudio de las cargas, los apoyos, y el cálculo de las reacciones y solicitaciones; hasta aquí empleamos los conocimientos de la estática; se utiliza el signo igual " = ".

Luego se realizan las maniobras para establecer las dimensiones de la pieza; aquí ingresan dos disciplinas; la resistencia de los materiales y el diseño del coeficiente de seguridad. Insistimos en esto último; el CS es parte del diseño estructural, el proyectista de estructuras debe saber en todo momento el valor del $CS > 1$, tanto en el pieza individual como en el edificio total.

1.3. Desde el Reglamento Cirsoc 201.

En el capítulo 10 "Requisitos de resistencia y comportamiento en servicio" la expresión del CS anterior lo considera de la siguiente manera:

$$\phi S_n \geq U$$

ϕ: factor de reducción de la capacidad del material por posibles irregularidades de calidad y posición de carga.
S_n: Resistencia nominal real a rotura de la pieza.
$U = \gamma_1 D + \gamma_2 L$
γ: factores de aumento de carga por incertidumbre ($\approx 1,4$ para la cargas permanentes *"D"* y $\approx 1,7$ para las sobrecargas variables *"L"*).

en general los valores finales se aproximan a la expresión:

$$0,70 \cdot S_n \geq 1,50(D + L) \quad \rightarrow \quad \frac{S_n}{(D + L)} = \frac{1,5}{0,7} \approx 2,00$$

Lo anterior es la definición y concepto del CS, en los articulados que siguen se explica el origen teórico y el valor real que poseen algunos edificios.

2. La incertidumbre y el castigo.

2.1. La condena.

En épocas anteriores el fracaso del constructor era castigado hasta la condena a muerte. Ahora, en estos tiempos de comunicación instantánea el castigo es el inmediato desprestigio y las secuelas psicológicas que le impone la sociedad, tanto que en la mayoría de los casos el individuo castigado de esa manera abandona su profesión y ciudad.

En las estadísticas actuales los siniestros, derrumbes o colapsos de edificios o partes de ellos son muy raros. Pareciera que existe cierta inercia histórica mental de temor a los códigos anteriores. Ahora los edificios, en general poseen coeficientes de seguridad muy altos, en algunos casos excesivos.

En la actuación colectiva de los profesionales de la arquitectura y de la ingeniería en la construcción de obras, se produce una circunstancia extraña; la mayoría de los fracasos o colapsos se producen durante el encofrado o el hormigonado que evidencia el descuido en el diseño, cálculo y control de puntales y encofrados. Por otro lado las estadísticas nos indican la mayora cantidad de accidentes se producen en esa fase de la obra.

Para tenerlo en cuenta; el reglamento argentino Cirsoc 108 es el "Cargas de Diseño para Estructuras durante su Construcción", este es solo el del estudio de las cargas sobre encofrados, luego el cálculo de los mismos se realiza con los mismos procedimientos indicados en los otros Reglamentos según el material que se utilice para los encofrados.

2.2. El temor.

Todas las operaciones y datos para el pronóstico de la estructura que se deberá construir, tienen cierto grado de incertidumbre que causa al técnico proyectista temor.

Cuando un alumno en la universidad realiza un trabajo práctico de diseño y cálculo de una estructura, tiene una sola preocupación: ser aprobado por el profesor. Pero cuando ese alumno termina sus estudios y es un profesional, sus tareas las hace para edificios reales, con cargas, con personas, con materiales y adquiere una responsabilidad civil ante la comunidad; el edificio debe ser estable; no debe dañar a nadie en forma corporal o económica. De lo contrario actuará la justicia con una condena. En el subconsciente de ese profesional se incorpora un sentimiento de aprensión. Entonces en cada paso que realiza para el diseño y cálculo, ante la mínima duda, elige la respuesta con mayor grado de seguridad. En el final del proceso de cálculo obtiene una sección de viga, columna o losa más grande que la necesaria; porque actuó bajo el efecto de aprensión.

Con los escritos en párrafos anteriores podemos distinguir dos tipos de CS:

- El establecido por los reglamentos o normativas.
- El agregado por el proyectista por efecto de la incertidumbre.

El resultado final de esa combinación de CS nos entrega valores muy superiores a los necesarios; algunas estructuras poseen CS que superan el valor 4 (cuatro).

2.3. El edifico como pronóstico a futuro.

Desde las estadísticas se ha determinado que los edificios poseen CS mayores que los establecidos en los reglamentos. Sucede porque en las fases de proyecto y construcción de un edificio, los técnicos a veces en forma voluntaria, otras por ignorancia o incertidumbre incorporan factores de seguridad en cada paso.

Son muchas las maniobras que se realizan desde la idea primaria del proyecto hasta la culminación del edificio ejecutado. Todas, sin excepción se realizan a futuro, porque el cálculo es una predicción, se pronostican las cargas y resistencias a futuro que es el espacio de tiempo con mayores incertidumbres. Los valores que se utilizarán responden al estudio del pasado desde la estadísticas y se las proyectan hacia adelante con la idea que el futuro presentará conductas similares a lo ya sucedido.

2.4. El CS y los errores.

En el capítulo anterior hemos estudiado las posibles causas y consecuencias de los errores cometidos en todo el proceso de construcción de un edificio, desde el diseño preliminar hasta la realidad de su inauguración. Ya lo dijimos; el error forma parte de la acción humana. La ingeniería lo estudia tanto desde la psiquis individual del técnico, como de la conducta colectiva de varios.

Al CS podemos imaginarlo como un revoque que tapa las irregularidades de una cruda pared. Esas anormalidades son los equívocos; identificamos algunos de ellos:

- Por faltas cometidas en gabinete: proyecto, elección de los materiales, diseño estructural, desacuerdo entre arquitectura con ingeniería.
- Equívocos en el análisis de las cargas.
- Error en el método empleado para el cálculo de las solicitaciones.
- Error en la disposición de la forma y las dimensiones de las piezas.
- Error cometidos por operadores de software, tanto de cálculo como dibujos de planos.
- Fallas en el control o inspección de la obra.

Es imposible eliminar la totalidad de equívocos, sí es posible reducirlos; se realiza mediante la atención, cuidado y revisión de cada paso. Además, el trabajo en equipo es primordial, la consulta constante ante la duda, la prueba y error sobre el tablero o computadora.

2.5. Ejemplo de incertidumbre en el CS.

Veremos cómo se presenta un error en la construcción de un tanque de agua elevado con una capacidad aproximada de 70 metros cúbicos (*figura 18.1*). Se calculó y construyó con una calidad de hormigón del tipo *H-30*.

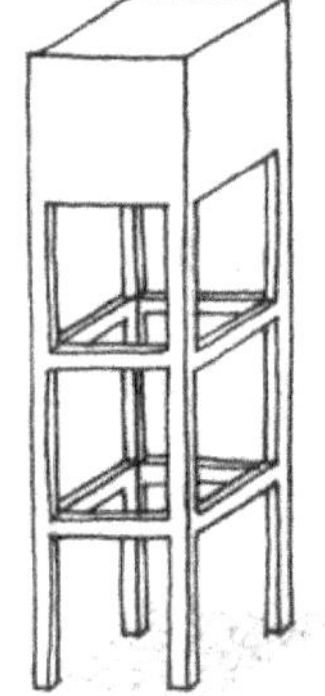

Luego de terminado se realizaron ensayos de esclerometría (resistencia del hormigón por resonancia) y se descubre que en una las columnas soportes existía una región de baja resistencia. El volumen de hormigón de baja resistencia no alcanzaba a un metro cúbico (parte de una columna y dos vigas de riostra). Los resultados de los ensayos indicaron que la resistencia del hormigón, en esa zona era de un *H-20*.

Figura 18.1

La paradoja; por la geometría de la estructura y la ubicación del hormigón cuestionado se presenta lo siguiente: el tanque fue calculado con resistencia de *H-30* pero si un pequeño tramo de una de las columnas es de *H-20*, es suficiente para plantear que el coeficiente de seguridad de todo el tanque se reduce. Porque la jerarquías de columnas son iguales y altas. La falla de una cualquiera provocaría el colapso, situación diferente a la de una estructura con numerosas columnas.

En este caso, la falla fue en la ejecución del hormigón en ese sector. Fue una falla del control de obra. En estos casos hay dos soluciones:

a) Demoler la construcción.
b) Reforzar con estribos externos de planchuelas de acero la zona afectada (confinar al hormigón).
c) Reducir la cantidad de agua en depósito mediante válvulas con flotantes y construcción de gárgolas de desborde, en caso de fallas de las válvulas de seguridad. Esta última es una solución con alto riesgo en el tiempo porque requiere mantenimiento y control.

La solución que se optó fue reforzar las cuatro columnas del nivel afectado mediante un encamisado metálico.

2.6. Estructuras naturales.

En un árbol el coeficiente de seguridad aumenta en la medida que sus partes se acercan al suelo *(figura 18.2)*. En una tormenta de viento, las primeras piezas que se desprenden son las hojas con algunas ramas pequeñas, luego las ramas más grandes y por fin, si la intensidad del viento se acentúa se fractura el tronco en la altura media. Es muy raro que el tronco se quiebre en la parte inferior, cercana al suelo. De esta manera el árbol otorga a cada una de sus partes diferentes categorías de equilibrio o de coeficientes de seguridad.

Figura 18.2

Las hojas, las ramas y el tronco son las partes de la estructura del árbol, cada una de ellas la naturaleza las diseña con un CS diferente.

3. Parámetros de la incertidumbre

3.1. General.

La inseguridad o incertidumbre es el origen y justificación de los coeficientes de seguridad. Nombramos algunos de los parámetros que generan incertidumbres en el diseño, cálculo y ejecución de un edificio:

- Climáticas.
- Sismológicas.
- Meteorológicas.
- Edafológicas y pedológicas (el suelo y su entorno, mecánica de suelos).
- Sociológicas (conductas humanas colectivas).
- Sicológicas (conducta humana individual).

Las tres primeras llegan a producir fallas a nivel de colapso o salida de servicio de la estructura, son fenómenos que escapan de la voluntad del proyectista; es imposible pronosticar la velocidad del viento o la intensidad de un sismo a futuro. Las del suelo pueden ser controladas con sistemas de fundación especiales, por ejemplo si la torre de Pisa en su construcción (hace mil años) si hubieran utilizados pilotes profundos no sería un atractivo turístico como lo es en la actualidad.

Las variables de la incertidumbre que surgen desde aspecto sociales o individuales (ignorancia o fallas en la comunicación) son exclusivas del equipo de trabajo que diseña, calcula y construye el edificio.

3.2. El individuo y la sociedad técnica.

Es imposible que una sola persona proyecte y construya un edificio de varias plantas. Posee limitaciones intelectuales y también físicas. El individuo aislado, solitario no posee todos los conocimientos que se necesitan para diseñar las diferentes partes del edificio. El arquitecto jefe del proyecto tiene a su cargo un grupo de especialistas que proyectan, calculan y dirigen los diferentes ítems especiales; instalaciones sanitarias, eléctricas, ascensores, incendio, telefonía, geotecnia, estructuras y otras más.

Esa sociedad técnica en su conjunto puede ser calificada como buena, regular o mala. El edificio terminado responderá a esa condición humana colectiva, casi independiente de la calidad de los materiales. Éstos pueden ser de excelente calidad, pero si son mal usados o mal colocados, el resultado es defectuoso.

4. Coeficientes "antes" y "después".

4.1. General.

El coeficiente de seguridad posee dos existencias; una es del tipo "a priori", antes de la existencia del edificio y responde a la voluntad del proyectista, la otra es "a posteriori" después de la construcción del edificio; en general se lo utiliza como verificación.

Cuanto mayor es el grado de control, la artesanía y la armonía entre todos los del equipo que trabaja mayor será la eficiencia del edificio. A la vista tendrá un equilibrio estético y su estructura soporte un coeficiente de seguridad adecuado a su función.

4.2. El coeficiente de seguridad a priori.

De acuerdo con los párrafos anteriores el coeficiente de seguridad que se aplicará para la estabilidad del edificio dependerá de la conducta del colectivo técnico durante el proyecto y ejecución.

El *CS*, en este caso surge de las estadísticas, de los estudios que se realicen en la región o ciudad donde se construirá el edificio. Si la mano de obra es deficiente y los arquitectos o ingenieros son irresponsables, el *CS* que se calcula para esa comunidad será alto.

Este caso es un análisis a priori, es analiza el conjunto de técnicos de la sociedad, luego se calcula el *CS* y al final se realiza el cálculo y dimensionado de las estructuras en ese valor. En el Cirsoc, como ya hemos visto se emplean valores de mayoración para las cargas y de reducción para resistencia.

4.3. El coeficiente de seguridad a posteriori.

Este *CS* se determina mediante ensayos de cargas realizado sobre una pieza del edificio terminado. Se puede ensayar una losa mediante la aplicación de sucesivas cargas en aumento, se mide la elástica con aparatos especiales y se realiza la curva "tenso deformación". Si la relación es lineal el fenómeno cargas y deformaciones de encuentra en el período elástico, en caso de cambiar la linealidad por una curva se ingresa en el período plástico (por ejemplo del acero). En general en ese punto se suspende el ensayo.

Se relaciona la carga de ensayo última, con la carga de uso (de proyecto); el resulta es el *CS* real. Este valor es determinista, es un cociente entre el valor de ensayo y el valor indicado en proyecto.

5. Oscilación del CS.

5.1. Oscilación del CS en una columna.

Si diseñamos una columna que resiste *1.000 kN (1 MN)* y la carga que actúa en un momento dado es *500 kN (0,50 MN)*, en ese período de tiempo el valor del coeficiente es igual a dos.

$$\gamma = \frac{R}{S} = \frac{1.000\ kN}{500\ kN} \approx 2$$

R: resistencia de la estructura.
S: solicitación a que está sometida.

Esta cuestión permanece constante en el papel, en la memoria de cálculo del ingeniero, allí esos números, como los párrafos de un libro, no cambian, pero cuando se construye la columna, cuando se la termina y comienza a soportar cargas, las variable comienzan a moverse. La oscilación de las cargas es más intensa que la de la resistencia, pero ambas se mueven con la variable tiempo.

Con esto destacamos y reiteramos que el coeficiente es un valor que está en permanente variación; por un lado las cargas que se modifican minuto a minuto y por otro lado la resistencia que puede disminuir con el transcurso del tiempo o la fatiga.

5.2. Superficies de servicios.

En el diagrama establecemos en el eje *"yy"* los valores de la resistencia y también de las solicitaciones (solicitaciones o cargas). En el eje *"xx"* el tiempo en años *(figura 18.3)*. Observemos que la resistencia es una cuestión particular de cada edificio, se mantiene al principio constante y luego con los años se inicia el deterioro y su resistencia se reduce; esa curva de manera simplificada expresa la ley universal del envejecimiento.

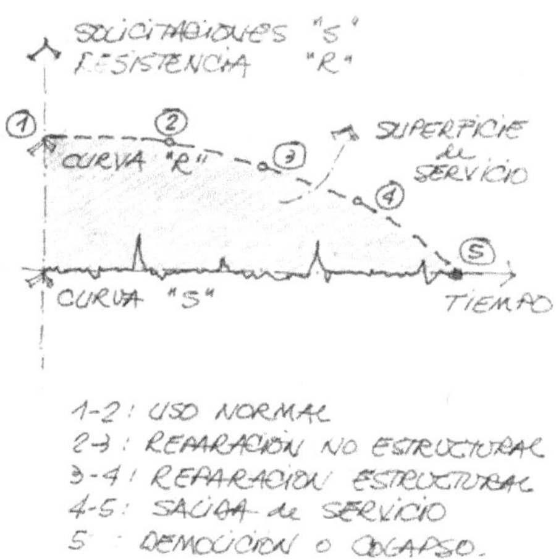

Figura 18.3

Las solicitaciones (curva *"S"*) son generadas por cargas que están en permanente oscilación. Las líneas más o menos rectas cercanas al eje promedio responden a días de calma sin viento, con temperaturas constantes y por supuesto sin sismo. A esto le agregamos sobrecargas desde un uso correcto de acuerdo al diseño original. Las irregularidades en esta línea se presentan cuando existen temporales con fuertes vientos o sismos de regular intensidad.

El espacio entre la curva de Resistencia y la de Solicitaciones es la superficie de servicio que es posible aumentarla si existe una programa de mantenimiento y control del edificio. Las partes de la curva de envejecimiento, en nuestro caso las dividimos en las siguientes:

- 1 - 2: Años de uso normal del edificio.
- 2 - 3: Reparaciones en elementos no estructurales (paredes, pisos, instalaciones y otros).

- 3 - 4: Reparaciones en elementos estructurales (columnas, losas, vigas y también fundaciones).
- 4 - 5: Salida de servicio con demolición o colapso final.

Ningún edificio escapa de esta ley representada en la curva de la decadencia. Pero en todos los edificios pueden modificarse la curva de servicio útil y con esto incorporamos una nueva variable al *CS*: el control y mantenimiento *(figura 18.4)*. La curva "*A*" es la de un edificio que se proyecta, construye y usa con mínimo mantenimiento, mientras en el de la curva "*B*" es el mismo edificio pero construido con riguroso control de calidad en todas las fases y una mantenimiento continuo en sus años de servicio.

De esta manera el *CS* deja de ser una entidad adimensional y se transforma en una superficie donde participa la resistencia, las solicitaciones, el uso, el mantenimiento y el tiempo. El edificio de la curva "*B*" puede tener un costo de construcción superior al de la curva "*A*", pero la superficie que separa ambas curvas es superficie de servicio. El edificio "*B*" saldrá de servicio muchos años después que el "*A*" y eso es costo, es dinero.

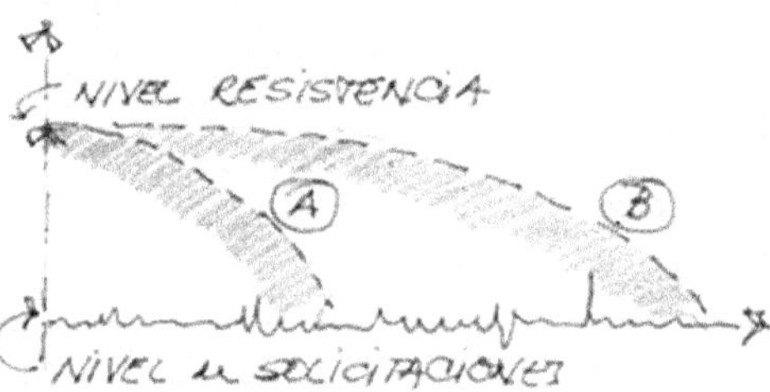

Figura 18.4

6. Reglamentos.

6.1. General.

El cálculo de una estructura es una maniobra a futuro. Todas las variables que llevarán al equilibrio de la estructura del edificio, todavía están sobre el escritorio del técnico; él decide.

Es imposible establecer las cargas que actuarán sobre el edificio en toda su vida útil. La determinación de las cargas se realiza en gabinete, en el estudio de ingeniería, sobre un escritorio, con lápiz, papel y calculadora se deben pronosticar, predecir las cargas futuras. Es una tarea difícil que se desarrolla en el campo de la incertidumbre. Es inevitable que se produzcan errores. En esta fase se admite el error, entonces la tarea es minimizarlo, achicarlo. Entonces el factor que reduce el riesgo de falla es el coeficiente de seguridad y se lo aplica a las cargas.

Por ejemplo si la carga de peso propio a futuro es de *1,0 kN/m²* de entrepiso, el reglamento establece que se debe aplicar para esa carga un coeficiente de *1,4*. Entonces la carga de cálculo será de *1,4 kN/m²*. El coeficiente aumenta en la medida de la incertidumbre que presenta la carga tanto en intensidad como en el tiempo del suceso, por ejemplo para las sobrecargas que son inciertas se usa el factor *1,7*.

Respecto a las resistencia a la rotura de los materiales la incertidumbre es muy reducida, los manuales o tablas de resistencia entregados por los fabricantes son de elevada fiabilidad.

6.2. El CS básico del R201.

En el Cirsoc 201 para estructura de Hormigón Armado y los Cirsoc para otros materiales, establecen la ecuación general básica de estabilidad de la estructura como:

$$U = \gamma(D + L) = \gamma_1 D + \gamma_2 = 1{,}4\,D + 1{,}7\,L$$

U: la carga a utilizar para el cálculo de las piezas.
D: carga muerta o de peso propio.
L: carga viva o sobrecarga de uso.
γ: coeficientes de seguridad.

Vemos que el valor de *"γ"* tiene un valor de *"1,4"* para cargas de baja incertidumbre, como lo son las de peso propio. Aumenta a *"1,7"* para las sobrecargas de mayor dificultada en su determinación.

Lo anterior es para trabajos de gabinete y obra normales con controles regulares, pero si el control de gabinete y obra serán del tipo riguroso la expresión anterior puede transformarse en:

$$U = \gamma(D + L) = \gamma_1 D + \gamma_2 = 1{,}2\,D + 1{,}6\,L$$

Vemos que el CS que emplearemos para el cálculo depende en definitiva del factor humano, de la calidad de su servicio y cuidados tanto en gabinete como en obra (Cirsoc 201 Capítulo 9 "Requisitos de Resistencia y Servicio".

7. Aplicaciones.

7.1. Cálculo del CS según R 106.

Inicio.

En general se utilizan los *CS* que establecen los reglamentos pero no se analiza su origen o la manera de calcularlos. En este ejemplo mostramos de manera simplificada los principios generales indicados en el R106 del Cirsoc.

La incorporación de este ejemplo tiene por objeto principal destacar los parámetros principales que contiene el *CS* y algunas maniobras matemáticas para configurarlo desde un número.

Datos que se obtienen de la curva gaussiana.

La curva de Gauss contiene varios datos que son de interés para establecer la capacidad de un grupo de técnicos en el proyecto, cálculo y ejecución de un edificio. Si realizamos una encuesta y calificamos a cada uno de los integrantes con notas de 1 (uno) a 10 (diez) obtendremos los porcentuales de cada nota y con ellos se construye la curva que contiene:

Valor promedio:

$$x_p = \frac{1}{n}\sum(x_i)$$

x_i: nota individual.
x_p: nota promedio.

Mínimos cuadrados:

Es la diferencia entre el valor individual de la nota y el promedio elevado al cuadrado.

$$minimo\ cuadrado = \left(x_i - x_p\right)^2$$

Desviación estándar:

Es la "amplitud" de la curva en la región de su inflexión de cóncava a convexa. Cuanto mayor es este valor hay mayor dispersión en la capacidad del grupo técnico.

$$d_s = \sqrt{\frac{\Sigma\left(x_i - x_p\right)^2}{n}}$$

Se obtiene de la sumatoria de los mínimos cuadrados dividido por la cantidad de personas encuestadas, a ése valor se le aplica la raíz cuadrada. Veamos dos situaciones extremas ideales teóricas:

a) Todos los técnicos poseen la misma nota, por ejemplo todos son calificados con *"7"*; el promedio es también *"7"* y el mínimo cuadrado es nulo. En este caso no hay desviación, la curva es una recta vertical en nota *"7"* y $d_s = 0$.

b) Todos los técnicos poseen notas diferentes, no existen dos notas iguales, en ese caso existe un porcentual para cada nota. Por ejemplo si son encuestados *10* técnicos, hay *10* notas diferentes. El porcentual de cada uno es *10 %* para todos. La curva se transforma en una recta horizontal en el porcentual *10*.

Desviación adimensional

Se obtiene del cociente entre la *"d_s"* y la nota promedio *"x_p"* y es un valor menor que la unidad:

$$\delta = \frac{d_s}{x_p} < 1{,}0$$

Este es el valor que se utiliza para calcular el *CS*. También es utilizado por la sociología en el estudio de conductas colectivas.

Utilización del "δ" por el R 106.

La tabla que sigue es copia de la indicada en el R 106. Consigna cinco parámetros que son obtenidos por la encuesta:

1. δ_M : ¿Cuál es el grado control que realiza en la elaboración del material (por ejemplo, hormigón armado)?

2. δ_E : ¿Cuál es su conducta durante la ejecución de la obra: descuidada, media o muy cuidada?

3. δ_D : ¿Qué métodos utilizó para el dimensionado de las secciones de la estructura: empírico, simplificado o cuidadoso?

4. δ_C : ¿Qué tipo de cargas actuarán sobre el edificio: muy variables, algo constantes o siempre constantes?

5. δ_A : ¿Qué tipo de método utilizó para el cálculo de solicitaciones: empírico, simplificado o teoría precisa?

Con esas preguntas se realiza la encuesta y de la tablas se obtienen los (δ) para cada situación.

Elaboración del material	δ_M	condiciones pobres 0,20	condiciones razonables 0,10	condiciones cuidadas 0,10
Ejecución de la obra	δ_E	descuidada 0,25	media 0,12	muy cuidada 0,10
Dimensionado de secciones o elementos	δ_D	empírico 0,20	simplificado 0,10	cuidadoso-exacto 0,05
Cargas	δ_C	muy variables y/o poco analizadas 0,30	aproximadamente constantes. Bien analizadas 0,15	casi constantes determinadas especialmente 0,05
Análisis estructural	δ_A	empírico o aproximado 0,25	mediante teoría simplificada 0,15	mediante teoría muy afinada 0,05

Utilización del "δ_R" de resistencia.

Para los valores de resistencia se utiliza:

$$\delta_R^2 = \delta_M^2 + \delta_E^2 + \delta_D^2$$

Para los valores de las acciones se utiliza:

$$\delta_S^2 = \delta_C^2 + \delta_A^2$$

El índice de seguridad "β".

Es un factor que indica la cantidad de personas en riesgo y el valor de los daños materiales en caso de falla, oscila entre un mínimo de $\beta = 3,10$ (cantidad de personas en riesgo < 10 (diez) y daños materiales reducidos, hasta un máximo de $\beta = 5,20$ (cantidad de personas > 10 y daños muy graves).

Expresión matemática final.

El coeficiente de diseño o de seguridad surge de la expresión neperiana:

$$CS = \gamma_0 = e^{\beta\left(\delta_R^2 + \delta_S^2\right)^{1/2}}$$

Aplicación numérica 1: caso de controles pobres.

Suponemos una comunidad de técnicos descuidados en las tareas de proyecto, cálculo y ejecución. El índice de seguridad es $\beta = 3$ que se lo obtiene de tablas del R106. De las encuestas y estadísticas surgen los siguientes valores.

δ_M:　　　0,20　*(elaboración del material)*
δ_E:　　　0,25　*(ejecución de obra)*
δ_D:　　　0,20　*(dimensionado)*
δ_C:　　　0,27　*(variación de cargas)*
δ_A:　　　0,25　*(análisis estructural)*

δ_R: *0,14 (resistencia)*
δ_S: *0,14 (acciones)*

De la aplicación de la fórmula: *CS = 4,9*
Es valor muy elevado. En estos casos se recomienda cambiar el equipo de técnicos.

Aplicación numérica 2: caso de controles rigurosos.

Suponemos una comunidad de técnicos que ejercen riguroso control en cada una de las tareas de proyecto, cálculo y ejecución. Al igual que el caso anterior el índice de seguridad *β = 3.* De las encuestas y estadísticas obtenemos:

δ_M: *0,10 (elaboración del material)*
δ_E: *0,05 (ejecución de obra)*
δ_D: *0,05 (dimensionado)*
δ_C: *0,05 (variación de cargas)*
δ_A: *0,15 (análisis estructural)*

δ_R: *0,02 (resistencia)*
δ_S: *0,01 (acciones)*

De la aplicación de la fórmula: *CS = 1,6*
Valor que se ubica por debajo de los utilizados los reglamentos; es una situación de máximo cuidado en todas las maniobras de gabinete y obra.

7.2. Incidencia en el dimensionado (eficiencia).

Llevemos a la realidad los casos extremos de factores de seguridad en las dos comunidades estudiadas y realicemos el diseño y cálculo de una simple viga de madera cuyos datos son:

Longitud: *5,00* metros
Carga sin factor: *250* daN/m
Carga comunidad de control descuidada: *4,9 . 250 = 1.225* daN/m
Carga comunidad de control riguroso: *1,6 . 250 = 400* daN/m

Flector comunidad de control descuidada: *≈ 3830* daNm
Flector comunidad de control riguroso: *≈ 1250* daNm

Dimensiones de la viga:
Para comunidad de control descuidada: *≈ b = 18* cm, *h = 36* cm
Flector comunidad de control riguroso: *≈ b = 12* cm, *h = 24* cm

Relación de eficiencia en función de superficies transversales:

Factor de eficiencia: *(18 . 36) / (12 . 24) = 648 / 288 = 2,25*

El material necesario para realizar la viga en la comunidad de bajo control es *2,25* veces superior al de la comunidad de control riguroso.

7.3. Efecto del CS en el costo del edificio.

El CS utilizado en el diseño y cálculo tiene una fuerte incidencia en el consumo de material estructura y por supuesto en el costo *(figura 18.5)*. El gráfico que sigue tiene en el eje *"xx"* los posible valores de CS utilizados y en el eje *"yy"* el factor de incidencia en volúmenes de material utilizado, por ejemplo hormigón armado.

Figura 18.5

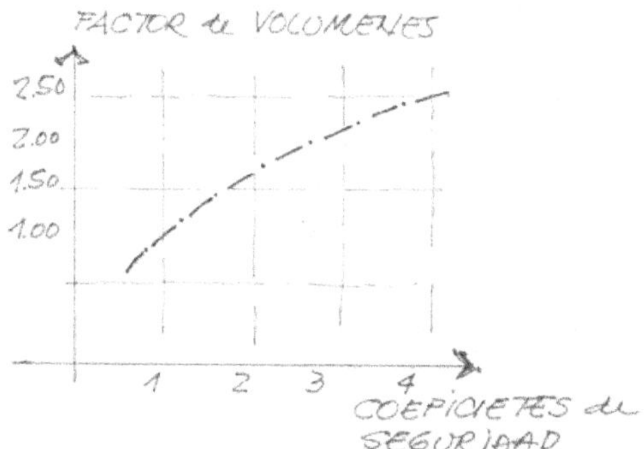

La situación teórica ideal de CS = 1 nos entrega un factor de consumo también igual a 1 (uno), esto significa que el material empleado es el justo y necesario para sostener los requerimientos de las fuerzas externa.

En el caso común de utilizar un CS = 2 el insumo de material estructural se incrementa en más del 50 % y llega al doble (100%) para un CS = 3. Este estudio nos indica de manera clara la correspondencia entre el CS y la eficiencia de la estructura.

19

Deformación.

1. Teoría de la elástica.

1.1. Introducción.

Hasta ahora en pocas ocasiones nos hemos referido a las deformaciones de las piezas. Realizamos referencias a ellas cuando describimos el método empírico de "elásticas y rótulas" para establecer las solicitaciones que debe soportar una viga, pero no se han efectuado análisis teóricos del fenómeno.

En este capítulo los analizamos y veremos que la teoría de la deformación nos entrega expresiones matemáticas de un notable atractivo que pueden ser utilizadas para el correcto dimensionado de una pieza en flexión.

1.2. Tensión, flector y forma.

Comenzamos por estudiar la deformación de una viga en voladizo con una carga en el extremo *(figura 19.1)*. El voladizo en su posición original sin cargas y con el supuesto de peso propio nulo, se mantiene horizontal sin giros ni desplazamientos.

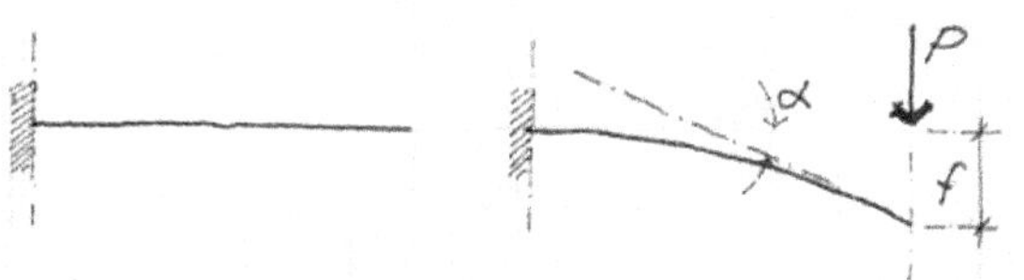

Figura 19.1.

Cuando se aplica la carga en el extremo, ese punto desciende una valor *"f"* que la denominamos flecha y también en ese lugar se produce un giro que se mide con el ángulo *"α"*, respecto de la horizontal. La sección de la viga en estudio es rectangular *(figura 19.2).*

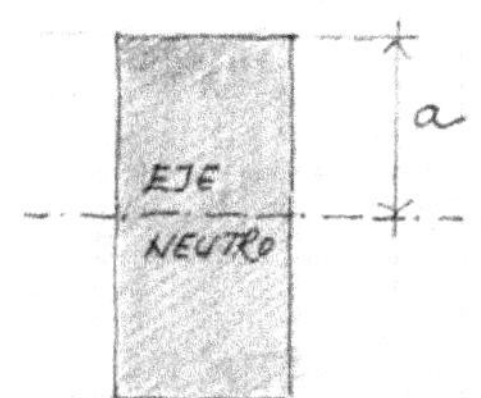

Figura 19.2

Estas dos evidencias; el descenso y el giro en el extremo es el objeto del presente estudio. En el análisis de la flexión (en el caso del voladizo) vimos las ecuaciones del flector externo y del flector resistente interno nominal:

Momento de flector externo:

$$M_e = Pl$$

Momento de resistencia del flector interno nominal:

$$M_i = \sigma W$$

En este último se relaciona la tensión con la distancia a la fibra neutra:

$$\sigma = \frac{M_i}{I}\, a = \frac{M_i}{W}$$

En el equilibrio estable imponemos que $M_i > M_e$ (resistencia interna mayor que la solicitación externa).

σ: tensión de trabajo del material *(daN/cm^2)*.
M_i: cupla interna resistente *(daNm)*.
M_e: momento flector externo *(daNm)*.
I: momento de inercia de la sección *(cm^4)*.
W: módulo resistente de la sección *(cm^3)*.
a: distancia entre el eje neutro y la fibra más alejada *(cm)*.
ρ: radio de curvatura *(cm)*.

Distinguimos las diferentes tipos de tensiones:

- σ_{rotura}: tensión para la cual el material se rompe en tracción o compresión.
- $\sigma_{trabajo}$: tensión real que está sometido el material para un determinado estado de cargas y en período elástico.
- $\sigma_{admisible}$: tensión utilizada para el dimensionado, es la tensión de rotura afectada por un factor de reducción.

En nuestro estudio utilizamos la tensión de trabajo en período elástico de proporcionalidad entre esfuerzos y deformaciones. La deformada del voladizo tiene particularidades geométricas que las revisamos en los párrafos que siguen.

1.3. Radio de giro.

Imaginamos un sector de la viga de longitud diferencial *"dx"*, las fibras superiores se alargan y las de abajo se acortan *(figura 19.3)*. El eje neutro es eje baricentro de la sección. El radio de giro *"ρ"* es la recta indicada en la imagen. Analizamos el triángulo *ABC* y el *CDE*, donde *DE* es el alargamiento *"δl"*. Por semejanza de triángulos:

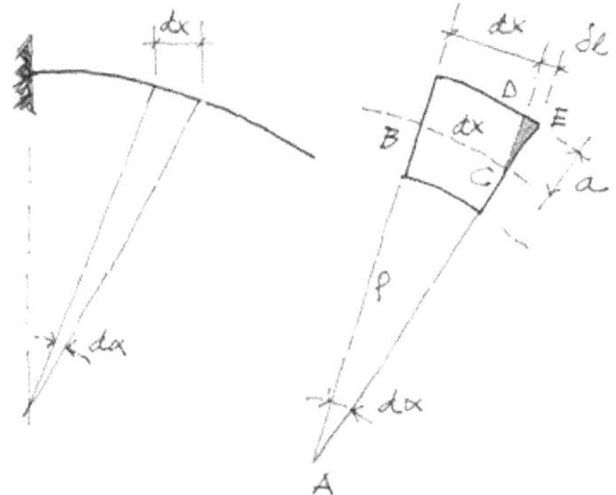

Figura 19.3

Los triángulos equivalentes: el grande ABC y el pequeño CDE.

$$\frac{\rho}{dx} = \frac{a}{\delta l} \qquad \rho = \frac{dx}{\delta l}\,a \qquad \frac{\delta l}{dx} = \frac{a}{\rho}$$

$$\frac{\delta l}{dx} = \varepsilon = \frac{\sigma}{E} = \frac{M}{W}\frac{1}{E} = \frac{Ma}{EI} = \frac{a}{\rho} \quad \rightarrow \quad \frac{M}{EI} = \frac{1}{\rho}$$

Entonces, la curvatura (inversa del radio) resulta:

$$\frac{1}{\rho} = \frac{M}{EI}$$

El radio de curvatura:

$$\rho = \frac{EI}{M}$$

Aumenta con la rigidez de la pieza *"EI"* y se reduce en la medida que se acrecienta el M (momento flector externo). Es conveniente imaginar una viga en proceso de flexión en las siguientes fases *(figura 19.4):*

a) Sin carga: el radio $"\rho" \rightarrow \infty$ y la curvatura $\rightarrow 0$. Las rectas del radio de giro se cortan en el infinito.

b) Con carga reducida: el $"\rho"$ puede ser muy grande, tanto que la flecha es casi imperceptible.

c) Con carga elevada: el $"\rho"$ se reduce, la extensión de los lados de la sección se cortan a distancias medias.

Lo anterior se grafica en los esquemas de vigas de apoyos simples de un solo tramo. Las deformaciones las estudiaremos desde el radio de curvatura porque es función de la forma de la sección *(I)*, de la característica del material *(E)* y de los flectores de fuerzas externas *(M_e)*.

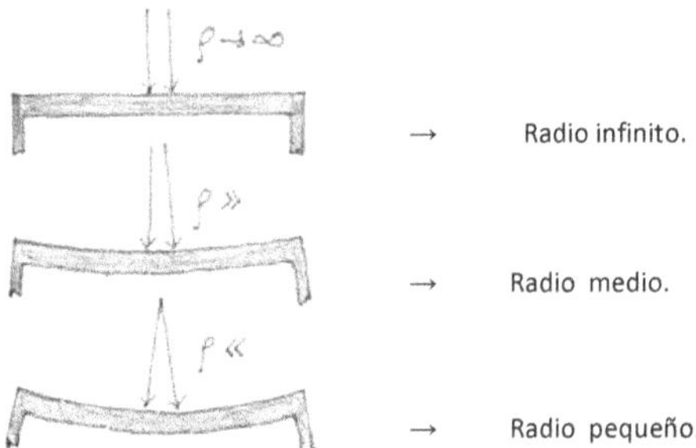

Figura 19.4

1.4. Ángulo de giro.

Volvemos al voladizo (*figura 19.5*), estudiamos la variación de la tangente en los extremos de *"dx*, es tan pequeña que:

$$tg \, d\alpha = d\alpha = \frac{dx}{\rho} = \frac{M}{EI} dx$$

$$\alpha = \int_0^l d\alpha = \frac{1}{EI} \int_0^l M_x dx = \frac{1}{EI} \int_0^l Pxdx = \frac{1}{EI} \frac{Pl^2}{2}$$

Por lados perpendiculares:

$$tg \, d\alpha = \frac{dx}{\rho} = \frac{df}{x} = d\alpha$$

La variación de la flecha en el extremo es función inversa del radio de curvatura.

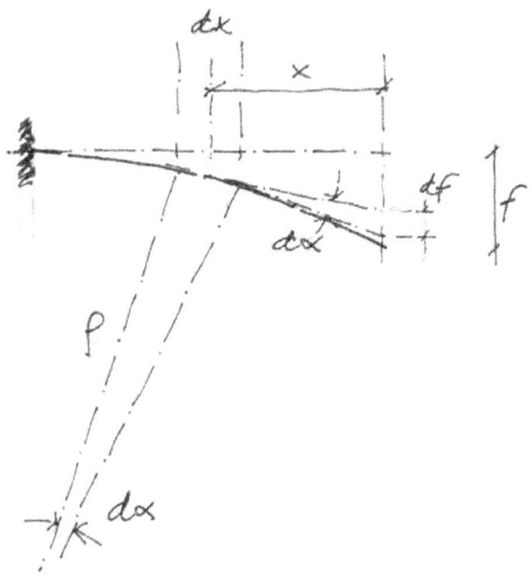

Figura 19.5

Resumen ángulo de giro:

Si analizamos la expresión vemos que *"$Pl^2/2$"* es la superficie del diagrama flector *(figura 19.6)*. Es triangular, el cateto menor *"Pl"* y el mayor *"l"*. De este análisis surge que el ángulo total girado en el extremo de la viga en voladizo es igual al diagrama de momento flector dividido por la rigidez *"EI"*. Este suceso no debemos confundirlo con el que se analizará en los puntos siguientes para la elástica.

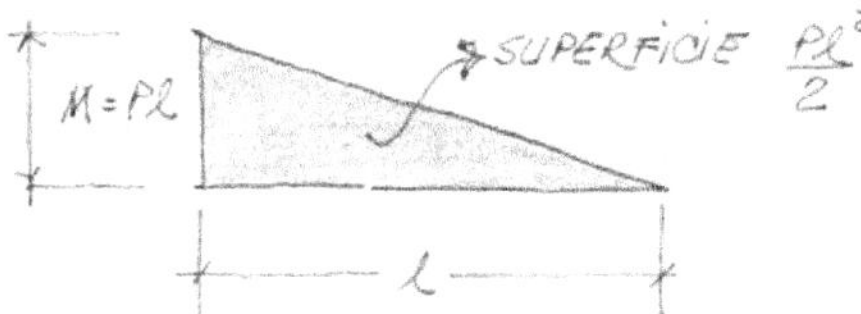

Figura 19.6

1.5. Elástica.

Para establecer el valor de la elástica en el extremo, hacemos uso otra vez de la tangente a la curva en el punto *"x"* *(figura 19.5)*:

$$tgd\alpha = \frac{df}{x} = \frac{cateto\ opuesto}{cateto\ adyacente}$$

Como el ángulo *"$d\alpha$"* es muy pequeño podemos escribir:

$$d\alpha = \frac{df}{x}$$

$$df = xd\alpha = \frac{M}{EI}xdx$$

La flecha total:

$$f = \int_0^l df = \int_0^l xd\alpha = \frac{1}{EI}\int_0^l xMdx = \frac{1}{EI}\int_0^l Px^2dx = \frac{1}{EI}\frac{Pl^3}{3}$$

En la gráfica se muestra la superficie y la distancia *(figura 19.7)*:

- $Pl^2/2$: superficie del diagrama de momentos.
- $(2/3)l$: distancia del baricentro del diagrama al extremo de viga.

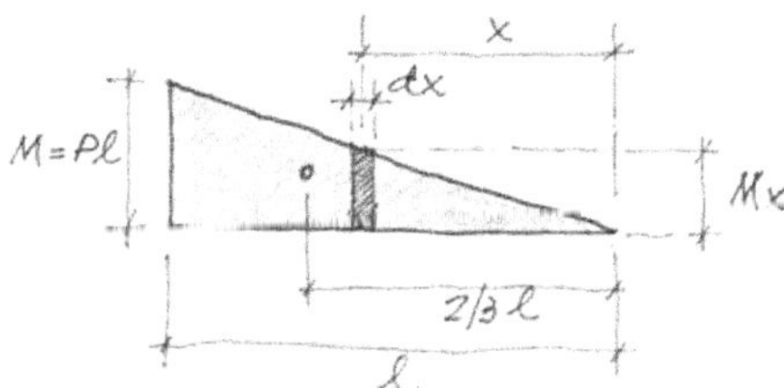

Figura 19.7

$$f = \frac{1}{EI}\frac{Pl^2}{2}\frac{2}{3}l = \frac{1}{EI}\frac{Pl^3}{3}$$

Resumen elástica:

El descenso en el extremo de la viga en voladizo (flecha) es igual al momento estático (momento de superficie) del diagrama de M_f respecto del extremo dividido por la rigidez de la viga *"EI"*.

1.6. Tablas.

En Tablas 15 "Solicitaciones" encontramos las fórmulas de los valores máximos de las elásticas de las vigas en función de las condiciones de borde. Por ejemplo la de una viga de simple apoyo con carga concentrada al medio *(figura 19.8)*:

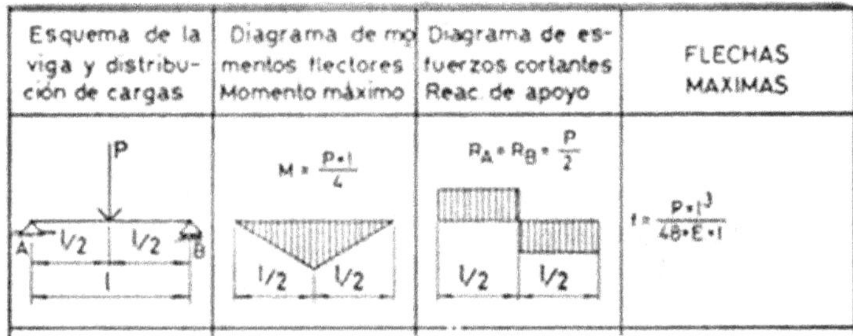

Figura 19.8

También con la de una viga simple apoyo con carga uniforme repartida *(figura 19.9)*:

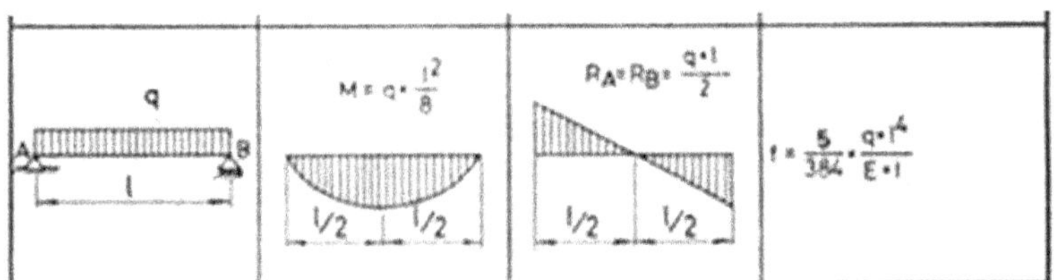

Figura 19.9.

En el Capítulo 25 de "Ejemplos" se desarrollan aplicaciones numéricas de las fórmulas anteriores.

2. Las fórmulas y el dimensionado.

2.1. Introducción.

En los párrafos que siguen, de manera resumida se realiza un inventario de las fórmulas que surgieron de las teorías antes desarrolladas. Las estudiamos desde los parámetros que siguen:

2.2. Desde las tensiones.

Compresión o tracción: relación de fuerza y superficie.

Las variables son dos: la carga y la sección, sin importar la forma; la incógnita es la tensión. En una columna robusta (sin pandeo):

$$\sigma_{trabajo} = \frac{P}{S} = \frac{P}{bh}$$

P: carga sobre columna.
S: superficie transversal.
b y h: lados de columna

Alargamiento o acortamiento: Módulo "E" y deformación relativa "ε".

Las deformaciones de la pieza son alargamientos o acortamientos sobre el eje axil (coincidente con la dirección de cargas) según el tipo de acción, hacemos uso de la Ley de Hooke.

$$\sigma = E\varepsilon = E\frac{\Delta l}{l} \quad \rightarrow \quad \Delta l = \frac{\sigma l}{E} = \frac{P}{S}\frac{l}{E}$$

Las expresiones indicadas son de verificación. Realizando pasajes de términos también sirven para el dimensionado teniendo como datos las tensiones admisibles de trabajo del material.

Geometría longitudinal y transversal: Pandeo columnas esbeltas.

En el Capítulo 21 "Pandeo" se estudia para las columnas el caso de dos equilibrios: uno el de rotura por agotamiento del material en compresión (columna robusta) y el otro el equilibrio geométrico; la rotura de su configuración geométrica original (columnas esbeltas), también llamado pandeo. Para evitar este último problema la tensión de trabajo de compresión en la columna no debe superar al valor:

$$\sigma_{crit} = \frac{i^2}{s_k^2}\pi^2 E$$

De la observación de la fórmula anterior surge una singularidad; en la fórmula no aparece la carga *"P"* y tampoco la sección *"S"*, solo están el radio de giro y la longitud de la columna, ambas elevadas al cuadrado, valores que nos entregan de manera matemática la geometría de la columna en longitudinal *(s_k)* y en transversal *(i)*. El módulo de elasticidad *"E"* incorpora la característica mecánica del material. Resulta interesante observar la expresión; tiene términos nuevos referidos a la forma longitudinal y transversal de la columna y abandona los clásicos de las cargas y secciones.

Flexión pura: Relación de M_e y W, solicitación y forma transversal.

Para la tensión de trabajo, además de los parámetros anteriores, en esta solicitación interesa la forma; eso nos entrega el módulo resistente *"W"*. Desde la tensión una viga en flexión no debe superar a:

$$\sigma_{trabajo} = \frac{M_e}{W} = \frac{M_e}{\left(\frac{bh^2}{6}\right)}$$

Donde *"b"* y *"h"* son las dimensiones de las piezas, en el caso de sección rectangular. Lo anterior es la tensión de trabajo de la pieza.

En vigas cortas que son las que poseen una distancia de apoyo igual o menor a cuatro metros, la variable que comanda el dimensionado es la expresión matemática de las tensiones indicadas arriba. En vigas de mayor longitud el dimensionado se lo realiza desde las ecuaciones de la elástica.

2.3. Desde las elásticas (deformadas).

Introducción.

En párrafos anteriores hemos estudiado la teoría y el origen de las expresiones matemáticas para la determinación de las elásticas. Tanto las tensiones como las elásticas de una viga están limitadas (las tensiones por el material y las elásticas por el confort). Hacemos una aproximación de las luces de cálculo y la velocidad de crecimiento de tensión y elástica.

Vigas largas.

Para vigas con longitudes superiores a los cuatro metros la variable de dimensionado es la elástica y después debe ser verificada con las fórmulas de tensiones.

a) En el caso de una viga de apoyos simples de un tramo y carga uniforme repartida la flecha se la controla con:

$$f = \frac{5}{384}\frac{ql^4}{EI}$$

Expresión indicada en la tabla de *figura 19.9*.

Esta maniobra es de verificación; la flecha que debe resultar menor a las exigencias de servicio de la pieza en estudio.

b) Para el dimensionado utilizamos como dato la flecha límite máxima según las disposiciones del reglamento, en este caso se dimensiona la pieza desde la elástica:

$$I = \frac{5}{384}\frac{ql^4}{Ef_{mín}}$$

Desde la inercia *(bh³/12)* podemos obtener el ancho y alto de la pieza.

c) Por último controlar la tensión de trabajo con la ecuación que relaciona el *"M_e"* con el *"W"*, la tensión obtenida debe ser menor que la admisible.

Resumen.

En el gráfico que sigue mostramos la "aceleración" que tienen las tensiones y las elásticas en la medida que aumenta la longitud de la viga *(figura 19.10)*. El aumento de la tensión varía en función de la potencia segunda de la longitud, mientras que la flecha o elástica lo hace desde la potencia cuarta. Esto se confirma desde las ecuaciones:

Para la tensión: segunda potencia de la longitud.

$$\sigma = \frac{M}{W} = \frac{\left(\frac{ql^2}{8}\right)}{\left(\frac{bh^2}{6}\right)} = 1{,}5\,\frac{ql^2}{8}\,\frac{1}{bh^2}$$

Para la elástica: cuarta potencia de la longitud.

$$f = \frac{5}{384}\frac{ql^4}{EI} = \frac{5}{48}\frac{ql^2}{8}\frac{l^2}{EI} = 1{,}25M\,\frac{l^2}{EI}$$

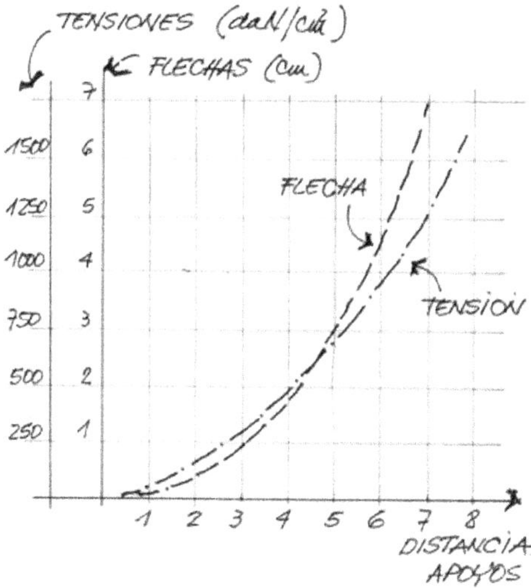

Figura 19.10

Las curvas se cortan en la vertical de una longitud aproximada de los cuatro a cinco metros. Estos resultados responden a viga de apoyos simples, sección rectangular homogénea y cargas repartidas uniformes. Esta interpretación gráfica confirma la necesidad de la doble verificación (tensión de trabajo y elástica).

3. Variables de la elástica.

3.1. Entrada.

Realizamos un análisis de las variables que participan en la formación de las deformadas o elásticas de las vigas

3.2. Tiempo.

Los movimientos pueden ser instantáneos o a largo plazo. Las elásticas que se producen en la viga en período elástico cuando se aplica la carga son instantáneas, simultáneas con la aplicación. Las deformaciones diferidas en el tiempo suceden durante varios años de carga, son las denominadas de fluencia lenta; que se dan de manera especial en el hormigón armado.

Los suelos, como todos los materiales también tienen períodos elásticos; son las partículas sólidas en contacto que se deforman frente a las cargas. Pero entre partículas hay también agua o aire, que con la presión que ejercen las fuerzas se retiran de manera lenta y con ello generan una deformación diferida en el tiempo.

Los dos movimientos los podemos observar; el instantáneo cuando la rueda de un camión cargado transmite la carga, en su desplazamiento se observa un pequeño descenso del suelo bajo la cubierta. El otro movimiento, el diferido, en general se da en terraplenes o en viviendas pesadas; con los meses o los años el suelo se asienta de manera diferencial y las paredes muestran con fisuras el movimiento.

3.3. Cargas.

La carga es variable de primera potencia y es directamente proporcional; se encuentra en el numerador. Es costumbre pensar que un elemento estructural sometido en su interior a tensiones menores o iguales que las admisibles, se encuentra en buenas condiciones de uso. Es un error. Porque el cuerpo o la pieza puede estar en equilibrio y con tensiones de trabajo reducidas, pero sus elásticas (descensos y giros) son tan elevados que lo hacen inutilizables.

Vemos como ejemplo una viga de perfil laminado de *20* centímetros de altura *(PNI 200)* simplemente apoyada, con carga repartida y una longitud entre apoyos de 6,00 metros *(figura 19.11)*.

Figura 19.11.

Hacemos el ensayo con cargas en paulatino aumento; medimos la flecha máxima y calculamos la tensión de trabajo. Veamos:

Situación	Cargas kN/ml	Tensiones MPa	Flechas máximas Cm
1	3,00	63,0	1,10
2	7,00	140,0	2,60
3	12,00	250,0	4,50

Las cargas fueron aumentando hasta llegar al límite de proporcionalidad del acero *(≈ 250 MPa)*, allí se detuvo el ensayo. En escala relativa dibujamos las magnitudes de cada uno de los descensos *(figura 19.12)*. Existe mucha diferencia entre ellos.

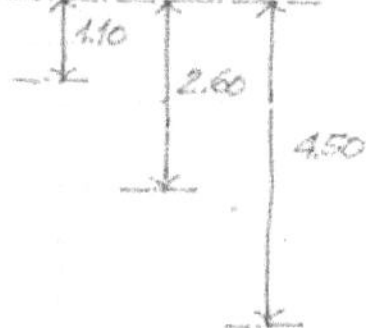

Figura 19.12.

Las elásticas son proporcionales a las cargas. Esto lo vemos en la planilla del ensayo. La misma relación de máxima carga y mínima *(12/3=4)*, es igual a la relación de máxima flecha y mínima *(4,5/1,1=4)*. Cada una de las flechas marcadas en el dibujo anterior responde a situaciones que detallamos a continuación:

Situación (1): la viga descendió *1,10* centímetros, que comparados con los *600* cm de su longitud, es una cantidad muy pequeña y difícil de apreciar a simple vista. En la tabla observamos que la tensión de trabajo del material solo llega a los *63,0* MPa, por debajo de la tensión admisible (*140,0* MPa).

Situación (2): la viga desciende *2,60* centímetros, ahora esa alteración es detectable en forma directa. Es perceptible y las tensiones de trabajo son las admisibles *(140,0 MPa)*. La viga sigue estable, pero su flecha es el doble que la anterior (se duplicó la carga).

Situación (3): la viga desciende *4,50* con una flecha cuatro veces superior a la inicial (la carga aumentó cuatro veces). Las deformaciones ya son inaceptables para el uso correcto de la viga. Las tensiones ya se encuentran en la entrada del período plástico. El sistema se mantiene estable.

También es condición de borde el tipo y posición de carga; para comparar con las expresiones anteriores recordemos la flecha de una viga simple con carga concentrada al medio:

$$viga\ carga\ concentrada:\quad f = \frac{P}{48}\frac{l^3}{EI} = 0{,}02 \cdot \frac{Pl^3}{EI}$$

3.4. Longitud.

La longitud de la viga *"l"* es la variable de mayor peso en la ecuación porque se encuentra a la cuarta potencia. Supongamos los sucesos cuando la longitud de la viga pasa de *6,00* metros a la de *8,00*. La relación entre luces es de *1,33*.

Revisamos la expresión matemática de la elástica para la viga del ejemplo:

$$f = \frac{5}{384}\frac{ql^4}{EI}$$

La carga aparece con potencia uno, mientras que la longitud con potencia cuarta:

Para los seis metros: $6{,}0^4 = 1.296$

Para los ocho metros: $8{,}0^4 = 4.096$

Entonces la relación es de $\approx 3{,}2$. Para una flecha de *3,00* centímetros para la primer viga, pasa a los ≈ 10 centímetros en la segunda.

3.5. Momento flector.

El flector es función de la carga y de la longitud, se ubican en el numerador. La elástica es función directa del flector y cuadrática de la longitud.

$$M = \frac{ql^2}{8} \quad \rightarrow \quad f = \frac{5}{384}\frac{ql^4}{EI} = \frac{5}{48}\frac{Ml^2}{EI}$$

En caso de flechas límites de la expresión anterior se puede colocar como incógnita al flector :

$$M = \frac{48}{5}\frac{EI}{l^2}f$$

3.6. Tensiones de trabajo.

Dibujamos el diagrama de tenso deformación del acero. Marcamos en él las diferentes tensiones alcanzadas en el interior de la viga en cada una de las fases anteriores. Imaginemos las grandes deformaciones que se producen en la viga si ingresamos en el período plástico, por ejemplo si la obligamos a trabajar con tensiones de fluencia (σ_f) *(figura 19.13)*.

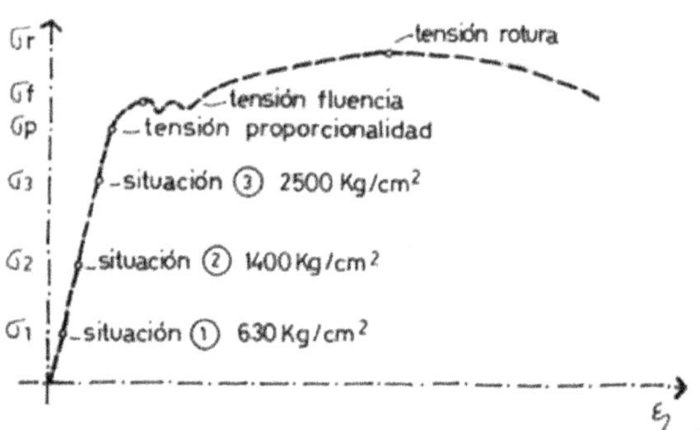

Figura 19.13.

La expresión:

$$f = \frac{5}{384}\frac{ql^4}{EI}$$

Dentro de esta fórmula se encuentran las expresiones del M_f *(ql²/8)* y del W *(bh²/6)*. Como $\sigma = M/W$ se concluye que la elástica es función directa de la tensión de trabajo de la pieza. La flecha es proporcional directa a la tensión. Una viga metálica cuya tensión máxima llega a *140* MPa tiene una flecha el doble de aquella que solo trabaja a tensión de *70* MPa.

3.7. Condiciones de borde (apoyos).

El nudo es la realidad de la condición de borde, puede oscilar entre una articulación parcial hasta un empotramiento de alta rigidez. Es una de las principales variables en la intensidad y curvatura de la elástica *(figura 19.14)*.

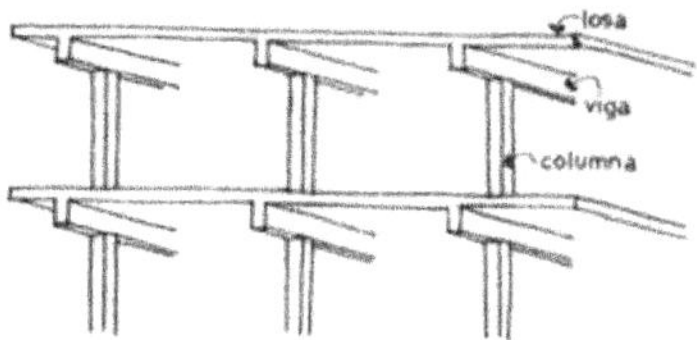

Figura 19.14.

En el nudo participan tres piezas: las vigas, las losas y las columnas. En la combinación de la rigidez de todas generan el tipo de empotramiento. No existe un apoyo que tenga una condición de borde igual a otro, todos tienen algo de articulación y también algo de rigidez.

Figura 19.15.

La elástica de una viga simple articulada tiene una elástica cinco veces mayor que otra, también ideal con empotramiento perfecto *(figura 19.15)*. Con esta comparativa queremos mostrar que si las condiciones de borde de la viga varían en su rigidez las deformaciones difieren. Esto ya lo vimos en el estudio del flector y la elástica.

La condición de borde de los apoyos está expresada en las fórmulas de la elástica mediante el factor *"C"* que expresa de manera numérica la rigidez del apoyo.

$$elástica\ máxima:\quad f = C\,\frac{ql^4}{EI}$$

En el caso de vigas con apoyos simples articulados *C = 5/384*, mientras que con apoyos empotrados *C = 1/384*.

$$viga\ apoyo\ simple:\quad f = \frac{5}{384}\frac{ql^4}{EI} = 0{,}013\,\frac{ql^4}{EI}$$

$$viga\ apoyo\ empotrado:\quad f = \frac{1}{384}\frac{ql^4}{EI} = 0{,}0026 \cdot \frac{ql^4}{EI}$$

Estos resultados nos indican que la viga simple tendrá una deformada cinco veces superior al de una viga empotrada en sus dos extremos.

Desde las condiciones de borde se pueden dar casos donde las columnas presentan diferentes deformaciones por pandeo, esto solo en materiales con elevados períodos elásticos. Las columnas son más sensibles a los cambios del tipo de apoyos. La longitud de pandeo depende de las características del apoyo. Podemos citar los casos extremos *(figura 19.16)*:

- Apoyos empotrados en ambos extremos.
- Apoyo empotrado y el otro libre.

En el primer caso, con el mismo material y sección resiste cargas cuatro veces mayores que en el segundo.

Figura 19.16.

Esto lo justificaremos al revisar el capítulo anterior de pandeo, veremos que la columna de la izquierda tiene una longitud de pandeo cuatro veces menor que la columna de derecha.

3.8. Dimensiones transversales.

La variable de la forma transversal está contenida en el momento de inercia *"I"* que también se encuentra como denominador de la ecuación de elástica. Entonces a mayor rigidez *"EI"* de viga, menor será la flecha.

Hacemos un análisis donde mantenemos la carga, la longitud y el ancho de viga constante y solo hacemos variar las dimensiones de la sección transversal. Lo vemos en la expresión para una viga en voladizo con carga concentrada en el extremo:

$$f = \frac{1}{EI}\frac{Pl^3}{3} = \frac{Pl^3}{3E\left(\frac{bh^3}{12}\right)}$$

La flecha máxima es función de la relación inversa que los cubos de sus alturas *"h"* y relación inversa directa de su ancho *"b"*.

3.9. Tipo de material (módulo de elasticidad "E").

Del estudio de las fórmulas de la elástica sabemos que la única variable de las características mecánicas del material es el módulo de elasticidad *"E"*, los otros parámetros variables responden a la geometría de la viga y las cargas.

Hacemos un análisis de los tres materiales clásicos de la construcción: madera, hormigón y acero. Desde el módulo de elasticidad el valor de la elástica máxima será función de su inversa. El valor *"E"* está como denominador en todas las fórmulas de la deformación en vigas.

Madera dura homogénea: $E \approx 100.000 \ kg/cm^2 \approx 10.000 \ Mpa$
Hormigón:　　　　　　　　$E \approx 200.000 \ kg/cm^2 \approx 20.000 \ Mpa$
Hierro o acero:　　　　　$E \approx 2.100.000 \ kg/cm^2 \approx 210.000 \ Mpa$

Tres vigas de iguales condiciones geométricas y de carga pero diferentes materiales tendremos de manera aproximada la relación:

Viga de hierro:　　　　　　　　　≈ 1
Viga de hormigón armado:　　　≈ 10
Viga de madera:　　　　　　　　≈ 20

La viga de hormigón tendrá un flecha 10 veces superior a la de hierro y la de madera 20 veces superior. En largas vigas especiales que soportan entrepisos muy sensibles a las vibraciones es conveniente diseñarlas del tipo reticulado metálico para reducir las elásticas instantáneas.

4. Restricciones a las deformaciones.

4.1. Restricción por reglamento.

Las deformaciones, por cuestiones estéticas, por fisuras o por vibraciones son contempladas por los reglamentos. Si bien es difícil establecer valores estándar por las diferentes capacidades sensitivas de las personas, existen algunos parámetros que los describimos como sigue.

En general se refiere a la capacidad que poseen algunos materiales de soportar deformaciones sin fracturas. El Cirsoc201 (hormigón armado) establece las flechas mínimas aceptadas para cada situación entre pieza soporte y piezas soportadas.

Para acercar una idea, en el caso de una viga de *7,00* metros de distancia entre apoyos los valores máximos y mínimos indicados en las normas:

l/180 = 700 / 180 ≈ 4 centímetros.

l/480 = 700 / 480 ≈ 1,5 centímetros.

La deformación no está limitada por la pieza misma, sino por el tipo de elementos (estructural o no estructural) que soporta. En el caso del ejemplo anterior de la viga de *7,00* metros, es aceptable un descenso de *4* cm si no hay paredes, pero en el caso de sostener paredes de ladrillos cerámicos se debe reducir la flecha, de los contrario el descenso se transforma en fisuras de las paredes. El Reglamento Cirsco 201 establece las flechas mínimas:

Tabla de flechas mínimas según el uso (tabla 9.5b Cirsoc 201).

Tipo de elemento	Flechas a considerar	Flechas límites
Cubiertas planas que no soportan elementos no estructurales que puedan sufrir daños por grandes flechas.	Flecha instantánea debida a la sobrecarga "L".	*l / 180*
Entrepisos que no soportan ni están unidos a elementos no estructurales que puedan sufrir daños por grandes flechas.	Flecha instantánea debida a la sobrecarga "L".	*l / 360*
Cubiertas o entrepisos que soportan o están unidos a elementos no estructurales que pueden sufrir daños por grandes flechas	Parte de la flecha total que ocurre después de la construcción de los elementos no estructurales. O sea, la suma de las flechas de largo y corto plazo.	*l / 480*
Cubiertas o entrepisos que soportan o están unidos a elementos no estructurales que pueden sufrir daños por grandes flechas	Ídem anterior.	*l / 240*

Las limitaciones indicadas en la tabla se refieren a las flechas instantáneas elásticas, en elementos de hormigón armado a flexión se deben verificar las flechas diferidas por fluencia lenta.

4.2. Restricción por asentamientos del suelo.

Los esfuerzos que actúan en las diferentes capas del subsuelo, debido a las presiones de las zapatas, producen asentamientos que dependen de las propiedades del terreno, así también de la manera que se aplica la carga y del tiempo de acción.

Los reglamentos fijan límites máximos admisibles para los hundimientos, los que no deben superarse porque producen esfuerzos internos en las estructuras que luego se muestran a través de las fisuras y grietas.

Valores límites:

Tipo de estructura	Relación de asentamiento con largo pared
Estructura de acero.	*0,006*
Estructura de hormigón.	*0,004*
Muros de carga de ladrillos.	*0,002*
Muros con revoques (cal, yeso, otros)	*0,001*

La tabla anterior es función de la "resilencia" del material, es decir de su capacidad de acumular energía (deformación) sin fisuras. El hierro posee una resilencia casi un millón de veces mayor que el del cerámico de ladrillos.

De la tabla se desprende que en el caso de un edificio cuya estructura fuera de hierro, y de una longitud de 10 metros, se acepta un asentamiento diferencial de:

$$\Delta l = 10 \, mts \cdot 100 \left(\frac{cm}{mts}\right) \cdot 0{,}006 = 6 \, cm.$$

Mientras que una pared de ladrillos comunes con revoques a la cal, de igual longitud admite solo:

$$\Delta l = 10 \, mts \cdot 100 \left(\frac{cm}{mts}\right) \cdot 0{,}001 = 1 \, cm.$$

Como se aprecia los elementos más sensibles a las distorsiones son las mamposterías. La simple observación de construcciones existentes, revela claramente que la gran mayoría de daños ocurren en muros de mampostería, que se fisuran, frente a hundimientos diferenciales de pequeña magnitud.

4.3. Restricción por vibraciones y confort.

Las vibraciones pueden ser por causas externas al edificio (viento, sismo, impactos) o internas producidas por movimiento rítmico de las sobrecargas; es el caso de salones de baile o de reuniones donde las personas pueden moverse con cierta libertad y a un ritmo determinado. Esas oscilaciones en muchos casos son transmitidas al resto del edificio y pueden afectar tanto a personas como a equipos de tecnología delicada.

La tabla que sigue, de uso internacional, se establecen los rangos de los movimientos y los efectos que causan a los usuarios. En general la unidad es la aceleración del desplazamiento que pude tener dirección vertical u horizontal.

Verticales: En aceleraciones verticales en el rango *(2)* de *0,10 m/s²* se puede dar el ejemplo de entrepisos que vibran con el paso de los usuarios, y en el rango *(7)* se ubican los arranques y frenadas de los ascensores en los edificios de altura.

Horizontales: En el rango *(5)* ingresan las aceleraciones que nos hacen perder el equilibrio, se puede dar el ejemplo de un ómnibus en arranque o frenada y nosotros parados en el pasillo.

Rango	Aceleración m/s²	Efecto.
1	*< 0,5*	No se perciben movimientos.
2	*0,05 – 0,10*	Personas sensibles pueden percibir movimiento. Objetos colgados (lámparas) pueden moverse de modo suave.
3	*0,10 – 0,25*	La mayoría de las personas lo perciben. Puede afectar el trabajo de escritorio. Movimientos por largos períodos puede producir mareos.
4	*0,25 – 0,40*	Trabajos de escritorios difíciles o casi imposibles. Caminar es posible sin caídas.
5	*0,40 – 0,50*	Fuertes movimientos. Dificultad para caminar de manera natural. Personas quietas paradas pueden perder el equilibrio.
6	*0,50 – 0,60*	La mayoría de las personas no toleran el movimiento. No es posible caminar de manera natural.
7	*0,60 – 0,70*	Las personas no pueden caminar.
8	*Más de 0,85*	Objetos caen y las personas pueden lastimarse.

Estos movimientos en edificios de hasta 20 o 30 pisos son reducidos ante el efecto de viento o sismos pequeños. Pero en las súper torres que se están construyendo en la actualidad que superan los 100 pisos de altura, los movimientos son imposibles de controlar (por el costo). En estos edificios muy altos, según la velocidad del viento se inhabilitan los pisos más altos para evitar riesgos de trabajo en las oficinas.

4.4. Restricción por estética.

El ojo humano es muy sensible a la horizontal o a la vertical. Las vigas con longitudes superiores a los cinco metros un descenso de *1,5 a 2,0* centímetros en su parte media es detectada a visual directa, esto, traducido a la relación de longitud y rango resulta ≈ *1/300*.

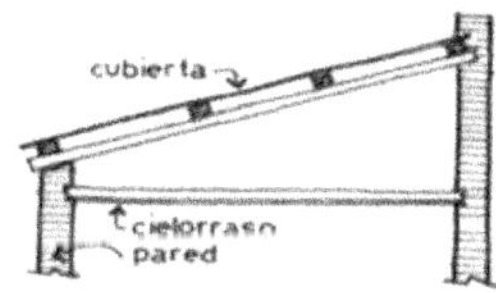

Figura 19.17.

Estas deformaciones son aceptables en el caso de estructuras escondidas, por ejemplo los cabios y correas de una cubierta que permanecen ocultas por cielorrasos. Pero pueden resultar desagradables en elementos a la vista *(figura 19.17)*.

5. Deformación desde los suelos.

Hemos visto las deformaciones de las piezas estructurales de un edificio, pero el suelo es un elemento más de toda la estructura. En el capítulo 9 "Suelos" analizamos las deformaciones que se producen en los suelos. Las principales anomalías de los edificios son causadas por asentamientos de la masa de suelo o también en el caso de arcillas muy activas por la expansión en presencia de agua.

6. Aplicaciones.

6.1. Deformación viga en voladizo.

Viga en voladizo de madera dura: dimensionado a flexión y verificado por deformación *(figura 19.18)*.

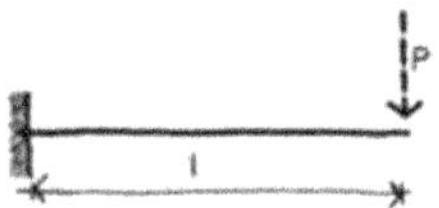
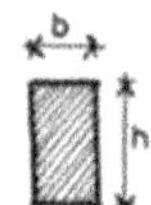

Figura 19.18

Datos:

Viga:	*voladizo*
Carga:	*concentrada en el extremo*
Material:	*madera dura*
Tensión admisible:	*100 kg/cm²*
Destino del edificio:	*vivienda.*
Longitud del voladizo:	*2,50 metros*
Carga en el extremo:	*P = 200 kg.*
Módulo de elasticidad:	*E = 70.000 kg/cm²*

Dimensionado:

$$M_f = Pl = 200 \ kg \cdot 250 \ cm = 50.000 \ kgcm$$

Probamos con una ancho de viga: $b = 7,5 \ cm$

El alto lo calculamos con:

$$h = \sqrt{\frac{6M}{\sigma b}} = \sqrt{\frac{6 \cdot 50000}{100 \cdot 7,5}} = 20 \ cm$$

Cálculo de la flecha:

$$I = \frac{bh^3}{12} = 5.000 cm^4$$

$$f = \frac{Pl^3}{3EI} = \frac{200 \cdot 250^3}{3 \cdot 70000 \cdot 5000} = 2,97 \approx 3.00 cm$$

El extremo del voladizo desciende de manera instantánea 3,0 centímetros al aplicar la carga concentrada.

Control: En el caso de un voladizo que afecta la estética de la construcción se establece como límite: *f = l/300 = 240/300 = 0,83 cm.* Es necesario redimensionar la pieza.

Redimensionado:

De la ecuación de la elástica, la expresión que contiene los datos de la sección es la inercia. La despejamos de la ecuación de la elástica:

$$I = \frac{Pl^3}{3Ef} = \frac{200 \cdot 250^3}{3 \cdot 70000 \cdot 0,83} = 17.969 cm^3$$

$$I = \frac{bh^3}{12} \quad h = \sqrt[3]{\frac{17969 \cdot 12}{7,5}} = 30 \ cm$$

Para que cumpla con la condición impuesta de elástica la viga debe tener un ancho de *7,5* cm y un alto *30* cm.

Tensión de trabajo final.

Esta exigencia reduce la tensión de trabajo de la viga:

$$W = \frac{bh^2}{6} = \frac{7,5 \cdot 30^2}{6} = 1.125 \ cm^3$$

$$\sigma = \frac{M}{W} = \frac{50000}{1125} = 44,5 \ \frac{daN}{cm^2}$$

La viga trabaja a tensiones muy reducidas, menos de la mitad que las admisibles. Esta cuestión del diseño por deformación disminuye la eficiencia de las estructuras.

6.2. Deformación viga de un tramo y apoyos simples.

Dimensionamos a la flexión la viga simple con apoyos articulados *(figura 19.19)*. Luego verificamos el descenso que se produce en el extremo.

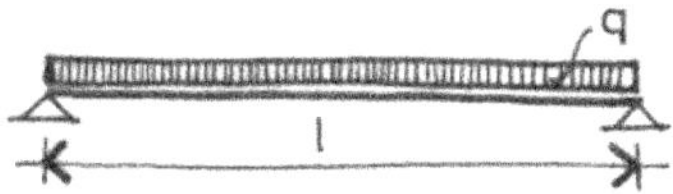

Figura 19.19

Datos:

Viga:	*simple con apoyos articulados.*
Carga:	*uniforme repartida.*
Material:	*madera dura*
Tensión admisible:	*100 kg/cm²*
Destino del edificio:	*vivienda.*
Longitud del voladizo:	*5,00 metros*
Carga en el extremo:	*q = 200 daN/m*
Módulo de elasticidad:	*E = 70.000 daN/cm²*

Dimensionado:

$M_f = ql^2/8 = 200 \ kg \cdot 5^2 / 8 \ cm = 625 \ daNm$

Probamos con una ancho de viga: *b = 10 cm*

El alto lo calculamos con:

$$h = \sqrt{\frac{6M}{\sigma b}} = \sqrt{\frac{6 \cdot 62500}{100 \cdot 10}} \approx 20 \ cm$$

Adoptamos: $b = 10$ cm y $h = 20$ cm. Revisamos la flecha que se produce con estas dimensiones.

Cálculo de la flecha:

$$I = \frac{bh^3}{12} \approx 6.700 \ cm^4$$

$$f = \frac{5}{384} \frac{ql^4}{EI} = \frac{5 \cdot 2 \cdot 500^4}{3 \cdot 70000 \cdot 6700} \approx 3.5 cm$$

La parte media de la viga de manera instantánea con la carga desciende un valor de 3,5 centímetros. Si este valor supera los límites fijados por reglamentos o por cuestiones de estética y confort (elásticas) es necesario redimensionar.

Control: En el caso de una simple que afecta la estética de la construcción se establece como límite: $f = l/250 = 500/250 = 2,0$ cm $< 3,5$ cm $\rightarrow$ Redimensionar.

Redimensionado:

De la ecuación de la elástica, la expresión que contiene los datos de la sección es la inercia. La despejamos de la ecuación de la elástica:

$$I = \frac{5}{384} \frac{ql^4}{Ef} = \frac{5 \cdot 2 \cdot 500^4}{384 \cdot 70000 \cdot 2} = 11.625 cm^3$$

$$I = \frac{bh^3}{12} \qquad h = \sqrt[3]{\frac{11625 \cdot 12}{7,5}} \approx 24 \ cm$$

Adoptamos: 25 cm   Sección final: $b = 10$ cm $h = 25$ cm

Cumple con las condiciones de resistencia y deformación.

Tensión de trabajo final.

Esta exigencia reduce la tensión de trabajo de la viga:

$$W = \frac{bh^2}{6} = \frac{10 \cdot 25^2}{6} = 1.041 \ cm^3$$

$$\sigma = \frac{M}{W} = \frac{62500}{1041} = 60 \ \frac{daN}{cm^2} \ll 100 \ \frac{daN}{cm^2}$$

Como hemos visto, en general las vigas no cumplen con las condiciones límites de elástica si son dimensionadas a la tensión en la primer fase. Es conveniente realizar el primer control con las ecuaciones de la elástica y luego verificar las tensiones de trabajo. En vigas y losas de hormigón armado se utiliza el factor "m" que divide la longitud entre apoyos y el resultado se denomina "altura mínima de deformación".

20

Eficiencia

1. Conceptos generales.

La eficiencia desde el lenguaje común se define como la capacidad para cumplir de manera óptima una función. En el campo de la ingeniería estructural la "función" es sostener cargas y de "manera óptima", con la menor cantidad de material. También se puede definir como la relación entre la carga que soporta un sistema y el peso propio de su estructura.

Existen innumerables definiciones de la eficiencia en la arquitectura o ingeniería de la construcción de los edificios o viviendas. Una definición más general es la que da Moisset en su libro "Intuición y razonamiento en el diseño estructural"; allí escribe que la eficiencia es la relación entre los resultados obtenidos y los medios empleados. Esta definición es más general.

Otra manera de calcular la eficiencia es la relación entre la masa empleada por metro cuadrado de superficie útil cubierta. Hay muchas maneras de establecer de manera numérica la eficiencia de un edificio o de una pieza estructural, lo vemos en los párrafos que siguen.

2. Eficiencia del sistema global.

2.1. General.

Se refiere al sistema estructural total que sostiene un edificio o puente. Se estudia la eficiencia de todo el sistema estructural (figura 20.1).

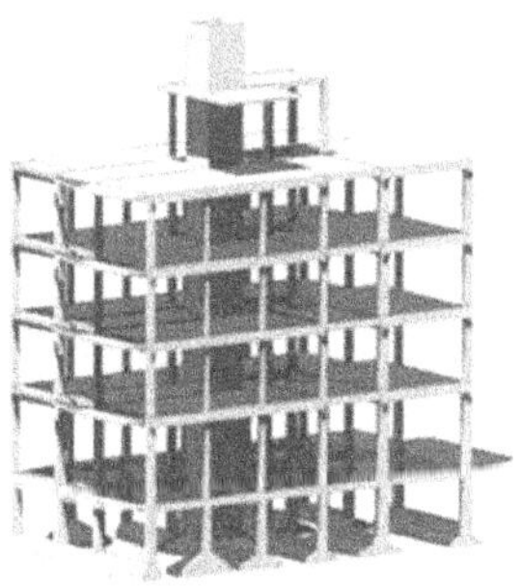

Figura 20.1

Dentro del sistema total pueden existir piezas de muy baja eficiencia estructural, así como otras de alta eficiencia. En edificio con estructuras de hormigón armado, una de las formas habituales de establecer la eficiencia del sistema es la relación que surge entre el hormigón empleado en toda la estructura y la superficie total cubierta.

$$Eficiencia = \frac{m^3\ de\ hormigón}{m^2\ de\ superficie}$$

Esto nos entrega un valor cuya unidad es metros; es el espesor imaginario de hormigón por metro cuadrado de superficie. Desde las estadísticas se han determinado los siguientes valores aproximados.

- Edificios para departamentos viviendas: $\approx$ *0,18 a 0,21 m³/m²*.
- Edificios para oficinas (entrepisos sin vigas) : $\approx$ *0,21 a 0,30 m³/m²*.

El consumo de hormigón en edificios de viviendas es menor al de oficinas por cuanto existen mayor cantidad divisorias y las luces de cálculo de vigas y losas es menor.

También es conveniente analizar la eficacia de un diseño estructura desde el peso total del edificio. Hacemos una comparativa entre un buen diseño y otro regular; una construcción de 20 niveles y superficie total de *7.000 m²*, en el caso de una estructura de alta eficiencia *(0,18 m³/m²)* se consumen un total de *1.300 m³* de hormigón, mientras que otra de regular a mala eficiencia puede llegar a los *2.000 m³*. Entonces las desventajas del diseño regular o malo son:

a) El costo adicional de los *700 m³* de hormigón.
b) Las mayores dimensiones de las piezas estructurales.
b) El mayor peso: *700 m³ . 2,40 tn/m³ = 1.700* toneladas.
c) El mayor costo de la fundación para soportar el peso adicional.

En el Capítulo 25 "Ejemplos de eficiencia" se realiza un estudio de la reducción del consumo de hormigón armado en función del diseño transversal de los entrepisos. Una de las variables principales para obtener mayor eficacia, además de la distancia entre apoyos es el diseño de la sección transversal de entrepisos (losas).

En las estructuras metálicas como las cubiertas de galpones, estadios o centros comerciales, se dan los siguientes valores promedios:

- En estructuras con luces entre 4 a 8,00 metros: $\approx$ 18 a 25 kg/m².
- En estructuras de luces entre 8,00 a 20,00 metros: $\approx$ 25 a 40 kg/m².

La variación de la cantidad de hierro consumido no solo depende de la habilidad de los proyectistas, también está en juego la principal variable; las longitudes entre apoyos. Recordemos que el momento flector externo es función cuadrática de la luz de cálculo.

Destaquemos otra cuestión: la relación entre el peso propio y la carga total. La losa tipo o general de hormigón armado tiene un peso propio que oscila promedio en los 350 daN/m² y sostiene una sobrecarga de 450 daN/m² (contrapiso, piso, paredes y sobrecargas de uso), la relación:

450 / 350 = 1,3

Sin embargo para una estructura metálica, por caso un entrepiso de vivienda con cerramientos livianos: tenemos un peso de estructura de *25 kg/m²* que sostiene la sobrecarga de *200 kg/m²*.

200 / 25 = 8,0

Esta diferencia se obtiene de la posibilidad de fabricar perfiles tipo "doble te" o de triangular las estructuras con sistemas reticulados.

2.2. Pérdida de eficiencia con la altura del edificio.

En los edificios muy altos, aquellos que superan *50* pisos, las cargas inercia-les del viento (masa del aire) y las de los sismos (masa del edificio) provocan un aumento exponencial en el consumo de los materiales que componen la estructura total. En las dos imágenes que siguen se remarca el perfil lateral del tronco de un árbol alto y el de la Torre de Eiffel, en ambos casos la curva es una parábola, simi-lar a la indicada en la figura 4.21 del Capítulo 4 de "Cargas" (*figura 20.2*).

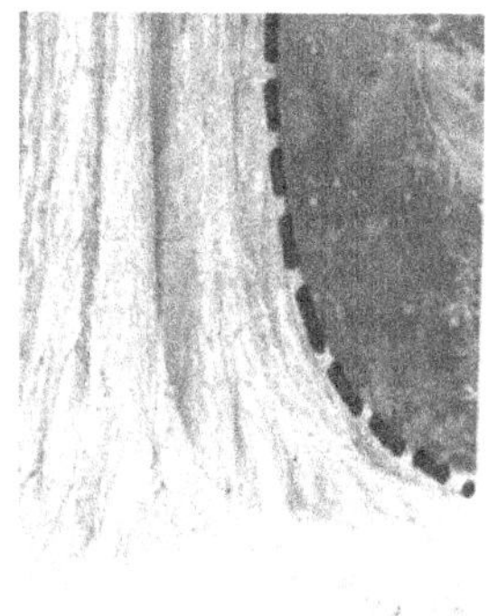

Figura 20.2

Si giramos las imágenes hacia la izquierda observamos mejor la curva cuadrática de la relación de la altura con la eficiencia. El perfil tronco de un árbol muy alto configura la curva de manera más real que el perfil en horizontal de la torre *(figura 20.3)*.

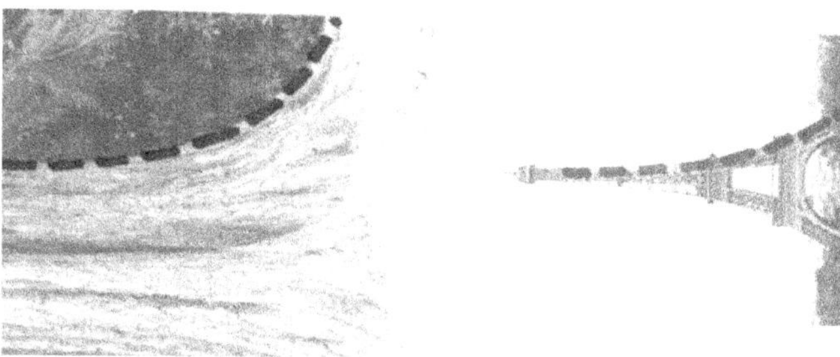

Figura 20.3

Si la eficiencia es la relación entre material utilizado y resistencia, vemos que a medida que las alturas aumentan se reduce la eficiencia. Esto se explica si consideramos al edificio, a la torre o al árbol empotrado en el suelo actuando como un voladizo vertical; las fuerzas inerciales deben ser multiplicadas por el cuadrado de su altura.

$$M_{edificio\ total} = \frac{q}{2}h^2$$

Aquí el "h" representa la altura total del edificio.

3. Comparativa entre el M_e y el M_i.

3.1. General.

El "M_e" es momento flector externo en cada punto de la viga, mientras que el "M_i" es momento nominal resistente en su interior. Analizamos la eficiencia mediante la comparativa del diagrama de momento flector externo y el diagrama de flector resistente interno se muestra una viga de dos tramos continuos de luces iguales *(figura 20.4)*. Se la resuelve y construye de tres maneras distintas y luego vemos la eficiencia de cada una en función del flector externo y el nominal interno.

Figura 20.4

En sombra se dibujan los diagramas de flectores externos *(Me)* y en rayas el flector nominal interno *(Mi)*, la diferencia entre estas superficies nos muestra el grado de eficiencia, veamos:

Primera viga: Perfil metálico y cálculo con teoría clásica.
Segunda viga: Hormigón armado y cálculo con teoría clásica.
Tercera viga: Hormigón armado y cálculo mediante rótula y elástica.

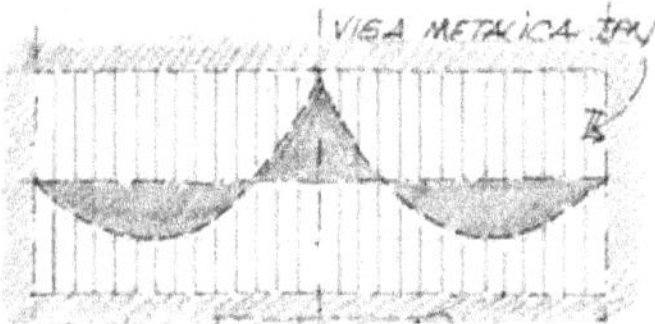

Viga metálica tipo IPN de sección constante *(figura 20.5)*. La superficie no aprovechada del Mi es grande. Se utiliza solo el *20* al *30 %* de la resistencia total. Mínima eficiencia.

Figura 20.5

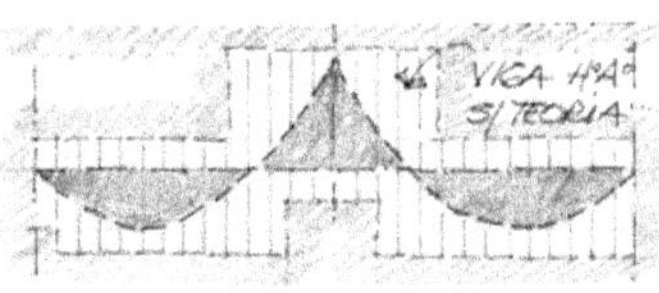

Viga de hormigón armado tiene la posibilidad de ajustar la geometría y cantidad de las barras de acero *(figura 20.6)*. Se utiliza entre el *50* al *60 %* del material. Mediana eficiencia.

Figura 20.6

Viga de hormigón armado diseñada mediante el método de elástica y rótula *(figura 20.7)*. Se utiliza entre el *65* al *70 %* del material. Alta eficiencia.

Figura 20.7

En estas comparativas de eficiencia combinamos el estudio del tipo de material con el método utilizado para el cálculo de las solicitaciones; esto es parte de las tareas del diseño estructural.

3.2. Variación del coeficiente de seguridad.

En el estudio de los flectores el cociente entre la resistencia nominal interna de la viga y la solicitación externa es el coeficiente de seguridad $(M_i \, / \, M_e = CS)$. Vemos que este valor varía a lo largo de la viga en la superposición de los diagramas de M_e y el nominal M_i en una viga de hormigón similar a las anteriores *(figura 20.8)*.

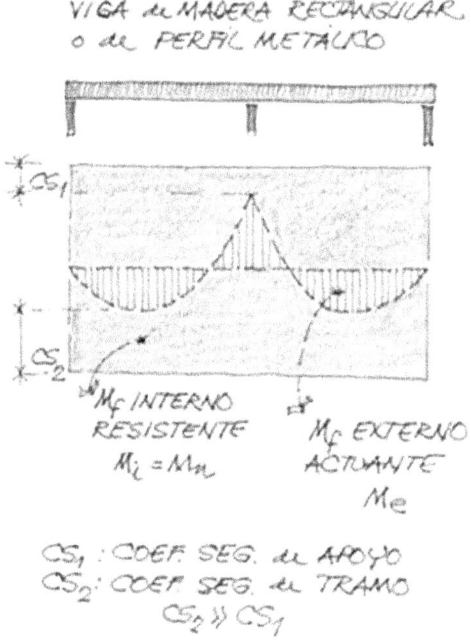

Figura 20.8

En la región de apoyo central y tramos medios el *CS* es reducido y se ajusta a lo indicado en reglamentos en la región del apoyo central y tramos medios. En las zonas de puntos de inflexión de elástica (momento nulo) o en los apoyos extremos el *CS* es muy elevado y la eficiencia se reduce.

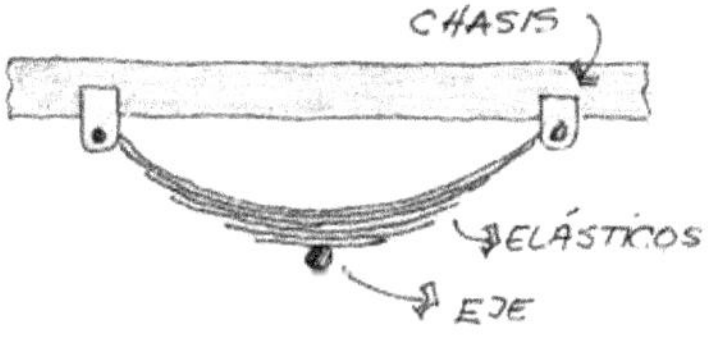

Figura 20.9

Los ejes de camiones y acoplados, por las irregularidades de las rutas deben montarse sobre dispositivos que amortiguan los impactos; son los paquetes de elásticos y sus dimensiones están en función de la carga. La configuración geométrica de esa viga elástica se aproxima al diagrama de la cupla interna resistente M_i *(figura 20.9)*.

La interpretación desde la estática y resistencia de materiales la hicimos al principio del Capítulo 12 " Solicitaciones".

4. Eficiencia según los apoyos.

El tema lo desarrollaremos en el *Capítulo XX "Ejemplos"*. Ahora adelantamos la imagen para comprender la manera que es posible reducir el consumo de materiales (aumentar la eficiencia) mediante la disposición adecuada de los apoyos *(figura 20.10)*.

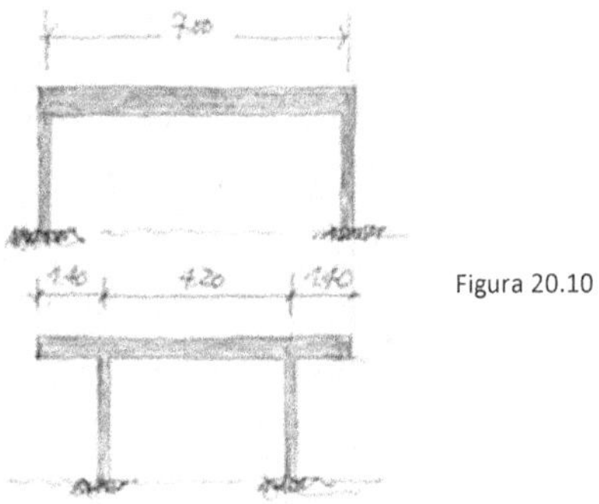

Figura 20.10

La tabla que sigue nos indica la relación del flector y de la flecha para las distintas vigas. Adoptamos el valor "100" para la viga con dos apoyos simples *(figura 20.11)*.

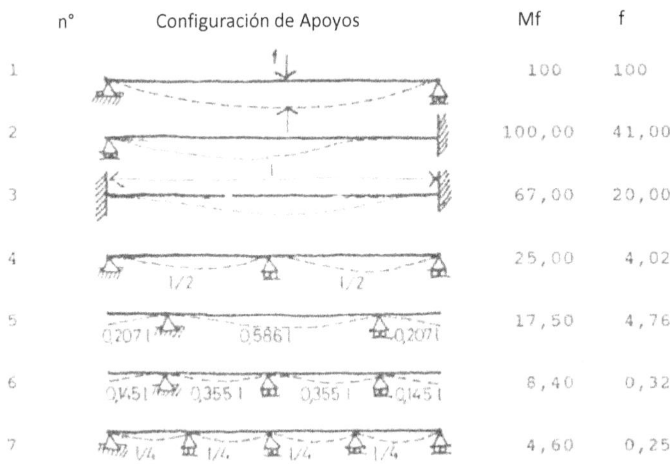

n°	Configuración de Apoyos	Mf	f
1		100	100
2		100,00	41,00
3		67,00	20,00
4		25,00	4,02
5		17,50	4,76
6		8,40	0,32
7		4,60	0,25

Figura 20.11

En los casos *(1)* y *(2)* el flector máximo es de igual magnitud, el primero en el tramo (positivo) y el segundo en el apoyo (negativo). En *(5)* y *(6)* la acción de los voladizos en los extremos actúan como palancas que reducen el flector en el tramo. La posición ideal del apoyo es aquella donde el flector negativo del apoyo es igual o aproximado al flector positivo del tramo.

En los esquemas que siguen se indica el nivel de eficacia de la viga en función del tipo, cantidad y posición de los apoyos *(figura 20.11)*. En todos los casos los valores se refieren a la misma carga uniforme repartida.

Los valores de la eficiencia en función del flector para cada viga:

n° →	1	2	3	4	5	6	7
Eficiencia	*1*	*1*	*1,5*	*4*	*5,7*	*12*	*22*

Los valores de la eficiencia en función de la elástica para cada viga:

n° →	1	2	3	4	5	6	7
Eficiencia	*1*	*2,4*	*5*	*25*	*21*	*312*	*400*

Al observar los valores indicados en las tablas anteriores vemos la diferencia en la variación de la eficiencia; la pérdida de eficiencia en el caso de las elásticas es muy superior al del flector. Con ello destacamos la necesidad de la doble verificación; por resistencia (flector) y por deformación (elástica).

5. Desde los esfuerzos principales.

Supongamos que una misma pieza de *5,00* metros de largo deba sostener una carga de *10* toneladas en tres posiciones diferentes que generen los esfuerzos antes definidos *(figura 20.12)*. El estudio lo hacemos en estado límite de rotura. La sección necesaria transversal de hierro en cada uno de los casos:

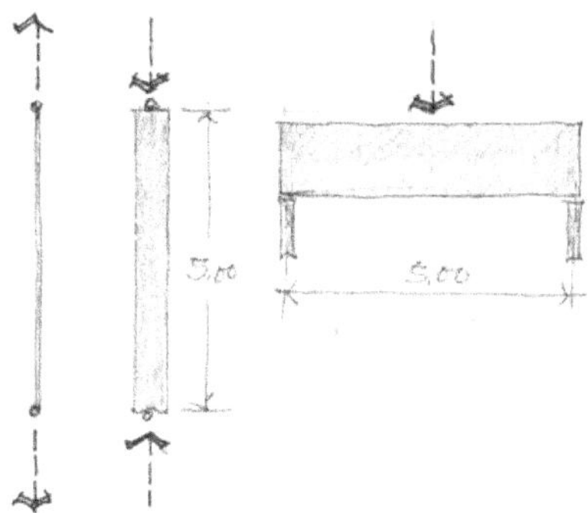

Figura 20.12

A tracción:　　　$\approx 4{,}5\ cm^2$.
A compresión;　　$\approx 28{,}0\ cm^2$ *(por efecto pandeo)*.
A flexión:　　　$\approx 70\ cm^2$.

Si adoptamos como unidad comparativa la superficie del esfuerzo de tracción tenemos:

A tracción:　　　≈ 1
A compresión:　　≈ 7
A flexión:　　　≈ 16

Con estas consideraciones vemos que la flexión necesita dieciséis veces más material que en el caso de la tracción. Este razonamiento parece una obviedad, pero dentro de las maniobras del diseño estructural es necesario tenerlo siempre en cuenta. Luego en algunas referencias sobre obras realizadas, cuando analicemos la eficiencia veremos que en la medida que utilizamos la tracción y la compresión (tensor y puntal) la eficiencia estructural aumenta.

Las consideraciones anteriores tienen similitud con los estudiado en el Capítulo 14 " Esfuerzos Internos" sobre la relación del consumo de material y el tipo de esfuerzos.

6. Diferentes formas de analizar la eficiencia.

6.1. Concepto.

Hasta ahora la principal relación de eficiencia fue la de la carga que soporta respecto al peso propio de la pieza. Pero hay otras formas de analizarla, que puede ser desde la estética, desde la estática, desde la funcional, la térmica y objetivos. En los puntos que siguen analizamos obras ya realizadas y destacamos cual de las eficiencias o combinaciones de las mismas fueron aplicadas en el diseño y construcción.

6.2. Eficiencia estética.

Para la explicación de cada uno de los objetivos de la eficiencia, empleamos ejemplos de construcciones ya realizadas. En este caso la eficiencia estética funcional desplaza a la eficiencia estática (relación cargas con peso propio). También separa la eficiencia económica y la de simplicidad constructiva.

El "Puente de la Mujer" en Buenos Aires es un ejemplo de este tipo de eficiencia. Aquí la arquitectura y la ingeniería se mezcla con el arte de la estructura. Es un puente peatonal de solo 170 metros con tres pilares sobre el río y los dos extremos. La aguja que se eleva sostiene mediante tensores casi invisibles el tramo mayor *(figura 20.13)*.

Otras particularidad de su "excentricidad" artística es el desplazamiento del camino peatonal respecto del eje del puente. Otra característica que ingresa dentro de la funcionalidad es el giro que puede producir desde su pilón principal para dar lugar al paso de barcos.

Figura 20.13

Este puente tuvo un costo de más de seis millones de dólares. De haber predominado solo la variable de eficiencia estática el puente habría costado *8 o 10* veces menos. Desde la eficiencia estática el problema de este puente es la gran columna inclinada que está sometida a flexión y algo de compresión; una combinación que exige mucho material. En esta obra predomina la "escultura" frente a la "estructura".

6.3. Eficiencia estática.

Desde la eficiencia estática podemos citar al puente sobre el río Severn (Inglaterra) con una longitud de *1.600* metros y cuatro vías *(figura 20.14)*. Las columnas alcanzan una altura de *136* metros. Cuando se logra una adecuada eficiencia estática siempre está acompañado por un equilibrio estético.

Figura 20.14

En el caso de este puente, los materiales que se utilizaron aceros y hormigones de alta resistencia, mientras que desde los esfuerzo predomina la tracción (cables) y la compresión (pilares).

6.4. Eficiencia estática funcional.

La estructura de mejor eficiencia es aquella que posee mayor cantidad de elementos en tracción, como lo son las tiendas de campaña *(figura 20.15)*. Además es funcional; pueden ser desarmadas y transportadas en su totalidad.

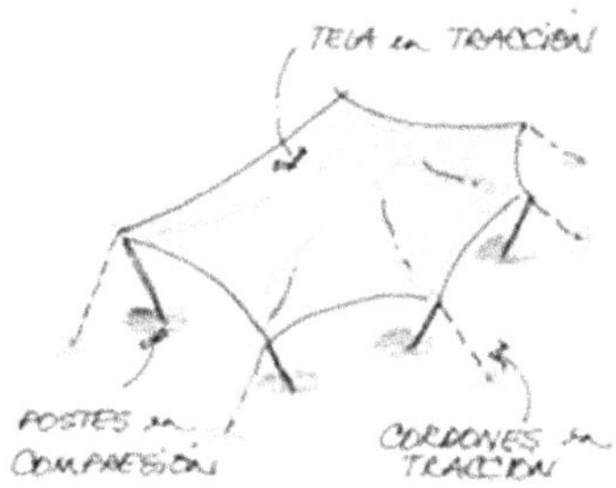

Figura 20.15

La mayoría de sus elementos trabajan a tracción, a excepción de los puntales que lo hacen a compresión. En este caso se agrega una cuestión interesante al diseño; en cada uno de los puntos extremos de la tienda se forma una triangulación en el plano vertical cuyos lados son: el puntal, el tensor y el suelo o el terreno que reacciona frente a los dos anteriores.

6.5. Eficiencia térmica.

Del libro "Arquitectura sin arquitectos" de B. Rudofsky la imagen de una choza en Sudán *(figura 20.16)*. La cubierta parece exagerada en su espesor, pero es la necesaria para brindar protección a las elevadas temperaturas del lugar.

Figura 20.16

No cumple con la eficiencia estática ni estética, solo la funcional para aliviar el rigor del calor.

6.6. Eficiencia de objetivos y recursos.

Del libro "Aborígenes del Gran Chaco" la foto tomada por Grete Stern de una vivienda en Napalpí en la provincia del Chaco *(figura 20.17)*. Fue construida con materiales de la zona y su objetivo es de cobijo. Se observa una galería cerrada solo con palos a pique que permite la circulación del aire y el resto cerrado con la mezcla milenaria de espartillo y barro. La cubierta con la gramínea paja brava (panicum prionitis) que impiden el paso del agua de las lluvias.

Figura 20.17

Es una construcción que cumple con varios objetivos con recursos naturales disponibles en el lugar.

7. Resumen.

Vemos que existen tantas eficiencias como variables del diseño. De todas ellas a nosotros nos interesa la relación estática que de manera necesaria debe ir acompañada de la estética. Hacemos un estudio de la historia de la eficiencia estática.

En base a los escritos y ejemplos anteriores podemos dibujar una curva *(figura 20.18)* donde el eje de las ordenadas son los valores de eficiencias de superficies y en las abscisas los tipos de combinación de esfuerzos principales. El estudio lo hacemos tanto para la arquitectura monumental como para la arquitectura doméstica; la de la vivienda simple unifamiliar.

En los inicios de la historia de la construcción de puentes, monumentos y templos, egipcios, griegos y romanos utilizaron diseños estructurales donde la compresión era el esfuerzo dominante; la eficiencia resultaba muy baja con valores que no superaban el valor *10*. Sin embargo en la misma época existían las viviendas simples rurales y también las tiendas de campaña en sociedades sedentarias o nómades; en estos casos las eficiencia superaba el valor *500*.

Con la llegada del hierro barato en la revolución industrial y luego con la del hormigón armado, los esfuerzos la tracción se incorpora como esfuerzos predominantes y la eficiencia aumenta, por ejemplo en los puentes colgantes. El esquema que sigue tiene cierta similitud con el mostrado en la primera parte del Capítulo 14 " Esfuerzos Internos".

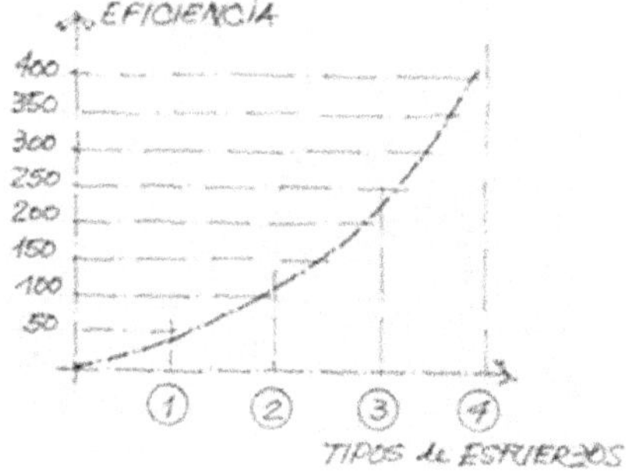

Figura 20.18

1) Compresión dominante.
2) Flexión y compresión.
3) Flexión tracción y compresión.
4) Tracción dominante.

La búsqueda, el objetivo del diseño estructural, es la manera de conseguir la mayor resistencia con el mínimo material, mediante la utilización más apropiada de las formas y los materiales. Conseguir lo máximo mediante lo mínimo.

8. Aplicaciones.

8.1. Formas de estudiar la eficiencia..

Uno de los parámetros de mayor jerarquía en las tareas del diseño y cálculo es la eficiencia de la estructura que se la puede estudiar desde:

- Eficiencia global.
- Eficiencia individual.

Según el tipo de estructuras la eficiencia puede ser estudiada según algunas de las siguientes relaciones.

    a)   Relación de la superficie útil y la superficie de soportes.
    b)   Estructuras metálicas: Peso del hierro por metro cuadrado de superficie.
    c)   Estructuras hormigón: Volumen hormigón por metro cuadrado.
    d)   Relación de la masa empleada en el sistema y la carga que soporta.
    e)   Desde los esfuerzos principales.
    f)   Desde la combinación de esfuerzos.

8.2. Desde relación de superficies.

Una cubierta plana de hormigón armado con dos sistemas diferentes de soporte. En el primero con cuatro columnas y en el segundo con dos paredes de mampostería *(figura 20.19)*.

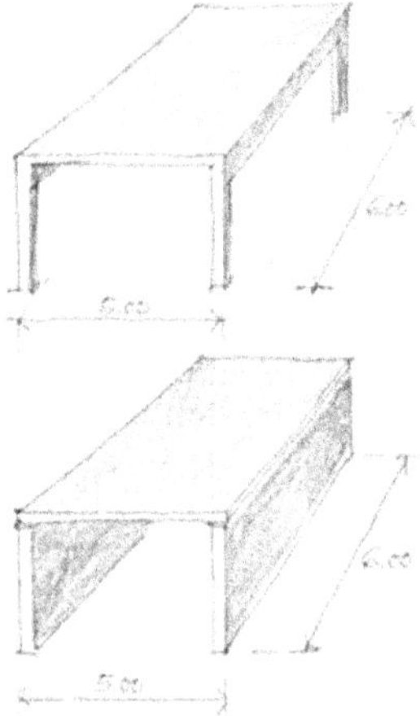

Figura 20.19

$a = b$:	Lados de la columna: *0,20 . 0,20 metros.*
e:	Espesor de pared: *0,30 metros.*
h:	Altura total de la cubierta: *3,00 metros.*
S_t:	Superficie total del sistema: *5 . 6 = 30 m².*
S_c:	Superficie de columnas: *0,20 .0,20 . 4 = 0,16 m².*
S_p:	Superficie de paredes: *0,30 .6,00 . 2 = 3,60 m².*

Eficiencia sistema columnas:

$$E_c = \frac{superficie\ cubierta}{superficie\ de\ soportes} = \frac{S_t}{S_c} = \frac{30\ m^2}{0,16\ m^2} \approx 190$$

Eficiencia sistema de paredes:

$$E_c = \frac{S_t}{S_p} = \frac{30\ m^2}{3,60\ m^2} \approx 7,0$$

La eficiencia del sistema de columnas es cerca de 30 veces superior al de sistema de paredes.

8.3. Desde la combinación de elementos.

Algo adelantamos en la teoría de eficiencia; la estructura que mejor combinación hace de puntales y tensores son las carpas de campaña. Pueden cubrir superficies de *100* metros cuadrados y la suma de la superficie transversal de todos los puntales que trabajan a compresión resulte de unos *0,07 m².*

La eficiencia desde la relación de superficies resultaría:

$$E_s = \frac{S_t}{S_c} = \frac{100}{0,07} \approx 1.500$$

La posibilidad de esta elevada eficiencia no solo son los tensores y los puntales, sino la triangulación que con ellos se puede realizar sobre el suelo *(dibujo 20.20)*.

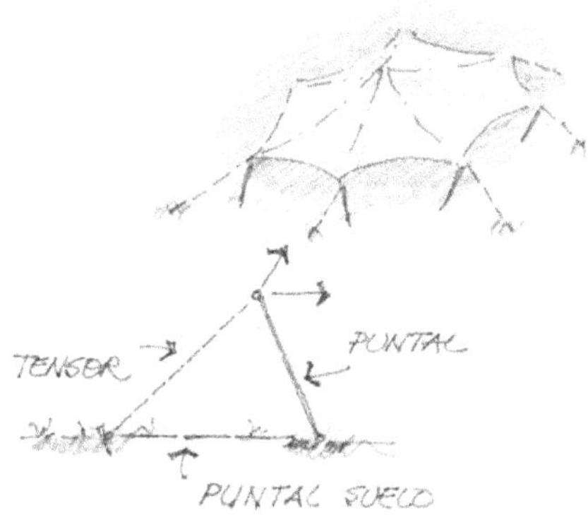

Figura 20.20

La hipotenusa materializa con una cuerda el tensor, el cateto menor es el puntal de madera y el cateto mayor el suelo entre soporte de tensor y puntal. Según la inclinación del puntal y del tensor se logra controlar las acciones. Es un diagrama de descomposición de fuerzas.

8.4. Individual: Posición de apoyos.

Comparativa.

Se compara el flector de:

- Viga de apoyo simple.
- Viga con voladizos.

Esquemas.

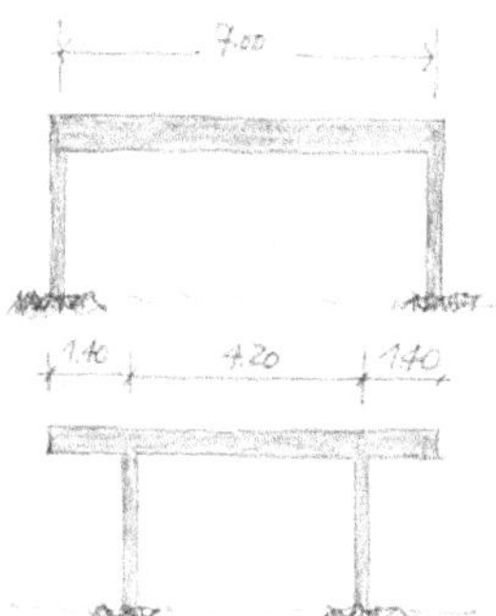

Figura 20.21

En este ejemplo son dos vigas que poseen diferencias en sus apoyos, tal como se muestra *(figura 20.21)*. Las vigas pueden ser de madera, hierro u hormigón armado. La carga que soportan es la misma en ambos casos.

- Viga *(A)*: columnas en los extremos.
- Viga *(B)*: columnas internas que generan voladizos en los extremos.

Flector en apoyos y tramos.

Se considera que no existe empotramiento en la unión de columnas con vigas. El consumo de material de viga es proporcional al flector actuante. Para una uniforme de 10 kN/m:

- Viga *(A)*: $M_f \approx 60,0\ kNm \rightarrow\ IPN\ 260\ \ (42\ kg/m)$
- Viga *(B)*: $M_{fi} \approx 22 - 10 = 12\ kNm\ \rightarrow\ IPN\ 140\ (15\ kg/m)$

Relación: 15 / 42 ≈ 0,35

La primer viga consume *1/0,35 = 2,85* veces más material (peso) que la segunda. Desde los costos la primer viga tendrá un valor casi tres veces mayor que la segunda.

8.5. Sección transversal en losas entrepisos.

Comparativa.

Se compara el flector de:

- Losa maciza.
- Losa alivianada.

Solo se analiza el peso propio.
Longitud entre apoyos: 5,00 metros.

Altura mínima por deformación.

Longitud entre apoyos: *5,00 metros*. Apoyos articulados.
Factor *"m": 30*
Altura total: *500 / 30 = 17 cm*

Pesos por metro cuadrado.

Maciza: $0,17\ m\ .\ 2400\ daN/m^3 = 410\ daN/m^2$

Alivianada vigueta y bloque poliéster expandido, de tablas de fabricantes: $250\ daN/m^2$ *(figura 20.22)*

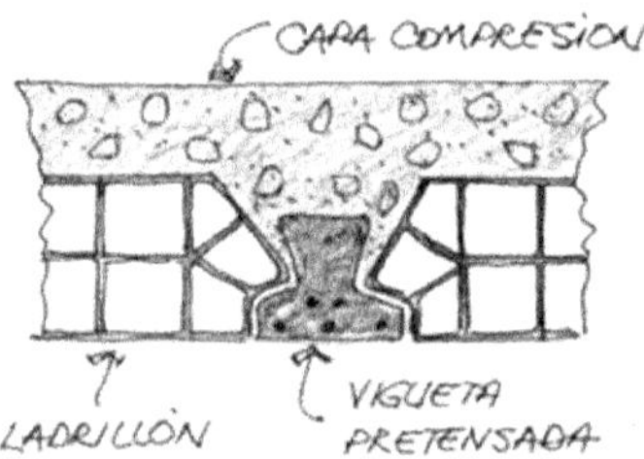

Figura 20.22

Relación de pesos.

La losa alivianada es un *60 %* del peso de la maciza. Por m^2 se quitan *160 daN/m^2*. En el caso de losas con luces de *5,00* metros que apoyan sobre vigas el peso que se alivia la viga es *160 . 5,00 = 800 daN/ml*.

Efecto en la viga por el flector.

Carga de losa maciza: *2.050 daN/m* → $M_1 ≈ 12.500\ daNm$
Carga de losa alivianada: *1.250 daN/m* → $M_2 ≈ 7.500\ daNm$
Luz de viga (apoyos simples): *7,00 metros.*

Consumo de hierro.

d: Altura total de viga *45 cm*   ancho: *25 cm*
$T = A_{s1} . 2400$ $M_{i1} = M_{e1} = z . T$
$z = (0,45 - 0,04) . 0,85 = 0,35\ mts$

$A_{s1} = M_{e1} / 2400 / 35 = 15\ cm^2$ → *8 barras 16 mm*
$As2 = M_{e2} / 2400 / 35 = 9\ cm^2$ → *5 barras 16 mm*

Desde la teoría de la eficiencia: *9 cm^2 / 15 cm^2 = 0,60*
Peso de barras ahorradas:
3 . 1,58 (daN/ml). 7,00 (ml) = 33,10 kg.

En un edificio común de unas *20* plantas se pueden ahorrar unas *15* toneladas de hierro.

21

Pandeo

1. El pandeo en la construcción.

1.1. General.

El fenómeno de pandeo debe ser estudiado como algo posible, de pocas probabilidades de suceso en la construcción. Es diferente a la flexión donde la elástica o deformación de la viga se produce en el mismo instante de la aplicación de la carga. El pandeo, en las columnas la mayoría de las veces viene contagiado por la flexo compresión y debe ser resuelto con las ecuaciones clásicas de la estática.

En general existen pocos antecedentes de pandeo en las piezas a compresión de los edificios, esto se puede justificar por los elevados coeficientes de seguridad que se emplean en el cálculo y por las dimensiones mínimas establecidas por reglamentos. Pero no sucede lo mismo con los puntales que sostienen los encofrados que no son calculados ni verificados; sus dimensiones y separación lo establecen los capataces de obra desde la costumbre. Además en hormigón armado el nudo de viga, losa y columna genera una fuerte rigidez en los extremos de las columnas y reduce el efecto de la inestabilidad por pandeo *(figura 21.1)*.

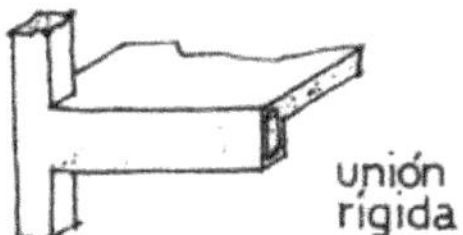

Figura 21.1

En las tareas de colocación del hormigón, las estadísticas nos indican la mayor cantidad de sucesos de pandeo sucede en los esbeltos puntales que soportan las cargas del hormigón fresco, los equipos y los operarios*(figura 21.2).*

Figura 21.2

Para salvar en parte el inconveniente de la interpretación adecuada del pandeo en piezas estructurales sometidas a compresión hemos separado el estudio en dos partes. La primera, explica el fenómeno de pandeo desde ejemplos y sucesos, la segunda parte se lo explica desde la teoría.

1.2. Interpretación.

En el año 1744 Leonhard Euler resuelve el problema del fenómeno de las barras esbeltas sometidas a cargas de compresión. Las ecuaciones que resuelven el problema se conocen como "Ecuaciones de Euler". La ingeniería en sus ondas de empirismo y cientifismo quedó prendida a ésta última por el genio matemático de Euler para resolver la cuestión entre carga y esbeltez en una columna.

La teoría clásica de Euler contiene hipótesis alejadas de la realidad; para interpretar la columna emplea una fina línea recta que se dobla para una carga determinada; la columna no es una línea inmaterial *(figura 21.3)*.

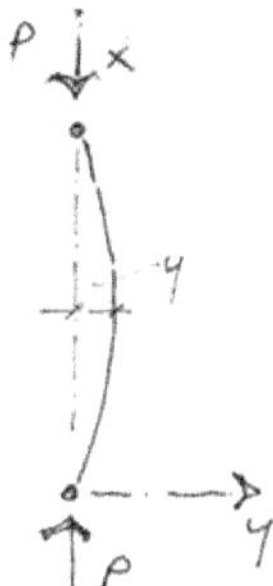

Figura 21.3

La literatura científica de la construcción denomina "pandeo" a fenómenos que están muy lejos de la teoría de Euler. Esta teoría se basa en la hipótesis de barra recta, material homogéneo y carga concentrada, todo de manera perfecta. Pero la realidad es otra; no existe una columna de eje y lados con esas condiciones. El material de la construcción tampoco es homogéneo, cualquier alteración, sea un pequeño agujero o un cordón de soldadura hace al material imperfecto. Por último, lo más difícil, casi imposible de lograr; la carga centrada sobre la columna.

Con lo anterior queremos explicar que si bien el suceso, desde la teoría se sigue llamando pandeo, desde la realidad es una flexo compresión. La historia de la ingeniería destaca este suceso como el que mayor cantidad de fallas ha causada en la construcción. Antes del advenimiento de materiales tales como los perfiles de acero y piezas de hormigón armado, las columnas gozaban de buena estabilidad. Porque en general, sus secciones eran robustas por ser construidas con materiales como la piedra o mamposterías cerámicas (muros, bóvedas, arcos y otros). La esbeltez de estas piezas resultaba baja y la rotura solo llegaba solo con el agotamiento del material. No había rotura de configuración geométrica.

Pero cuando aparece el hierro a fines del siglo XIX, las secciones de las piezas estructurales comienzan a elevar su esbeltez. Tal es así que los primeros grandes desastres y derrumbes en obras de ingeniería, se produjeron por los efectos de alguna de las distintas formas que puede presentar la flexo compresión del pandeo.

2. Conceptos.

La relación entre las cargas y la sección transversal lo vimos en los casos de esfuerzos de tracción o compresión puros y utilizamos la superficie en cm2:

$$\sigma = \frac{P}{S(cm^2)}$$

En las piezas sometidas a flexión aparece otra entidad matemática que nos indica la "forma" *(W)* de la sección transversal en cm^3:

$$\sigma = \frac{M}{W(cm^3)}$$

En el estudio y cálculo de las elásticas de viga surge la relación $I = Wh/2$ con la entidad de la inercia cm^4:

$$f = C\frac{ql^4}{EI(cm^4)}$$

Ahora en el pandeo veremos una nueva relación el radio de giro *"i"* en el numerador y la altura de la columna *"s"* en el denominador porque le interesa la geometría transversal y también la longitudinal de la pieza.

$$\sigma_{crit} = \frac{i^2(cm^2)}{s_k^2(cm^2)}\pi^2 E$$

Adquiere singular importancia el valor del "radio de giro", porque es función de dos configuraciones geométricas elevadas al cuadrado:

- La transversal o radio de giro *"i"*.
- La longitudinal o longitud de pandeo $"s_k"$.

De esta manera hemos realizado un repaso de las tensiones o elásticas en función de la geometría de la pieza.

2.1. Longitud de pandeo.

Es la distancia entre los puntos de inflexión de la deformada de la columna. Ellas poseen diferentes condiciones de apoyos en sus extremos. Por ejemplo, el puntal que soporta los encofrados, tiene apoyos simples que le permiten un libre giro, esa columna es articulada en ambos apoyos y su longitud de pandeo es la altura total.

Situación diferente se presenta con la columna de hormigón armado, que forma parte de un edificio de varias plantas. Al existir continuidad tanto del hormigón como de las barras de hierro, la columna se encuentra empotrda en ambos extremos *(figura 21.4)*.

Figura 21.4

Otro ejemplo es la columna de un tinglado (figura 21.5). Se encuentra empotrada en el suelo y articulada en su extremo superior.

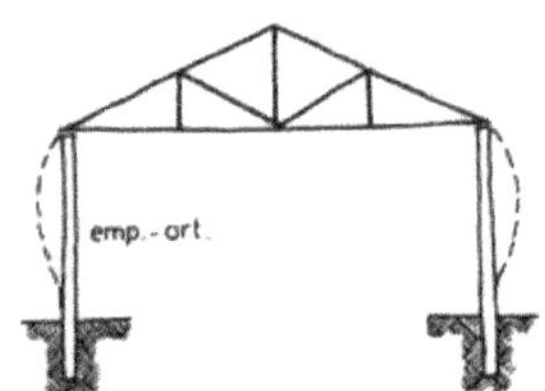

Figura 21.5

Tomamos la forma de la elástica del caso de ambos extremos articulados, como unitario y la comparamos con todas las otras situaciones, obtenemos así las diferentes longitudes de pandeo. Según lo anterior a las columnas podemos clasificarlas desde las condiciones de borde, de la siguiente manera *(figura 21.6)*:

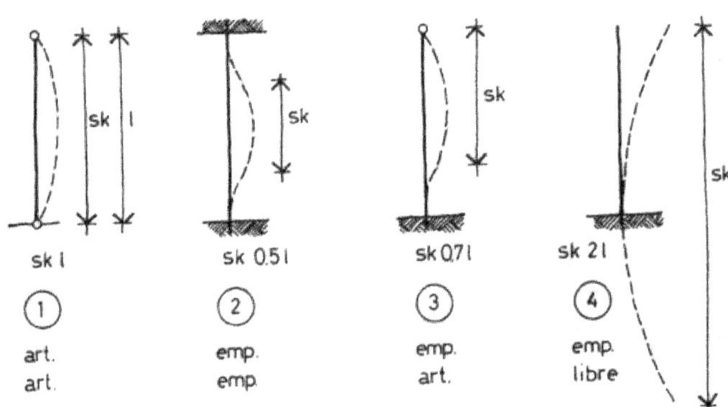

Figura 21.6

Articulada - articulada:

Gira libremente en ambos extremos y su elástica o deformada tiene la forma indicada en el dibujo. Es una media sinusoide. La longitud de pandeo es igual a la altura total de la columna.

Empotrada - empotrada:

Los giros se encuentran impedidos en ambos extremos. La elástica se configura mostrando una longitud de pandeo en su parte media igual a la mitad de la longitud de la anterior.

Articulada - empotrada:

Se deforma libremente desde el extremo articulado. La longitud de pandeo es la dos terceras partes superiores.

Empotrada - libre:

La elástica adquiere una conformación de una longitud doble de su altura, como vemos la longitud de pandeo también será doble.

2.2. Radio de giro:

Esto ya estudiamos en estática de las formas, ahora lo recordamos. Es la raíz cuadrada del cociente entre la inercia de la sección y su superficie, el radio de giro es una distancia.

$$i = \sqrt{\frac{I}{F}} \ (cm)$$

I: momento de inercia de la sección → $I = bh^3/12 \ (cm^4)$.
F: superficie de la sección → $F = b.h \ \ (cm^2)$.
La unidad es el centímetro. Para secciones rectangulares: $i = 0,29 \ h$.

2.3. Esbeltez.

Es la relación entre la longitud de pandeo y su menor lado, es una entidad adimensional:

$$esbeltez = \frac{s_k}{d}$$

d: lado menor de la columna.
s_k: longitud de pandeo.
No posee unidad, es adimensional.

2.4. Grado de esbeltez:

Es la relación entre la longitud de pandeo del elemento y su radio de giro, también adimensional:

$$\lambda = \frac{s_k}{i}$$

i: radio de giro.

δ_l: igual que los anteriores es adimensional.

2.5. Relación entre "esbeltez" y "grado de esbeltez".

Supongamos una columna cuadrada cuyos lados sean de 15 centímetros y hacemos variar la altura. A los efectos comparativos mostramos los valores. En general se utiliza como referencia el *"grado de esbeltez"*, pero algunas antiguas normas siguen utilizando la *"esbeltez"*.

Altura	Esbeltez	Grado esbeltez
200	13	46
250	17	58
300	20	69
350	23	81
400	27	92

La relación entre el grado de esbeltez y la esbeltez se mantiene constante y es ≈ 3,5.

3. Columnas: sucesos.

Analizamos los sucesos de una columna en función de la carga y sus dimensiones, son tres las situaciones que se presentan: acortamiento, rotura de configuración geométrica y la rotura del material.

3.1. Acortamiento.

Figura 21.7

Es característica de cualquier material deformarse ante la acción de cargas *(figura 21.7)*. Las columnas sufren un acortamiento $"\delta"$ cuya magnitud es proporcional al valor de la carga aplicada en período elástico (Ley de Hooke). Según el tipo de material esta relación de carga y deformación puede pasar por un período elástico y luego plástico, es el caso del hierro. En materiales frágiles la rotura llega con períodos plásticos muy reducidos, como mampostería de ladrillos u hormigón.

3.2. Rotura de la configuración geométrica:

Con materiales elásticos y cierta ductilidad como el acero o la madera, se quiebra la geometría inicial antes que la rotura del material.

Figura 21.8

La barra pasa de su configuración recta a la de una elástica de manera instantánea y sin aviso previo *(figura 21.8)*. Esta columna así deformada, si el material es elástico (hierro o madera) seguirá resistiendo parte de la carga, pero si es de material frágil (hormigón o cerámico) la rotura de geometría se acompaña con rotura del material.

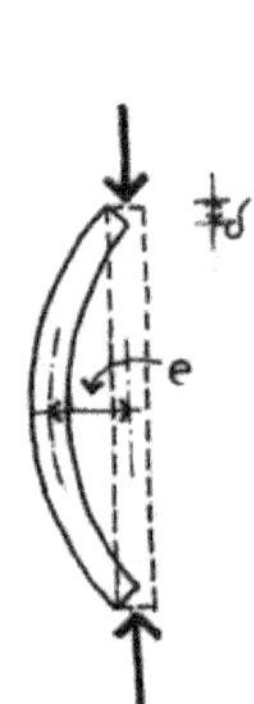

3.3. Rotura del material:

Las columnas robustas de materiales frágiles la rotura sobreviene de manera caso instantánea porque antes existe un reducido acortamiento.

Figura 21.9

La imagen muestra una columna construida de mampostería común; la rotura es frágil *(figura 21.9)*.

Desde las deformaciones la pieza pasa por tres fases:

(a) sin carga: $e = 0$ y $\delta = 0$.
(c) con carga reducida: $e = 0$ y $\delta \neq 0$,
(c) con carga elevada: $e \neq 0$ y $\delta \neq 0$.

El fenómeno pasa de compresión pura al de flexo compresión y al final la rotura del material.

4. Vigas metálicas macizas: sucesos.

También en el alma de las vigas se presenta el fenómeno de pandeo, especialmente en aquellas que soportan grandes cargas y son construidas con acero. Una viga constituida por un perfil normal *PNI* (doble te) puede resultar afectada por alguna de las siguientes formas de pandeo *(figura 21.10)*:

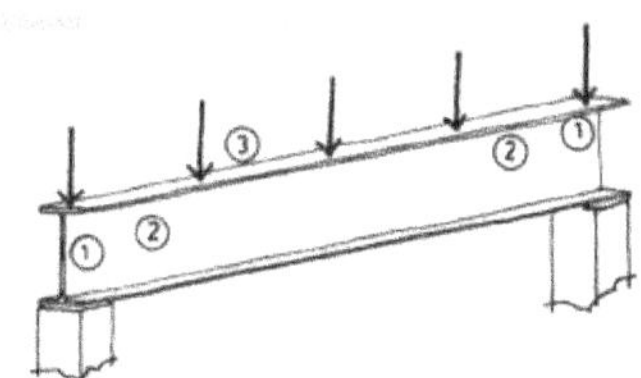

Figura 21.10

(1): En el extremo *(posición 1)* si la carga que proviene de las columnas superiores es muy elevada, y el alma del perfil es muy esbelto, se produce una dobladura o también llamado abollamiento *(figura 21.11)*.

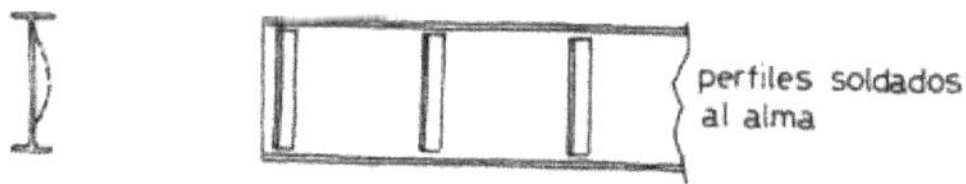

Figura 21.11

Para evitar esta situación se colocan presillas o perfiles soldados en los extremos que le otorgan rigidez en esa región *(figura 21.12)*.

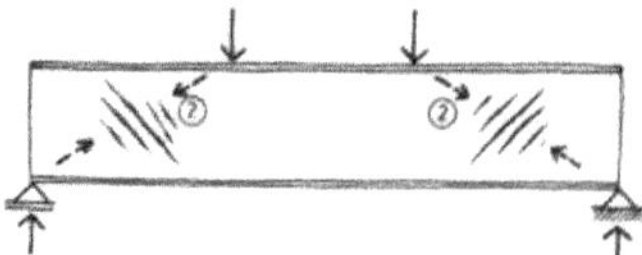

Figura 21.12

(2): Debido a la formación natural de rutas de tensiones de compresión, el alma *(posición 2)*, tal como lo vimos en capítulos anteriores, se puede deformar ingresando en pandeo *(figura 21.12)*. Esta situación se presenta en el caso de vigas cuyas almas resultan muy delgadas. La deformación se manifiesta mediante un alabeo o abollamiento.

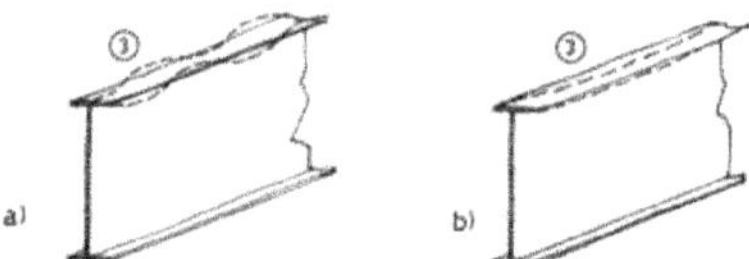

Figura 21.13

(3): Las alas del perfil *(posición 3)*, están sometidas a esfuerzos de compresión y pueden llegar a deformarse de dos maneras *(figura 21.13)*:

a)   Generando dobleces o alabeos ondulantes en el ala superior.
b)   Produciendo un volcamiento total de la viga. Es el caso de pandeo lateral de todo el cordón superior.

El primer caso se presenta cuando las alas son muy delgadas, mientras que el segundo cuando la longitud de la viga y su altura son elevadas.

5. Vigas reticuladas: sucesos.

Pandeo de montantes externos: En estas vigas pueden presentarse las mismas situaciones que en las macizas, pero el fenómeno se sitúa en elementos localizados en las barras que componen el reticulado (diagonales, montantes y cordones).

(1): El montante *(posición 1)* puede pandear en forma individual, si las cargas superiores que apoyan sobre la viga son muy elevadas y la esbeltez del montante muy grande *(figura 21.14)*.

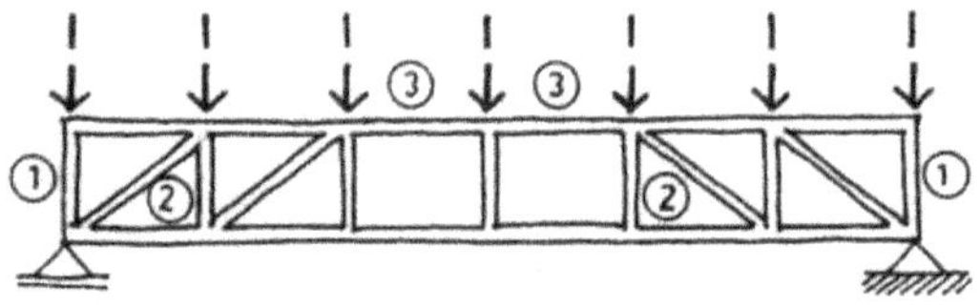

Figura 21.14

(2): Pandeo en las diagonales; en aquellos reticulados cuyas diagonales *(posición 2)* trabajan a la compresión, y resultan muy largas, sin los arriostramientos necesarios, también se produce pandeo *(figura 21.15)*.

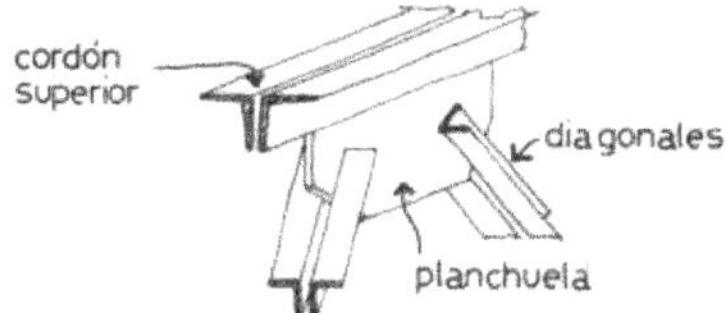

Figura 21.15

(3): Pandeo del cordón superior; al igual que las vigas macizas, se plantea el alabeo parcial o total del cordón. En estos casos es conveniente tratar de armar los elementos del reticulado, sometidos a compresión con piezas compuestas *(figura 21.16)*. Se muestran los cordones, montantes y diagonales efectuados con dos perfiles ángulos soldados a una gruesa planchuela, conformando así el nudo.

En el caso de las cubiertas, las correas que apoyan sobre el cordón superior de las cabriadas conforman piezas lineales que evitan el pandeo de los cordones superiores *(figura 21.17)*.

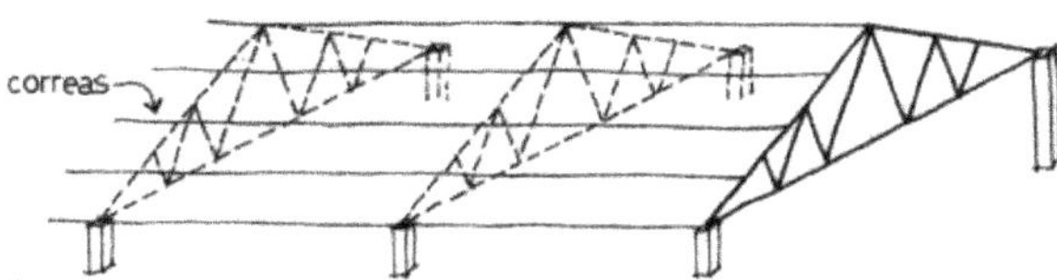

Figura 21.16

6. Cáscaras comprimidas: sucesos.

Si generalizamos y llamamos cáscaras a todos los elementos estructurales de superficie con diferentes curvaturas, tales como bóvedas cilíndricas, cúpulas de revolución, bóvedas de doble curvatura, bóvedas corrugadas y otras, podemos decir que el pandeo se puede presentar en ellas *(figura 21.17)*. En estas superficies sometidas a compresión, la inestabilidad se genera en función de las longitudes de los elementos y de su espesor (esbeltez de superficie).

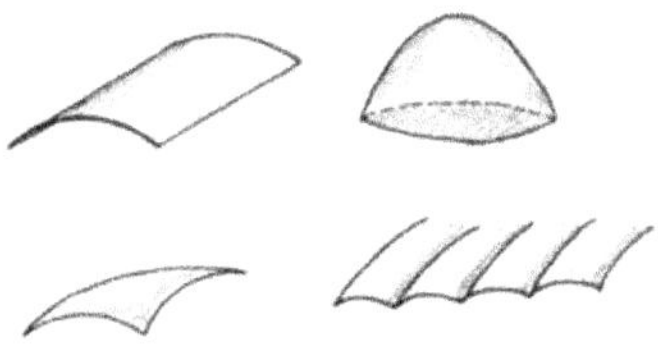

Figura 21.17

En el pandeo se observa un cambio brusco de forma. Esto lo podemos apreciar mediante el ejemplo dc la pelotita de ping pong; que si bien es una esfera, podemos asociarla a una cúpula de revolución *(figura 21.18)*. Si le aplicamos con los dedos una fuerza de compresión en paulatino aumento, observaremos que en un momento dado, en forma instantánea pasa a otra configuración de equilibrio para desde allí, continuar resistiendo.

Figura 21.18

En algunas superficies cilíndricas verticales, especialmente las construcciones que se realizan de chapas delgadas para el acopio de cereales (silos), se observa luego de fuertes vientos que los cilindros se abollan. El viento ejerció presiones de compresión en una dirección y el cilindro ingresó en pandeo.

7. Estudio teórico de la carga de pandeo.

7.1. Introducción.

Para el estudio del pandeo se utilizan cuatro valores de las tensiones de compresión en columnas:

- La tensión de rotura a compresión simple es que se obtiene de ensayos sobre probetas robustas (no esbeltas) en laboratorio.

$$\sigma_{rot} = \frac{P}{S}$$

- La tensión admisible de compresión es la que se indica en los diferentes reglamentos para el dimensionado de piezas a compresión sin pandeo.

$$\sigma_{adm} = \frac{\sigma_{rot}}{\gamma}$$

- La tensión crítica de pandeo es el valor para el cual la columna ingresa al estado de pandeo que depende del material y la esbeltez de la columna.

$$\sigma_{crit} = \frac{i^2}{s_k^2}\pi^2 E$$

- La tensión admisible de dimensionado al pandeo, es la tensión a utilizar para el dimensionado de las columnas esbeltas.

$$\sigma_p = \frac{\sigma_{adm}}{\omega}$$

Las estudiamos en los párrafos que siguen.

7.2. Tensión crítica de Euler.

A fines del siglo XVIII cuando Euler descubre su admirable fórmula, era imposible la experimentación. Las herramientas para realizar los ensayos resultaban rudimentarias e imprecisas. Por otro lado, no se le dio importancia a su teoría de pandeo porque las piezas de las estructuras de esa época resultaban muy grandes y robustas. Por ello la teoría permanece en el olvido por más de un siglo. Cuando surgen los nuevos materiales de la construcción (acero y hormigón), se obtienen secciones de columnas más pequeñas y con probabilidades de pandeo, entonces el estudio realizado por Euler vuelve a tomar vigencia hasta nuestros días.

Euler resuelve la ecuación de la elástica de una columna deformada desde el arte de la matemática, lo hace de manera brillante *(figura 21.19)*.

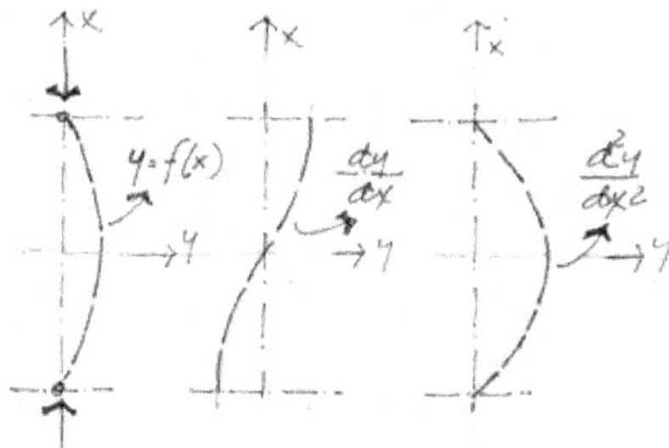

Figura 21.19

La primera curva es la elástica de lo columna cuando ingresa en pandeo; es la variación de la elástica *"y"* respecto de *"x"*:

$$y = f(x)$$

La segunda curva es la variación de la inclinación de la tangente de la elástica:

$$\frac{d^2y}{dx^2} = -\frac{M}{EI} = -\frac{Py}{EI}$$

La tercer curva es variación de la tangente respecto de la curva anterior. Es la ecuación diferencial de la elástica resulta:

$$\frac{d^2y}{dx^2} + \frac{Py}{EI} = 0 \qquad \frac{d^2y}{dx^2} = -\frac{Py}{EI} = -\frac{M}{EI}$$

Euler soluciona esta ecuación y obtiene la carga crítica que provoca el pandeo:

$$P_{crit} = \frac{\pi^2}{s_k^2} EI$$

E: módulo de elasticidad del material.
I: momento de inercia de la sección.
s_k: longitud de pandeo.

También la podemos mostrar de otra manera, si a la expresión anterior la dividimos por la sección, obtenemos la tensión crítica.

$$\sigma_{crit} = \frac{P_{crit}}{S} = \frac{i^2}{s_k^2} \pi^2 E$$

La esbeltez de la pieza:

$$\lambda = \frac{s_k}{i}$$

Otra forma de escribir la expresión de la tensión crítica:

$$\sigma_{crit} = \frac{\pi^2 E}{\lambda^2}$$

Esta expresión corresponde al caso simple de una columna articulada en sus dos extremos. Si queremos estudiarla para otras condiciones de borde, sustituimos la longitud de pandeo por sus correspondientes valores.

7.3. Tensión admisible de pandeo.

Método omega.

Este método simplificado utiliza un coeficiente de seguridad establecido en tablas y determina las cargas y tensiones de pandeo. Ese coeficiente "ω" se lo obtiene desde la siguiente maniobra matemática.

Distinguimos otra vez las diferencias:

- **Carga crítica o carga de rotura**: es la que produce el fenómeno de pandeo y posible colapso de la columna según el material utilizado.
- **Carga de pandeo o carga admisible**: es la carga que debe actuar sobre la columna sin producir inestabilidad.

La tensión de pandeo:

$$\sigma_p = \frac{P_p}{S} = \frac{carga\ pandeo}{sección}$$

Para obtener un coeficiente que dependa de la tensión admisible del material: multiplicamos ambos miembros por la tensión admisible del material a la compresión sin pandeo:

$$\sigma_p\,\sigma_{adm} = \frac{P_p\,\sigma_{adm}}{S}$$

$$\sigma_{adm} = \frac{P_p\,\sigma_{adm}}{S\,\sigma_p} = \frac{P_p}{S}\,\frac{\sigma_{adm}}{\sigma_p} = \frac{P_p}{S}\,\omega$$

$$\frac{\sigma_{adm}}{\sigma_p} = \omega \qquad \rightarrow \qquad \sigma_p = \frac{\sigma_{adm}}{\omega}$$

Esta relación entre la tensión admisible del material y la tensión de pandeo se encuentra en tablas y es función del tipo de material empleado en la columna y de la esbeltez de la misma.

Una columna cuadrada de madera dura *($\sigma_{adm} = 100\ daN/cm^2$)* de una altura de 300 cm y lados de 15 cm, articulada en sus extremos tiene una esbeltez:

$$\lambda = \frac{s_k}{i} = \frac{300}{0{,}29 \cdot 15} = \frac{300}{4{,}35} = 69$$

Tabla "ω" para columnas de madera.

λ	0	1	2	3	4	5	6	7	8	9	λ
0	1.00	1.01	1.01	1.02	1.03	1.03	1.04	1.05	1.06	1.06	0
10	1.07	1.08	1.09	1.09	1.10	1.11	1.12	1.13	1.14	1.15	10
20	1.15	1.16	1.17	1.18	1.19	1.20	1.21	1.22	1.23	1.24	20
30	1.25	1.26	1.27	1.28	1.29	1.30	1.32	1.33	1.34	1.35	30
40	1.36	1.38	1.39	1.40	1.42	1.43	1.44	1.46	1.47	1.49	40
50	1.50	1.52	1.53	1.55	1.56	1.58	1.60	1.61	1.63	1.65	50
60	1.67	1.69	1.70	1.72	1.74	1.76	1.79	1.81	1.83	1.85	60
70	1.87	1.90	1.92	1.95	1.97	2.00	2.03	2.05	2.08	2.11	70
80	2.14	2.17	2.21	2.24	2.27	2.31	2.34	2.38	2.42	2.46	80
90	2.50	2.54	2.58	2.63	2.68	2.73	2.78	2.83	2.88	2.94	90
100	3.00	3.07	3.14	3.21	3.28	3.35	3.43	3.50	3.57	3.65	100
110	3.73	3.81	3.89	3.97	4.05	4.13	4.21	4.29	4.38	4.46	110
120	4.55	4.64	4.73	4.82	4.91	5.00	5.09	5.19	5.28	5.38	120
130	5.48	5.57	5.67	5.77	5.88	5.98	6.08	6.19	6.29	6.40	130
140	6.51	6.62	6.73	6.84	6.95	7.07	7.18	7.30	7.41	7.53	140

De la tabla se obtiene ω = 1,85.

La tensión a utilizar para el dimensionado al pandeo será:

$$\sigma_p = \frac{100}{1,85} = 54\,\frac{daN}{cm^2}$$

Método de la curva de esbeltez.

El siguiente método para el diseño de columnas de madera, pertenece a la National Products Association y ha sido aceptado en las normas de numerosos países. El método está basado en la fórmula de Euler y distingue tres tipos de columnas, según su esbeltez:

a) Columnas cortas.
b) Columnas intermedias.
c) Columnas altas.

Destacamos que en este método se utiliza la "esbeltez" ($\lambda=l_p/b$).

Columnas cortas: Entran en colapso por aplastamiento sin pandeo. Se calculan con una tensión de pandeo σ_p que es igual a la tensión de compresión σ_{adm} indicada por la Resistencia de Materiales. Estas columnas se ubican dentro de las esbelteces de $0 < \lambda < 11$.

Columnas intermedias: Las tensiones de pandeo se obtienen de afectar a la tensión pura de compresión σ_{adm} de un factor reductor. Estas columnas pueden fallar por pandeo o también por aplastamiento. La esbeltez se ubica entre $11 < \lambda_1 <20$.

Columnas esbeltas: Falla exclusivamente por pandeo (rotura de la geometría) y la tensión de pandeo depende de la esbeltez y del módulo de elasticidad. Se ubican en $20 < \lambda < 50$.

El método es sencillo y de fácil conceptualización, especialmente al observar el diagrama siguiente que fue concebido mediante la teoría junto a la experimentación *(figura 21.20)*:

$$k = 0{,}671 \sqrt{\dfrac{E}{\sigma_{adm}}}$$

$$\sigma_p = \sigma_{adm} \left[1 - \frac{1}{3}\left(\frac{\lambda}{k}\right)^{4}\right]$$

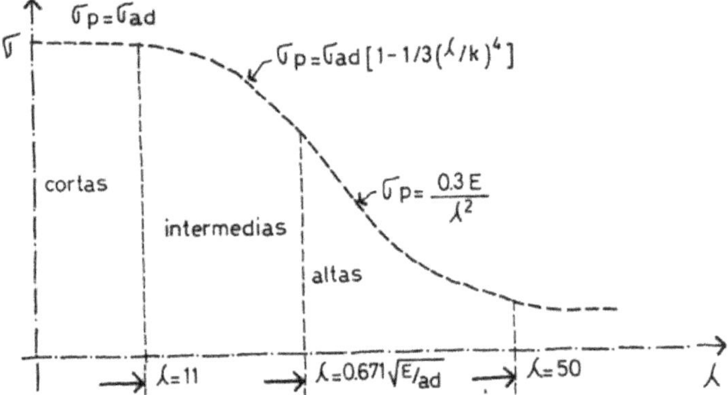

Figura 21.20

La tensión de trabajo (eje *yy*) se reduce en la medida que aumenta la esbeltez (eje *xx*). En él destacamos los tres tipos diferentes de columnas: las cortas, las intermedias y las altas. Vemos que la tensión admisible de pandeo disminuye en la medida que aumenta la esbeltez. Las curvas que le corresponden a cada una de las columnas responden a las fórmulas que se indican en el diagrama.

La misma columna utilizada en el método *"ω"* la utilizamos como ejemplo:

Esbeltez: 300 / 15 = 20

$$k = 0{,}671 \sqrt{\dfrac{E}{\sigma_{adm}}} = 0{,}671 \sqrt{\dfrac{70000}{100}} \approx 18$$

$$\sigma_p = \sigma_{adm} \left[1 - \frac{1}{3}\left(\frac{\lambda}{k}\right)^{4}\right] = 100 \left[1 - \frac{1}{3}\left(\frac{20}{18}\right)^{4}\right] = 52$$

Valor similar al obtenido por el método *"ω"*. Este método tiene la ventaja de incorporar a sus parámetros el valor del módulo de elasticidad *"E"*.

8. Aplicaciones.

8.1. Columna de madera, ambos extremos articulados.

Calcular la carga y tensión crítica de la columna cuadrada de madera dura *(figura 21.21)*:

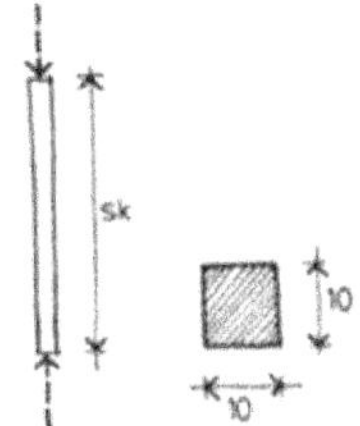

figura 21.21

Datos:

Condiciones de borde: articulada en ambos extremos.
Material de columna: *madera dura.*
Módulo de elasticidad: $E = 70.000\ kg/cm^2$
Tensión de rotura: $\sigma_{rot} = 225\ kg/cm^2$
Tensión admisible: $\sigma_{adm} = 85\ kg/cm^2$
Longitud de pandeo: $s_k = h = 370\ cm$
Sección de columna: $S = 10 \cdot 10 = 100\ cm^2$
Momento de inercia: $I = 833\ cm^4$
Radio de giro: $2,89\ cm$
Grado de esbeltez: $\lambda = 128$

Carga de rotura sin pandeo:

$$P_{rot} = \sigma_{rot}\, S = 225 \cdot 100 = 22.500\ kg = 225\ kN$$

Con esta cargas se produce la rotura del material.

Carga admisible sin pandeo:

$$P_{adm} = \sigma_{adm}\, S = 85 \cdot 100 = 8.500\ kg = 85\ kN$$

La tensión admisible se la adopta en función de las características de la madera, en especial el grado de irregularidad en sus fibras.

Carga crítica de pandeo:

$$P_{crit} = \frac{\pi^2}{s_k^2} EI = 4.200\ kg = 42\ kN$$

$$\sigma_{crit} = \frac{\pi^2 E}{\lambda^2} = 42\ kg = 0,42\ Mpa$$

Los valores anteriores son los críticos, los límites antes del pandeo. Con esta carga no rompe el material pero se quiebra de manera brusca la configuración geométrica de la columna. Si adoptamos un coeficiente de seguridad igual a 2,65 obtendremos la carga admisible:

$$P_p = \frac{P_C}{2,65} = \frac{4200}{2,65} \approx 1.600 \; kg = 16 \; kN$$

En este caso la columna se encuentra a una tensión de trabajo:

$$\sigma_{trab} = \frac{P_p}{S} = \frac{1600}{100} = 16 \; kg = 0,16 \; Mpa$$

Una valor varias veces menor que la tensión de rotura del material sin pandeo.

Utilización del método omega.

Con el valor de la esbeltez de la pieza $\lambda = 128$ hallado antes, ingresamos a la tabla de "coeficientes de pandeo" para maderas y determinamos el valor: $\omega = 5,48$ cercano al obtenido en el punto anterior.

La tensión admisible de la madera es de $85 \; kg/cm^2$, entonces la carga de pandeo será:

$$P_p = \frac{\sigma_{adm} S}{\omega} = \frac{85 \cdot 100}{5,48} = 1.551 \; kg$$

Valor muy cercano al hallado en el ejemplo anterior. Además si observamos el omega de tablas con el hallado observamos su similitud. Las tablas se encuentran en el Capítulo 13 de Tablas. Una esbeltez como la columna de estudio $\lambda = 128$ es muy elevada, en la tabla figura en los últimos renglones.

8.2. Columna cuadrada de madera, articulada en un extremo y empotrada en el otro.

Determinaremos la carga que puede soportar la columna indicada *(figura 21.22)*.

Figura 21.22

Datos:

Condiciones de borde:	*empotrada articulada.*
Material:	*madera dura.*
Sección cuadrada:	$10 \cdot 10 = 100 \; cm^2$
Módulo de elasticidad:	$70.000 \; kg/cm^2$
Tensión admisible:	$90 \; kg/cm^2$

　　　　Altura total de columna:　　*250 cm*
　　　　Longitud de pandeo:　　　　$l_p = 0,7 . 250 = 175\ cm$

Esbeltez:

　　　　Esbelteces:　　　　　　　　$\lambda_1 = l_p/b = 175 / 10 = 17,5$
Esta esbeltez (relación entre altura y lado menor) se ubica en la zona de columnas intermedias por ser menor de 20.

Tensión de diseño:

Aplicación de la fórmula empírica indica en teoría:

$$k = 0,671 \sqrt{\frac{E}{\sigma_{adm}}} = 18,71$$

$$\sigma_p = \sigma_{adm}\left[1 - \frac{1}{3}\left(\frac{17,5}{18,71}\right)^4\right] = 67,04\,\frac{kg}{cm^2} = 6,7\ MPa$$

Por efecto de pandeo la tensión admisible se reduce.

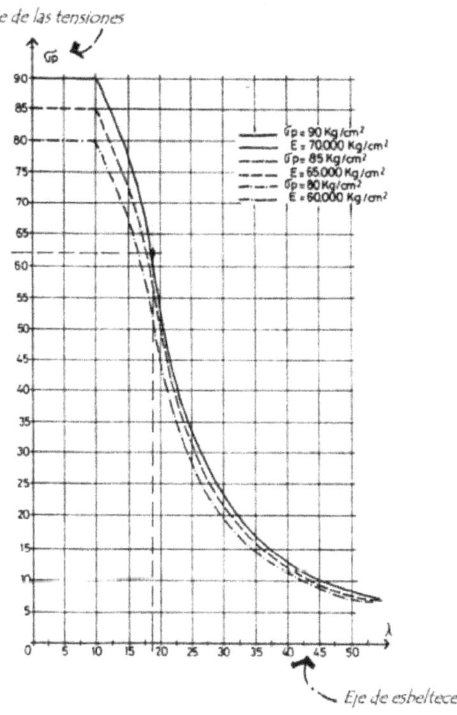

Figura 21.23

　　　　Para la columna anterior ingresamos con la esbeltez 17,5 y encontramos en las ordenadas el valor ≈ 62 kg/cm^2 cercano al calculado.

La carga de pandeo que puede soportar la columna:

$$P_p = S\sigma_p = 100\ cm^2 \cdot 67{,}04 = 6.704\ kg = 67{,}0\ kN$$

Los valores calculados mediante este método suelen ser mayores al del método omega, por cuanto se ajusta más a la realidad, dado que se introduce en cada caso el valor del módulo de elasticidad de la madera que empleamos en la columna.

También al problema anterior lo podemos resolver utilizando los diagramas de pandeo. Eligiendo el diagrama de tensión admisible y módulo de elasticidad correspondiente, ingresamos con el valor de la esbeltez (abscisas) y obtenemos las tensiones de pandeo en ordenadas *(figura 21.23)*.

8.3. Columna rectangular de madera.

Ante el fenómeno de pandeo, como vimos, la capacidad portante de las columnas ya no sólo depende de la superficie de la sección. Ahora es necesario saber diseñar las "formas" de las columnas. Adquiere singular importancia el valor del "radio de giro", porque es función de la configuración y traza de la sección. Para interpretar bien este fenómeno, efectuaremos unos ejemplos. En ellos estudiaremos la variación de la capacidad resistente de las columnas modificando las secciones transversales *(figura 21.24)*.

Datos:

Condición de borde: *articulada en ambos extremos*.

Altura total: *300 cm.*
Tensión admisible: *80 kg/cm²*
Lado menor: *10 cm*
Lado mayor: *15 cm*
Superficie: *150 cm²*
Inercia: $I_{xx} = 2812\ cm^4$
Inercia: $I_{yy} = 1250\ cm^4$

Figura 21.24

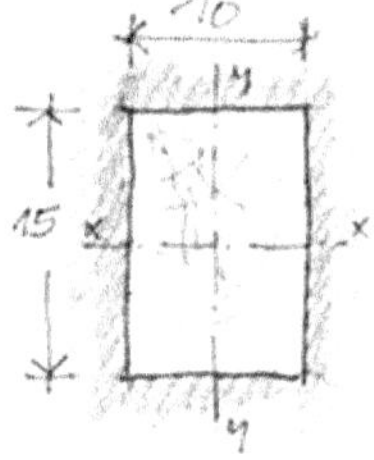

Radios de giros:

$$Ixx = \frac{bh^3}{12} = \frac{10 \cdot 15^3}{12} = 2812$$

$$i_{xx} = \sqrt{\frac{I_{xx}}{F}} = \sqrt{\frac{2812}{150}} = 4{,}33$$

$$i_{yy} = \sqrt{\frac{I_{yy}}{F}} = \sqrt{\frac{1250}{150}} = 2,89$$

$$\lambda_{xx} = \frac{300}{4,33} = 69,28 \quad \rightarrow \quad \omega = 1,85$$

$$\lambda_{yy} = \frac{300}{2,89} = 104 \quad \rightarrow \quad \omega = 3,28$$

Capacidad de carga.

$$P_x = \frac{S\sigma}{\omega_x} = \frac{150 \cdot 80}{1,85} = 6.486 \; kg$$

$$P_y = \frac{S\sigma}{\omega_y} = \frac{150 \cdot 80}{3,28} = 3.658 \; kg$$

La columna pandeará según la sección de menor inercia; la capacidad portante real será la de P_y.

8.4. Columna de madera compuesta.

Al tirante anterior lo cortamos a lo largo para conformar una sección compuesta *(figura 21.25)*.

Momento de inercia en el eje xx:

$$Ixx = 2\frac{bh^3}{12} = 2\frac{5 \cdot 15^3}{12} = 2812$$

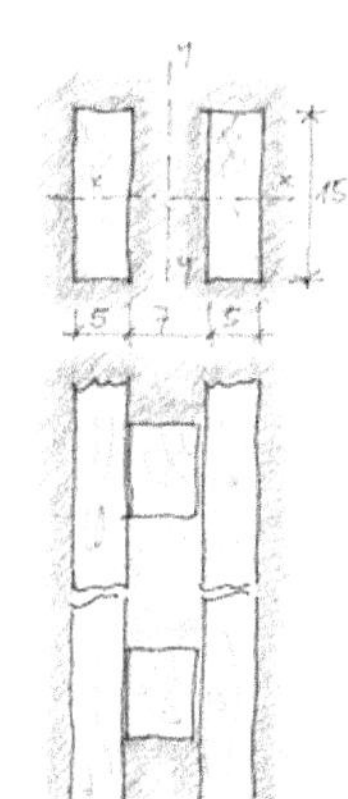

Radio de giro:

$$i_{xx} = \sqrt{\frac{I_{xx}}{F}} = \sqrt{\frac{2812}{150}} = 4,33$$

Figura 21.25

Momento de inercia en el eje yy:

$$Iyy = 2\frac{hh_1^3}{12} - 2\frac{bh_2^3}{12} = \frac{15 \cdot 17^3}{12} - \frac{15 \cdot 7^3}{12} = 5.712 \; cm^4$$

Radio de giro eje yy:

$$i_{yy} = \sqrt{\frac{I_{yy}}{F}} = \sqrt{\frac{5712}{150}} = 6,17 \; cm$$

Esbelteces:

$$\lambda_{xx} = \frac{300}{4,33} = 69,28 \quad \rightarrow \quad \omega_x = 1,85$$

$$\lambda_{yy} = \frac{300}{6,17} = 48,62 \quad \rightarrow \quad \omega_y = 1,63$$

Capacidad de carga:

$$P_x = \frac{S\sigma}{\omega_x} = \frac{150 \cdot 80}{1,85} = 6.486 \; kg$$

$$P_y = \frac{S\sigma}{\omega_y} = \frac{150 \cdot 80}{1,63} = 7.362 \; kg$$

Ahora la capacidad máxima es la correspondiente a P_x y con una pequeña adición de mano de obra y materiales hemos aumentado la capacidad de la columna casi al doble.

Si además del cambio de forma de la sección realizamos un ajuste en las condiciones de borde y logramos empotrar los dos extremos, la longitud de pandeo será:

$$s_k = 0,5 \cdot 300 = 150 \; cm \quad \lambda_x = \frac{150}{4,33} = 34,63 \quad \omega_x = 1,30$$

$$P_x = \frac{S\sigma}{\omega_x} = \frac{150 \cdot 80}{1,30} = 9.230 \; kg$$

Vemos que combinando de manera adecuada las formas y las condiciones de borde, podemos aumentar notablemente las capacidades portantes de las columnas, sin agregar material.

8.5. Columna metálica PNI 180.

Calculamos la carga que puede soportar una columna metálica de un solo perfil metálico doble te *(figura 21.26)*. Las inercias según el eje "yy" y el "xx" son muy diferentes y por ello la capacidad de carga en una y otra dirección también lo serán.

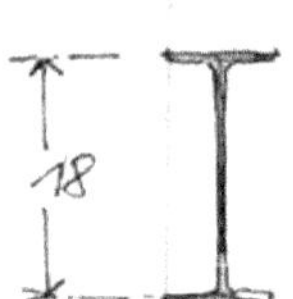

Figura 21.26

Datos:

s_k: 300 cm
I_x: 1450 cm⁴ I_y: 81,3 cm⁴
i_x: 7,21 cm i_y: 1,71 cm
Sección: 27,90 cm²
σ_{adm}: 1400 kg/cm²

Resolución:

$$\lambda_{xx} = \frac{300}{7,21} = 41,6 \quad \rightarrow \quad \omega_x = 1,14$$

$$\lambda_{yy} = \frac{300}{1,71} = 175 \quad \rightarrow \quad \omega_y = 5,17$$

$$P_x = \frac{S\sigma}{\omega_x} = \frac{27,9 \cdot 1400}{1,14} = 34.263 \; kg$$

$$P_y = \frac{S\sigma}{\omega_y} = \frac{27,9 \cdot 1400}{5,17} = 7.555 \; kg$$

8.6. Columna metálica compuesta (2PNI 180).

Cambiamos el diseño transversal por una columna compuesta de dos perfiles *(figura 21.27)*.

Datos:

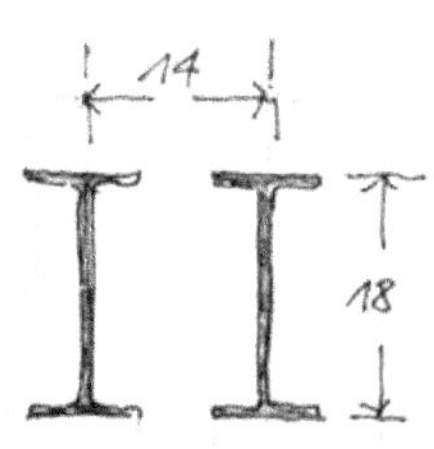

s_k: 300 cm
I_x: 1450 cm4　　　　*I_y: 81,3 cm4*
I_x: 7,21 cm　　　　*i_y: 1,71 cm*
Sección: 2 . 27,90 cm^2 = 55,8 cm^2
σ_{adm}: 1400 kg/cm^2

Figura 21.27

$$\lambda x = \lambda y = \frac{300}{7,2} = 41,6 \quad \rightarrow \quad \omega = 1,14$$

$$P_x = P_y = \frac{S\sigma}{\omega_x} = \frac{55,8 \cdot 1400}{1,14} = 68.526 \; kg$$

La capacidad portante de esta nueva columna se aumenta nueve veces, mientras el material hemos aumentado solo al doble. En todas las columnas compuestas, se deben colocar presillas que impidan el pandeo individual de los perfiles.

22

Suelos

1. Interacción de estructuras con suelos.

Todo lo que se construye de alguna manera u otra termina asentándose sobre los suelos, así sea una simple vivienda de una sola planta, un edificio de cientos de metros de altura o un terraplén para una ruta.

Al suelo hay que considerarlo como una continuación de la estructura. Es incorrecto analizarlo como una disciplina separada; las estructuras, las fundaciones y los suelos deben estudiarse de manera conjunta. Cualquier construcción es un sistema espacial que tiene una medida de frente, otra de fondo y también, la más importante una altura. Esta altura en la ingeniería va desde los estratos más profundos del suelo alterado por las cargas hasta el punto más elevado de la construcción.

Este error de considerar al suelo separado de la estructura, es habitual cometerlo incluso en la construcción simple de una vivienda. Se considera por separado la cubierta, luego las paredes, más abajo las fundaciones y por último el suelo. Todo como elementos libres y autónomos. La realidad nos muestra que todos se encuentran íntimamente vinculados *(figura 22.1)*.

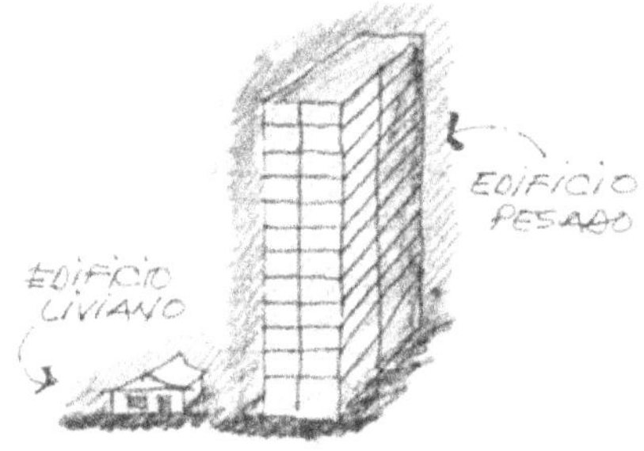

Figura 22.1

A la izquierda la vivienda de una sola planta y al lado un edificio de altura. Es una buena gimnasia mental intentar una respuesta a la interacción "edificio – suelo"; en la liviana vivienda las cargas son mínimas, más aún, en suelos arcillosos activos su expansión o contracción mueve la vivienda; la vivienda flota sobre el suelo. Mientras que el pesado edificio genera una elevada presión; el suelo superficial no tiene capacidad para resistirlo y es entonces necesario el diseño de fundaciones con pilotes profundas.

En los edificios bajos, cuando se analiza la interacción entre suelo y estructura se debe tener en cuenta la posible variación de humedad estacional (verano invierno). Los suelos superficiales poseen mayor velocidad en tomar o eliminar humedad, mientras que los profundos la variación de su humedad puede ser mínima o hasta nula. En estos casos, cuando las fundaciones poseen diferentes cotas de implante, se producen movimientos diferenciales por expansión o contracción del suelo que genera fisuras o grietas en la vivienda *(figura 22.2)*.

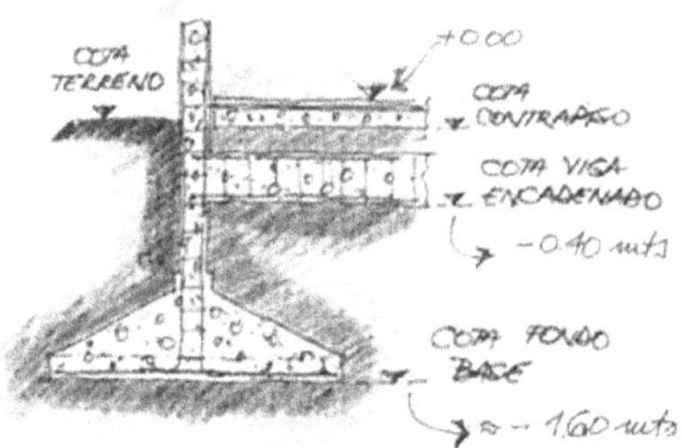

Figura 22.2

En el corte una combinación de fundaciones; la base y la viga encadenado que están unidas en forma monolítica, pero interactúan con el suelo de diferentes formas. La base por su profundidad se apoya sobre suelos de humedad y tensión constante, mientras que la viga encadenado se apoya casi en la superficie del suelo donde su capacidad portante cambia según las estaciones del año.

2. Tensión admisible del suelo.

2.1. General.

Las bases y zapatas corridas es costumbre dimensionarlos desde la tensión admisible del suelo que es un valor estimado y de muy compleja aproximación, con coeficientes de seguridad muy altos. En resumen esa tensión admisible es uno de los valores de mayor incertidumbre. Esta aseveración queda como verdad con solo imaginar a un mismo suelo saturado (barro) y seco (adobe), entre uno y otro existen infinitas posibilidades de tensiones admisibles.

Los lados de una base cuadrada se establecen con la expresión:

$$a = b = \sqrt{\frac{P}{\sigma_{adm}}}$$

a y *b*: lados de la base.
P: carga que actúa.
σ_{adm}: tensión admisible del suelo.

Con estas consideraciones deseamos alertar sobre los riesgos del uso de "tensión admisible" como única variable de diseño estructural en las fundaciones. Es necesario utilizar otros conceptos y datos que nos entregan los especialistas en mecánica de suelos. La ecuación anterior contiene al valor *"P"* que se lo obtiene de manera determinista (la fuerza gravitatoria es constante) pero el *"σ_{adm}"* del suelo tiene fuertes fluctuaciones de acuerdo a muchas variables, en especial el contenido de humedad.

Para comprender mejor la conducta de los suelos en su resistencia mostramos parte de un informe de la "mecánica de los suelos" y destacamos las referencias que debemos considerar para el diseño de las fundaciones.

3. Contenido del informe de suelos.

3.1. Planillas Resumen de Ensayos (Laboratorio).

Para lograr un diseño adecuado de las fundaciones de una vivienda es necesario reunir varios datos porque la tensión admisible sola, aislada, no sirve. Para cualquier obra es necesario antes del diseño y dimensionado de la estructura, contar con el informe de estudio de suelos que realizan en el lugar los especialistas geotécnicos y además entenderlo.

Damos de manera resumida los informes de mayor interés que entrega el estudio de suelos en su "Planilla de Resumen de Ensayos" *(figura 22.3)*.

- Perforación n°: identifica el sondeo en el terreno de la obra.
- Muestra n°: el número de muestra de suelo aislada en bolsas especiales de plásticos impermeables.
- Profundidad: las cotas a que pertenece la muestra.
- LL (%): Límite líquido: Es la cantidad de agua (% humedad) que contiene el suelo cuando pasa del estado plástico al líquido.
- LP (%): Límite plástico: Cantidad de agua (% de humedad) cuando pasa del estado sólido al plástico.
- IP (%): Índice de plasticidad. Diferencia entre el LL y LP; IP = LL - LP
- W %: Humedad natural del terreno.

Estos valores se indican para las diferentes profundidades de las muestras en una planilla similar a la que sigue:

PERFORACIÓN: P2							
Perf. N°	Muestra N°	Prof. (m)		LL (%)	LP (%)	IP (%)	W (%)
		DE	A				
P2	1	0,00	0,30	46,63	21,38	25,30	24,80
P2	2	0,30	0,50	49,75	31,19	18,60	48,20
P2	3	0,50	1,50	43,32	19,27	24,10	23,70
P2	4	1,50	2,20	40,06	18,48	21,60	20,10
P2	5	2,20	2,50	40,53	17,24	23,30	20,00

Figura 22.3

La columna del *"IP"* (índice de plasticidad) nos entrega datos del comportamiento del suelo fino; cuando supera el valor $IP \approx 15\,\%$ nos indica que suelo es de tipo arcilloso con cierta capacidad a expansión o contracción con la humedad.

Continuación de la planilla *(figura 22.4)*:

- Clasificación: indica con letras o números el tipo de clasificación a nivel internacional. En el caso de *"CL"* indica arcilla inorgánica de media plasticidad, *"OL"* limo orgánico. Un suelo muy activo es el *"CH"* arcilla muy activa.
- Descripción: se describe el tipo de suelo en función de todos los datos anteriores.

CLASIFICACIÓN		DESCRIPCIÓN
H.R.B	S.U.C.S	
A7-6 24	CL	Arcilla inorgánica de plasticidad media de relleno con piedras
A7-5 22	OL	Limo orgánico con materia orgánica
A7-6 20	CL	Arcilla inorgánica de plasticidad media con piedras
A7-6 13	CL	Arcilla arenosa de plasticidad media
A7-6 19	CL	Arcilla inorgánica de plasticidad media

Figura 22.4

El informe contiene varios antecedentes más para los casos de edificios pesados con fundaciones profundas. Lo anterior es suficiente para viviendas livianas.

3.2. Relevamiento del lugar.

En informe de suelos debe incorporar:

- Un plano de cotas de nivelación de eje de calles, fondo de cunetas o desagües y diferentes niveles del terreno natural.
- Relevamiento de la vegetación, en especial los árboles de regular tamaño.
- Las patologías de las viviendas o edificios vecinos, en especial las fisuras en paredes.
- La infraestructura de calle: cloaca, agua corriente, desagües pluviales, tendido cables subterráneos.
- La profundidad y oscilación de la napa freática.

3.3. Recomendaciones.

Antes del final del informe se escriben las recomendaciones para el diseño, dimensionado y construcción de las fundaciones *(figura 22.5)*. Copiamos una parte de las recomendaciones de un estudio realizado para un grupo de viviendas:

5. RECOMENDACIONES

En este capítulo de "Recomendaciones", con la información obtenida de la exploración del subsuelo adyacente a la obra a construirse y su interacción con la misma, se procede al análisis e interpretación de los resultados para realizar las conclusiones y sugerir las alternativas más adecuadas de cimentaciones a ejecutar, su diseño y profundidad de implante, detallando los parámetros del suelo y tensiones admisibles aconsejables a utilizar en el cálculo como así también las precauciones a tener en cuenta durante la ejecución de los trabajos, en función del perfil geotécnico detectado.-

Estos escritos no son absolutos ni dominantes, sino sugerencias que pueden ser modificadas o ajustadas según mejor criterio del comitente.-

Figura 22.5

Las recomendaciones deben ser amplias y abarcar todos los aspectos que pueden hacer variar la conducta del suelo ante las cargas. En nuestro caso solo nos referimos al saneamiento y al relleno *(figura 22.6).*

5.1. SANEAMIENTO.

Se deberá efectuar un saneamiento del sector mediante la ejecución y limpieza de cunetas que rodeen el predio. De esta manera se evita la permanencia de las aguas de lluvia dentro del mismo, manteniendo estable el nivel de humedad del suelo durante la etapa de construcción y el período de servicio -

5.2. RELLENO

Terminados los trabajos de saneamiento, se efectuará el relleno con aporte de suelo seleccionado de baja plasticidad (15 < IP < 18), y baja a nula capacidad potencial de actividad (expansión o contracción), en capas de no más de 15 cm hasta alcanzar la cota de proyecto.-

---

Figura 22.6

Vemos que para controlar la oscilación del la tensión admisible soporte $"\sigma_{adm}"$ es necesario la intervención del terreno mediante saneamiento hidráulico y además aconseja un relleno de nula actividad hasta la cota de proyecto.

3.4. Tipo de fundación y tensión admisible:

El $"\sigma_{adm}"$ es lo último que se indica. Según los resultados de la investigación de laboratorio y campaña la fundación puede ser de tipo: platea, bases profundas o pilotines con vigas encadenados. En este informe que enseñamos recomienda bases (dados de hormigón) o pilotines con vigas encadenados *(figura 22.7)*.

5.5. SISTEMAS DE FUNDACIONES

Dadas las condiciones planteadas en los puntos anteriores respecto al tipo de suelo y a las características de la superestructura, el sistema de fundación puede resolverse de la siguiente manera.

➢ Dados de Hormigón de sección rectangular.-

• Cota de implante -2,00mts

Propiedades del suelo de fundación

• Tensión admisible lateral (Prof = -1,00mts) σadm= 1,50kg/cm²

• Tensión admisible de fondo (Prof.= -2,00mts) σadm= 1,70kg/cm²

Figura 22.7

➢ Viga de encadenados con pilotines.-

• Cota de implante pilotín -2,00mts

• Tensión Admisible de punta σadm: 2,00 kg/cm²

• Tensión Admisible por fuste σadm: 0,12 kg/cm²

Figura 22.8

Vemos que en ambos casos se indica las tensiones admisibles siempre y cuando se exista un control de limpieza y saneamiento hidráulico para que no existan diferenciales de movimientos *(figura 22.8)*. En este caso el lugar donde se realizará la construcción posee cañerías colectoras cloacales en veredas. Pero en situación de no disponer dicha infraestructura es necesario construir pozos absorbentes y con ello estaremos alterando de manera permanente el contenido de humedad. Ante realidades de este tipo se cambia el diseño de fundaciones, en general se recomiendan plateas de hormigón armado rigidizadas a las paredes con armaduras.

4. Composición.

En la mayoría de los suelos existen cinco tipos de elementos que en su conjunto hacen a la masa *(figura 22.9)*:

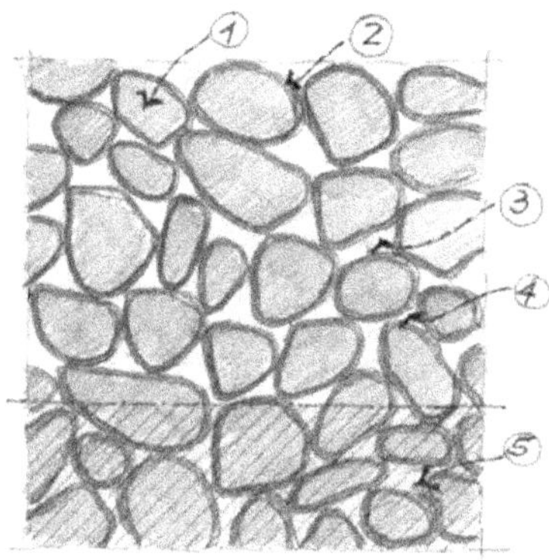

Figura 22.9

Los describimos:

1. Las partículas sólidas que provienen de la meteorización y arrastre.
2. El agua capilar, es la que se adhiere a la superficie de las partículas por efecto de las fuerzas electroquímicas de sus componentes.
3. El agua libre o molecular que llena los espacios entre partículas.
4. El aire donde el agua no ha llegado.
5. Por último, cuando el suelo llega a la saturación desaparece gran parte del aire y el agua capilar pierde su condición.

De la lectura de los compuestos del suelo concluimos que es imposible establecer una "tensión admisible" permanente. La partícula de suelo, al final, es uno de los cinco componentes. La de mayor presencia es el agua (libre, capilar o adsorbida) quien hace variar la resistencia.

5. Como se genera el suelo.

Queremos distinguir las fases que muestra el proceso de formación de los suelos *(figura 22.10)*.

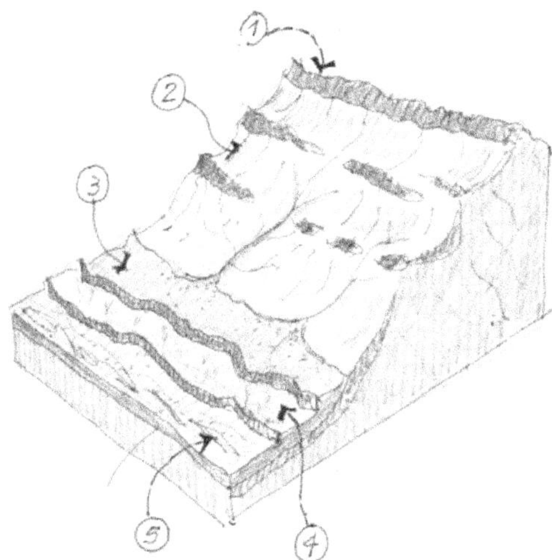

Figura 22.10

Si nos referimos a la geografía de la Argentina, la región (1) al oeste serían las altas cumbres de montaña y hacia el este la región (4) de planicies.

El afloramiento en las altas cumbres.

1. La piedra en su estado original maciza y homogénea.
2. Los procesos sísmicos (mecánicos) quiebran la masa y provocan grietas y fisuras. También el agua se incorpora en los vacíos y cuando se hiela se expande y genera fuerzas que aumentan las roturas.
3. El deshielo de las nieves, las lluvias producen un arrastre de los suelos más finos y se depositan en la parte superior.
4. La vegetación y otros organismos vivos producen la capa de humus sobre las capas anteriores.
5. Los lugares bajos, cauces de ríos o lagos, la sedimentación de sólidos acumula partículas más en superficie.

Los suelos que fueron meteorizados y luego transportados a las regiones de llanura y bajas se combinan según la densidad y el tamaño, así podemos clasificarlos de manera muy simplificada como:

- Orgánicos: de residuos vegetales o animales.
- Loess: suelos finos transportados por vientos.
- Limos inorgánicos: arenas muy finas.
- Limos plásticos: limos con arcilla.
- Arcillas: partículas muy pequeñas que se activan en presencia de agua.
- Arenas, gravas, ripio, canto rodado.

Cada uno de estos suelos de manera individual o combinada poseen características mecánicas y químicas diferentes que deben ser tenidas en cuenta en el diseño de las fundaciones.

6. La humedad en los suelos.

6.1. Efecto sombra.

En el Capítulo 19 "Deformaciones", además de las elásticas y deformadas de los elementos estructurales, hemos analizado las deformaciones provenientes del suelo que vale tenerlas en cuenta en el presente capítulo.

Los estudios realizados en los terrenos antes de la construcción de la obra y luego de terminada indican los cambios del porcentual de humedad del suelo, tal como se muestra en la imagen *(figura 22.11)*. En la parte superior el perfil de terreno natural y la parte inferior la curva de variación del contenido de humedad durante los períodos de lluvias y seca. Aparece un valor promedio de humedad natural del 15 % (según la región en estudio).

Figura 22.11

Si luego de terminada la construcción se continúan los sondeos de investigación por algunos años y la curva anterior se modifica. En el área central bajo vivienda la humedad puede aumentar a valores superiores al 20 % y más aún según la extensión de la superficie cubierta *(figura 22.12)*. Esto con la hipótesis de no alteración de humedad del suelo por deficiencias en los desagües pluviales o por la presencia cercan de pozos absorbentes de líquidos cloacales.

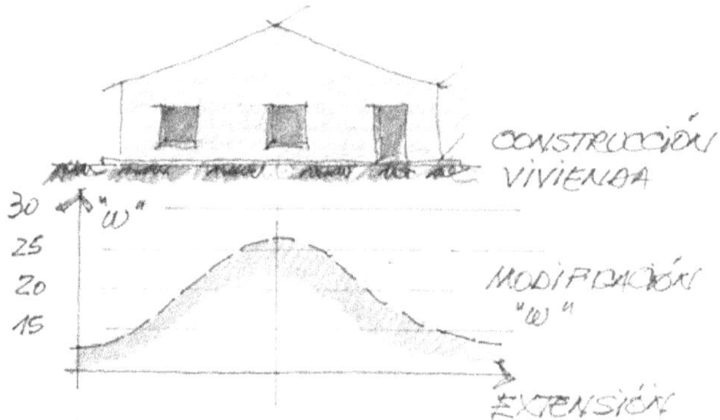

Figura 22.12

6.2. Profundidad de la alteración.

Según el suelo y la región las variaciones de la humedad en suelos cumplen en general con lo indicado en las curvas que siguen *(figura 22.13)*. La profundidad $"H_2"$ es la cota donde el porcentual de humedad es el mismo tanto en estaciones secas como húmedas durante el año. La variación del contenido de humedad desde esa profundidad hasta la superficie la indica la curva (1).

La profundidad $"H_1"$ es la cota de altas oscilaciones. En algunas regiones como las del noreste argentino se pueden establecer como aproximadas:

$$H_2 \approx 1,3 \; a \; 1,7 \; \text{metros} \qquad H_1 \approx 0,30 \; a \; 0,6 \; \text{metros}$$

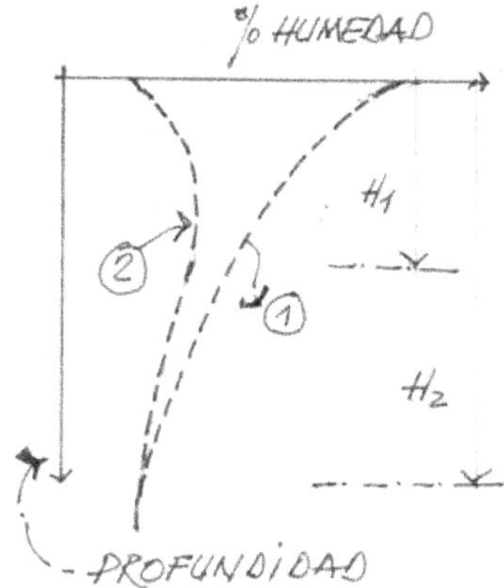

Figura 22.13

La curva *(1)* responde a terrenos naturales y la curva *(2)* a terrenos cubiertos por construcciones o pavimentos.

Estas curvas explican los movimientos diferenciales que se manifiestan en los suelos con fundaciones de bases a profundidad promedio de 1,50 metros y las de vigas encadenados a 0,40 metros. En general las paredes de ladrillos son rígidas y frágiles frente a las fuerzas que surgen con la expansión o contracción de los suelos se manifiestan con fisuras.

6.3. Tipos de suelos y las fisuras en paredes.

Los suelos de nula actividad son los rocosos o arenas limpias, que no son afectados por la variación humedad. El resto, tanto los limos muy finos, como las arcillas se activan. En los limos aparecen cuestiones físicas; se forman líneas de transporte, de flujo de las partículas muy finas cuando ya en estado de saturación el agua provoca gradientes hidráulicos. Es un fenómeno físico, ese suelo tan fino acompaña al agua en su movimiento.

El otro suelo, mucho más complejo son las arcillas activas. No necesitan de gradientes hidráulicos, solo con variación de la humedad pueden adoptar movimientos de contracción en las secas o de expansión en las húmedas. Es un fenómeno electro químico en el entorno de las partículas. En la expansión levantan a la construcción y en la contracción la dejan sin soporte. Es la causa de las fisuras en paredes y pisos porque el suceso se produce de manera discontinua, no uniforme. La posición de la masa superior del suelo se modifica en el espacio.

En los esquemas que siguen se muestran algunas de las diferentes situaciones que se pueden presentar en la esquina de una vivienda. Suelos de arcillas activas y cambio de contenido de humedad según las estaciones de lluvia o seca *(figura 22.14)*.

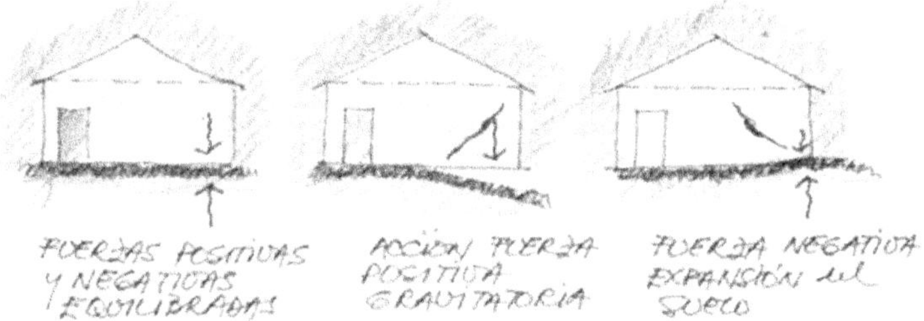

Figura 22.14

En la primera imagen las fuerzas de acción y reacción están en equilibrio. En la segunda el suelo se seca, se contrae y se aparta de la fundación. En la última, un exceso de humedad genera expansión y levanta la esquina. Las fisuras o grietas en las paredes de las viviendas indican el tipo de evento en el suelo. En los dos esquemas de la derecha la dirección de las fisuras cambian en 90 °.

6.4. Imágenes del suelo.

Lo anterior se entiende mejor si observamos la contracción de los suelos. En la primer imagen el suelo es arcilloso, de fondo de lagunas y está mezclado con fibras vegetales que son la causa de la irregularidad de las formas de las islas *(figura 22.15)*.

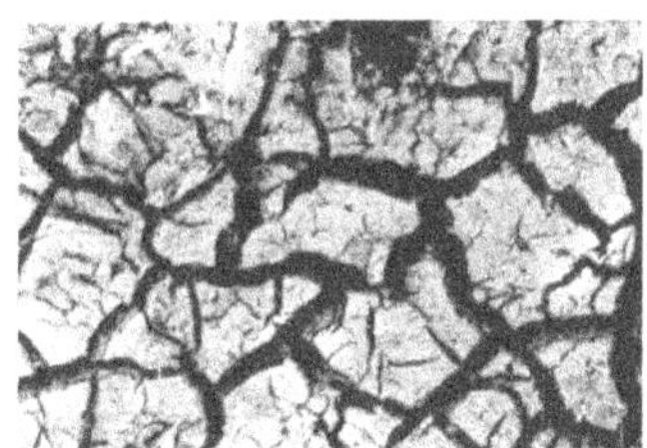

Figura 22.15

En este otro paisaje la arcilla posee contenidos de limos finos y reducida cantidad de orgánicos. La configuración de las fisuras es un lenguaje que describe el tipo de suelos *(figura 22.16)*.

Figura 22.16

6.5. Las fuerzas.

El movimiento de las arcillas activas es triaxial, en todas las direcciones. Las presiones que ejercen en su hinchamiento son elevadas, según el tipo de arcilla oscila entre un máximo de *1 Mpa a 0,2 Mpa (10 daN/cm² a 2 daN/cm²)*, ese último valor respondería a algunos suelos del noreste argentino. En el caso de mínima *(0,2 Mpa)* en un área de un metro cuadrado hay *10.000 cm²*. En esa superficie unitaria la arcilla ejerce una fuerza hacia arriba de *2.000 kN (20 toneladas = 20.000 daN)*. Desplaza hacia arriba unas décimas de milímetros la región de la vivienda afectada.

La fuerza negativa anterior de 20 toneladas es solo la acción sobre un metro cuadrado, imaginemos las fuerzas que pueden actuar bajo una vivienda con 70 o 100 metros cuadrados cubiertos. Recordemos que el peso promedio de una vivienda común de planta baja oscila en las setenta toneladas; esa vivienda apoyada sobre mantos de arcillas activas se mueve porque flota sobre el suelo. Es por ese motivo que se recomienda construir las paredes con armaduras horizontales y verticales a efectos de otorgarle ductilidad y resilencia ante los movimientos de la arcilla.

Para finalizar: el objetivo del presente capítulo es destacar la necesidad de extender las tareas de diseño estructural por debajo de la cota de piso de las viviendas y edificios, porque el suelo es una de las principales variables del proyecto.

7. Las deformaciones.

7.1. Entrada.

En el Capítulo 19 "Deformación" hemos estudiado los movimientos que sufren las diferentes partes de una estructura en función de las cargas. El suelo es parte de todo el sistema, por ello es necesario realizar un análisis de su comportamiento.

Los asentamientos pueden ser del tipo uniforme total, donde todo el edificio desciende de manera uniforme y también, el más general, el asentamiento diferencial; el descenso difiere de una región a otra en la planta de fundación del edificio. Es en este acontecimiento donde se producen las fisuras de las partes de cierre y estructurales, en especial si son mampostería de cerámicos y estructuras de hormigón armado.

7.2. Causas de los asentamientos.

La capacidad portante de los suelos se modifica por alguna de las siguientes circunstancias, aisladas o combinadas.

- Descenso elástico instantáneo.
- Compresibilidad por años.
- Alteración química por presencia de agua.
- Erosión por diferencial hidráulico.
- Licuefacción por vibración.
- Lavado del suelo.

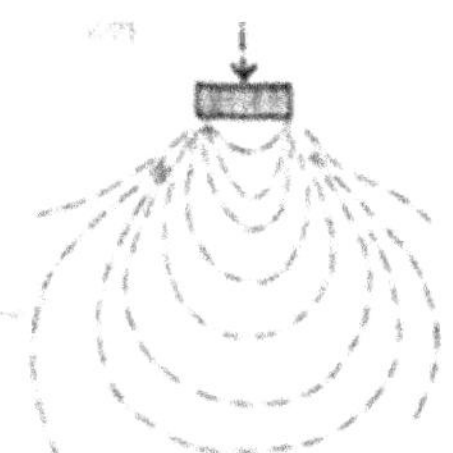

Figura 22.17

7.3. Profundidad.

El suelo, a pesar de su falta de homogeneidad, es un medio elástico. Al actuar las cargas, se crea un bulbo de presiones *(figura 22.17)*. Las líneas son algo similares a las isostáticas de las vigas. La influencia de las cargas llega hasta profundidades del orden del triple del ancho de la base; si una zapata tiene un ancho de *1,00* metro, la acción de asentamiento puede llegar hasta los *3,00* metros de profundidad.

Además en edificios livianos las cotas de implante de las fundaciones pueden variar; la viga encadenado se implanta a - *0,40* metros, la punta del pilotín a – *1,00* metros y la de una base a *1,50* metros. Cada estrato posee un velocidad diferente en los cambios de humedad según las estaciones del año y eso provoca descensos o ascensos diferenciales.

7.4. Tipos de suelos.

La arena es incompresible e indeformable frente a las cargas, porque todas sus partículas están contacto directo entre ellas. Esta virtud se da solo en aquellas arenas confinadas. De lo contrario pueden desplazarse, sea en ambientes secos o saturados con diferencial hidráulico. Este fenómeno se denomina erosión mecánica.

Las arcillas sufren cambios según la época del año. En épocas de intensas lluvias, se manifiestan con la expansión, mientras que en época de secas se contraen. Lo hacen a de manera espacial, no solo en superficie, también en vertical.

La oscilación del porcentual de humedad provoca movimientos espaciales, tanto en vertical como en horizontal. En el esquema que sigue se grafica las grietas en suelo, en general solo observamos las aberturas de la verticales porque las horizontales permanecen ocultas *(figura 22.18)*.

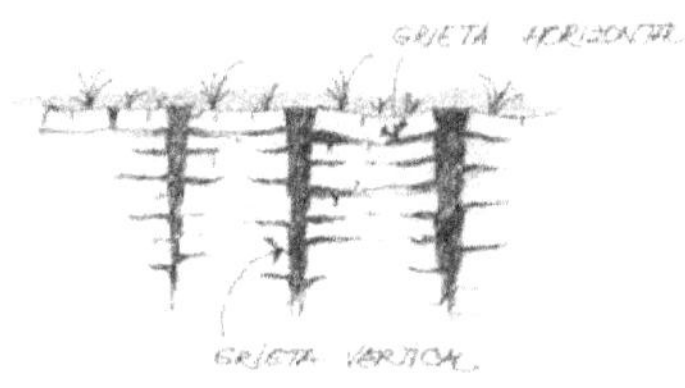

Figura 22.18

La imagen indica en el eje vertical el contenido de humedad del suelo que se inicia en el porcentual promedio de la región y en el eje horizontal las estaciones húmedas y secas del año *(figura 22.19)*. Vemos que son máximas en épocas de lluvias y reducidas en los meses de seca. En el diagrama inferior se observa la variación de las curvas cuando se cubre el terreno luego de la construcción de la vivienda, los diferenciales de las curvas se acortan. Esta oscilación se altera de manera brusca si existe alguna cañería subterráneas con pérdida de agua.

- Curva (1), (4) y (5) oscilación contenido de humedad.
- Curva (2) modificación de la curva anterior por terreno cubierto por la vivienda.
- Vertical (3): inicio construcción de la vivienda.

- Curva (6) eje del tiempo y contenido de humedad natural ($\approx$ 15 al 20 %).

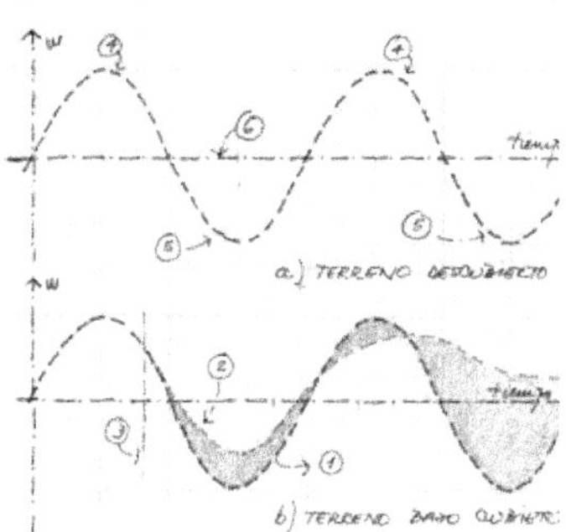

Figura 22.19

Puede darse el caso de una construcción iniciada en meses de alta humedad, que antes de su terminación presente fisuras en época de seca. Son provocadas por los cambios de capacidad soporte del suelo y se modifican los esfuerzos internos de todas las piezas estructurales que lo componen.

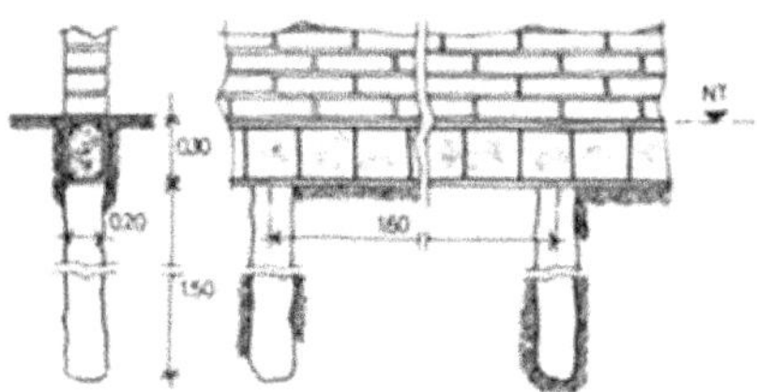

Figura 22.20.

En algunas regiones se utilizan como fundación de edificios medianos la combinación de pilotes pequeños con vigas encadenados *(figura 22.20)*. Si el suelo se contrae en superficie, se separa de la cara inferior de las vigas, entonces son los pilotes que asumen las cargas en su extremo inferior donde la humedad no fue alterada.

Los limos son suelos formados por partículas de dimensiones menores a la arena. Es sensible a los cambios de presión de agua y son arrastradas con facilidad. La combinación de una cañería de agua rota con una de pluvial o cloacal (por gravead), es suficiente para que aparezca el fenómeno de lavado, de transporte del suelo.

7.5. Combinación de estratos.

También es variable de los asentamientos del edificio la combinación de los estratos de diferentes tipos de suelos.

Arena superior.

Un estrato de arena o limo en la parte superior, separa la fundación directa de la arcilla y además amortigua los cambios de humedad. Los movimientos son reducidos *(figura 22.21)*.

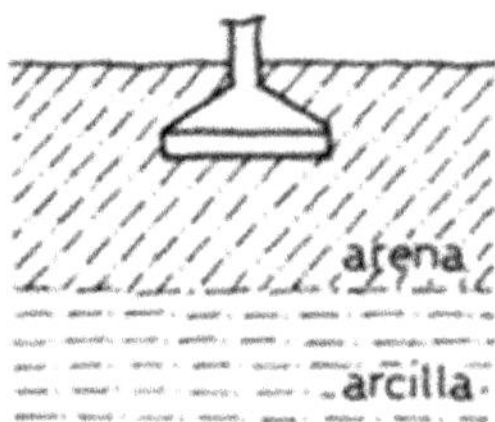

Figura 22.21

Arcilla superior.

La arcilla está en contacto directo con los cambios climáticos y los cambios de humedad están en función de las lluvias o de pérdidas en cañerías de agua o cloaca *(figura 22.22)*. Por otro lado, las arenas de abajo pueden transmitir también cambios en la humedad de la arcilla superior por ascenso de las napas freáticas.

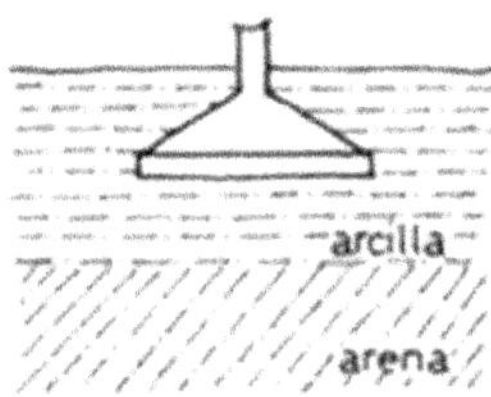

Figura 22.22

Fisuras en función de la posición de suelo arcilloso.

La capa de arcilla puede ubicarse en el medio de la construcción como también en los extremos, en esos casos el tipo de fisuras dependen de la expansión o contracción de esos suelos *(figura 22.23)*.

Figura 22.23

La imagen de la izquierda muestra la grieta en una pared sin resilencia y en la derecha una pared armada con barras de hierro que tiene capacidad para acumular energía de deformación sin fracturarse. En los estratos asimétricos, donde una capa de arcilla se ubica solo en uno de los extremos, el edificio puede mostrar fisuras como las de la figura o inclinaciones totales *(figura 22.24)*.

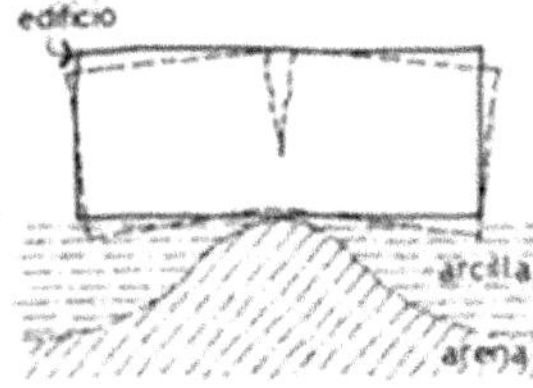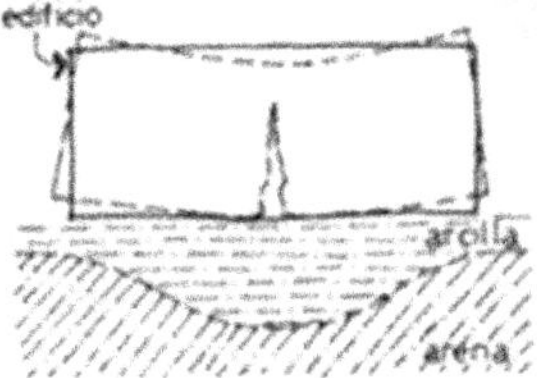

Figura 22.24

Lo mismo sucede en capas de arcillas que se pueden comprimir sin estar confinadas o de diferentes espesor *(figura 22.25).*

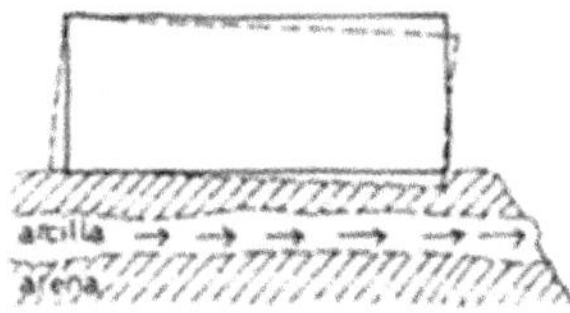

Figura 22.25

La compresibilidad de las arcillas se observa también en las asimetrías en corte de un edificio, cuando las cargas son muy diferentes de un sector a otro *(figura 22.26).*

Figura 22.26

Los asentamientos pueden resultar durante años o décadas uniformes, en esos casos el edificio no muestra fisuras, pero por alguna circunstancias se pueden dar asentamientos diferenciales y las fisuras aparecen.

Resumen.

Hemos incorporado estas consideraciones de la interacción entre los suelos y las estructuras porque en ocasiones cuando aparece una distorsión o deformación anómala en un edificio, de manera casi inmediata buscamos las respuestas en consideraciones teóricas tradicionales. Es costumbre relacionar las fisuras con las cargas que hemos utilizado en las memorias de cálculo, sin embargo el origen y la causa de fracturas son provocadas por el movimiento del suelo bajo el edificio.

La relación de los suelos con las estructuras se pueden estudiar:

a) para el diseño de las fundaciones.
b) para la verificación de las fundaciones.

La Torre de Pisa es un ejemplo de asentamiento uniforme y diferencial a la vez. Fue construida hace unos mil años. Ella presenta un descenso uniforme y también un diferencial que le genera la inclinación que hizo peligrar su estabilidad. La causa de esos movimientos es una capa de arcilla compresiva que se encuentra a unos diez metros de profundidad *(figura 22.27)*.

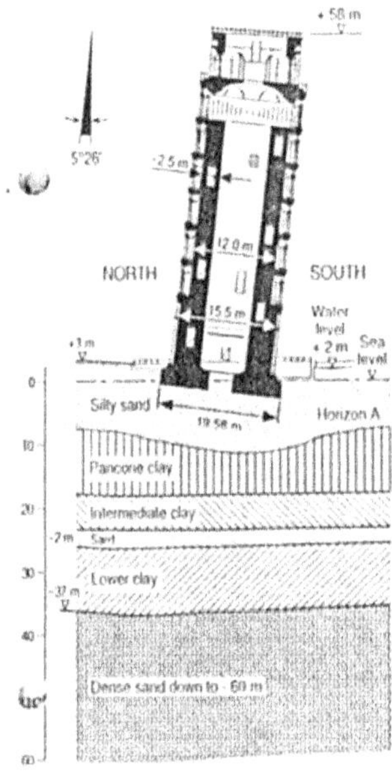

Figura 22.27

8. Aplicaciones.

8.1. Fisuras en pared

Inicio.

Estudiar la causa de las fisuras en pared que se muestra en el imagen *(figura 22.28)*. Es de ladrillos cerámicos macizos y tiene un espesor total de 0,30 metros.

La carga de pared es la de su propio peso y la de cubierta.

Figura 22.28

Datos.

Las fisuras muestran una inclinación cercana a los 45° y entre ellas existe una ventana, a nivel de dintel cambian de dirección y buscan la horizontal. Por arriba del dintel de ventana no se observan fisuras.

El suelo es del tipo limo arcilloso y en cercanías de la fundación de pared presenta un elevado contenido de humedad. En la parte interior de la esquina existe un baño con cañerías de desagües cloacales primarios y secundarios. El piso del baño posee desniveles con algunos mosaicos rotos. La puerta del baño no encaja en el marco.

Los desagües pluviales del entorno son del tipo cunetas con buenas pendientes y escurrimiento rápido. La vegetación no afecta la pared porque se encuentra alejada a más de diez metros.

Esquema de interpretación.

Se dibuja la pared y se marcan las fisuras, las supuestas líneas de tracción (tensores) y las de compresión (bielas). Con este esquema se establece que las fisuras son perpendiculares a las isostáticas de tracción, esto significa que la rotura se produjo por esfuerzos de tracción. En la dirección normal a las isostáticas de compresión no existen fisuras *(figura 22.29)*.

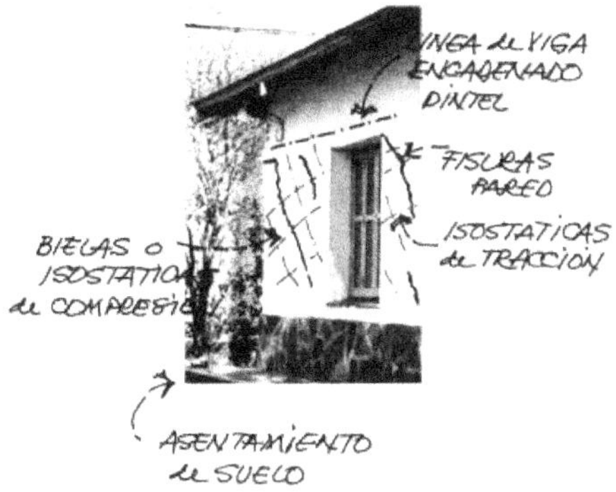

Figura 22.29

Este razonamiento es compatible con la capacidad de resistir esfuerzos de las paredes comunes; tienen buena capacidad soporte a las tensiones de compresión pero muy baja para las de tracción.

Conclusión.

En la esquina de la vivienda en estudio y bajo las fundaciones se produjo un efecto de erosión o lavado del suelo por la pérdida de líquidos en las cañerías de cloacas. El suelo fue transportado por el diferencial hidráulico y la socavación también alcanzó a regiones bajo contrapisos internos, eso afectó el nivel de pisos y el movimiento del marco de puerta.

El suelo bajo fundación por las causas anteriores perdió capacidad soporte y la pared de esquina al quedar colgada generó fuerzas de rotura en tracción.

Recomendación.

Levantar piso, contrapiso, suelo saturado y toda la instalación sanitaria de cloacas. Rellenar con suelo especial y construir una instalación nueva de cañerías sanitarias. La reparación de la pared debe realizarse luego de tres a cuatro meses de la intervención en suelos y cañerías a efectos de permitir los asentamientos diferenciales y la estabilización de las tensiones internas.

8.2. Efectos de cargas de larga duración.

Inicio.

En esta aplicación estudiamos los trabajos que se realizaron en la Torre de Piza para lograr la estabilización del lento movimiento de inclinación hacia el lado Sur. La intervención realizada en la torre es singular y en algunos aspectos original. Se efectúan trabajos en dos espacios: en el suelo y en las fundaciones.

En el suelo: debilitamiento del lado norte

Debido a la inclinación de torre hacia el sur, las tensiones por carga en el suelo de este lado son muy superiores al del lado norte. Los trabajos que se realizaron fue debilitar la capacidad soporte del sector norte. Se lo realiza con máquinas de mechas helicoidales que quitan suelos en profundidad y eso reduce el grado de confinamiento y también su capacidad soporte (figura . Lo original del proceso es resolver un problema mediante una reducción de la resistencia *(figura 22.30).*

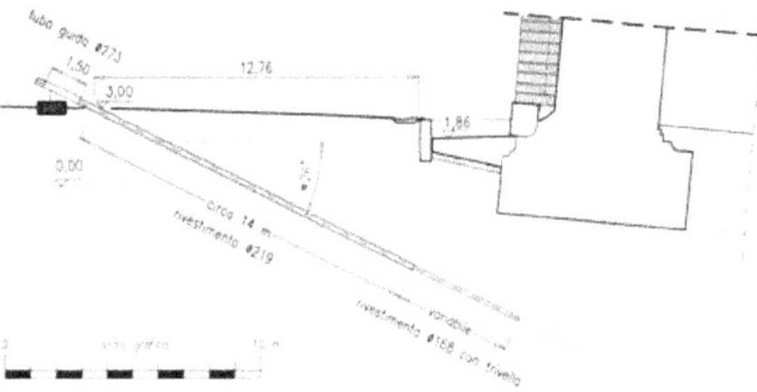

Figura 22.30

En la siguiente imagen *(figura 22.31)* parte del equipo de perforación bajo torre.

Figura 22.31

En el suelo: reducción presión de poros

Hemos visto que el suelo se compone de tres elementos principales: sólidos, agua, y aire. Para provocar una reducción de la presión del agua que se encuentra entre las partículas se colocaron caños subterráneos conectados a cámaras con bombas automáticas. El agua luego es derivada a lugares lejanos de la torre. Esta maniobra redujo en parte la separación de las partículas un descenso en el suelo bajo torre. Todo del lado norte. En la imagen *(figura 22.32)* un dibujo en planta indica la ubicación de las cañerías y pozos de bombeos.

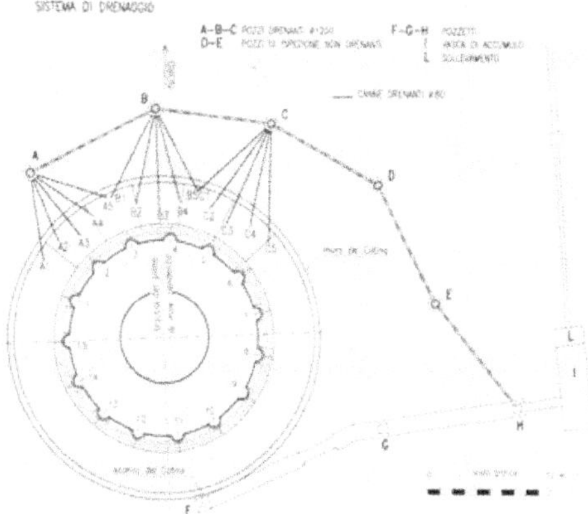

Figura 22.32

El sistema en un esquema en corte *(figura 22.33)*.

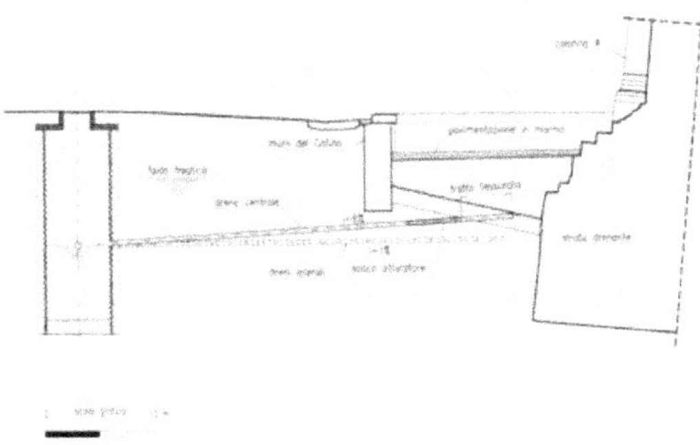

Figura 22.33

En la torre: confinamiento.

También se intervino la estructura de fundación de la torre y las paredes superiores mediante sistemas de estribos especiales que generaron un estado de pre compresión a toda la superestructura. Hubieron varias intervenciones más, pero consideramos suficientes las imágenes y escritos presentados para comprender mejor la relación de suelo y estructura en la región de su interfase.

Figura 22.34

En la imagen *(figura 22.34)* observamos los sesenta cables de acero de alta resistencia de diámetro 4 mm que en su conjunto generan fuerzas de confinamiento y estabilización de los muros de la torre.

23

Fundaciones

1. Fundaciones directas.

1.1. General.

Las fundaciones o basamento tienen por finalidad transmitir las cargas totales del edificio al suelo. Se deben diseñar en función del tipo de terreno. Lo repetimos; un buen diseño de fundaciones se realiza luego de una buena investigación del suelo. La variedad tan grande de suelos que existe, desde un extremo de arenas gruesas densas hasta las arcillas más activas, imponen diferentes formas de las fundaciones.

Lo repetimos una vez más; los suelos, las fundaciones y las estructuras no son entidades independientes o separados. Cuando ingresamos al campo del diseño estructural esos tres elementos deben ser tratados como un conjunto absoluto. El proyecto no es de "una fundación" o de "una base" es necesario concebirla como un esquema integral con el suelo abajo y la estructura arriba. Jamás diseñar una fundación de manera aislada de las otras dos entidades.

1.2. Fundaciones bajo columnas

Son aquellas que apoyan sobre el suelo sin elementos estructurales intermedios. En la imagen una fundación aislada directa que distribuye la carga de una columna. Está en contacto con el suelo sin la ayuda de elementos tales como pilotes, cabezales o vigas de atado *(figura 23.1)*.

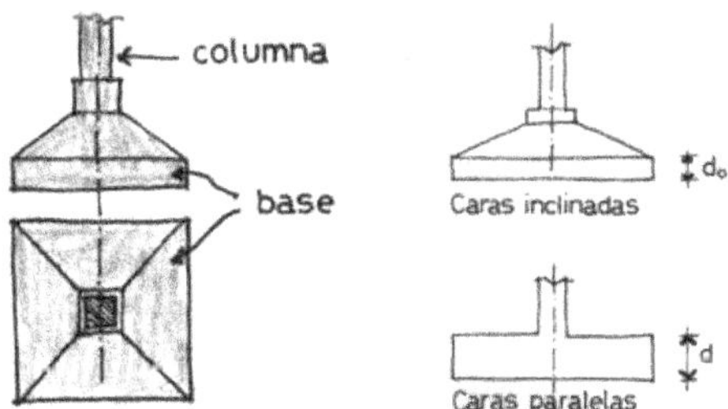

Figura 23.1

Pueden ser de planos superiores inclinados para economizar hormigón que se ajustan a las solicitaciones del flector y punzonado. Los ángulos de inclinación deben respetar las pendientes del hormigón en masa fresco, para no utilizar encofrados durante su construcción. Esos ángulos oscilan entre los *25* a *35* grados. Estas bases de caras inclinadas, son utilizadas para cargas mayores de las *200* kN (*20.000 daN*). Para cargas menores, las caras superiores pueden ser planas horizontales.

Para el cálculo se puede considerar a la base como dos voladizos invertidos equilibrados, esto lo veremos de manera más completa en el Capítulo 25 "Ejemplos". Las armaduras se colocan en la parte inferior de la base y requieren de cuidados especiales; pueden ser atacadas por agentes corrosivos del suelo. Por ello necesitan de buenos recubrimientos de hormigón para protegerlas. Es aconsejable utilizar espesores no inferiores a los cinco centímetros.

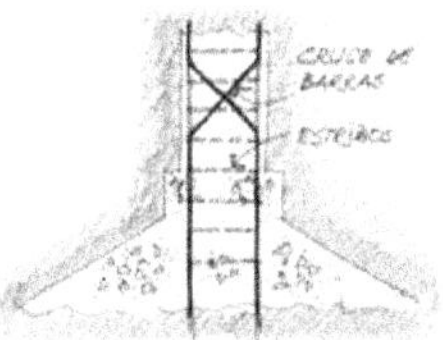

Figura 23.2

La base con el tronco y la columna generan una conjunto de alta rigidez, cualquier esfuerzo de flexión generado en la parte superior de las columnas son transmitidos al suelo. En ese caso el diagrama de presión del suelo deja de ser uniforme rectangular. Para evitar esa situación se cruzan las barras que llegan de la columna en una zona cercana a la base. Este dispositivo evita la transferencia de momentos flectores *(figura 23.2)*. En este caso aplicamos el principio de "rótulas"; en esa zona los flectores externos son nulos porque desaparece la cupla interna con el cruce de barras.

1.3. Fundaciones lineales.

También llamadas corridas, son fundaciones continuas. Se desarrollan a lo largo de una línea. Soportan habitualmente cargas de muros o paredes que transmiten cargas lineales *(figura 23.3)*. En la imagen se indica el esquema de corte y planta de la base lineal. La fundación de la figura es una zapata continua. Se la utiliza generalmente para suelos arenosos confinados, aquellos suelos que no varían de volumen con el contenido de humedad. En algunos casos especiales son utilizadas para resistir cargas de columnas, cuando éstas se encuentran separadas por distancias cortas (inferiores a los 4 a 5 metros).

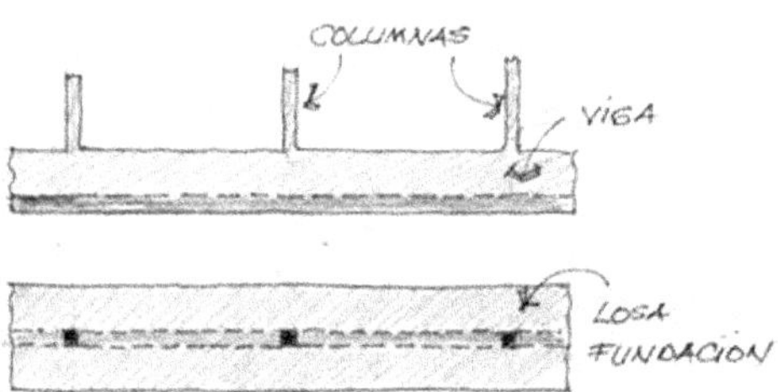

Figura 23.3

1.4. Plateas.

En ocasiones es necesario realizar fundaciones extendidas de pequeño espesor que se denominan plateas *(figura 23.4)*. Se las utilizan en suelos de muy baja capacidad soporte o con arcillas muy activas. La platea debe estar unida a las paredes de la construcción mediante barras verticales acompañadas de horizontales, de manera que el conjunto de platea con paredes configuren un conjunto estructural de alta rigidez. Además con la incorporación de hierro las paredes adquieren resilencia y tienen capacidad para almacenar energía de deformación.

La imagen muestra una platea conectada a las columnas que a su vez estarán unidas mediante armaduras a las paredes.

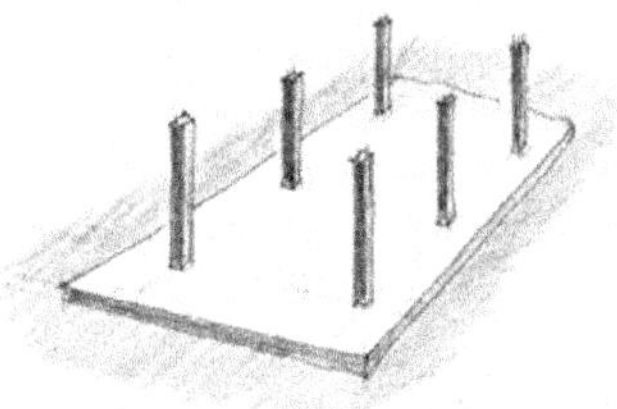

Figura 23.4

En la imagen se muestra una pared de bloques de cemento con barras horizontales cada tres juntas del diámetro *4,2* mm y barras verticales cada ≈ *2,50* metros de diámetro *6,0* mm *(figura 23.5)*.

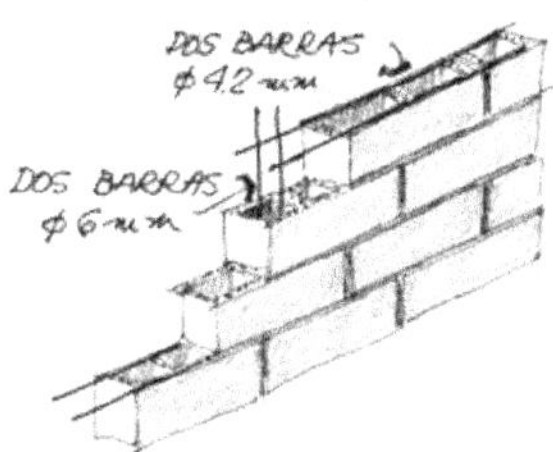

Figura 23.5

Para la cuantía de barras de acero en vertical y horizontal se recomienda un valor aproximado de *0,0004* (*0,4* por mil) veces del área de pared. Si la pared tuviera un espesor de *0,20* metros y altura de *3,50* metros:

Area de pared: *0,20 . 3,50 = 0,70* m^2 *= 7.000* cm^2
Cuantía de armaduras verticales y horizontales: *(0,4/1000) . 7000 ≈ 3* cm^2.

En la unidad de pared de un metro cuadrado, si utilizamos barras de diámetro 6 mm (*0,28* cm^2) deberían existir en promedio 5 barras en las juntas horizontales y otras 5 en las verticales (esquinas y marcos de puertas y ventanas).

Los ladrillos cerámicos comunes poseen elevada fragilidad y total incapacidad para acumular energía de deformación (resilencia) por ello las recomendaciones indicadas en los manuales de fabricantes de ladrillos rígidos y frágiles también deben ser respetadas en la construcción con ladrillos comunes.

1.5. Vigas encadenados con pilotes pequeños.

General.

El diseño de las fundaciones para suelos de mediana actividad se utiliza la combinación de vigas encadenados con pilotines. Los suelos activos tienen movimientos de expansión y contracción espacial. Para reducir los efectos de estos desplazamientos se inserta en el terreno un marco rígido (vigas encadenado) con anclajes (pilotines); como si fuera un conjunto de clavos tomados de un bastidor. Las funciones de cada pieza la describimos:

Vigas encadenados:

Son las encargadas de atenuar o evitar los movimientos horizontales del suelo, tanto en su expansión como en su contracción. Conforman un marco rígido horizontal que reduce los movimientos del suelo en ese plano *(figura 23.6).*

Los pilotines:

Actúan como un anclaje en profundidad, donde las variaciones de humedad del suelo son mínimas. En ocasiones se piensa que los encadenados y pilotines actúan únicamente para soportar cargas verticales de arriba hacia abajo. Sin embargo, la mayoría de las veces trabajan para evitar las fisuras que se producen por la presión que ejerce hacia arriba el hinchamiento de las arcillas.

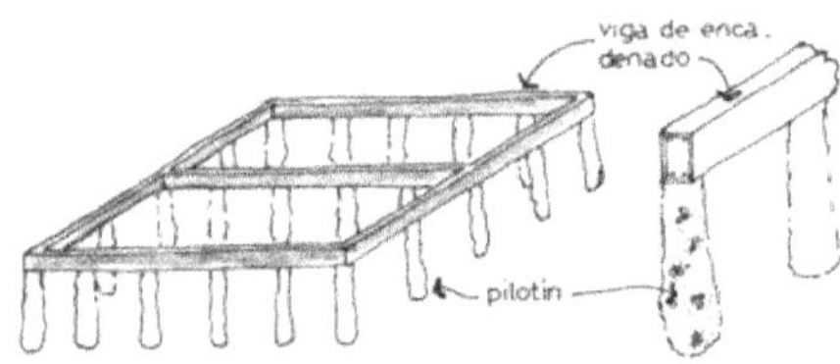

Figura 23.6

La costumbre:

Este tipo de fundaciones para viviendas está contagiada por la inercia de la tradición y la costumbre. También por el plagio de las tareas que realizan otros técnicos. Pero la realidad nos muestra que la mayoría de las viviendas están con paredes fisuradas, pisos sueltos, zócalos caídos o puertas que no cierran. La historia de una ciudad también posee capítulos sobre las costumbres constructivas y nos demuestra que las formas de construir cambian, entre ellas las fundaciones. Los pilotines y vigas encadenados pueden haber sido eficientes hace cuarenta o cincuenta años atrás, cuando en la ciudades las napas freáticas estaban bajas, pero ahora con napas casi en superficie los suelos exigen otras formas de construir.

1.6. Bases en medianeras.

Las columnas que se ubica en las medianeras de los edificios, en general descargan sobre bases excéntricas, esto porque no se puede avanzar en la construcción más allá del plano vertical virtual medianero *(figura 23.7).*

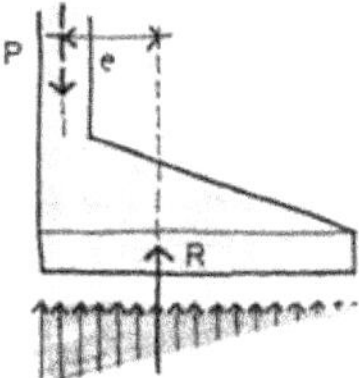

Figura 23.7

La base recibe una reacción del suelo desplazada del eje de columna, entonces se produce flexo compresión que obliga a utilizar dimensiones grandes de columnas. Es por ello que se deben utilizar otros dispositivos para eliminar esa situación de flexo compresión. En la imagen se esquematizan tres posibles diseños; para desplazar la base hacia el interior y colocar una sub columna inclinada. Por el cambio de dirección de las cargas se genera una tracción que se equilibra con una viga superior o tensor. Esta solución solo es posible en suelos estables y con napas freáticas por debajo de la cota de implante de fundación *(figura 23.8)*.

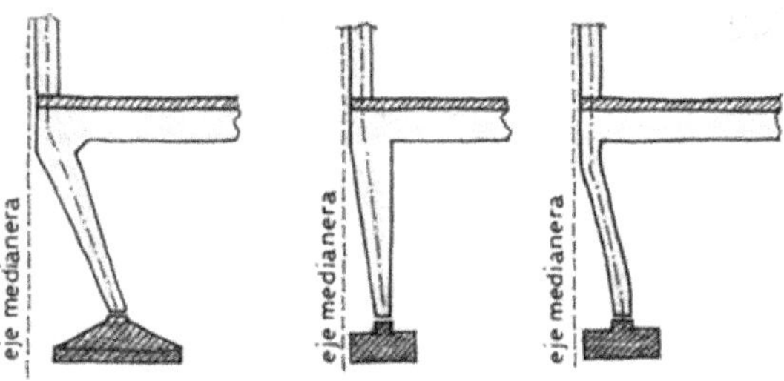

Figura 23.8

Otro diseño de fundación en medianeras es el empleo de vigas de equilibrio. La base de medianera se conecta con una viga a otra base del interior. La flexión que genera la reacción excéntrica del suelo es resistida por la viga. En la imagen el caso de base adosada a la parte inferior como placa *(figura 23.9)*.

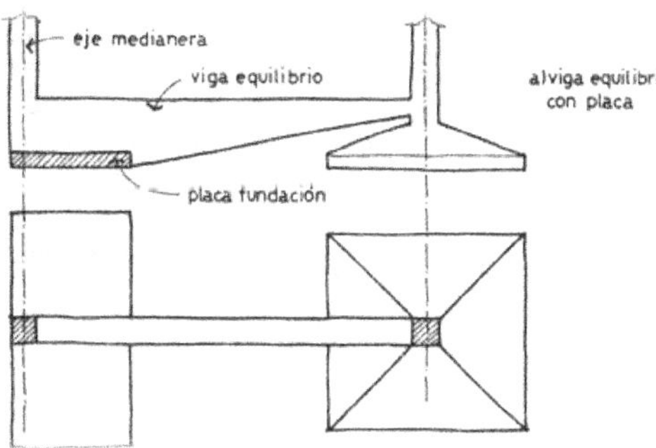

Figura 23.9

También se utiliza en vez de la placa una base desplazada hacia el interior. La elección entre estos diseños depende de las características del suelo y de la intensidad de la carga *(figura 23.10)*.

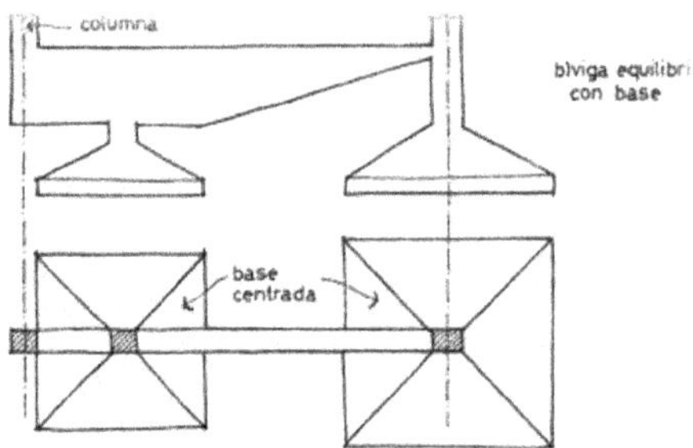

Figura 23.10

De todas las fundaciones de tipo directo, es posible que éstas de medianería resulten las más complejas en el diseño, requieren de tareas del tipo de prueba y error en el gabinete. Proyectar, verificar un modelo y otra vez volver a hacerlo con otro diseño hasta encontrar el adecuado.

2. Fundaciones indirectas.

Son fundaciones especiales que requieren de pilotes o elementos como vigas de equilibrio para transmitir de forma adecuada las cargas. Para los edificios de altura, donde las columnas llegan a nivel del terreno con grandes cargas (superiores a los *1.000 kN (1 MN ≈ 100 tn)*, las bases directas anteriormente definidas son incapaces de soportar dichas acciones. De allí la necesidad de usar sistema indirectos *(figura 23.11)*.

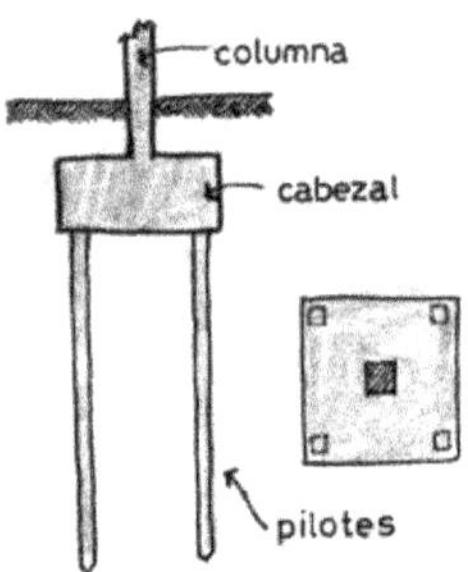

Figura 23.11

La columna no se conecta de manera directa con la fundación, existe un elemento estructural intermedio que se denomina cabezal, es quien distribuye las cargas a los pilotes.

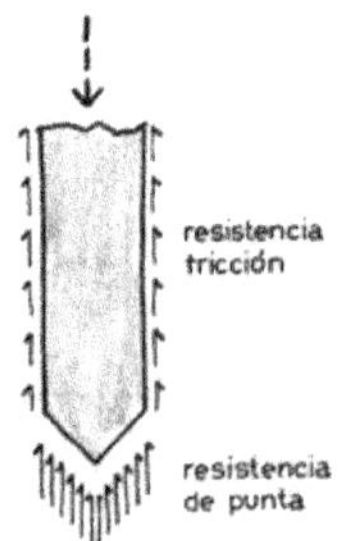

La capacidad portante de cada pilote se combina con las resistencias de fricción en sus laterales y la de punta en su extremo. Esta última según la profundidad y el suelo puede llegar a valores 50 o más veces superior a la de fricción *(figura 23.12)*.

Figura 23.12

2.1. Pilotes prefabricados hincados:

Los pilotes pueden ser prefabricados y luego hincados en tierra mediante martinetes especiales *(figura 23.13)*. Los largos de los pilotes oscilan entre los 8 a 12 meros. La ventaja de este pilotaje es la posibilidad de controlar la resistencia del sistema "pilote suelo"; ese control se realiza mediante la medición de la energía entregada por el impacto del pilón y la distancia del descenso del pilote. Es una ventaja. En detrimento, se plantea la vibración que genera en zonas cercanas al pilotaje en cada impacto del pilón, si es una zona con edificación vecina, se plantean roturas de cañerías, en especial de cloacas y pluviales.

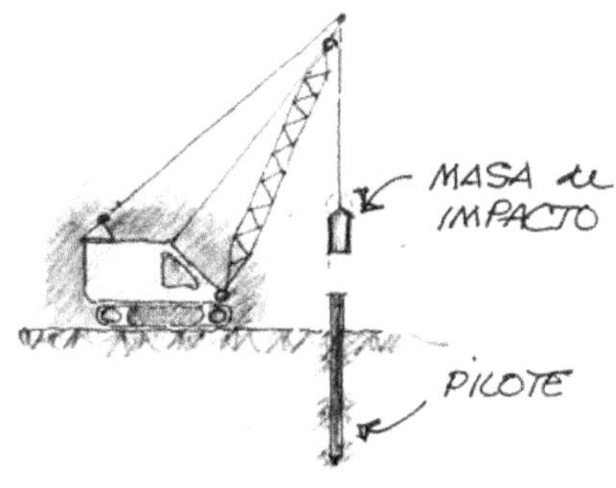

Figura 23.13

2.2. Pilotes hormigonados en situ:

Otra técnica es realizar la excavación profunda, colocar las armaduras y luego el volcado del hormigón. El proceso tiene distintas fases: se realiza la excavación o perforación mediante grandes equipos que poseen mechas helicoidales que excavan el suelo *(figura 23.14)*. En el extremo del eje de mecha se ubica un potente motor hidráulico de rotación. Para evitar desmoronamientos se inyecta en la perforación lodo bentonítico.

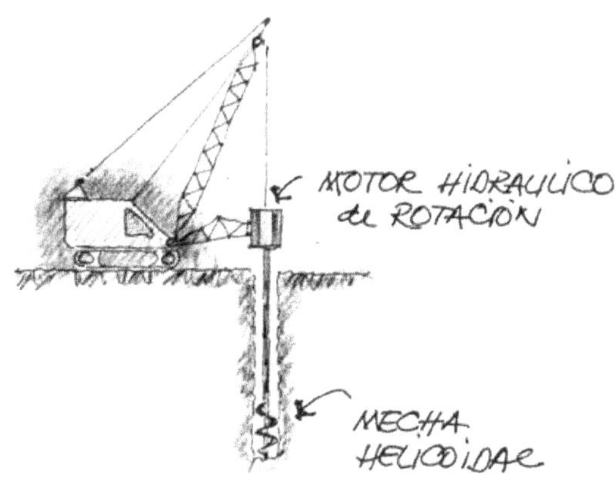

Figura 23.14

Una vez terminada la excavación y colmada con el lodo bentonímico, se sumerge la armadura. La bentonita no impide la adherencia entre el hormigón y las barras *(figura 23.15)*.

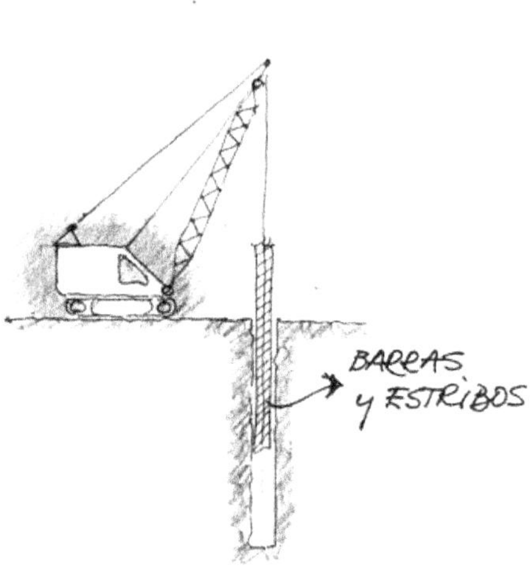

Figura 23.15

Una vez colocadas las armaduras (longitudinales y estribos) se coloca el hormigón mediante la tolva y un tubo especial de bajada. Como el hormigón es más pesado que la bentonita, ésta es desplazada fuera del pozo y es recuperada para una próxima excavación *(figura 23.16).*

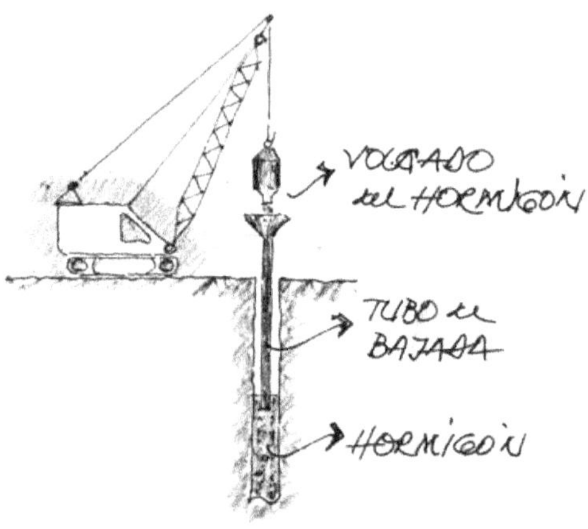

Figura 23.16

En algunos casos de suelos débiles se aumenta la capacidad resistente de punta de pilote mediante una inyección de mortero (agua cemento). El mortero es bombeado a presión elevada y llevado mediante una cañería al extremo profundo del pilote. Esta maniobra se denomina de precarga en fondo de pilote.

2.3. Cabezales:

Entre la columna y los pilotes se construyen los cabezales. Por su masa y geometría son los encargados de distribuir las cargas de la columna a cada uno de los pilotes *(figura 23.17)*. El cabezal conecta dos pilotes con una columna. Existen muchas otras configuraciones o geometrías de cabezales según la cantidad de pilotes y columnas a combinar.

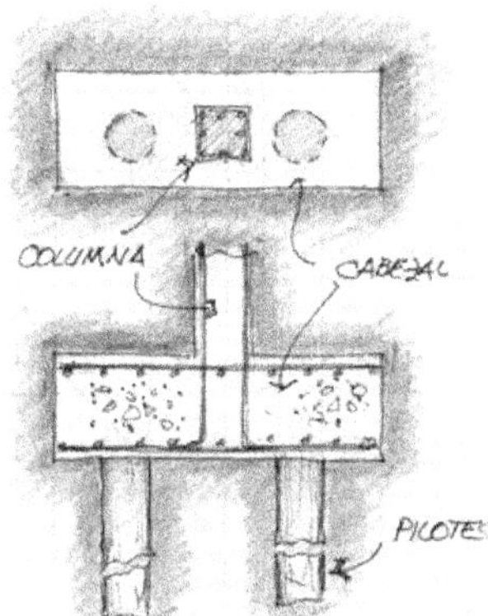

Figura 23.17

3. Métodos de cálculos.

El contacto de base con suelo es conveniente imaginarlo como un plano teórico que separa dos métodos de cálculo. Por arriba se utiliza el método de rotura (factor de seguridad en las cargas) y por debajo el método de tensiones admisibles (factor de seguridad en la resistencia del material). Son dos procedimientos de cálculo diferentes y lo explicamos.

- El hormigón armado de todas las piezas de la estructura se diseña y calcula por el método de rotura. Las tensiones de referencia del hormigón (f'_c) como la del acero (f_y) son las últimas, las de rotura. Pero en el diseño de las cargas se aplican factores de seguridad a las cargas.
- La capacidad portante del suelo se calcula mediante el método de las tensiones admisibles (método clásico) y la tensión de referencia es "$\sigma_{adm.}$" del suelo que resulta de dividir la tensión de rotura por un factor de incertidumbre (seguridad). Las cargas que se emplean son las reales sin estar afectadas por factor alguno.

La solución a esta cuestión es reducir las cargas que llegan al suelo, quitarles los factores de seguridad γ_1 (cargas muertas) y γ_2 (cargas vivas) indicadas en el Reglamento Cirsoc 101. Esta situación la explicamos en Capítulo 25 "Ejemplos".

4. Aplicaciones.

4.1. Fundaciones con zapatas corridas.

Inicio.

Se pide calcular la tensión de trabajo sobre el suelo para una carga de pared que sostiene un entrepiso. La fundación es del tipo zapata corrida. Recordemos que existen tres denominaciones de las tensiones en los suelos:

- Tensión de rotura: Valor que alcanza el esfuerzo necesario para romper la estructura y depende del tipo de suelo, del grado de confinamiento y del contenido de humedad.
- Tensión admisible: Es la que se utiliza para el dimensionado de las fundaciones, es un valor que oscila entre 5 a 10 veces menor que la de rotura.
- Tensión de trabajo: Es el esfuerzo real que soporta el suelo que sostiene una base o fundación, es un valor igual o menor a la tensión admisible.

Datos:

La construcción existe y es necesario realizar una verificación. Los datos que siguen resultan del relevamiento de la obra. El detalle en corte de la pared con su fundación es el indicado en el esquema que sigue *(figura 23.18)*.

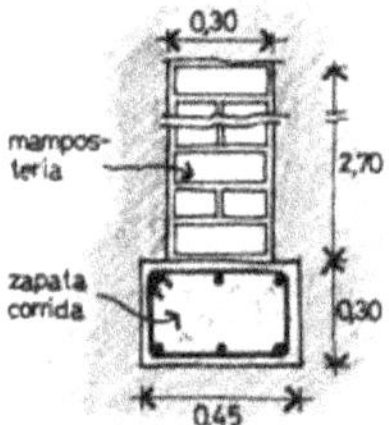

Figura 23.18

El estudio se realiza sobre longitud unitaria de 1,00 metro tal como se muestra en el dibujo siguiente*(figura 23.19)*.

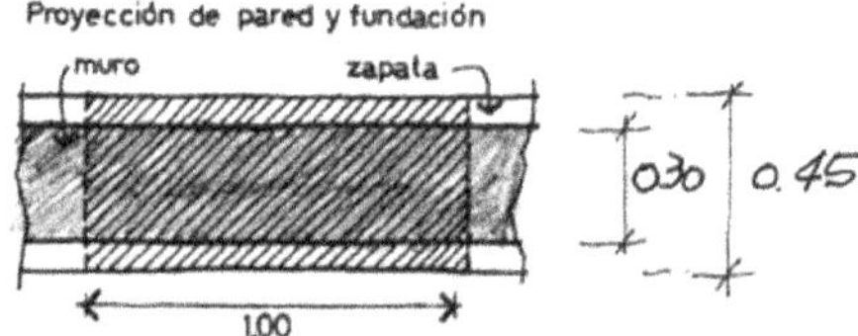

Figura 23.19

El dibujo siguiente es el corte de la construcción con los detalles generales de fundación, pared y losa de azotea, también se estudia en una franja con un ancho de 1,00 metro. La distancia entre ejes de pared: 4,20 metros *(figura 23.20)*.

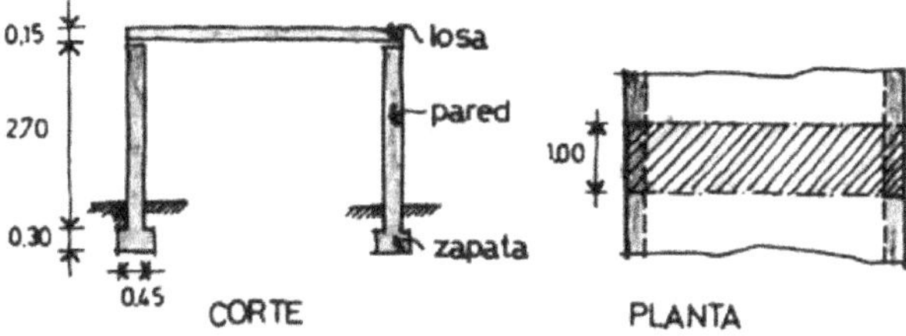

Figura 23.20

En todos los casos cuando se estudia la interfase de estructuras con suelos es necesario investigar también las principales variables principales que participan: a) Tipo de suelo, b) Características del sistema estructural. c) Variables del entorno.

Tipo de suelo:

Limo arenoso, susceptible a erosión en caso de gradientes hidráulicos.

Sistema estructural:

Mampostería: de ladrillos macizos, con revoques en ambos lados.
Apoyo: La pared apoya sobre una zapata corrida de hormigón, según las medidas indicas en la figura superior.

Alto de pared:	*270 cm = 2,7 metros.*
Ancho de pared:	*27 cm = 0,27 metros.*
Espesor revoque:	*1,5 cm = 0,015 metros (de ambos lados).*

Variables del entorno.

Terreno alto y buen saneamiento pluvial.
No existen paredes normales que rigidicen el sistema.
No existe vegetación o arboles cercanos.
Las cañerías de pluviales y cloacales están alejadas del contacto de zapata con suelo.

Tensión de trabajo sobre el suelo.

Las cargas finales fueron estudiadas en ejemplos del Capítulo 4 "Cargas" y copiamos el esquema *(figura 23.21)*.

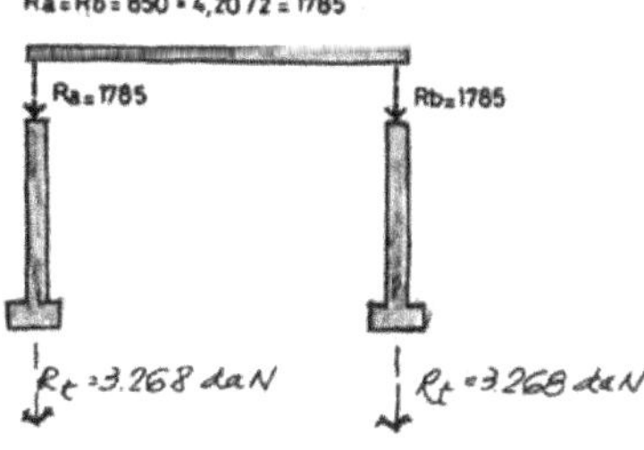

Figura 23.21

Tensión sobre el suelo:

$$\sigma_t = \frac{P}{S} = \frac{3268}{45 \cdot 100} = 0,73 \frac{daN}{cm^2}$$

Conclusiones y reflexión.

Realicemos un análisis de reflexión cotidiana y veamos los diferentes valores de las tensiones soportes de los suelos:

- Imaginemos uno de los soportes hidráulicos de una gran grúa que transmite al suelo una carga de 7.000 daN, la superficie de contacto de soporte con suelo es de 225 cm^2. En esas condiciones las partículas del suelo seco se quiebran, modifican su orden original. La tensión de rotura de ese suelo es de: $\approx$ 30 daN/cm^2.

- En otra situación la carga es de 3.500 daN y el mismo suelo muestra reducidas deformaciones o descensos pero no se rompe. La tensión por deformación del suelo es de: $\approx$ 15 daN/cm^2.

- En nuestro caso de esta fundación mediante zapatas continuas, la tensión de trabajo es de: $\approx$ 0,73 daN/cm^2.

- Por otro lado la tensión admisible que recomienda el estudio de suelos realizado por especialistas es de $\approx$ 0,90 daN/cm^2.

En resumen tenemos:

Tensión de rotura:	30 daN/cm^2.
Tensión por deformación:	15 daN/cm^2.
Tensión admisible según estudios:	0,90 daN/cm^2.
Tensión de trabajo real:	0,73 daN/cm^2.

Con estas reflexiones queremos destacar el amplio campo que adquiere el concepto de "tensión" en los suelos; aquí solo hemos analizado la relación de carga superficie, pero la cantidad de valores resultarían interminables si hacemos participar las variables de confinamiento y humedad.

La tensión de trabajo bajo zapata corrida es de $\approx$ 14 veces menor al esfuerzo que ejercen las ruedas del camión estacionado en la calle. Esta elevada diferencia se justifica por la capacidad de absorber deformaciones; el camión con sus cubiertas, elásticos, amortiguadores, chasis puede soportar deformaciones residuales, impactos de baches y frenadas. No así la vivienda o construcción de ladrillos y hormigón que no posee resilencia o capacidad para acumular energía de deformación.

4.2. Encadenado y pilotín.

1. El problema.

Determinar la capacidad resistente de una fundación combinada de viga encadenado y pilotines como muestra el corte y planta *(figura 23.22).*

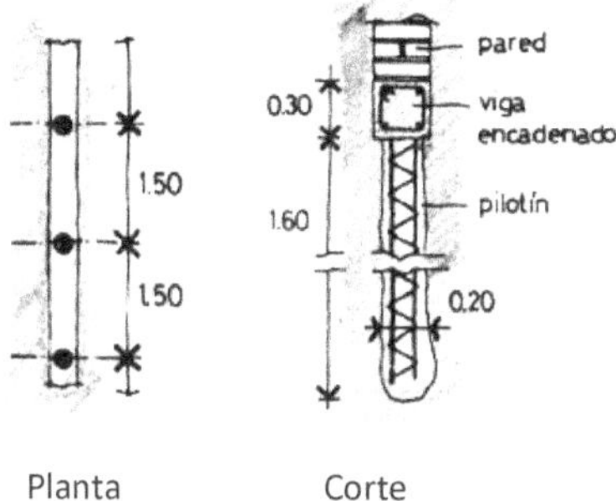

Planta   Corte

Figura 23.22

2. Datos:

Carga total de pared (utilizamos el valor del ejemplo anterior): *3.268* daN/ml
Tipo de suelo: arcillas activas.
Del estudio de suelo se obtienen las tensiones admisibles:

- Tensión terreno bajo viga encadenado: $\sigma_{t1} \approx 0,80$ daN/cm^2
- Tensión lateral por fricción pilotín: $\tau_f \approx 0,15$ daN/cm^2
- Tensión terreno bajo pilote: $\sigma_{t2} \approx 2,00$ daN/cm^2

Longitud de pilote: $\approx 1,20$ metros

3. Composición de factores de resistencia.

En suelos con humedad constante, la resistencia combinada actúa de la siguiente manera *(figura 23.23)*:

- La viga encadenado actúa como zapata corrida; resiste parte de la carga.
- La superficie de las paredes del pilote resisten por efecto de fricción entre hormigón y suelo.
- La punta inferior del pilote apoya en el fondo, allí existe una tensión mayor de resistencia del suelo.

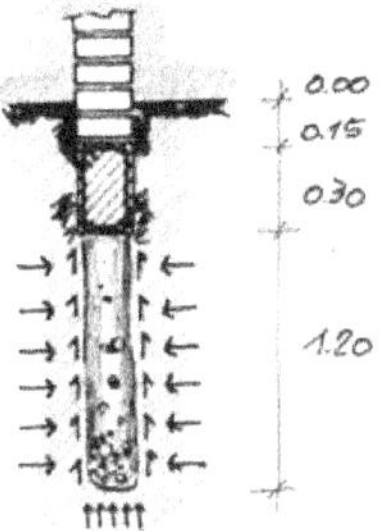

Figura 23.23

4. Estudio de la resistencia.

Estudiamos por separado las resistencias en la interacción del suelo con viga encadenado, pared lateral (fricción) de pilote y punta de pilote.

Viga encadenado:

La superficie de contacto con el suelo: *30* cm . *100* cm = *3.000 cm²*.

A esta superficie debemos restar la que corresponde a los pilotes que están separados *1,50* metros *(figura 23.24)*.

Área que ocupa cada pilote en un metro de longitud:

$$\frac{\pi \cdot 20^2}{4} \frac{1}{1,5} = 209 \; cm^2$$

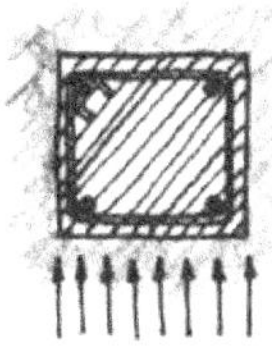

Figura 23.24

Superficie de contacto efectiva de zapata con el suelo:

S_z =3.000 - 209 ≈ 2.790 cm².

Resistencia de zapata: *2.790 cm² . 0,80 daN/cm² ≈ 2.230 daN/ml*

Pilote por fricción:

Por fricción resiste la superficie perimetral (el perímetro multiplicado por longitud de pilote) *(figura 23.25)*:

$$\pi \cdot D \cdot l = \pi \cdot 20 \cdot 120 = 7.536 \ cm^2$$

Resistencia de cada pilote:

$$7.536 cm^2 \cdot 0{,}15 \frac{daN}{cm^2} \approx 1.130 \ daN$$

Resistencia por metro lineal (distancia entre pilotines *1,50* metros):

$$\frac{1130 \ daN}{1{,}5 \ ml} \approx 753 \ \frac{daN}{ml}$$

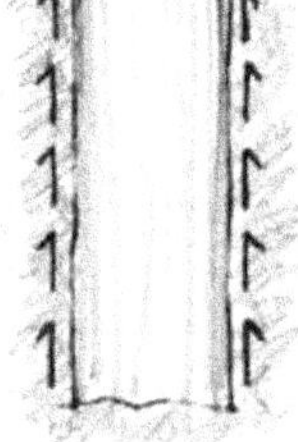

Figura 23.25

Pilote por punta:

Superficie de contacto de pilote con suelo *(figura 23.26):*

Figura 23.26

$$\frac{\pi D^2}{4} = \frac{\pi 20^2}{4} = 314 \ cm^2$$

Resistencia de cada pilote por punta:

$$314 \ cm^2 \cdot 2{,}0 \frac{daN}{cm^2} = 628 \ daN$$

Resistencia por metro lineal:

$$\frac{628 \ daN}{1{,}50 \ ml} \approx 420 \ \frac{daN}{ml}$$

Resistencia total:

Sumando las resistencias de cada elemento:

Detalle resistencia	Valor resistencia	Porcentual
Viga encadenado:	2.230 daN/ml	≈ 65 %
Pilote por fricción:	753 daN/ml	≈ 23 %
Pilote por punta:	420 daN/ml	≈ 12 %
Total:	≈ 3.400 daN/ml	

En el estudio del porcentual de resistencia se destaca la jerarquía de la interfase de viga encadenado con suelo, esto es necesario tenerlo en cuenta para realizar una excavación limpia y controlada.

5. Conclusiones y reflexión:

La carga que transmite el sistema es de *3.268 daN/ml*, la resistencia de las fundaciones combinadas alcanzan los *3.400 daN/ml* estamos en buenas condiciones. En el caso que las cargas actuantes resulten mayores que las resistencias del suelo se pueden ajustar las fundaciones con algunos de los siguientes cambios:

a) aumentar el ancho de viga encadenado.
b) aumentar el diámetro del pilotín.
c) aumentar la profundidad del pilotín.

Este tipo de fundaciones donde se combinan los pequeños pilotes con la viga de fundación (encadenado) son utilizadas en suelos activos con porcentuales de humedad variables con el tiempo. En estos casos la interfase de suelo con la construcción tiene tres niveles:

- Cota de implante del pilote.
- Cota de implante de viga encadenado
- Cota de implante de contrapisos interiores.

Para cada nivel la humedad del suelo en cada estación del año difiere y los parámetros de resistencia del sistema de fundación también, pero en el conjunto combinado, la suma total de las capacidades soportes se mantiene aproximada al valor que hemos calculado.

4.3. Bases.

Inicio.

Dimensionamos una base cuadrada en hormigón armado.

Datos.

Carga teórica en columna: *115.000 daN*
Carga de diseño superficie base: *115000/1,5 ≈ 77.000 daN*
Tipo de hormigón a utilizar: $f'_c = 25\ MPa\ (H25)$.
Tensión de fluencia del acero: $f_y = 420\ MPa$.
Tensión del terreno: $\sigma_t \approx 1{,}2\ daN/cm^2 \approx 0{,}12\ MPa$

Es imposible establecer un valor único de tensión admisible del suelo, no solo en el espacio de la obra, sino también en el tiempo de construcción y uso de la misma. Las variaciones de humedad por cuestiones climáticas o por otras causas hacen variar el valor de la capacidad resistente. Es por ello que se utilizan valores admisibles muy bajos.

Lados de columna: $d_1 = 25\ cm \quad d_2 = 25\ cm$
Tronco de unión base columna: $c_1 = 30 \quad c_2 = 30\ cm$
Cara superior de base: inclinada.
Forma: cuadrada.
Tipo de suelo: no agresivo (recubrimiento normal).

Lados de la base.

Se obtiene de la relación entre la carga y tensión de suelo:

$$a_1 = a_2 = \sqrt{\frac{77000}{1{,}2}} = 253\ cm$$

Adoptamos: 250 cm

Geometría transversal.

Elegimos un ángulo aproximado de 30° para la inclinación de las bielas de compresión tal como se muestra en la figura. Vemos que la inclinación de los lados no es el mismo que el de la biela. La biela en la parte inferior, a nivel de las barras se inicia a unos 15 o 20 centímetros de los bordes a efectos del anclaje de barras con hormigón. Debemos imaginar que la biela no es lineal, responde a un espacio con plano inclinado de 30°.

De esta manera la configuración transversal queda:

Altura total: *h = 70 cm*
Altura inferior: *h₁ = 20 cm*
Angulo de inclinación: *30°*

Carga en cada trapecio: consideramos la cuarta parte de la carga total que corresponde a la resistencia de cada trapecio en planta. La ubicamos en el punto de arranque de la biela, en realidad podría estar más hacia el eje central, pero nos ponemos del lado de la seguridad.

Cuarta parte de carga: *Pt ≈ 20.000 daN = 20 toneladas.*

En el esquema se indican los detalles geométricos y de armaduras *(figura 23.27).*

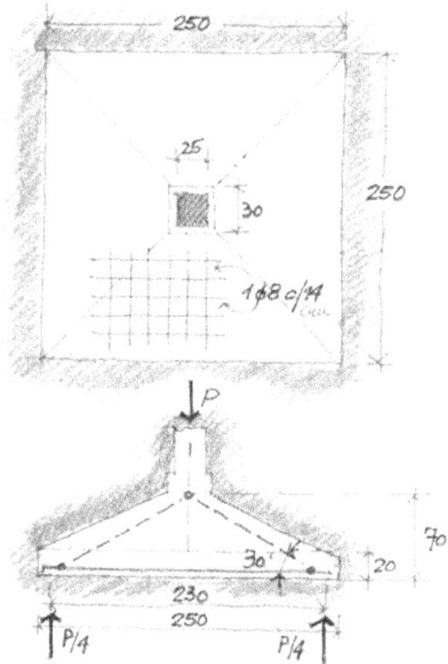

Figura 23.27

Fuerzas de tensor y biela.

Necesitamos descomponer la fuerza Pt en la dirección de biela y de tensor.

$$tg\alpha = tg30° = 0{,}57$$

$$sen\alpha = sen30° = 0{,}50$$

Fuerza en plano de bielas:

$$C = \frac{P_t}{sen\alpha} = \frac{20000}{0,57} = 35.000 \ daN$$

Fuerza en plano de tensores:

$$T = \frac{P_t}{tg\alpha} = \frac{20000}{0,50} = 40.000 \ daN$$

Verificación y cálculo.

Tensores:

En el plano de tensores debemos colocar barras que soporten los *35.000 daN* de tracción. Recordemos que la carga total sobre la base tiene incorporados los coeficientes de seguridad, así la sección necesaria se calcula con la tensión de fluencia del acero:

$$A_s = \frac{C}{f_y} = \frac{35000}{0,9 \cdot 4200} \approx 9,3 \ cm^2$$

Armaduras: 18 barras de diámetro 8 mm en cada dirección (1ϕ8 c/14cm).

Bielas:

En el plano de bielas consideramos un ancho de 120 cm que se encuentra en compresión y se estima un espesor promedio de 10 cm, así la tensión de compresión será:

$$f_c' = \frac{40000}{10 \cdot 120} = 33 \ \frac{daN}{cm^2} = 3,3 \ MPa$$

Punzonado:

Para el control de punzonado consideramos un cilindro de diámetro doble al tronco de base que somete a efectos de corte de punzonado. De esta manera la tensión tangencial que se genera:

Superficie de roce en punzonado:

Círculo: $\pi d \cdot 60 = 3,14 \cdot 60 \cdot 60 = 11.300 \ cm2$

$$\tau_p = \frac{80000}{11300} \approx 7 \ \frac{daN}{cm^2} \approx 0,7 \ MPa$$

24

Hormigón Armado

1. Introducción.

En estos escritos estudiamos por separado las piezas de la estructura de un edificio. Comenzamos por las vigas, luego las losas, columnas y bases. Para ampliar los conceptos, en el Capítulo XX de "Ejemplos" se incorporan varios trabajos de dimensionado en piezas de hormigón armado.

2. Jerarquía de las piezas, factores de reducción.

2.1. Factor reductor de resistencia teórica.

Los anticipamos en capítulos anteriores, cada una de las piezas que componen un sistema estructural tienen jerarquías. Una de las variables son las cantidad de piezas que arrastran en caso de falla y la otra el modo de rotura; con preaviso en el caso de las grandes deformaciones de las vigas o sin aviso en las columnas y en menor medida con el efecto corte. A esto habría que agregar la combinación de factores que describimos en el Capítulo 17 "Error".

En función de lo anterior, los reglamentos establecen coeficientes de reducción de resistencia para el diseño y cálculo para cada tipo de esfuerzo:

Vigas y losas en flexión:
> *Secciones controladas por tracción:* $\phi = 0,90$

Vigas y losas en corte:
> *Secciones controladas por corte:* $\phi = 0,75$

Columnas en compresión:
> *Secciones controladas por compresión:* $\phi = 0,70$ *(zunchos en espiral y* $\phi = 0,65$ *(estribos rectos).*

Los anteriores solo reducen la resistencia; pero luego se combinan con aquellos que aumentan las cargas.

2.2 Requisitos.

De esta manera, el requerimiento de servicio para las piezas de hormigón armado se expresa como sigue:

$$\phi S_n \geq U$$

S_n = la capacidad de resistencia.

ϕ: factor reductor de resistencia.

U: carga real afectada por coeficientes de aumento: $U = \gamma_1 D + \gamma_2 L$ (cargas de peso propio *"D"* y sobrecargas *"L"* afectadas por coeficientes de seguridad.

En el dimensionado por flexión la expresión anterior la podemos ejemplificar mediante:

$$M_i \geq M_e$$

M_i: resistencia nominal interna de la viga.
M_e: flexión causada por fuerzas externas.

En el dimensionado por compresión en una columna:

$$P_i \geq P_e$$

P_i: resistencia nominal interna de la columna.
M_e: compresión causada por fuerzas externas.

3. Vigas.

3.1. Estados.

Las piezas en flexión tienen dos estados de existencia. El primero es inmediato a su desencofrado, cuando aún gran parte de las cargas permanentes *"D"* no se han aplicado y menos aún las sobrecargas de uso *"L"*. En ese tiempo el hormigón de la pieza en flexión no presenta ninguna fisura; se lo denomina "Estado I", luego con edificio terminado y sobrecargas totales, el hormigón puede presentar micro fisuras en zona de tracción, es el "Estado II". Es en este estado que se calculan las piezas en flexión.

Son fisuras muy pequeñas y solo se observan cuando las cargas reales llegan a las máximas teóricas. Las micro fisuras que responden al diseño no permiten el ingreso de agentes nocivos para las barras que están en su masa. Las fisuras cuando pasan a situación de macro es porque las cargas reales han superado las utilizadas en teoría. Estas, al ser observadas nos permiten entender parte del funcionamiento estructural; es el lenguaje, el idioma que poseen las vigas para contarnos su historia.

3.2. Formas y tipos de fisuras.

Las fisuras muestran en su dirección y forma la manera que el hormigón armado trabaja en cada una de las regiones de las piezas en flexión *(figura 24.1)*. Vemos el mapa de la fisuras en apoyos y tramos de una viga continua.

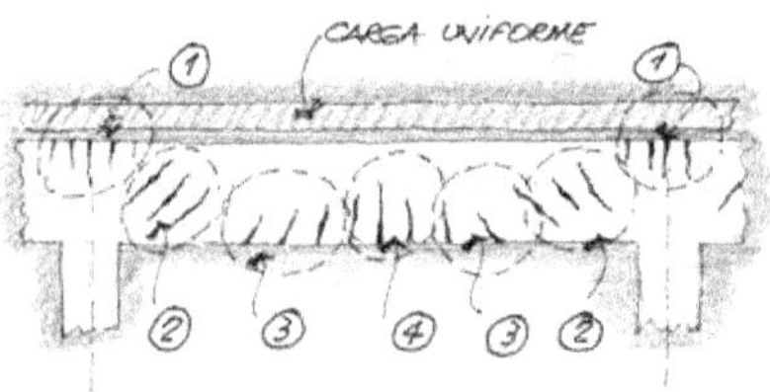

Capítulo 11 del Cirsoc (Comentarios): 11.4.3. Tipos de fisuración en vigas de hormigón armado.

Figura 24.1

Las fisuras se las interpreta como sigue:
1) Flexión en zona de apoyos: la tracción se ubica en la parte superior, allí los momentos flectores son negativos.
2) Corte en región de apoyos: los esfuerzos cortantes son máximos.
3) Flexión y corte: entre los apoyos y la sección central comparten los esfuerzos de corte con los de flexión (flexión plana).
4) Flexión en tramo central: en el punto de máximo flector el corte es nulo (flexión pura).

Aún en el caso de ser visibles las pequeñas fisuras, la viga se encuentra en servicio. De todas las fisuras, las de mayor riesgo son las de corte porque la falla es casi instantánea, distinta a las de flexión que vienen acompañadas de elevadas deformaciones.

Se muestra la viga (tipo placa) fuera de servicio durante un ensayo en laboratorio. Las fisuras unas pocas en flexión pura en la zona media, muchas y amplias en zona de flexión plana en zona cercana a los apoyos *(figura 24.2)*.

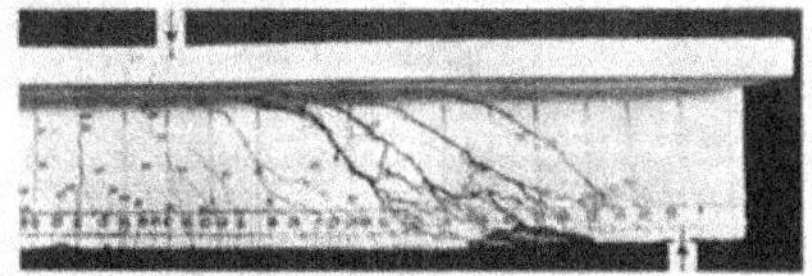

Figura 24.2

Del libro "Construcciones en Concreto" Leonhardt página 71

En la imagen observamos que el ensayo se realiza con una carga concentrada en el medio de la viga y las fisuras de cortes son de mayor envergadura que las de flexión. Esta cuestión en vigas de hormigón dependen del tipo y posición de las barras.

3.3. Líneas de flujo.

Recordamos el mapa de las líneas de flujo de tensiones en materiales homogéneos (madera o hierro) en capítulos anteriores las mostramos como líneas suaves y continuas, separadas las de compresión respecto de las de tracción. Los diagramas de tensiones y deformaciones respondían a la proporcionalidad elástica y simétricos invertidos respecto del eje neutro baricéntrico *(figura 24.3)*.

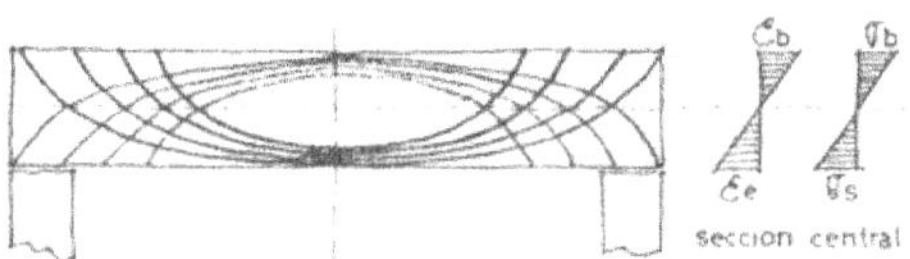

Figura 24.3

En los reglamentos nuevos los símbolos de las tensiones se modifican:
σ_b (tensión de trabajo del hormigón) $\rightarrow$ f'_c
σ_s (tensión de trabajo del acero $\rightarrow$ f_s

En el hormigón armado la dirección y la densidad de las líneas están influenciadas por la intensidad de las cargas, por la posición y cantidad de barras. Son las mismas variables que afectan al eje neutro *(figura 24.4)*.

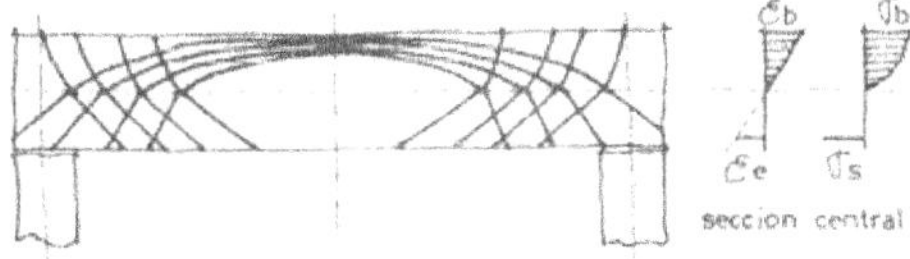

Figura 24.4

Estas líneas de esfuerzos las podemos interpretar como sigue: las líneas de compresión como puntales o bielas de hormigón y las de tracción como estribos o barras dobladas. En el medio de la viga la cupla interna $M_i = C.z = T.z$ *(figura 24.5)*.

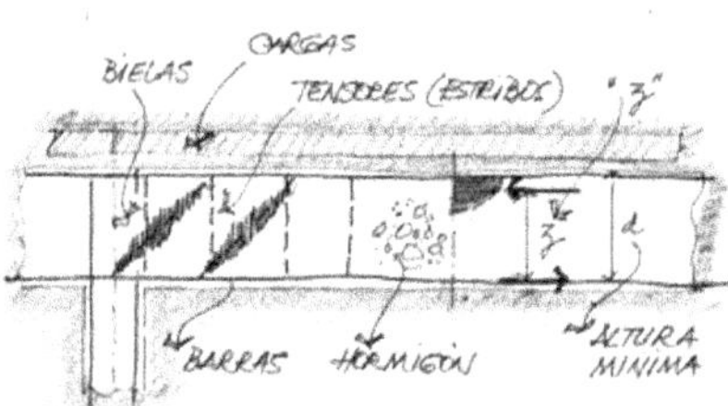

Figura 24.5

En los puntos que siguen establecemos las condiciones de equilibrio, desde la "Analogía del Reticulado" tanto en la flexión como en el corte.

3.4. Pasos previos antes del cálculo.

El dimensionado de una viga se la puede realizar con las ecuaciones y fórmulas que nos entrega la teoría elástica, los procedimientos de cálculo se encuentran en todos los libros específicos y reglamentos del hormigón armado.

En estos escritos emplearemos el procedimiento empírico desde la analogía del reticulado que nos permite en todo momentos observar los acontecimientos dentro de la viga. Para ello, antes del dimensionado, es necesario realizar las tareas que se indican.

1. Estudio de las cargas que actúan sobre la viga. Las transmitidas por las losas y el peso propio *(Capítulo 4 de "Cargas", tablas 8 a 13 y del Cirsoc 101 tabla 4.1)*.
2. Establecer la altura mínima de la viga a efectos de evitar elásticas superiores a las permitidas. Se facilita con el uso de tablas de los reglamentos que contienen el divisor *"m"* que se lo emplea como sigue: Altura de viga: $d = l \, / \, m$ *(Tabla 40)*.
3. Resistencia del hormigón: se elige la calidad del hormigón, en general se utilizan del tipo *H25* o mayor.
4. Acero: se elige el tipo de barras a utilizar. La más común son las nervuradas con tensión de fluencia $f_y = 420 \, MPa$.
5. Analogía: se dibuja el reticulado de manera que los montantes (futuros estribos) se encuentren a una distancia menor a *"d"*, con ello las diagonales estarían en ángulo de $\approx 45°$.
6. Losas: se constata el monolitismo entre viga y losa. En caso de losas con viguetas pretensadas se deben dejar hormigón macizo en los laterales para formar un ancho de placa superior a *"3b"* *(figura 24.6)*.
7. Se calcula el brazo de palanca aproximado: $z \approx 0,85 \, d$.

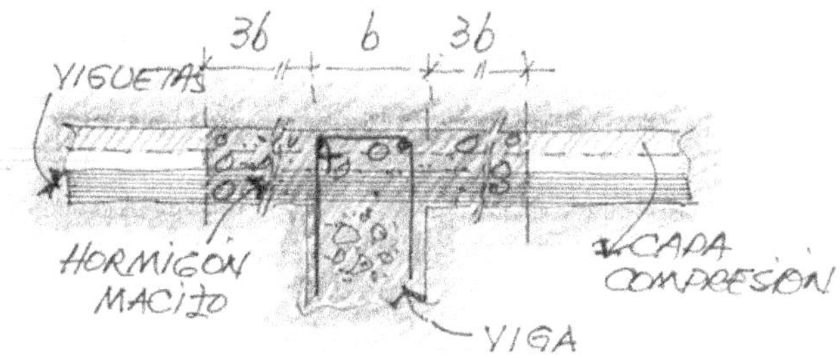

Figura 24.6

3.5. Cálculo armadura de tracción en la flexión.

Los flectores externos "M_e".

Con las herramientas que nos entrega la Estática Clásica y el método de las Elásticas y Rótulas es posible establecer los momentos flectores externos. El máximo valor, en el caso de una viga con apoyos simples sin rigidez y carga repartida uniformes, es el ya conocido por la fórmula:

Momento flector externo: $M_e = ql^2/m$

El denominador *"m"* es función de las condiciones de borde, en especial de los tipos de apoyos *(Tablas 15 a 17)*. Recordemos que la longitud *"l"* desde Elásticas y Rótulas podemos variarlo según las rigideces que existan en los apoyos.

Los flectores internos (nominales) "M_i" ó "M_n".

En el interior de la viga durante la aplicación de la carga, para ejercer la resistencia se forman cuplas según el esquema *(figura 24.7)*.

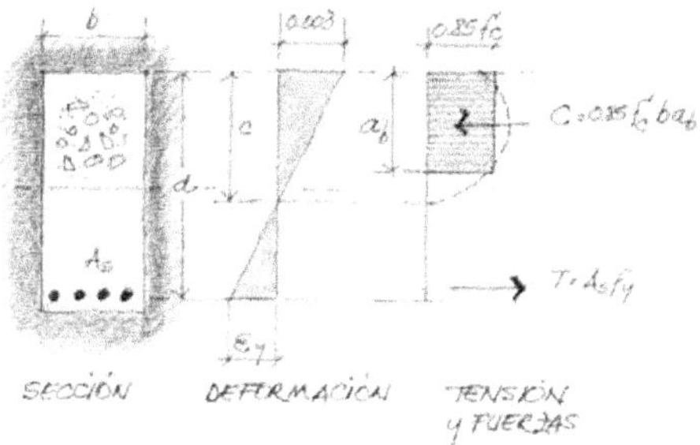

Figura 24.7

El esquema superior es similar al indicado en el Capítulo 14 "Esfuerzos Internos", la repetimos para comodidad del lector.

El dimensionado: $M_e < M_i$.

El brazo de palanca *"z"* que forma la cupla con las fuerzas *"T"* y *"C"* tiene una magnitud que es función de la posición y sección de las barras y del espesor monolítico de losa.

Para el equilibrio estable se debe cumplir:

$M_i = C.z = T.z > M_e$

Ecuación que cumple con el requisito:

Resistencia de Diseño ≥ Resistencia Requerida

$$\phi S_n \geq U$$

S_n = la capacidad de resistencia.

ϕ: factor reductor de resistencia.

La tarea del dimensionado exige establecer las dimensiones transversales de hormigón (b, h) y la sección de las barras en tracción, además de verificar el corte en zona de apoyos.

3.6. Cálculo armadura de corte.

Desde la analogía del reticulado.

La viga triangular o cercha imaginaria dentro del hormigón nos muestra cordones paralelos, diagonales y montantes *(figura 24.8)*. En función de las condiciones de borde y carga, imaginamos distribuir las barras de acero en posición y cantidad. Con ellas y la masa de hormigón comprimida podemos dibujar el reticulado. Los ángulos de las diagonales en general se adoptan entre los *30* a *45* °. Por método analítico o gráfico se calculan las fuerzas en cada una de las barras.

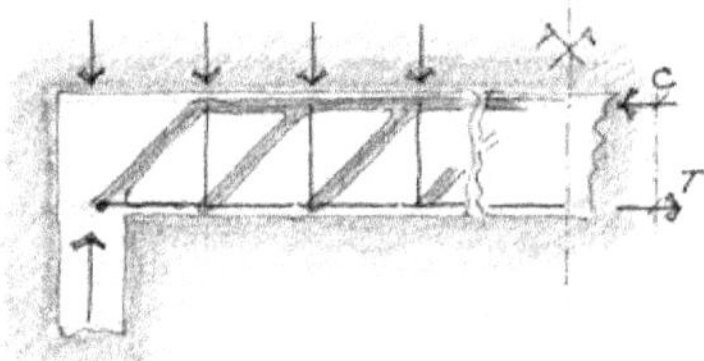

Figura 24.8

En la sección transversal de viga cercana a los apoyos también se forman bielas y tensores que son resistidas por el hormigón y los estribos *(figura 24.9)*.

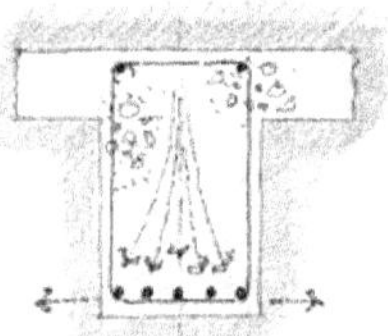

Figura 24.9

En ella se destaca la doble participación de los estribos cerrados. Por un lado sostienen en vertical el corte en zona cercana a los apoyos y también se encargan de sostener las fuerzas de expansión resultantes de las fuerzas inclinadas de las bielas.

Las fuerzas externas de corte.

El valor de corte para la verificación se debe tomar a la distancia que se encuentra la rótula del eje de columna. Esa fuerza intenta separar el sector del nudo al tramo *(figura 24.10)*. Las bielas *(1-3)* y *(2-5)* de compresión generan una fuerza en la dirección *(3-2)* de tracción que debe ser anulada por la resistencia de los estribos o barras dobladas.

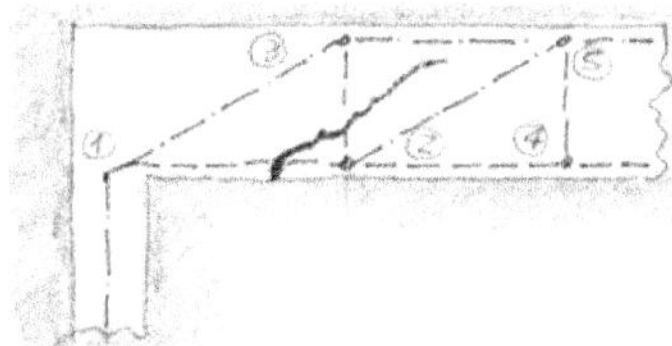

Figura 24.10

En los casos de falla total los estribos del tensor *(3-2)* ingresan en fluencia, en ese caso la fisura pasa a ser grieta con separación total de las secciones de hormigón en la diagonal *(figura 24.11)*.

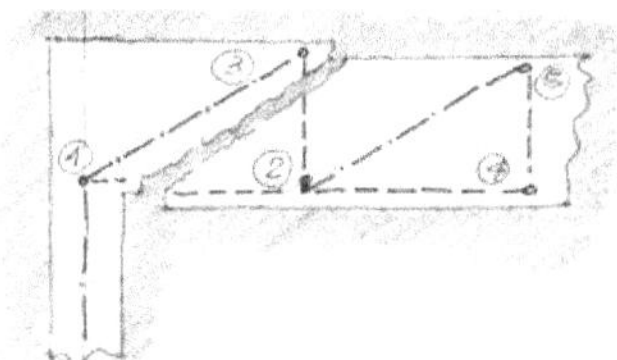

Figura 24.11

La resistencia interna al corte.

En la región del apoyo las fuerzas *"Q"* se mantienen el equilibrio por la resistencia al corte que ofrecen: el hormigón por un lado y los estribos por otro *(figura 24.12)*.

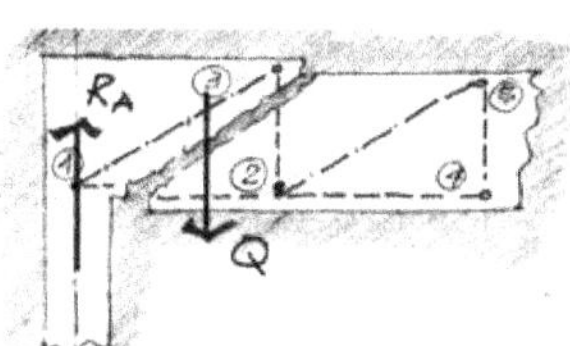

Figura 24.12

Entonces las fuerzas simplificadas que resisten son:

- V_s: los estribos o barras dobladas.
- V_c: la resistencia del hormigón en el desplazamiento, efecto dovela y la resistencia de las barras longitudinales.

Para el equilibrio se debe cumplir: $V_s + V_c = Q$ *(figura 24.13)*.

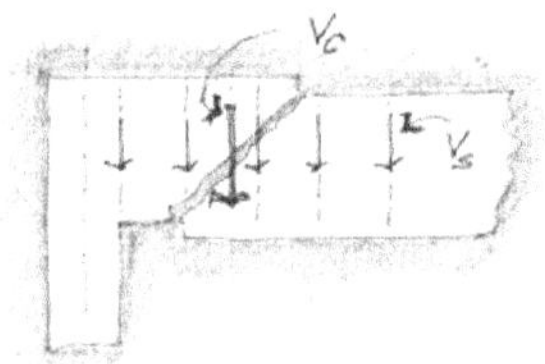

Figura 24.13

Las normativas y reglamentos indican la expresión para el equilibrio del cortante:

$$\phi V_n \geq V_u$$

- ϕ: factor reductor de resistencia: *0,75.*
- V_n: Resistencia nominal al corte, en N.
- V_u: Esfuerzo de corte con las cargas acrecentadas por coeficientes, que responden a $U = \gamma_1 D + \gamma_2 L$ (para la combinación básica de cargas).

    Los valores de V_c y V_s se determinan mediante:

- V_c : resistencia nominal al corte proporcionada por el hormigón en N:

$$V_s = \frac{1}{6}\sqrt{f_c'}\,bd$$

- V_s : resistencia nominal al corte proporcionada por la armadura de corte en N.

$$V_s = \frac{A_v f_{yt}\, d}{s}$$

- A_v: área de la armadura de corte existente en una distancia "s", en mm^2.
- d: distancia desde la fibra comprimida extrema hasta el baricentro de la armadura longitudinal traccionada, en mm.
- f_{yt}: Tensión de fluencia especificada de la armadura transversal, en MPa.
- s: separación entre los estribos, en mm.

Ver los ejemplos en el punto "Aplicaciones" de este capítulo.

4. Losas.

4.1 General.

Los sucesos dentro del espesor de losa también son similares a las vigas; el cálculo y dimensionado es el mismo. Son dimensionadas con un ancho *"b"* igual a *100* cm.

Las losas unidireccionales, con armaduras longitudinales paralelas en una sola dirección se calculan de igual manera que una viga de ancho *"b"* igual a *100* cm.

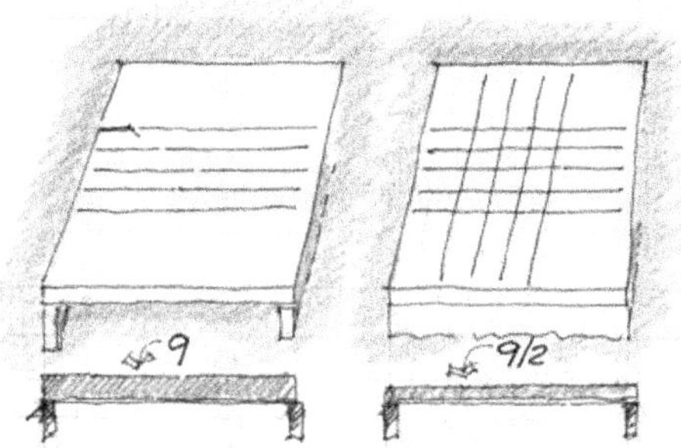

Figura 24.14

En las losas cruzadas o bidireccionales el procedimiento del cálculo es el mismo, pero difiere en las cargas que se adoptan según la forma rectangular de la losa. En caso de ser cuadrada la carga total se distribuye por partes iguales en ambas direcciones *(figura 24.14)*. En la medida que la forma rectangular se acentúa, las carga en la dirección más corta aumenta. Así llegamos al caso extremo imaginario de una losa rectangular con uno de sus lados infinitos; en esa situación la calculamos como unidireccional.

En el Capítulo 2 "Diseño" se muestran las distintas maneras de proyectar las losas en el plano y en el corte.

4.2 Pasos para el dimensionado de losas.

Son similares al de las vigas, pero con algunas pequeñas diferencias, por ejemplo el efecto de corte en losas es reducido comparado al de las vigas *(figura 25.15)*. Esta cuestión se la explica desde las secciones rectangulares:

La viga elevada inercia; rectángulo con $h \gg b$.
La losa reducida inercia; rectángulo con $h \ll b$.

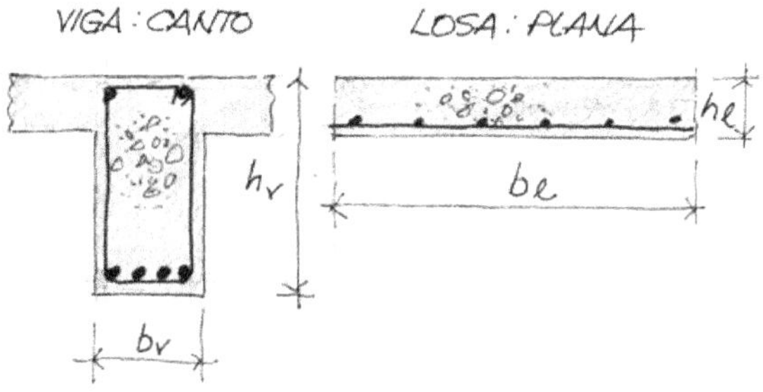

Figura 24.15

El efecto de corte en viga es muy superior al de las losas por su elevada capacidad para resistir cargas en flexión.

5. Columnas.

5.1. Jerarquía y porcentual de consumo hormigón.

Las columnas requieren de buen control en las fases de cálculo y ejecución, porque pueden estar afectadas por compresión, flexión compuesta, flexión oblicua, pandeo y los efectos de fluencia lenta que en conjunto hacen de su cálculo un procedimiento muy complejo.

En capítulos anteriores hemos planteado la jerarquía de la columna dentro de todas las piezas que componen una estructura. Son las piezas de mayor responsabilidad en el soporte de un edificio

Desde su ejecución son las más difíciles de construir; el hormigonado se realiza de alturas promedios de *3,00* metros, dentro de un cajón con barras longitudinales y transversales (estribos) que dificultan la colocación del hormigón.

El insumo de hormigón de columnas en la estructura de un edificio las columnas no alcanzan al cinco por ciento porque su eficiencia (compresión) es elevada. Recordemos los consumos:

Losas: 75 %.
Vigas: 15 %
Columnas: 4 %
Tanques, escaleras, caja ascensor: 6 %

En relación de superficies, las columnas solo ocupan solo el $\approx 0,15$ por ciento de la planta estructural.

5.2. Funciones de las barras y estribos.

Las columnas pueden ser cuadradas o rectangulares con estribos simples; son las más comunes. También para cargas elevadas y zonas sísmicas se utilizan las circulares con estribos en espiral.

Las barras longitudinales cumplen dos funciones; una de ellas es resistir las cargas junto al hormigón y la otra es generar confinamiento. Los estribos o zunchos son requeridos para ayudar a la columna a resistir, si bien no es variable del dimensionado o verificación de las columnas, podemos asegurar que una columna sin estribos pierde su capacidad soporte.

Los estribos producen efecto confinamiento; el hormigón al ser sometido a compresión genera expansión y los estribos junto a las barras longitudinales actúan como una "jaula" de resistencia. Se forman "bielas" en el hormigón y "tensores" en los estribos (efecto de biela y tensor). Evitan el pandeo de las barras longitudinales y además posicionan las barras antes y durante el hormigonado *(figura 24.16)*.

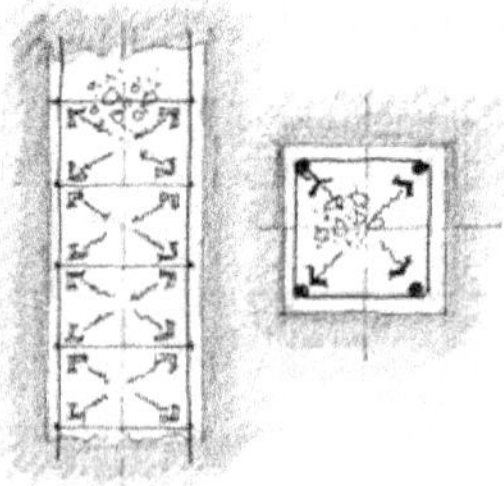

Figura 24.16

5.3. Indicaciones del reglamento

Requisitos.

Para el diseño de columnas se debe cumplir con los requisitos establecidos en "Capítulo 9" del Cirsoc 201: la exigencia básicoa para el diseño por resistencia de estructuras de hormigón se puede expresar de la siguiente forma:

$$Resistencia\ de\ Diseño \geq Resistencia\ Requerida$$

$$\phi\ S_n \geq U$$

El primer término *"Resistencia de Diseño"* es la resistencia nominal de la columna reducida por el factor ϕ. El segundo término *"Resistencia Requerida"* son las cargas totales afectadas por los coeficientes de mayoración:

$$U = \gamma_1\ D + \gamma_2\ L$$

Vemos que se aplican dos tipos de coeficientes o factores de seguridad; la reducción de la resistencia *(ϕ)* y el aumento de las cargas *(γ)*. Además hay otros factores dentro de la fórmula de dimensionado que aumentan aún más la seguridad en las columnas.

Dimensión mínima:

"La mínima dimensión de una columna hormigonada en obra debe ser ≥ 200 mm y diámetro de la armadura principal a utilizar debe ser $d_b \geq 12$ mm *(figura 24.17).*

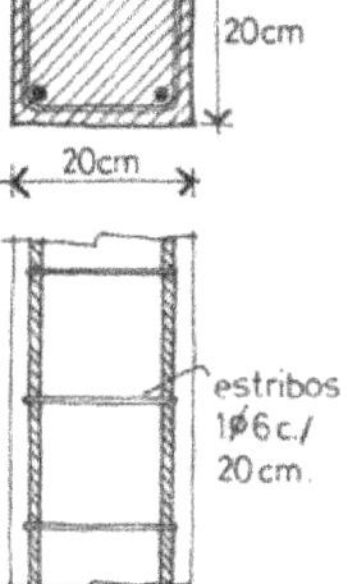

Figura 24.17

Cuantía de acero:

"La sección de armadura longitudinal para elementos comprimidos, debe ser:

$$0,08\ A_g\ \leq\ A'_{st} \geq\ 0,01\ A_g$$

Diámetro de estribos:

Las normativas o reglamentos establecen que el diámetro del estribo *"d_{be}"* debe ser:

      a)   *d_{be}: 6 mm para $d_b \leq 16$ mm*
      b)   *d_{be} : 8 mm para $> 16\ d_b \leq 25$ mm*
      c)   *d_{be} : 10 mm para $> 25\ d_b \leq 32$ mm*
      d)   *d_{be} : 12 mm para $d_b > 32$ mm*

d_b: diámetro nominal de una barra principal.

d_{be}: diámetro nominal de barra de estribo.

Separación de estribos.

La separación *"s"* entre estribos no debe exceder de alguna de las reglas o indicaciones:

      a)   *12 d_b (d_b: diámetro de la barra longitudinal)*
      b)   *48 d_{be} (d_{be}: diámetro del estribo)*
      c)   *b (b: lado menor de la columna)*

Por ejemplo en una columna cuadrada de lados *25* cm y armadura de *4* barras diámetro *16* mm:

Diámetro de estribo: *6* mm

Separación entre estribos:

a) *12 . 1,6 cm = 20 cm*
b) *48 . 0,8 cm = 40 cm*
c) *25 cm = 25 cm*

Según estos valores elegimos colocar un estribo cada *20* cm.

En las columnas circulares con zunchos el diámetro y separación:

- Diámetro mínimo: *10* mm. Separación entre espiral: *25* a *80* mm
- Barras longitudinales: Armadura mínima: $A_{st} \geq 0,01 A_g$ y armadura máxima: $A_{st} \leq 0,08 A_g$
- Diámetro mínimo columna: *300* mm.

Cálculo y dimensionado según reglamento:

La resistencia anterior es ideal obtenida desde una fórmula determinista. Pero los hechos nos demuestran que existen posibles errores o equívocos que reducen la carga de resistencia. Por ello el reglamento establece como resistencia nominal de columna (con estribos simples):

$$P_n = 0,80\emptyset \left[0,85 f_c{}' \left(A_g - A_{st} \right) + f_y A_{st} \right] \geq U$$

- A_g: sección bruta de columna.
- A_{st}: sección de barras longitudinales
- f'_c: tensión de rotura hormigón.
- f_y: tensión de fluencia acero.
- ϕ: 0,65 factor reducción resistencia columna estribo simple.
- ϕ: 0,70 factor reducción resistencia columna estribo zuncho espiral.

- P_n: Resistencia nominal para carga axial.
- ϕ: factor de reducción de la resistencia:
  $\phi = 0,70$ para estribos en espiral.
  $\phi = 0,65$ para estribos comunes.
- *0,85*: factor de reducción por excentricidad inevitable en columnas con estribos en espiral (afecta al hormigón y también a las barras de acero).
- *0,80*: factor de reducción por excentricidad inevitable en columnas con estribos comunes (afecta al hormigón y también a las barras de acero).
- *0,85 f'_c*: reducción por carga rápida en laboratorio, en el edificio las cargas se presentan de manera muy lenta, durante su construcción (afecta solo al hormigón).
- $U = \gamma_1 D + \gamma_2 L$: suma de las cargas permanentes (D) más las sobrecargas (L) afectadas por sus coeficientes de seguridad.

Coeficientes de seguridad.

En lo anterior observamos la notable cantidad de factores de reducción de resistencias y de aumento de cargas, todo para asegurar la estabilidad del elemento de mayor jerarquía en la estructura: las columnas. En el capítulo 9 del Cirsoc "Requisitos de resistencia y servicio" se indican la manera de combinar los coeficientes de seguridad según la combinación de cargas que actúan.

Además de lo establecido por reglamentos el coeficiente de seguridad debe ser diseñado para cada entorno o región; cada uno de ellos difieren en la calidad de los materiales, de mano de obra y de la capacidad de los técnicos. El proyectista o calculista es quien en definitiva establecerá el coeficiente adecuado. Para las cargas básicas de peso propio y sobrecargas pueden oscilar:

Para controles regulares o bajos: $\gamma_1 = 1,4$ $\gamma_2 = 1,7$
Para controles rigurosos o buenos: $\gamma_1 = 1,2$ $\gamma_2 = 1,6$

El esquema que sigue intenta mostrar la posición de los coeficientes de seguridad para las cargas y los factores de reducción de la resistencia. Los primeros son externos a la columna y los segundos pertenecen al material de su interior *(figura 24.18)*.

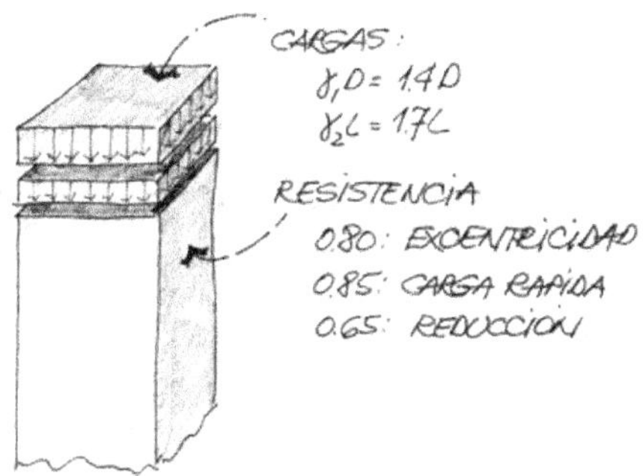

Figura 24.18

Es elevado el coeficiente de seguridad final. En realidad es aún mayor porque en el proceso de cálculo no se tiene en cuenta en efecto de confinamiento del hormigón rodeado por las barras y estribos; la resistencia de rotura del hormigón la obtenemos de una probeta cilíndrica pequeña sin armaduras de confinamiento.

Por otro lado si no se realizan reducciones de sobrecargas finales el valor de sobrecarga "L" $= 200 \ daN/m^2$ es casi cuatro veces al de la realidad del edificio en uso. Resumen: si tuviéramos en cuenta todos esos factores el CS podría llegar a valores cercanos a cinco.

Estas características del coeficiente en columnas de hormigón armado, se justifica por las dificultades que representa su construcción; la colocación del hormigón se realiza desde alturas promedios de 3,00 metros, además el hormigón debe deslizarse a través de las barras de estribos.

5.4. Columna sobre dimensionada, en estado elástico.

Inicio.

En muchos casos, por cuestiones estéticas y de diseño estructural, como la situación anterior, las columnas se encuentran sobredimensionadas y entonces las tensiones de trabajo del acero y del hormigón están por debajo de las de rotura e incluso en muchos por debajo de la mitad de la tensión de rotura del hormigón f'_c.

Para tensiones de trabajo mitad de f'_c *($f_c \leq f'_c/2$)* el hormigón tiene una conducta elástica, en estos casos las deformación del hormigón son similares a las del acero de las barras. En esta fase de cargas se puede realizar el siguiente razonamiento:

$$\varepsilon_c = \varepsilon_s = \frac{f_c}{E_c} = \frac{f_s}{E_s}$$

De esta manera podemos colocar la tensión del acero en función directa de la tensión de trabajo a compresión:

$$f_s = \frac{E_s}{E_c} f_c = n f_c$$

En general:

$$E_s \approx 210.000 \ MPa = 2.100.000 \ daN/cm^2$$
$$E_c \approx 20.000 \ MPa = 200.000 \ daN/cm^2$$

En este caso: *$n \approx 10$*

La expresión para estado elástico de columna:

$$P = f_c\big(A_g + (n-1)A_{st}\big)$$

Recordemos que estamos trabajando solo con la tensión de trabajo del hormigón que se la puede obtener con buena aproximación de la relación entre la carga que actúa y la superficie transversal de la columna.

5.5. Columnas esbeltas.

Repaso.

Recordemos que el efecto pandeo o flexo compresión de las columnas se lo identifica mediante el valor que surge de la "esbeltez" o también del "grado de esbeltez" que son valores que se obtienen por distintos procedimientos que los indicamos en el Capítulo de "Pandeo".

Estudiamos la columna mínima de la estructura de un edificio en hormigón armado. La estudiamos en particular para establecer su grado de esbeltez. Tiene las siguientes características:

- Lado mínimo: *20 . 20* cm
- Altura total desde losa piso a fondo de viga superior: *2,80* metros.
- Condición de borde: empotrada articulada, en realidad por la continuidad de las armaduras posee empotramientos parciales en los extremos.
- Factor de longitud de pandeo: *β = 0,7*
- Longitud de pandeo: *0,7 . 280 = 196* cm
- La esbeltez es la relación de la longitud de pandeo y el radio de giro.
- Esbeltez: *l_p / a = 196 / 20 ≈ 9,8* < mínima esbeltez *15*
- Grado de esbeltez *= 196 / i = 96 / 33,3 ≈ 5,9* < mínimo grado de esbeltez 50.

En general las columnas de hormigón poseen esbelteces por debajo de los límites de pandeo. La imagen muestra la altura total de extremos de columnas empotradas en el nudo. En general esa altura oscila entre un mínimo de *2,60* a máximos de *3,00* metros *(figura 24.19)*.

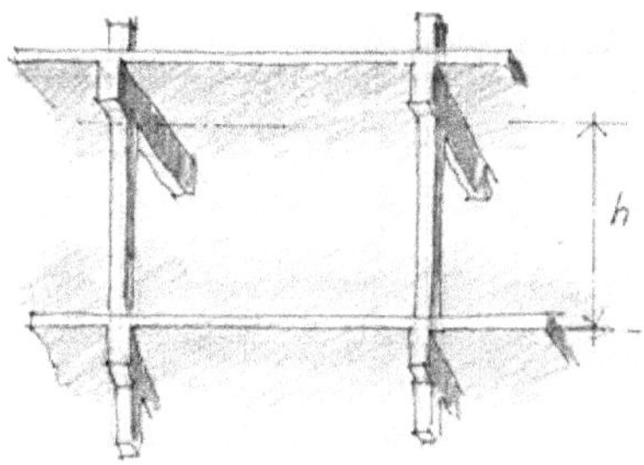

Figura 24.19

Volvemos a destacar que este método es de aproximación para ser usado solo en la fase de pre diseño.

Métodos de cálculo rigurosos según reglamentos.

El diseño y cálculo de las columnas de hormigón armado se indican en los capítulos 9 y 10 del Cirsoc 201. Se destaca la diferencia de procedimientos entre columnas robustas o de baja esbeltez y las columnas esbeltas. Son métodos rigurosos y en general se basan en las solicitaciones de flexión combinada con la de compresión.

Métodos de cálculo aproximado de pre diseño.

Para control en fase de croquis preliminar del diseño estructural se puede utilizar un método de cálculo basado en coeficientes de aumento de cargas según la esbeltez de la columna. Es un método indirecto porque se eleva la resistencia requerida según el peligro del suceso de pandeo.

Recordemos que el efecto pandeo o flexo compresión de las columnas se lo identifica mediante el valor que surge de la "esbeltez" o también del "grado de esbeltez" que son valores que se obtienen por distintos procedimientos.

El "método omega" es del tipo aproximado, es un procedimiento simplificado que afecta a la carga de un factor de aumento según la esbeltez de la columna.

Así, la resistencia requerida surge:

$$P_p = \omega P_n$$

λ esbeltez	ω	Para interpolar
50	1,00	0,0125
70	1,25	0,0300
85	1,70	0,0375
105	2,45	0,0633
120	3,40	0,0500
140	4,40	- - - - -

En el "Aplicaciones" de este capítulo se resuelven problemas de columnas esbeltas mediante este método de aproximación.

Control simplificado de pandeo.

Inicio.

Ya lo dijimos en la teoría; las columnas de los edificios para viviendas u oficinas poseen bajas esbelteces. Para ejercitar el control hacemos la verificación de una de ellas. La esbeltez es la relación de la longitud de pandeo y el radio de giro.

$$\lambda = \frac{s_k}{i}$$

El radio de giro:

$$i = \sqrt{\frac{I_{mín}}{A_c}}$$

I_{min}:   inercia mínima de la sección transversal.
A_c: superficie de la sección

Grado de esbeltez columnas comunes.

Dimensiones columna: *20 . 20 cm*
Altura de entrepiso: *4,30 metros.*
Para considerar el empotramiento parcial de las columnas adoptamos la situación de empotrada en un extremo articulada en otro: *β = 0,7*
Longitud de total de pandeo: *≈ 300 cm*

$$I_{min} = \frac{bh^3}{12} = \frac{20^4}{12} \approx 13.300 \ cm^4$$
$$A_c = 20 .20 = 400 \ cm^2$$

$$i = \sqrt{\frac{I_{mín}}{A_c}} = \sqrt{\frac{13300}{400}} \approx 5,8$$

En columnas rectangulares de puede hacer:

$$i = b \cdot 0,29 = 20 \cdot 0,29 = 5,8$$
$$\lambda = \frac{300}{5,8} \approx 51$$

Esta columna la podemos calcular como de tipo robusta sin pandeo. Porque la esbeltez se encuentra muy próxima al límite *(λ$_{lim}$ = 50)*. En este estudio hemos verificado la esbeltez de una columna de *20 . 20* con una altura de *4,30* metros; con ello podemos establecer que las columnas de entrepiso de oficinas o viviendas en edificios en altura no poseen efecto pandeo.

5.6. Columna circular.

Inicio.

En situaciones de elevada cargas o edificios altos ubicados en regiones de sismos es conveniente el uso de este tipo de columnas circulares *(figura 24.20)*.

Según reglamento Cirsoc 201.

El reglamento en su "Capítulo 10" establece:
Diámetro mínimo de columna: *300 mm*
Diámetro mínimo espiral: *10 mm.*
Separación entre espiral: *25 a 80 mm*
Barras longitudinales:
Armadura mínima: $A_{st} \geq 0{,}01\ A_g$
Armadura máxima: $A_{st} \leq 0{,}08\ A_g$

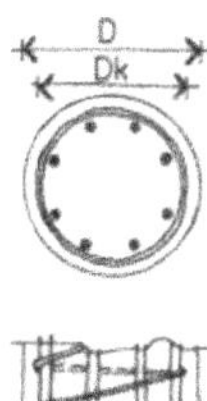

Figura 24.20

Fórmulas de verificación o dimensionado.

Para estas columnas, el reglamento Cirsoc 201 establece ecuaciones de dimensionado:

Para columnas con estribos en espiral:

$$P_n = 0{,}85\emptyset\left[0{,}85 f_c^{'}\left(A_g - A_{st}\right) + f_y A_{st}\right]$$

- P_n: Resistencia última de la columna (resistencia de diseño).
- $\emptyset = 0{,}70$: factor de reducción capacidad material:
- $0{,}85$: factor de reducción por excentricidad inevitable en columnas con estribos en espiral.
- $0{,}85\ f_c^{'}$: reducción por carga rápida en laboratorio (en el edificio las cargas se presentan de manera muy lenta, durante su construcción).
- A_{st}: área o sección de barras de acero longitudinal.
- A_g: área o sección bruta del hormigón.

6. Bases.

6.1. Introducción.

Las bases directas se utilizan para edificios medianos de tres a seis pisos de acuerdo al nivel de cargas de las columnas. Para alturas mayores y suelos regulares dejan de ser convenientes por las grandes dimensiones que requieren. Para edificios mayores se utilizan los pilotes profundos con los cabezales y vigas de atado.

Una vez definida la cota de implante de las bases directas, todos los otros elementos de fundación deben estar a la misma cota, en especial el extremo inferior de los pilotines que soportan las vigas encadenados.

6.2. Lados de bases.

Son de geometría cuadrada o rectangular. A efectos de ahorro de hormigón se diseñan de configuración transversal tronco piramidal *(figura 24.21)*. En general se utiliza un ángulo aproximado de 30° para la inclinación de las bielas de compresión.

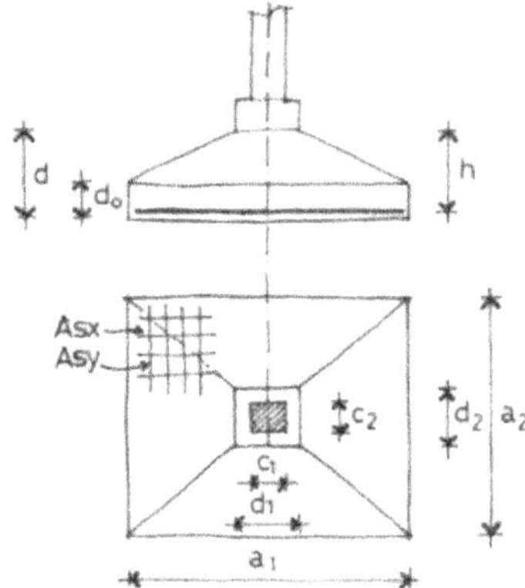

Figura 24.21

Para bases cuadradas, las dimensiones de los lados se obtienen de la relación entre la carga y tensión de suelo:

$$a_1 = a_2 = \sqrt{\dfrac{P\,(daN)}{\sigma_t\left(\dfrac{daN}{cm^2}\right)}}$$

P: carga de columna.
σ_t: tensión admisible del suelo.
Para las bases rectangulares:

$$a_1 = \frac{P}{a_2\,\sigma_t}$$

Hacemos algunas consideraciones de la carga "P" a utilizar para el diseño de la base.

6.3. Reducción de carga.

Las estructuras de hormigón se calculan por el método de rotura; se amplifican las cargas con factores de seguridad y para el material se emplea la tensión de rotura. Sin embargo en las bases, en la interfase de suelo y hormigón se emplea la tensión admisible del suelo.

En el caso de emplear cargas con factor "γ" y relacionarlas con la admisible del suelo nos entrega coeficientes de seguridad muy elevados. En el caso de la superficie de las bases:

$$S = \frac{\gamma(D + L)}{\left(\frac{\sigma_{rot}}{5}\right)} = \frac{1,5 \cdot (D + L) \cdot 5}{\sigma_{rot}} = 7,5 \frac{(D + L)}{\sigma_{rot}}$$

Si la configuración de las bases y las vigas de atado responden a un diseño cuidadoso se puede eliminar el factor de incremento de cargas y utilizar de manera directa la tensión admisible de suelo.

El diseño y cálculo de las bases no es posible solo con la utilización de la relación de cargas y tensión admisible de suelos, además de las variables anteriores también se analizan el peso del terreno que se quita y el peso del hormigón que se coloca. Otros parámetros es la forma de la base y el tipo de suelo para el estudio del bulbo de tensiones.

En resumen, debemos identificar tres tipos de cargas:

a) La que llega de columna según reglamentos (con factor *"γ"*).
b) La que se utiliza para los lados de base sin factor "γ".
c) La que se utiliza para el dimensionado a flexión; la que actúa en el trapecio en sombra de la figura.

Podemos imaginar la superficie de reacción del suelo según la imagen; los cuatro trapecios y el rectángulo que corresponde a tronco de columna no afectado por la flexión *(figura 24.22)*.

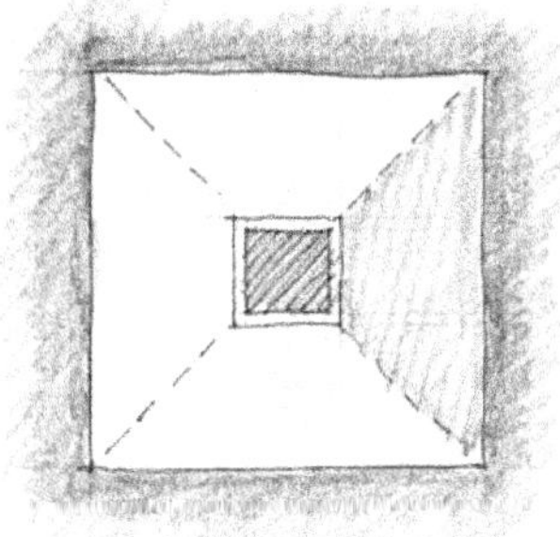

Figura 24.22

6.4. Métodos de cálculos.

Método teórico clásico.

En el dimensionado tradicional de las bases, se las considera como una ménsula invertida con la presión del suelo como carga. Se las calcula como una viga en voladizo considerando el flector externo, el corte y el punzonado. Se utilizan las fórmulas de resistencia a flexión de la teoría clásica, además se verifica al punzonado.

La base podemos imaginarla en forma invertida con la carga de reacción de suelo *(figura 24.23)*.

Base real:

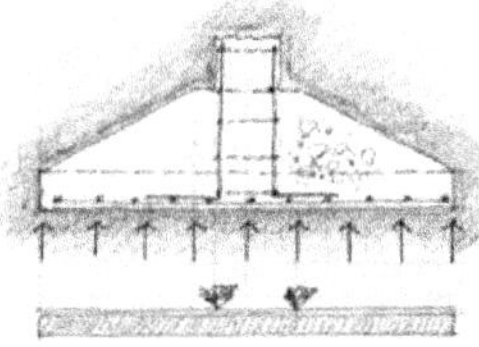

Base invertida imaginaria:

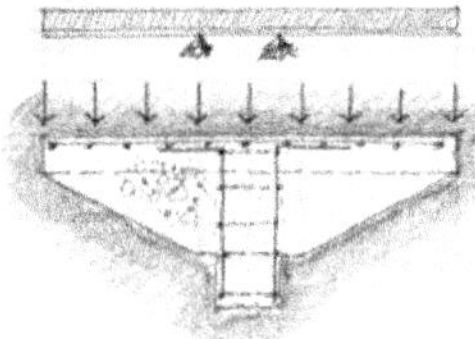

Figura 24.23

En la analogía de ménsula anterior se debe analizar la forma que se distribuyen las cargas de columna, lo vemos en los párrafos siguientes.

Método de Biela y Tensor.

General.

Con este método se visualizan mejor las fuerzas y esfuerzos en el interior de la base mediante la configuración de las bielas a compresión y los tensores a tracción. La fuerza total *"P"* de la columna cuando llega a la base se descompone en cuatro fuerzas *"P/4" (figura 24.24)*.

Las bielas sostienen las reacciones de los trapecios. Entonces para la dimensionado solo emplearemos la reacción que surja de la diferencia:

$$P = \sigma_{adm}\,(a_1.\,a_2 - c_1.\,c_2)$$

Carga en cada trapecio: $P_t = P/4$

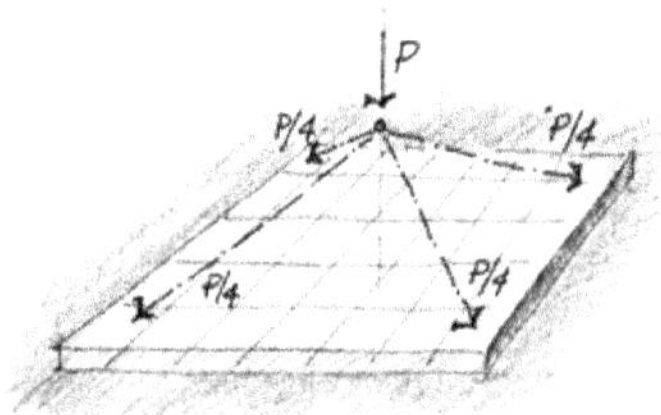

Figura 24.24

Esas cuatro fuerzas generan reacciones que las imaginamos en los extremos de las diagonales de la base *(figura 24.25)*. En nuestro dibujo la orientación de las fuerzas es hacia las esquinas, también pueden ser en dirección ortogonales y con mayor cantidad de componentes.

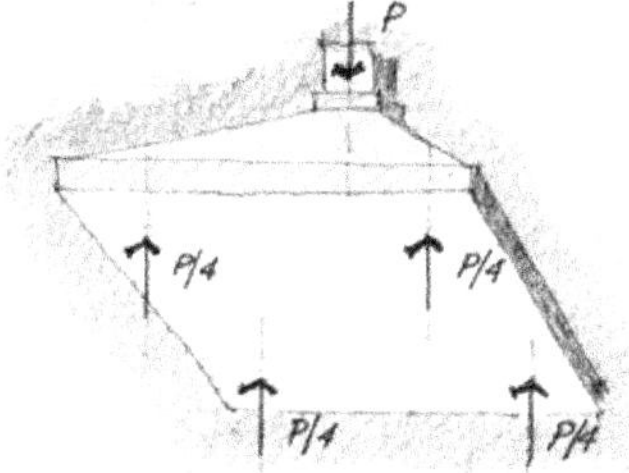

Figura 24.25

Esas fuerzas tienen una componente horizontal de tracción que es tomada por las barras en malla de la parte inferior. Observemos que en el caso de las bases está resuelta la cuestión de "Elástica y Rótula" porque en sí misma la base es una ménsula donde es imposible colocarle una articulación.

La inclinación de los puntales dependen de la forma de la base, si es cuadrada el ángulo de biela es igual en las direcciones ortogonales. Si es rectangular son diferentes las pendientes: $\alpha_1 \neq \alpha_2$ *(figura 24.26)*.

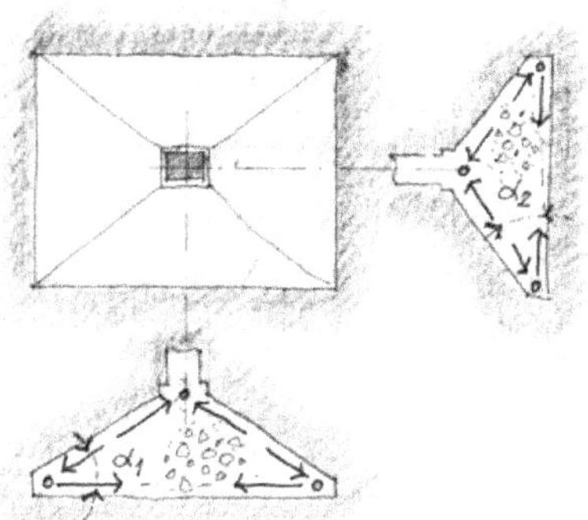

Figura 24.26

Con esto preparamos el esquema desde la analogía del reticulado; los puntales de compresión con inclinación cercan a las caras inclinadas de la base y el tensor horizontal se ubica en el plano de la parrilla de barras en la parte inferior

Fuerzas de tensor y biela.

La biela en la parte inferior, a nivel de las barras se inicia a una distancia de $\approx 0,10$ metros del borde a efectos del anclaje de barras con hormigón. Debemos imaginar que las bielas responden a un espacio con plano inclinado de $30°$. La carga en cada trapecio la consideramos la cuarta parte de la carga total. Necesitamos descomponer la fuerza P_t en la dirección de biela y de tensor.

Fuerza en plano de bielas:

$$C = \frac{P_t}{sen\alpha}$$

Fuerza en plano de tensores:

$$T = \frac{P_t}{tg\,\alpha}$$

Verificación y cálculo armaduras.

En el plano de tensores debemos colocar barras que soporten las fuerzas en ese plano. Recordemos que si la carga total sobre la base tiene incorporados los coeficientes de seguridad, la sección necesaria se calcula con la tensión de fluencia del acero (método de rotura):

$$A_s = \frac{T}{\emptyset f_y}$$

El área total de acero se distribuye en barras con separaciones iguales en todo el ancho. En algunos casos de cargas elevadas se recomienda que densificar más las barras en las franjas centrales de *"1/2 a"* y reducir en los laterales de *"1/4a"*.

Verificación y cálculo hormigón.

En el plano de bielas consideramos un ancho promedio:

$b_m = (a_1 + c_1)/2$　　　*(figura 24.21)*

y un espesor de región de compresión de

$e = 0,15d$　　　　d: altura de base.

Así la tensión de trabajo en compresión será:

$$f_c = \frac{C}{b_m \cdot e} = tensión\ de\ trabajo\ hormigón$$

Para el control de punzonado consideramos un cilindro de diámetro doble al tronco de base que somete a efectos de corte de punzonado. De esta manera la tensión tangencial que se genera:

Círculo de roce en punzonado: $2\pi c_1 = 2\pi c_2$
Superficie de corte por punzonado: $2\pi c_1(d/2)$
Tensión de punzonado:

$$\tau_p = \frac{P}{\pi c d}$$

7. Aplicaciones.

En estas aplicaciones resolvemos algunos pocos ejemplos porque en el Capítulo 26 "Aplicación Hormigón Armado" incorporamos ejemplos de sistemas estructurales completos.

7.1. Dimensionado viga hormigón armado.

Inicio.

Se dimensiona la viga de hormigón a flexión y corte por el método simplificado de la analogía del reticulado. La viga es de un solo tramo y apoya sobre columnas de baja rigidez *(figura 24.27)*.

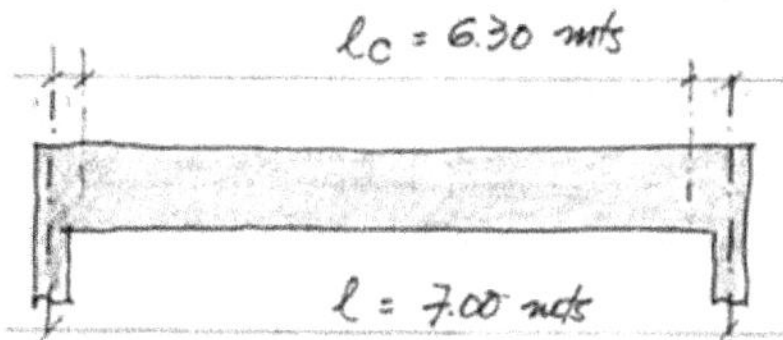

figura 24.27

Datos:

- *Tipo:* Viga "T" monolítica con losa.
- l: longitud entre ejes columnas = *7,00* metros.
- l_c: longitud para cálculo por rigidez de apoyos = *6,30* metros.
- q: carga repartida = *4.500 kg/m = 45 kN/m*. Esta carga tiene incorporados los factores de mayoración y el peso propio de viga.
- Resistencia del hormigón: *H25 (250 kg/cm^2 = 25 Mpa)*
- Resistencia fluencia acero: f_y = *4.200 kg/cm^2 = 420 Mpa*.
- Espesor de recubrimiento armaduras: r = *5 cm (a eje de barras)*.
- Ancho de viga: *25 cm*

Altura mínima deformación y brazo de cupla interna.

Adoptamos la situación de viga con apoyos simples *(Tabla 40)*:

Altura *"h"* mínima: $h \approx l/16 \approx 44$ *centímetros*.
Adoptamos $h = 60\ cm$
Altura *"d"* de cálculo: $h - r = 60 - 5 = 55\ cm$
Brazo de palanca: $z \approx 55 . 0,85 = 47\ cm$

Esquema de viga.

La distribución de las deformaciones de la viga las tensiones se muestran en el esquema *(figura 24.28)*.

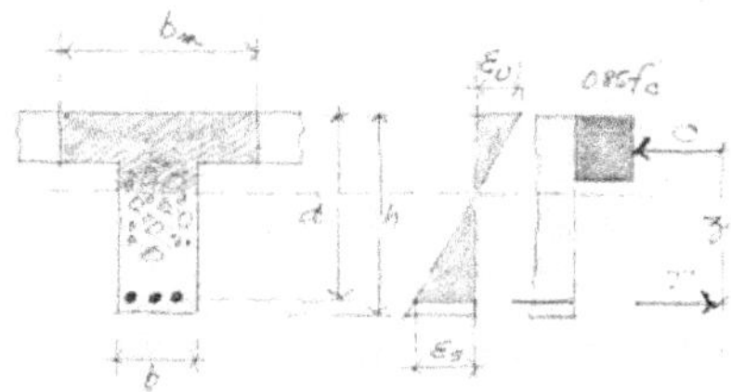

Figura 24.28 (C8.10.3 Cirsoc "Comentarios")

b_m: ancho colaborante de losa.
b: ancho de viga.
d: altura de centro de barras a fibra superior comprimida.
h: altura total.
ε_u: deformación del hormigón.
ε_s: deformación del acero.
C: fuerza de compresión.
T: fuerza de tracción.

z: brazo palanca.

La distribución de las deformaciones de la viga las tensiones se muestran en el esquema *(figura 24.27)*.

Regiones "B" y "D".

En esta viga simple la región central se corresponde con la flexión pura (región B) y los laterales simétricos con la flexión plana (región D), el esquema de las regiones *(figura 24.29)*:

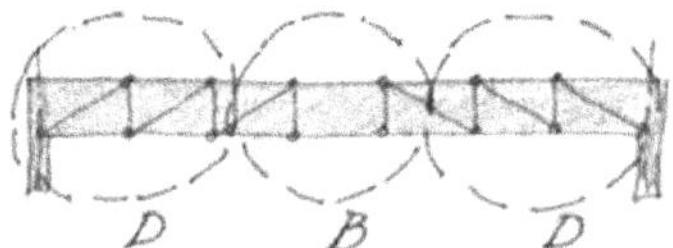

Figura 24.29

Para el dimensionado utilizamos teoría y método de dimensionado según:

Región *"B"*:

A flexión mediante la cupla interna resistente: $M_{i1} = M_{n1} > Me_1$.

Región *"D"*:

A flexión y corte; a flexión mediante $M_{i2} = M_{n2} > M_{e2}$ y al corte mediante $V_n = V_c + V_s > V_{e2}$.

M_{i1} : Momento resistente interno nominal máximo ($M_{n1} > Me_1$).
M_{i2} : Momento resistente nominal medio ($M_{n2} > M_{e2}$)
V_n : Resistencia al corte nominal ($V_n = V_c + V_s > V_{e2}$
Me_1 : Momento de fuerzas externas máximo.
M_{e2} : Momento de fuerzas externas medio.
V : Corte de fuerzas externas máximo.

Reacciones y momentos flectores

Reacciones sobre columnas:
$R_A = R_B = 7,00 . 4500 / 2 = 15.750 \, daN$

Reacción para el corte (a *0,35* metros de ejes de apoyos):
$Q_A = Q_B = 6,30 . 4500 / 2 = 14.175 \, daN$

Momento flector máximo a mitad de viga ($l_c = 6,30$ metros):
$M_e = ql^2/8 \approx 22.300 \, kgm = 223 \, kNm$

Cupla máxima de resistencia.

En la mitad de la viga debe existir una cupla cuyas fuerzas *"C"* y *"T"* resulten iguales o superiores a:
$C = T = M_e / z = 22.300 . 100 / 47 = 47.450 \, daN$

C: Fuerza que resiste la sección de hormigón.
T: Fuerza que resiste la sección de las barras.

Dimensionado: Sección de barras necesarias en tracción.

La sección de barras se obtiene de la resistencia última del acero. debemos incorporar el factor de reducción ϕ en la resistencia del acero

$$As \ = \ \frac{T}{(\phi f_y\,)} \ = \ \frac{47450}{0,90 \cdot 4200} \ = \ 12,6 \ cm^2$$

Diámetro y cantidad de barras: *6 ϕ 16 mm* $\rightarrow$ *12 cm^2*

Momento nominal máximo.

Con las siete barras de 16 mm ($\approx$ *14,00* cm^2) el máximo flector de tramo:
$M_{n\,máx} = 12 \ cm^2 . \ 4200 \ daN/cm^2 . \ 0,90. \ 0,47 \ m \approx$
$\approx 21.300 \ daNm \quad BC$

Tensión de trabajo del hormigón a compresión.

La sección necesaria a compresión:

$$A_c \ = \frac{C}{f'_c} \ = \frac{47450}{0,90 \cdot 250} \ \approx \ 210 \ cm^2$$

Altura *"a"* supuesta simplificada del bloque de tensiones de compresión:

$a = \ (d - z) = (55 - 47) = \ 8 \ cm$

Suponemos un ancho colaborante de losa de *100* cm (*50* cm a cada lado de su eje transversal). El eje neutro se encuentra dentro del espesor de la losa (15 cm).

Tensión de trabajo del hormigón a compresión:

$$f'_{ct} = \frac{47450}{8 \cdot 100} \approx 60 \ \frac{daN}{cm^2} \ll 250 \ \frac{daN}{cm^2}$$

Cálculo armadura de corte según reglamento.

El reglamento utiliza los principios de la analogía del reticulado en zona *"D"* de máximo corte. La resistencia interna total al corte es la suma de las resistencias que ofrecen los estribos y el hormigón.

La resistencia nominal se compone:
$$V_n \ = \ V_c \ + \ V_s$$
V_c : resistencia nominal al corte por el hormigón en *"N"*.
V_s : resistencia nominal al corte por armadura de corte en *"N"*.

Esfuerzos máximos de corte:
$Q_A = Q_B = 14.175 \ daN$

Según reglamento:
General.

Resistencia requerida: $Q_{máx} \approx 14.175 \ daN$

Cálculo del V_c:

$$V_c = \frac{1}{6} \sqrt{f'_c}\, bd = \frac{1}{6} \sqrt{25} \cdot 250 \cdot 55 = 114.500 \ N = 11.450 \ daN$$

La resistencia de corte del hormigón es menor que la requerida, es necesario colocar estribos. Elegimos estribos de diámetro *8* mm (dos ramas) con separación de *25* centímetros.

Cálculo del V_s:

$$V_s = \frac{A_v f_{yt}\, d}{s} = \frac{100 \cdot 4200 \cdot 55}{250} = 92400\ N = 9.240\ daN$$

- A_v: área de la armadura de corte existente en una distancia "s", en mm^2.
- d: distancia desde la fibra comprimida extrema hasta el baricentro de la armadura longitudinal traccionada, en mm.
- f_{yt}: Tensión de fluencia especificada de la armadura transversal, en MPa.
- s: separación entre los estribos, en mm.

Resistencia al corte total:

$$V_n = V_c + V_s = 11.450 + 9.240 = 20.690 > 14.175\ daN \quad BC$$

Verificación del corte por analogía del reticulado.

General.

Suponemos el primer apoyo sobre el eje de la columna, en ese caso Resistencia requerida: $Q_{máx} \approx 14.175\ daN$.

Esquema del reticulado *(figura 24.30)*.

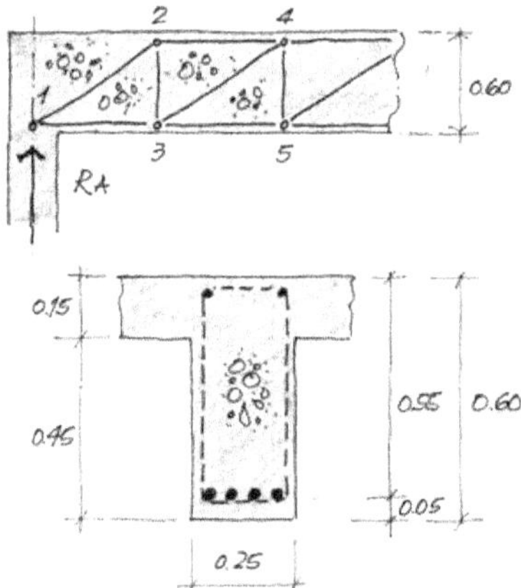

figura 24.30

Angulo de la diagonal *1-2:* $\alpha = 38°$ *sen* $\alpha \approx 0,61$ *cos* $\alpha \approx 0,76$

Resistencia de los estribos de dos ramas.
Descomposición de R_A en la dirección diagonal *1-2* y tensor *1-3:*
Fuerza de compresión *1-2: 14175 / 0,61 = 23.250 daN*
Fuerza de tracción *2-3: 23250 . cos* α *= 23250 . 0,76 = 17.670*
Distancia a considerar en proyección: *55 cm*
Cantidad de estribos en esa distancia: *55 / 25 = 2,2*
Diámetro 8,0 mm → sección *50 mm^2*
Cantidad de barras: *2,2 . 2 . 50 mm^2 = 220 mm^2*
Capacidad de resistencia a rotura: *220 . 420 = 92.400 N = 9.240 kN*

Resistencia del hormigón.
    En la dirección vertical.
    Descomposición de R_A en la dirección diagonal *1-2* y tensor *1-3*
    Fuerza a tracción requerida: 17.670 daN

La resistencia a la tracción por corte en el hormigón se considera un valor aproximado a *0,035* de f'_c *(25 Mpa)*.

Resistencia: *0,035 . 25 ≈ 0,80 MPa = 8 daN/cm²*

En la analogía del reticulado en la dirección *2-3* se constituye la resistencia al corte por la combinación del hormigón y del acero. La proyección horizontal de la región en estudio es igual a la altura de la viga *(55 cm)*.

Sección a considerar horizontal para el corte: *55 . 25 = 1.375 cm²*.

Resistencia: *1.375 . 8 = 11.000 daN*.

Resistencia total (barras + hormigón):

    9.240 + 11.000 = 20.240 daN > 17.670 daN

    Valor similar al obtenido por reglamento *(20.690 daN)*.

Esquemas:

- Barras de construcción arriba (perchas): *2* barras diámetro *10* mm.
- Barras de tracción (abajo): *6* barras diámetro *16* mm.
- Estribos apoyos (≈ *1,70* metros): dos ramas diámetro *8* mm c/*25* cm.
- Estribos tramo (≈ 3,60 metros): dos ramas diámetro 8 mm c/30 cm.

Detalle sección transversal *(figura 24.31)*:

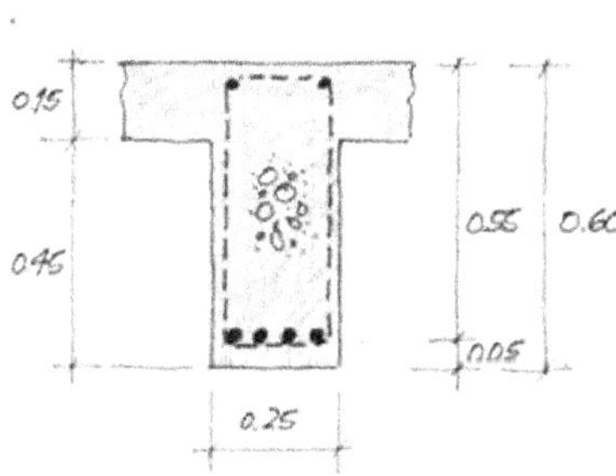

figura 24.31

Detalle sección longitudinal *(figura 24.32)*.

Sección 1-1: Flector máximo.
Sección 2-2: Flector medio (se pueden cortar las barras innecesarias).
Sección 3-3: Corte máximo.

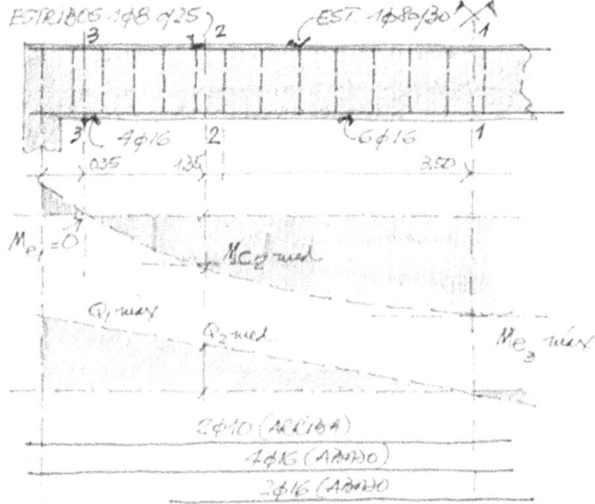

figura 24.32

Las barras de tracción pueden ser cortadas cuando no son necesarias como muestra la figura. En todos los casos se debe verificar la longitud de anclaje.

7.2. Capacidad de columna mínima.

Inicio.

Aplicación del Reglamento Cirsoc 201 y normativas generales para el dimensionado de una columna mínima permitida: lados 20 . 20 centímetros con armadura de 4 φ 12 mm.

Datos.

La columna no está afectada al fenómeno de pandeo.
Tipo de hormigón: H30
Fluencia de las barras acero: fy = 420 MPa = 4.200 daN/cm2

Control cuantía de acero según normativa:

Relación de superficies de acero respecto al de hormigón:

Cuantía: *4,52 / 400 = 0,011 → se encuentra entre: $0,08A_g \leq A'_{st} \geq 0,01A_g$*

Diámetro de los estribos según normativa:

Diámetro de los estribos *"d_b": 6 mm*

Separación entre estribos según normativa.

Separación entre estribos: 20 cm.

Carga última según fórmulas anteriores:

Aplicamos la expresión de carga última para columnas con estribos simples:

$$P_n = 0,80 \cdot \emptyset \cdot \left[0,85 \cdot f_c' \cdot \left(A_g - A_{st}\right) + f_y . A_{st}\right]$$

$$P_n = 0,80 \cdot 0,65 \cdot [0,85 \cdot 300 \cdot (400 - 4,52) + 4200 \cdot 4,52] \approx 62.300 \; daN$$

Esta carga debe ser menor a la determinada mediante:

$$U = \gamma_1 D + \gamma_2 L \; \approx 1,5 \; (\gamma_1 D + \gamma_2 L)$$

7.3. Cálculo carga de rotura sin coeficientes columna anterior.

Inicio.

Realizamos el cálculo de la misma columna anterior pero sin ningún coeficiente de seguridad a los erectos de establecer la relación entre carga de rotura real y carga según reglamento.

Fórmula a utilizar.

La carga de rotura (sin aplicación de factores de seguridad) de una columna se obtiene de:

$$P_n = f_c' \left(A_g - A_{st}\right) + f_y A_{st}$$

- P_n: Resistencia nominal para carga axial.
- A_{st}: área o sección de barras de acero longitudinal.
- A_g: área o sección bruta del hormigón.
- f_c': tensión de rotura del hormigón.

Resolución.

$A_{st} = 4 \, . \, 1,13 \; cm^2 = 4,52 \; cm^2$
$A_g = 20 \, . \, 20 = 400 \; cm^2$
$f_c' = 30 \; MPa$
$f_y = 240 \; MPa$

$$P_n = 300 \, (400 - 4,52) + 2400 \cdot 4,52 \approx 129.500 \; daN$$

Relación de cargas:

La carga de *129.500* daN es la resistencia real que ofrece la columna en el instante de la rotura, esto sobre el supuesto que la columna fue construida de manera rigurosa, sin excentricidad y sin error alguno en la colocación precisa de las barras (también sin pandeo). La carga determinada según las expresiones del reglamento alcanza a 62.300 daN, que debe ser menor a la de diseño:

$$U = \gamma_1 D + \gamma_2 L \; \approx 1,5 \; (\gamma_1 D + \gamma_2 L)$$

Factor de carga: $\approx 1,5$
Carga real: 62.300 / 1,5 $\approx$ 41.500 daN
Relación entre cargas límites:

$$relación: \frac{129.500}{41.500} \approx 3,1$$

Este valor es el coeficiente de seguridad final de la columna estudiada.

7.5. Dimensionado desde la carga en columnas.

Inicio.

En la mayoría de los casos se conoce la carga y las características mecánicas del hormigón y el acero. Para determinar las secciones de hormigón y barras de acero, el procedimiento más simple es una iteración.

Carga total: *400.000 daN*
Hormigón: *$f'_c = 30\ MPa\ (H25)$*
Acero: *$f_y = 420\ MPa$*

Sección aproximada de hormigón y sección de barras.

Sección de hormigón: *$400.000 / (0,6 \cdot 250) \approx 27.000\ cm^2$*
Adoptamos columna cuadrada: lados *$\approx 50\ cm$*
Superficie: *$50 \cdot 50 = 2.500\ cm^2$*
Elegimos una cuantía de *0,02*
Sección de armaduras *$\approx 0,02 \cdot 2500 = 50\ cm^2$*   *$\rightarrow$ 16 ϕ 20 mm*

Comprobación:

Superficie hormigón: *2500 cm^2*
Lados de columna: *≈ 50 cm*
Superficie de acero: *50 cm$^2 \approx 16$* barras diámetro *20* mm.
Aplicación de la fórmula Cirsoc:

$$P_n = 0,80 \cdot \emptyset \cdot \left[0,85 \cdot f'_c \cdot \left(A_g - A_{st} \right) + f_y \cdot A_{st} \right]$$

$$P_n = 0,80 \cdot 0,65 \cdot [0,85 \cdot 300 \cdot (2500 - 50,2) + 4200 \cdot 50,2] \approx 435.000\ daN$$

El valor es superior al de la carga de servicio, se puede ajustar su capacidad reduciendo la cuantía de hierro.

7.4. Ejemplo columna circular.

Inicio.

Verificar la capacidad de servicio de la columna circular cuyos datos se acompañan:

Datos:

Carga: compresión.
Columna robusta sin pandeo.
Diámetro columna circular: *40 cm*
Hormigón tipo: *$f'_c = 30\ MPa\ (H30)$*
Armadura longitudinal: *10 barras de diámetro 16 mm (20 cm^2).*
Acero tipo: *$f_y = 420\ MPa$*
Altura de piso a fondo de viga: *350 cm (no existe efecto pandeo).*

Cálculo de la resistencia.

Aplicación numérica de la fórmula:

$$P_n = 0,85 \emptyset \left[0,85 f'_c \left(A_g - A_{st} \right) + f_y A_{st} \right]$$

$$P_n = 0,85 \cdot 0,7 [0,85 \cdot 300(1256 - 20) + 4200 \cdot 20] \approx 337.500\ daN$$

Espiral: *diámetro 10 mm con separación de 8 cm.*

7.6. Superficie de base: reducción de carga.

Inicio.

Para la determinación de la superficie de base en contacto con el suelo debemos recordar lo siguiente:

a) Las cargas utilizadas en el cálculo a rotura del hormigón fueron afectadas por coeficientes de seguridad.

b) Las tensiones admisibles de los suelos fueron afectadas por coeficientes de seguridad.

En la interfase de hormigón con suelo (superficie de contacto de base) debemos ajustar las cargas, de lo contrario estaríamos aplicando dos veces el factor de seguridad; por un lado a las cargas (cálculo por método rotura del hormigón) y a las tensiones de suelo (cálculo por método clásico).

Relación de superficies.

Revisamos la relación de superficie de bases según hayan sido afectadas por coeficientes reductores de cargas.

Lados de base con cargas sin reducción.

Cargas de diseño: $U = \gamma\ (D+L) = 40.000$ daN

Tensión admisible del suelo: $\sigma_{adm} \approx 1,0$ daN/cm^2

$$a_1 = a_2 = \sqrt{\frac{40000}{1}} = 200\ cm$$

Lados de base con cargas reducidas.

Cargas no afectada de coeficientes:

$P = U/\gamma = 40.000 / 1,5 \approx 27.000$ daN

Tensión admisible del suelo: $\sigma_{adm} = 1,0$ daN/cm^2

$$a_1 = a_2 = \sqrt{\frac{27000}{1}} \approx 165\ cm$$

Conclusión.

Vemos una notable diferencia en las superficies de base; la anterior tiene un 50 % más de superficie que la última con cargas sin factores. Esta reduccion sólo se aplica para la determinación de superficie de base en contacto con suelo. Para el cálculo de la base se utilizan los principios de cálculo del hormigón armado.

Segunda Parte

Aplicaciones maderas

25

Aplicaciones en madera.

Diseñamos, calculamos y dimensionamos dos sistemas completos de estructuras en madera:

a) Uno entrepiso de un solo nivel.
b) Un galpón con cubierta simétrica a dos aguas.

Entrepiso simple en madera.

1. Inicio:

Se determinan las solicitaciones de cada una de las piezas que lo componen y luego se procede a dimensionarlos:

- Piso de tablas.
- Vigas secundarias (V_2).
- Vigas primarias (V_1).
- Columnas.
- Sistema de fundación.

Todas las piezas serán de madera del tipo rectangular y macizas *(figura 25.1)*.

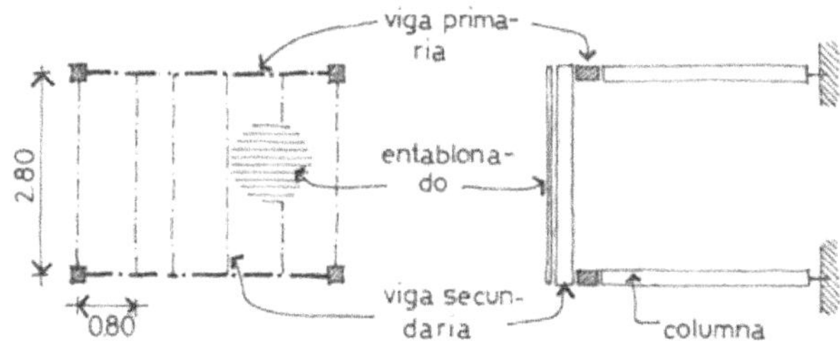

Figura 25.1

2. Datos:

Tipo de madera: *semidura.*
Tensión admisible: $\approx 90\ daN/cm^2$
Destino del entrepiso: *dormitorio viviendas.*
Relación lados en vigas: $h = 2b$

3. Análisis de cargas:

Las tablas actuarán en forma directa de piso de la habitación. Las tablas poseen encastre o machimbre que evita la deformación individual de la tabla.

Detalle de cargas:

Peso propio tablas y estructura:　　*50 daN/m²*
Sobrecargas de uso:　　　　　　　　*200 daN/m²*
Carga total:　　　　　　　　　　　　**250** *daN/m²*

4. Cálculo de solicitaciones.

Solicitaciones de tablas de piso:

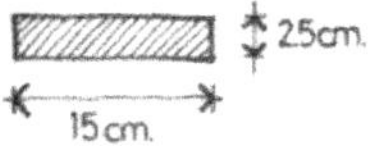

Figura 25.2

Sección de las tablas *(figura 25.2)*: ancho *15* cm y espesor *2,5* cm.
Carga por ancho de tabla: $q = 0,15 . 250 = 37,5 \ daN/ml$
Distancia entre apoyos de tablas: 0,80 metros.
Esquema de viga *(figura 25.3)*:

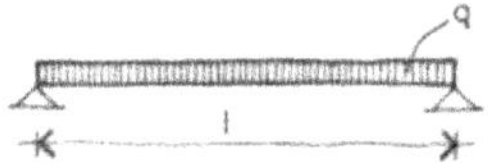

Figura 25.3

$$R_A = R_B = 37,5 . 0,80 / 2 = 15 \ daN$$

$$M_{f\,máx} = \frac{ql^2}{8} = 3,00 \ daNm$$

Las condiciones de borde que se eligieron para la determinación de las solicitaciones no se ajustan a la realidad porque las tablas que componen los tablones de piso, poseen longitudes superiores a los 0,80 metros; que generan vigas continuas, en general de dos o tres tramos *(figura 25.4)*.

Figura 25.4

El haber elegido una viga isostática nos coloca del lado de la seguridad, en especial en cuanto a las elásticas que producirán en las tablas.

Solicitaciones en viga secundaria:

Las tablas de piso se apoyan mediante fijación de clavos sobre las vigas secundarias *"V₂"* y transiten toda su carga a ellas. Estas viga, como observamos en la planta de estructura del entrepiso soportan cargas similares con excepción de las vigas extremas, allí las carga son la mitad *(figura 25.5)*.

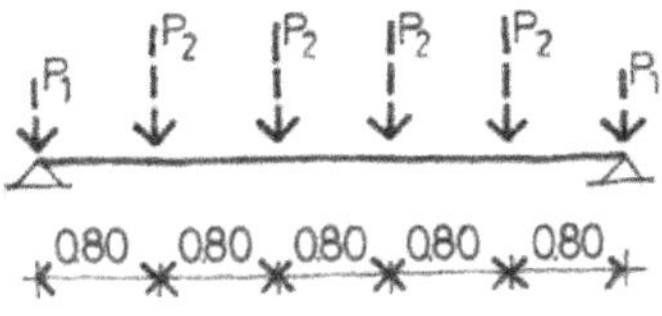

Figura 25.5

Carga sobre viga: $q = 0,8 \cdot 250 = 200 \ daN/ml$

$$R_A = R_B = \frac{2,8 \cdot 200}{2} = 280 \ daN$$

$$M_{f \ máx} = \frac{ql^2}{8} = 196 \ daNm$$

Solicitaciones en viga primaria:

Las vigas primarias "V_1", reciben las cargas puntuales de las secundarias que actúan como fuerzas concentradas *(figura 25.5)*.

$$P_1 = 140 \ daN \qquad P_2 = 280 \ daN$$

Esquema de viga:

Por simetría de formas y de cargas:

$$R_A = R_B = 700 \ daN$$

El flector máximo se produce en el medio de la viga:

$$M_{f \ máx} = 700 \cdot 2,0 - 140 \cdot 2,0 - 280 \cdot 1,2 - 280 \cdot 0,4 = 672 \ daNm$$

5. Dimensionado desde la resistencia.

Tablas de piso.

Las tablas *(2,5 cm . 15 cm)* poseen medidas comerciales. Entonces nuestro trabajo no es dimensionado, sino una verificación de la tensión de trabajo de la madera y la elástica máxima:

$$W = \frac{bh^2}{6} = \frac{15 \cdot 2,5^2}{6} = 15,6 \ cm^3$$

$$\sigma_t = \frac{M}{W} = \frac{3,0 \cdot 100}{15,6} \approx 20 \ \frac{daN}{cm^2} \qquad BC$$

Viga secundaria.

Hemos adoptado una forma rectangular: $h = 2b$

$$b = \sqrt[3]{\frac{M}{\sigma_{adm}} \, 1,5} = \sqrt[3]{\frac{196 \cdot 100}{90} \, 1,5} = 6,9$$

Adoptamos: $b = 7,5 \quad h = 15 \ cm$

Verificación resistencia:

$$W = \frac{bh^2}{6} = \frac{7,5 \cdot 15^2}{6} = 281 \ cm^3$$

$$\sigma_t = \frac{M}{W} = \frac{196 \cdot 100}{281} \approx 70 \ \frac{daN}{cm^2} \qquad BC$$

Viga primaria.

Hemos adoptado una forma rectangular: $h = 2b$

$$b = \sqrt[3]{\frac{M}{\sigma_{adm}}} \, 1,5 = \sqrt[3]{\frac{672 \cdot 100}{90}} \, 1,5 = 10,4 \; cm$$

Adoptamos: *b = 10 cm   h = 20 cm*

Verificación resistencia:

$$W = \frac{bh^2}{6} = \frac{10 \cdot 20^2}{6} = 667 \; cm^3$$

$$\sigma_t = \frac{M}{W} = \frac{672 \cdot 100}{667} \approx 100 \; \frac{daN}{cm^2} \quad MC$$

La tensión de trabajo supera la admisible, desde la resistencia se puede admitir porque las tensiones admisibles son valores aproximados que poseen un entorno de aceptación, pero nos falta revisar las elásticas y es posible que debamos modificar la sección.

6. Verificación de dimensiones por elásticas.

Flechas límites por reglamento y confort.

Los distintos reglamentos o condiciones de servicio limitan las elásticas a valores que de manera aproximada se indican a continuación.

Tablas de piso.

$$f = \frac{l}{300} = \frac{80}{300} \approx 0,3 \; cm$$

Viga secundaria.

$$f = \frac{l}{300} = \frac{280}{300} \approx 0,9 \; cm$$

Viga primaria.

$$f = \frac{l}{300} = \frac{400}{300} \approx 1,3 \; cm$$

Estos valores deberán ser aproximados a los que a continuación se calculan con las fórmulas de elásticas.

Cálculo de las flechas elásticas.

Tablas de piso.

$$I = \frac{bh^3}{12} \approx 19,5 cm^4$$

$$E = 70.000 \, \frac{daN}{cm^2}$$

$$q = 37,5 \, \frac{kg}{ml} = 0,375 \, \frac{daN}{cm}$$

$$f = \frac{5}{384} \frac{ql^4}{EI} = \frac{5}{384} \frac{0,375 \cdot 80^4}{19,5 \cdot 70000} = 0,14 \; cm \; < 0,3 \; cm \;\; BC$$

Viga secundaria

$$I = \frac{bh^3}{12} \approx 2.109 \, cm^4$$

$$E = 70.000 \, \frac{daN}{cm^2}$$

$$q = 200 \, \frac{kg}{ml} = 2,0 \, \frac{daN}{cm}$$

$$f = \frac{5}{384} \frac{ql^4}{EI} = \frac{5}{384} \frac{2 \cdot 280^4}{2109 \cdot 70000} \approx 1,0 \, cm \approx 0,90 \quad BC$$

El valor admitido por reglamento y normativas es de 0,90 valor cercano al obtenido en el cálculo, se considera aceptable la deformación de la viga secundaria.

Viga primaria.

$$I = \frac{bh^3}{12} \approx 6.667 \, cm^4$$

$$E = 70.000 \, \frac{daN}{cm^2}$$

$$q = 280 \, \frac{kg}{ml} = 2,8 \, \frac{daN}{cm}$$

$$f = \frac{5}{384} \frac{ql^4}{EI} = \frac{5}{384} \frac{2,8 \cdot 400^4}{6667 \cdot 70000} \approx 2,0 \, cm > 1,3 \, cm \quad MC$$

Este valor supera al indicado por reglamento. Según la los efectos que causan estos dos centímetros se los acepta o rechaza.

Redimensionado desde flecha máxima.

Realizamos un redimensionado desde la expresión de la elástica. Ahora la *"f"* es dato y la incógnita será el *"I"* de donde despejamos el *"b"* y el *"h"*.

$$I = \frac{5}{384} \frac{ql^4}{Ef} = \frac{5}{384} \frac{2,8 \cdot 400^4}{1,3 \cdot 70000} \approx 10.025 \, cm^4$$

Para secciones $h = 2b$:

$$I = \frac{bh^3}{12} = \frac{b^4}{1,5}$$

$$h = \sqrt[4]{1,5 \cdot 10025} \approx 11 \, cm$$

Por medidas comerciales adoptamos: $b = 11,25 \, cm \qquad h = 22,50 \, cm$
Las medidas anteriores en pulgadas: $4,5"$. $9"$.

Tensión de trabajo:

$$W = \frac{bh^2}{6} = \frac{11,25 \cdot 22,5^2}{6} \approx 950 \, cm^3$$

$$\sigma_t = \frac{M}{W} = \frac{672 \cdot 100}{950} \approx 70 \ \frac{daN}{cm^2} \quad MC$$

Vemos que por exigencias de las flechas límites la tensión de trabajo de la viga primaria se reduce por debajo de la admisible *(BC)*.

Planilla de cálculo y verificación.

Mostramos en una planilla todos los valores calculados del entrepiso de madera:

elemento	l_c	Carga	M_f	f adm	b	h	f cálc
	mts	daN/ml	daNm	cm	cm	cm	cm
Tablas piso	0,80	37,5	3	0,3	15	2,5	0,14
Viga V_1	2,80	200,0	196	0,9	7,5	15,0	1,0
Viga V_2	4,0	P2	672,0	1,3	11,25	22,50	1,3

Notas.

En esta tarea de diseño y cálculo se utilizaron dos métodos diferentes para encontrar los lados de las vigas; el método clásico de las tensiones admisibles y el de las elásticas límites. La carga P_2 indicada en planilla corresponde a una carga concentrada de 280 daN; se indican en los esquemas de la memoria de cálculo.

Detalles.

En el esquema se muestran las cuatro piezas que integran el entrepiso de madera *(figura 25.6)*:

- El piso de tablas (entablonado)
- La viga secundaria.
- La viga primaria.
- La columna.

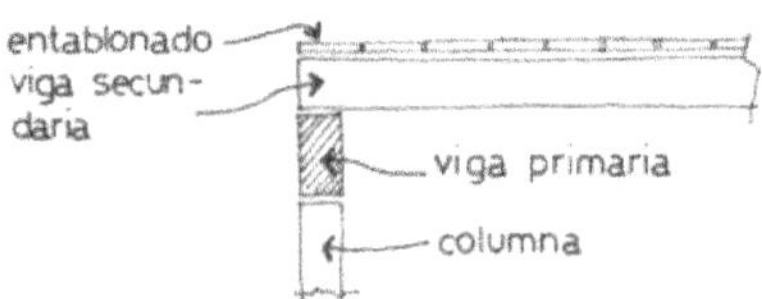

Figura 25.6

En esa secuencia se transmiten las cargas mediante las reacciones, además del efecto de flexión.

7. Verificación de pandeo en columna.

Diseño.

La columna, la consideramos en condición de articulada en ambos extremos *(figura 25.7)*. Elegimos un ancho igual al de la viga *(11,25 cm)*. El tipo de madera será igual al de las vigas y tablas.

Figura 25.7

Verificación.

Realizamos la verificación de columnas utilizando el método omega. Carga sobre columna: *P = 700 daN* (reacción de viga primaria)

Radio de giro:

$$i = \sqrt{\frac{I}{S}} = 0,29 \cdot 11,25 = 3,26\ cm$$

Sección de columna:

$$S = 11,25^2 \approx 126\ cm^2$$

Longitud de pandeo:

s_k = 3,20 metros = 320 cm　　(articulada en ambos extremos: *β = 1*)

Esbeltez:

$$\lambda = \frac{s_k}{i} = \frac{320}{3,26} \approx 100$$

Coeficiente omega: ω = 3,00 (Tabla de pandeo 30)

Tensión se trabajo:

$$\sigma_{tr}\frac{P}{S}\omega = \frac{700}{126}3,0 \approx 17\frac{daN}{cm^2} \quad \to \quad BC$$

Buenas condiciones de trabajo. Por razones estructurales se podrían reducir las dimensiones de la columna, pero desde el aspecto constructivo se complica la unión de la viga primaria con la columna.

8. Detalle constructivo fundación.

En casos de suelos húmedos que afecten la vida útil de las columnas, es conveniente separarlos mediante un soporte metálico que se empotra en un dado de hormigón *(figura 25.8)*.

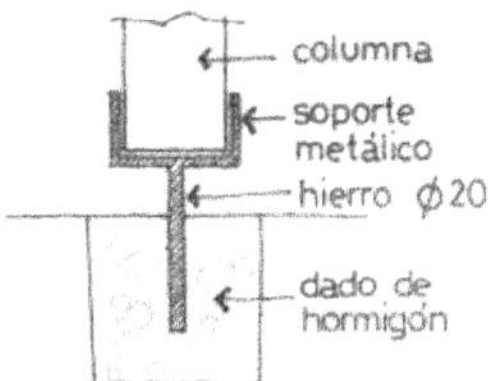

Figura 25.8

Según el tipo de suelo la fundación puede ser:

a) Viga encadenada de hormigón armado uniendo todas las columnas con dimensiones de ancho 20 cm, alto 30 cm, barras longitudinales 4 ϕ 10 mm con estribos 1 ϕ 6 mm cada 30 cm.

b) Dado de hormigón de lados iguales 40 cm, alto 25 cm con malla de barras 1 ϕ 10 mm cada 10 cm.

c) Pilote de diámetro 25 cm, profundidad 150 cm y con una barra con gancho de diámetro 12 mm.

Diseño galpón en madera.

1. Inicio.

Dimensionar la estructura soporte de un tinglado *(figura 25.9)*. Se analizan las solicitaciones actuantes en las correas, cabriadas, vigas y columnas, para luego proceder al dimensionado. El método de cálculo elegido es de las tensiones admisibles de la madera.

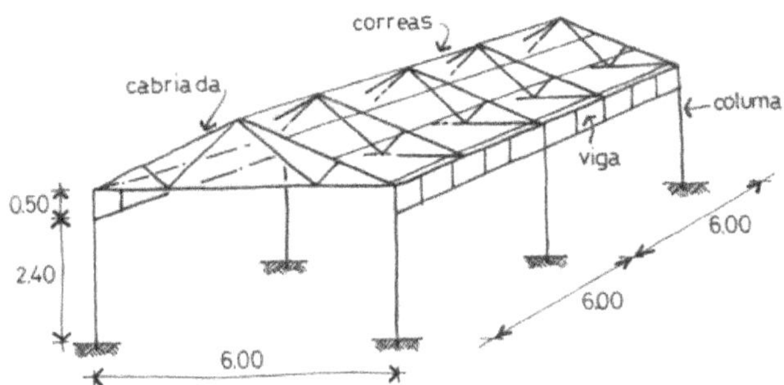

Figura 25.9

2. Secuencia del estudio:

Para ordenar el trabajo se efectuará en la siguiente secuencia:
a)   Diseño general de la estructura soportes.
b)   Cálculo y dimensionado de:
    b.1.) Correas.
    b.2.) Cabriadas.
    b.3.) vigas reticuladas cordones paralelas.
    b.4.) columnas.

3. Diseño general.

El diseño final se la indica en la figura que responde a las siguientes características:

Cubierta:
    Será a dos aguas de chapa de hierro galvanizado, onda común.
Correas de clavado:
    Apoyarán sobre la cabreada en los nudos, para ello se diseña la cabreada con los nudos superiores en coincidencia con el apoyo de correas.
Condiciones borde correa:
    Por su longitud y apoyos en más de dos cabriadas, se las considera empotradas articuladas.
Cabriadas:
    La distancia entre cabriadas es de dos metros.
Viga reticulada en los laterales:
    De una longitud de *6,0* metros sostienen a las cabriadas. Los nudos deben convenir con el apoyo de cabriadas.
Coincidencia de nudos y apoyos:
    Se realiza para evitar flexión en los cordones.

Columnas:
Se empotran en profundidad en el suelo, las condiciones de borde serán empotradas abajo y libres en la parte superior.

4. Datos generales:

El diseño final se la indica en la figura que responde a las siguientes características:

Material:	*madera semidura.*
Tensión admisible:	*70 daN/cm² (7 MPa)*
Módulo de elasticidad:	*E = 75.000 daN/cm² (7.500 MPa)*
Pendiente de cubierta:	*20°.*
Columnas:	*condiciones de borde, empotrada libre.*

5. Análisis de cargas.

Detalles (figura 25.10).

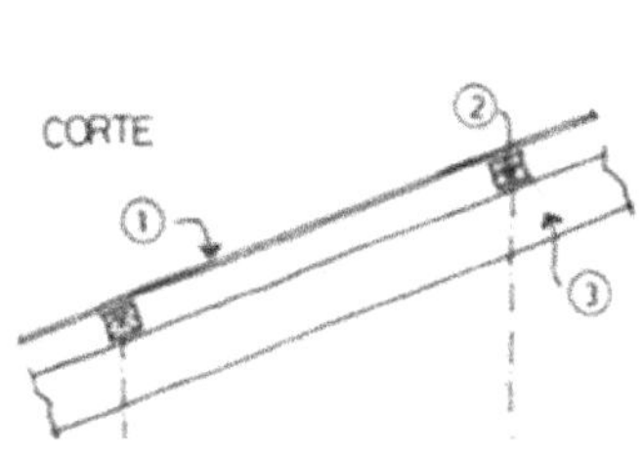

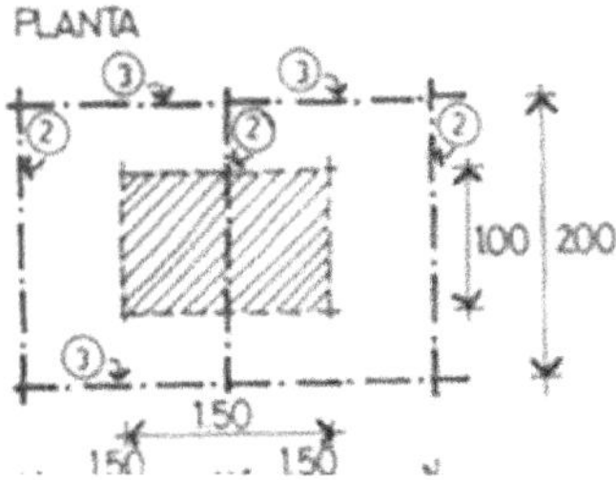

Figura 25.10

1) Chapa de hierro galvanizado n° 22.
2) Correas clavadoras.
3) Cordón superior de cabreada.

Carga por metro cuadrado de cubierta (proyección):

Chapa h°g° :	*5,5 daN/m²*
Peso estructura general:	*3,0 daN/m²*
Sobrecarga construcción:	*15,0 daN/m²*
Acción del viento:	*30,0 daN/m²*
Total:	*53,50 daN/m²*

Nota: la carga de viento es reducida porque el galpón se inserta entre edificios más altos en tres de sus laterales. Es muy difícil que exista simultaneidad entre "sobrecarga de construcción" y "acción de viento" porque en temporales o vientos fuertes, los obreros no trabajan a nivel de cubierta.

No se considera el peso propio de las piezas en diseño por ser muy reducidas y además la tensión admisible posee un factor de seguridad elevado.

6. Cálculo y dimensionado de correas.

Carga en correas.

Ancho de influencia: *1,5 metros.*
Carga total: *1,5 m . 53,5 daN/m² ≈ 80 daN/ml*

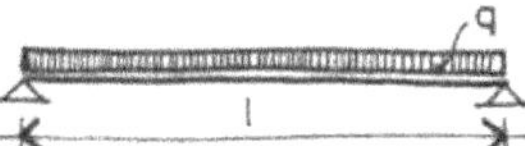

Figura 25.11

Solicitación en correas.

Reacciones:
$$R_a = R_b = ql/2 = 80 . 2 / 2 = 80 \ daN.$$

Momento flector:
$$M_f = q.l^2/10 \ = 32 \ daNm$$

Se empleo el denominador "10" por la condición de borde de empotrada articulada.

Dimensionado correas; secciones.

Primer alternativa: correa de sección cuadrada, *h = b.*

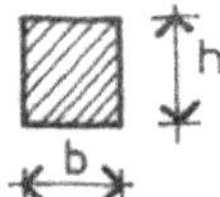

$$h = \sqrt[3]{\frac{6 \cdot W}{b}} = \sqrt[3]{6 \frac{M}{\sigma}} = \sqrt[3]{\frac{6 \cdot 32 \cdot 100}{90}} \approx 6 \ cm$$

Figura 25.12

Por cuestiones de elásticas adoptamos una medida comercial: 7,5 cm . 7,5 cm: en pulgadas 3" . 3".

Segunda alternativa: adoptamos un lado, b = 5 cm.

$$\sigma = \frac{M}{W} \qquad W = \frac{M}{\sigma} = \frac{bh^2}{6} = \frac{5 \cdot h^2}{6}$$

$$h = \sqrt{\frac{6M}{5\sigma}} = \sqrt{\frac{6 \cdot 32 \cdot 100}{5 \cdot 80}} \approx 7,0 \ cm$$

Figura 25.13

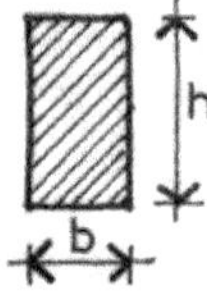

Adoptamos: *b = 5 cm (2")   h = 7,5 cm (3")*

Elegimos la segunda alternativa.

Flechas en correas.

En realidad no es necesario verificar elásticas en el caso de correas en galpones porque la cubierta no es accesible, no existe la variable de diseño "confort" y por otro lado la elástica se puede dar solo en caso de vientos fuertes.

De cualquier forma hacemos a los fines didácticos el control: recordemos que la condición de borde es articulada empotrada. Inercia de la sección de correa:

$$I = \frac{bh^3}{12} = \frac{5,0 \cdot 7,5^3}{12} \approx 176 \; cm^3$$

$$f = \frac{1}{185} \frac{ql^4}{EI}$$

$$f = \frac{1}{185} \frac{ql^4}{EI} = \frac{1}{185} \frac{0,8 \cdot 200^4}{75000 \cdot 176} = 0,5 \; cm$$

Valor muy reducido.

En general las secciones definitivas de las barras y elementos estructurales de madera se ajustan a medidas comerciales. En nuestro país aún está muy difundido el uso de múltiplos de "pulgadas" en las dimensiones de la madera.

Por otro lado, en especial las correas deben tener un ancho *"b"* que permita con seguridad y facilidad la fijación de las chapas con los clavos.

Nota: el cálculo anterior se puede realizar con las planillas de flexión y elástica en vigas que se encuentran en el último capítulo del libro.

7.Cálculo y dimensionado cabriadas.

Reacción de correas.

En cada apoyo transmiten:

$$R_a = R_b = \frac{80 \cdot 2}{2} = 80 \; kg = 0,80 \; kN$$

Sobre el cordón superior de la cabriada apoyan correas de ambos lados, por ello la reacción final debe tomarse el doble:

Ra = Rb = 160 daN = 1,6 kN

Esta carga se ubica en los nudos de la cabriada. Los nudos de las cabriadas externas reciben la mitad de la carga.

Esfuerzos en las barras.

Los esfuerzos que actúan en cada una de las barras se obtienen desde la descomposición de las fuerzas que concurren a cada nudo *(figura 25.14)*.

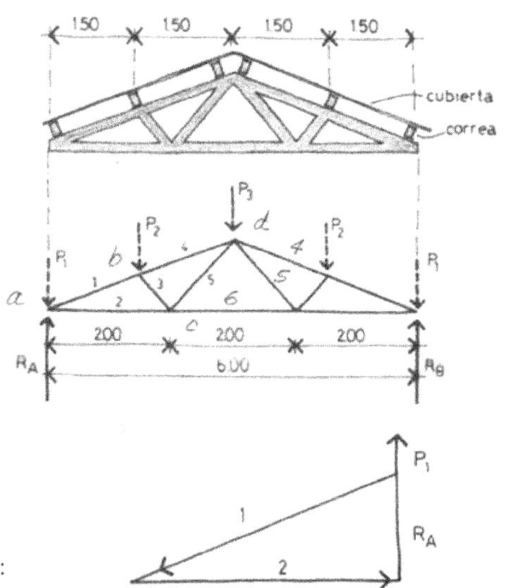

Figura 25.14

Valor de las cargas *(figura 25.15)*:
P₁ = 80 daN.   P₂ = 160 daN.

Figura 25.15

Nudo (a): barras (1) y (2)

El circuito que utilizaremos para el análisis será el del movimiento de las agujas del reloj. Así, para este nudo dibujamos en escala *"R$_A$"* y *"P$_1$"*, fuerzas que las descomponemos en la dirección del cordón superior (1) y en el cordón inferior de dirección (2).

Nudo (b): barras (1) (4) y (3)

Son conocidas las fuerzas *"1"* y *"P$_2$"*. Las descomponemos en la dirección *"4"* y *"3"* *(figura 25.16)*.

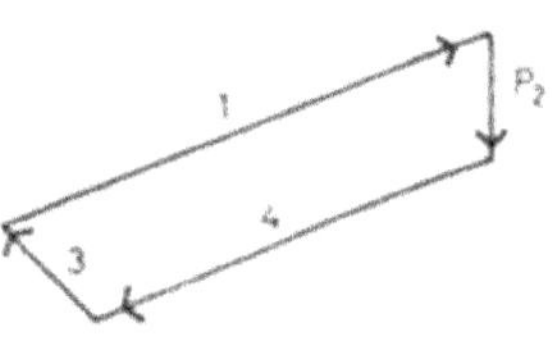

Figura 25.16

Nudo (c): barras (2) (3) (5) y (6)

Son conocidas *"2"* y *"3"*. Las descomponemos en las direcciones *"5"* y *"6"* *(figura 25.17)*.

Figura 25.17

Nudo (d): barras (4) (5)

Son conocidas *"4"*, *"P$_3$"* y *"5"*. En este nudo se conocen ya todos los esfuerzos; de cualquier forma se dibujan las fuerzas y se realiza la descomposición para controlar el cierre del polígono de fuerzas *(figura 25.18)*.

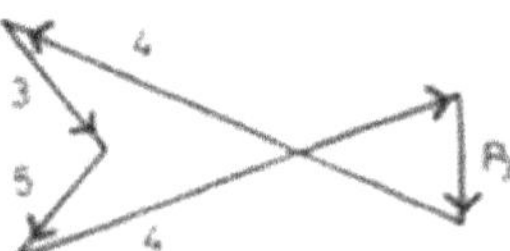

Figura 25.18

Dirección de los esfuerzos.

A medida que se descomponen las fuerzas, se deben trasladar al esquema de la cabriada las direcciones de cada una de ellas (incluidas las flechas). Luego de completada la descomposición en todos los nudos se puede establecer el sentido y el signo del esfuerzo actuante en cada barra:

Compresión: cuando las flechas se acercan al nudo.

Tracción: cuando la flecha se aleja del nudo.

Cuadro de esfuerzos.

Se toman en escala cada uno de los esfuerzos de las barras y se los vuelcan en una planilla; tal como se muestra:

Barra	esfuerzo (daN)
(1)	− 700
(2)	+ 660
(3)	− 170
(4)	− 585
(5)	+ 170
(6)	+ 430

Compresión: *signo negativo.*
Tracción: *signo positivo.*

Dimensionado, secciones.

El diseño elegido para la cabriada establece que todas las barras tengan la misma sección. Esto se acostumbra a realizarlo para cabriadas pequeñas, como los que nos toca en este ejemplo. Por ello, elegiremos la barra más solicitada para su dimensionamiento y su sección la adoptaremos para las restantes.

Barra más solicitada: barra (1)
Esfuerzo: compresión: *F = 700 daN.*

$$S = F/\sigma_{adm} = 700 \ daN \ / \ 70 \ daN/cm^2 = 10 \ cm^2$$

Sección cuadrada:

$$a = b = \sqrt{10} = 3{,}16 \ cm$$

Adoptamos: *a = b = 5 cm (2")*

8. Detalles constructivos.

Un tipo de madera elaborada de gran difusión en la actualidad es el terciado doble o triple (triplay). Gracias a su constitución a base de chapas delgadas de madera dispuestas de modo que la fibras de cada capa quedan perpendiculares a las contiguas, se logra que la resistencia de la madera en sus dos direcciones resulten semejantes.

Otra ventaja de la madera contrachapada es su alta resistencia al empuje en el lateral de clavos, pernos y tornillos, su estabilidad dimensional y su alta resistencia a las fuerzas cortantes en su plano. Esta última propiedad es la más destacada para utilizarla como medio de unión entre las barras de las cabriadas.

También se utilizan para la unión de las barras, algo similar a las planchuelas de hierro ajustadas con bulones *(figura 25.19)*.

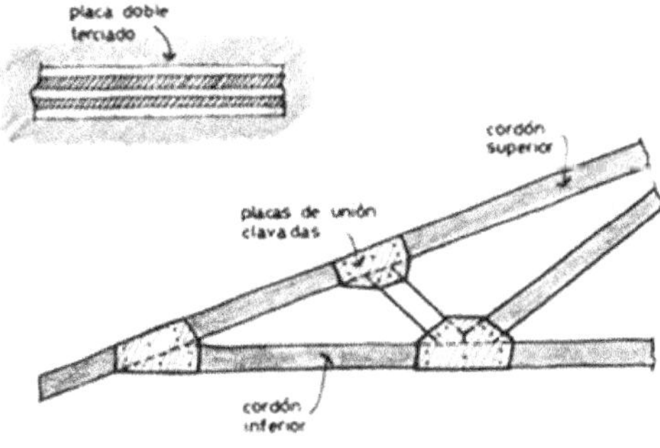

Figura 25.19

9. Cálculo y dimensionado viga cordones paralelos.

Esta viga recibe las cargas que envían las cabriadas y las deriva a las columnas. La viga como vimos en figuras anteriores, posee una longitud de 6,00 metros.

Diseño de la viga.

La viga reticulada se diseña de manera tal que reciba las reacciones de las cabriadas en los nudos, y para ello establecemos las siguientes pautas *(figura 25.20)*.

Geometría de la viga: *cordones paralelas.*
Separación entre montantes: *1,00 metro.*
Solicitación de diagonales: *compresión.*
Solicitación de montantes: *tracción.*
Separación a ejes de cordón: *0,50 metros.*
Sección barras: *cuadradas (diagonales, montantes y cordones).*
Tensión admisible: *70 daN/cm².*

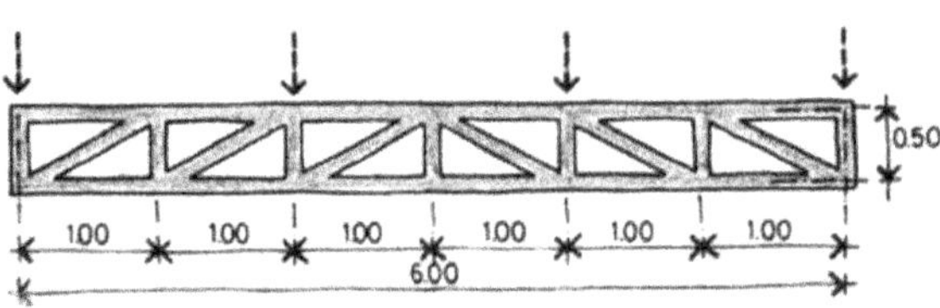

Figura 25.20

Determinación de los esfuerzos.

Al igual que en otros ejemplos, numeramos las barra para identificarlas durante el estudio *(figura 25.21)*.

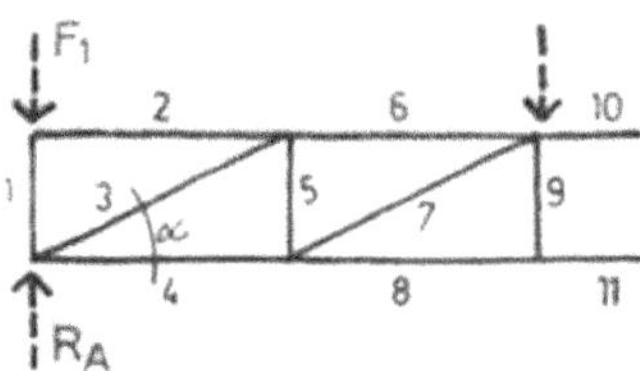

Figura 25.21

En este tipo de vigas de cordones paralelos, las barras más solicitadas son:

A compresión: *(3) y (10).*
A tracción: *(11).*

La determinación de los esfuerzos en este ejercicio se realizará en forma analítica y gráfica. Existen programas o software de cálculo para computadoras que realizan estos cálculos casi de manera inmediata, pero es conveniente revisar los resultados que entrega la máquina; se cometen errores en la entrada de datos.

Por una cuestión de conceptualización realizamos la tarea de manera manual utilizando métodos gráficos y analíticos.

Análisis analítico.

Barra (3):

Analizamos el triángulo formado por las direcciones de las fuerzas R_A y F_1, con la de las barras *(3)* y *(1)*.

$$tg\alpha = \frac{0,5}{1} = 0,5 \quad \rightarrow \quad \alpha = 26,56°$$

$$sen\alpha = sen\ 26,56 = 0,45$$
$$tg\alpha = tg\ 26,56 = 0,50$$

$R_A - F_1 = 480 - 160 = 320$ daN

$$(3) = \frac{320}{sen\alpha} = \frac{320}{0,45} = 715\ kg$$

Barra (4):

Del mismo triángulo:

$$tg\alpha = \frac{320}{(4)} \quad \rightarrow \quad (4) = \frac{320}{tg\alpha} = \frac{320}{0,5} = 640\ kg$$

Barras (10) y (11):

Estas barras poseen esfuerzos de igual intensidad pero de signos contrarios. Compresión en la (10) y tracción en la (11). Están ubicadas en la zona central de la viga. Sus esfuerzos los calcularemos desde el momento flector máximo de tramo.

$$M_{máx} = 480\ kg \cdot 3,0\ m - 160\ kg \cdot 1,0\ m = 640 kgm = 6,3\ kNm$$

El brazo de palanca interna: $z = 0,50\ m$

Esfuerzo en valor absoluto:

$C = T = (10) = (11) = M_{máx}/z = 640 / 0,5 = 1280\ daN = 12,8\ kN$

Análisis gráfico.

En el ejemplo anterior, para determinar los esfuerzos en las barras de manera gráfica, hemos realizado una descomposición de fuerzas en forma sistemática nudo por nudo. Ahora aplicaremos otra metodología; el denominado "Diagrama de Cremona". En vez de obtener en forma aislada una serie de polígonos de fuerzas, este método nos permite reducirlas a un solo polígono. Es más sencillo que el anterior y es posible "seguir" a los esfuerzos de las barras en sus direcciones.

La viga por tener eje de simetría de cargas y de formas, la dibujamos únicamente su parte izquierda *(figura 25.22)*.

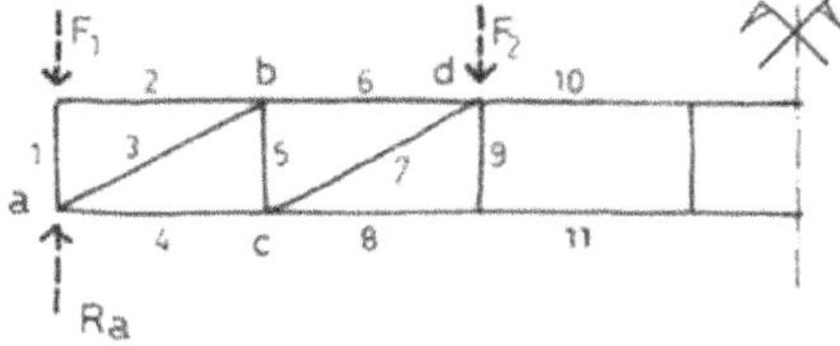

Figura 25.22

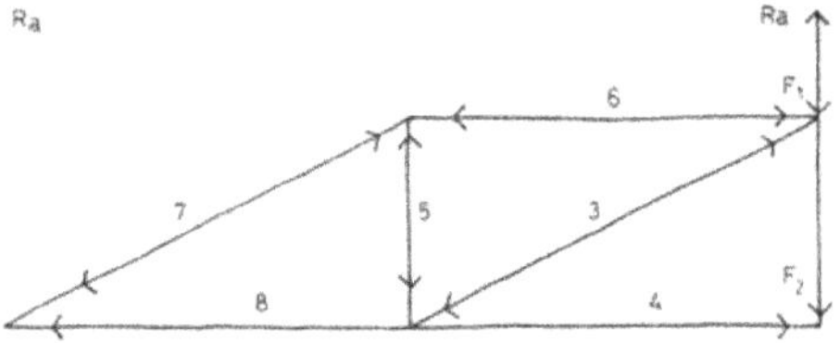

Figura 25.23

Diagrama de Cremona:

Nudo (a): barras *(1) (3)* **y** *(4).*

Se descompone la resultante *(R_A − F_1)*, en las dos direcciones *(3)* y *(4)*. La barra *(1)* soporta el esfuerzo de la F_1 (compresión, soporta la F_1) y la *(2)* que no se encuentra sometida a esfuerzo alguno (figura xx.xx).

Nudo (b): barras *(3) (2) (6)* **y** *(5)*

El esfuerzo *(3)* lo descomponemos en la dirección *(6)* y *(5)*.

Nudo (c): barras *(4) (5) (7)* **y** *(8)*

Los esfuerzos *(4)* y *(5)* ya conocidos los descomponemos en la dirección *(7)* y *(8)*.

Nudo (d): *(7) (6) (10)* **y** *(9).*

En este nudo son conocidos los esfuerzos *(7)*, *(6)* y F_2; se descomponen en las direcciones *(10)* y *(9)*. De esta descomposición surge que la barra *(9)* no posee esfuerzos. Por ello las barras *(9)* y *(11)* poseen iguales esfuerzos.

Planilla de esfuerzos:

Barras	Esfuerzo DaN
1	(-) 320
2	(-) 0,00
3	(-) 715
4	(+) 640
5	(+) 320
6	(-) 640
7	(-) 715
8	(+) 1.280
9	( ) 0,00
10	(-) 1.280
11	(-) 1.280

Dimensionado.

Todas las secciones de las barras serán iguales. Dimensionamos las más solicitadas y adoptamos su sección para las restantes. Las barras en condiciones más desfavorables son la *(10)* y la *(3)*. Ambas sometidas a compresión y con posible efecto de pandeo.

Barra (10).

Sección a la compresión pura:

Esfuerzo: *F = 1.280 daN*

Sección barra: $S = F/_{\sigma adm} = 1280/70 = 18,3\ cm^2$

Lados de la barra:

$a = b = \sqrt{18,3} = 4,3\ cm =$

Adoptamos: *a = b = 5 cm*

Verificación al pandeo de los cordones comprimidos.

Longitud de la barra: *2,00 metros.*

Condiciones de borde: la barra del cordón superior es continua en toda la longitud de la viga. Su elástica o deformada puede ser la que mostramos *(figura 25.24)*.

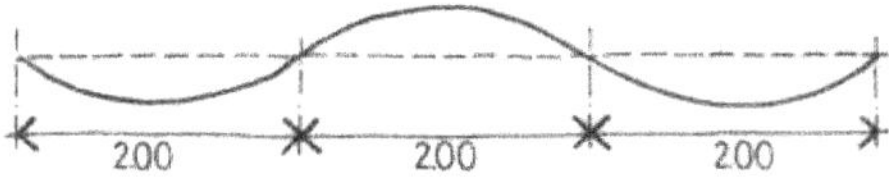

Figura 25.24

Por la formación de la sinusoide debemos considerar a la barra como articulada en ambos extremos.

Longitud de pandeo: $s_k = s = 2,00\ metros.$

Radio de giro *"i"*:

$$i = \sqrt{\frac{I}{F}} = \frac{b}{2,46} = \frac{5}{2,46} = 2,03\ cm$$

Esbeltez:

$$\lambda = \frac{s_k}{i} = \frac{200}{2,03} = 98,5$$

De tabla 30 de pandeo: *ω = 2,88*

Tensión de pandeo:

$$\sigma = \frac{F\omega}{S} = \frac{1280 \cdot 2,88}{25} = 147 \ \frac{kg}{cm^2}$$

Nos encontramos en malas condiciones; la tensión de trabajo es muy superior a la admisible (70 daN/cm^2).

Adoptamos una sección mayor: *b = 7,5 cm*

Esbeltez:

$$\lambda = \frac{2,46 \cdot 200 \ cm}{7,5 \ cm} = 65,6 \quad \rightarrow \quad \omega = 1,79$$

Tensión de trabajo:

$$\sigma = \frac{F\omega}{S} = \frac{1280 \cdot 1,79}{7,5^2} = 41 \ \frac{kg}{cm^2}$$

Buenas condiciones.

Barra (3).

Esta barra soporta una carga menor que las *(10)*; tiene mayor longitud y posibilidad de pandear. Hacemos la verificación:

Esbeltez:

$$\lambda = \frac{2,46 \cdot 112 \ cm}{7,5 \ cm} = 37 \quad \rightarrow \quad \omega = 1,33$$

Tensión de trabajo:

$$\sigma = \frac{F\omega}{S} = \frac{715 \cdot 1,33}{7,5^2} = 17 \ \frac{kg}{cm^2}$$

Buenas condiciones.

Detalles constructivos (figura 25.25).

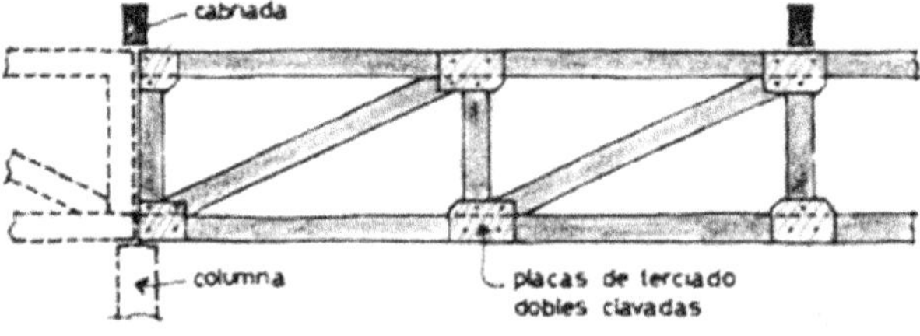

Figura 25.25

10. Cálculo y dimensionado de la columna.

El esquema muestra la disposición de las vigas reticuladas sobre las columnas. Sus reacciones son las cargas sobre las columnas *(figura 25.26)*.

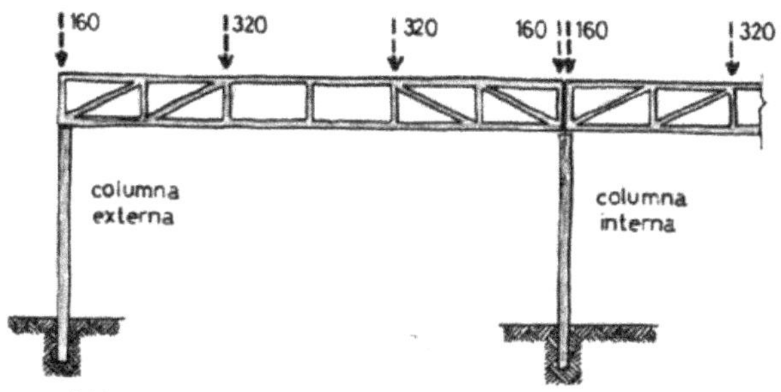

Figura 25.26

Las columnas internas soportan una carga de *960* daN y la las extremas la mitad de esa carga.

10.1. Condiciones de borde de las columnas.

La columna se encuentra empotrada en el terreno mediante un dado de hormigón en profundidad y en su parte superior, el único vínculo que posee es el apoyo de la viga lateral sin la suficiente rigidez para generar empotramiento.

Por ello las condiciones de borde resultan la de una columna "empotrada libre" *(figura 25.27)*.

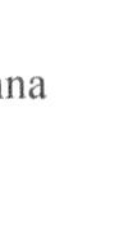

Figura 25.27

10.2. Longitud de pandeo.

El coeficiente de longitud de pandeo: $\beta = 2$ que responde a la condición de empotrada libre.

$S_k = 2.s=2,40 \cdot 2 = 4,80$ *metros = 480 cm.*

10.3. Dimensionado.

Adoptamos como primera aproximación una sección cuadrada de *10 cm*.

$$i = \sqrt{\frac{I}{F}} = \frac{b}{2,46} = \frac{10}{2,46} = 4,06 \; cm$$

Esbeltez:

$$\lambda = \frac{s_k}{i} = \frac{480}{4,06} = 118$$

De tabla 30 pandeo: $\omega = 4,38$

Tensión de pandeo:

$$\sigma = \frac{F\omega}{S} = \frac{960 \cdot 4,38}{10^2} = 42 \; \frac{kg}{cm^2}$$

Buenas condiciones.

Esbeltez:

$$\lambda = \frac{2,46 \cdot 112 \ cm}{7,5 \ cm} = 37 \quad \rightarrow \quad \omega = 1,33$$

Tensión de trabajo:

$$\sigma = \frac{F\omega}{S} = \frac{715 \cdot 1,33}{7,5^2} = 17 \ \frac{kg}{cm^2} \quad BC$$

10.4. Detalles constructivos *(figura 25.28)*.

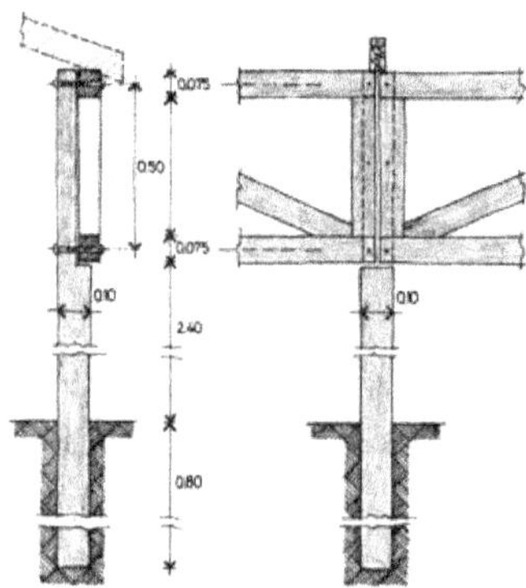

Figura 25.28

La fundación se elige según el tipo de suelo como se indica en la aplicación anterior.

26

Aplicaciones hormigón armado.
Primera parte: Aspectos generales.

1. Inicio.

Dimensionado del entrepiso de un edificio de tres plantas en hormigón armado que se construye por etapas de niveles. La planta de estructura es la misma en todos los niveles. Las losas son macizas y monolíticas con las vigas y columnas *(figura 26.1)*.

1.1.Esquemas, planta y corte.

Planta primer entrepiso y corte estructural *(figura 26.1)*.

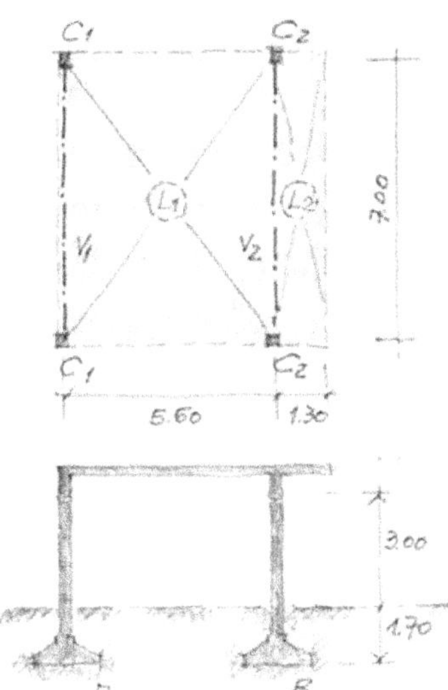

Figura 26.1

Corte general *(figura 26.2)*.
Figura 26.2

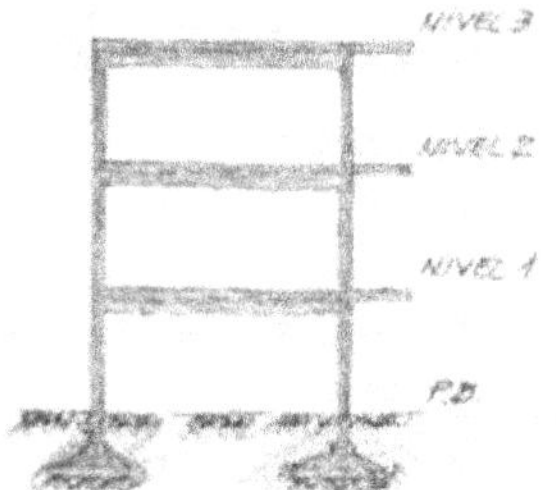

1.2 Secuencia del cálculo.

Los pasos a seguir para el diseño y cálculo de la estructura es necesario tenerlos en cuenta y organizar la tarea en función de ellos. Los indicamos en la lista que sigue:

1. Detalles de las fases.
2. Datos generales.
3. Datos particulares.
4. Luces de cálculo.
5. Análisis de cargas.
6. Alturas mínimas por deformación.
7. Solicitaciones.
8. Esfuerzos internos.
9. Dimensionado.
10. Detalles constructivos.

Esta secuencia las desarrollamos en cada una de las piezas.

1.3. Datos generales:

Efectuamos consideraciones generales que se recomiendan realizarlas previas a las tareas de cálculo, a los efectos de tener una idea aproximada de la estructura:

Superficie cada nivel:	$\approx 50\ m^2$.
Superficie total: $3 . 50$:	$\approx 150\ m^2$.
Carga promedios total m² de entrepiso:	$\approx 1.400\ daN/m^2$.
Peso total:	$\approx 150.1400 = 210.000\ daN$.
Carga aproximada columna de inferior:	$\approx 50.000\ daN$
Carga aproximada sobre cada base:	$\approx 50.000\ daN$

Para establecer la capacidad soporte del suelo se realiza un estudio del terreno en superficie: veredas, cunetas, calles, vegetación, escurrimiento de aguas superficiales, estado y tipo de edificios vecinos. Luego se realizan los sondeos a profundidad promedio de *8,00* metros y con los resultados de ensayos de laboratorio se establece una tensión admisible del suelo: $\sigma_{tadm} = 1,10\ daN/cm^2$. Esta capacidad se establece desde su deformación, no de su resistencia.

Las dimensiones mínimas para las columnas permitidas por reglamentos es: lados *20 cm . 20 cm* con una armadura de *4* barras de diámetro *12 mm*. La capacidad total soporte a rotura de esas columnas sin pandeo es $\approx 120.000\ daN$, el factor de seguridad que se emplea es $\approx 2,00$. La capacidad de diseño resulta de unos $\approx$ *60.000 daN*. Esto lo verificamos más adelante.

En nuestro diseño adoptamos columnas cuadradas de lados 25 cm, igual al ancho de vigas. Estas dimensiones son elegidas por cuestiones constructivas: para tener espacio de ubicación de barras en vigas y también para la ejecución de encofrados; en general las columnas deben tener igual ancho que las vigas.

Con tensiones admisibles cercanas a *1,00 daN/cm²* la superficie de contacto de las bases es similar a la carga que soporta. En nuestro caso, de bases cuadradas las superficies estarán en el orden de los *50.000* cm² (*50.000* kN) y los lados entre los *2,0* a *2,5* metros.

Altura de de columna: *3,00* metros, para el cálculo consideramos empotramientos parciales (nudo de viga, losa y columna superior) y adoptamos un factor β = *0,7*: longitud de pandeo: *0,7 . 3,00 = 2,10* metros.

Consultas con propietario y estudio de arquitectura del tipo de paredes, contrapiso y pisos que se colocarán sobre los entrepisos. Todas estas consideraciones y otras más deben ser realizadas antes del inicio del cálculo.

1.4. Datos particulares:

Hormigón a utilizar: $H30\ (f'_c = 30\ MPa)$.
Acero: $f_y = 420\ MPa$
Tensión admisible suelo: $1,10\ daN/cm^2$

1.5. Luces de cálculo.

Para la aplicación de las ecuaciones de la estática necesitamos conocer las luces de cálculo que están en función del grado de rigidez de los apoyos o nudos. En este caso las columnas poseen menor rigidez que las vigas y generan un reducido a nulo empotramiento. Por todo ello elegimos como luz de cálculo la distancia a ejes de apoyos:

l_c de losa tramo: *5,50 metros.*
l_c de losa voladizo: *1,30 metros.*
l_c de vigas: *7,00 metros.*

2. Diseño y estudio de las cargas.

Así como el diseño abarca a los aspectos de arquitectura y estructurales, las cargas son parte también del diseño. La manera correcta de proyectarlas es con la participación conjunta del arquitecto que proyecta y del ingeniero que calcula. El diseño de las cargas se inicia con el proyecto, con la elección de las dimensiones, tipo de materiales (densidad) y de las condiciones de borde de cada pieza estructural.

Se establece el detalle transversal de los entrepisos (cielorrasos, losa estructural, contrapiso, morteros y pisos), este esquema con los espesores de cada una de sus partes debe ser parte del expediente de cálculo *(figura 26.3)*.

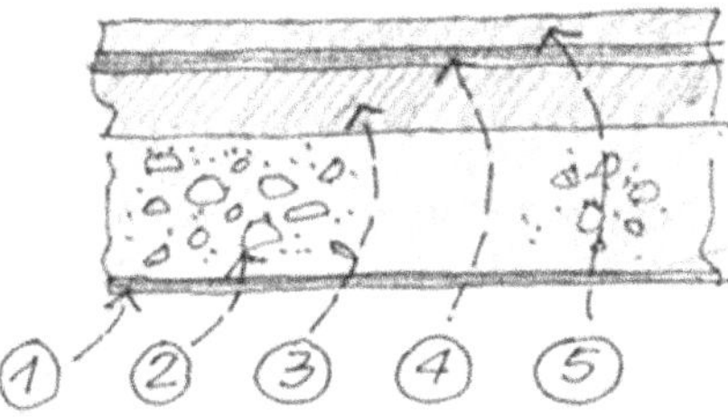

Figura 26.3

Se lo realiza de manera cuidadosa, no solo en el diseño de gabinete, sino también en la inspección y control de obras para que se cumpla lo establecido en las especificaciones técnicas del cálculo estructural y detalles de arquitectura (planilla de locales).

El esquema anterior se acompaña con la siguiente planilla de cargas de entrepiso.

	Detalle	Unidad	Espesor	Densidad	daN/m^2
1	Cielorraso	daN/m^3	0,015	1500	22,5
2	Losa estructural	daN/m^3	0,15	2400	360
3	Contrapiso	daN/m^3	0,07	1600	112
4	Mortero asiento	daN/m^3	0,01	2200	22
5	Pisos	daN/m^3	0,02	2200	44
6	Paredes	Un	1	55	55
	Total peso propio "D"				**616**

Figura 26.4 (tabal análisis de cargas).

Según reglamento la sobrecarga debe ser igual a *200 daN/m²*, es un valor elevado que representa *3* a *4* personas por metro cuadrado. En un departamento de *100* m² serían necesarias unas *200* a *300* personas, además de los muebles y electrodomésticos. De las encuestas y estadísticas los valores de sobrecargas en situación normal oscilan entre los *50* a *60* daN/m², pero se justifica en algunas regiones del departamento porque en caso pánico provocado por un siniestro inesperado, las personas se agolpan en puertas o de salidas.

Esta carga puede ser reducida según lo indicado en el Cirsoc 101 por el suceso de no simultaneidad de sobrecargas de uso en edificios en altura. En nuestro caso, por tratarse de un edificio solo de tres plantas no se realiza reducción.

Los valores determinados *D = 616* y *L = 200 daN/m²* deben ser aumentados por los coeficientes de seguridad según en grado de incertidumbre. Para nuestro edificio suponemos un grado control mediano, tanto en el diseño, cálculo, construcción y uso, entonces:

$$U = \gamma_1 D + \gamma_2 L = 616 \cdot 1{,}4 + 200 \cdot 1{,}7 = 1.202 \; daN/m^2$$

Adoptamos:

$$q = U = 1.200 \; daN/m^2$$

Destacamos que los coeficientes γ_1 y γ_2 se pueden reducir a *1,2* y *1,6* respectivamente en el caso de controles rigurosos en las fases de diseño y obra.

3. Solicitaciones.

El flector, el corte y el normal son las herramientas que interpretan la acción de las cargas sobre las piezas. Se pueden establecer desde las ecuaciones de la estática clásica y también desde la elástica y rótula. La explicación más extensa de cada uno de los métodos lo haremos durante el desarrollo de este ejemplo.

3.1. Método clásico de la estática.

Ya lo estudiamos en capítulos anteriores. Con la aplicación de la ley de momentos y las tres ecuaciones del equilibrio obtenemos las reacciones en los soportes de las piezas y la intensidad del flector, corte y normal en cada punto. Para esto último son necesarios los diagramas gráficos.

3.2. Método de la elástica.

Es un método de aproximación en función de la configuración de la elástica. Nos permite interpretar las solicitaciones en la viga desde la deformada y sus puntos de inflexión:

- Curva de elástica cóncava: flectores positivos.
- Curva de elástica convexa: flectores negativos.
- Inflexión, cambio de curvatura: flectores nulos.

El esquema muestra un sector de la viga, primer tramo y parte del segundo.

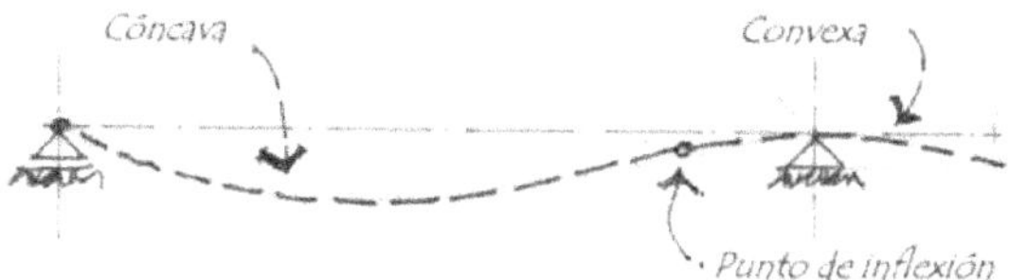

Figura 26.5

Se recomienda como tarea previa al cálculo de las solicitaciones, la traza a mano alzada de las elásticas de los sistemas en estudio, con ellas se interpreta y se controla las solicitaciones calculadas. La deformación o elástica del tramo eleva el voladizo. El punto de inflexión se encuentra muy cercano al primer apoyo interno.

3.3. Método de rótulas.

Este último método ya explicado en otros capítulos busca el punto o los puntos de inflexión en las piezas flexionadas, la distancia entre esos puntos sirven de luz de cálculo para los flectores y corte. La enorme ventaja de este método en estructuras de hormigón armado es la posibilidad de imponer desde el diseño estructural los puntos de inflexión y gestionar cierto equilibrio entre flectores positivos y negativos *(figura 26.6)*. Es similar a la solución de "Vigas Gerber" en sistemas hiperestáticos.

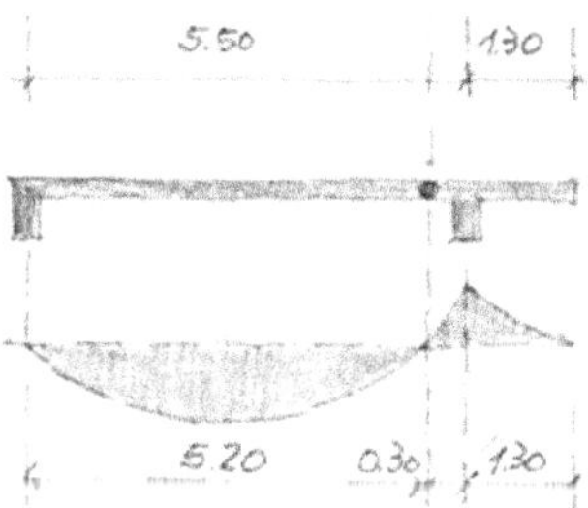

Figura 26.6

En el esquema anterior de la elástica de la losa, el punto de inflexión se produce a $\approx 0,30$ del apoyo *"B"*, el tramo de *5,20* metros se calcula como isostático.

3.4. Método programas en software.

Existen numerosos productos en el mercado de programas de cálculo de solicitaciones que son compatibles con las herramientas de dibujo informática. Su elevada eficiencia puede resultar peligrosa; los planos virtuales entregados por los arquitectos a los ingenieros deben ser interpretados por los ingenieros antes de ingresarlos como datos al software. En todos los casos los resultados entregados por computadoras deben ser revisados por métodos manuales de aproximación.

4. Esfuerzos internos.

4.1. Método teórico tradicional (material homogéneo).

Para materiales como el hierro o madera ddistinguimos a M_e como flector de fuerzas externas ($M_e = ql^2/m$) y a M_i como resistencia nominal interna de la viga ($M_i = W.\sigma$). Este método no puede ser aplicado a las piezas de hormigón armado por ser un material heterogéneo.

4.2. Método de la analogía del reticulado (material heterogéneo).

Se aplica para las solicitaciones máximas de flexión. Solo para vigas de hormigón armado; el hormigón en tracción se fisura y la cupla resistente interna se forma por la fuerza del bloque a compresión del hormigón y la fuerza en tracción de las barras. Para cargas elevadas el extremo de las fisuras marcan la posición del eje neutro *(figura 26.7)*.

A: esquema de viga rectangular.
B: deformaciones máximas del hormigón y acero.
C: bloque de tensiones equivalente y brazo de cupla interna.

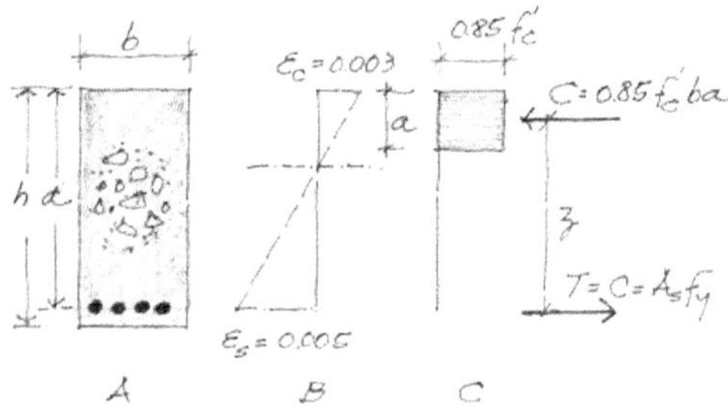

Figura 26.7

Como vimos en el Capítulo 15 "Esfuerzos Internos" en este método se estudian por separado las regiones "B" y "D" *(ver figura 15.12)*.

En las regiones "B" se aplica cupla interna como nominal resistente:

Momento nominal interno: $M_i = M_n = Cz = Tz$

En las regiones "D" se aplica la triangulación (montante, diagonal y cordones paralelos):

Para esa zona se utiliza el método de la analogía del reticulado o de biela y tensor, además de obtener buenos resultados se logra descifrar el proceso completo de las líneas de esfuerzos. En este método se combina el procedimiento gráfico con el analítico.

Las fórmulas que en la actualidad se utilizan responden poco a la teoría y mucho a los resultados de ensayos de laboratorios. En resumen se logra calcular o verificar los esfuerzos de una viga de hormigón mediante la cupla interna resistente.

5. Dimensionado.

En una pieza de tipo losa estructural o viga se producen en su interior tres tipos de fenómenos en partes diferentes que deben ser controlados mediante el dimensionado:

a) Las flexiones negativas o positivas máximas.
b) El corte lo hace en la región de apoyos.
c) Las flechas o elásticas.

Entonces, la determinación de las secciones de la pieza, sean las del hormigón o de las barras de acero se deben realizar según el predominio del efecto. En todo el proceso de dimensionado está presente la comparativa entre las fuerzas externas y las fuerzas resistentes internas del material.

6. Detalles constructivos.

La construcción de un edificio tiene tres existencias:

a) La de proyecto y cálculo en gabinete, en las oficinas de arquitectura o de ingeniería.
b) La de obra donde se interpretan los planos, las especificaciones técnicas y se ejecuta la construcción.
c) La etapa de uso.

La comunicación entre arquitectos, ingenieros, constructores y usuarios se realiza mediante los llamados "planos ejecutivos" donde figuran todos los detalles y especificaciones técnicas de la obra. Ellos llevan el sello y las firmas de los proyectistas y contienen todos los detalles de la futura construcción.

Hasta aquí hemos analizado cuestiones generales. En los puntos que siguen iniciamos el cálculo dimensionado del sistema estructural.

Segunda parte: Cálculo y dimensionado.

1. Estudio losas de entrepisos (tramo y voladizo).

1.1. Luces de cálculo.

Esquema de la losa del entrepiso *(figura 26.8)*.

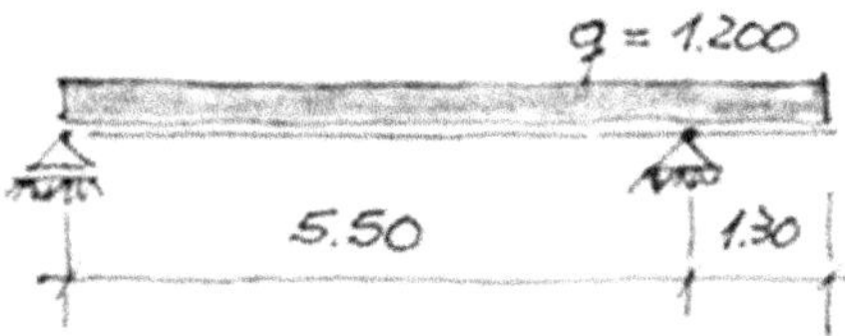

figura 26.8

En este ejemplo las luces de cálculo resultan de la distancia a los ejes de apoyo (vigas).

Losa de tramo: *5,50* metros.
Losa en voladizo: *1,30* metros.

1.2. Solicitaciones según método teoría estática tradicional.

La figura anterior muestra el esquema básico de la losa. Recordemos una vez más que los apoyos dibujados como articulados son teóricos, para facilitar las ecuaciones de la estática. En la realidad la losa se encuentran unidas a las vigas V_1 y V_2 que por su rigidez le generan cierto empotramiento.

Reacciones:

Aplicamos las ecuaciones de la estática para determinar las reacciones y momentos flectores. Reacciones de losa; en cada apoyo se consideran las reacciones de izquierda y derecha:

Reacción de voladizo:

$$R_{Bd} = 1200 \cdot 1,3 \approx 1.560 \; daN$$

Flector de voladizo:

$$M_v = \frac{ql^2}{2} = \frac{1200 \cdot 1,3^2}{2} = 1.014 \; daNm$$

Reacciones isostáticas de tramo:

$$R_A = R_B = \frac{5,5 \cdot 1200}{2} = 3.300 \; daN$$

Reacciones hiperestáticas de tramo:

$$R_{Ad} = 3.300 - \frac{1014}{5,5} \approx 3.115 \; daN$$

$$R_{Bi} = 3.300 + \frac{1014}{5,5} \approx 3.484 \; daN$$

Resumen:

R_{Ai} : *Reacción lado izquierdo de R_A* $\approx 0 \; daN$
R_{Ad} : *Reacción lado derecho de R_A* $\approx 3.115 \; daN$
R_{Bi} : *Reacción lado izquierdo de R_B* $\approx 3.484 \; daN$
R_{Bd} : *Reacción lado derecho de R_B* $\approx 1.560 \; daN$

Diagrama de esfuerzos de cortes *(figura 26.9)*:

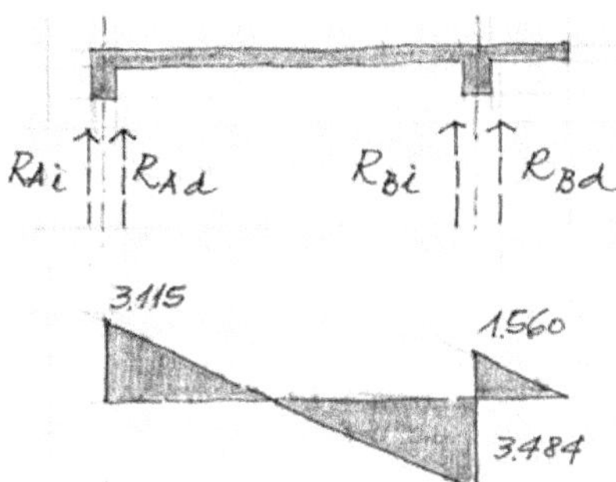

Figura 26.9

Flector máximo en tramo:

Flector positivo máximo en tramo:

$$M_{tramo\ máx} = \frac{R_{Ad}^2}{2q} = \frac{3115^2}{2 \cdot 1200} \approx 4.000\ daNm$$

Diagrama de flector y elástica *(figura 26.10)*:

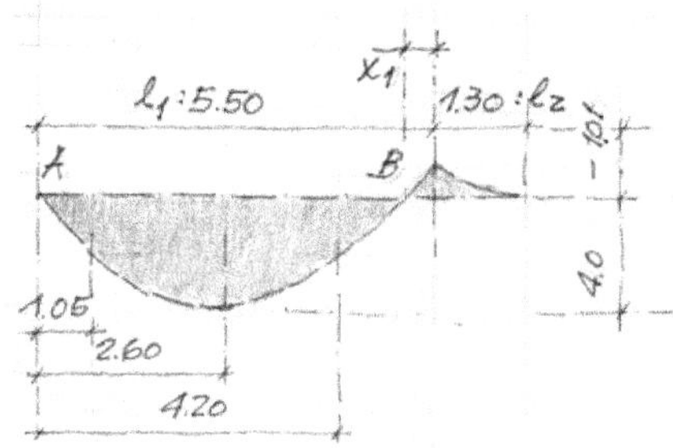

Figura 26.10

Vemos que el flector de voladizo (apoyo) es reducido respecto del tramo; es baja la influencia de los flectores negativos.

Distancias flectores:

Máximo positivo: a 2,60 metros de apoyo "A"
Medio positivo: a 1,05 y a 4,20 metros de apoyo "A".
Máximo negativo a 5,50 metros de apoyo "A".

1.3. Método por métodos de las rótulas .

Para aplicar este método debemos considerar de manera aproximada la rigidez en cada uno de los apoyos. En el caso de nuestra losa podemos razonar como sigue:

- Apoyo izquierdo *(A)*: la rigidez que genera la viga es mínima (la viga torsiona).

- Apoyo derecho *(B)*: la rigidez parcial es mayor porque además del empotramiento de la viga, existe un voladizo que ridiza el apoyo.

En estos casos y en función de las consideraciones anteriores dibujamos la elástica aproximada *(figura 26.5)* de la losa en función de las rigideces de apoyos aproximadas.

Posición del punto de inflexión.

En el tramo observamos dos puntos de flector nulo; en el apoyo R_A y otro muy cercano al apoyo R_B. La distancia del apoyo "B" al punto de inflexión se puede calcular de diferentes formas, indicamos tres de ellas.

a) Mediante el dibujo de la elástica o del diagrama de momento flector.

En escala se determina la distancia $x_1 \approx 0,30$ metros.

b) Desde el momento máximo de tramo.

$$M_t = \frac{qx^2}{8} = 4.000 \ daNm$$

$$x = \sqrt{\frac{4000 \cdot 8}{1200}} = 5,16 \ metros$$

$x_1 = 5,50 - 5,16 \approx 0,34$

c) Desde ecuación de segundo grado.

También podemos obtener el punto de inflexión desde la aplicación de una ecuación de segundo grado. Sabemos que en el tramo existen dos puntos con flector nulo: uno está en el apoyo *(A)* y el otro a cierta distancia de debemos calcular:

Resolvemos la ecuación:

$$M_f = R_A x - \frac{qx^2}{2} = 0 = \frac{qx^2}{2} - R_A x = 600 \cdot x^2 - 3115 \cdot x = 0$$

Aplicamos:

$$x = \frac{-b \pm \sqrt{b^2 - 4ac}}{2a}$$

$$x = \frac{-3115 \pm \sqrt{3115^2}}{2 \cdot 600} \approx 5,2 \ \text{mts}$$

$x_1 = l_1 - 5,2 = 0,30$ metros

Vemos que los tres modos de cálculo nos entregan valores muy similares.

Flector del tramo isostático:

El flector de tramo isostático será:

$$M_{f \ tramo} = \frac{ql^2}{8} = \frac{1200 \cdot 5,2^2}{8} \approx 4.000 \ daNm$$

Idéntico al de teoría clásica.

1.4. Altura mínima deformación.

La altura mínima de deformación es una de las variables del diseño estructural. Utilizando factores que se encuentran en tablas y que fueron obtenidos mediante la resolución de la ecuación de la elástica para cargas promedios de vigas y de ensayos de laboratorios.

Utilizamos los factores indicados en la Tabla 40.

Tipo de losa: articulada libre: *m = 35*
Tipo voladizo: *m = 12*
"h" de tramo: *550 / 35 = 15 cm*
"h" de voladizo: *130 / 12 = 11 cm*

Utilizamos alturas diferentes en el tramo respecto del voladizo, esto se debe controlar cuando se diseñan los encofrados laterales de la viga para reducir los costos de mano de obra y madera.

1.5. Esfuerzos internos y sección de barras.

General.

Ahora analizamos los esfuerzos internos que se interpretan mejor mediante el método de "biela y tensor". En el esquema se muestra la analogía del reticulado en el interior de la losa, también el brazo de palanca *"z" (figura 26.11)*.

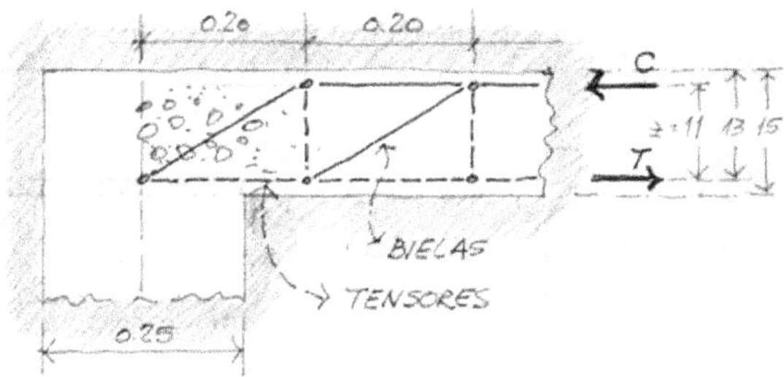

Figura 26.11

La viga tiene un ancho de *0,25* metros y la losa una altura total de *0,15* metros. En la figura se indica el *"z"*, el *"h"* y el *"d"*. El recubrimiento adoptamos 2,0 cm desde el centro de barra porque consideramos un ambiente no agresivo.

Estudio del tramo para flector máximo (4.000 daNm):

$$h = 15 \ cm \quad d = 13 \ cm \quad z = 0,85 . 13 \approx 11 \ cm$$

Fuerzas de cupla: $C = T$

$$C_{máx} = T_{máx} = \frac{4000 \ daNm}{0,11 \ m} \approx 36.400 \ daN$$

Sección de barras:

$$A_s = \frac{T}{\phi f_y} = \frac{36400}{0,9 \cdot 4200} \approx 9,6 \ cm^2$$

Diámetro y separación de barras: *1 ϕ 12 c/ 12 cm $\approx$ 9,4 cm²*

Estudio del tramo para flector medio (2.000 daNm):

$$C_{med} = T_{med} = \frac{2000\ daNm}{0,11\ m} \approx 18.200\ daN$$

Sección de barras:

$$A_s = \frac{T}{\phi f_y} = \frac{18200}{0,9 \cdot 4200} \approx 4,8\ cm^2$$

Diámetro y separación de barras: *1 ϕ 12 c/ 24 cm $\approx$ 4,7 cm²*

Estudio del voladizo:

h = 11 cm   d = 9 cm   z = 0,85 . 9 $\approx$ 7,5 cm

Fuerzas de cupla: *C = T*

$$C_{máx} = T_{máx} = \frac{680\ daNm}{0,075\ m} \approx 9.100 daN$$

Sección de barras:

$$A_s = \frac{T}{\phi f_y} = \frac{9100}{0,9 \cdot 4200} \approx 2,4\ cm^2$$

Diámetro y separación de barras: *1 ϕ 8 c/ 20 cm $\approx$ 2,5 cm²*

Corte en losa:

En la mayoría de las losas de edificios los valores de esfuerzos de corte son reducidos y es suficiente la resistencia del hormigón para sostenerlos. Es diferente en los casos de losas de fondo de conductos pluviales (reacción negativa de suelo) o de fondo de tanques de agua (reacción positiva del agua) donde el corte eleva su valor.

De cualquier manera lo revisamos: desde el esquema de biela tensor, la fuerza de corte a la distancia de $\approx$ 0,25 del eje de viga, es de

3115 – 0,25 . 1200 = 2.815 daN
3484 – 0,25 . 1200 = 3.184 daN

Según reglamento Cirsoc 201 la resistencia nominal del hormigón de losa al corte:

$$V_c = \frac{1}{6}\sqrt{f_c'}\,bd = \frac{1}{6}\sqrt{30}.\,1000.150 = 137000\ N = 13700\ daN = 13,7\ tn$$

Buenas condiciones; es un valor superior a los establecidos en la región cercana de apoyos.

Detalles.

En el esquema se muestra un corte de losa, la disposición y diámetro de las barras y el control con el diagrama de momentos (figura 26.12).

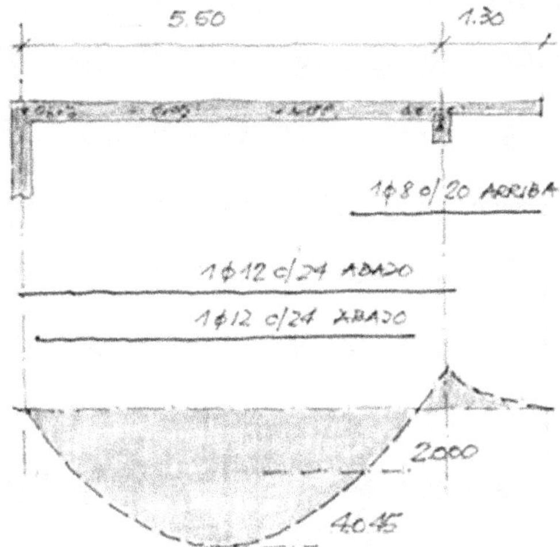

Figura 26.12

Las barras en la región de flector máximo se componen de *1φ12 / 12* cm que se pueden cortar luego de verificar con el diagrama de momentos, de esta manera a los apoyos llegan *1φ12 / 24 cm*. En el voladizo, en su parte superior se coloca *1φ8 / 20 cm*.

2. Dimensionado viga V$_2$.

2.1. Elección del orden de estudio.

Elegimos la viga más cargada para el inicio del dimensionado, en nuestro caso es la *V$_1$*.

2.2. Luces de cálculo.

La luz de cálculo la tomamos desde ejes de columnas porque los apoyos poseen baja rigidez de empotramiento.

l$_c$ = 7,00 metros.

En los casos donde las columnas poseen secciones iguales o superiores a las de viga se desplazan los puntos de inflexión hacia el interior de viga y se reducen los flectores.

2.3. Altura mínima deformación.

De tabla 40 se emplea el factor que limita la elástica según las condiciones de borde que en nuestro caso es articulada en ambos apoyos.

Viga: articulada - articulada: *m = 16*
"h" de tramo: *700 / 16 ≈ 44 cm*

Adoptamos: $h = 50 \quad d = 45 \quad z = 0,85 . 45 \approx 38 \ cm$

Nota: el *"d"* corresponde a dos capas de barras. Veremos más adelante la conveniencia de aumentar la altura de la viga para evitar la doble capa de barras.

2.4. Análisis de cargas.

Participa la reacción de losa, la de voladizo y el peso propio de la viga multiplicado por el factor de aumento $\gamma_1 = 1,4$.

Peso aproximado de viga: *0,25 . 0,50 . 2.400 daN/m³ . 1,4 = 420 daN/m*

De losa L_1 *(R_{Bd})*:   *3.484 daN/m*
De losa L_2 *(R_{Bi})*:   *1.560 daN/m*
De peso propio: *420 daN/m*
Total: *5.464 daN/m*

2.5. Solicitaciones.

Reacciones:

Carga de losas: *5.464 daN/m*

A eje de columna: $R_A = R_B = 19.124 \ daN$

Para control del corte, al primer montante (*0,70* metros de eje columna)

$Q_{máx} \approx 19.120 - 0,7 . 5464 \approx 13.660 \ daN$

Momentos flectores.

M_f al medio de tramo *(3,5 mts de apoyo izquierdo):* $\approx 34.180 \ daNm$
M_f al cuarto de tramo *(1,75 mts de apoyo izquierdo):* $\approx 21.560 \ daNm$
M_f al cuarto de tramo *(1,00 mts de apoyo izquierdo):* $\approx 14.300 \ daNm$

2.6. Dimensionado por flexión: Esfuerzos internos.

Aplicamos el método de biela y tensor similar al de la viga V_1.

Fuerzas de cuplas (en tres posiciones):

Fuerzas de cupla máximas a 3,5 metros: $C = T$

$$C_{máx} = T_{máx} = \frac{34180 \ daNm}{0,38 \ m} \approx 89.900 \ daN$$

Fuerzas de cupla medias a 1,75: $C = T$

$$C_{med} = T_{med} = \frac{21560 \ daNm}{0,38 \ m} \approx 56.700 \ daN$$

Fuerzas de cupla mínima a 0,75: $C = T$

$$C_{med} = T_{med} = \frac{14300 \ daNm}{0,38 \ m} \approx 37.600 \ daN$$

Sección de barras, diámetro y cantidad.

Sección de barras máxima:

$$A_{s\,máx} = \frac{T}{\phi f_y} = \frac{89900}{0,9 \cdot 4200} \approx 23,8\ cm^2$$

Armadura en tracción: *8 ϕ 25 mm $\approx$ 25,1 cm²*

Sección de barras medias:

$$A_s = \frac{T}{\phi f_y} = \frac{56700}{0,9 \cdot 4200} \approx 15,0\ cm^2$$

Armadura en tracción: *5 ϕ 25 mm $\approx$ 15,7 cm²*

Sección de barras mínimas:

$$A_s = \frac{T}{\phi f_y} = \frac{37600}{0,9 \cdot 4200} \approx 10,0\ cm^2$$

Armadura en tracción: *3 ϕ 25 mm $\approx$ 9,4 cm²*

Nota:

En este diseño de viga hay una congestión de barras a tracción, tal como se muestra en el gráfico. Esto compromete la separación adecuada entre ellas y el recubrimiento necesario. Para solucionar este problema se pude realizar alguna de las soluciones:

a)　Aumentar la altura de la viga unos *0,05* a *0,10* metros. Con ello se aumenta la cupla interna y se reduce la cantidad de barras necesarias.

b)　Si la altura está comprometida, la otra solución es aumentar el ancho de viga; pasar de *0,25* a *0,30* metros y verificar.

2.7. Redimensionado con aumento de altura.

Para evitar la congestión de barras en zona de tracción redimensionamos la viga con una altura superior (aumentamos la cupla interna nominal).

Adoptamos:　　　*h = 60　　d = 55　　z $\approx$ 0,85 . 55 $\approx$ 47 cm*
Fuerzas de cuplas (en tres posiciones):

Fuerzas de cupla máximas a 3,5 metros: $C = T$

$$C_{máx} = T_{máx} = \frac{34180\ daNm}{0,47\ m} \approx 72.700\ daN$$

Fuerzas de cupla medias a 1,75: C = T

$$C_{med} = T_{med} = \frac{21560\ daNm}{0,47\ m} \approx 45.900\ daN$$

Fuerzas de cupla mínima a 0,75: C = T

$$C_{med} = T_{med} = \frac{14300\ daNm}{0,47\ m} \approx 30.400\ daN$$

Sección de barras, diámetro y cantidad.

Sección de barras máxima:

$$A_{s\,máx} = \frac{T}{\phi f_y} = \frac{72700}{0{,}9 \cdot 4200} \approx 19.2 \; cm^2$$

Armadura en tracción: *6 ɸ 20 mm ≈ 18,8 cm²*

Sección de barras medias:

$$A_s = \frac{T}{\phi f_y} = \frac{45900}{0{,}9 \cdot 4200} \approx 12{,}1 \; cm^2$$

Armadura en tracción: *4 ɸ 20 mm ≈ 12,6 cm²*

Sección de barras mínimas:

$$A_s = \frac{T}{\phi f_y} = \frac{30400}{0{,}9 \cdot 4200} \approx 8{,}0 \; cm^2$$

Armadura en tracción: *3 ɸ 20 mm ≈ 9,4 cm²*

Con el análisis anterior y mediante la demanda del flector externo con la resistencia de la cupla interna, es posible para cada caso cortar las barras dejando las longitudes de anclaje necesarias, estos valores se indican en el Cirsoc 201.

2.8. Esquemas

Corte transversal y posición de las barras *(figura 26.13).*

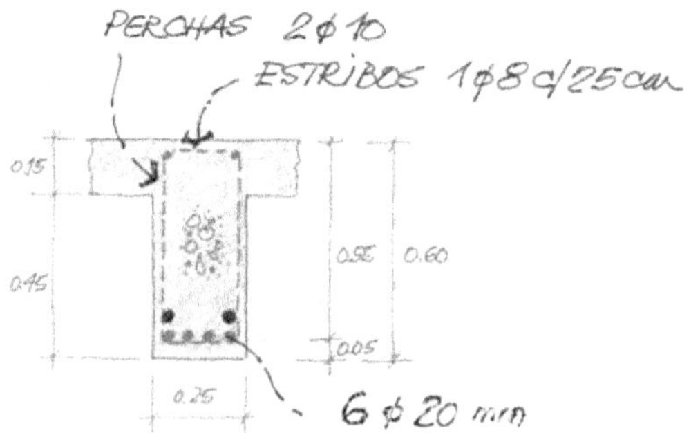

Figura 26.13

Corte longitudinal y posición de las barras *(figura 26.14)*.

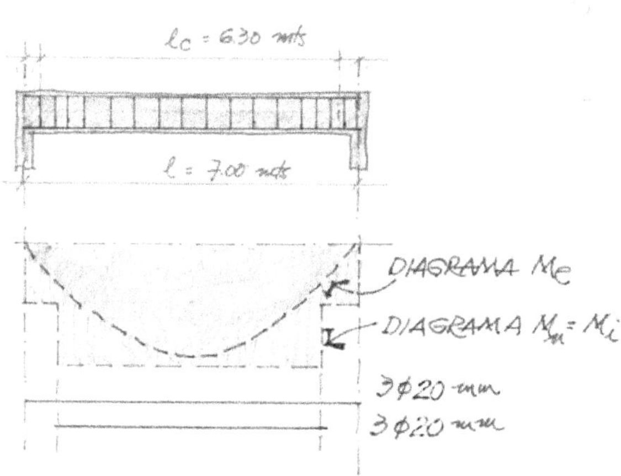

Figura 26.14

2.8. Planilla de cálculo.

La planilla con los valores de M_f externo, M_n nominal interno, A_{sn} necesaria y la A_{se}, también el diámetro y cantidad de barras.

Posición metros	Mf ext daNm	As nec cm^2	Barras	As exist cm^2	Mn daN
3,50	34.180	19,2	6 φ 20	18,8	33.400
1,75	21.560	12,1	4 φ 20	12,6	22.400
1,00	14.300	8,0	3 φ 20	9,4	16.700

Por los coeficientes de seguridad que se incorporan al cálculo se permite que existan pequeñas diferencias entre el nominal y el externo, como en el caso de la primer fila (al medio de la viga). Tampoco es necesario cambiar el valor total de la carga por la dimensión mayor de viga elegida para el redimensionado.

2.9. Dimensionado por corte: Esfuerzos internos.

General.

Resistencia requerida: $Q_{máx} \approx 13.660 \ daN$ *(figura 26.15)*

La resistencia nominal se compone:

$$V_n = V_c + V_s$$

V_c : resistencia nominal al corte por el hormigón en *"Newton"*.

V_s : resistencia nominal al corte por armadura de corte en *"Newton"*.

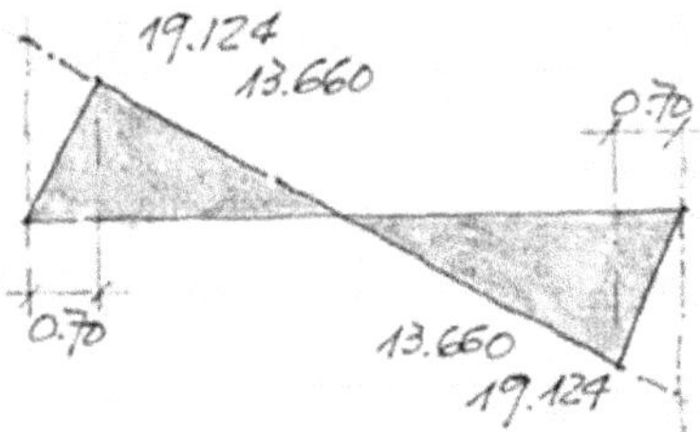

Figura 26.15

Cálculo del V_c:

$$V_c = \frac{1}{6}\sqrt{f_c'}\,bd = \frac{1}{6}\sqrt{30}.\,250.450 \approx 103.000\ N = 10.300\ daN$$

La resistencia de corte solo del hormigón no es suficiente, agregamos estribos de dos ramas diámetro 10 mm cada 25 centímetros.

Cálculo del V_s:

$$V_s = \frac{A_v f_{yt}\,d}{s} = \frac{156 \cdot 420 \cdot 450}{250} = 118.000\ N = 11.800\ daN$$

- A_v: área de la armadura de corte existente en una distancia "s", en mm^2.

- d: distancia desde la fibra comprimida extrema hasta el baricentro de la armadura longitudinal traccionada, en mm.

- f_{yt}: Tensión de fluencia especificada de la armadura transversal, en MPa.

- s: separación entre los estribos, en mm.

Resistencia al corte total:

$$V_n = V_c + V_s = 10300 + 11800 = 22.100 > 13.600\,daN$$

Buenas condiciones. Esta configuración de estribos las colocamos en la distancia de *1,50* metros de los apoyos, en el resto de la viga disponemos *1 ϕ 8 mm cada 25* centímetros.

3. Dimensionado viga V_1.

3.1. Luces de cálculo.

Similar al de viga V_2.

3.2. Altura mínima deformación.

Similar al de viga V_2.

3.3. Análisis de cargas.

Participa la reacción de losa y además el peso propio de la viga multiplicado por el factor de aumento $\gamma_1 = 1,4$

De losa L_1: *3.115 daN*
De peso propio: *420 daN*
Total: *3.535 daN/m*

Esquema de viga V_1 (figura 26.14)

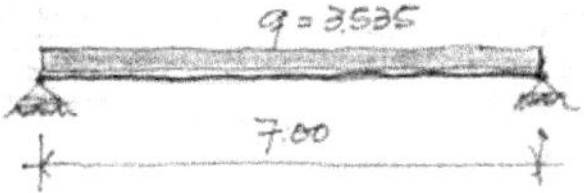

Figura 26.14

3.4. Solicitaciones.

Reacciones:

$R_A = R_B = 12.370 \ daN$

Para el estudio del corte se determina la reacción a una distancia aproximada de 0,70 metros de eje columna. Esta distancia surge de considerar una biela inclinada a 30° del apoyo de columna.

$Q_{máx} \approx 9.900 \ daN$

Diagrama esfuerzos de corte (figura 26.15)

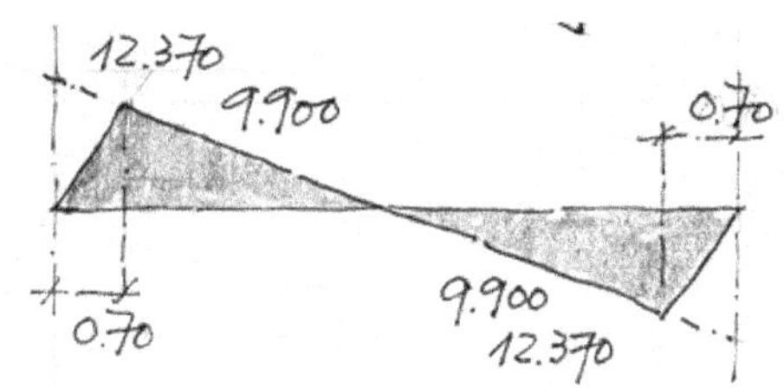

Figura 26.15

Momentos flectores:

M_f *(3,5 mts de apoyo izquierdo):* *21.650 daNm*
M_f *(1,75 mts de apoyo izquierdo):* *16.240 daNm*
M_f *(1,00 mts de apoyo izquierdo):* *10.600 daNm*

3.5. Esfuerzos internos.

Fuerzas de cuplas (figura 26.16):

Aplicamos el método de biela y tensor en forma conjunta con expresiones de la resistencia de materiales.

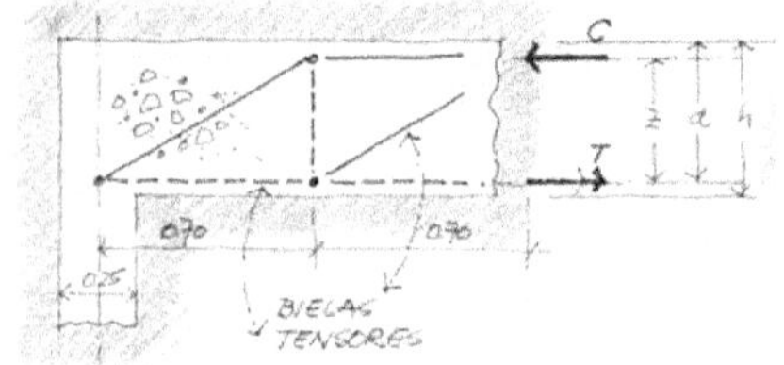

Figura 26.16

Analizamos los valores de estas fuerzas en tres posiciones diferentes para luego, si es necesario cortar las barras donde los flectores externos lo permitan.

Fuerzas de cupla máximas a 3,5 metros: C = T

$$C_{máx} = T_{máx} = \frac{21650\ daNm}{0,47\ m} \approx 46.000\ daN$$

Fuerzas de cupla medias a 1,75 metros: C = T

$$C_{med} = T_{med} = \frac{16240\ daNm}{0,47\ m} \approx 34.500\ daN$$

Fuerzas de cupla mínima a 1,00 metro: C = T

$$C_{mín} = T_{mín} = \frac{10600\ daNm}{0,47\ m} \approx 22.500\ daN$$

3.6. Sección de barras.

Sección de barras, diámetro y cantidad.

Sección de barras en zona de M_f máximo:

$$A_{s\ máx} = \frac{T}{\phi f_y} = \frac{46000}{0,9 \cdot 4200} \approx 12,2\ cm^2$$

Armadura en tracción: *6 ϕ 16 mm $\approx$ 12 cm²*

Sección de barras en zona de M_f medio:

$$A_s = \frac{T}{\phi f_y} = \frac{34500}{0,9 \cdot 4200} \approx 9,1 cm^2$$

Armadura en tracción: *5 ϕ 16 mm $\approx$ 10 cm²*

Sección de barras en zona de M_f mínimo:

$$A_s = \frac{T}{\phi f_y} = \frac{22500}{0,9 \cdot 4200} \approx 6\ cm^2$$

Armadura en tracción: *3 ϕ 16 mm $\approx$ 8 cm²*

3.7. Esquemas:

Sección transversal *(figura 26.17)*.

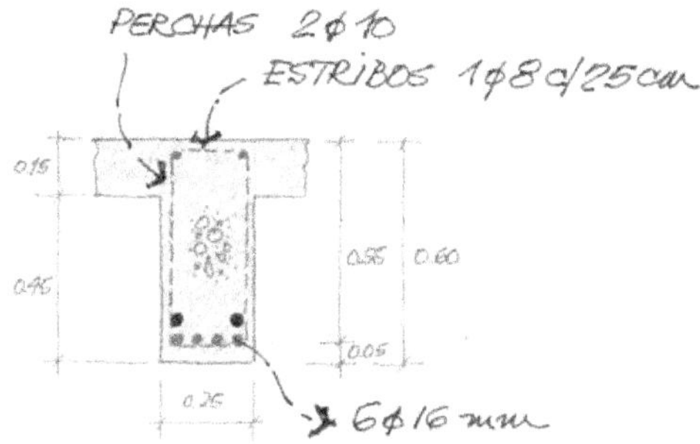

Figura 26.17

Sección longitudinal *(figura 26.18)*.

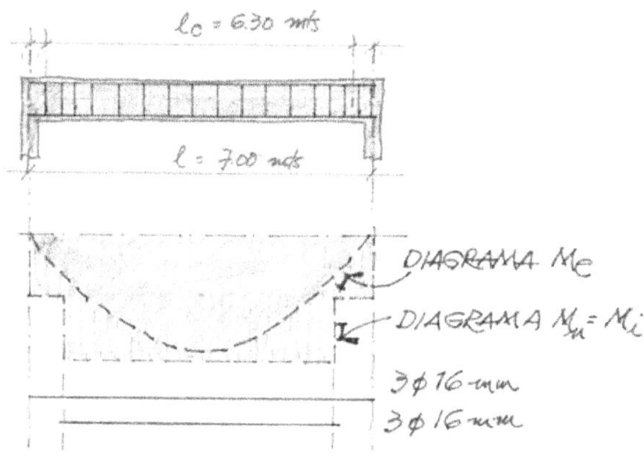

Figura 26.18

3.8. Planilla de cálculo.

Posición metros	Mf ext daNm	As nec cm^2	Barras	As exist cm^2	Mn daN
3,50	21.650	12,2	6 φ 16	12,0	21.300
1,75	16.240	10,0	5 φ 16	10,0	17.800
1,00	10.600	6,0	3 φ 16	6,0	10.600

Lo anterior se amplía con los diagramas gráficos que siguen. Se muestran la ubicación, diámetro y cantidad de las barras longitudinales y estribos. Las barras se pueden cortar en función de la demanda de la cupla interna para equilibrar el flector externo, siempre teniendo en cuenta la longitud suplementaria de anclaje.

En la parte inferior se dibuja el diagrama del flector, es una parábola y superpuesto el esquema de la resistencia ofrecida por las cuplas, según la cantidad de barras es escalonado y cubre al flector externo. Las barras deben tener una sobre extensión parta cubrir el requerimiento de anclaje.

3.9. Estudio del cortante en V1:

General.

Resistentica requerida: *Qmáx ≈ 9.900 daN*

La resístencia nominal se compone *(figura 26.19)*:

$$V_n = V_c + V_s$$

V_c : resistencia nominal al corte proporcionada por el hormigón en N.

V_s : resistencia nominal al corte proporcionada por la armadura de corte en N.

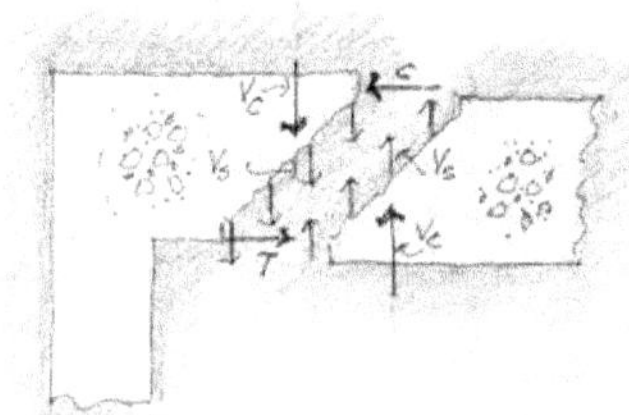

Figura 26.19

Cálculo del V_c:

$$V_c = \frac{1}{6}\sqrt{f_c'}\,bd = \frac{1}{6}\sqrt{30}.\,250.450 = 103.000\ N = 10.300\ daN => 9.900\ daN$$

La resistencia de corte del hormigón es suficiente; supera a la acción existente. Por cuestiones reglamentarias y constructiva es necesario colocar armaduras, elegimos estribos de diámetro 10 mm (dos ramas) con separación de 25 centímetros.

Cálculo del V_s:

$$V_s = \frac{A_v f_{yt}\,d}{s} = \frac{156 \cdot 420 \cdot 450}{250} = 118.000\ N = 11.800\ daN$$

Resistencia al corte total:

$$V_n = V_c + V_s = 22.100\ daN > 9.900\ daN$$

Mantenemos la misma configuración de estribos que la viga V_2.

4. Dimensionado columnas.

4.1. Datos:

Recordemos que el edificio posee tres niveles: primer, segundo y tercero (terraza).

Nivel planta baja: *+ 0,00*
Primer nivel: *+ 3,00*
Segundo nivel: *+ 6,00*
Tercer nivel terraza: *+ 9,00*

Estudio de las columnas C_2 de planta baja.
Lados: *0,25 . 0,25 metros.*
Armadura longitudinal: *4 ϕ 16 mm*
Estribos: *1 ϕ 8 mm cada 0,25 metros.*

$f_y = 240\ MPa = 2.400\ daN/cm^2$
$f'_c = 30\ MPa = 300\ daN/cm^2$.

Columnas C_1 y C_2:

Reacciones individuales viga V_1: $R_A = R_B = 12.370\ daN$
Reacciones individuales viga V_2: $R_A = R_B = 19.124\ daN$
Columnas soportes de V_1 en planta baja: $3 . 12370 = 37.110\ daN$
Columnas soportes de $V2$ en planta baja: $3 . 19124 = 57.372\ daN$

Peso propio de columnas: $3 . 0,25 . 0,25 . 3,00 . 2400 = 1.350\ daN$
Cargas finales:
Columnas soportes de V_1 en planta baja: $37.110 + 1.350 \approx 38.500\ daN$
Columnas soportes de V_2 en planta baja: $57.372 + 1.350 \approx 58.700\ daN$

4.2. Resistencia nominal de columna.

Verificamos la capacidad resistente de la columna cuyos datos colocamos al principio. Aplicamos la fórmula indicada en el reglamento Cirsoc para columnas:

$$P_n = 0,80\emptyset\left[0,85 f_c'\left(A_g - A_{st}\right) + f_y A_{st}\right]$$

$$P_n = 0,80 \cdot 0,65 \cdot [0,85 \cdot 300(625 - 8,04) + 4200 \cdot 8,04] =$$

$$P_n = 0,52 \cdot [255 \cdot 617 + 33750] \approx 99.300\ daN$$

La resistencia nominal es muy superior a la máxima carga de servicio *(58.700 daN)*.

Resumen.

La resistencia nominal de la columna es superior a las fuerzas o cargas externas de C_1 y C_2. Estamos en buenas condiciones de trabajo.

Una columna de dimensiones mínimas (20cm . 20cm y 4ϕ12) la capacidad de diseño es $\approx 60.000\ daN$. Esto significa que es posible reducir las dimensiones de las columnas del edificio en estudio, pero por cuestiones constructivas mantenemos el ancho de *0,25* similar al del fondo de viga.

En los edificios en altura, en general las dimensiones de la sección de hormigón de las columnas se modifican cada tres o cuatro pisos, sin embargo las barras se reducen en cada nivel ascendente.

5. Dimensionado de base B_1.

5.1. Datos.

La carga que se utiliza como datos fue determinada con los coeficientes de aumento *(U = $\gamma_1 D + \gamma_2 L$)*. Por ser un edificio de solo tres plantas no se practica la reducción de sobrecargas por no simultaneidad.

Columnas soportes de V_1 en planta baja: *3 . 12370 = 37.110 daN*
Carga para cálculo superficie de base con suelo: *37.110 / 1,5 = 24.740*

Carga de diseño:			*≈ 37.110 daN*
Tipo de hormigón a utilizar:	*f'$_c$ = 25 MP (H25).*
Tensión de fluencia del acero:	*f$_y$ = 420 MPa.*
Tensión admisible del suelo:	*σ$_t$ = 1,1 daN/cm^2 = 0,11 MPa*
Lados de columna:			*d$_1$ = 25 cm d$_2$ = 25 cm*
Tronco de unión base columna:	*c$_1$ = 30 c$_2$ = 30 cm*
Cara superior de base:		*inclinada.*
Forma:				*cuadrada.*
Tipo de suelo:			*no agresivo (recubrimiento normal).*

Lados de base.

Superficie inter fase suelo: *37.110 / 1,5 = 24.740*
Lados de base:

$$a_1 = a_2 = \sqrt{\frac{24740}{1,1}} \approx 150 \; cm$$

Adoptamos: *150 cm*

5.2. Geometría transversal.

Inclinación de bielas:		*30°*
Altura total:			*h = 45 cm*
Altura inferior:			*h$_1$ = 15 cm*

5.3. Carga en cada trapecio.

Consideramos la cuarta parte de la carga total que corresponde a la resistencia de cada trapecio en planta *(figura 26.20)*.

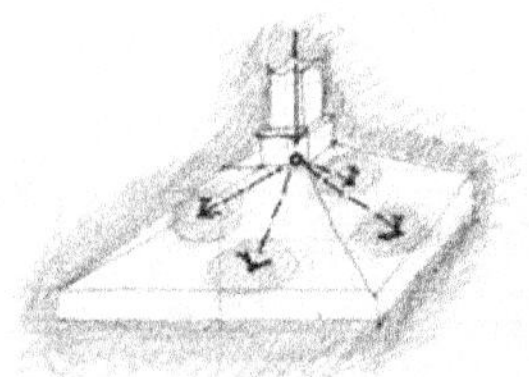

Figura 26.20

En estos ejemplos no diferenciamos la superficie resistente de la base al de la proyección del tronco de columna porque este último es muy reducido *(figura 26.21)*.

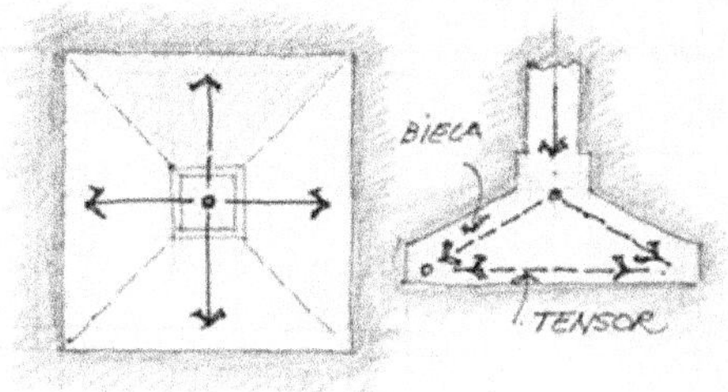

Figura 26.21

Cuarta parte de la carga:

P_t = 37.110 / 4 ≈ 9.300

5.4. Fuerzas de tensor y biela.

Necesitamos descomponer la fuerza P_t en la dirección de biela y de tensor.

$$tg\alpha = tg30° = 0,57$$

$$sen\alpha = sen30° = 0,50$$

Fuerza en plano de bielas:

$$C = \frac{P_t}{sen\alpha} = \frac{9300}{0,57} = 16.300\ daN$$

Fuerza en plano de tensores:

$$T = \frac{P_t}{tg\alpha} = \frac{9300}{0,50} = 18.600\ daN$$

5.5. Verificación y cálculo.

Barras de tensores:

Hay que colocar el factor reductor de tensión ϕ:

$$A_s = \frac{C}{\phi f_y} = \frac{18600}{0,9 \cdot 4200} \approx 4,9\ cm^2$$

Armaduras: ≈ *10 ϕ 8* mm (*1 ϕ 8* mm c/ ≈ *15* cm)

Bielas a compresión:

En el plano de bielas consideramos una superficie de ancho promedio *(0,30 + 1,50) / 2 = 0,90* y espesor de *10* cm que se encuentra en compresión, así la tensión de compresión será:

$$f_c' = \frac{16300}{10 \cdot 90} \approx 18\ \frac{daN}{cm^2} \approx 1,8\ MPa \rightarrow B.C.$$

Control de punzonado:

En realidad la base, al actuar según la analogía del reticulado espacial no presenta riesgo de punzonado. De cualquier manera vemos que la superficie aproximada de roce en punzonado es una superficie cilíndrica:

Diámetro del círculo: doble del ancho de tronco: $\approx 60\ cm$.

Altura del cilindro mitad de altura total de base: $\approx d/2 = 45/2 = 22.5\ cm$.

Superficie cilindro: $\pi d\ .\ 22,5 = 3,14\ .\ 60\ .\ 22,5 = 4.239\ cm^2$

$$\tau_p = \frac{19500}{4239} \approx 4,6\ \frac{daN}{cm^2} \approx 0,5\ MPa \to B.C.$$

Detalles.

Los detalles de la base *(figura 26.22)*:

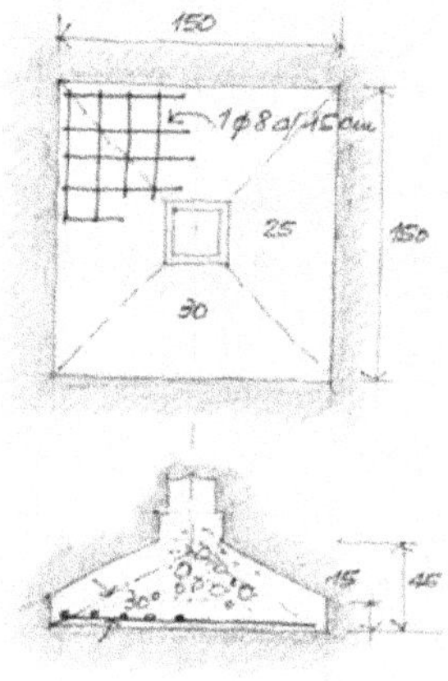

Figura 26.22

6. Dimensionado base B_2.

6.1. Datos.

Cargas de columnas C_2 planta baja: *3 . 19124 = 57.372 daN*
Carga de diseño: $\approx 57.372\ daN \approx 574\ kN = 57,4\ toneladas.$
Tipo de hormigón a utilizar: $f'_c = 25\ MPa\ (H25).$
Tensión de fluencia del acero: $f_y = 420\ MPa.$
Tensión del terreno: $\sigma_t = 1,1\ daN/cm^2 = 0,11\ MPa$
Lados de columna: $d_1 = 25\ cm \quad d_2 = 25\ cm$
Tronco de base columna: $c_1 = 30 \quad c_2 = 30\ cm$
Cara superior de base: *inclinada.*
Forma: *cuadrada.*
Tipo de suelo: *no agresivo (recubrimiento normal).*

6.2. Lados de base.

Carga dimensionado superficie inter fase suelo: *57372 / 1,5 ≈ 38.200 daN.*

Relación entre la carga y tensión de suelo:

$$a_1 = a_2 = \sqrt{\frac{38200}{1,1}} \approx 186 \; cm$$

Adoptamos: 190 cm

6.3. Geometría transversal.

Inclinación de bielas:　　　　　　30°
Altura total:　　　　　　　　　　h = 50 cm
Altura inferior:　　　　　　　　h_1 = 15 cm

Cuarta parte de carga: Pt ≈ 57372/4 = 14.300 daN = 14,3 toneladas.

6.4. Fuerzas de tensor y biela.

Necesitamos descomponer la fuerza Pt en la dirección de biela y de tensor.

$$tg\alpha = tg30° = 0,57$$

$$sen\alpha = sen30° = 0,50$$

Fuerza en plano de bielas:

$$C = \frac{P_t}{sen\alpha} = \frac{14300}{0,57} \approx 25.200 \; daN$$

Fuerza en plano de tensores:

$$T = \frac{P_t}{tg\alpha} = \frac{14300}{0,50} = 28.600 \; daN$$

6.5. Verificación y cálculo.

Armaduras en región de tensores:

$$A_s = \frac{C}{\phi f_y} = \frac{28600}{0,9 \cdot 4200} \approx 7,6 \; cm^2$$

Cantidad de barras en ancho de base: ≈ 15

Malla de 1 ϕ 8 mm c / 12,5 cm

Verificación biela:

En el plano de bielas consideramos un ancho de 110 cm:

(190 + 30) / 2 = 110

Bielas:

En compresión se estima un espesor promedio de ≈ 10 cm, así la tensión de compresión será:

$$f_c' = \frac{25600}{10 \cdot 110} \approx 23 \; \frac{daN}{cm^2} \approx 2,3 \; MPa$$

Control de punzonado:

Superficie de roce en punzonado: adoptamos un cilindro de punzonado cuyo círculo es el doble del ancho de tronco ≈ 60 cm. La altura del cilindro adoptamos la mitad de altura total de base = d/2 = 50/2 = 25 cm.

Círculo: πd . 22,5 = 3,14 . 60 . 25 = 4.710 cm2

$$\tau_p = \frac{19500}{4710} \approx 4,1 \; \frac{daN}{cm^2} \approx 0,4 \; MPa$$

Detalles.

Los detalles de la base *(figura 26.23)*:

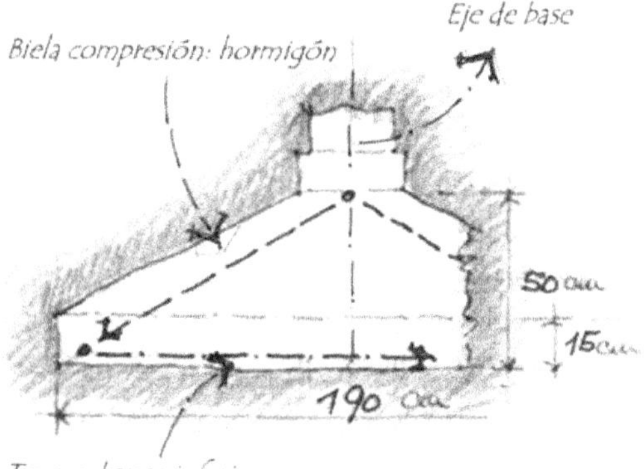

Figura 26.23

Tercera Parte

Tablas

27 *Tablas*

Índice

27.1. Superficies figuras geométricas.

FIGURA	FORMULAS MATEMATICAS
Cuadrado 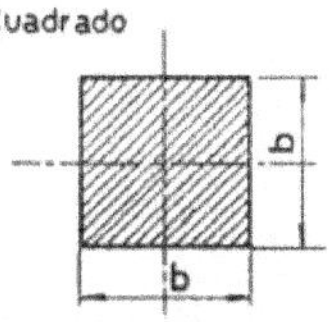	$F = b^2$
Rectángulo 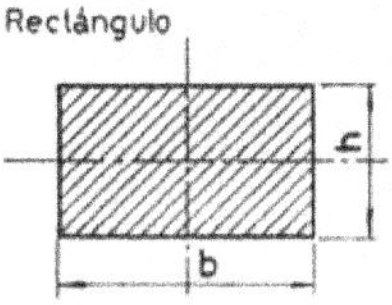	$F = b \times h$
Paralelogramo 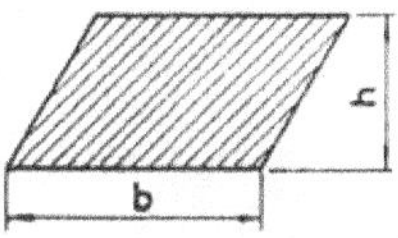	$F = b \times h$
Trapecio 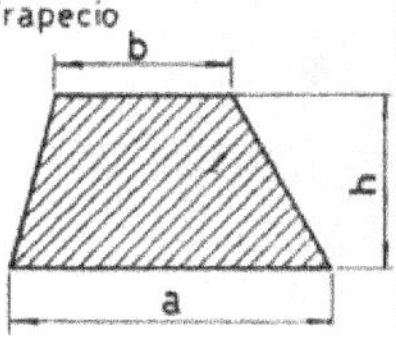	$F = \dfrac{a+b}{2} \times h$
Triángulo rectángulo 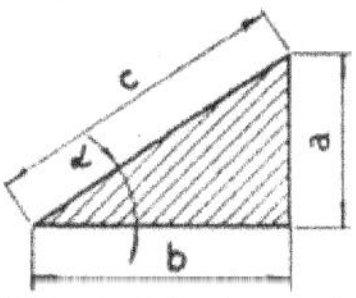	$F = \dfrac{a}{2}\sqrt{c^2-a^2} \qquad F = \dfrac{a \times b}{2}$ $F = \dfrac{a^2 \times \cotg\alpha}{2} \qquad F = \dfrac{b^2 \times \tg\alpha}{2}$ $F = \dfrac{c^2 \times \sen\alpha \times \cos\alpha}{2}$

27.2. Superficies figuras geométricas.

FIGURA	FÓRMULAS MATEMATICAS
Triángulo escaleno	$F = \sqrt{s(s-a)(s-b)(s-c)}$; $s = \dfrac{a+b+c}{2}$ $F = \dfrac{a \times b}{2} \times \operatorname{sen} \delta$
Círculo	$F = \pi \times r^2 = (\pi \times d^2)/4$ $U = 2 \times \pi \times r = \pi \times d$ (perímetro)
Corona circular	$F = \dfrac{\pi \times \alpha^\circ}{360^\circ} \times (R^2 - r^2)$ $F = \dfrac{\pi \times \alpha^\circ}{180^\circ} \times Rm \times \delta$; $Rm = \dfrac{R+r}{2}$
Sector circular	$F = \dfrac{b \times r}{2}$; $b = \dfrac{\pi \times r \times \alpha^\circ}{180^\circ}$ $S = 2 \times r \times \operatorname{sen} \alpha$
Sector circular	$F1 = \dfrac{\pi \times r^2}{4} = 0,7854 \times r^2$ $F2 = r^2 \times (1 - \dfrac{\pi}{4}) = 0,2146 \times r^2$

27.3. Resolución triángulos rectángulos.

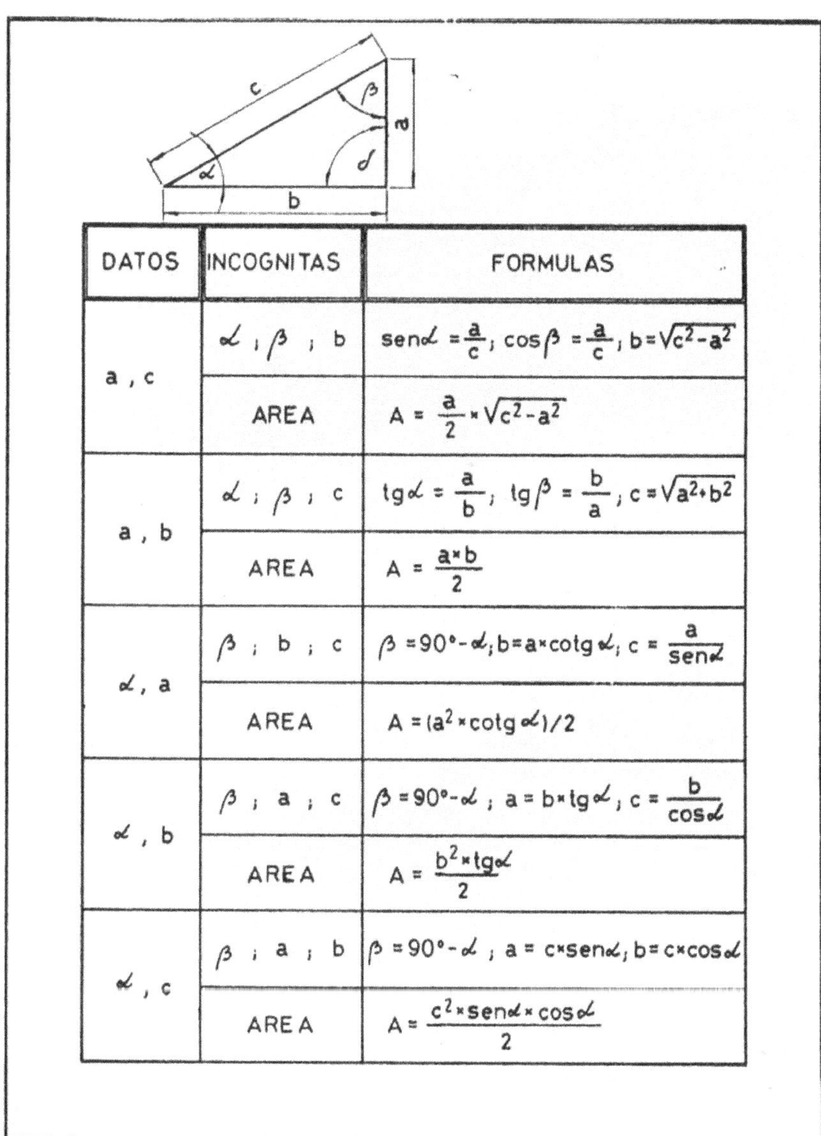

DATOS	INCOGNITAS	FORMULAS
a , c	α ; β ; b	$\operatorname{sen}\alpha = \dfrac{a}{c}$; $\cos\beta = \dfrac{a}{c}$; $b = \sqrt{c^2 - a^2}$
	AREA	$A = \dfrac{a}{2} \times \sqrt{c^2 - a^2}$
a , b	α ; β ; c	$\operatorname{tg}\alpha = \dfrac{a}{b}$; $\operatorname{tg}\beta = \dfrac{b}{a}$; $c = \sqrt{a^2 + b^2}$
	AREA	$A = \dfrac{a \times b}{2}$
α , a	β ; b ; c	$\beta = 90° - \alpha$; $b = a \times \operatorname{cotg}\alpha$; $c = \dfrac{a}{\operatorname{sen}\alpha}$
	AREA	$A = (a^2 \times \operatorname{cotg}\alpha)/2$
α , b	β ; a ; c	$\beta = 90° - \alpha$; $a = b \times \operatorname{tg}\alpha$; $c = \dfrac{b}{\cos\alpha}$
	AREA	$A = \dfrac{b^2 \times \operatorname{tg}\alpha}{2}$
α , c	β ; a ; b	$\beta = 90° - \alpha$; $a = c \times \operatorname{sen}\alpha$; $b = c \times \cos\alpha$
	AREA	$A = \dfrac{c^2 \times \operatorname{sen}\alpha \times \cos\alpha}{2}$

27.4. Resolución triángulos oblicuángulos.

$$s = \frac{a+b+c}{2}$$

DATOS	INCOGNITAS	FORMULAS
a	α	$\operatorname{sen}\dfrac{\alpha}{2}=\sqrt{\dfrac{(s-b)(s-c)}{b\times c}}$; $\cos\dfrac{\alpha}{2}=\sqrt{\dfrac{s\times(s-a)}{b\times c}}$; $\operatorname{tg}\dfrac{\alpha}{2}=\sqrt{\dfrac{(s-b)\times(s-c)}{s\times(s-a)}}$
b	β	$\operatorname{sen}\dfrac{\beta}{2}=\sqrt{\dfrac{(s-a)\times(s-c)}{a\times c}}$; $\cos\dfrac{\beta}{2}=\sqrt{\dfrac{s\times(s-b)}{a\times c}}$; $\operatorname{tg}\dfrac{\beta}{2}=\sqrt{\dfrac{(s-a)\times(s-c)}{s\times(s-b)}}$
c	δ	$\operatorname{sen}\dfrac{\delta}{2}=\sqrt{\dfrac{(s-a)\times(s-b)}{a\times b}}$; $\cos\dfrac{\delta}{2}=\sqrt{\dfrac{s\times(s-c)}{a\times b}}$; $\operatorname{tg}\dfrac{\delta}{2}=\sqrt{\dfrac{(s-a)\times(s-b)}{s\times(s-c)}}$
	AREA	$A=\sqrt{s\times(s-a)\times(s-b)\times(s-c)}$
a α β	b, c	$b=a\,\dfrac{\operatorname{sen}\beta}{\operatorname{sen}\alpha}$ $\qquad$ $c=a\,\dfrac{\operatorname{sen}\delta}{\operatorname{sen}\alpha}=a\,\dfrac{\operatorname{sen}(\alpha+\beta)}{\operatorname{sen}\alpha}$
	AREA	$A=\dfrac{a\times b\times\operatorname{sen}\delta}{2}=\dfrac{a^2\times\operatorname{sen}\beta\times\operatorname{sen}\delta}{2}$
a	β	$\operatorname{sen}\beta=\dfrac{b\times\operatorname{sen}\alpha}{a}$
b	c	$c=a\times\dfrac{\operatorname{sen}\delta}{\operatorname{sen}\alpha}=b\times\dfrac{\operatorname{sen}\delta}{\operatorname{sen}\beta}=\sqrt{a^2+b^2-2\times a\times b\times\cos\delta}$
β	AREA	$A=\dfrac{a\times b}{2}\times\operatorname{sen}\delta$
a	α	$\operatorname{tg}\alpha=\dfrac{a\times\operatorname{sen}\delta}{b-a\times\cos\delta}$ $\qquad$ $\operatorname{tg}\dfrac{(\alpha+\beta)}{2}=\dfrac{a-b}{a+b}\times\operatorname{cotg}\dfrac{\delta}{2}$
b	c	$c=\sqrt{a^2+b^2-2\times a\times b\times\cos\delta}=a\times\dfrac{\operatorname{sen}\delta}{\operatorname{sen}\alpha}$
δ	AREA	$A=\dfrac{a\times b}{2}\times\operatorname{sen}\delta$

27.5: Momento inercia, módulo resistente.

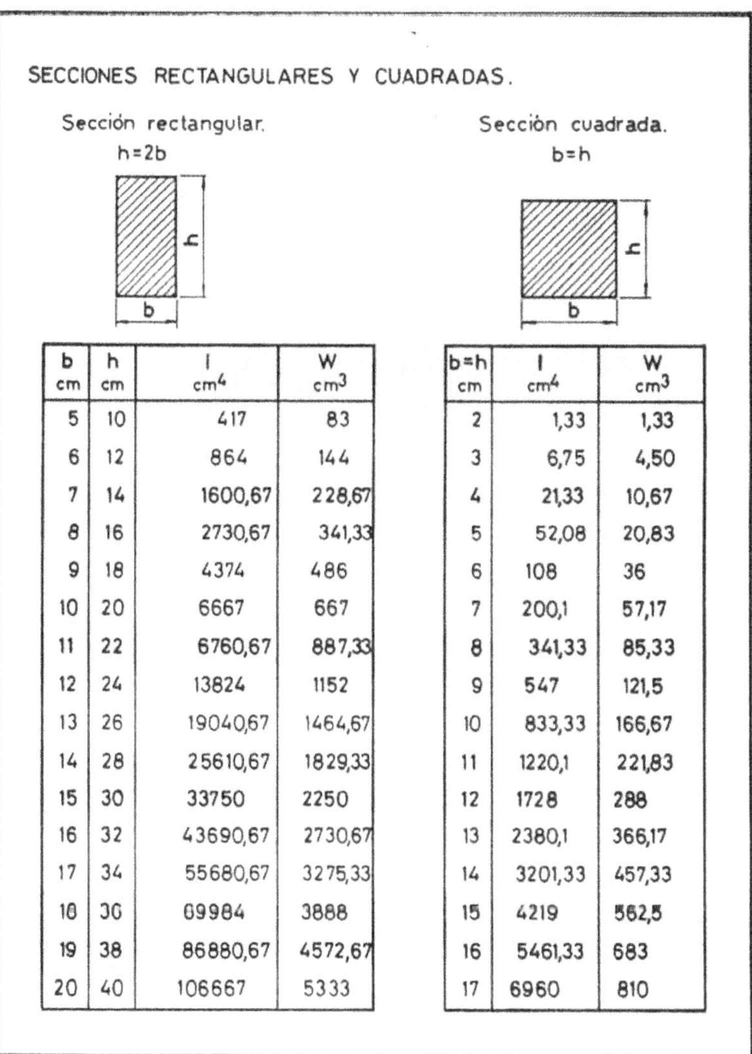

b cm	h cm	I cm⁴	W cm³	b=h cm	I cm⁴	W cm³
5	10	417	83	2	1,33	1,33
6	12	864	144	3	6,75	4,50
7	14	1600,67	228,67	4	21,33	10,67
8	16	2730,67	341,33	5	52,08	20,83
9	18	4374	486	6	108	36
10	20	6667	667	7	200,1	57,17
11	22	6760,67	887,33	8	341,33	85,33
12	24	13824	1152	9	547	121,5
13	26	19040,67	1464,67	10	833,33	166,67
14	28	25610,67	1829,33	11	1220,1	221,83
15	30	33750	2250	12	1728	288
16	32	43690,67	2730,67	13	2380,1	366,17
17	34	55680,67	3275,33	14	3201,33	457,33
18	36	69984	3888	15	4219	562,5
19	38	86880,67	4572,67	16	5461,33	683
20	40	106667	5333	17	6960	810

27.6: Momento inercia, módulo resistente.
(continuación).

SECCIONES VARIAS

Sección	Distancia del eje de gravedad "e"	Momento de inercia I	Modulo resistente $W = I/e$
1. **2.**	1) $e = \dfrac{h}{2}$ 2) $e = \dfrac{H}{2}$	1) $I = \dfrac{b \times h^3}{12}$ 2) $I = \dfrac{b}{12}(H^3 - h^3)$	1) $W = \dfrac{b \times h^2}{6}$ 2) $W = \dfrac{b}{6 \times H}(H^3 - h^3)$
3. **4.**	3) $e = \dfrac{a}{2}$ 4) $e = \dfrac{a}{2}\sqrt{2}$	3) $I = \dfrac{a^4}{12}$ 4) $I = \dfrac{a^4}{12}$	3) $W = \dfrac{a^3}{6}$ 4) $W = 0{,}1179 \times a^3$
5. **6.**	5) $e = 0{,}866 \times r$ 6) $e = r$	5) $I = 0{,}5413 \times r^4$ 6) $I = 0{,}5413 \times r^4$	5) $W = \dfrac{5}{8} r^3 = 0{,}625 \times r^3$ 6) $W = 0{,}5413 \times r^3$
7.	7) $e = 0{,}924 \times r$	7) $I = 0{,}6381 \times r^4$	7) $W = 0{,}6906 \times r^3$
8. **9.**	8) $e = \dfrac{2}{3}h$ 9) $e = 0{,}5778 \times b$	8) $I_x = \dfrac{b \times h^3}{36}$ $I_y = \dfrac{h \times b^3}{48}$ 9) $I \cong 0{,}018 \times b^4$	8) $W_x = \dfrac{b \times h^2}{24}$ $W_y = \dfrac{h \times b^2}{24}$ 9) $W \cong 0{,}0313 \times b^3$
10. **11.**	10) $e = \dfrac{d}{2}$ 11) $e = \dfrac{D}{2}$	10) $I = \dfrac{\pi \times d^4}{64}$ 11) $I = \dfrac{\pi}{64}(D^4 - d^4)$	10) $W = \dfrac{\pi \times d^3}{32}$ 11) $W = \dfrac{\pi \times (D^4 - d^4)}{32 \times D}$

27.7: Momento inercia, módulo resistente.
(continuación).

$e_1 = 0{,}2234 \times r$ $e = 0{,}7766 \times r$	$Is = 0{,}0075 \times r^4$ $Ix = Iy = 0{,}137 \times r$	$Ws_2 = \dfrac{0{,}0075 \times r^4}{e_2} =$ $= 0{,}00966 \times r^3$
$e_1 = 0{,}4244 \times r$ $e_2 = 0{,}5756 \times r$	$Is = 0{,}055 \times r^4$ $Ix = Iy = 0{,}19625 \times r^4$ Momento centrif. $Ixy = \dfrac{r^4}{8}$ $Iss = 0{,}0165 \times r^4$	$Ws = 0{,}1296 \times r^3$ $Ws = 0{,}0956 \times r^3$
$e = \dfrac{H}{2}$	$I = \dfrac{1}{12} \times (B \times H^3 - b \times h^3)$	$W = \dfrac{1}{6 \times H} \times (B \times H^3 - b \times h^3)$
$e = \dfrac{H}{2}$	$I = \dfrac{1}{12} \times (B \times H^3 - b \times h^3)$	$W = \dfrac{1}{6 \times H} \times (B \times H^3 - b \times h^3)$
$e_1 = \dfrac{a \times H^2 + b \times d^2}{2 \times (a \times H + b \times d)}$ $e_2 = H - e_1$	$I = \dfrac{1}{3} \times (B \times e_1^3 - b \times c^3 -$ $+ a \times e_2^3)$	$W_1 = \dfrac{I}{e_1}$ $W = \dfrac{I}{e_2}$

27.8: Pesos unitarios.
Ver Cirsoc 101 Capítulo 3.
Tabla 3.1: Pesos unitarios de materiales.

ITEM	TIPO DE MATERIAL	PESO
1	PISOS (establecer el espesor correcto de cada uno de los pisos a utilizar)	kg/m3
1.1	mosaico granítico	2200
1.2	mosaico calcáreo	2200
1.3	cerámico común o esmaltado	1600
1.4	de parquet madera	1000
1.5	mezcla de asiento asfáltica	900
1.6	mezcla de asiento de mortero arena cemento	2250
2	CONTRAPISOS	kg/m3
2.1	de cascotes común	1600
2.2	de poliestireno expandido	950
2.3	de arcilla expandida	1200
3	CIELORRASOS APLICADOS Y SUSPENDIDOS (establecer el espesor correcto del cielorraso a utilizar)	kg/m3
3.1	aplicado a la cal bajo losa	1700
3.2	aplicado al yeso bajo losa	1900
3.3	suspendido a la cal	1800
4	CIELORRASOS ARMADOS	kg/m2
4.1	de machimbre con estructura soporte	15
4.2	de placas de yeso con estruct.soporte	30
5	CUBIERTAS LIVIANAS	kg/m2
5.1	ondulada de aluminio (sin sostén)	3
5.2	ondulada de hierro galvanizado (sin sostén)	6
5.3	ondulada asbesto cemento 4 mm	10
5.4	ondulada asbesto cemento 6 mm	15
5.5	ondulada asbesto cemento 8 mm	20
5.6	teja colonial incluido soportes	100
5.7	teja francesa incluido soportes	55
6	CUBIERTAS AUTOPORTANTES	kg/m2
6.1	canalón aº cemento autoportante	25
6.2	canalón metálico autoportante	20
7	CUBIERTAS y ENTREPISOS DE Hº Aº (peso únicamente de la estructura)	kg/m2
7.1	losa hormigón macizo e = 10 cm.	240
7.2	losa hormigón macizo e = 12 cm.	288
7.3	losa hormigón macizo e = 15 cm.	360

27.9: Pesos unitarios (continuación).
Ver Cirsoc 101 Capítulo 3.
Tabla 3.1: Pesos unitarios de materiales.

ITEM	TIPO DE MATERIAL	PESO
7.4	losa alivianada e = 15 cm.	204
7.5	losa alivianada e = 17 cm.	252
7.6	losa alivianada e = 20 cm.	324
7.7	losa nervurada e = 20 cm.	200
7.8	losa nervurada e = 25 cm.	220
7.9	losa vigueta pretensada e = 12 cm.	140
7.10	losa vigueta pretensada e = 15 cm.	170
7.11	losa vigueta pretensada e = 20 cm.	225
8	HORMIGONES	kg/m3
8.1	hormigón sin armar	2300
8.2	hormigón armado	2400
8.3	hormigón pobre de cascote	1800
8.4	hormigón de arcilla expandida	1700
9	MADERAS	kg/m2
9.1	blandas (pino paraná, ellioti, etc.)	600
9.2	semiduras (peteribí, pinotea, etc.)	900
9.3	duras (lapacho, viraró, incienso, etc.)	1100
9.4	muy duras (quebracho, urunday, etc.)	1300
10	MAMPOSTERIA SIN REVOQUES	kg/m3
10.1	de ladrillos comunes	1400
10.2	de ladrillos huecos portantes	1300
10.3	de ladrillos huecos no portantes	1100
11	MATERIALES CONSTRUCCION VARIOS	kg/m3
11.1	arena seca	1600
11.2	arena húmeda	1800
11.3	arena saturada	2100
11.4	cal a granel	1000
11.5	cascote de ladrillos	1300
11.6	cemento suelto	1400
11.7	canto rodado	1700
11.8	piedra partida	1600
11.9	tierra sin compactar	1300
11.10	tierra compactada	1800
11.11	ladrillo común	
12	MORTEROS Y ENLUCIDOS	kg/m2
12.1	de cal y arena	1700
12.2	de cemento y arena	2100
12.3	de cemento cal y arena	1900

27.10: Pesos unitarios (continuación).

13	MATERIALES UNITARIOS			kg/un
13.1 a)	ladrillo hueco portantes.	espesor de pared	cantidad por m^2	
	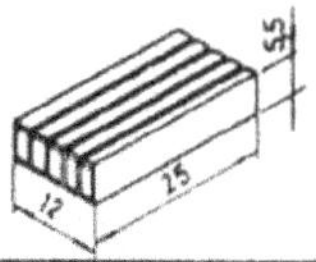	12 cm	64	2,00
	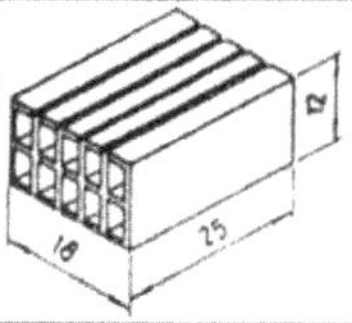	18 cm	29	4,00
	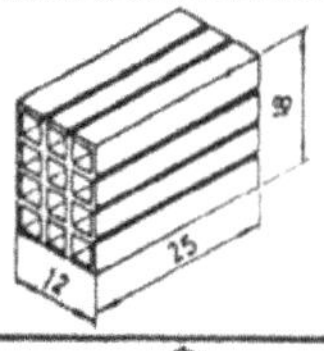	12 cm	21	4,60
	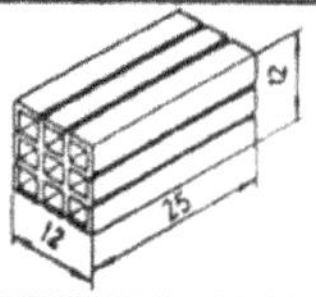	12 cm	29	3,40
	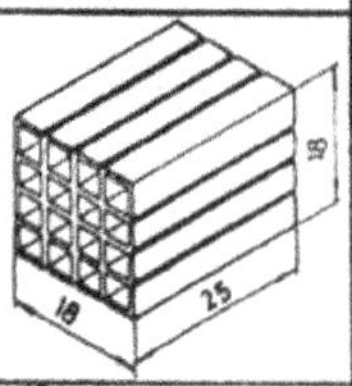	18 cm	21	6,00
	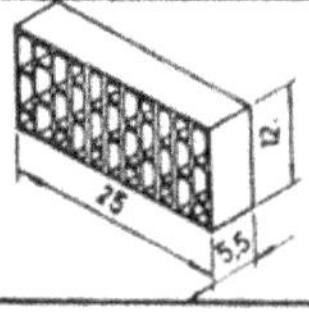	12 cm	64	1,70

27.11. Pesos unitarios (continuación).

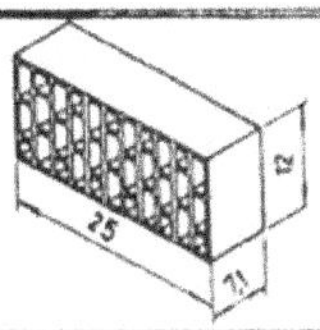	12 cm	48	2,20
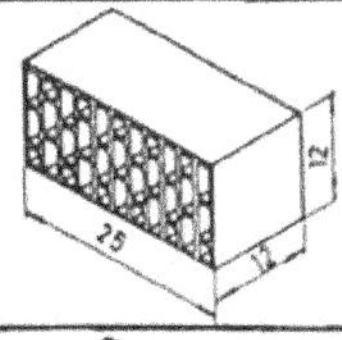	12 cm	29	3,50
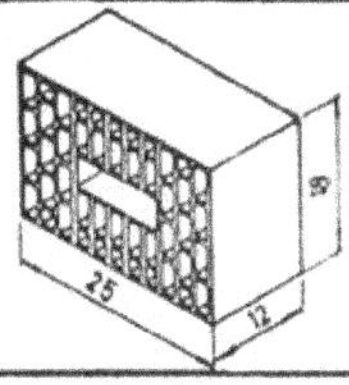	18 cm	29	4,50
b) no portantes.			
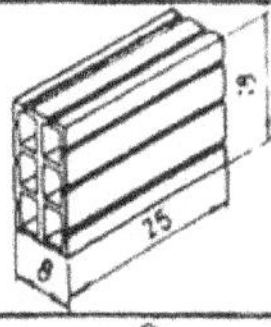	8 cm	21	3,00
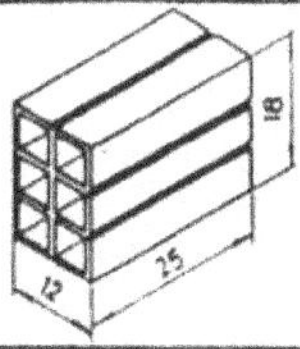	12 cm	21	3,40
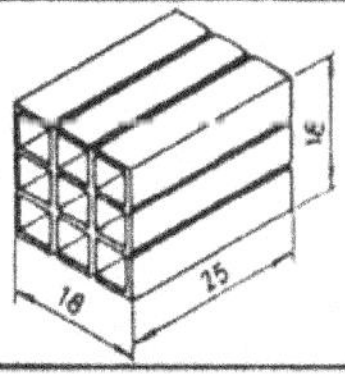	18 cm	21	5,20

27.12: Sobrecargas (Cargas vivas "L").
Ver Cirsoc 101 Capítulo 4.
Tabla 4.1: Sobrecargas mínimas.

ITEM	TIPO DE SOBRECARGA	kg/m2
1	EDIFICIOS DE VIVIENDAS	
1.1	azoteas y/o terrazas p/recreación	300
1.2	azoteas accesibles	200
1.3	azoteas inaccesibles	100
1.4	baños	200
1.5	balcones	500
1.6	cocinas	200
1.7	comedores y lugares de estar	200
1.8	dormitorios	200
1.9	escaleras	300
1.10	rellanos y corredores	300
2	EDIFICIOS PARA OFICINAS	
2.1	archivos	500
2.2	aulas	350
2.3	azoteas y/o terrazas p/recreación	300
2.4	azoteas y/o terrazas accesibles	200
2.5	azoteas inaccesibles	100
2.6	baños	200
2.7	bibliotecas	500
2.8	cines	500
2.9	cocinas	400
2.10	comedores	300
2.11	comercios	500
2.12	escaleras	400
2.13	gimnasios	500
2.14	habitaciones y pasillos hospitales	200
2.15	iglesias	500
2.16	locales p/ reuniones con asientos fijos	300
2.17	locales p/reuniones sin asientos fijos	350
2.18	oficinas	250
2.19	salones de bailes	500
2.20	teatros	500
2.21	tribunas con asientos fijos	500
2.22	tribunas sin asientos fijos	750
3	SOBRECARGAS DIVERSAS	
3.1	de construcción (cubiertas livianas)	15
3.2	de viento promedio (h = 6 mts.)	30

27.13: Peso propio estructuras.

luz metros	peso kg/m²	promedio	luz metros	peso kg/m²
5	2,70	general de	16	12,60
6	3,60	cabriadas	17	12,80
7	4,50	y correas	18	14.45
8	6,00		19	14,50
9	7,20	en hierro	20	16,90
10	7,50	y madera	21	16.70
11	9,10		22	16.90
12	9,40		23	17.40
13	10,60		24	17,90
14	10,70		25	18,50
15	11,10		26	19,30

Estas tablas indican el peso propio aproximado de todos los componentes estructurales de una cubierta. Para su determinación se adoptó el promedio de estructuras reticulares en hierro y madera. No incluye el peso de la cubierta ni del cielorraso si lo hubiere.

27.14: Pendientes cubiertas.

tipo de cubierta	mínima		máxima		usual	
	grados	pend.	grados	pend.	grados	pend.
azotea o terraza h°a°	3°	0,04	5°	0,09	4°	0,07
chapa h°g° ondulada	6°	0,11	90°	∞	15°	0,27
chapa f°c° ondulada	6°	0,11	90°	∞	20°	0,36
pizarras planas f°c°	20°	0,36	90°	∞	40°	0,84
teja plana doble	22°	0,40	55°	1,42	40°	0,84
teja colonial	22°	0,40	50°	1,20	30°	0,58
teja francesa	25°	0,46	90°	∞	45°	1,00
paja y caña	35°	0,70	80°	5,67	35°	0,70

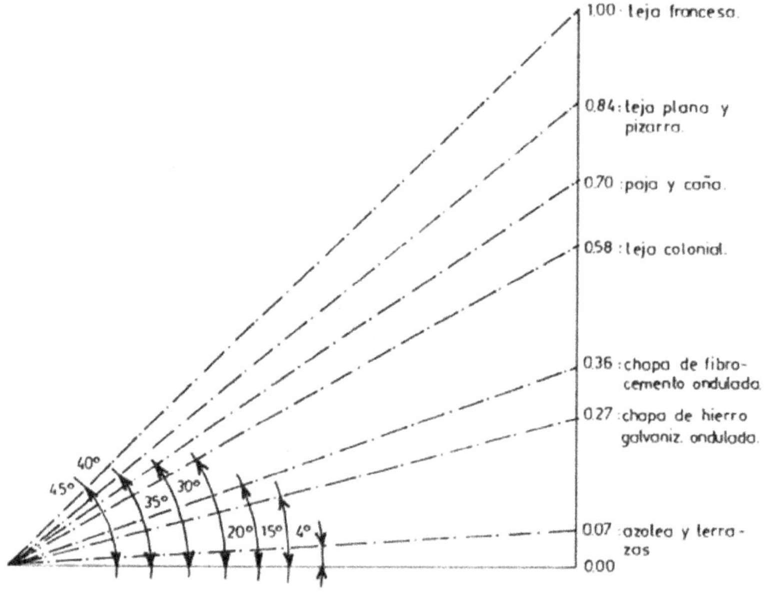

27.15: Solicitaciones.

Esquema de la viga y distribución de cargas	Diagrama de momentos flectores. Momento máximo	Diagrama de esfuerzos cortantes. Reac. de apoyo	FLECHAS MAXIMAS
Carga P en el centro. A — $l/2$ — $l/2$ — B, luz l	$M = \dfrac{P \times l}{4}$	$R_A = R_B = \dfrac{P}{2}$	$f = \dfrac{P \times l^3}{48 \times E \times I}$
Carga P en posición a, b. A — a — b — B, luz l	$M = \dfrac{P \times b}{l} \times a$	$R_A = \dfrac{P \times b}{l}$; $R_B = \dfrac{P \times a}{l}$	$a < b$: $f = \dfrac{P \times a}{3 \times l \times E \times I} \times \left[\dfrac{b \times (l+a)}{3}\right]^{3/2}$; $a > b$: $f = \dfrac{P \times b}{3 \times l \times E \times I}\left[\dfrac{a \times (l+b)}{3}\right]^{3/2}$
Dos cargas P. A — a — $l-2\times a$ — a — B, luz l	$M = P \times a$	$R_A = R_B = P$	$f = \dfrac{P \times a}{24 \times E \times I} \times (3 \times l^2 - 4 \times a^2)$
Tres cargas P. A — a — a — a — a — B, luz l	$M = \dfrac{P \times l}{2}$	$R_A = R_B = \dfrac{3}{2} \times P$	$f = \dfrac{19 \times P \times l^3}{384 \times E \times I}$
Carga uniforme q. A — l — B	$M = q \times \dfrac{l^2}{8}$	$R_A = R_B = \dfrac{q \times l}{2}$	$f = \dfrac{5}{384} \times \dfrac{q \times l^4}{E \times I}$

27.16: Solicitaciones (continuación).

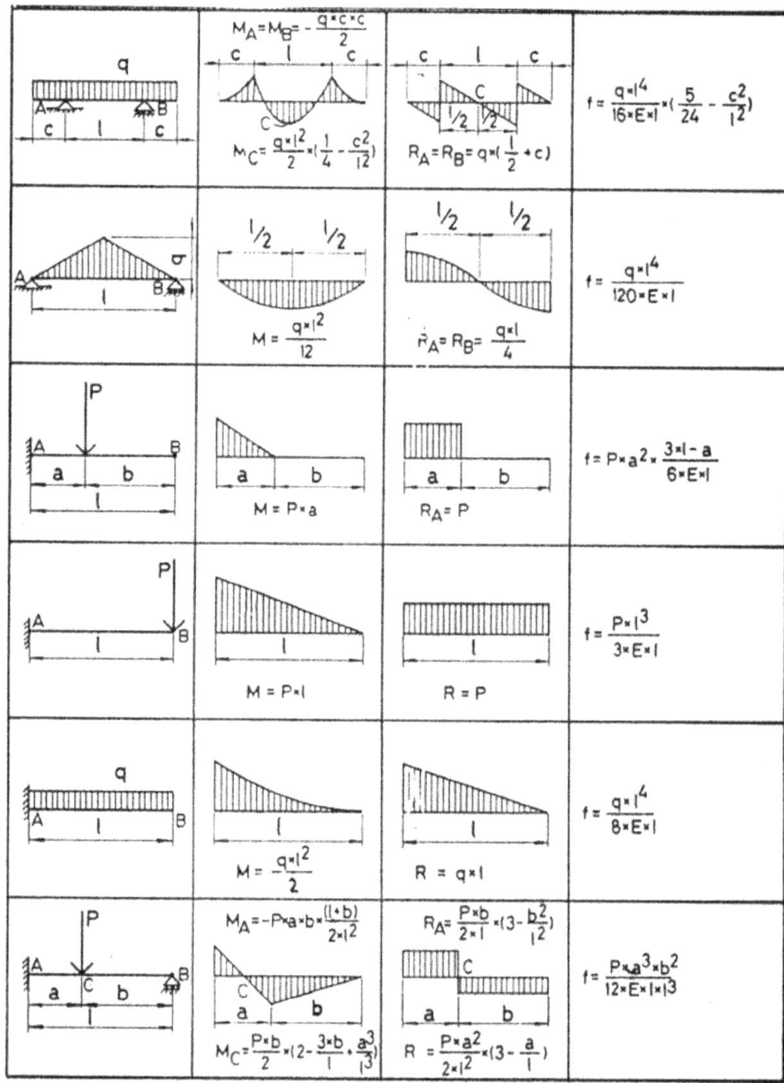

27.17: Solicitaciones (continuación).

Esquema	Momentos	Reacciones	Flecha
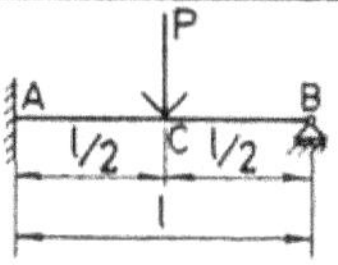 Viga A–B empotrada en A, apoyo móvil en B, carga P en C ($l/2$ + $l/2$)	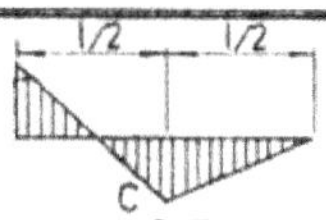 $M_A = -\dfrac{3 \times P \times l}{16}$ $M_C = \dfrac{5 \times P \times l}{32}$	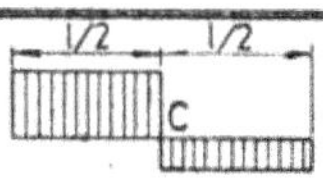 $R_A = \dfrac{11 \times P}{16}$ $R_B = \dfrac{5 \times P}{16}$	$f_{máx} = \dfrac{1}{5} \times \dfrac{P \times l^3}{48 \times E \times I}$
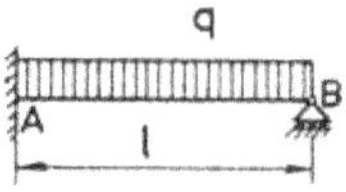 Viga A–B empotrada en A, apoyo móvil en B, carga distribuida q	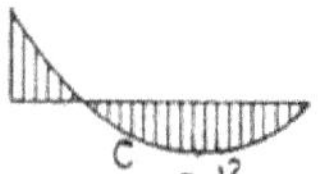 $M_A = -\dfrac{q \times l^2}{8}$ $M_C = \dfrac{9}{128} \times q \times l^2$	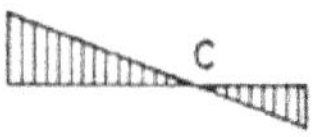 $R_A = \dfrac{5}{8} \times q \times l$ $R_B = \dfrac{3}{8} \times q \times l$	$f = \dfrac{q \times l^4}{185 \times E \times I}$
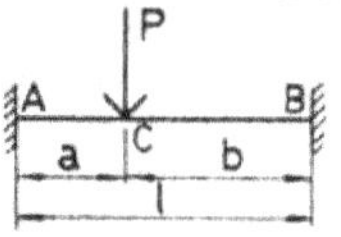 Viga A–B biempotrada, carga P en C (a + b)	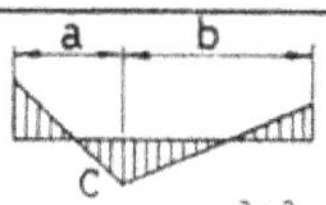 $M_A = -P \times a \times b^2 / l^2$ $M_B = -P \times a^2 \times b / l^2$ $M_C = 2 \times P \times a^2 \times b^2 / l^3$	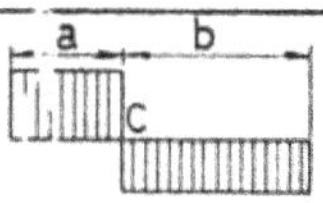 $R_A = \dfrac{P \times b}{l^3} \times (l^2 - a^2 + a \times b)$ $R_B = \dfrac{P \times a}{l^3} \times (l^2 - b^2 + a \times b)$	$f = \dfrac{2 \times P}{3 \times E \times I} \times \dfrac{a^2 \times b^3}{(3 \times l - 2 \times a)^2}$
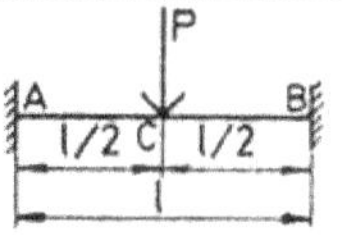 Viga A–B biempotrada, carga P en C ($l/2$ + $l/2$)	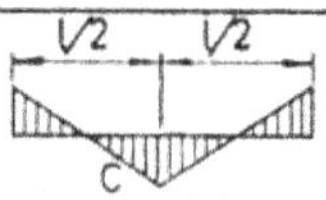 $M_A = M_B = \dfrac{-P \times l}{8}$ $M_C = \dfrac{P \times l}{8}$	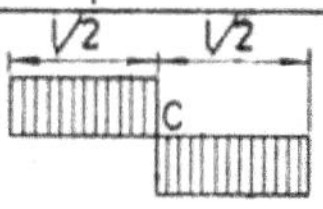 $R_A = R_B = \dfrac{P}{2}$	$f = \dfrac{P \times l^3}{192 \times E \times I}$
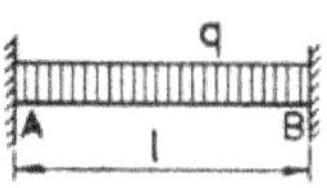 Viga A–B biempotrada, carga distribuida q	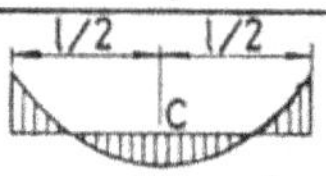 $M_A = M_B = -\dfrac{q \times l^2}{12}$ $M_C = \dfrac{q \times l^2}{24}$	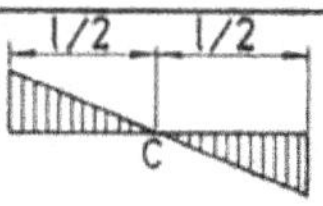 $R_A = R_B = \dfrac{q \times l}{2}$	$f = \dfrac{q \times l^4}{384 \times E \times I}$
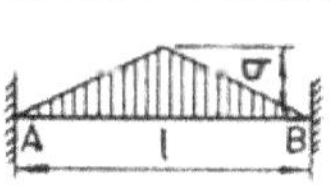 Viga A–B biempotrada, carga triangular q	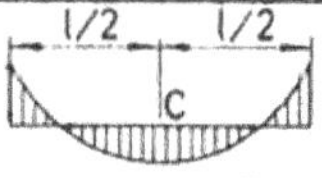 $M_A = M_B = -\dfrac{5}{96} \times q \times l^2$ $M_C = \dfrac{q \times l^2}{32}$	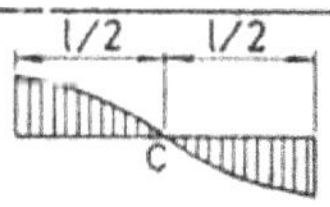 $R_A = R_B = \dfrac{q \times l}{4}$	$f = \dfrac{q \times l^4}{549 \times E \times I}$

27.18: Tensiones albañilería y maderas.

(Las unidades de las tensiones se expresan en kg/cm2)

A) ALBANILERIA				
clase de albañilería	tensión rotura	tensión admisible de compresión		
relación (h/b)		(h/b)<6	6<(h/b)>12	(h/b)>12
de ladrillos comunes de primera calidad	100	10	8	6
de ladrillos comunes de segunda calidad	80	8	7	6

B) MADERAS					
Tipo de madera	tracción kg/cm²	compres. kg/cm²	flexión kg/cm²	corte kg/cm²	
Muy duras:					
itín	125	90	130	20	40
palo santo	120	85	110	15	35
guayacán	85	95	115	15	35
quebracho colorado	110	90	125	20	45
urunday	100	80	110	15	40
Duras:					
lapacho	100	80	130	15	35
viraró	75	60	100	10	30
incienso	85	75	125	15	35
ñandubay	90	75	110	15	35
guatambú	70	60	110	15	35
quebracho blanco	60	50	85	15	30
Semiduras:					
virapitá	65	60	80	10	30
algarrobo	50	50	95	15	25
peterebí	55	55	80	15	30
roble salteño	35	35	60	10	25
coihue	50	45	70	10	25
Blandas:					
cedro misionero	35	40	60	10	20
pino misionero	30	40	70	10	20
pino neuquén	30	40	70	10	20

27.19: Módulos de elasticidad.

material	tensión "E" (kg/cm²)
Acero	2.100.000
Cobre	1.300.000
Maderas duras	110.000
Maderas semiduras	85.000
Maderas blandas	70.000
Mampostería valor medio	60.000
Hormigon	210.000

27.20: Tensiones en aceros.

C) ACEROS			cont. T.11
Tipos de aceros	tensión admisible kg/cm²	tensión de fluencia kg/cm²	tensión de rotura kg/cm²
Acero dulce St 37 (acero redondo)	1400	2300	3700
Acero especial St 52 (acero nervurado)	2400	3500	5200

27.21: Elástica admisible por reglamentos.

El reglamento Cirsoc, establece tres diferentes clases de destinos en los edificios para la limitación de flechas.

Destino A: Edificios y estructuras cuyo colapso afecten la seguridad o la salubridad pública o a los medios de comunicación y transporte troncales. Edificios y estructuras asignadas a sistemas principales de potabilización y distribución de agua corriente o sistemas de colectoras.

Destino B: Edificios públicos o privados. Edificios industriales con equipamiento económicamente importante o con gran cantidad de personal. Torres o carteles en zonas urbanas. Centros de generación de energía eléctrica.

Destino C: Edificios industriales de baja ocupación y equipamiento económicamente moderado. Torres y carteles en zonas despobladas. Depósitos de materiales. Galpones rurales. Instalaciones precarias. Vallados y cercas.

Tabla de valores admisibles de flechas
l = longitud de viga o losa

destino de construcción	flecha límite
1.- En acero:	
destino A y B (soporta muros y pilares)	1/500
destino A y B (soporta techos, entrepisos)	1/300
destino C (cualquier función)	1/200
2.- En madera:	
destino A y B (cualquier función)	1/300
destino C (cualquier función)	1/200
3.- En hormigón:	
destino A y B (cualquier función)	1/400
destino c (cualquier función)	1/300

27.22: Perfil normal doble "T".

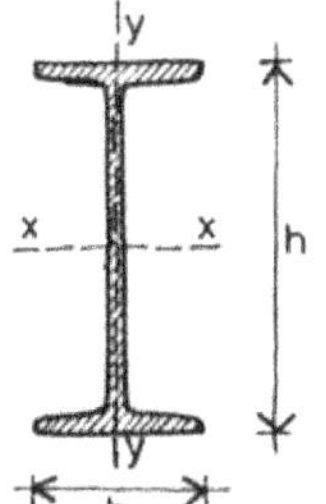

I: Momento de inercia.

W: Módulo resistente.

P.N.I N°	Dimensiones		Sección	Peso	Respecto al eje de flexión			
	h mm	b mm	F cm²	G kg/m	I_x cm⁴	W_x cm³	I_y cm⁴	W_y cm³
8	80	42	7,58	5,95	78	19,5	6,29	3,00
10	100	50	10,60	8,32	171	34,2	12,20	4,88
12	120	58	14,20	11,20	328	54,7	21,50	7,41
14	140	66	18,30	14,40	573	81,9	35,2	10,70
16	160	74	22,80	17,90	935	117	54,7	14,80
18	180	82	27,90	21,90	1450	161	81,3	19,80
20	200	90	33,50	26,30	2140	214	117,0	26,00
22	220	98	39,60	31,10	3060	278	162,0	33,10
24	240	106	46,10	36,20	4250	354	221,0	41,70
26	260	113	53,40	41,90	5740	442	288,0	51,00
28	280	119	61,10	48,00	7590	542	364,0	61,20
30	300	125	69,10	54,20	9800	653	451,0	72,20
32	320	131	77,80	61,10	12510	782	555,0	84,70
34	340	137	86,80	68,10	15700	923	674,0	98,40
36	360	143	97,10	76,20	19610	1090	818,0	114,00
40	400	155	118,00	92,60	29210	1460	1160,0	149,00

27.23: Perfil normal "U".

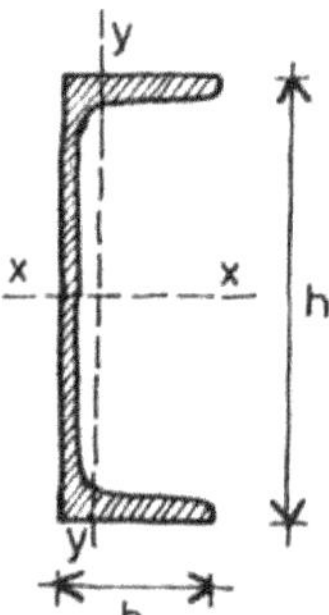

I: Momento de inercia.

W: Módulo resistente.

P.N.U	Dimensiones		Sección	Peso	Respecto al eje de flexión			
Nº	h mm	b mm	F cm2	G kg/m	Ix cm4	Wx cm3	Iy cm4	Wy cm3
6,5	65	42	9,0	7,1	58	18	14	5,1
8	80	45	11,0	8,6	106	27	19	6,4
10	100	50	13,5	10,6	206	41	29	8,5
12	120	55	17,0	13,4	364	61	43	11,1
14	140	60	20,4	16,0	605	86	63	14,8
16	160	65	24,0	18,8	925	116	85	18,3
18	180	70	28,0	22,0	1350	150	114	22,4
20	200	75	32,2	25,3	1910	191	148	27,0
22	220	80	37,4	29,4	2690	245	197	33,6
24	240	85	42,3	33,2	3600	300	248	39,6
26	260	90	48,3	37,9	4820	371	317	47,7
28	280	95	53,3	41,8	6280	448	399	57,2
30	300	100	58,8	46,2	8030	535	495	67,8

27.24: Perfil normal ángulo.

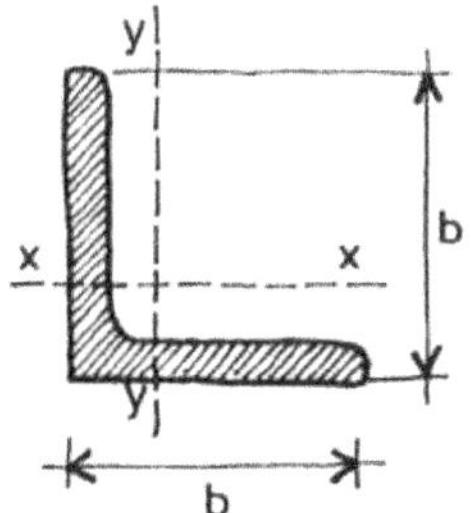

I : Momento de inercia.

W : Módulo resistente.

PN.L Nº	b	Sección	Peso	Para eje flexión	
	mm	F cm²	G kg/m	Ix = Iy cm⁴	Wx = Wy cm³
20x20x3	20	1,12	0,88	0,39	0,28
x4	20	1,45	1,14	0,48	0,35
25x25x3	25	1,42	1,12	0,79	0,45
x4	25	1,85	1,45	1,01	0,58
x5	25	2,26	1,77	1,18	0,69
30x30x3	30	1,74	1,36	1,41	0,65
x4	30	2,27	1,78	1,81	0,86
x5	30	2,78	2,18	2,16	1,04
35x35x4	35	2,67	2,10	2,96	1,18
x5	35	3,28	2,57	3,56	1,45
x6	35	3,87	3,04	4,14	1,71
40x40x4	40	3,08	2,42	4,48	1,56
x5	40	3,79	2,97	5,43	1,91
x6	40	4,48	3,52	6,33	2,26
45x45x5	45	4,30	3,38	7,83	2,43
x7	45	5,86	4,60	10,40	3,31
50x50x5	50	4,80	3,77	11,00	3,05
x6	50	5,69	4,47	12,80	3,61
x7	50	6,56	5,15	14,60	4,15
x9	50	8,24	6,47	17,90	5,20

27.25: Perfil de chapa doblada tipo abierto.

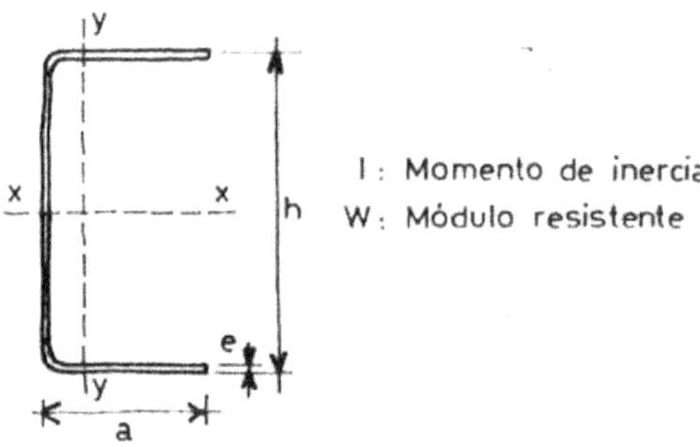

Dimensiones			Seccion	Peso	Respecto a los ejes x-x ; y-y			
h mm	a mm	e mm	F cm^2	G kg/m	I_x cm^4	W_x cm^3	I_y cm^4	W_y cm^3
40	20	2.5	1.70	1.40	4.00	2.00	0.60	0.40
		3.2	2.20	1.80	4.90	2.40	0.80	0.60
50	25	2.5	2.20	1.80	8.20	3.30	1.30	0.80
		3.2	2.90	2.30	10.00	4.00	1.70	1.00
60	30	2.0	2.27	1.78	12.56	4.19	2.00	0.92
		2.5	2.79	2.19	15.15	5.05	2.42	1.13
		3.2	3.50	2.75	18.43	6.14	2.97	1.41
		4.8	5.00	3.92	24.46	8.15	4.01	1.98
80	40	2.5	3.70	2.90	37.00	9.00	6.00	2.10
		3.2	4.80	3.80	45.90	11.40	7.40	2.60
		4.8	7.00	5.50	60.10	15.50	10.40	4.00
100	50	2.5	4.59	3.60	70.32	14.06	9.22	2.43
		3.2	6.10	4.80	92.60	18.60	14.80	4.20
		4.8	8.90	7.00	128.00	25.60	21.30	6.20
120	50	2.5	5.09	3.99	107.92	17.98	9.75	2.50
		3.2	6.70	5.30	142.90	23.80	16.70	4.10
		4.8	9.90	7.80	202.20	33.70	24.10	5.90
	60	3.2	7.40	5.80	164.30	27.40	26.50	6.40
		4.8	10.80	8.50	234.60	39.10	37.50	9.00
140	50	3.2	7.01	5.50	190.92	27.25	11.65	2.92
		4.8	10.00	7.85	258.24	26.05	12.97	3.23

27.26: Perfil chapa doblada tipo "C".

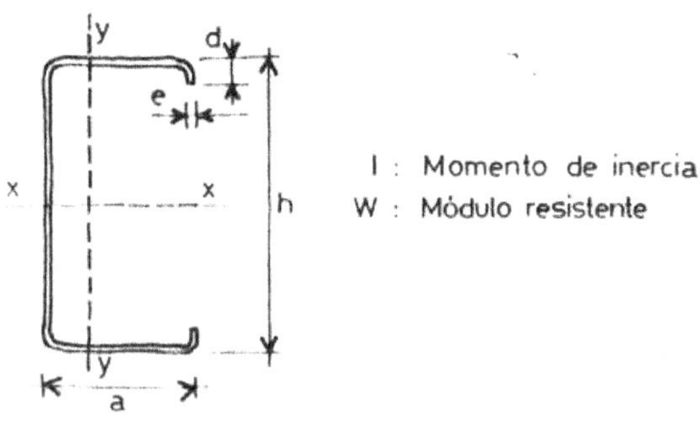

Dimensiones				Sección	Peso	Respecto de los ejes x-x; y-y			
h mm	a mm	d mm	e mm	F cm2	G kg/m	I_x cm4	W_x cm3	I_y cm4	W_y cm3
50	25	10	2.0	2.14	1.68	7.92	3.17	1.78	1.13
		10	2.5	2.59	2.03	9.30	3.72	2.03	1.29
	30	15	3.2	3.81	2.99	13.11	5.24	4.54	2.63
60	30	10	2.0	2.54	1.99	13.96	4.65	3.00	1.55
		10	2.5	3.09	2.42	16.57	5.52	3.47	1.78
	40	15	2.5	3.76	2.95	20.90	6.97	8.33	3.51
		15	3.2	4.77	3.74	25.81	8.60	10.09	4.26
80	50	15	1.6	3.19	2.50	33.95	8.49	11.46	3.78
		15	2.0	3.94	3.09	41.33	10.33	13.82	4.59
		20	2.5	5.09	4.00	51.22	12.80	18.62	6.54
		20	3.2	6.37	5.00	62.55	15.64	22.42	7.98
100	50	15	1.6	3.51	2.76	56.70	11.34	12.41	3.89
		15	2.0	4.34	3.41	69.23	13.85	14.98	4.71
		20	2.5	5.59	4.39	86.63	17.33	20.28	6.73
		20	3.2	7.01	5.50	106.42	21.28	24.46	7.79
		20	4.8	10.00	7.85	144.62	28.92	31.79	10.09
120	50	15	1.6	3.83	3.01	86.47	14.41	13.21	3.97
		15	2.0	4.74	3.72	105.80	17.63	15.95	4.82
		20	2.5	6.09	4.78	133.20	22.20	21.66	6.86
		20	3.2	7.65	6.00	164.20	27.37	26.15	8.38
		20	4.8	10.96	8.60	225.20	37.53	34.06	11.17
140	60	20	2.0	5.74	4.50	176.40	25.20	29.35	7.51
		20	2.5	7.09	5.56	215.60	30.80	35.41	9.11
		20	3.2	8.93	7.01	267.30	37.18	43.08	11.16

27.27: Perfil chapa doblada tipo omega.

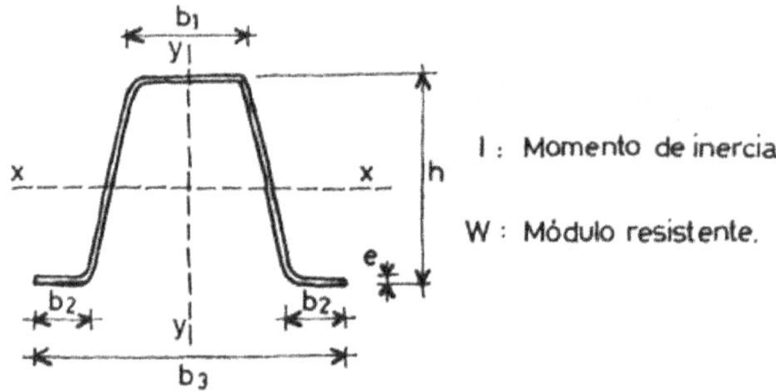

Dimensiones					Sección	Peso	Respecto a los ejes x-x, y-y			
h mm	b_1 mm	b_2 mm	b_3 mm	e mm	F cm²	G kg/m	I_x cm⁴	W_x cm³	I_y cm⁴	W_y cm³
100	50	25	130	1.6	4.68	3.67	61.70	12.34	58.00	8.92
	50	25	130	2.0	5.79	4.55	75.50	15.10	72.25	11.12
110	50	25	134	1.6	5.00	3.93	78.05	14.19	64.74	9.81
	50	25	134	2.0	6.20	4.87	95.64	17.39	81.89	12.22
120	50	25	136	2.0	6.61	5.18	118.87	19.81	89.34	13.14
	50	25	136	2.5	8.18	6.42	145.10	24.18	111.24	16.36
130	60	25	150	2.0	7.20	5.70	140.50	21.00	127.03	16.94
	60	25	150	2.5	9.00	7.10	184.70	27.70	158.14	21.08
	60	25	150	3.2	11.40	8.90	228.00	34.10	201.27	26.84

27.28: Chapas auto portantes.

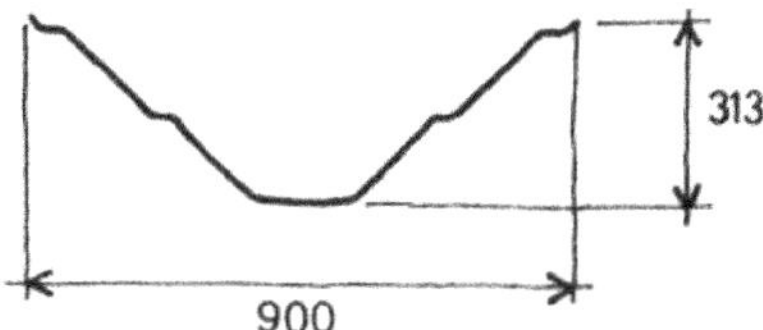

Espesor	Peso	Sección	Características para momento flector positivo			Características para momento flector negativo		
mm	kg/m^2	cm^2/m	Ief cm^4/m	YG cm	Wef cm^3/m	Ief cm^4/m	YG cm	Wef cm^3/m
1.59	16.59	21.13	2113	12.9	121	2106	14.7	134
1.99	20.76	26.45	2699	13.1	156	2691	14.4	168
2.24	23.37	29.77	3072	13.3	180	3066	14.3	190

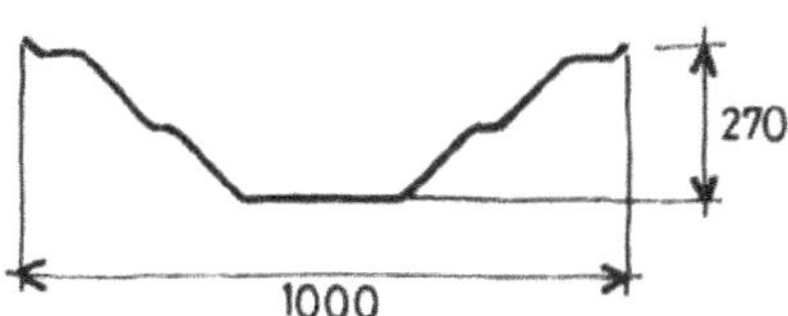

Espesor	Peso	Sección	Características para momento flector positivo			Características para momento flector negativo		
mm	kg/m^2	cm^2/m	Ief cm^4/m	YG cm	Wef cm^3/m	Ief cm^4/m	YG cm	Wef cm^3/m
1.59	15.32	19.52	1402	11.1	92	1381	12.5	99
1.99	19.17	24.42	1788	11.3	118	1770	12.3	125
2.24	21.58	27.49	2030	11.4	135	2013	12.1	141

27.29: Diagramas de pandeo.

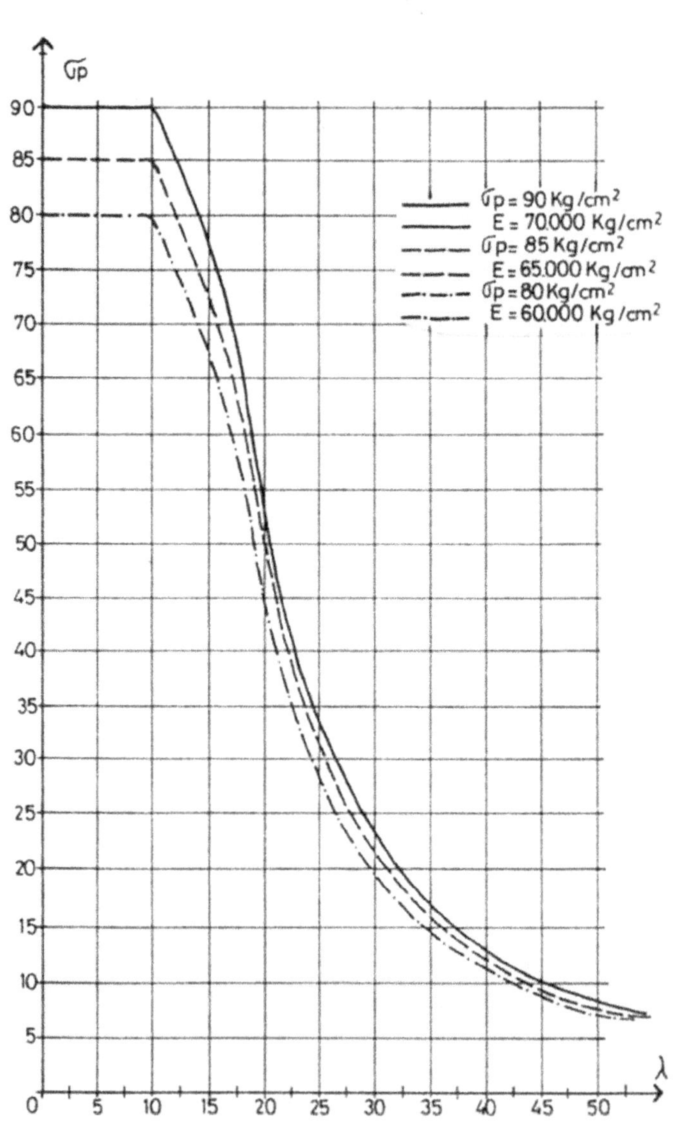

27.30: Coeficiente "ω" de pandeo (madera).

$$\sigma_\omega = \frac{\omega \times S}{F} \leq \sigma_{adm} \quad S: carga$$

$$\lambda = \frac{Sk}{i_{min}} \quad i: radio\ de\ giro.$$

$$Sk = longitud\ de\ pandeo.$$

$$i_{min} = \sqrt{\frac{I_{min}}{F}} \quad I: momento\ de\ inercia;\ F: sección$$

$$i = 0,289 \times b \quad para\ secciones\ rectangulares.$$

λ	0	1	2	3	4	5	6	7	8	9	λ
0	1.00	1.01	1.01	1.02	1.03	1.03	1.04	1.05	1.06	1.06	0
10	1.07	1.08	1.09	1.09	1.10	1.11	1.12	1.13	1.14	1.15	10
20	1.15	1.16	1.17	1.18	1.19	1.20	1.21	1.22	1.23	1.24	20
30	1.25	1.26	1.27	1.28	1.29	1.30	1.32	1.33	1.34	1.35	30
40	1.36	1.38	1.39	1.40	1.42	1.43	1.44	1.46	1.47	1.49	40
50	1.50	1.52	1.53	1.55	1.56	1.58	1.60	1.61	1.63	1.65	50
60	1.67	1.69	1.70	1.72	1.74	1.76	1.79	1.81	1.83	1.85	60
70	1.87	1.90	1.92	1.95	1.97	2.00	2.03	2.05	2.08	2.11	70
80	2.14	2.17	2.21	2.24	2.27	2.31	2.34	2.38	2.42	2.46	80
90	2.50	2.54	2.58	2.63	2.68	2.73	2.78	2.83	2.88	2.94	90
100	3.00	3.07	3.14	3.21	3.28	3.35	3.43	3.50	3.57	3.65	100
110	3.73	3.81	3.89	3.97	4.05	4.13	4.21	4.29	4.38	4.46	110
120	4.55	4.64	4.73	4.82	4.91	5.00	5.09	5.19	5.28	5.38	120
130	5.48	5.57	5.67	5.77	5.88	5.98	6.08	6.19	6.29	6.40	130
140	6.51	6.62	6.73	6.84	6.95	7.07	7.18	7.30	7.41	7.53	140

27.31: Coeficiente "ω" de pandeo (hierro).

PARA ACERO St 37

$$\sigma_\omega = \frac{\omega \times S}{F} \leq \sigma_{adm} \quad S: carga$$

$$\lambda = \frac{Sk}{i_{min}} \quad i: radio\ de\ giro.$$

$$Sk = longitud\ de\ pandeo.$$

$$i_{min} = \sqrt{\frac{I min}{F}} \quad I:\ momento\ de\ inercia;\ F: sección$$

$$i = 0,289 \times b \quad para\ secciones\ rectangulares.$$

λ	0	1	2	3	4	5	6	7	8	9	λ
20	1.04	1.04	1.04	1.05	1.05	1.06	1.06	1.07	1.07	1.08	20
30	1.08	1.09	1.09	1.10	1.10	1.11	1.11	1.12	1.13	1.13	30
40	1.14	1.14	1.15	1.16	1.16	1.17	1.18	1.19	1.19	1.20	40
50	1.21	1.22	1.23	1.23	1.24	1.25	1.26	1.27	1.28	1.29	50
60	1.30	1.31	1.32	1.33	1.34	1.35	1.36	1.37	1.39	1.40	60
70	1.41	1.42	1.44	1.45	1.46	1.48	1.49	1.50	1.52	1.53	70
80	1.55	1.56	1.58	1.59	1.61	1.62	1.64	1.66	1.68	1.69	80
90	1.71	1.73	1.74	1.76	1.78	1.80	1.82	1.84	1.86	1.88	90
100	1.90	1.92	1.94	1.96	1.98	2.00	2.02	2.05	2.07	2.09	100
110	2.11	2.14	2.16	2.18	2.21	2.23	2.27	2.31	2.35	2.38	110
120	2.43	2.47	2.51	2.55	2.60	2.64	2.68	2.72	2.77	2.81	120
130	2.85	2.90	2.94	2.99	3.03	3.08	3.12	3.17	3.22	3.26	130
140	3.31	3.36	3.41	3.45	3.50	3.55	3.60	3.65	3.70	3.75	140
150	3.80	3.85	3.90	3.95	4.00	4.06	4.11	4.16	4.22	4.27	150
160	4.32	4.38	4.43	4.49	4.54	4.60	4.65	4.71	4.77	4.82	160
170	4.88	4.94	5.00	5.05	5.11	5.17	5.23	5.29	5.35	5.41	170
180	5.47	5.53	5.59	5.66	5.72	5.78	5.84	5.91	5.97	6.02	180
190	6.10	6.16	6.23	6.29	6.36	6.42	6.49	6.55	6.62	6.69	190
200	6.75	6.82	6.89	6.96	7.03	7.10	7.17	7.24	7.31	7.38	200

27.32: Dimensionado flexión (madera).

```
Se busca en la planilla el valor inmediato supe-
rior al Momento Flector calculado con las cargas de
servicio.
        Unidades: "h" y "b" en cm.
                  "Mf" en kgm

        Ejemplo: σadm = 70 kg/cm²
                 Mf  = 455 kgm

                 En la tabla de σ70 se encuentra el  valor
                 467 que le corresponde: h = 20 cm.
                                         b = 10 cm.
```

$\sigma_{adm} = 70$

b \ h	5,00	7,50	10,00	12,50	15,00	17,50	20,00	22,50	25,00	27,50	30,00
5,00	15	33	58	91	131	179	233	295	365	441	525
7,50	22	49	88	137	197	268	350	443	547	662	788
10,00	29	66	117	182	263	357	467	591	729	882	1050
12,50	36	82	146	228	328	447	583	738	911	1103	1313
15,00	44	98	175	273	394	536	700	886	1094	1323	1575
17,50	51	115	204	319	459	625	817	1034	1276	1544	1838
20,00	58	131	233	365	525	715	933	1181	1458	1765	2100

$\sigma_{adm} = 80$

b \ h	5,00	7,50	10,00	12,50	15,00	17,50	20,00	22,50	25,00	27,50	30,00
5,00	17	38	67	104	150	204	267	338	417	504	600
7,50	25	56	100	156	225	306	400	506	625	756	900
10,00	33	75	133	208	300	408	533	675	833	1008	1200
12,50	42	94	167	260	375	510	667	844	1042	1260	1500
15,00	50	113	200	313	450	613	800	1013	1250	1513	1800
17,50	58	131	233	365	525	715	933	1181	1458	1765	2100
20,00	67	150	267	417	600	817	1067	1350	1667	2017	2400

27.33: Dimensionado flexión (madera).
(continuación)

σadm = 90

b \ h	5,00	7,50	10,00	12,50	15,00	17,50	20,00	22,50	25,00	27,50	30,00
5,00	19	42	75	117	169	230	300	380	469	567	675
7,50	28	63	113	176	253	345	450	570	703	851	1013
10,00	38	84	150	234	338	459	600	759	938	1134	1350
12,50	47	105	188	293	422	574	750	949	1172	1418	1688
15,00	56	127	225	352	506	689	900	1139	1406	1702	2025
17,50	66	148	263	410	591	804	1050	1329	1641	1985	2363
20,00	75	169	300	469	675	919	1200	1519	1875	2269	2700

σadm = 100

b \ h	5,00	7,50	10,00	12,50	15,00	17,50	20,00	22,50	25,00	27,50	30,00
5,00	21	47	83	130	188	255	333	422	521	630	750
7,50	31	70	125	195	281	383	500	633	781	945	1125
10,00	42	94	167	260	375	510	667	844	1042	1260	1500
12,50	52	117	208	326	469	638	833	1055	1302	1576	1875
15,00	63	141	250	391	563	766	1000	1266	1563	1891	2250
17,50	73	164	292	456	656	893	1167	1477	1823	2206	2625
20,00	83	188	333	521	750	1021	1333	1688	2083	2521	3000

σadm = 110

b \ h	5,00	7,50	10,00	12,50	15,00	17,50	20,00	22,50	25,00	27,50	30,00
5,00	23	52	92	143	206	281	367	464	573	693	825
7,50	34	77	138	215	309	421	550	696	859	1040	1238
10,00	46	103	183	286	413	561	733	928	1146	1386	1650
12,50	57	129	229	358	516	702	917	1160	1432	1733	2063
15,00	69	155	275	430	619	842	1100	1392	1719	2080	2475
17,50	80	180	321	501	722	983	1283	1624	2005	2426	2888
20,00	92	206	367	573	825	1123	1467	1856	2292	2773	3300

27.34: Flechas vigas (madera).

Los valores f' fueron calculados para una viga simplemente apoyada y carga repartida q = 100 kg/m².
El valor definitivo "f" se obtendrá de multiplicar a f'por ß y δ.

$$f = f'.\beta.\delta$$

ß　　factor de carga: ß = q/100　　　　q en kg/m
δ　　factor de condición de borde:

δ = 9,60　para voladizos
δ = 1,00　para articulada articulada
δ = 0,41　para articulada empotrada
δ = 0,20　para empotrada empotrada

Ejemplo: Determinar la flecha de una viga de madera de 10x20cm con una distancia entre apoyos de 4,00 metros y una carga de 370 kg/m.

de tabla:　　f'= 0,71
　　　　　　ß = 370/100 = 3,70
　　　　　　δ = 1 (articulada articulada)

　　　　　　f = f'.ß.δ = 0,71x3,70x1,00 = 2,63 cm.

b cm	h cm	Luz entre apoyos l (m)										
		1,00	1,50	2,00	2,50	3,00	3,50	4,00	4,50	5,00	5,50	6,00
2,5	5,0	0,71	3,62	11,43	27,90	57,86	107,19	182,86	292,90	446,43	653,62	925,71
2,5	7,5	0,21	1,07	3,39	8,27	17,14	31,76	54,18	86,79	132,28	193,66	274,29
2,5	10,0	0,09	0,45	1,43	3,49	7,23	13,40	22,86	36,61	55,80	81,70	115,71
2,5	12,5	0,05	0,23	0,73	1,79	3,70	6,86	11,70	18,75	28,57	41,83	59,25
2,5	15,0	0,03	0,13	0,42	1,03	2,14	3,97	6,77	10,85	16,53	24,21	34,29
5,0	5,0	0,36	1,81	5,71	13,95	28,93	53,59	91,43	146,45	223,21	326,81	462,86
5,0	7,5	0,11	0,54	1,69	4,13	8,57	15,88	27,09	43,39	66,14	96,83	137,14
5,0	10,0	0,04	0,23	0,71	1,74	3,62	6,70	11,43	18,31	27,90	40,85	57,86
5,0	12,5	0,02	0,12	0,37	0,89	1,85	3,43	5,85	9,37	14,29	20,92	29,62
5,0	15,0	0,01	0,07	0,21	0,52	1,07	1,98	3,39	5,42	8,27	12,10	17,14

27.35: Flechas vigas (madera).
Continuación

b cm	h cm	1,00	1,50	2,00	2,50	3,00	3,50	4,00	4,50	5,00	5,50	6,00
7,5	7,5	0,07	0,36	1,13	2,76	5,71	10,59	18,06	28,93	44,09	64,55	91,43
7,5	10,0	0,03	0,15	0,48	1,16	2,41	4,47	7,62	12,20	18,60	27,23	38,57
7,5	12,5	0,02	0,08	0,24	0,60	1,23	2,29	3,90	6,25	9,52	13,94	19,75
7,5	15,0	0,01	0,04	0,14	0,34	0,71	1,32	2,26	3,62	5,51	8,07	11,43
7,5	17,5	0,01	0,03	0,09	0,22	0,45	0,83	1,42	2,28	3,47	5,08	7,20
7,5	20,0	0,00	0,02	0,06	0,15	0,30	0,56	0,95	1,53	2,33	3,40	4,82
10,0	10,0	0,02	0,11	0,36	0,87	1,81	3,35	5,71	9,15	13,95	20,43	28,93
10,0	12,5	0,01	0,06	0,18	0,45	0,93	1,72	2,93	4,69	7,14	10,46	14,81
10,0	15,0	0,01	0,03	0,11	0,26	0,54	0,99	1,69	2,71	4,13	6,05	8,57
10,0	17,5	0,00	0,02	0,07	0,16	0,34	0,63	1,07	1,71	2,60	3,81	5,40
10,0	20,0	0,00	0,01	0,04	0,11	0,23	0,42	0,71	1,14	1,74	2,55	3,62
10,0	22,5	0,00	0,01	0,03	0,08	0,16	0,29	0,50	0,80	1,22	1,79	2,54
10,0	25,0	0,00	0,01	0,02	0,06	0,12	0,21	0,37	0,59	0,89	1,31	1,85
10,0	27,5	0,00	0,01	0,02	0,04	0,09	0,16	0,27	0,44	0,67	0,98	1,39
10,0	30,0	0,00	0,00	0,01	0,03	0,07	0,12	0,21	0,34	0,52	0,76	1,07
12,5	12,5	0,01	0,05	0,15	0,36	0,74	1,37	2,34	3,75	5,71	8,37	11,85
12,5	15,0	0,01	0,03	0,08	0,21	0,43	0,79	1,35	2,17	3,31	4,84	6,86
12,5	17,5	0,00	0,02	0,05	0,13	0,27	0,50	0,85	1,37	2,08	3,05	4,32
12,5	20,0	0,00	0,01	0,04	0,09	0,18	0,33	0,57	0,92	1,40	2,04	2,89
12,5	22,5	0,00	0,01	0,03	0,06	0,13	0,24	0,40	0,64	0,98	1,43	2,03
12,5	25,0	0,00	0,01	0,02	0,04	0,09	0,17	0,29	0,47	0,71	1,05	1,48
12,5	27,5	0,00	0,00	0,01	0,03	0,07	0,13	0,22	0,35	0,54	0,79	1,11
12,5	30,0	0,00	0,00	0,01	0,03	0,05	0,10	0,17	0,27	0,41	0,61	0,86
15,0	15,0	0,00	0,02	0,07	0,17	0,36	0,66	1,13	1,81	2,76	4,03	5,71
15,0	17,5	0,00	0,01	0,04	0,11	0,22	0,42	0,71	1,14	1,74	2,54	3,60
15,0	20,0	0,00	0,01	0,03	0,07	0,15	0,28	0,48	0,76	1,16	1,70	2,41
15,0	22,5	0,00	0,01	0,02	0,05	0,11	0,20	0,33	0,54	0,82	1,20	1,69
15,0	25,0	0,00	0,00	0,02	0,04	0,08	0,14	0,24	0,39	0,60	0,87	1,23
15,0	27,5	0,00	0,00	0,01	0,03	0,06	0,11	0,18	0,29	0,45	0,65	0,93
15,0	30,0	0,00	0,00	0,01	0,02	0,04	0,08	0,14	0,23	0,34	0,50	0,71

The header spans: **Luz entre apoyos l (m)**

27.36: Dimensionado flexión (hierro).

Se busca en la planilla el valor inmediato superior al Momento Flector calculado con las cargas de servicio.

Unidades: Mf en kgm

Ejemplo: $\sigma_{adm} = 1400$ kg/cm²
Mf = 1.130 kgm
En tabla se encuentra 1.147 para un perfil PNIº14

PNI			PNU		
"h" cm	Wx cm3	Mf kgm	"h" cm	Wx cm3	Mf kgm
8	19,50	273	8	27,00	378
10	34,20	479	10	41,00	574
12	54,70	766	12	61,00	854
14	81,90	1.147	14	86,00	1.204
16	117,00	1.638	16	116,00	1.624
18	161,00	2.254	18	150,00	2.100
20	214,00	2.996	20	191,00	2.674
22	278,00	3.892	22	245,00	3.431
24	354,00	4.956	24	300,00	4.200
26	442,00	6.188	26	371,00	5.194
28	542,00	7.588	28	448,00	6.272
30	653,00	9.142	30	535,00	7.490
32	782,00	10.948	32	679,00	9.506
34	923,00	12.922	34	734,00	10.276
36	1090,00	15.260	36	829,00	11.606
40	1460,00	20.440	40	1020,00	14.280

27.37: Flechas vigas de hierro.

Los valores f' fueron calculados para una viga simplemente apoyada y carga repartida q = 100 kg/m².
El valor definitivo "f" se obtendrá de multiplicar a f'por ß y δ.

$$f = f'.\beta.\delta$$

ß   factor de carga: ß = q/100   q en kg/m
δ   factor de condición de borde:

δ = 9,60   para voladizos
δ = 1,00   para articulada articulada
δ = 0,41   para articulada empotrada
δ = 0,20   para empotrada empotrada

Ejemplo: Determinar la flecha de una viga de hierro PNI⁰20 con una distancia entre apoyos de 5,00 metros y una carga de 600 kg/m.

de tabla: f'= 0,38
            ß = 600/100 = 6,00
            δ = 1 (articulada articulada)

            f = f'.ß.δ = 0,38x6,00x1,00 = 2,28 cm.

PNI	Luz entre apoyos l(m)										
PNI	3,00	3,50	4,00	4,50	5,00	5,50	6,00	6,50	7,00	7,50	8,00
8	0,64	1,19	2,04	3,26	4,97	7,27	10,30	14,19	19,09	25,15	32,56
10	0,29	0,54	0,93	1,49	2,27	3,32	4,70	6,47	8,71	11,47	14,85
12	0,15	0,28	0,48	0,78	1,18	1,73	2,45	3,37	4,54	5,98	7,74
14	0,09	0,16	0,28	0,44	0,68	0,99	1,40	1,93	2,60	3,42	4,43
16	0,05	0,10	0,17	0,27	0,41	0,61	0,86	1,18	1,59	2,10	2,72
18	0,03	0,06	0,11	0,18	0,27	0,39	0,55	0,76	1,03	1,35	1,75
20	0,02	0,04	0,07	0,12	0,18	0,27	0,38	0,52	0,70	0,92	1,19
22	0,02	0,03	0,05	0,08	0,13	0,19	0,26	0,36	0,49	0,64	0,83
24	0,01	0,02	0,04	0,06	0,09	0,13	0,19	0,26	0,35	0,46	0,60
26	0,01	0,02	0,03	0,04	0,07	0,10	0,14	0,19	0,26	0,34	0,44
28	0,01	0,01	0,02	0,03	0,05	0,07	0,11	0,15	0,20	0,26	0,33
30	0,01	0,01	0,02	0,03	0,04	0,06	0,08	0,11	0,15	0,20	0,26

27.38: Flechas vigas de hierro.
Continuación.

PNU	Luz entre apoyos l(m)										
	3,00	3,50	4,00	4,50	5,00	5,50	6,00	6,50	7,00	7,50	8,00
8	0,47	0,88	1,50	2,40	3,66	5,35	7,58	10,44	14,04	18,51	23,96
10	0,24	0,45	0,77	1,23	1,88	2,75	3,90	5,37	7,23	9,52	12,33
12	0,14	0,26	0,44	0,70	1,06	1,56	2,21	3,04	4,09	5,39	6,98
14	0,08	0,15	0,26	0,42	0,64	0,94	1,33	1,83	2,46	3,24	4,20
16	0,05	0,10	0,17	0,27	0,42	0,61	0,87	1,20	1,61	2,12	2,75
18	0,04	0,07	0,12	0,19	0,29	0,42	0,60	0,82	1,10	1,45	1,88
20	0,03	0,05	0,08	0,13	0,20	0,30	0,42	0,58	0,78	1,03	1,33
22	0,02	0,03	0,06	0,09	0,14	0,21	0,30	0,41	0,55	0,73	0,94
24	0,01	0,03	0,04	0,07	0,11	0,16	0,22	0,31	0,41	0,54	0,71
26	0,01	0,02	0,03	0,05	0,08	0,12	0,17	0,23	0,31	0,41	0,53
28	0,01	0,01	0,03	0,04	0,06	0,09	0,13	0,18	0,24	0,31	0,40
30	0,01	0,01	0,02	0,03	0,05	0,07	0,10	0,14	0,19	0,24	0,32

27.39: Flechas admisibles vigas.
(madera o hierro)

Destino de la pieza estructural	Flecha admisible
Vigas en voladizo	$\ell/150$
Vigas de entrepiso, arriba o debajo de locales para viviendas u oficinas	$\ell/300$
Debajo de locales para fábricas y talleres	$\ell/300$
Piezas de cubiertas de construcciones rurales	$\ell/200$

ℓ: longitud de la viga en centímetros.

27.40: Alturas mínimas hormigón armado.

Elementos	Altura o espesor mínimo: h			En voladizo
	Con ambos apoyos simples	Con un extremo continuo	Con ambos extremos continuos	
Losas	$\ell/20$	$\ell/24$	$\ell/28$	$\ell/10$
Vigas	$\ell/16$	$\ell/18,5$	$\ell/21$	$\ell/8$

27.41: Flechas máximas admisibles hormigón.
(del Cirsoc 201)

Tabla 9.5.b) Flechas máximas admisibles

Tipo de elemento	Deformaciones (Flechas) a considerar	Deformación (flecha) límite
❑ Cubiertas planas que *no soportan ni están unidas* a elementos no estructurales que puedan sufrir daños por grandes flechas	*Flecha instantánea debida a la sobrecarga L*	$\dfrac{\ell}{180}$ (*)
❑ Entrepisos que *no soportan ni están unidos* a elementos no estructurales que puedan sufrir daños por grandes flechas	*Flecha instantánea debida a la sobrecarga L*	$\dfrac{\ell}{360}$
❑ Cubiertas o entrepisos que *soportan o están unidos* a elementos no estructurales que pueden sufrir daños por grandes flechas	*Parte de la flecha total* que ocurre después de la construcción de los elementos no estructurales, o sea, la suma de las flechas a largo plazo debidas a las cargas de larga duración y las flechas instantáneas que ocasiona cualquier sobrecarga adicional (***)	$\dfrac{\ell}{480}$ (**)
❑ Cubiertas o entrepisos que *soportan o están unidos* a elementos no estructurales que *no* pueden sufrir daños por grandes deformaciones (flechas)		$\dfrac{\ell}{240}$ (****)

27.42: Unidades.
(Cirsoc: Tabla de conversión de unidades)

Para convertir	a	Multiplicar por
Masa		
libra (pound (avdp))	kilogramo (kg)	0,4536
tonelada (short, 2000 lb)	kilogramo (kg)	907,2
tonelada (short, 2000 lb)	tonelada (t)	0,9072
grain (peso equivalente a 0.006 gramos)	kilogramo (kg)	0,00006480
tonelada (t)	kilogramo (kg)	1000
Masa (peso) por unidad de longitud		
kilopontio/pie lineal (kip/linear foot (klf))	kilogramo/metro (kg/m)	0,001488
libra/pie lineal (pound/linear foot (plf))	kilogramo/metro (kg/m)	1,488
libra/pie lineal (pound/linear foot (plf))	newton/metro (N/m)	14,593
Masa por unidad de volumen (densidad)		
libra/pie cúbico (pound/cubic foot (pcf))	kilogramo/metro cúbico (kg/m^3)	16,02
libra/yarda cúbica (pound/cubil yard (pcy))	kilogramo/metro cúbico (kg/m^3)	0,5933
Momento flexor o torsor		
libra pulgada (inch-pound (in-lb))	newton metro	0,1130
pie pulgada (foot pound (ft-lb))	newton metro	1,356
kilopontio pie (foot kip (ft-k))	newton metro	1356
Temperatura		
grado Fahrenheit (degf)	grado Celsius (°C)	$t_C = (t_F - 32)/1,8$
grado Fahrenheit (degf)	grado Kelvin (K)	$t_K = (t_F + 459,7/1,8$
Energía		
unidad térmica británica (Btu)	joule (j)	1056
kilowatt hora (kilowatt hour (kwh))	joule (j)	3.600.000
Potencia		
caballo de fuerza (horsepower (hp)) (550 ft lb / sec)	watt (W)	745,7
Velocidad		
milla por hora (mile/hour (mph))	kilómetro / hora (km/h)	1,609
milla por hora (mile/hour (mph))	metro/segundo (m/s)	0,4470

27.43: Unidades (Continuación).
(Cirsoc: Tabla de conversión de unidades)

Tabla práctica de conversión de unidades al Sistema Internacional de Medidas (SI)

Para convertir	a	Multiplicar por
Longitud		
pulgada	milimetro (mm)	25,4
pulgada	metro (m)	0,0254
pie (ft)	metro (m)	0,3048
yarda (yd)	metro (m)	0,9144
Área		
pie cuadrado (sq ft)	metro cuadrado (m^2)	0.09290
pulgada cuadrado (sq in)	milimetro cuadrado (mm^2)	645,2
pulgada cuadrada (sq in)	metro cuadrado (m^2)	0,0006452
yarda cuadrada (sq yd)	metro cuadrado (m^2)	0,8361
Volumen		
pulgada cúbica (cu in)	metro cúbico (m^3)	0,00001639
pie cúbico (cu ft)	metro cúbico (m^3)	0,02832
yarda cúbica (cu yd)	metro cúbico (m^3)	0,7646
galón (gal) Canadá *	litro (l)	4,546
galón (gal) Canadá *	metro cúbico (m^3)	0,004546
galón (gal) Estados Unidos *	litro (l)	3,785
galón (gal) Estados Unidos *	metro cúbico (m^3)	0,003785
*Nota: un galón estadounidense equivale a 0,8321 de un galón canadiense		
Fuerza		
kilopontio (kip)	kilogramo (kgf)	453,6
kilopontio (kip)	newton (N)	4448,0
libra (pound (lb))	kilogramo (kgf)	0,4536
libra (pound (lb))	newton (N)	4,448
Presión o Tensión		
kilopontios/pulgada cuadrada (kips/square inch (ksi))	megapascal (MPa)	6,895
libra/pie cuadrado (Pound/square foot (psf))	kilopascal (kPa)	0,04788
libra/pulgada cuadrada (pound/square inch)(psi))	kilopascal (kPa)	6,895
libra/pulgada cuadrada (pound/square inch (psi))	megapascal (MPa)	0.006895
libra/pie cuadrado (pound/square foot (psf))	kilogramo/metro cuadrado (kgf/m^2)	4,882

27.44: Unidades (Continuación).
(Cirsoc: Tabla de conversión de unidades)

Para convertir	a	Multiplicar por
Otras unidades		
• Módulo de la sección (Section modulus (in^3))	mm^3	16,387
• Momento de inercia (Moment of inertia (in^4))	mm^4	416,231
• Coeficiente de transferencia de calor (Coefficient of heat transfer (Btu/ft^2/h/°F))	W/m^2/°C	5,678
• Módulo de elasticidad (Modulus of elasticity (psi))	MPa	0,006895
• Conductividad Térmica (Termal conductivity (Btu in/ft^2/h/°F))	Wm/m^2/°C	0,1442
• Expansión Térmica (Termal expansion (in/in/°F))	mm/mm/°C	1,800
• Area/longitud (in²/ft)	mm^2/m	2116,80

27.45: Momentos y esfuerzos de corte simplificados.
(Cirsoc: Tabla 8.3.3)

Tabla 8.3.3. Valores aproximados de momentos y esfuerzos de corte para vigas continuas y losas armadas en una sola dirección que cumplan con las condiciones indicadas en el artículo 8.3.3.

❏ Momento positivo	
❏ Tramos exteriores	
• si el extremo discontinuo está articulado	$w_u\, \ell_n^2/11$
• si el extremo discontinuo está empotrado	$w_u\, \ell_n^2/14$
❏ Tramos interiores	$w_u\, \ell_n^2/16$
❏ Momento negativo en la cara exterior del primer apoyo interior	
• dos tramos	$w_u\, \ell_n^2/9$
• más de dos tramos	$w_u\, \ell_n^2/10$
❏ Momento negativo en las demás caras de apoyos interiores	$w_u\, \ell_n^2/11$

❏ Momento negativo en la cara de todos los apoyos para:
    • losas con luces $\leq 3\,m$
    • vigas en las cuales la relación entre la suma de las rigideces de las columnas y la rigidez de la viga sea > 8 en cada extremo del tramo
	$w_u\, \ell_n^2/12$

❏ Momento negativo en la cara interior de los apoyos exteriores para los elementos construidos monolíticamente con sus apoyos	
• cuando el apoyo es una viga de borde	$w_u\, \ell_n^2/24$
• cuando el apoyo es una columna	$w_u\, \ell_n^2/16$
❏ Esfuerzo de corte en elementos extremos en la cara del primer apoyo interior	$1,15\, w_u\, \ell_n/2$
❏ Esfuerzo de corte en la cara de todos los demás apoyos	$w_u\, \ell_n/2$

siendo:

w_u la carga mayorada total por unidad de longitud de viga o por unidad de área de losa.

ℓ_n la luz libre para momento positivo y esfuerzo de corte, y el promedio de las dos luces libres adyacentes para momento negativo.

27.46: *Coeficientes de momentos y esfuerzos de corte simplificados.*
(Cirsoc: Tabla 8.3.3)

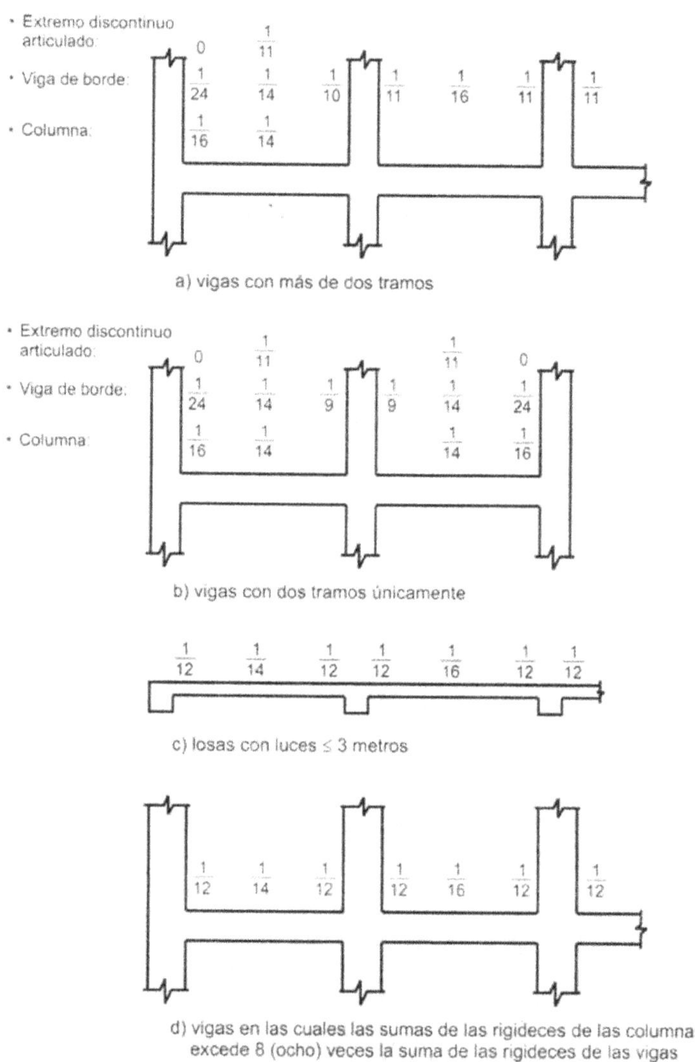

Figura C 8.3.3. Ejemplos de los coeficientes de momento dados en la Tabla 8.3.3.